藍崑展　黃崇明　編審

車載通訊原理、服務與應用

丁川康　朱威達　江傳文　李官陵　林正敏
林志浩　袁賢銘　張玉山　張耀中　連震杰
陳宜欣　陳青文　陳旻秀　彭勝龍　黃崇明
賴源正　楊勝仲　盧天麒　藍崑展　編著

東華書局

國家圖書館出版品預行編目資料

車載通訊原理、服務與應用／丁川康等編著.- 初版.
-- 臺北市 ： 臺灣東華, 民100.06
552 面；19x26公分

ISBN 978-957-483-662-8（平裝）

1. 汽車工程 2. 汽車電學 3. 通訊工程

447.1　　　　　　　　　　　　100009604

版權所有・翻印必究

中華民國一〇〇年六月初版

車載通訊原理、服務與應用

定價　新臺幣伍佰捌拾元整
（外埠酌加運費匯費）

編　審	藍崑展	黃崇明		
編　著	丁川康	朱威達	江傳文	李宜陵
	林正敏	林志浩	袁賢銘	張玉山
	張耀中	連震杰	陳宜欣	陳青文
	陳旻秀	彭勝龍	黃崇明	賴源正
	楊勝仲	盧天麒	藍崑展	
發 行 人	卓劉慶弟			
出 版 者	臺灣東華書局股份有限公司			

臺北市重慶南路一段一四七號三樓
電話：（０２）２３１１－４０２７
傳真：（０２）２３１１－６６１５
郵撥：０ ０ ０ ６ ４ ８ １ ３
網址：http://www.tunghua.com.tw

行政院新聞局登記證　局版臺業字第零柒貳伍號

序 言

隨著網路應用服務的持續發展，現今不再僅能用有線通訊技術去接收資訊，無線通訊技術使得網路使用者可以隨時隨地下載服務資源，這些方便的網路形式包括家用網路(Home Network)、都會型網路(Metropolis Area Network)和新興的車載網路(Vehicular Network)等。其中，車載網路的相關應用發展已逐漸受到重視，例如在交通相關的應用服務裡，許多附加服務提供駕駛人與乘客安全駕駛的環境，已經蔚為潮流。全球定位服務系統(Global Position System, GPS)逐漸走向大眾市場，在汽車上配備導航系統已成必然的趨勢。另一個例子是高速公路電子收費系統(Electronic Toll Collection, ETC)的使用，用以記錄車輛進出情形作為收費依據。

在未來智慧型運輸系統(Intelligent Transportation System, ITS)的推展下，將整合資訊技術與通訊網路，提供更多車用加值服務。因此車載資通訊(Telematics)平台及相關應用與服務已被許多研究機構，包括資策會及工研院及產業界視為繼數位家庭之後的另一個熱門領域。而未來如何將車用電腦、車載網路通訊技術與車載服務結合，將是車輛製造公司、行動通訊業者、汽車視聽娛樂設備業者以及資訊廠商必須面臨的研發課題。

本書能夠順利問市，筆者要在此特別感謝東華書局的全力協助。目前坊間並無任何系統性介紹車載網路之專書，我們特別集結國內相關學者共同編寫此書，期望能提供讀者對車載網路及其相關服務全面性的了解。本書的編排上分為五個部份。

第一個部份(第一章至第三章)為車載網路平台概略介紹，以讓讀者有整體的概念。
第二個部份(第四章至第七章)則是介紹車載通訊常使用的通訊協定及演算法。
第三個部份(第八章至第十一章)列述了車載網路常用的軟硬體元件。
第四個部份(第十二章至第十五章)介紹智慧型車輛的原理及其應用。
第五個部份(第十六章至第十八章)則介紹與車載網路相關的商業應用。

如此的編排可幫助讀者在短時間內對整個車載網路的通訊原理與應用有全面性的了解。另外，本書可用來當成車載網路課程的入門參考書，適合大學，科大電子、電機、資工、電通系高年級及研究所「車載資通訊」課程使用，也適合從事電腦與通訊工程及電機資訊相關產業人士閱讀使用。

黃崇明、藍崑展
於成大

目次

序　言		iii

概　論 — 1

第 1 章　車載系統平台與架構 — 3
- 1.1 車內電子設備 — 4
  - 1.1.1 電子控制單元(ECU) — 4
  - 1.1.2 車載資通訊電子設備 — 5
- 1.2 車用通訊技術 — 7
  - 1.2.1 車內網路技術 — 7
  - 1.2.2 車間網路技術 — 8
- 1.3 車輛作業環境與軟體架構 — 9
- 1.4 車載作業系統 — 11
  - 1.4.1 車載嵌入式作業系統 — 11
  - 1.4.2 車載嵌入式作業系統的比較 — 13
  - 1.4.3 QNX CAR 應用平台 — 15
  - 1.4.4 嵌入式作業系統的佈建 — 18
- 1.5 車載服務 — 19
  - 1.5.1 車載服務連結 — 20
  - 1.5.2 車載軟體技術物件模型 — 22
  - 1.5.3 網路服務技術於車載服務之應用 — 24
- 練習 — 26
- 參考文獻 — 26

第 2 章　車載軟體元件技術 — 27
- 2.1 軟體元件技術 — 28
- 2.2 AUTOSAR — 31
  - 2.2.1 AUTOSAR 架構 — 32
  - 2.2.2 ECU 內及 ECU 間的通訊 — 35
  - 2.2.3 AUTOSAR 應用範例 — 36

2.3　AUTOSAR 元件的開發　39
　　2.3.1　車載軟體元件的測試　39
　　2.3.2　AUTOSAR 軟體元件開發　41
練習　46
參考文獻　46

第 3 章　車載服務中介軟體與閘道框架　49

3.1　車載服務與網路服務　50
　　3.1.1　XML 的擷取　50
　　3.1.2　網路服務技術　52
　　3.1.3　網路服務在車載之應用　54
3.2　UPnP 服務　55
　　3.2.1　萬用隨插即用與車載服務　56
　　3.2.2　UPnP 技術　58
　　3.2.3　UPnP 於車載應用-服務搜尋　60
　　3.2.4　嵌入式系統上 UPnP 裝置的建構　61
3.3　車用服務閘道　65
　　3.3.1　車用閘道架構　65
　　3.3.2　車用閘道服務框架　66
　　3.3.3　服務 bundle 之生命週期　67
　　3.3.4　服務 bundle 之設計　68
3.4　車載閘道服務之應用　70
　　3.4.1　OSGi 為基礎的車內閘道平台架構　71
　　3.4.2　情境感知車載服務架構　72
練習　74
參考文獻　74

協定／演算法　77

第 4 章　車載網路之單／多叢集頭演算法　79

4.1　VANET 叢集介紹　80
4.2　相關研究　83
　　4.2.1　叢集和角色工作　83

4.2.2	叢集的通訊	84
4.2.3	叢集的重要性	85
4.2.4	叢集結構	86
4.2.5	叢集維持	90
4.2.6	叢集化應用	92
4.3	演算法說明	92
4.3.1	單叢集頭演算法	92
4.3.2	常用辭彙	94
4.3.3	處理流程	96
4.3.4	多叢集頭演算法	99
4.3.5	處理流程	100
4.4	效能分析	102
4.4.1	移動模型	102
4.4.2	模擬參數	102
4.5	結　論	104
練習		105
參考文獻		105

第 5 章　道路網中快速路徑計算之技術　　109

5.1	簡　介	110
5.2	圖形模式	112
5.2.1	Dijkstra 演算法	112
5.2.2	Bellman-Ford 演算法	118
5.2.3	Floyd-Warshall 演算法	120
5.2.4	Johnson 演算法	123
5.2.5	A* 演算法	126
5.3	資料分析模式	131
5.3.1	何謂資料探勘	132
5.3.2	資料關聯分析技術	134
練習		140
參考文獻		141

第 6 章　車載通訊系統中的空間資料庫　　143

| 6.1 | 空間資料的特性簡介 | 144 |

6.2	空間資料庫簡介	146
	6.2.1　空間資料模型	147
	6.2.2　空間查詢	149
	6.2.3　空間檢索	152
6.3	高維度檢索的難題	160
6.4	結　論	161
	練習	163
	參考文獻	164

第 7 章　車載感測網路資料傳播技術介紹　　165

7.1	尋找可用停車位	166
7.2	演算法	168
7.3	資料傳送的機率聚集	169
	7.3.1　Flajolet-Martin 圖	170
	7.3.2　階層式聚集	172
	7.3.3　較長的計數器分配給大的聚集	176
	7.3.4　範例應用與問題實做	177
7.4	結　論	177
	練習	179
	參考文獻	179

軟體／裝置　　181

第 8 章　車載執行緒管理與網路通訊　　183

8.1	執行緒與多執行緒	184
8.2	在 Windows CE 下執行緒的操作	185
8.3	執行緒同步	187
8.4	Windows CE 下的同步機制	189
	8.4.1　事　件	189
	8.4.2　信號量	191
	8.4.3　互　斥	192
	8.4.4　臨界區	193
8.5	執行緒範例程式	196

8.6　網路概論　　199
　　8.7　TCP/IP 通訊協定　　200
　　　　8.7.1　TCP 協定簡介　　202
　　　　8.7.2　TCP 協定運作流程　　203
　　　　8.7.3　UDP 協定簡介　　204
　　　　8.7.4　UDP 協定運作流程　　204
　　8.8　Windows sockets(WinSock) API 函式介紹　　205
　　8.9　TCP 協定應用實例　　209
　　練習　　211
　　參考文獻　　211

第 9 章　車載週邊裝置原理　　213
　　9.1　串列埠通訊　　214
　　9.2　GPS 原理特性與資料格式　　224
　　9.3　GSM/GPRS 原理與 AT 指令集介紹　　228
　　9.4　藍芽原理　　234
　　9.5　RFID 原理與程式設計　　235
　　9.6　USB 串列匯流排　　238
　　練習　　242
　　參考文獻　　242

第 10 章　智慧型車輛之感測器技術　　245
　　10.1　智慧型車輛　　246
　　　　10.1.1　智慧型車輛之定義　　246
　　　　10.1.2　目標與願景　　247
　　　　10.1.3　相關計畫與執行策略　　252
　　　　10.1.4　結　論　　255
　　10.2　智慧型車輛之感測器技術　　256
　　　　10.2.1　簡　介　　256
　　　　10.2.2　MEMS 技術　　258
　　　　10.2.3　車用 MEMS 感測器　　264
　　練習　　269
　　參考文獻　　269

第 11 章 車載通訊閘道器效能評估 — 271

11.1 車載通訊閘道器簡介 — 272
11.2 效能評估工具 — 275
    11.2.1 PEPSY — 275
    11.2.2 PIPE2 — 277
    11.2.3 PRISM — 277
    11.2.4 SHARPE — 279
11.3 應用實例：自動化行動部落格系統 — 281
    11.3.1 系統架構 — 281
    11.3.2 系統實作 — 282
    11.3.3 藍芽微網路評估 — 284
    11.3.4 控制器區域網路匯流排優先權訊息分析 — 288
11.4 總　結 — 291
練習 — 292
參考文獻 — 292

智慧型車輛 — 295

第 12 章 計算智慧與電腦視覺在駕駛輔助系統之應用 — 297

12.1 駕駛輔助系統之介紹 — 298
12.2 疲勞駕駛偵測 — 303
12.3 停車輔助系統 — 306
12.4 車道偏離警示系統 — 309
12.5 適應性巡航控制系統 — 314
    12.5.1 模糊控制 — 315
12.6 基因演算法 — 321
12.7 系統概念 — 325
練習 — 332
參考文獻 — 332

第 13 章 以幾何包圍體階層法為基礎之車輛碰撞偵測技術 — 335

13.1 預防碰撞 — 336
    13.1.1 緒　論 — 336

          13.1.2　應用技術　339
          13.1.3　實例討論　346
    13.2　碰撞防護　350
          13.2.1　緒　論　350
          13.2.2　應用技術　351
          13.2.3　討　論　352
          13.2.4　實　例　353
    參考文獻　355

第 14 章　計算智慧技術於交通輔助系統之應用　357
    14.1　人工神經網路　358
    14.2　螞蟻族群最佳化　361
    14.3　應用於行車流量預測之人工神經網路技術　364
    14.4　解決車輛途程問題之泛用啟發式演算法　374
    練習　383
    參考文獻　383

第 15 章　車輛檢測的智慧型視覺系統　385
    15.1　引　言　386
    15.2　車輛檢測系統：訓練過程　387
          15.2.1　建立車輛標準影像模型　387
          15.2.2　前處理模型　389
          15.2.3　子區域選擇模型　390
          15.2.4　比較車輛檢測模型的統計　391
    15.3　車輛檢測系統：測試過程　400
    15.4　實驗結果　401
          15.4.1　效能評估標準　401
          15.4.2　PCA+ICA 模型的效能　402
    15.5　結　論　404
    練習　408
    參考文獻　409

商務應用　　　　　　　　　　　　　　　　　　　　　　　　　411

第 16 章　車用行動商務之價值鏈與商業模式　　　　　　　　413

- 16.1 行動商務簡介　　　　　　　　　　　　　　　　　　414
  - 16.1.1 行動商務定義　　　　　　　　　　　　　　　414
  - 16.1.2 行動商務與電子商務的差異　　　　　　　　　415
  - 16.1.3 行動商務的屬性及效益　　　　　　　　　　　416
  - 16.1.4 行動商務的關鍵成功因素　　　　　　　　　　417
- 16.2 行動商務的現況　　　　　　　　　　　　　　　　　417
  - 16.2.1 可用性的挑戰　　　　　　　　　　　　　　　418
  - 16.2.2 新的使用情境　　　　　　　　　　　　　　　419
  - 16.2.3 新商業模式　　　　　　　　　　　　　　　　419
  - 16.2.4 互通性的挑戰　　　　　　　　　　　　　　　420
  - 16.2.5 安全與隱私的挑戰　　　　　　　　　　　　　420
- 16.3 行動商務的應用　　　　　　　　　　　　　　　　　421
  - 16.3.1 行動商務應用類型　　　　　　　　　　　　　421
  - 16.3.2 行動訊息　　　　　　　　　　　　　　　　　421
  - 16.3.3 企業應用　　　　　　　　　　　　　　　　　423
  - 16.3.4 行動資訊服務　　　　　　　　　　　　　　　424
- 16.4 行動商務價值鏈與營運模式　　　　　　　　　　　　425
  - 16.4.1 基礎建設的設備供應商　　　　　　　　　　　425
  - 16.4.2 軟體供應商　　　　　　　　　　　　　　　　425
  - 16.4.3 內容供應商　　　　　　　　　　　　　　　　425
  - 16.4.4 內容聚集者　　　　　　　　　　　　　　　　430
  - 16.4.5 行動網路業者　　　　　　　　　　　　　　　430
  - 16.4.6 行動入口網站　　　　　　　　　　　　　　　430
  - 16.4.7 第三團體的帳款金融業　　　　　　　　　　　431
  - 16.4.8 行動裝置製造業者　　　　　　　　　　　　　431
  - 16.4.9 無線應用服務供應商　　　　　　　　　　　　432
  - 16.4.10 位置資訊代理人　　　　　　　　　　　　　433
- 16.5 營運理論基礎　　　　　　　　　　　　　　　　　　433
  - 16.5.1 超越「顧客導向」　　　　　　　　　　　　　433

16.5.2	套牢效應	433
16.5.3	轉移成本	434
16.5.4	廠商策略	434
16.5.5	梅特卡夫定律	434
16.5.6	擾亂定律	435
16.5.7	需求面的規模經濟	435
16.5.8	營運策略	435
16.6 行動商務的未來		436
16.7 車用行動商務		437
16.8 總　　結		438
練習		440
參考文獻		440

第 17 章　於車用行動商務平台上的 QR 碼應用軟體開發　　441

17.1	前　言	442
17.2	QR 碼簡介	444
17.2.1	QR 碼的特色	444
17.2.2	QR 碼的架構	446
17.2.3	提供 QR 碼編碼與解碼之函式庫	449
17.3	QR 碼於車用行動商務之商業模式分析	450
17.3.1	情境分析	451
17.3.2	商業模式分析	451
17.4	QR 碼於 Windows Mobile 行動商務平台上的開發	455
17.4.1	安裝 QR 碼編碼解碼函式庫	455
17.4.2	QR 碼編碼	459
17.4.3	QR 碼解碼	464
17.5	QR 碼於 Android 行動商務平台上的開發	468
17.5.1	QR 碼解碼	468
17.5.2	QR 碼解碼	477
17.6	結　論	479
練習		484
參考文獻		484

第 18 章　車載服務取得與應用　　487

 18.1 服務取得之協定與標準　　488
  18.1.1 萬用隨插即用(UPnP)　　488
  18.1.2 JXTA　　492
  18.1.3 SLP　　498
  18.1.4 服務取得協定於車載網路下的應用　　504
 18.2 服務存取之協定　　505
  18.2.1 SIP　　505
  18.2.2 SIP 於車載網路下的應用　　508
 18.3 服務整合平台　　510
 18.4 結　論　　513
 練習　　514
 參考文獻　　514

索　引　　517

概 論

第 1 章　車載系統平台與架構

第 2 章　車載軟體元件技術

第 3 章　車載服務中介軟體與閘道框架

第 1 章
車載系統平台與架構

随著汽車的功能愈來愈多，先進的汽車提供駕駛人各種安全、娛樂、操控及舒適的駕駛環境。愈來愈多的功能需要有一個車用的軟硬體系統平台來提供各種功能的執行環境。要了解這些功能的運作，首先需要先了解車載資通訊的系統平台及其架構。**車載資通訊**(Telematics)以發展過程可以分成第一代 V2Zero、第二代 V2I 及第三代 V2X：包含 V2V、V2I、V2P。第一代為獨立運作之系統，獨立導航系統。第二代以**全球衛星定位系統**(Global Positioning System, GPS)為基礎提供駕駛行車安全及應用服務。第三代則是包含**行控中心支援車間**(Vehicle to Vehicle, V2V)、**車到基礎建設**(Vehicle to Infrastructure, V2I)、**人車**(Vehicle to Person, V2P)之行車安全及可運用無線寬頻之多樣性應用服務。不論哪一代都需要先進的軟硬體系統平台。

在本章中我們先介紹車用的軟硬體系統平台，在硬體方面將包含**電子控制單元**(Electronic Control Unit, ECU)及車用的各種網路。而在軟體平台方面我們將介紹在這些電子設備上的軟體平台與架構，以便讓讀者有一全面的了解。

1.1 車內電子設備

車載資通訊即是將資訊技術加入到車輛中，這些電子設備除了感測元件外，還需要一些可以執行的微控制器，以便可以控制所有的元件。當這些控制元件所被付與的功能愈來愈多時，所需控制器的功能就要愈來愈強，在這節中我們將介紹車載資通訊中常見的微控制器。

1.1.1 電子控制單元(ECU)

在汽車電子中，**電子控制單元**(Electronic Control Unit, ECU)是任何用以控制汽車內外電機系統或子系統的嵌入式系統的一個通用名稱。一個電子控制單元基本上是一部嵌入式電腦，用於接收外在的訊號並控制其他的機構設施。因此要控制各種車內設備，將需要各種不同的 ECU。這些 ECU 有些是用於汽車的性能控制，有些用於駕駛的操控，有些用於安全，有些用於娛樂，而有些則用於舒適。如果用於控制引擎性能的控制，則稱為**引擎控制單元**(Engine Control Unit)，一般也稱為 ECU。這種引擎控制單元可以控制燃油噴射、點火正時、怠速、可變汽門正時及電子汽門控制等，圖 1.1 是一些廠牌的 ECU。不過引擎控制單元是電子控制單元的一種，因此我們說明的 ECU 將主要在電子控制單元，這種電子控制單元一般也稱為行車電腦。

在汽車電子中電子控制單元 ECU 的種類將多達 80 種以上，每一種的功能不盡相同，複雜度當然也不同，有些 ECU 可以簡單的像一般的電子元件，也可以複雜的像電腦系統一般。像**安全氣囊控制單元**(Airbag Control Unit, ACU)、主體控制模組(控制車門鎖、電動窗、禮儀燈)、氣候控制模組、舒適控制模組、車門控制模組、座位控制模組、電話控制模組、… 等等。在汽車中有愈多的 ECU，將有愈多自動的控制。像在裕隆新設計出產，號稱智慧型休旅車的 Luxgen7 MPV 將有 23 顆 ECU，用以控制全車的動作。

圖 1.2 是由各種不同的 ECU，透過內部的網路連接而成的一個 ECU 網路結構，這個網路結構並沒有特定的拓樸，完全依 ECU 的功能及目的來連接。

Porsche DME 077

BMW M3 ECU & BMW E36 ECU

Jaguar XJ6 ECU

Volvo 240 & Volvo 740 ECU

▲圖 1.1 各種知名廠牌的 ECU [1]

1.1.2 車載資通訊電子設備

要達到第一代及第二代的車載資通訊技術，只需要更多樣的 ECU 即可達到，但如果要達到第三代的車載資通訊技術，像是 V2V 及 V2I，則需

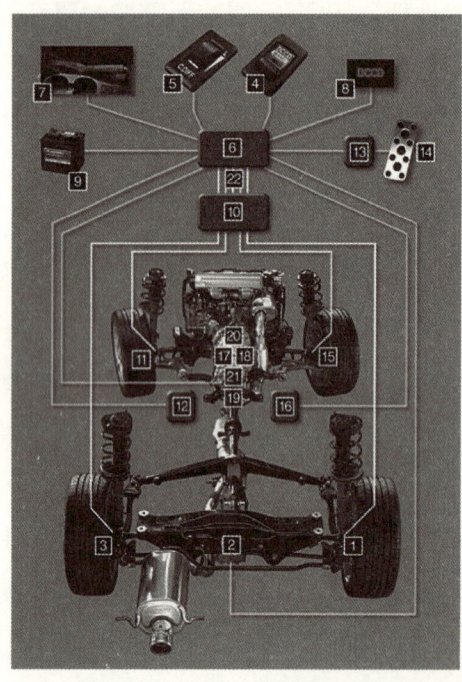

1. 輪速感測器
2. 後尾差速機油溫度開關
3. 輪速感測器
4. 手動模組開關
5. 手動調節旋鈕
6. DCCD 電子控制單元
7. 駐車剎車開關
8. DCCD 指示燈
9. 電瓶
10. ABS 控制單元
11. 輪速感測器
12. 剎車燈開關
13. 節汽門位置感測器
14. 油門踏板
15. 輪速感測器
16. 橫向加速感知器
17. 引擎主齒輪輸入
18. 前輸出
19. 後輸出
20. 變速箱
21. 中央差速器
22. ABS 檢測訊號

◉ 圖 1.2 常見的車輛 ECU 網路，由各種不同的車用網路連接多種 ECU 而成 [2]

要其他的 ECU，專門用於傳遞車子行進間的事件及訊息到其他的車子或路旁的網路基礎建設，用以交換相關的訊息，了解車子外面的行車狀況，便於即時反應。例如，前方車子緊急煞車或前方道路發生交道事故等。這種 ECU 我們給予特定的名稱，為**車機單元**(On-Board Units, OBU)與**路旁單元** (Road-Side Units, RSU)。透過這二個特定 ECU，車對車及車對網路便可相互交換訊息。例如 RSU 可以告知接近車子的 OBU，前方有交通事故，請駕駛人慢行。圖 1.3 是工業研究院所設計製作的 RSU 及 OBU。

不論是 OBU、RSU 或其他的 ECU，基本上都是由嵌入式系統所構成，都是用來處理各種不同的訊息，也需要有足夠的記憶體及各種不同的週邊設備與感測裝置，一般 OBU 內除了嵌入式處理器及通訊元件外，可能還需要有其他的元件，才可以順利的運作，這些元件像是 GPS 接收器、

OBU　　　　　　　　　RSU

▲圖 1.3　工研院設計的 OBU 及 RSU

人機介面、各種運輸所需的服務及其他的通訊設備。同樣的，RSU 除了嵌入式處理器外，也需要 GPS 接收器、I/O 控制器、路由器等。在本章中我們並不將重點放在嵌入式系統的設計與實作，這將留待另一章節專門探討。

1.2 車用通訊技術

在車載資通訊技術中，不論是車內的 ECU 或車間的通訊都需要有一些標準，在這一節我們介紹車用的通訊技術，包含車內的通訊匯流排及車間的無線通訊技術。

這些各種不同的 ECU 需要利用網路來相互連接，目前常被使用的 ECU 的網路連接技術有 CAN、LIN Bus 及 FlexRay 等，接著簡單說明這些技術。

1.2.1 車內網路技術

控制器區域網路[3] (Controller-Area Networks, CAN)

是一種車用的匯流排標準，用以將微控制器及裝置並可在車內不需要電腦便可相互傳送資訊。這種標準主要是設計給汽車的應用，不過近來也用以工業自動及醫療設備等。它是一個以訊息傳送為基礎的協定，可以在惡劣或是不穩定的狀況下提供相當穩定的資訊傳輸，其主要的原因是 CAN 是以**雙線差動** (Two-wire Differential) 傳輸的技術規格，當某個差動匯流排訊號線斷路、接地或搭上電源線時，仍提供持續傳送訊號。不過其資料的傳輸速率，則可能因傳輸線的長度增加而速率下降，資料傳輸率可能由 5K 位元到 1000 位元。

區域互連網路 [4](Local Interconnect Network, LIN Bus)

是一個車用的匯流排標準，可以用在現有的汽車網路架構中。LIN 標準主要要提供車用網路中一個低成本、低複雜度的通訊架構所開發。與 CAN 主要的不同是，當 CAN 提供高低能的同時，設備連線的成本也相對的提高，而 LIN 則是用於低成本低效能的應用上，像是座位控制器等。一般我們可以利用一些簡單的非同步傳送／接收器接到低成本的微控制器上來實作 LIN。

FlexRay [5]

是一個新的車用網路通訊協定，主要目的是提供比 CAN 更快更穩定的傳送介面。主要是由一些像 BMW、GM、福斯汽車等提供的通訊系統，以便提供未來的汽車應用上更好更快的資料傳輸環境。

目前大部分的汽車網路都是將 LIN 使用在低成本的應用上，像是身體周圍的電子設備上，而 CAN 都是使用在動力控制及人體周圍的通訊，至於 FlexRay 則是用於先進系統中高速的同步式資料通訊上，像是主動式懸吊系統。

1.2.2 車間網路技術

目前各種無線通訊技術一般都可以用在汽車上的通訊技術，像是 Wi-Fi、 WiMAX 及 3.5G 等，這些技術可以用在汽車對基礎建設間的資料傳輸，可以讓外部的資料傳送到汽車內，或由汽車傳輸到網際網路上。例如：汽車使用者可以透過這些無線通訊技術連上網路瀏覽各種網頁、下載影音檔、訂購各種物品或找尋各種車用服務等。

專屬短距離通信(Dedicated Short-Range Communications, DSRC)

是單向或雙向的短到中距離的無線通訊技術，傳輸距離可以高達 1000 公尺，主要是在一 5.9 GHz 的頻帶上保留一個 75 MHz 的頻寬給汽車使用。目前在歐洲及日本主要是用在電子收費站上,但它也可以應用到其他的 V2V(車間,車輛對車輛)、V2I(車外,車輛對基礎建設的基地台)或 I2V (基礎建設的基地台對車輛)上,這些應用很多,像是緊急警示系統、交流道碰撞避免、車輛安全檢驗等公共安全上。

1.3 車輛作業環境與軟體架構

車載的作業環境及軟體架構與一般的電腦系統並無太大的差異,主要的差異在於車用電腦的作業環境需要收集及處理由車內及車間網路傳送過來的各種 ECU 的資料。整個環境與一般的電腦不同,比較像是一個組織良好的自動化工廠,而且整個車輛中是由多個 ECU 網路所組成,這些 ECU 組成車內的各種智慧型控制。因此車輛作業環境及軟體架構需要可以控制這些不同的 ECU。

以目前的技術愈來愈進步,分工也愈來愈細而言,一個作業系統或環境要整合及控制所有的 ECU 實屬不易。例如某個 ECU 是 A 廠商生產的,採用作業系統 A,另一個 ECU 是 B 廠商生產,採用作業系統 B,結合二個 ECU 還算容易,但如果結合數十個各種不同廠牌的 ECU,且要保存系統的高穩定性及可用性,對系統的開發者而言將是一個重大的挑戰。因此要整合這些 ECU 形成一個車載資通訊系統一個重要的關鍵。因此在車載資通訊系統中需要一個好的軟體平台架構,圖 1.4 是車載資通訊系統可能的軟體平台架構,我們可以透過一些與車載資通訊系相關的**中介軟體**(Mid-

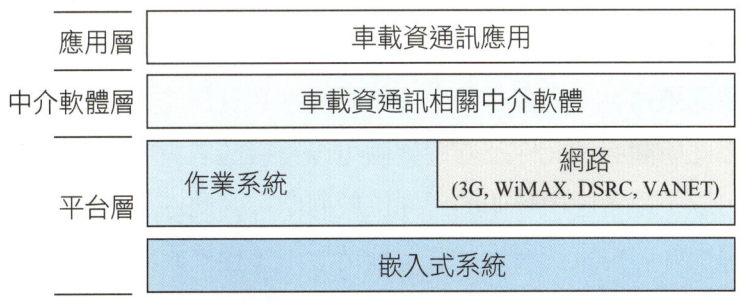

▲圖 1.4　車載資通訊的平台架構

dleware)，來整合各種不同的車載資通訊作業平台，以達到整合各種不同的 ECU 系統及作業環境。

中介軟體的技術在一般的 IT 上已經有相當成功的發展及應用實例，例如在一般的分散式系統上有 CORBA/JAVA RMI、JINI 及架構在 HTTP 標準的網路服務，另外還有用以整合一些較小環境服務的一些軟體技術與標準，像是微軟所提出來的**萬用隨插即用**(Universal Plug and Play, UPnP)及由**開放服務閘道聯盟**(Open Service Gateway Alliance)所推動的 OSGi 標準等。除此之外，由歐洲的一些汽車大廠所推動的車用軟體平台的**自動車開放式系統架構**(AUTomotive Open System ARchitecture, AUTOSAR)則是專為車輛所設計及發展的軟體技術平台，用以整合各種不同的 ECU 並且形成一個 ECU 網路。這些技術及標準不僅可以讓車輛電子系統開發者容易的去整合車內各種不同廠牌的電子設備，也可以讓車輛與車輛間及車輛與網際網路中容易的去找尋服務及交換訊息，架構在這些中介軟體及標準之上，可以容易的去開發各種不同的應用。

在此我們可以歸納一些利用開放及標準的中介軟體去開發車載上之相關應用，可以得到下列幾種優點：

1. **容易開發應用程式**：因為架構標準的中介軟體之上開發車載相關應用程式，可以減少程式設計師學習開發工具的時間，而且在此標準下，各種元件及工具被充份定義與發展，程式設計師可以充份運用這些工具，開發應用程式時只需要考慮應用程式之邏輯部分，因此非常容易開發相關的應用軟體。

2. **互通性良好**：軟體開發廠商架構在相同的標準及技術上，所開發的元件具有相同的資料交換及互通協定，因此各廠商所開發的應用程式不需要考慮底層的資訊交換協定，因此應用軟體之間的互通性非常好。

3. **具位置的透通性**：大多數的中介軟體都考慮實作的方便性及元件的互通性，因此所開發的元件及應用軟體可以直接透過標準互相交換訊息，元件間可以不用考慮所呼叫的元件位於何處，因此透過標準的中介軟體可以具備很好的位置透通性。在這種情形下，程式設計時可以不管元件的佈建位置。

4. **良好延展性**：因為具有位置的透通性，當系統需要擴充時，元件及應用程式的延展性便會比較好，因為我們可以不用考慮元件所在的位置，當我們新增一些 ECU 或執行節點時，所開發的元件很容易的被佈建到新的節點上，並且很容易整合到原有的軟體上。
5. **易於維護**：由於系統使用標準的技術開發，當元件出現問題或需要抽換舊有的版本時，新的版本很容易與舊有的系統整合，也不容易造成整合時不相容的問題。
6. **縮短應用軟體開發時程**：由於程式設計師開發程式時只需考慮程式的邏輯，因此應用程式開發的時間可以大大的縮短，對於軟體上市時間可以提前。
7. **降低開發成本，增加競爭力**：由前述可知，開發成本因開發時程縮短，因此開發成本也因而降低，當然軟體在市場上的競爭力也因而提昇。

1.4 車載作業系統

車載資通訊系統所有的應用都需要有好的作業系統來提供與行車電腦及車用的 ECU 之間一個良好的溝通介面，在此我們將介紹三種常用於車載 ECU 上的作業系統，並作一簡單的比較。

1.4.1 車載嵌入式作業系統

當見的三種嵌入式作業系統為 QNX 4 RTOS、Windows CE 及嵌入式 Linux。Windows CE 及嵌入式 Linux 是較常見也是大家所熟悉的嵌入式作業系統，嵌入式 Linux 常應用在消費性電子、網路路由器、交換器、資訊家電、車輛等服務上。

QNX 4 RTOS

QNX 4 RTOS 是一開始在 1980 年由 Waterloo 大學二位資訊系學生 Gordon Bell 及 Dan Dodge 在作業系統的課程中為了設計一個基本的即時作業系統核心時所設計。QNX 4 RTOS 是一個即時的作業系統平台，以微核心(Micro-Kernal)為基礎，在上面建構一些服務，其服務主要可以分為四類：

1. 行程間通訊(InterProcess Communication, IPC)
2. 低階網路通訊(Low Level Network Communication)
3. 排程(Process Scheduling)
4. 中斷分配(Interrupt Dispatching)

由此可知，QNX 的微核心只負責基本的通訊及排程部分，其他作業系統的管理工作都放到使用者層次上執行，像是檔案管理、記憶體管理、高階網路通訊機制等。微核心作業系統是作業系統發展的趨勢，其優點讀者可以參考相關作業系統的書籍。

Windows CE 系列

Windows CE 系列是微軟專門給消費性電子所開發的 32 位元**硬式即時作業系統**(Hard Real-Time OS)，其核心的運作方式則是繼承 WinNT 的技術，可以適用在智慧型、具連接性與精巧的裝置，例如消費性電子產品、閘道器、工業控制器、手持行動裝置、IP 機上盒、VoIP 電話與精簡型用戶端設備等。它是一階層式架構，大概可以分成四層如下：

1. 應用層：是由一組應用程式集合而成，通常會透過 Win32 API(應用程式介面)來呼叫系統的服務。
2. 作業系統層：包含了 Windows CE 的核心、裝置管理員、服務管理員及圖形視窗事件子系統等四個模組。
3. OEM 硬體配接層：OEM 硬體配接層是介於核心系統層及硬體層間，用來描述抽象的硬體功能，可以實現作業系統的可移植性。
4. 硬體層：嵌入式系統的硬體部分。

嵌入式 Linux

嵌入式 Linux 也是分層式的架構，由很多個模組所組成，像是核心、檔案系統、裝置驅動程式及網路協定等。一般的嵌入式 Linux 可以分成五個主要的子系統：

1. 排程(Process Scheduler: sched)
2. 記憶體管理(Memory Manager: mm)
3. 虛擬檔案系統(Virtual File System: vfs)
4. 網路介面(Network Interface)
5. 程式間通訊(Inter-process Communication: ipc)

1.4.2　車載嵌入式作業系統的比較

　　這三種嵌入式作業系統都可以運用到車輛的嵌入式系統中，接著我們從**程序管理**(Process Management)、**程序間通訊**(Interprocess Communication)、**網路支援**(Network Support)等來比較三種嵌入式作業系統之差異。

程序管理
QNX

　　QNX 的程序管理員並不是在 QNX 的微核心中，而是在使用者程序層上執行，程序管理員是由微核心來排程，而且以微核心所提供的基本訊息傳遞指令來與系統其他的程序來溝通。在微核心的排程器(Scheduler)中排程的決定是由下列三種來決定：

1. 一個程序成為啟動 Unblocked
2. 一個執行中的程序執行時間片段
3. 一個執行中的程序是被佔用(Preempted)

　　每一個程式都會指定一個優先權，而當超過一個以上的程序有相同的優先權且等待執行時，則排程器會使用**先進先出**(FIFO)、**輪替式**(Round-robin)、**適應性**(Adaptive)等三種排程演算法。

Windows CE

　　它是一個有先佔權多工的作業系統，它允許多個應用程式或程序同時在系統中執行，支援**程序**(Process)及**執行緒**(Thread)二種，而執行緒的排程是具有**先佔權**(Preemptive)的方式來實現，它使用八種不同的優先權。使用優先權為基礎，**時間片段**(Time-slice)的演算法去做執行緒執行時的排程，在相同的優先權準位的執行緒是以 Round-robin 的方式排程。

Linux

在核心中實現執行緒，因此 Linux 中核心的資料結構是以執行緒為本體，而不是以程序。Linux 區分三種執行緒來排程，分別如下：

1. 即時先進先出執行緒是具有最高優先權，而且是不具**先佔權的**(preemptable)。
2. 即時輪替式執行緒除了它具有先佔權外，其他的與即時先進先出執行緒相同。
3. 時間分享執行緒的優先權比其二者都低。

程序間通訊

QNX

QNX 程序間的通訊都是透過 QNX 所提供的基本傳送接收指令(Primitive)的呼叫，以訊息傳遞的方式來傳送訊息，除了微核心內的服務外，包含作業系統中的檔案管理員、記憶體管理員等及使用者的應用程式，都可以透過這種基本傳送接收訊息的指令來傳遞訊息。

WIN CE

WIN CE 的程序間通訊除了支援程序間的訊息傳遞外，它也支援程序間記憶體映對(Memory Mapping)的方式來做程序間的溝通，這種方式可以讓相互合作的程序間資料傳遞的速度非常快速，因為相互合作的程序間相互溝通是可以不需要實際的傳送資料，只要告知對方所要傳送的資料記憶體位址即可。

Embedded Linux

它使用原來的 Linux 的 IPC 的機制，像是訊號(Signals)、管線(Pipes)與命名式管線(Named Pipes)、號誌(Semaphores)、訊息佇列(Message Queues)及 socket 等。在 Embedded Linux 中可以選擇任何一種方式在它的應用之中。

網路支援

一般的作業系統所提供的網路支援大部分都含有網際網路協定(Internet Protocol)，在 QNX 中在其核心之中還提供了低階的網路通訊，至於其網際網路協定則是在核心上的服務層上提供像 IPv4 及 IPv6 等。WIN CE 則是在核心中提供網際網路協定、PPP 及紅外線 IrDA 1.0 協定堆疊等。至於 Embedded Linux 則是提供網際網路協定。

1.4.3 QNX CAR 應用平台

在此我們介紹 QNX 的 CAR 應用平台 [6]。這是 QNX 軟體系統公司開發，用以建構先進的車內資訊及娛樂的軟體系統。QNX CAR 可以提供 OEM 廠商及第一層(Tier one)的系統供應商一些工具、技術及服務，以便可以快速的建構及可靠的相連的車內系統，像是車內的裝置、個人的電子裝置、連接到車外的網際網路及與車子周圍的其他車子連接等。QNX CAR 是一個開放的軟體，使用者可以到 QNX 的網站下載 Neutrino 最新版的作業系統下來安裝及測試。圖 1.5 則是以 QNX CAR 所建構的一個整合的車內資訊系統的範例。

QNX CAR 是一完整的車用資訊及娛樂系統的架構，它主要包含了 5 層，除了硬體層外，軟體部分共有四層，包括 QNX Neutrino 作業系統核

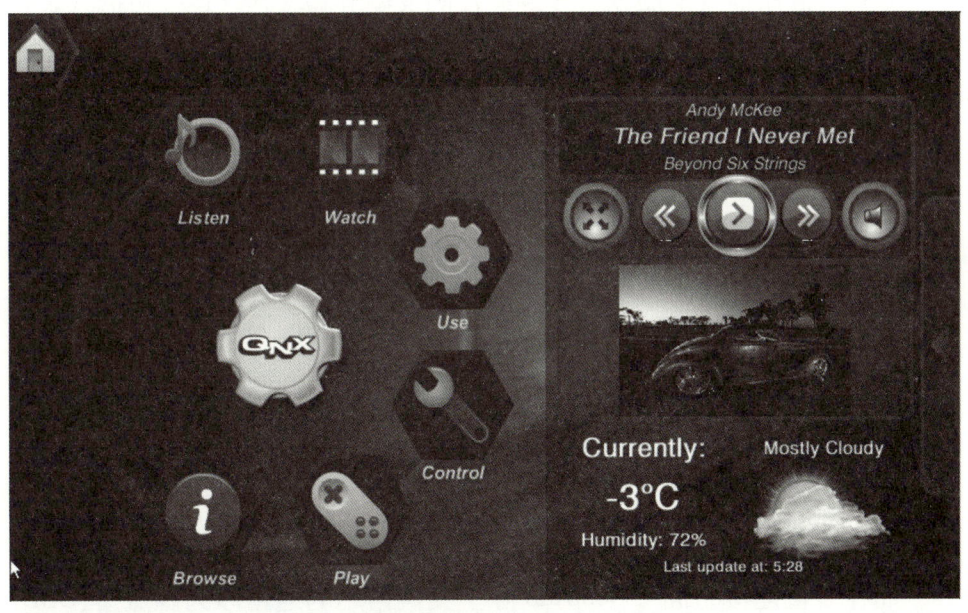

▲圖 1.5　以 QNX CAR 所建構的車用資訊系統範例 [6]

心層、QNX Neutrino 服務層、中介服務層及**人機介面**(Human Machine Interface)應用層等,圖 1.6 是說明 QNX 的主要分層及架構。分別對於這些層簡單說明如下:

人機介面

QNX CAR 架構將人機介面由中介軟體服務及作業系統服務中獨立出來,這種做法提供一些好處。例如,由系統所實作的邏輯與系統行為可以由任何一種人機介面來使用,不同的人機介面不會因為邏輯及系統行為不同而需要修改其介面,減少開發者的負擔。另外,這種方式當應用程式改變時,也因有獨立的人機介面及中介軟體服務而不受影響。

另外,為了增進人機介面設計的效率,QNX CAR 的人機介面層也分成二個主要的子系統,分別是**應用**(Applications)及**服務**(Service),以便於容易設計所需要的人機介面及呼叫中介服務及作業系統服務的功能。

中介服務層

QNX CAR 的中介服務層提供一組可重複使用應用及自動車中介軟體,這一層允許開發者區隔應用程式的邏輯部分與人機介面層。在這層之中包含了人機介面所需要的服務、多媒體控制及編解碼服務、連接可攜式裝置相關的服務、導航引擎、網路瀏覽、免持聽筒、語音等相關的服務。這些服務提供各種多媒體相關的應用所需要的中介軟體服務,當然在這個架構上可以加上其他應用所需的中介服務模組,以符合先進車輛所需要的應用。

作業系統服務層

由於 QNX Neutrino 是一個微核心技術的車用嵌入式作業系統,因此除了重要的排程及行程間通訊的部分外,大部分的作業系統的管理功能都是被分成一個獨立的服務層,這個服務層提供各種重要的基本服務,像是檔案系統服務、圖形、資料庫、裝置連結、使用者輸出入、記憶體管理、及網路功能等。在檔案系統部分,為因應各種不同的應用所需的檔案格式不同,所以支援像 FAT、NTFS、HFS、NFS、CIFS 等多種不同的檔案格式。而在裝置連接方面,Neutrino 除了支援常用的**通用序列匯流排**(USB)及**藍芽**(Bluetooth)外,它也支援前面章節所提到的 CAN 匯流排。

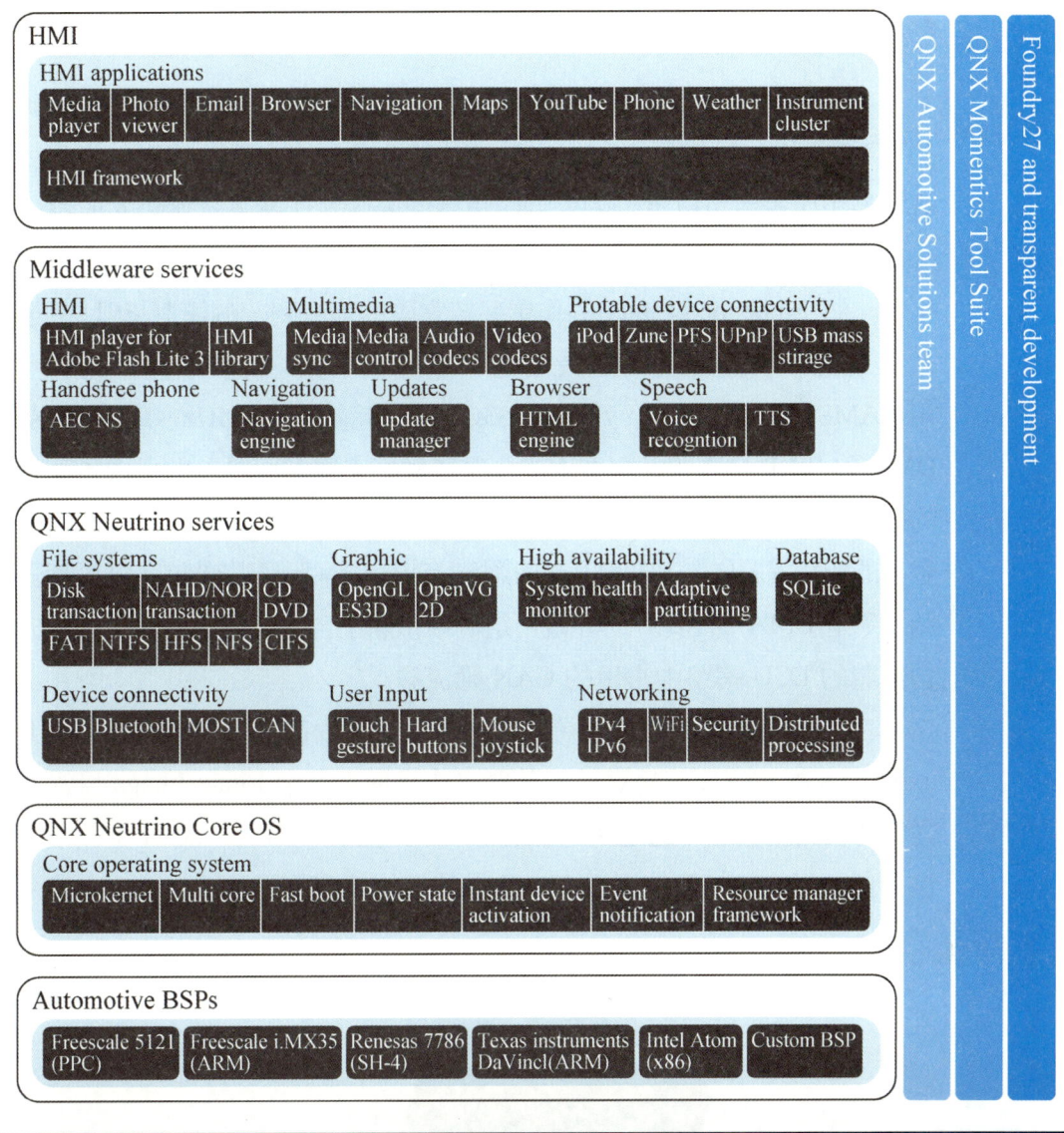

▲ 圖 1.6　QNX CAR(Connected Automotive Reference)架構 [6]

作業系統核心層

　　軟體部分的最下層則是作業系統的核心層，正如 1.4.1 節所提到的，Neutrino 作業系統提供最基本的行程間通訊、排程、低階網路通訊及中斷分配等功能。另外，由於微控制器的技術已提升到多核心，因此在核心層部分亦增加了多核心的管理。除此之外，像是快速啟動、立即裝置啟動、資源管理框架等包含在 Neutrino 的作業系統核心層中。

1.4.4 嵌入式作業系統的佈建

如前所述，車輛的 ECU 及行車電腦可以看成一個嵌入式系統，QNX 的 CAR 架構的最底層也可以是一個 ARM 或 Intel x86 為基礎的嵌入式系統，為了讓讀者可以實際的學習將車載的嵌入式作業系統實際的佈建(Porting)到 ECU 上，在此利用長高科技 [7] 的嵌入式系統模擬一個實際 ECU 平台，將 Embedded Linux 的作業系統實際的佈建到一個模擬 ECU 的嵌入式系統上。我們採用的是長高的 DMA-2440XP 教學平台，此平台使用 SAMSUNG ARM9 系列中的 S3C2440 時鐘為 400MHz。DMATEK 的 DMA-2440XP 是專門針對廣大嵌入系統愛好者學習而設計的低成本高性能的硬體平台，意在降低嵌入系統學習的門檻，使得廣大嵌入系統愛好者很容易的能夠揭開嵌入系統神秘的面紗，有機會接觸到高階的嵌入式處理器。圖 1.7 是 DMA-2440XP 的外觀。這個系統除了含有各種週邊設備外，亦包含車載的 ECU 網路中常用的 CAN 匯流排。

工作環境是 Windows，燒寫 Linux 的資源放在教學平台光碟中的 Linux/U-boot 檔夾下面。燒寫前的首要工作是把光碟中 Linux/Image 目錄下的內容拷貝到主機上。通過 JTAG 燒錄 U-boot 到 NAND FLASH 當教學平台沒有任何程式時，只能通過 JTAG 或其他的燒寫軟體把 U-boot.bin 燒寫到

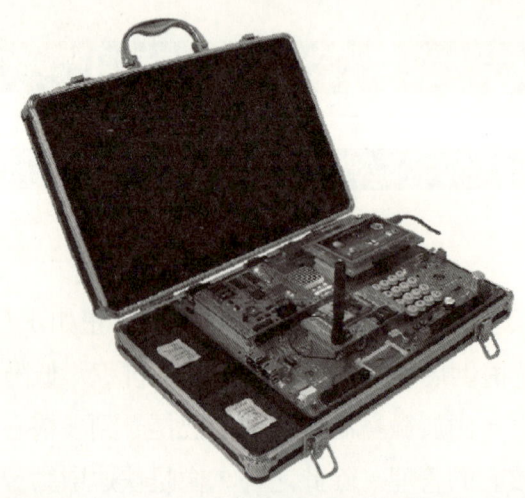

▲ 圖 1.7　DMA-2440XP 的外觀 [7]

```
SMDK2440 # run kernel
TFTP from server 192.168.0.10; our IP address is 192.168.0.20
Filename 'zImage'.
Load address: 0x30200000
Loading: ############################################################
         ############################################################
         ############################################################
         ############################################################
         ####################################
done
Bytes transferred = 1518948 (172d64 hex)

NAND erase: device 0 offset 0x40000, size 0x1c0000
Erasing at 0x1fc000 -- 100% complete.
OK

NAND write: device 0 offset 0x40000, size 0x1c0000

 1835008 bytes written: OK
SMDK2440 #
```

▲ 圖 1.8　Embedded Linux 佈建完成之結果

Flash 中，待燒寫完 U-boot.bin 之後，就可以通過 U-boot 使用網路環境來燒寫核心和檔案系統。由於佈建嵌入式系統是一個繁瑣的過程，在此我們並不說明整個過程。整個佈建的過程，實驗手冊有完全介紹，讀者可以參考實驗手冊。佈建結果將如圖 1.8 所示。

1.5 車載服務

　　前一節簡單介紹 QNX 的軟體架構，但由於車子內部的 ECU 愈來愈多，功能愈來愈多，各種不同的技術與協定也如雨後春筍般的出現，而且車載的應用所需的服務也不盡相同，因此是需要討論車載的服務架構及技術。另外，由於網路技術的進步，網路上的應用非常的豐富，為了使在車上的乘客可以方便的透過無線網路連接外面的服務，或與外面的車輛相關傳遞訊息，並透過互助合作達到特定的目的，車載亦需要與外部的服務相互溝通，如圖 1.9 所示。在這節我們簡單介紹，詳細將於下二章中介紹。

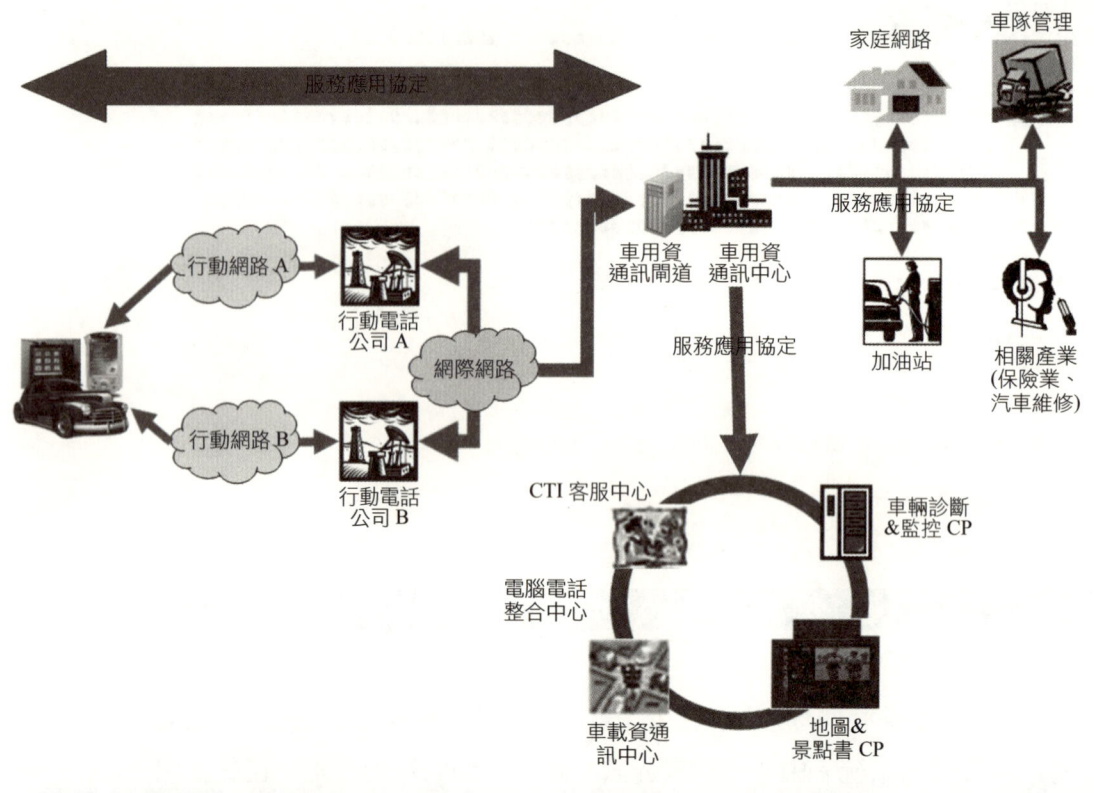

▲ 圖 1.9　車載於外部的服務相互連結

1.5.1　車載服務連結

　　先進汽車的 ECU 愈來愈多，各種裝置及功能也愈來愈多，這些裝置都提供了很多資源、服務及功能，將各種不同的資源及服務結合而成，形成新的服務及應用，變成愈來愈重要。首先我們先將車載服務連結分成車內服務連結及車間服務連結，分別說明如下：

　　車內(Intra-Vehicle)服務連結：就是將車內現有的資源、服務及功能以一個標準的技術或協定將這些串聯在一起，而形成其他的應用，如圖 1.10 所示。例如，一位乘客攜帶有手持的多媒體將裝置，可以透過車內的無線網路連接，便可在任何一個具有播放主機的螢幕上播放出來。這個觀念亦可以應用到其他的 ECU 上。例如，車上有雨水感測器及其相對應的功能，另外也有雨刷，這二個功能可以透過車內的服務連結將二個功能連結在一

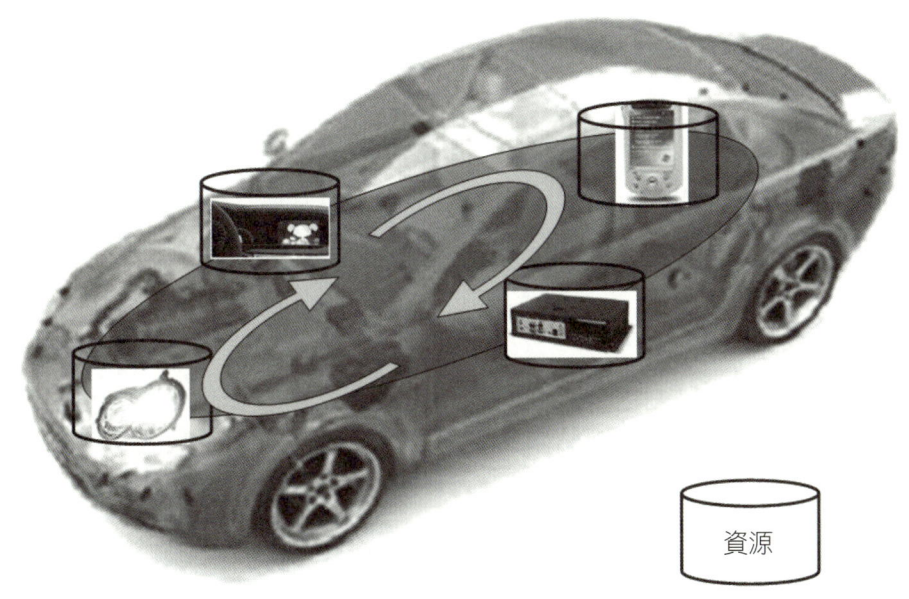

▲圖 1.10 車內服務連結

起,當雨水感測器感測到下雨時,便可啟動雨刷。這些服務可以透過車內的匯流排,像 CAN、LIN 等,或無線的(藍芽)、Wi-Fi 等來連接,不過上層還是需要互連的協定,像是 TCP/IP、車載相關的物件模型、OSGi、UPnP、Web 的 HTTP 等協定來相互連接。

車間(Inter-Vehicle)或**車到基礎建設**(Vehicle-To-Infrastructure)服務連結: 車輛行進間可以透過無線網路的方式來呼叫並使用外部的資源或服務,像是傳送資訊給鄰近的車輛、由其他的車輛擷取多媒體檔案、分享各種資訊給鄰近的車輛、由車載服務中心擷取各種服務、傳送資訊到車載資訊中心以提供進一步的分析與處理等,如圖 1.11 所示。同樣的這些需要無線通訊及無網路提供資訊傳遞的能力,這些無線通訊像是 DSRC、WI-FI、WiMAX、3G/3.5G 等。至於上層的服務協定上也可以透過 TCP/IP、OSGi、UPnP、Web 的 HTTP 等協定來相互連接。

綜合上面可知,車載服務的連結除了網路上需要有各種相關的通訊協定支援外,在中介軟體上亦需要各種不同服務協定,透過這些中介軟體框架構,車載應用服務的開發者可以容易的開發所需的應用程式,在這節中我們先簡單介紹分散式物件模型及網路服務應用在車載資通訊技術上,在

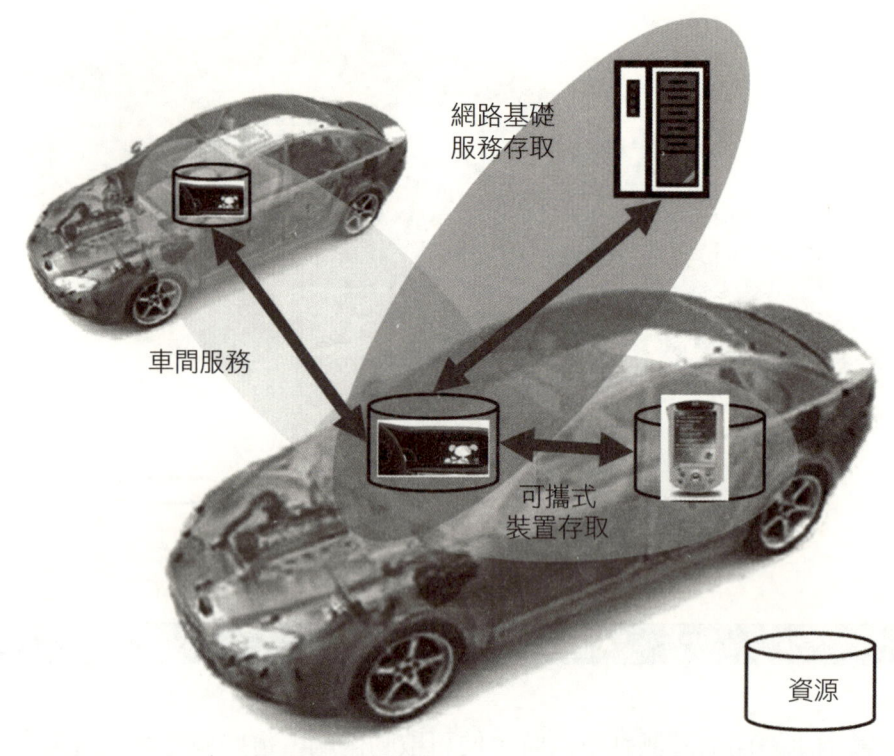

▲ 圖 1.11　車間服務連結

下二章將較詳細的介紹車載軟體技術架構(AUTOSAR)及 UPnP 與 OSGi 的技術。

1.5.2　車載軟體技術物件模型

隨著程式語言及軟體技術的發展，物件導向程式設計已經是標準的軟體開發技術。而隨著各種分散的應用大量被開發，分散式物件模型也成為分散式計算的主要軟體開發技術。如前面所提到，車輛中有很多個 ECU 連接而成的網路，這種車載的應用已成為一種標準的分散式系統，一個應用於車載上的分散式物件模型成為開發車輛中應用的重要技術，我們將在下一章中詳細介紹應用於車載的軟體架構與技術，在本章中我們先介紹分散式物件模型的觀念。

物件標準組織(Object Management Group, OMG)[8] 於 1990 年代被期

```
              ┌─────────────┐
              │  IDL 編譯器  │
              └─────────────┘
```

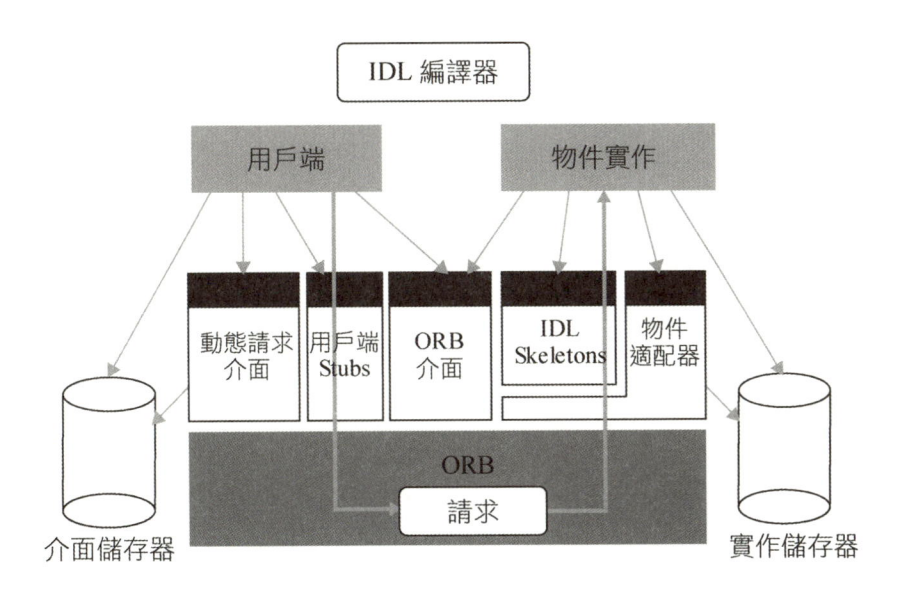

▲ 圖 1.12　CORBA 的架構

開始著手規劃分散式物件模型，而創造出**通用物件請求代理架構**(Common Object Request Broker Architectures, CORBA)，如圖 1.12 所示。在這個架構中，一個物件可以呼叫遠端的另一個物件，而不需要考慮該物件的位置、實作方式、作業平台及開發的語言等。這個中介軟體架構可以讓分散式應用的軟體開發者不需要考慮平台及環境的異質性，只需考慮軟體物件的邏輯。架構在 CORBA 上，用戶端可以透過用戶端的 stub 去呼叫伺服端的物件，這個呼叫透過 CORBA 的**對象請求代管者**(Object Request Broker, ORB)來傳送到伺服端的目的物件。當送到伺服端時則是由**物件適配器**(Object Adapter)來呼叫適當的物件來執行，Object Adapter 則是透過伺服端的 skeleton 來呼叫目的物件。在這個模型中，用戶端端的 stub 及伺服的 skeleton 都是透過程式設計師所定義的**介面描述語言**(Interface Description Language, IDL)來定義物件的介面來產生。

　　CORBA 的架構開啟了分散式物件技術的開發，後來微軟的**分散式元件物件模式**(Distributed Component Object Model, DCOM)及 JAVA 的**遠端方法調用**(Remote Method Invocation, RMI)都是架構在相同的觀念下所開發出來的。這方面的技術已相當成熟，這個技術也被應用到車載資通訊的軟體技術，由歐洲汽車大廠 BMW 等共九家汽車大廠共同推動的**自動車開放式系統架構**(AUTomotive Open System Architecture, AUTOSAR)，這個架構的觀念與其他的分散式物件架構類似。AUTOSAR 是一個開放且標準的自動車軟體架構，可以結合汽車的製造廠、供應商及工具的開發者一起共同開發車用的相關軟體系統，這些軟體元件可以在各種不同的 ECU 上執行，系統開發者可以不管每個軟體元件是以何種語言實作、在哪一種平台上執行及在哪一個 ECU 上執行，可以加速軟體系統的開發及相容性。在第二章中我們將詳細介紹 AUTOSAR 的原理及架構。

1.5.3　網路服務技術於車載服務之應用

車輛雖然是一個行動載具，但也需要與外部來連繫，因此網際網路平台上相關應用所需使用到的中介軟體技術及方法，車載資通訊亦需要支援與提供。在網際網路上經常以承接口(Socket)的方式來傳送資料或是以 HTTP 協定來連結上網頁，但隨著網路服務(Web Service, WS)技術的興起，車載資通訊結合網路服務技術，可以讓車載資通訊的應用更具有彈性及多元化。網路服務的技術與 AUTOSAR 的主要差異在於 AUTOSAR 主要是使用在**車內**(Intra-Vehicle)的服務，而 WS 則主要是應用在**車間**(Inter-Vehicle)的服務或**車到基礎建設間**(Vehicle-To-Infrastructure)的服務連結。

網路服務可以說是架構在 HTTP 協定上的分散式服務模型，所使用的技術都是網路上相關的技術，例如，資料模型是以 XML 來呈現，服務介面也是擴展 XML 所得的**網路服務描述語言**(Web Service Description Language, WSDL)來描述服務的介面，至於服務呼叫及結果則是被包裝成**簡單物件存取協定**(Simple Object Access Protocol, SOAP)的方式，這些都是以 XML 為基礎的表達語言。

至於每一個網路服務也是一個獨立的程式片段，如何在各個平台及系統上找到所需的服務則是一個問題，圖 1.13 是 WS 技術中使用**普及描述探索與整合**(Universal Description Discovery and Integration, UDDI)的方式儲存所有的網路服務，當一個網路服務開發完成，可以向 UDDI Registry 註冊，當使用者需要一個網路服務，他可以向 UDDI 查詢，UDDI 中如果有所要的服務，則會回應給查詢者該服務的 WSDL，以便讓用戶端可以呼叫遠端的服務。透過網路服務，車輛便可以容易的與外部的車載服務中心或系統連結與溝通，達到各種不同的應用，像是圖 1.9。

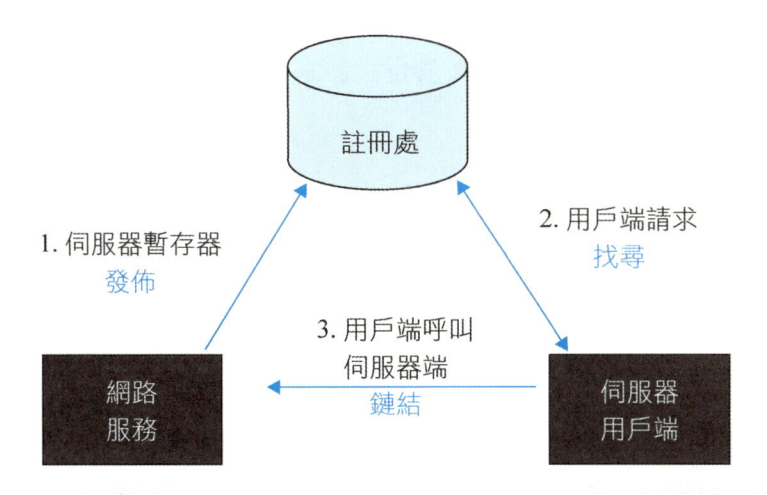

▲圖 1.13　網路服務的註冊及服務找尋

練習

1. 說明三種常用的 ECU 網路連接技術。
2. 說明常用的車間網路技術專屬短距離通信 (Dedicated Short-Range Communications, DSRC)。
3. 請解釋何謂 ECU、OBU 及 RSU，並說明之間的區別。
4. 請說明利用開放及標準的中介軟體去開發車載之相關應用之重要性，並說明具有何種優點。
5. 說明三種常用於車輛的嵌入式系統中之程序間通訊的機制為何。
6. 嵌入式 Linux 常用於車輛上的嵌入系統中，一般的嵌入式 Linux 可以分成哪五個主要的子系統？
7. 請說明 QNX CAR 主要設計的目的為何？其架構可以分成哪些層？功能各為何？
8. 請說明車內(Intra-Vehicle)服務連結及車間(Inter-Vehicle) 服務連結。
9. 解釋何謂 AUTOSAR？主要的目的為何？

參考文獻

[1] http://www.ecudoctors.com/home_process.html.

.[2] http://www.driveperformance.subaru.com/version1_2/blueprint.asp

[3] http://www.canbus.us/.

[4] http://zone.ni.com/devzone/cda/tut/p/id/9733.

[5] http://www.flexray.com/.

[6] http://www.qnx.com/products/qnxcar/.

[7] http://www.dmatek.com.tw/tn/index.asp.

[8] http://www.omg.org/.

第 2 章
車載軟體元件技術

軟體元件技術是每一個系統開發時最重要的技術，一個技術的好壞將攸關系統的成功與否。在現有的資訊技術上，軟體元件技術已經非常成熟，也因此造就各種成功的資訊系統。是否能將這些資訊技術應用到車載資訊系統上，使得車載資訊系統的開發也像一般的資訊系統般的快速發展，如果可以借用現有的軟體元件技術應用到車載上，促使車載資訊系統也可以快速發展，這將使汽車工業也像電腦工業般快速成長。在這章中我們將說明最新的車載上的軟體元件技術，AUTOSAR。

2.1 軟體元件技術

目前軟體的開發以分散式物件導向技術及**網路服務**(Web Service)為主，這二者主要的差異在於前者不需要在網際網路上執行，後者則可以在網際網路上執行。由於在車內的 ECU 是透過內部的網路連接，而且除非有必需要，否則是不需要連接到網際網路，即使有必要，也可以透過其他的中介軟體來達成(這個部分將在下一章中說明)。而每一個 ECU 可以看成是一個嵌入式系統，因此在車輛中的 ECU 網路我們可以看成是一個 ECU 的區域網路，這個網路不是以乙太網路或是 Wi-Fi 連接成區域網路，而是以 CAN、LIN 及 FlexRay 的標準來連接。因此車載的軟體元件技術使用分散式物件導向技術會是比較好的選擇。

在此我們先介紹在資訊科技中分散式物件導向技術。分散式物件導向技術最早是來自 1980 年代**遠端程序**(Remote Procedure Call, RPC)的概念，也就是透過遠端呼叫的機制，可以讓主程式呼叫遠端的副程式，如圖 2.1 所示。RPC 是一個用戶端／伺服器的架構，用戶端的程式可以呼叫遠端的伺服器，不過中間需要有一個機制可以將呼叫的請求訊息送到伺服器端，在 RPC 中是透過在用戶端的 Stub，伺服器端的 Tie 來負責轉送呼叫請求，這些請求再經由執行的環境來傳送，中間的協定則是 RPC 的協定。

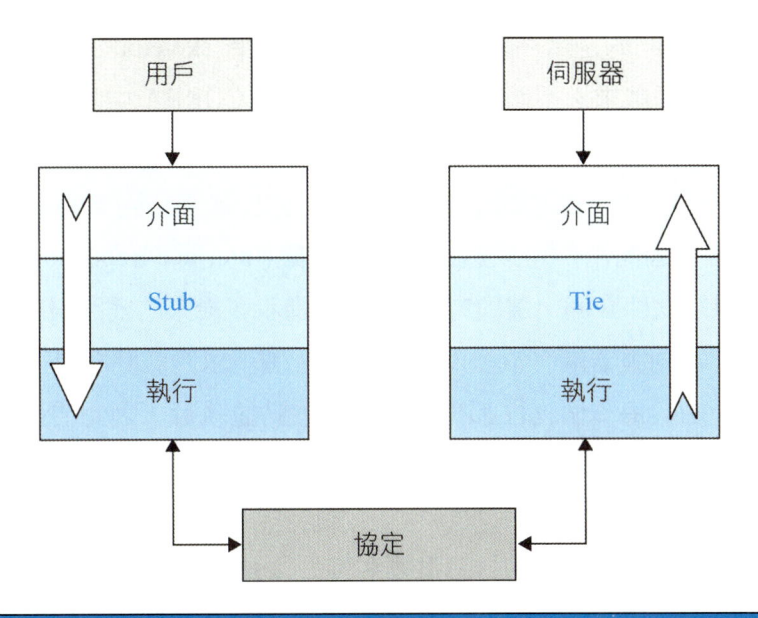

▲圖 2.1　RPC 的機制

　　由於軟體元件技術及程式語言的發達，軟體元件被模式成一個物件，像是微軟的元件物件模型(Component Object Model, COM)。當把這些物件模型與 RPC 結合在一起就成為分散式物件模型，這種分散式物件模型最早在 1990 年代由 OMG [1] 所提出的 CORBA 最具代表性，CORBA 的架構圖如第一章的圖 1.12 所示。後來 JAVA 也提出的遠端方法呼叫(Remote Method Invocation, RMI)可以將遠端的 JAVA Bean 物件以 RMI 的機制來呼叫。同樣的，微軟也將 COM 分散式化成為分散式元件物件模型(Distributed Component Object Model, DCOM)，因此各種分散式物件模式開始發展，也讓軟體元件技術突飛猛進。由於 CORBA 是由非營利的 OMG 組織所訂定，是一個完整的分散式物件模型，我們將以 CORBA 來介紹。

　　在 CORBA 跟 RPC 類似，只是 RPC 的執行及其協定，在 CORBA 中是一個物件需求仲介者(Object Request Broker, ORB)，它負責傳送請求到伺服器端及結果回到用戶端。透過 ORB 的協助，用戶端程式及其 stub 可以不需知道所呼叫的伺服器位於哪一台電腦，當伺服器端程式執行後就會跟 ORB 通知，而每台電腦上的 ORB 會透過訊息的交換來了解每一台機器上有何物件。

與 RPC 相同的是用戶端有 stub，伺服器端有 skeleton 來協助用戶及伺服器程式來傳送請求。不過不同於 RPC 的是在 CORBA 中除了靜態的 stub 外，還有**動態的呼叫介面** (Dynamic Invocation Interface, DII)，這個 DII 可以允許在執行前還不知道伺服器端的介面，因此無法得到 stub 以便呼叫遠端的伺服器，因此用戶可以透過**介面儲存庫** (Interface Repository, IR) 來動態的得到遠端物件介面，這種方式比 RPC 進步，後來的網路服務也延用了這個方式。當伺服器端有很多個物件時，一個請求應該呼叫哪一個物件起來執行呢？由於每一個物件都需要事先被啟動並執行，因此要可以辨認是呼叫哪一個物件，並且啟動該物件，因此在 CORBA 中有一個 Object Adaptor 來呼叫適當的物件。

在用戶端及伺服器端的介面需要在事先以**介面定義語言** (Interface Definition Language, IDL) 來撰寫，這個語言主要是用來定義二端的介面，並不能執行。下列是 CORBA IDL 的一個範例：

```
Interface Collector
  {
    MetaData GetMeta(in QueryLanguageType qsType);
    Readonly attribute long Result_size;
    Result retrieve_element_at(in long where);
    Iterator create_iterator();
  }
Interface Iterator
  {
    Result next();
    Boolean reset();
    Boolean more();
  }
```

CORBA 的 IDL 類似 C++或 JAVA 語言，用 IDL 所定義的介面檔需要經過 IDL 編譯器編譯，IDL 編譯器會產生用戶端的 stub 及伺服器端的 skeleton，程式設計師只要利用 stub 來寫用戶端的程式，並且將 stub 和用戶端程式一起編譯成執行檔即可，在伺服器端的程式也是一樣，當程式設計師寫好伺服器端程式後再和 skeleton 一起編譯即可。

在 CORBA 中除了定義了這個架構，還定義了很多服務，以便用戶端的程式可以呼叫使用，像是 naming service、event service、persistent service、transaction service 等，這些服務因為都遵循 CORBA 的標準，因此都可以容易的被實作及呼叫。另外，當 ORB 不屬於相同的軟體廠商時，CORBA 也定義了**網路互通協定**(Internet Inter-Operability Protocol, IIOP)的標準用來橋接不同的 ORB。透過 IIOP 的**橋接器**(bridge)，用戶端可以存取不在同一個區域網路內的物件，使得 CORBA 的物件模型可以跨越平台的界限而形成一個較大範圍的分散式系統。

在此介紹 CORBA 這種分散式物件導向軟體技術的目的，主要是為車載的軟體元件技術預做準備，因為車載的軟體元件技術 AUTOSAR 的概念與 CORBA 有很大的相似處，了解 CORBA 後再來了解說明 AUTOSAR，讀者便容易明白其原理。

2.2 AUTOSAR

自動車開放式系統架構(AUTomotive Open System ARchitecture, AUTOSAR)是在 2003 年七月一些汽車大廠為了將 IT 技術引進到汽車產業中，並且希望在汽車的 IT 產業中營造一個藍海策略所規劃出來的產物。AUTOSAR 是一個開發且標準化的車載軟體架構，這個軟體架構的參與者包含汽車製造商、供應商及工具的開發者。他的成員分成 5 個等級，分別是**核心伙伴**(Core Partners)、**黃金會員**(Premium Members)、**準會員**(Associate Members)、**開發會員**(Development Members)及**出席者**(Attendees)等。這個標準主要是由核心伙伴的九家知名汽車大廠所共同推動。主要的目的有三：第一是開發及建立一個汽車**電動／電子**(Electric/Electronic, E/E)架構的開放式標準。第二是這個標準可以結合汽車製造商、供應商及工具的開發商一起來開發這個標準。第三也是最重要的，管理愈來愈複雜的 E/E 架構，增加 E/E 系統的彈性、延展性、品質及可靠度。

由於目前在汽車的零組件生產開發中，每一個開發商都是以個別專屬

▼ 表 2.1

供應商名稱	好　處
汽車製造廠商	● 軟體模組可重複使用。 ● 增加設計的彈性,對於創新的功能具有維護的能力。 ● 簡化整合的工作。 ● 減少整體軟體開發成本。
零件供應商	● 減少版本的不必要延伸。 ● 在供應商間的開發工作可以適度的切割。 ● 增加功能性設計的效率。 ● 提供新商業模式的可能性開。
開發工具提供者	● 可以在開發流程中提供共同的介面。 ● 管理容易,使得工具對於任務能表現最佳化。
新的市場進入者	● 新的商業模式可以應用於明確的架構與定義好的介面之上。

的技術去開發與生產其零件。AUTOSAR 的主要動力是期望汽車的生產製造趨於愈來愈細的分工策略下,生產製造、零組件生產及工具開發可以更專業,而且所有零組件可以在一致的標準下共同運作。零組件的開發商可以開發更專業的、更穩定、更可靠的零組件,軟體廠商可以只考慮軟體的功能及品質,這些軟硬體零組件可以在一個共同的標準架構下運作良好,不再因為每一個軟體組零組件因個別廠商使用專屬的技術而造成無法結合運作,也不會有相容性的問題而需要花費很多時間來結合。

這樣的想法及觀念對於汽車製造商、零件供應商、開發工具提供者及其他人有何好處呢?我們以下表來說明。

AUTOSAR 對於各層級供應商的好處如表 2.1 所示。

2.2.1　AUTOSAR 架構

AUTOSAR 的觀念是將軟體元件的整合獨立於硬體元件開發之外,在軟體元件開發時不需要考慮硬體,這種方式軟體元件在開發時可以透過所謂的**虛擬功能匯流排**(Virtual Function Bus, VFB)來執行與測試,軟體開發者只需在 VFB 上面開發其軟體功能,並且測試完成。也就是說,在 AUTOSAR 上所開發的軟體元件是在 VFB 上執行,最後再讓這些軟體可以在符合 AUTOSAR 規格的 ECU 上執行即可。這些軟體可以不需要擔心與硬體間的連結，也不需要擔心所開發的軟體元件會在哪個 ECU 及哪一種類上的 ECU 上執行。至於硬體的功能則交給 ECU 及週邊硬體的廠商負責，因此軟體與硬體的設計與開發可以獨立開來，如圖 2.2 所示，當軟體開發完成後便可以直接將軟體佈建到符合 AUTOSAR 規格的 ECU 之上。

　　VFB 是一個虛擬的匯流排，實際在 ECU 上需要一個可以執行上層軟體元件的環境，像是 CORBA 一樣，用戶端要呼叫遠端的伺服器物件時需要有一個 ORB 來負責傳送呼叫的訊息及結果，因此在 AUTOSAR 的軟體元件中需要一個類似 ORB 的中介軟體，在 AUTOSAR 中我們稱為**執行環境**(Run-Time Environment, RTE)，這個 RTE 主要是在 ECU 上實作 VFB 的功能。每一個 ECU 上都需要一個 RTE 負責支援上層的軟體元件的功能及呼叫，並且在 ECU 內(Intra-ECU) 或 ECU 間(Inter-ECU) 傳送呼叫訊息到其他的軟體元件及執行結果。

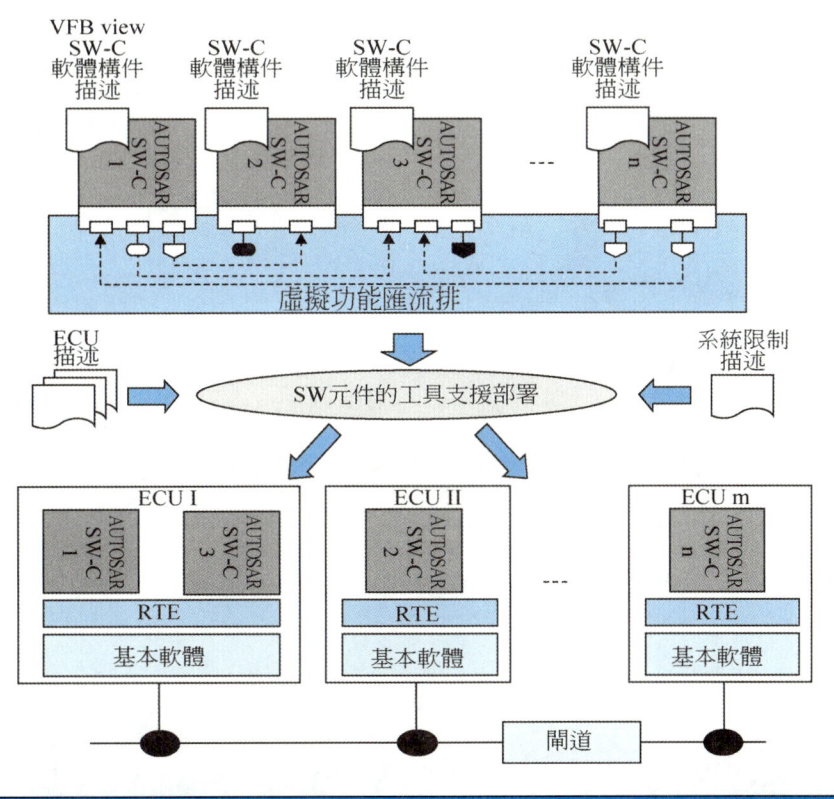

▲圖 2.2　AUTOSAR 的概念 [2]

如何將這些觀念在實際的系統上落實則是一個重要的課題，重點是如何產生 RTE 及**基本軟體**(Basic Software)。在討論這部分之前，我們來看 AUTOSAR 的系統架構，如圖 2.3 所示。在這個架構中大概可以分成三部分，分別是 AUTOSAR 軟體、RTE 及基本軟體。在 AUTOSAR 軟體部分包含一些相關的軟體元件及應用軟體，這些是用以構成各種不同的應用的基本軟體元件。除此之外，每一個軟體元件都有一個 AUTOSAR 的介面，這個介面呈現該元件被呼叫的語意，所有的元件透過這個介面可以提供給其他的元件呼叫。RTE 部分就是前面所述，像 CORBA 的 ORB，用來連接各種的軟體元件。

至於基本軟體部分，除了一般的嵌入式作業系統外，需要包含其他的模組，像是內部需要的服務、通訊及 ECU 的硬體抽象模組，這些模組是需要與 AUTOSAR 的軟體元件連接，因此需要有 AUTOSAR 的介面供其他的元件呼叫，而且這些模組的運作與 ECU 上的作業平台會有密切關係。

AUTOSAR 這樣的軟體架構的提出將產生三個主要的結果，分別是架

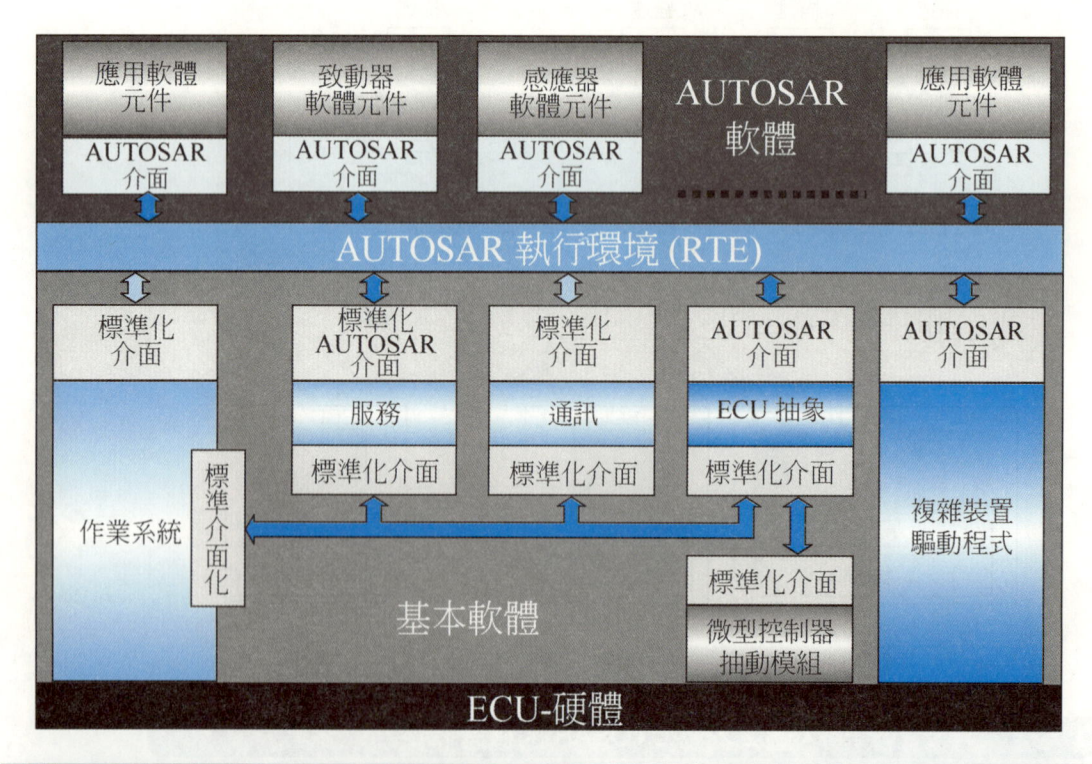

▲圖 2.3　AUTOSAR 的系統架構 [2]

構、方法論及程式介面。就架構而言，它包含了一個完整的 ECU 基本軟體堆疊，這樣的軟體堆疊可以提供與硬體無關的軟體應用整合平台，架構在這平台上應用軟體的開發將與硬體無關，使得開發工具的廠商可以不需考慮硬體部分。就方法論而言，很明顯的，在一個標準的交換格式下，可以讓 ECU 上應用軟體與 ECU 中基本軟體的整合非常好，不會因不同軟體開發廠商在不同的 ECU 上會出現無法執行的問題。在這個情形下，開發軟體的廠商可以不用擔心與硬體間的相容性問題，硬體的廠商也不用煩惱因上層軟體無法順利執行而需修改硬體設定。就程式介面而言，由於應用程式介面是標準介面，對於軟體元件的移植及整合完全不會出問題。

2.2.2　ECU 內及 ECU 間的通訊

由於先進的汽車將包含大量的 ECU(多者可能高達 80 個 ECU)，ECU 的互連形成一個區域的 ECU 網路，在每個 ECU 內及多個 ECU 間呼叫所需要的軟體是必然的，這種情形像是在區域網路中 CORBA 的物件之間呼叫遠端物件般。因此我們需要了解這些 AUTOSAR 的元件如何在 ECU 上執行時呼叫遠端的物件。圖 2.4 說明了 ECU 內及 ECU 間通訊的機制，如圖 2.4 所示。每個 ECU 上的軟體元件可以透過**埠**（Port）與另一個軟體元件相互溝通，這個埠會連接到 RTE，當軟體元件呼叫其他的元件時，會透過 RTE 將呼叫的訊息送給被呼叫元件。對元件而言，呼叫的**透通性**(Transparency)是非常重要的，他不需要知道被呼叫的元件位於何處，這個工作應該由 RTE 來完成。

RTE 會根據元件所在的位置決定是否將呼叫遠端元件的訊息送出去，這個對於分散式物件導向技術而言是不難的，當一個元件被建立並啟動後，他可以跟 RTE 註冊他所提供的元件名稱及介面，因此 RTE 可以獲知在該 ECU 內有那些元件存在以及這些元件的介面，當某個元件所呼叫的遠端元件是在本 ECU 之中時，RTE 便可直接呼叫區域的元件，而不需要將這個呼叫請求往外送，這種方式稱為 **ECU 內通訊**(Intra-ECU Communication)或 **ECU 內呼叫**(Intra-ECU Invocation)。當所呼叫的元件 RTE 判斷不在同一個 ECU 上，則 RTE 會將呼叫透過 AUTOSAR 的介面向下傳送給**基本軟體**

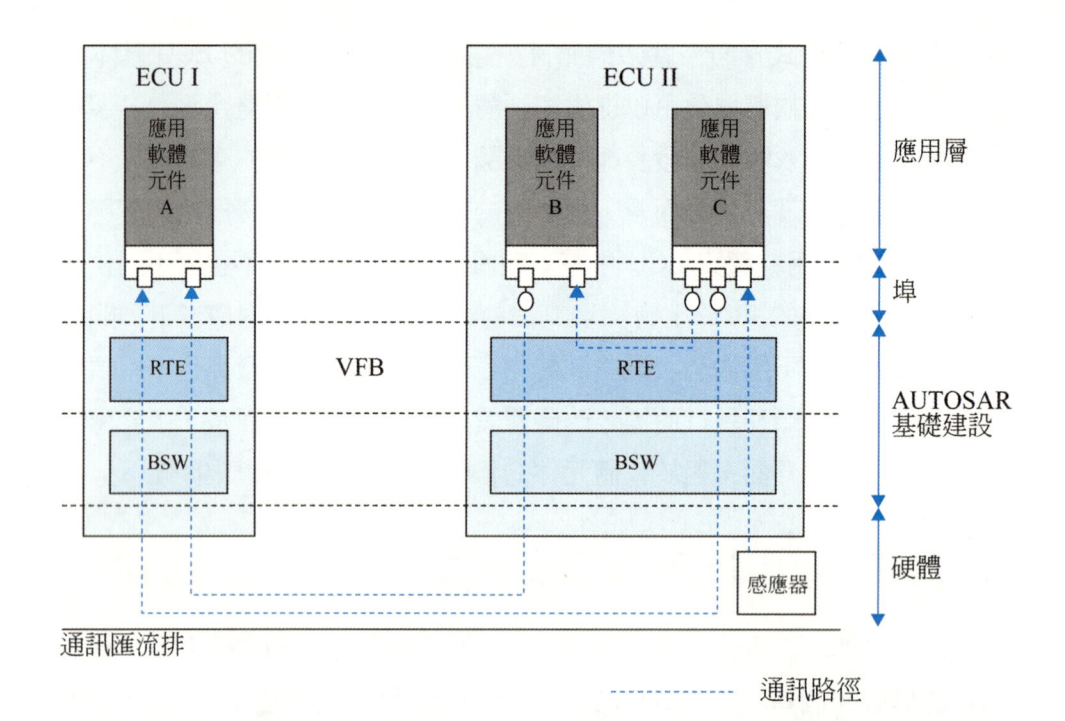

```
┌─────────────┐      ┌──────────────────────┐
│   ECU I     │      │       ECU II         │   ▲
│  ┌──────┐   │      │  ┌──────┐ ┌──────┐   │   │
│  │應用  │   │      │  │應用  │ │應用  │   │   │ 應用層
│  │軟體  │   │      │  │軟體  │ │軟體  │   │   │
│  │元件  │   │      │  │元件  │ │元件  │   │   │
│  │ A    │   │      │  │ B    │ │ C    │   │   │
│  └──────┘   │      │  └──────┘ └──────┘   │   ▼
│             │      │                      │   ▲ 埠
│  ┌──────┐   │      │  ┌───────────────┐   │   ▼
│  │ RTE  │   │ VFB  │  │     RTE       │   │   ▲
│  └──────┘   │      │  └───────────────┘   │   │ AUTOSAR
│             │      │                      │   │ 基礎建設
│  ┌──────┐   │      │  ┌───────────────┐   │   │
│  │ BSW  │   │      │  │     BSW       │   │   │
│  └──────┘   │      │  └───────────────┘   │   ▼
│             │      │              ┌─────┐ │   ▲ 硬體
│             │      │              │感應器│ │   ▼
└─────────────┘      └──────────────┴─────┴─┘
通訊匯流排
                                      ------- 通訊路徑
```

▲圖 2.4　ECU 內及 ECU 間的通訊 [2]

(BS)，透過 BS 送到遠端的 ECU，此時稱為 ECU 間通訊 (Inter-ECU communication) 或 ECU 間呼叫 (Inter-ECU invocation)。

不論是那一種通訊，應用軟體元件都是透過埠與 RTE 連接，這個埠與 socket 的埠有相同的概念，在遠端被呼叫的元件也有對應的埠，因此這個埠實作了通訊的介面，是元件間交談的點，也是與 RTE 間通訊的管道，所有透過埠傳送的資料或資訊在基本軟體的通訊層內都需要被封裝，而且這些封裝的動作對應用層而言是被隱藏的。

2.2.3　AUTOSAR 應用範例

因為汽車零組件的分工愈來愈細，每個零件可能都是由不同的零件供應商所提供，因此雖然可能同屬一類的零件，但還是可能由不同的廠商所提供的零件。例如，圖 2.5 中汽車的大燈開關是由 A 廠商所設計生產，而大前燈則是由 B 廠商所設計生產。在專業與分工下，各自的零組件都可以

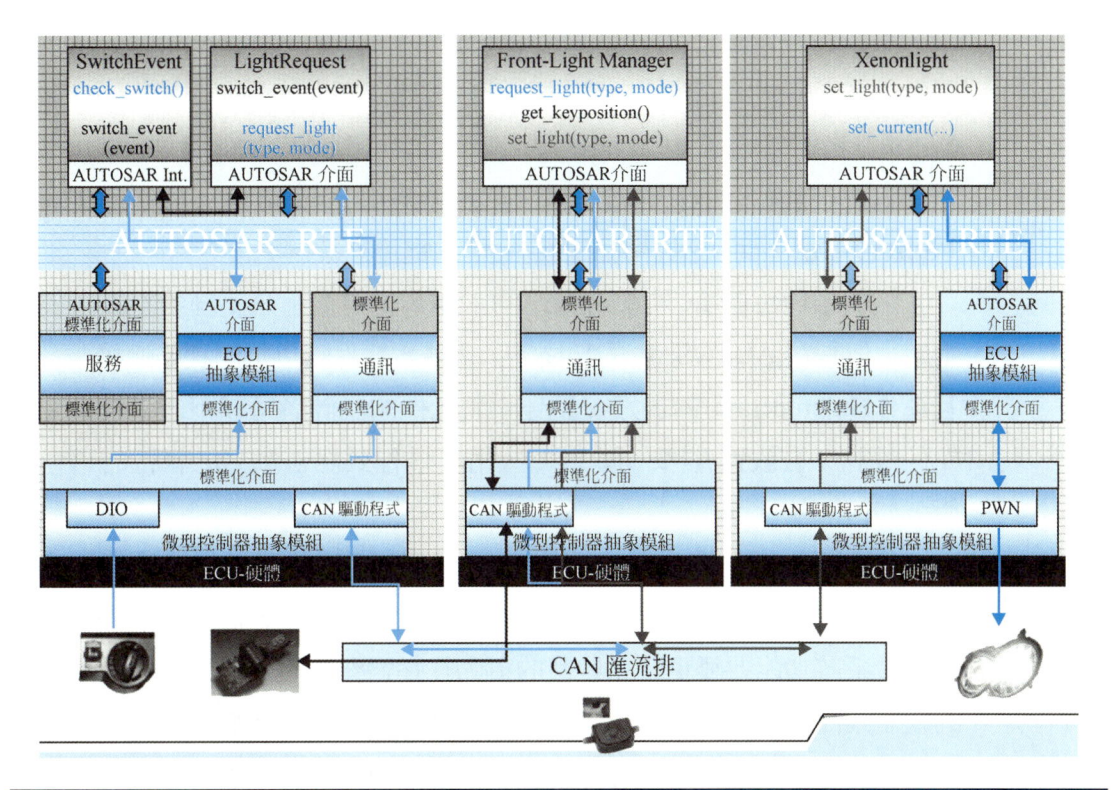

▲圖 2.5　AUTOSAR 的應用範列 [2]

製作的非常完美，因此 A 廠商可以設計自己的軟體元件，同樣的 B 廠商也設計自己的軟體元件。這些軟體元件可能在相同的 ECU 下執行，當然也可能在不同的 ECU 下執行。所有的這些零組件如果在早期是很難結合在一起，主要是硬體零件的組合是一個問題，軟體零件與硬體零件的組合也是一個問題，接著不同廠商生產的零件因所使用的技術都不對外公開，而造成無法結合不同的軟體元件，因此 A 廠商的大燈開關與 B 廠商的大燈很難整合。

在 AUTOSAR 的規範下，這些零組件廠商使用同一標準且經過認證的 ECU，所設計的軟體元件可以很容易的與其他的 ECU 上的軟體元件連接，而且具有高度的透通性，可以需要知道軟體元件所在的位置。以圖 2.5 當作例子來說明，在這個例子中，前燈的開關、前燈的管理及前燈都屬於不同的零件廠商所設計生產，分別在不同的 ECU 下執行。當使用者打開前燈時，前燈開關透過介面去執行 SwitchEvent 元件中的 **check_switch()** 方法，該方法會需要呼叫 LightRequest 元件中的 `switch_event()` 方法，這個元件在同一個 ECU 中，因此便透過 ECU 內呼叫來呼叫，執行 `switch_event()` 是需要透過 ECU 間呼叫來呼叫 Front-Light Manager 的 `request_light()`，這個方法會先檢查鍵盤的位置再呼叫 XenonLight 元件上的 `set_light()` 方法，而這個方法將設定大燈的電流來控制亮度。

很明顯地每個 ECU 都有自己的工作，也可能都是不同的廠商所設計生產，但是在 AUTOSAR 的架構下，這些零組件可以很順利的連接並且**相互運作**(Interoperate)的很好，而且軟體元件的設計者可以不知道其他元件如何設計、被放置在哪一個 ECU、用何種程式語言撰寫、執行的平台為何、如何被執行等。

從上面的應用範例很明顯的，在 AUTOSAR 軟體元件架構被提出之前，傳統的軟體開發都架構在特定之硬體之上，應用軟體都與硬體息息相關，當系統功能要變更時，軟體的更動往往需要變更某些硬體，因此系統的軟體元件是不易更動的。在 AUTOSAR 被提出之後，軟體元件與硬體零件是被隔離的，軟體元件透過標準介面與 AUTOSAR 的執行環境溝通，軟體元件不會因為硬體的變更而無法執行。

如果我們對使用 AUTOSAR 與沒有使用 AUTOSAR，ECU 的軟體與系統架構的差異如表 2.2。

另外，使用 AUTOSAR 後具備專屬介面的專屬的基本軟體所構成的應用軟體將會消失，取而代之的將是標準化的軟體模組，且 RTE 將讓應用程式與基本軟體及 ECU 硬體無關，而且應用軟體元件也都將具有標準介面的描述。除此之外，利用此種方式所開發的系統，因為都是以元件的方式存在，原本一個大的系統成為一些小的元件所整合在一起，因此還具有下

▼ 表 2.2

ECU 的軟體與系統架構	
使用 AUTOSAR	未使用 AUTOSAR
標準化的軟體架構	專屬的軟體架構
高彈性的功能導向架構	ECU 網路

列的好處：

1. **容易整合**：系統是由多個元件組成，每個元件使用相同的介面，而且具有一致的標準，因此將各種功能的元件重新組合成一個新的功能是很容易的。
2. **動態的增加**：在一個應用中要加入新的功能或新的元件，由於每個元件都透過 RTE 來傳遞訊息，因此可以動態的增加，可能只需要修改某些特定元件，不需要重新修改整個系統。
3. **重複使用**：每個元件具有特定的功能，因此新的應用所需要的元件都可以重複使用既有的元件，不需要重新設計。
4. **容易代換**：當一個元件有新的版本時，只要介面一樣，以 AUTOSAR 的架構是可以不需要修改系統其他的元件，直接代換舊有的元件，系統也不需要停止運作。
5. **可攜性及移動性高**：每一個元件都是在 AUTOSAR 的標準下設計與製作，因此在 ECU 上的元件是可以移動的，而且元件的可攜性也提高。

2.3 AUTOSAR 元件的開發

前面提及 AUTOSAR 的元件是可以在 VFB 上執行，VFB 只是一個虛擬的機制，在車輛的 ECU 上實際是一個 RTE 的環境。不過這個機制卻可以讓我們來模擬 RTE 的環境，主要是一般我們在開發這些元件時，不可能實際先組成一個 ECU 的網路後，在把開發的元件放到 ECU 上執行，而且每一個車輛系統的 ECU 數量也不儘相同。因此 AUTOSAR 的元件開發可以利用一個 VFB 來模擬 ECU 的網路，元件開發在 VFB 上開發、實作、測試，再把結果放到 ECU 的 RTE 上執行，如圖 2.2 所示。

2.3.1　車載軟體元件的測試

因此一般開發車載上的軟體元件的步驟可以分成二個階段，第一階段是在電腦上開發，第二階段到實際的 ECU 及車輛上測試，接著說明這二階段的步驟，如下：

第一階段：電腦開發測試階段

1. 在個人電腦上模式及模擬所有的軟體元件
2. 在個人電腦上整合所有的軟體元件
3. 在個人電腦上虛擬的整合並產生雛型
4. 快速的建構可以在實際的車輛上雛型

在這個階段中一般模式的方法大部分都是透過**通用模型語言**(Universal Modeling Language, UML)模式語言來定義所有的元件圖、時序圖、**使用案例**(Use Case)等，這些動作是一般軟體工程上必需要的，以便在實作前可以完整的設計出所有的元件及這些元件的整合、動作流程及使用這些元件的可能案例。當這些可能軟體元件設計出來，如何將這些元件整合也是一個重要的工作，以便確定所有的軟體元件的功能是正確且完整。接著要在電腦上產生軟體元件的雛型，以便可以虛擬的加以整合，這些整合的動作都可以在一般的電腦上完成，以避免需要先實作一個複雜的 ECU 網路上，透過這些整合，接著我們便可以快速的建構可以在實際車輛上執行的雛型。例如，在一個系統中需要哪些軟體元件，這些軟體元件的關聯性為何，呼叫流程及順序為何，在這個階段都定義清楚。這些雛型及模擬我們不需要在一個實際的 ECU 網路上測試，而是先以透過電腦上的模式及模擬軟體達成。

第二階段：實際的 ECU 及車輛上測試

5. ECU 軟體元件的實作及自動碼產生
6. 以**硬體回路**(Hardware in-the-loop, HIL)系統測試 ECU 功能
7. 在實際的車輛上功能驗證及調校

第二階段是實際的產生及測試所撰寫的 ECU 軟體元件及系統，當在前一階段 ECU 的雛型的產生與整合測試完成，所需要的軟體元件便已定義，接著就可以實際的實作這些軟體元件，及產生一些可以自動產生的程式碼，這些軟體元件可以透過 VFB 匯流排來測試其功能。當所有的功能都測試完成，再透過 HIL 系統來測試將這些軟體元件實際的到 ECU 上執

行的結果為何。所謂的 HIL 是一種即時模擬的方式,這種 HIL 與實際的即時模擬不同之處在於 HIL 的模擬會將實體的元件加入到模擬迴路中,這個實體元件可以是一個 ECU 或者是一個實際的引擎,像圖 2.6 所示。在圖 2.6 中,引擎是以模擬的方式產生,而 ECU 則是真實的,當要測試的軟體元件被放置到 ECU 上用來控制引擎時,ECU 要控制的引擎則是模擬的引擎,當電腦上的軟體元件放到 ECU 上執行的時候,它可以用來控制模擬式的引擎,以確定可以正常的執行。這種方式像是 ECU 直接控制實體引擎般一樣,但不需要真的將 ECU 放到引擎中。這種方式的好處是可以很快地模擬多種不同的設備。當所有的軟體元件可以通過 HIL 系統的測試,表示這個軟體元件可以正確的控制硬體設備,最後的階段便是將這些軟體元件放到實際的車上去測試及調校。

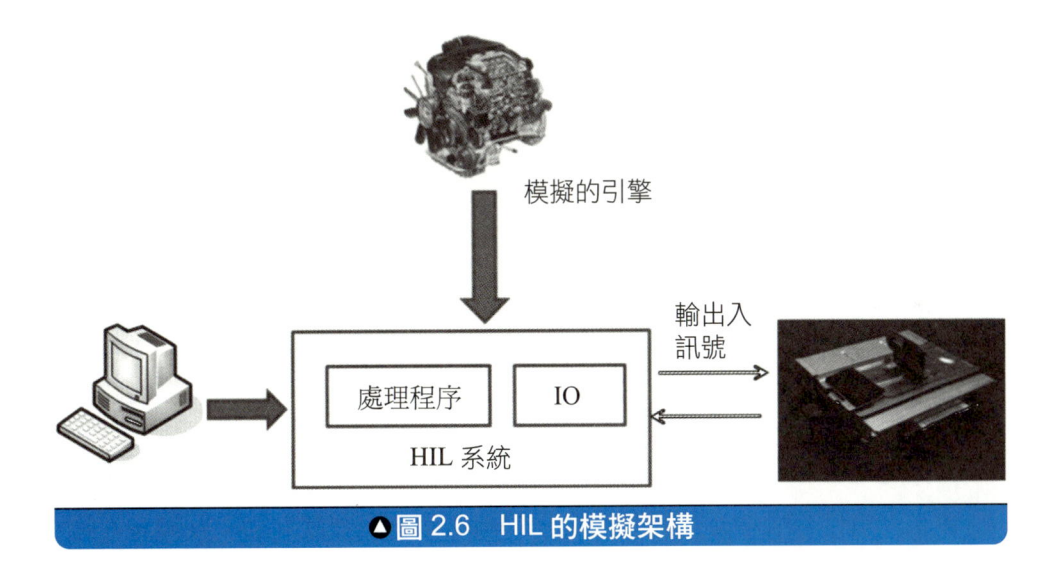

▲圖 2.6　HIL 的模擬架構

2.3.2　AUTOSAR 軟體元件開發

從上一節的說明及圖 2.2,我們可以先在個人電腦上開發各種軟體元件,並且在電腦上測試,當然需要有**整合開發環境**(Integrated Development Environment, IDE),並且這個 IDE 中包含 VFB 以便可以測試每個元件的執行及元件與元件間的溝通是否正常,當所有的測試都正常後便可將這些軟體元件佈建到 ECU 上執行。最重要的是如何開發可以在 ECU 上執行的軟體，接著將說明如何開發可以在 ECU 上執行的 AUTOSAR 軟體元件。

在說明這個步驟前，先假設這個系統需要 Comp 1，…，Comp n，分別在 ECU 1、…、ECU N 執行，而 COMP 1 呼叫 COMP 2、COMP 2 呼叫 COMP 3 等。從圖 2.2 中，當這些軟體元件被開發及測試完成後，要將 COMP 1 到 COMP N 放到 ECU 1 到 ECU N 執行測試，首先我們需要三個用來描述檔，分別用來描述與硬體無關的軟體元件、與應用軟體無關的硬體及系統等，這三個描述檔可以將軟體元件對應到適當的 ECU 上。我們先說明這三個檔：

1. **與硬體無關的軟體元件描述檔**：這個可以用 AUTOSAR 的描述編輯器來編輯每個元件的描述，每一個軟體元件的資訊包含介面及其行為、直接的硬體介面及所需要的效能等。例如，當我們要編輯 COMP 1 時，其軟體元件描述檔的內容包含軟體元件名稱及其軟體元件描述，這些軟體元件描述包含如下：

   - 一般特性(名稱、製造商等)
   - 通訊特性(連接埠及介面)
   - 內部結構(子元件及連線)
   - 所需要的硬體資源(處理時間、排程及所需的記憶體大小型態等)

2. **與應用程式無關的硬體描述檔**：同樣的這個描述檔也可以用 AUTOSAR 的描述檔編輯器來編輯這個描述檔，這個檔是用來指明每一個 ECU 的資訊，包含有哪些感測器及**驅動器**(Actuators)、硬體介面、硬體屬性(記憶體、處理器及計算能力等)、連接器及頻寬等。這些 ECU 資源的描述包含：

   - 一般特性(名稱、製造商等)
   - 溫度(自己及環境)
   - 可用的訊號處理方法
   - 可用的程式能力
   - 可用的硬體：包含微處理器架構、記憶體、介面(CAN、LIN、MOST、FlexRay)、週邊(感測器／驅動器)、連接器

- 軟體下方給微控制器的 RTE
- 從接角到 ECU 的訊號路徑

3. **系統描述檔**：這個描述檔包含了整個系統的系統資訊，同樣他可以利用 AUTOSAR 的描述檔編輯器來編輯，這個系統描述檔的內容包含如下：
   - 網路拓樸：包含匯流排系統(CAN、LIN、FlexRay)、所連接的 ECU 及閘道、電源供應器。
   - 通訊(每一個通道)：通訊矩陣(用以指明哪些 ECU 之間連接的方式)及閘道表格。
   - 軟體元件的對應及分群：軟體元件功能如何分群、如何對應及功能如何分配到 ECU 上。

有了上述的描述檔，接著便要分配每一個 ECU 上可以執行那些功能。根據上述的軟體元件描述檔及硬體資源描述檔，可以針對每一個 ECU 產生一個配置描述檔，這個主要的功能便是將每一個軟體元件分配到適當的 ECU 上。所產生的配置描述檔的內容可以如下：

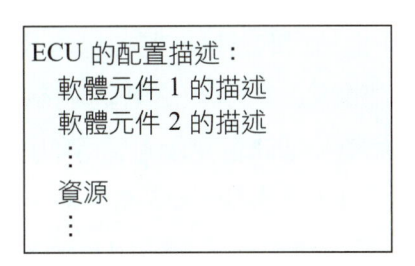

```
ECU 的配置描述：
    軟體元件 1 的描述
    軟體元件 2 的描述
    ⋮
    資源
    ⋮
```

這些配置檔是可以利用 XML 的方式來表示。當 ECU 的配置描述檔產生後，每一個軟體元件會在哪一個 ECU 上執行，應該都已確定，接著便是如何產生每一個 ECU 的配置檔，以便將所有的軟體平台及元件產生出來，所以接下來的步驟就是對每一個 ECU 產生 AUTOSAR 平台上所需要的配置，這些配置可以透過一個產生器來產生，如圖 2.7 所示。這個產生器可以產生每一個 ECU 的各種環境的軟體。

當一個 ECU 的 AUTOSAR 的一些軟體配置產生後，最後就是產生一個可以在 ECU 上執行的可執行環境，這些可執行環境是透過一些產生器產生出來的，結合前面撰寫的一些軟體元件及 AUTOSAR 相關的程式庫，

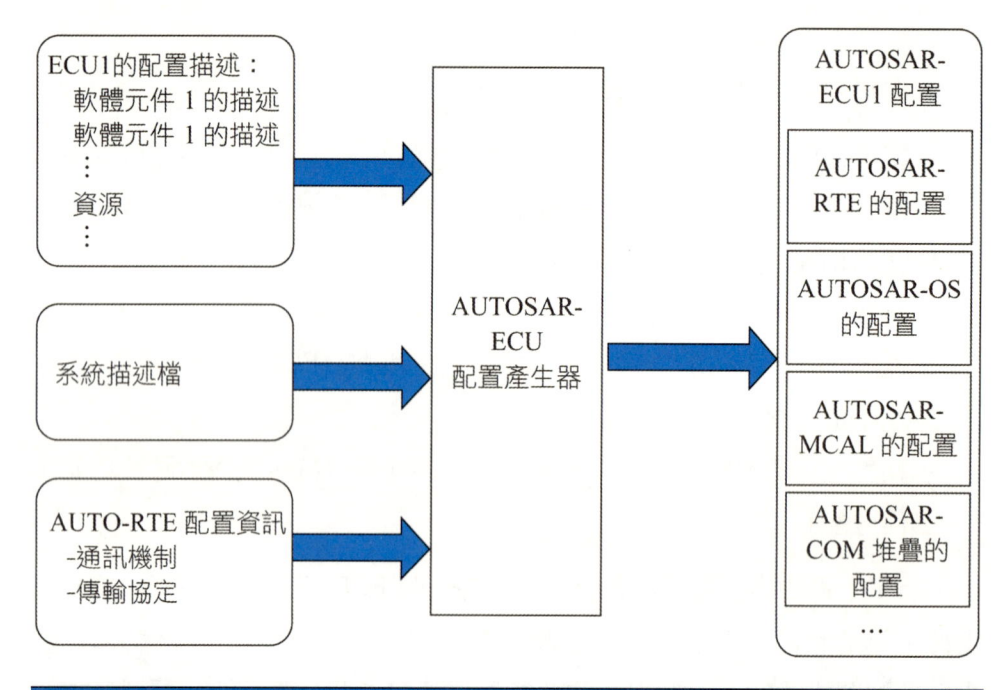

```
┌─────────────────┐
│ ECU1的配置描述：│
│  軟體元件1的描述│──────▶┐                    ┌──────────────┐
│  軟體元件1的描述│       │                    │  AUTOSAR-    │
│    ⋮           │       │                    │  ECU1 配置   │
│  資源          │       │                    ├──────────────┤
│    ⋮           │       │                    │  AUTOSAR-    │
└─────────────────┘       │                    │  RTE 的配置  │
                          ▼                    ├──────────────┤
┌─────────────────┐  ┌──────────┐              │  AUTOSAR-OS  │
│                 │  │ AUTOSAR- │              │  的配置      │
│  系統描述檔     │─▶│   ECU    │─────────────▶├──────────────┤
│                 │  │ 配置產生器│              │  AUTOSAR-    │
└─────────────────┘  │          │              │  MCAL 的配置 │
                     └──────────┘              ├──────────────┤
┌─────────────────┐       ▲                    │  AUTOSAR-    │
│ AUTO-RTE 配置資訊│      │                    │  COM 堆疊的  │
│  -通訊機制       │──────┘                    │   配置       │
│  -傳輸協定       │                           │     ⋯        │
└─────────────────┘                            └──────────────┘
```

▲ 圖 2.7　AUTOSAR 的 ECU 配置產生器產生各種 ECU 上的配置

　　最後產生了可以在 ECU 上執行的各層軟體，包含 RTE、OS 及一些基本軟體(Basic Software)等，如圖 2.8 所示。將圖 2.8 中所產生的 RTE 配置檔、OS 配置檔、MCAL 配置檔及通訊協定配置檔等與應用軟體元件及 AUTO-SAR 的程序庫分別送到 RTE 產生器、OS 產生器、MCAL 產生器及 COM 產生器等，這些產生器最後會產生一個 ECU 所需要的 RTE 環境、OS、MCAL、COM、基本系統功能及驅動程式等。

　　綜合上述，要開發 AUTOSAR 上的軟體元件，以便可以在 ECU 上執行，首先我們可以先在電腦上開發 AUTOSAR 的軟體元件，讓這些軟體元件可以透過 VFB 上執行，並完成功能性的測試後，接著我們可以透過 AUTOSAR 的描述編輯器來編輯 AUTOSAR 上的三種描述檔，並且透過配置產生器來產生 RTE、OS、MCAL 及 COM 等配置檔，最後再透過各種軟體層的產生器來產生各軟體層，便可產生各種 ECU 上執行的軟體元件。

第 2 章　車載軟體元件技術

```
┌─────────────┐              ┌──────────┐
│ AUTOSAR-    │              │ 應用軟體 │
│ ECU1 配置   │              │ 中軟體元 │
│             │              │ 件主體   │
│ AUTOSAR-    │              └────┬─────┘
│ RTE 的配置  │──▶           ┌────▼─────┐              ┌──────────────────┐
│             │              │ AUTOSAR- │──▶           │ ECU上的應用軟體元件 │
│             │              │ RTE 產生器│              └──────────────────┘
│ AUTOSAR-OS  │              └──────────┘              ┌──────────────────┐
│ 的配置      │──▶           ┌──────────┐──▶           │ AUTOSAR-RTE      │
│             │              │ AUTOSAR-OS│             └──────────────────┘
│             │              │ 產生器    │              ┌──────────────────┐
│ AUTOSAR-    │              └──────────┘──▶           │ AUTOSAR-OS       │
│ MCAL 的配置 │──▶           ┌──────────┐              └──────────────────┘
│             │              │ AUTOSAR- │              ┌────────┐┌────────┐
│             │              │ MCAL 產生器│──▶          │AUTOSAR ││AUTOSAR │
│ AUTOSAR-    │              └──────────┘              │-MCAL   ││-COM    │
│ COM 堆疊的  │──▶           ┌──────────┐              └────────┘└────────┘
│ 配置        │              │ AUTOSAR- │              ┌──────────────────┐
│  …          │              │ COM 堆疊 │──▶           │ 基本系統功能及驅動程式│
│             │              │ 產生器    │              └──────────────────┘
└─────────────┘              └────▲─────┘              ┌──────────────────┐
                                  │                    │     硬　體        │
                             ┌────┴─────┐              └──────────────────┘
                             │ AUTOSAR  │
                             │ 程序庫   │
                             └──────────┘
```

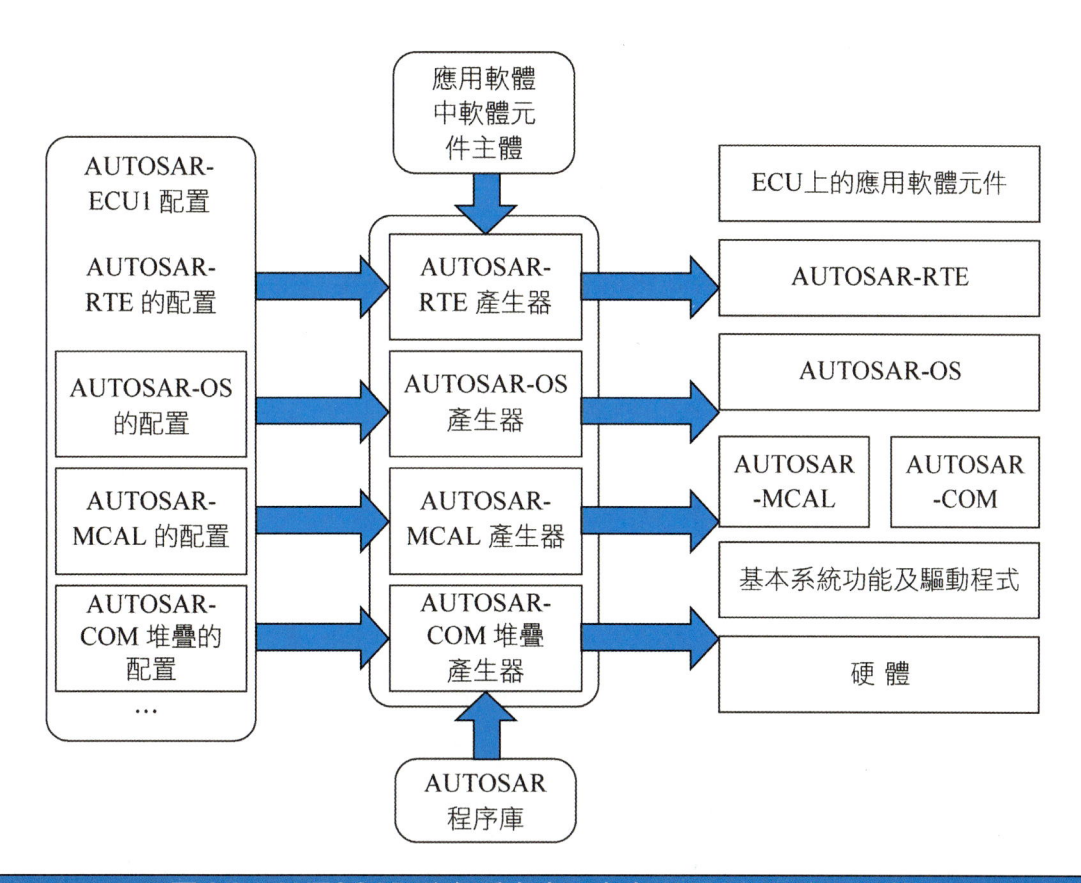

▲ 圖 2.8　AUTOSAR 的各種產生器產生 AUTOSAR 各層的軟體

練習

1. 簡單說明何謂 RPC，其主要觀念為何？
2. 說明何謂 AUTOSAR，它對於各層級供應商的好處為何？
3. 說明 AUTOSAR 的軟體架構，其中基本軟體(Basic Software)包含哪些元件？
4. 利用 AUTOSAR 來開發車載的應用軟體，它具有什麼樣的特性？所開發的軟體具有哪些優點？
5. 說明 AUTOSAR 中的 VFB 的功能及其角色。
6. 利用 AUTOSAR 來開發車載上的軟體元件可以分成二階段，分別是哪二階段？步驟為何？
7. 何謂 HIL 系統？HIL 與利用 AUTOSAR 來開發車載軟體之關係為何？
8. 利用 AUTOSAR 來開發車載之應用軟體需要三個描述檔，分別是哪三個？功能為何？其內容含蓋哪些資訊？
9. 說明如何在 AUTOSAR 架構中將所開發的軟體元件放置到 ECU 上，步驟為何？

參考文獻

[1] http://www.omg.org.

[2] AUTOSAR Tutorial, http://www.autosar.org/.

[3] Markus Maier, "Development of AUTOSAR SW Components Tools and Methods," http://www.etas.com/data/presentations/EmbeddedWorld_DevelopmentofAUTOSARSWComponents_Presentation_Kaske.pdf.

[4] Dietmar Schreiner, Karl M. Goschka, "A Component Model for the AUTOSAR Virtual Function Bus," 2007 31st Annual International Computer Software and Applications Conference, 2007 Compsac, vol. 2, pp.

635-641.

[5] Oliver Scheickl, Michael Rudorfer,"Automotive Real Time Development Using a Timing-augmented AUTOSAR Specification," http://www.bmwcarit.de/common/pdf/2008/ERTS2008_scheickl_final.pdf.

第 3 章
車載服務中介軟體與閘道框架

如第一章所述，建構車載需要設計良好的中介軟體，在這一章將介紹車載上各種服務所需要的中介軟體與閘道框架。首先我們將介紹網路服的技術，及在車載上之應用，由於網路服務的技術所含蓋的範圍很廣，是無法在一個小節中充份的描述，因此讀者可以再參考網路服務相關的教材。接著將介紹微軟所推動的**通用隨插即用**（UPnP），這個技術也可以使用於數位家庭之中，我們也將介紹 UPnP 技術在車載上的應用，此外在本書的附屬實驗上我們也將介紹如何將 UPnP 的裝置實作後佈建於模擬的 ECU 上。最後一節我們將介紹運用在車載上的 OSGi 閘道框架與技術，透過這個框架，車外的使用者可以與車內的服務結合在一起。此外本章亦將介紹 OSGi 在車載上之應用，及如何將 OSGi 佈建到模擬的 ECU 上。

3.1 車載服務與網路服務

車載經常需要網際網路上的服務，由於這些服務漸漸的轉移到網路上，因此在車載上的服務亦需要考慮網路服務技術。例如圖 3.1，當車輛需要了解某一路段的交通流量資訊時，可以透過網路服務的請求向交通流量資訊中心查詢，該中心接收到請求時會根據使用者的路段資訊查出所有資訊並回傳給使用者。如果使用者已經將所經的路徑以導航系統事先規劃完成，車輛可以依序的詢問所要經過路段之交通流量。

另一範例是當車子到達某個目的地時，車上的**全球定位系統**(GPS)可以傳送 GPS 的位址給停車資訊系統，該停車資訊系統記錄所有位址的停車資訊(包含路邊停車及停車塔)，因此當車輛還沒到目的地之前，可以透過網路服務傳送目的地的 GPS 位址給停車資訊系統，停車資訊系統便可將最靠近目的地的停車位位址送給車輛，因此當車輛尚未到達時便可根據此系統所提供之資訊先將車輛開到停車場停車，節省找停車位時間。

3.1.1 XML 的擷取

當然還有很多各種不同的服務，這些服務的資訊都已經慢慢轉移的網

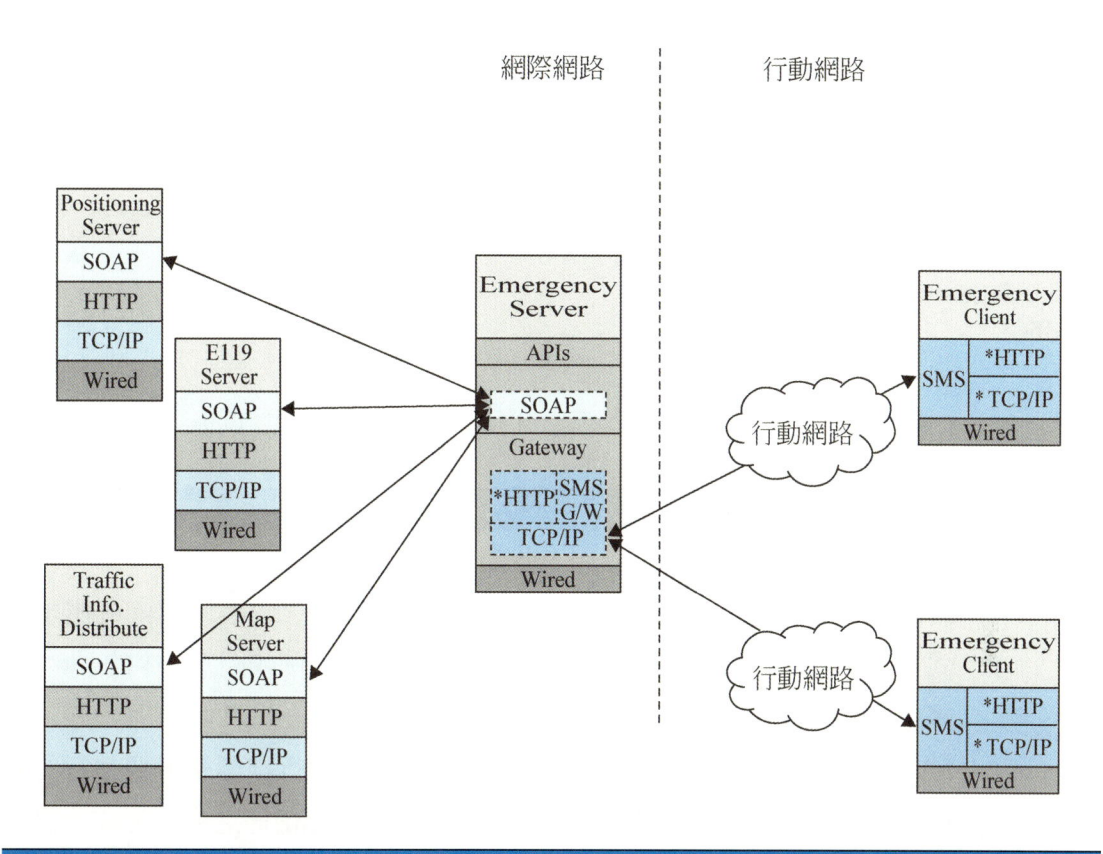

▲圖 3.1　車載服務與網路服務

路上，因此透過網路服務來呼叫遠端的服務是必要的。如同第一章所述，網路服務的技術多數是以 XML 語言來呈現，包含所傳送的資料、呼叫服務時的介面是以 WSDL 來包裝、傳送呼叫的**內文**(Context)及結果的回傳是以 SOAP 包裝等。因此如何存取 XML 的資料是一個重要的議題。

在 XML 資料的存取，一般都是透過**文件物件模式**(Document Object Model, DOM)、SAX(Simple API for XML)或 JDOM 等將存在 XML 的 tag 中的資料擷取出來。DOM 的方式是將一個 XML 的檔案讀進後轉換成一樹狀結構，如圖 3.2，這個結構可以讓程式輕易的巡訪、修改內容、新增節點及輸出到一個 XML 檔，使用者只要透過 DOM 的物件便可輕易的處理 XML 的檔案資料。

由於 DOM 需要將整份 XML 文件讀進並轉換成一完整的樹狀結構，當 XML 檔案很大時，處理時會消耗較多的資源及時間。因此 SAX 是常用

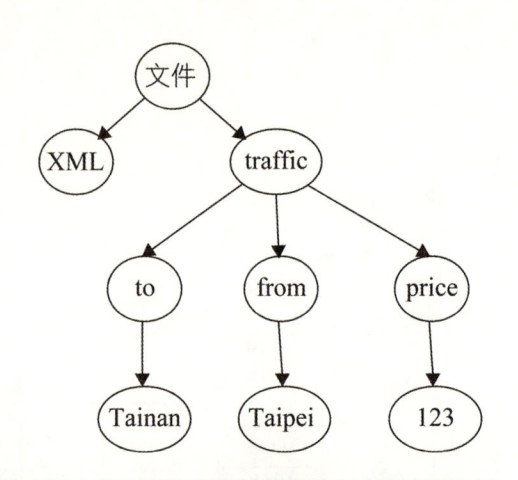

```
<? xml version="1.0" encoding="ISO-8859-1"?>
<! DOCTYPE note SYSTEM "InternalNote.dtd">
<traffic>
        <to>Tainan</to>
        <from>Taipei</from>
        <ticket>Adult</heading>
        <price>123</price>
</traffic>
```

▲圖 3.2　XML 與 DOM 的範例

於擷取某些特定應用 XML 資料的方法。SAX 是一個事件導向的處理方式，利用 SAX 處理時可只擷取特定的標籤資料，例如圖 3.2 中的 <to> 標籤中的資料，但在 SAX 中需要程式設計師撰寫一些事件處理程序，當 SAX 的解析器讀到標籤時，事件處理程序可以執行該標籤所要執行的動作，因此這種方法不需要將整個 XML 檔案讀到記憶體之中，形成一樹狀結構，而是循序的讀取每一個標籤，再處理所讀到的標籤內容。SAX 與 DOM 的相異之處，SAX 具有簡單、快速、佔用的記憶體小等特點。當然 SAX 也有缺點，例如只能讀取資料、無法隨機存取整份 XML 文件、文件的搜尋不易等。

3.1.2　網路服務技術

如第一章所述，網路服務的主體主要分成三個部分，分別是**請求者**(Requester)、**提供者**(Provider)及**註冊處**(Registry)。當網路服務的提供者被設計完成後，它可以先向註冊處註冊其與服務相關的資訊。這個註冊處在網路服務中是以**普及描述探索與整合**(Universal Description Discovery and Integration, UDDI)來實作，在 UDDI 中請求者可以查詢以獲取服務提供者所提供的服務之相關資訊。

至於網路上的各種服務則是透過 WSDL 來描述，在一個 WSDL 的檔案中包含了 Types、Message、Operation、Port Type、Binding、Port、Service 等用來描述一個網路上的服務如何呼叫、呼叫時所傳送的訊息包含哪些、所要呼叫的服務所在的位址及使用的埠等。在網路服務中請求者(用戶端)與服務提供者之間是透過傳遞 SOAP 的訊息,而這些訊息則是透過 HTTP 的協定來傳送,所以訊息包含請求及回應訊息都是被包裝成 SOAP,如圖 3.3 所示。

當 client 端呼叫網路的服務端時,所有的呼叫訊息是以 SOAP 的訊息傳送,下面是一個 SOAP 的範例,每個 SOAP 訊息被包含一個封包中,每個封包都至少含有一個**標題**(Header)及**內容**(Body)。

```
<SOAP-ENV:Envelope xmlns:SOAP-ENV="…"
      SOAP-ENV:encodingStyle="…">
    <SOAP-ENV:Header>
        <!—Operational context information-->
    </SOAP-ENV:Header>
    <SOAP-ENV:Body>
        <m:GetLastTradePrice xmlns:m="some_URI">
            <tickerSymbol> SUNW</tickerSymbol>
        </m:GetLastTradePrice>
    </SOAP-ENV:Body>
<SOAP-ENV:Envelope>
```

雖然所有的訊息都是包裝成 SOAP,但是這些包裝不可能由請求者或服務提供者來執行這複雜的工作,因此需要有一些方式來協助請求者及提供者來完成這些工作。在網路服務中 WSDL 僅用來描述所要呼叫的**服務內文**(Context),因此當用戶端要呼叫服務時,可透過下列的三種方式來執行遠端服務的呼叫:

Stub-based

在服務端及用戶端都是以一個 stub 的方式來連接,這與 CORBA 的方式相同,而且 stub 的介面及實作都是在編譯的時候產生,也就是將 WSDL 檔案經由 WSDL 編譯程式產生用戶端的 stub,以供用戶端呼叫。

Dynamic proxy

這種方式介面的部分是在編譯的時候將 WSDL 檔經由網路服務的編譯

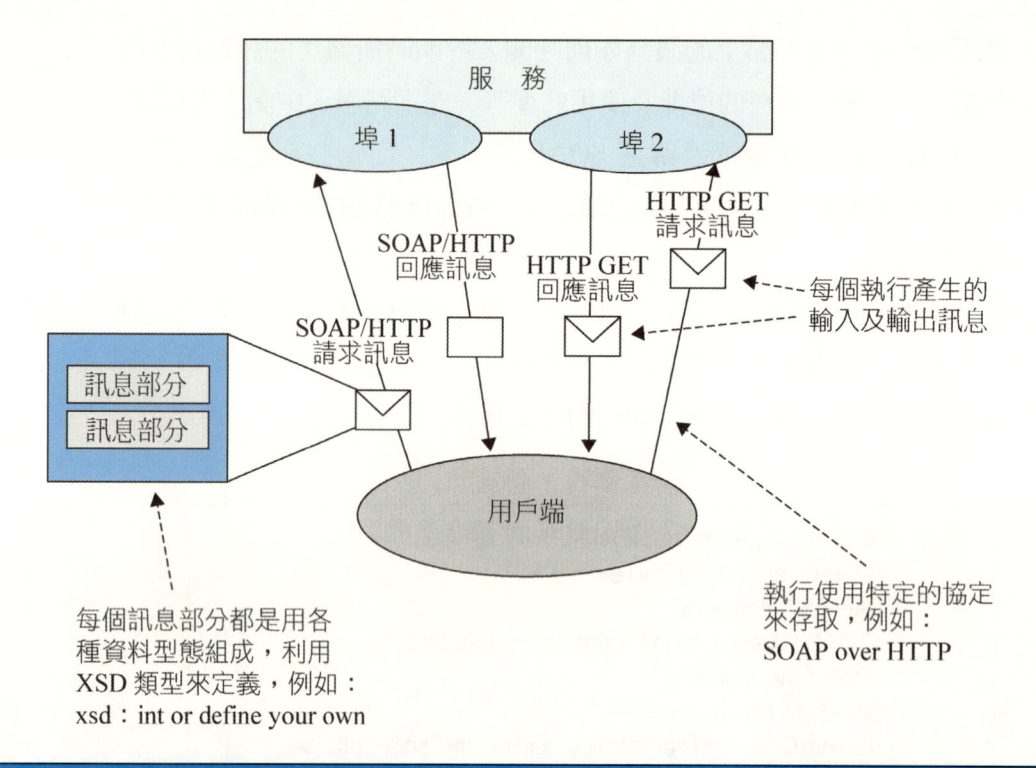

▲ 圖 3.3　web service 呼叫的訊息傳遞

程式編譯後所產生，而實作的部分則是執行的時候產生，以 proxy 代替 stub。

Dynamic invocation interface(DII)

這種方式介面及實作的部分都是在執行時才產生。

這三種之中 Stub-based 是最簡單，但也是最沒有彈性，因為每一個 stub 只能呼叫一個特定的服務，因此當請求者需要 n 個服務時，它必需要連接 n 的 stubs，但這種方式有比較好的效能。而 DII 的方式則是最具有彈性，它可以呼叫各種服務，但技術也最複雜，效能當然也是最差。動態 proxy 的方式則是介於兩者之間。

3.1.3　網路服務在車載之應用

在此我們介紹一個架構在**服務導向架構**(Service Oriented Architecture) 的大型網路**交通訊號控制器**(Traffic Signal Controllers, TSC)[7]，如圖 3.4

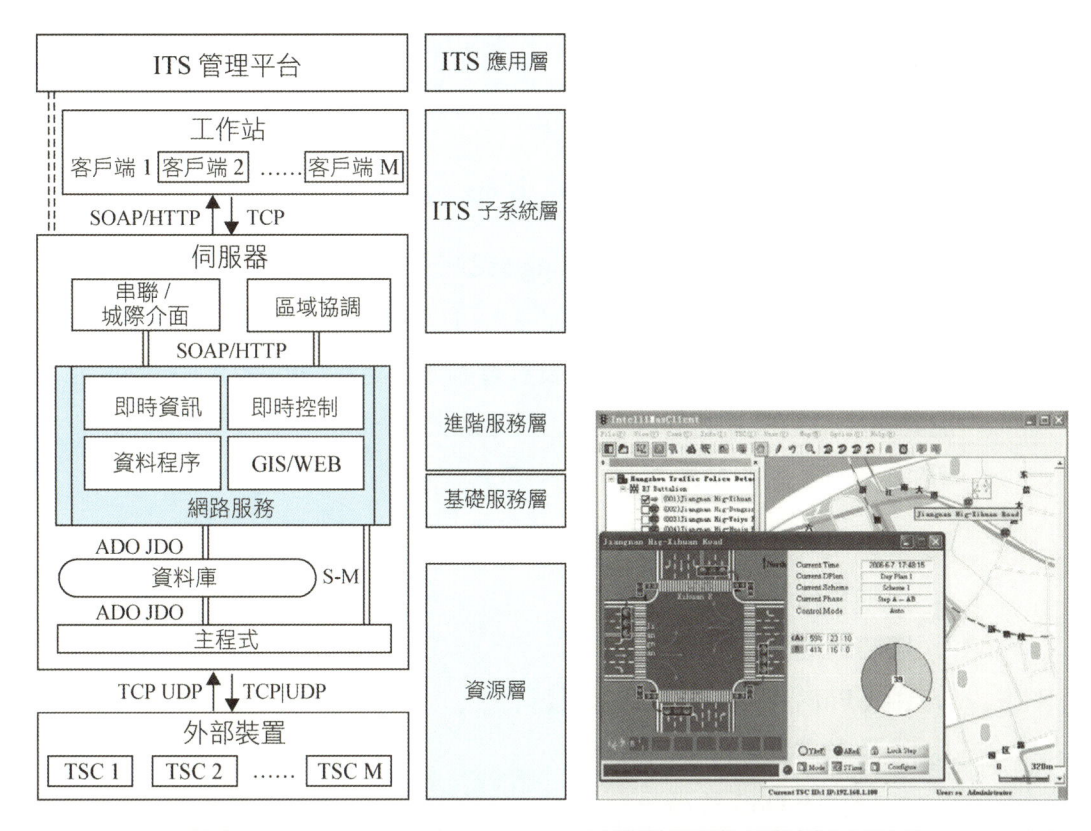

▲ 圖 3.4　大型網路 TSC 系統架構 [7]

所示,這是利用網路服務的技術來有效的管理交通號誌。在這個系統中使用 ICOP 的機制及網路服務的技術來達成交通訊號的控制。車輛的使用者可以透過網路服務的方式向 TSC 的伺服器請求所要的交通號誌資訊,或改變所要經過的交通號誌。這個系統使用網路服務另一個好處就是透過網路服務的協定,這個系統可以很容易整合其他管理系統的資源,例如像交通流量資訊中心、交通流量分派系統等。

3.2 UPnP 服務

在這一章中我們曾經提到車載上的服務可以分成車內服務及車間服務,在車內服務中,車內的所有資源如何能容易的被找到及得知具備何種服務。在此我們介紹由微軟推動的**萬用隨插即用**(UPnP)的協定，這個協定可以應用到各種環境，例如家庭自動化及車輛服務分享等。

3.2.1　萬用隨插即用與車載服務

萬用隨插即用(Universal Plug and Play, UPnP)是一個開放式的軟體架構，它定義一個共同的協定及程序，可以讓相同區域網路內的互連裝置在安裝後便可以相互運作。這些裝置透過一些定義好的程序，自動的相互交換資訊後得知所具備的能力，並且透過此資訊交換可以請求服務及支援。UPnP 具有下列的特性：

1. 異質性的裝置容易管理
2. 自動及動態的裝置找尋
3. 服務的支援與管理
4. 由 UPnP 定義好的標準化行為
5. 提供影音裝置特定的架構
6. 能相容於 QoS 技術
7. 提供主／從架構

這種技術強健且可靠並具有很多優點，例如網路裝置自動且即時的設定與安裝、支援各種網路規格、隨插即用、裝置上所需的軟體檔案很小、使用標準的網際網路標準連接到區域網路上的裝置，與作業系統、語言及實體連線無關。

由於具備這些優點，因此在車載中可以利用這些優點來連結車內的裝置及服務。當車輛的乘客攜帶一個具有 UPnP 裝置的設備進到車內時，此 UPnP 的裝置可以透過車內的無線網路立即連接到其他的裝置或**控制器**(Control Point)，並可以分享裝置所具備的資源、服務及能力。例如，當乘客攜帶具 UPnP 的多媒體伺服器(例如手機及 DVD 裝置等)進入車內，這些裝置便可透過車內的網路與多媒體播放器連接，多媒體播放器便可不需任何設定的播放手持裝置的各種媒體。

另外，車內的裝置也可以透過 UPnP 的閘道連接其他的裝置，形成一個車內的服務平台，如圖 3.5 所示 [8]，以便連接更多的裝置及服務。另外，UPnP 也可以和 OSGi(節 3.3 說明)形成一個控制車內及服務的架構，如圖 3.6 所示 [9]。

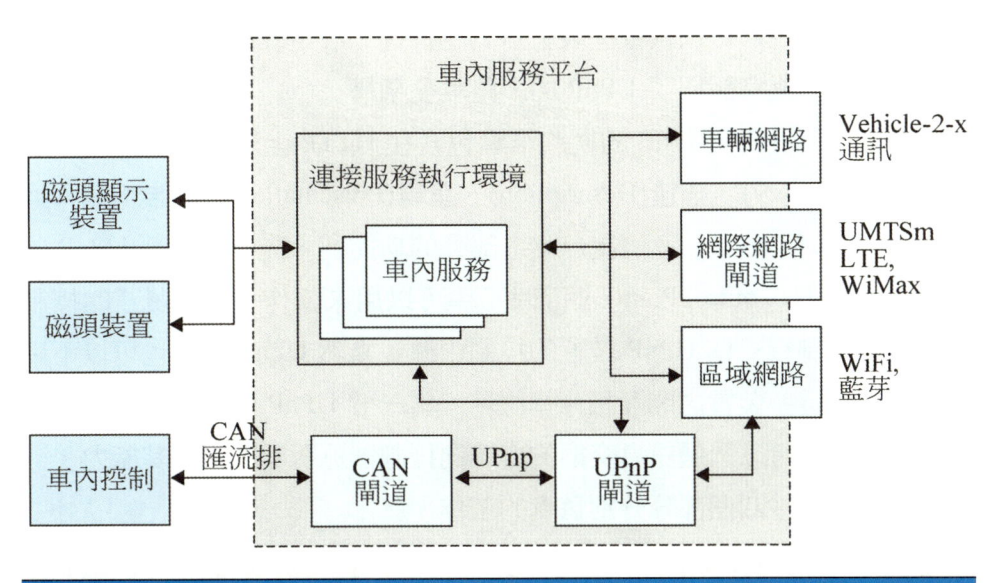

▲圖 3.5　透過 UPnP 閘道連接車內的裝置 [8]

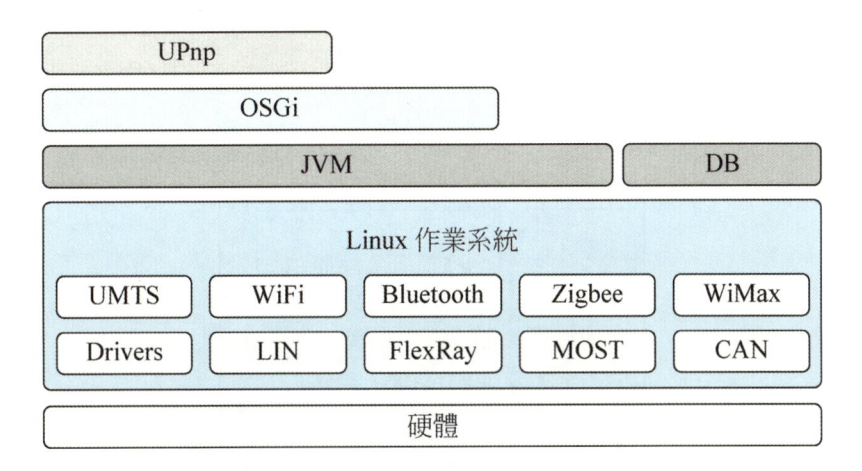

▲圖 3.6　UPnP 與 OSGi 形成車載中介軟體服務架構 [9]

3.2.2　UPnP 技術

UPnP 是一個架構在 HTTP 協定上用以連接各種異質裝置的標準，透過 UPnP 的協定，可以讓這些裝置自動的佈建、設定及串聯起來。為了解其原理，以下文章說明了 UPnP 的網路堆疊架構。

如圖 3.7 所示，UPnP 的網路堆疊包含在 HTTP 上層的四部分，分別是**找尋**(Discovery)、**描述**(Description)、**呈現**(Presentation)、**控制與事件通知**(Control & Eventing)等。在介紹這部分的功能前，先介紹一個 UPnP 的元件，**控制器**(Control Point)，這個元件可以用來當作 UPnP 裝置的控制器，用以控制每一個 UPnP 裝置的控制中樞。當然 UPnP 裝置也可以不用控制器而在這些裝置之間互相分享服務。當一個 UPnP 裝置加到這個區域網路時，裝置可以透過訊息交換的方式向控制器述明其裝置及其能力。

接著說明這四個部分分別負責的工作。

1. 首先，當控制器及 UPnP 裝置啟動並加入這個區域網路時，它們需要先取得所在網路的位址，並試著加入到 UPnP 的網路中。
2. 控制器會週期性的送出訊息，用以找到所有的 UPnP 裝置，UPnP 裝置在啟動後也會主動的以**公佈**(Advertise)方式通知網路中的各個裝置(包

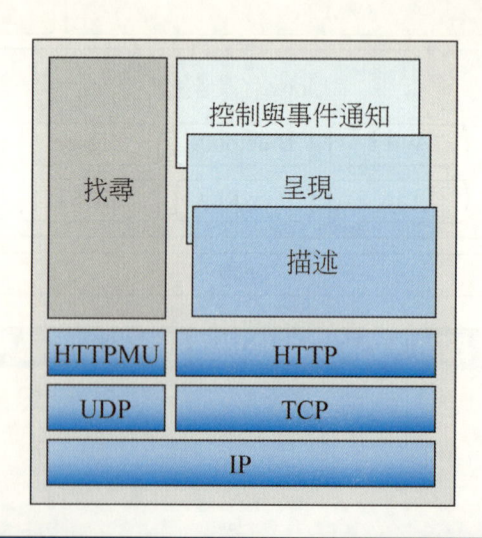

▲圖 3.7　UPnP 網路堆疊

含控制器)它的出現。這些規格及動作是定義於**找尋**(Discovery)中。
3. 當控制器收到一個裝置的 advertise 訊息時，控制器會送出**取得描述**(Get Description)的訊息給新加入的裝置，用來取得裝置所具備的能力。至於這些裝置的描述則是定義在「描述」這個部分中。在 UPnP 協定中，一個裝置的能力是以 XML 語言來定義，因此當控制器送出「取得描述」的請求時，裝置會傳送一個 XML 檔，用以描述該裝置的能力。
4. 當控制器了解每一個裝置的能力後，便可以依需求來呼叫及控制 UPnP 裝置，這些功能及步驟都定義在**控制**(Control)的部分中。
5. 控制器也會週期性的傾聽每一個裝置是否有狀態改變的情形，如果裝置的狀態有改變，則控制器會接受到這個事件而有所因應。這些是被定義在**事件通知**(Eventing)部分中。
6. 控制器執行裝置的控制及呼叫或觀看裝置的狀態是使用 HTML 的介面，這個部分定義於**呈現**(Presentation)中。

如前面所述，所有的動作都是經由訊息的傳送，當新的裝置啟動後是以多播的方式發送「公告」的訊息，這個訊息是包裝成 HTTP 的格式。如下所示：

```
NOTIFY * HTTP/1.1
HOST: 239.255.255.250:1900
CACHE-CONTROL: max-age=seconds until advertisement expires
LOCATION: URL for UPnP description for root device
NT: search target
NTS: ssdp:alive
USN: advertisement UUID
```

另外，當控制器要呼叫或控制某個 UPnP 裝置時，它是以 SOAP 的訊息來包裝要呼叫的訊息，當然 UPnP 裝置執行的結果也是以 SOAP 的訊息回傳給控制器，這種訊息格式如下所示：

```
POST path of control URL HTTP/1.1
HOST: host of control URL:port of control URL
CONTENT-TYPE: text/xml; charset="utf-8"
SOAPACTION: "urn:schemas-upnp-org:service:serviceType:v#actionName"
<s:Envelope xmlns:s="http://schemas.xmlsoap.org/soap/envelope/"
   s:encodingStyle="http://schemas.xmlsoap.org/soap/encoding/">
<s:Body>
<u:actionName xmlns:u="urn:schemas-upnp-org:service:serviceType:v">
   <argumentName>in arg value</argumentName>
   other in args and their values (if any) go here
   </u:actionName>
   </s:Body>
</s:Envelope>
```

至於 UPnP 的**事件通知**(Eventing)的方式則是利用 IETF 的**一般事件通知架構**(General Event Notification Architecture, GENA)，這個架構是在傳送及接收通知訊息時是包裝成 HTTP 協定，在 UPnP 中共有 SUBSCRIBE、UNSUBSCRIBE 及 NOTIFY 三種訊息。這其中 NOTIFY 則包含有哪個裝置是可用的及哪個裝置的狀態有所變化。

3.2.3　UPnP 於車載應用-服務搜尋

接著我們介紹一個以 UPnP 為基礎的車載服務搜尋的應用，這是 Kim and Lee [8] 所提出的架構及方法。這個架構是利用 UPnP 的控制器會自動找尋 UPnP 裝置，或 UPnP 裝置會自動公佈自己的能力給控制器連接成一個 UPnP 網路的概念，進而讓汽車上的 UPnP 可以透過無線網路連接到公用或區域的**熱點服務**(Hot-Spot Service)，並找到所需要的服務。

在圖 3.8 中以一個例子來說明這個應用，當一位駕駛第一次到某個城市並且要開車到附近的旅館時，第一個步驟他經由電信網路，使用導航裝置找到附近的旅館和往旅館的路，並且根據**車載服務提供者**(Telematics Service Provider, TSP)所提供的交通資訊，選擇一個避開塞車的路徑。第二個步驟是當車子進入旅館，它可以經由旅館的無線區域網路連接到服務的閘道，請求旅館所提供的服務列表，並透過 UPnP 的服務搜尋機制取得服務

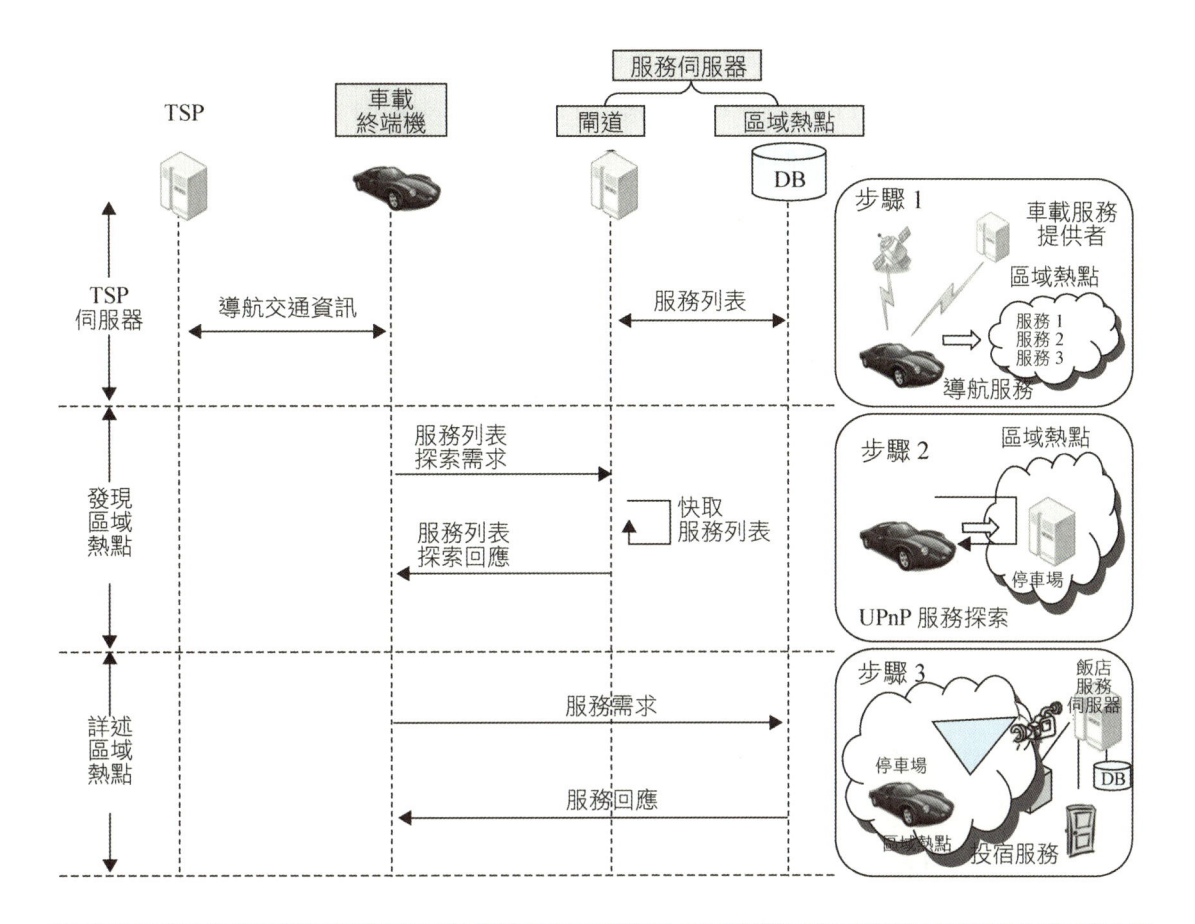

▲ 圖 3.8　Kim and Lee [8] 提出的以 UPnP 為基礎的服務搜尋架構

列表，這個服務閘道從服務伺服器接收服務列表後，為車子儲存這些服務列表。使用這個服務列表，駕駛可以進一步請求像停車服務及住房登記服務。

這樣的架構及概念如同第一章的圖 1.11 所提到的**車間**(Inter-Vehicle)或車對基礎建設間的服務連接，這樣的應用可以擴展到各種不同的應用上。使用相同的概念，車子與車子間可以透過各種不同的無線通訊相互連結，達到服務共享的目的。

3.2.4　嵌入式系統上 UPnP 裝置的建構

如第一章所述，車載的 ECU 是一個嵌入式系統，如何將 UPnP 的裝置建構在 ECU 上，使得車內的裝置可以透過 UPnP 的協定串接在一起而形成一個 UPnP 網路，提供給車內其他的裝置或是 UPnP 的控制器呼叫及控制，或者與其他車輛或外部的其他設備互相分享物件、服務與資源等，將是一個重要的議題。在本小節將簡單說明建構一個 ECU 上的 UPnP 裝置的方法，詳細的步驟可以參考實驗手冊。

UPnP 目前由 UPnP 論壇推動，有許多軟硬體廠商已提供了 UPnP 的解決方案，因此我們可以從 UPnP 論壇 [15] 中找到很多的工具，讀者可以自行決定要使用那一種工具。在下面的例子中我們使用 Intel 的 UPnP 的工具，讀者可以免費自行下載，接著將說明一些開發的步驟。

UPnP 的服務建立

要建立一個 UPnP 裝置，首先我們要知道每一個裝置可以有多個服務，分別執行不同的功能，因此我們需要先建立一些服務，Intel 的 UPnP 的工具中，提供了 service author 可以讓我們建立服務，如圖 3.9 所示。我們需要對每一個服務所需要的輸入參數及輸出參數，做一詳細定義，以便控制器或其他的裝置知道如何呼叫。在此只是定義每個服務的介面，服務中並沒有其執行的邏輯，執行的邏輯需另外撰寫。定義好每一個服務後必需要存檔，這個服務檔是以 XML 的格式儲存。

UPnP 的裝置建立

建立好 UPnP 的服務後，接著可以定義每一個 UPnP 的裝置。如前所述一個裝置可以有多個服務，因此要定義這些裝置之前，需要對每一個服務都定義好。接著我們可以透過 Intel 的工作中的 device builder 來建立一個裝置，如圖 3.10 所示。這個裝置加入的每一個服務都會有其服務的名稱、型態及 ID 等。同樣的，在此只是定義 UPnP 裝置，並沒有實際執行的程式邏輯，將在下一步驟說明。圖 3.10 中可以發現這個裝置有二個服務、四個動作及十二個參數。定義完成的裝置，接著可以直接產生程式碼，所產生的程式碼具有所有 UPnP 的協定及相關的程序，這可以說是 UPnP 協定的外殼，每一個服務要執行的邏輯還是要自行撰寫。在這個例子中，因為我們要在嵌入式系統中執行，因此我們選擇產生成 Embedded Visual C++ 4.0 的程式碼，以便可以將 UPnP 的程式放到嵌入式系統上執行。

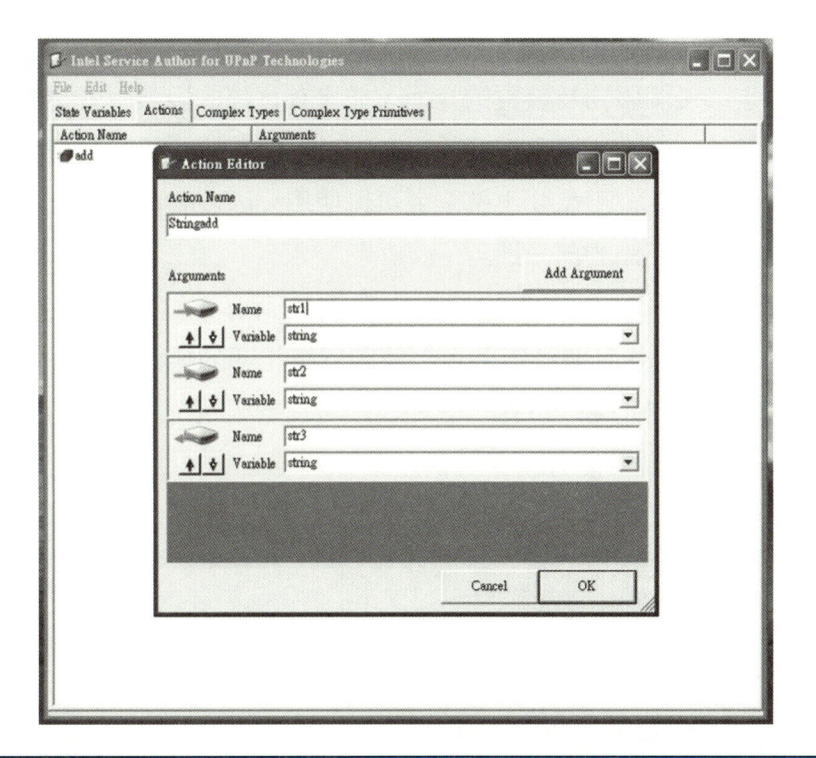

▲圖 3.9　以 service author 定義 UPnP 的服務

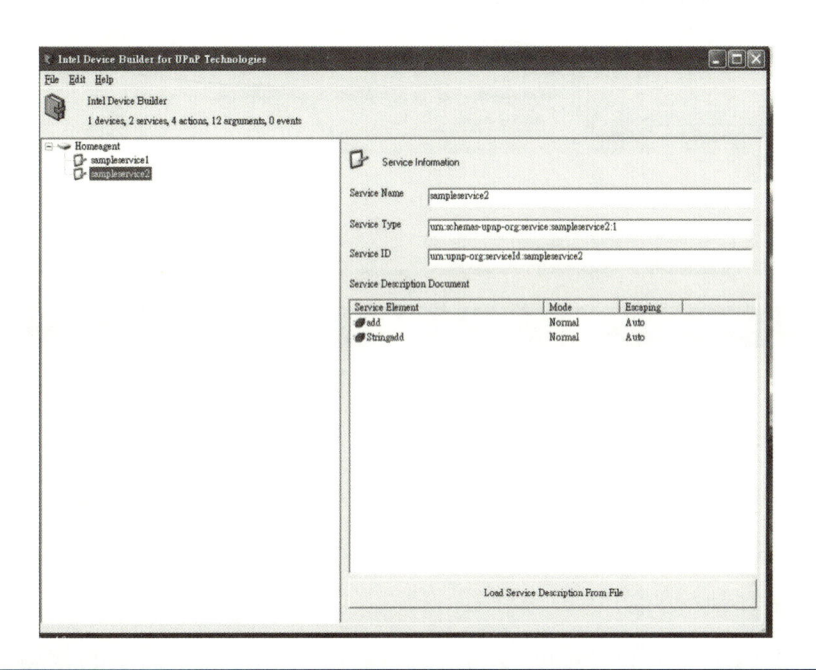

▲圖 3.10　以 device builder 建立 UPnP 的裝置

UPnP 裝置執行邏輯的撰寫

前面定義每個服務及裝置的介面，並沒有實際的撰寫程式邏輯，接下來需要撰寫程式。在上一個步驟中，UPnP 的協定及其所有的程序所需的程式碼都已經產生，不需要再撰寫就可以使用，因此我們只要找到要撰寫程式邏輯及控制元件的部分即可。

在 device builder 所產生的檔案中我們找到專案檔，例如 "Simple-Project.vcw"，並且開啟後便可以開啟所有相關的檔案，接著找到要撰寫程式邏輯與控制元件的位置，並加入該服務需要執行之程式碼後即可，如圖 3.11 所示，最後便可編譯為執行檔。

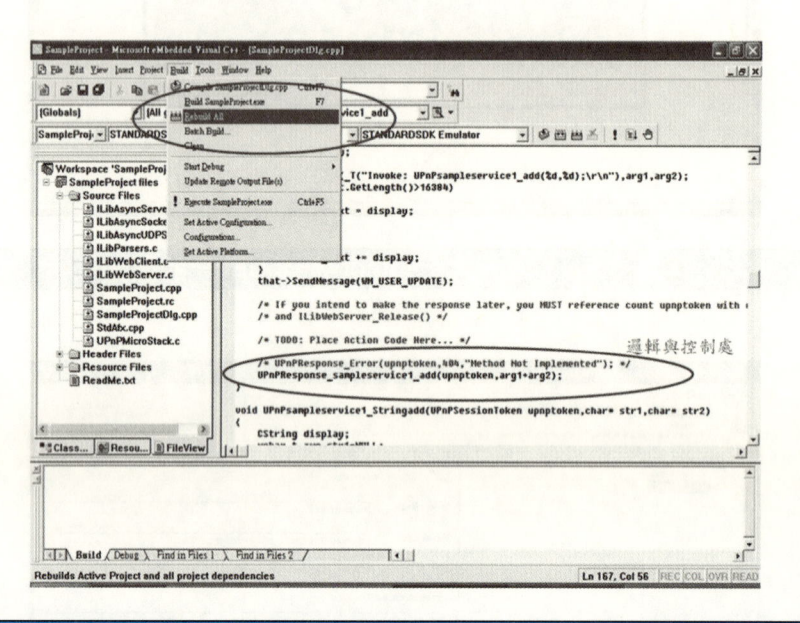

△ 圖 3.11　UPnP 程式邏輯的撰寫

UPnP 的裝置佈建到嵌入式系統

最後我們只要將編譯後的執行檔，透過嵌入式系統的連線軟體，例如 "ActiveSync" 將檔案上傳到嵌入式系統上即可。當然也可以透過相關的軟體測試其執行的結果。

以上只是簡單的介紹開發的方式，詳細的過程及所需要的軟體，讀者可以參考實驗手冊。

3.3 車用服務閘道

前一節介紹服務中介軟體的撰寫及服務裝置的產生，但如何將這些服務及裝置連接在一起，以便可以分享其服務及資源也是一個問題。另外，如何能將車內的服務裝置與外部的服務及系統連接在一起需要另一種技術。由於車輛是行進行中的裝置，車內的裝置有自己的協定，與車外的協定不一定相同，定址方式也不同，在此情形下需要一個閘道用以連接外部的服務與裝置。在這一節中我們將介紹車載上使用的服務閘道標準及框架-OSGi。

3.3.1 車用閘道架構

開放式服務平台規範(Open Services Gateway initiative, OSGi)是一個在1999年三月成立的一個開放標準組織，這個聯盟及他的會員定義了一個可以在遠端控制、JAVA為基礎的服務平台，這個標準的核心部分是一個定義服務生命週期管理、服務註冊、執行環境及模組的服務框架，另外也定義了一些程式開發介面及服務等。

OSGi應用與汽車上一個主要的目的是想利用OSGi的技術，結合到汽車的OBU上，以便在道路上發生事故的時候可以經由汽車上的無線通訊(像是DSRC、WiMAX、3G)等，透過OSGi傳送緊急訊息給附近行動中的汽車，提醒駕駛小心以減少其他的事故發生。當然除了這些以外，由於OSGi的特性也可以由在車輛服務的整合，提供更多的車內服務、車間服務及車對基礎建設間的服務整合。如圖3.12所示。

OSGi主要是被使用成一個服務閘道，連接車內外其他的服務以達到服務或資源分享。前一小節提到的UPnP只能在車內分享，透過OSGi閘道的協助，便可以連接到車外的系統及服務，達到無縫的連接其他的系統與服務，進而開發各種不同的車載應用。

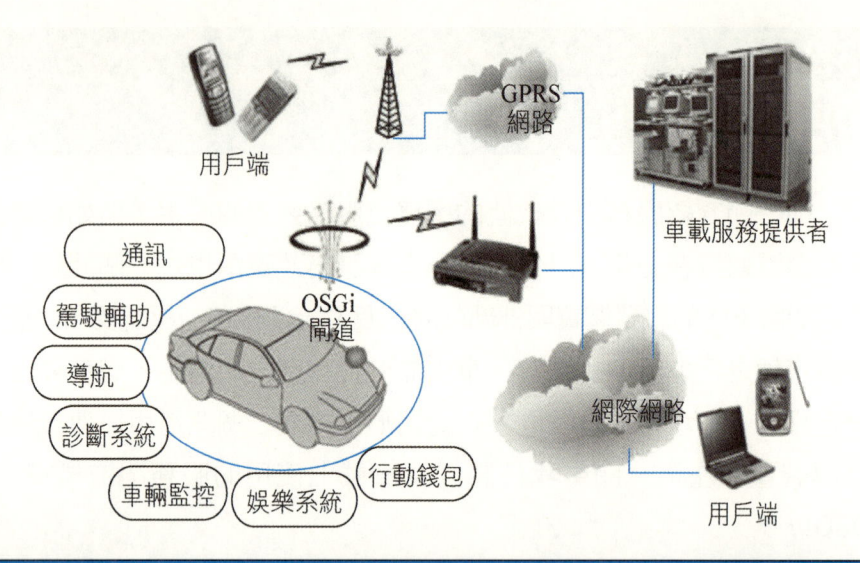

▲ 圖 3.12　OSGi 與汽車結合的應用示意圖 [13]

3.3.2　車用閘道服務框架

車載上的服務需要有一明確、有效的執行環境，使之可以與其他的協定互聯，達到**相互運作**(Interoperability)的目的。OSGi 的服務框架可以用圖 3.13 來說明，它是一個分層架構，這架構包含下列部分：

1. Bundles：是一個 jar 的元件加上額外的 manifest 標頭部分，它是一個可以傳遞的應用程式，一個 bundle 可以有多個服務，每個服務可以用 JAVA 的介面來指定。
2. **執行環境**：這主要定義服務上的方法及類別是在何種平台上執行，所有 OSGi 的 bundle 必需要可以在這個環境中執行，目前 OSGi 定義了一些執行的平台都是在 JAVA 的環境之下。
3. **模組**：這一層是定義一個 bundle 在封裝及解封裝的相關性。一個 bundle 會 import 那些類別及程式碼將在這個模組中定義。
4. **生命週期**：這層主要的目的是定義了一些 API 來管理 bundle 的生命週期，包括 bundle 會何時安裝、啟動、停止、更新及解除安裝等。
5. **服務**：服務層透過一個 publish-find-bind 模式可以動態的連接一些 bundles。一個 bundle 可以透過向 Service Registry 註冊其服務，因此其他

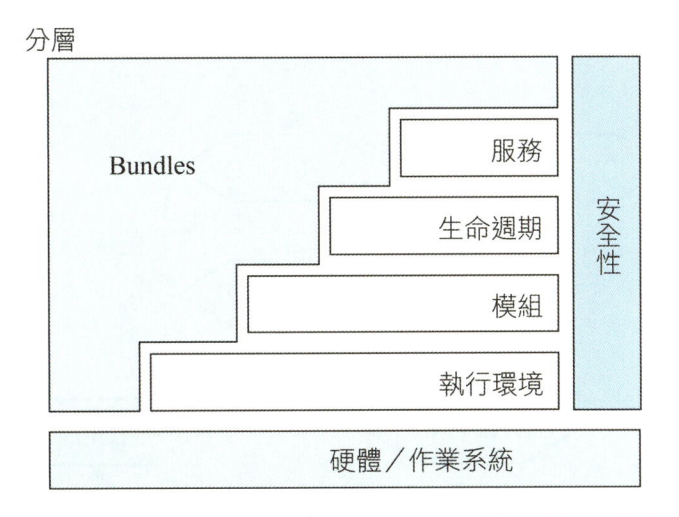

```
分層
┌─────────────────────────────────┬───┐
│                                 │   │
│  Bundles          ┌─────────┐   │   │
│                   │  服務   │   │   │
│              ┌────┴─────────┤   │ 安│
│              │  生命週期    │   │ 全│
│         ┌────┴──────────────┤   │ 性│
│         │   模組            │   │   │
│    ┌────┴───────────────────┤   │   │
│    │  執行環境              │   │   │
├────┴────────────────────────┴───┤   │
│      硬體/作業系統              │   │
└─────────────────────────────────┴───┘
```

▲圖 3.13　OSGi 的服務框架之架構

的服務便可以由 Service Registry 取得該服務的介面，以便可以呼叫該 bundle 上的服務。

6. **安全**：這一層用來處理安全相關的工作，讓 bundle 的工作只能限定在事前定義好的功能上，避免存取到超越所能存取的資源及服務。

由上面的分層可以發現，OSGi 的架構主要是在管理 bundles 的運作，因此如何撰寫 bundles、如何有效的讓 bundles 可以在平台上執行、如何管理這些 bundles 將是 OSGi 的重要工作。

3.3.3　服務 bundle 之生命週期

管理 bundles 是一個重要的工作，bundles 何時應該可以執行、何時會停止都需有一個機制，因此 bundle 的生命週期是一個重要的部分。圖 3.14 是 bundle 生命週期的流程圖，用來顯示一個 bundle 何時會在哪一種狀態，當 bundle 在一個狀態而接收到一個事件時，會轉移到另一個狀態。從圖中我們可以發現共有＜已安裝＞、＜取消安裝＞、＜等待啟動＞、＜啟動＞、＜停止＞及＜執行＞等狀態。

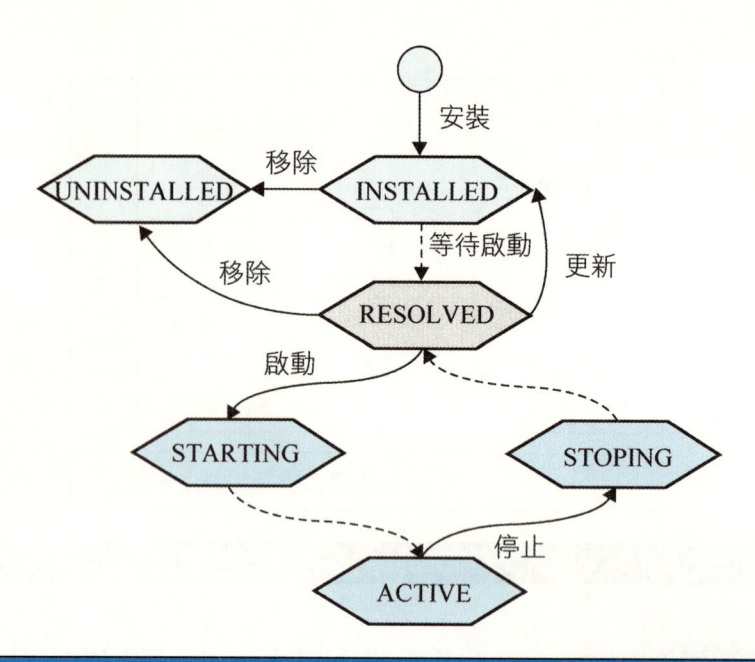

▲ 圖 3.14　bundle 生命週期的流程

在了解 bundle 的生命週期後，接著說明 bundle 的運作方式，當 bundle 被設計完成後，透過框架所提供的工具，我們可以去安裝(Install)bundle 及去執行 bundle，當一個 bundle 被安裝及執行後，它會跟 Server Registry 註冊其中的服務，這些服務是提供給其他的 bundle 呼叫。在其他的框架下，或相同的框架下都可以透過 Service Registry 來取得該 bundle 的服務介面，進而呼叫該 bundle 的服務，如圖 3.15 所示。至於 bundle 的安裝可以在本地端直接給予一個 JAR 端或由遠端來安裝，但是需給予一個 URL 用來顯示所要安裝的 bundle 所在的位址，例如 "`install http://oscar-osgi.sf.net/repo/log/log.jar`"。

3.3.4　服務 bundle 之設計

如前所述，OSGi 最要的是 bundle 的設計、執行與管理，接著說明的是 bundle 的設計。在此我們簡單的說明 bundle 設計與執行的過程，詳細可以參考實驗手冊。bundle 當被安裝後，它會進入 "INSTALLED" 的狀態，如圖 3.15 所示，此時 OGSi 的框架會自動的解析所安裝的 bundle 是

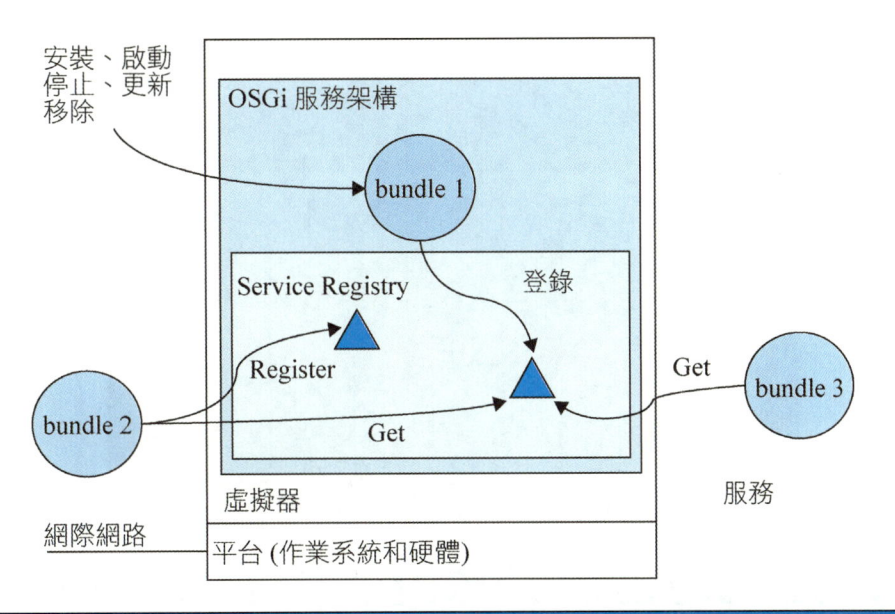

▲圖 3.15　bundle 的運作

否正確可以執行，如果可以則會進入 "RESOLVED" 狀態，當使用者或管理者啟動 bundle 的執行，則 bundle 將進入 "STARTING" 狀態，進而跳入 "active" 狀態。接下來我們用一個簡單的例子說明 bundle 的設計與執行，一個 bundle 主要由一個 Activator 管理狀態的改變，當狀態改變至 "START" 及 "STOP" 時，Activator 會控管這二個狀態，並呼叫相對的方法，因此需要在 activator 類別中實作這二個方法，如下列程式所示。

```
import org.osgi.framework.BundleActivator;
import org.osgi.framework.BundleContext;
  public class Activator implements BundleActivator {
    private BundleContext context;
    public void start(BundleContext context)throws Exception {
        System.out.println("Hello World!!～1");
        this.context=context;
    }
    public void stop(BundleContext context)throws Exception {
        System.out.println("Goodbye World!!～2");
        this.context=null;
    }
}
```

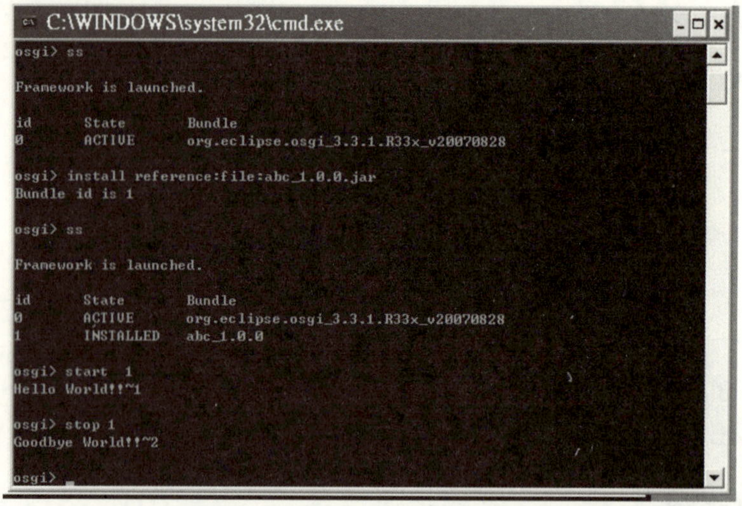

▲圖 3.16　bundle 的安裝、啟動與停止

　　當 bundle 編譯完成後,便可透過 OSGi 的框架(執行環境)進行安裝的工作,如圖 3.16 所示。使用者可以透過"INSTALL"指令安裝一個 bundle (jar 檔),安裝後這個 bundle 隨即進入了"INSTALLED"的狀態,一會兒這個 bundle 將進入"RESOLVED"狀態,接著使用者可以利用"START"啟動此 bundle,在上面的程式中這個 bundle 將會列出"Hello World!!～1"的訊息,最後使用者也可以利用"STOP"指令停止這個 bundle 的執行。

3.4
車載閘道服務之應用

　　這一節將以二個例子來說明 OSGi 在車載閘道服務之應用,分別是 Park、Yim、Moon 及 Jung [12] 等作者提出一個**智慧型車感測網路**(Smart Car Sensor Network, SCSN)的平台,用以結合以 CAN 為基礎的車內感測網路並解決擴充性及相互運作性的問題。另一則是 ZHANG、WANG 及 HACKBARTH [13] 等作者提出的情境感知車載服務架構,這個架構以 OSGi 為基礎結合本體論的技術,應用於車載的服務上。

3.4.1 OSGi 為基礎的車內閘道平台架構

現在大部分的汽車都是使用 CAN 來連接車內的各種感測器及驅動器，用來達到智慧型自動化汽車，不過這種網路架構是缺乏擴充性及**相互運作能力**(Interoperability)的。主要是這種缺少與外界溝通的能力，Park、Yim、Moon 及 Jung [12] 等作者為了改善這個問題，提出了一個**智慧型汽車感測網路平台**(Smart Car Sensor Network platform, SCSN)，如圖 3.17 所示。這個平台是一個在 OSGi 架構下整合式的感測器閘道，這個平台利用分群的方法來改善擴充性，且採用開放式的標準中介軟體來改善相互運作能力。

在這個架構中主要的元件有 CAN gateway daemon、vehicle service、VSI 閘道及應用服務 bundle 等，其中有二個主要的 bundles 來處理汽車及感測器的資料，分別是車輛服務及車輛服務介面閘道。車輛服務是用來儲存一共享汽車狀態及感測器所感測的資料，而 VSI 閘道則確實當作閘道使用，用來連接應用程式間的操作，並且替 CAN 閘道範圍快速的更動車輛

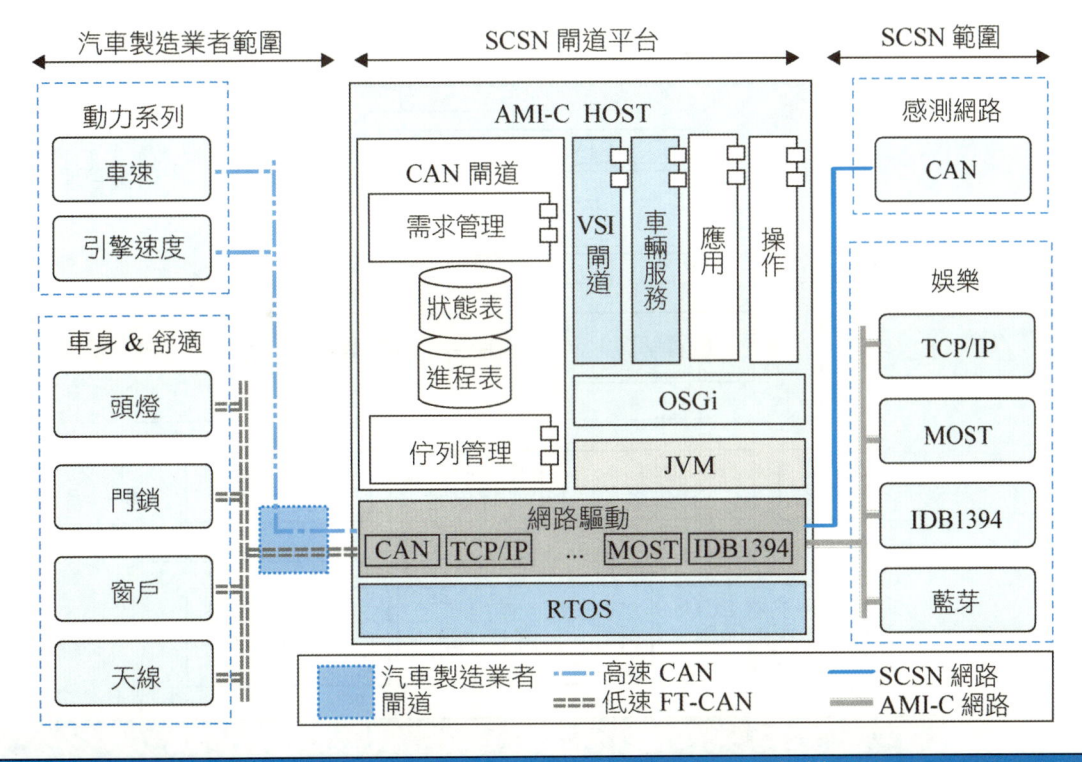

▲圖 3.17　智慧型汽車感測網路平台(SCSN)架構 [12]

服務中的資料，讓應用程式可以有效率的應用汽車內的各種感測資料。

在這個架構中 OSGi 是用來當作一個閘道，用來連接汽車內的感測元件、相關的服務及應用程式，讓汽車內的裝置及資源可以容易的應用，也可以容易的分享資源。

3.4.2　情境感知車載服務架構

另一個應用則是 ZHANG、WANG 及 HACKBARTH [13] 等作者提出的，架構在 OSGi 上一個具情境感知的車載服務架構。在這個架構中以內文本體論為模型，這個本體論內文模型是架構成一組類別，每一組類別都描述一個實體或邏輯的物件，這些物件會以它的屬性或關係關聯到其他的類別。本體論允許子類別本體的階層式架構，因此當有新的特定應用要新增時很容易的被擴充。也因為每個類別間有其屬性及其他關係可以連接，因此可以根據一些規則來推論，以進一步獲得較佳的結果或答案。

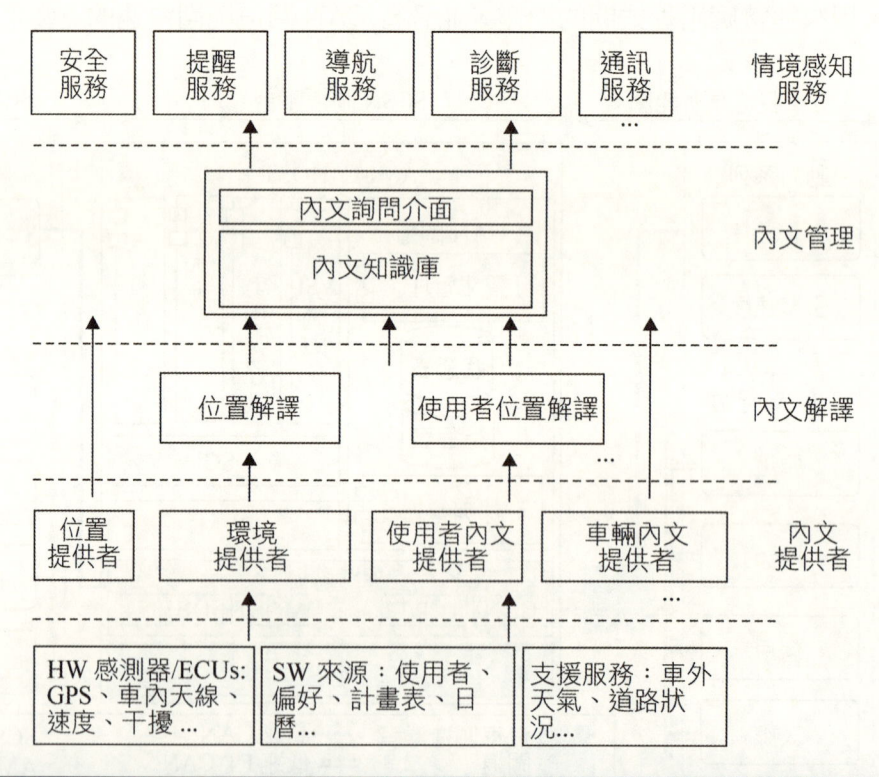

▲圖 3.18　具情境感知的車載服務架構 [13]

圖 3.18 為這個系統的架構，在這個架構中車輛可以經由各種的資訊來源，像是感測器資料、GPS 資訊、天氣資料等，這些資訊會經由系統提供給**內文提供者**(Context Provider)，透過內文儲存與管理後，並解譯這些內文而形成一個**內文知識庫**(Context Knowledge Base)，以便提供車輛可以依當時的情況來決定最適合的動作。在這個架構中除了內文的來源外，其他的元件都以 OSGi 的 bundle 來實作，這些被實作成 OSGi 的 bundle 的元件包含內文提供者、**內文解譯**(Context Interpreters)、**內文管理**(Context Manager)及一些**情境感知服務**(Context-Aware Services)等。

在這個架構中我們可以針對不同的本文給予不同的內文提供者。例如位置特別給予一個**位置內文提供者**(Location Context Provider)，跟車輛本身有關的給予一個**車輛內文提供者**(Vehicle Context Provider)等，如此可以對本文知識庫的內容可以更精確的描述，以提供更精確的推論。

練習

1. 比較存取 XML 檔案時的 DOM 及 SAX 二種方法的優缺點。
2. 在網路服務中 WSDL 僅用來描述所要呼叫的服務內文(context)，用戶端要呼叫服務時，可透過哪三種方式來執行遠端服務的呼叫？試說明。
3. UPnP(Universal Plug and Play)具有哪些優點？
4. UPnP 的網路堆疊是架構在 HTTP 上層，包含了四部分，請說明是哪四個部分？並請說明四個部分分別負責的工作？
5. 說明服務閘道的 bundle 之生命週期及流程。
6. OSGi 包含哪些部分，請說明並簡述其功能或目的。
7. 說明 OSGi 在車載資通訊系統上主要的功能。
8. 如果有一車載系統使用 OSGi 及 UPnP 二種標準，試問這二個標準如何連接以便完成車載的服務。

參考文獻

[1] Nadine Alameh, "Chaining Geographic Information Web Services," IEEE INTERNET COMPUTING, SEPTEMBER-OCTOBER 2003, pp. 22-29.

[2] Tae-Hwan Kim, Seung-Il Lee, Yong-Doo Lee, Won-Kee Hong, "Design and Evaluation of In-vehicle Sensor Network for Web based Control," Proceedings of the 13th Annual IEEE International Symposium and Workshop on Engineering of Computer Based Systems(ECBS' 06).

[3] Petra Brosch, "A service oriented approach to traffic dependent navigation systems," pp.269-272.

[4] Tingting Fu, Peng Liu, Yigang Wang, and Yehua Du "Integrating Agents and Web Services into Cooperative Design Platform of Vehicle Head-

lights," Eighth ACIS International Conference on Software Engineering, Artificial Intelligence, Networking, and Parallel/Distributed Computing, 2007, pp.27-32.

[5] Tae-Sun Chung, Sangwon Park, Ha-Joo Song, and Jongik Kim "Implementation of a Web-Service Framework for the Telematics Server".

[6] Zhaoge Qi, Wei Shi, and Zhaohui Wu "Software Architecture Design on Large-scale Network Traffic Signal Controllers System," Proceedings of the 11th International IEEE Conference on Intelligent Transportation Systems Beijing, China, October 12-15, 2008, pp.31-36.

[7] Dong-Kyun Kim and Sang-Jeong Lee, "UPnP-Based Telematics Service Discovery for Local Hot-Spots," 2007 International Conference on Multimedia and Ubiquitous Engineering(MUE'07), 26-28 April 2007, pp. 500-506.

[8] R. Seepold, N. Martínez Madrid, J. Sáez Gómez-Escalonilla and A. Reina Nieves, "Software architecture for vehicle personal area networks," 2008 International Workshop on Intelligent Solutions in Embedded Systems, 10-11 July 2008, pp.1-13.

[9] José Santa, Antonio F. G. Skarmeta, Benito U'beda, "An Embedded Service Platform for the Vehicle Domain," IEEE International Conference on Portable Information Devices, 25-29 May 2007 pp.1-5.

[10] Yunfeng Ai; Yuan Sun; Wuling Huang; Xin Qiao; "OSGi based integrated service platform for automotive telematics," IEEE International Conference on Vehicular Electronics and Safety, 13-15 Dec. 2007, pp.1-6.

[11] Park, Pyungsun; Yim, Hongbin; Moon, Heeseok; Jung, Jaeil; "An OSGi Based In-Vehicle Gateway Platform Architecture for Improved Sensor Extensibility and Interoperability," 33rd Annual IEEE International Computer Software and Applications Conference, 2009, COMPSAC '09., Volume 2, 20-24 July 2009, pp. 140-147.

[12] Daqing ZHANG, Xiao Hang WANG, Kai HACKBARTH, "OSGi Based Service Infrastructure for Context Aware Automotive Telematics," http://

www.osgi.org/wiki/uploads/Congress2004/13ZSong.pdf。

[13] Pavlin Dobrev, "OSGi Service Platform for the development of the mobile and embedded applications," Prosyst Co. http://www.devbg.org/seminars/seminar-3-december-2005/Pavlin-Dobrev-OSGi-For-Mobile-And-Embedded-Systems.pdf。

協定／演算法

第 4 章　車載網路之單／多叢集頭演算法

第 5 章　道路網中快速路徑計算之技術

第 6 章　車載通訊系統中的空間資料庫

第 7 章　車載感測網路資料傳播技術介紹

第 4 章
車載網路之單／多叢集頭演算法

叢集化演算法在行動隨意網路下，一直是一個很重要的設計，叢集化能為隨意網路帶來許多優點，像是提升系統的效能與有效的資料散佈等等。而在本實驗中，我們整理了在傳統行動隨意網路與車載隨意網路中目前已被提出來的叢集演算法，並討論它們的優缺點，提出一個以中心位置與行動節點的移動性為基底的複合式度量叢集演算法。除此之外，利用所提出來的單叢集頭演算法進而提出了多叢集頭演算法，利用行動節點的中心位置與行動節點的移動性去選定叢集頭，並且在叢集維護階段，避免不必要的叢集重選與無效的叢集產生；其主要的設計目的與意義設計在於做資料分享的時候，路徑較不易斷裂；此外，可以使得叢集頭與叢集成員之間的平均距離短，進而穩定通訊的品質，增加資料散播的速度，發揮資料分享的優勢。

4.1 VANET 叢集介紹

　　叢集化的結構已經在過去的研究中被用在不同型態的網路中，像是**蜂巢式網路**(Cellular Network)、**無線感測網路**(Wireless Sensor Network, WSN)、**行動隨意網路**(Mobile Ad Hoc Network, MANET)還有**車載隨意網路**(Vehicular Ad Hoc Network, VANET)。在我們的研究主要是將行動隨意網路上叢集化的研究延伸到車載隨意網路中。

　　隨著交通工具的普及跟生活水準的提升，對車輛的管理及應用也大大的提升，像是收費系統的管理、交通壅塞的應對機制、交通事故的預防及交通事故發生後的緊急警告通知，也或者是藉由一些車用輔助裝置使得旅遊的規劃更有效率等等。於是車載隨意網路上的研究也已經被大家所重視及討論，所謂的車載隨意網路提供了一個在**智慧型運輸系統**(Intelligent Transportation System, ITS)上的基本通訊架構。其中，ITS 就是結合通訊、電子、導航、資訊與感測等技術結合的運輸系統。其目的是用來整合與維護人、路、車之間關係的管理策略，提供即時的資訊以提升運輸系統的安全、效率及舒適性，同時也減少交通對環境的衝擊。ITS 主要的目的，就是如何利用先進的科技，使傳統運輸系統「智慧化」。而令人驚奇的車上配備：**車載資通訊系統**(Telematics)，透過多種通訊模式將人、車、環境相連結，Telematics 是資訊技術與通信技術的集合體，以無線語音、數字通信和全球定位系統 GPS 系統為基礎，通過定位系統和無線網路，向駕駛員和乘客提供交通資訊、應對緊急情況以及生活資訊等等的服務。

車載隨意網路有別於傳統的行動隨意網路來說，它擁有一些下列特性：

1. 車輛都會擁有充足的電力提供無線裝置，不像行動隨意網路中的行動節點必須考慮到電力的問題。
2. 駕駛者可以藉由車輛上的裝置像是**全球定位系統**(Global Positioning Satellite, GPS)、無線通訊的裝置、電子地圖的資訊和導航系統等等，得到許多外部的資訊(例如車輛自己本身的位置、附近的景點、路況等等)。
3. 網路拓樸隨著車輛速度、位移的改變而有變化。
4. 駕駛者的行為影響行車速度及路徑。
5. 路側單元感測系統的存在等等。然而，車輛在車載隨意網路下移動會因為無線傳輸的影響而受到一些頻寬限制，藉由階層式的叢集方式來改善通訊的品質，減少網路下行動節點各自的負擔。叢集結構可以把一群車輛(以下簡稱為行動節點)視為叢集，並且在叢集內部選出一個適合傳輸資料的行動節點去負責資料傳輸的工作，同時也是叢集間的中繼點其負責與其他叢集通訊。

為了配合車載網路環境的動態特徵，以行動節點為基礎的叢集必須要週期性去更新其網路拓樸還有車輛的移動狀態。同時，叢集化的過程也必須去減少叢集建立的時間。行動節點的移動性會使得網路拓樸變動和叢集的選擇會導致叢集的建立與解散。由於網路變動的可能性大，叢集的重建與叢集頭的角色改變是不可避免的。因此，在車載隨意網路下，叢集化演算法除了叢集的建立之外，應該設法去設計管理叢集的改變的機制，並且應該當車輛的速度改變或是網路拓樸改變時去維護叢集結構，而不是消除叢集的改變；否則，叢集的重建使得訊息交換頻率增加也會帶額外負擔，降低無線通訊的效能。而在車載隨意網路中，理想的叢集結構是在有限的時間內做好叢集維護的程序。傳統行動隨意網路的環境下，很多研究都把重心放在如何在叢集建立的階段，而車載隨意網路是行動隨意網路的一個特例,它的限制條件比較著重在車輛的特性及拓樸變化快速的方面。而車載隨意網路最大的挑戰是網路的穩定性和叢集頭的選定(即移動性的穩定性),所以在演算法的設計上面要考慮的與傳統行動隨意網路沒有考慮到的下列幾點:

1. **車輛間的相對移動性**:在相對速度較高的情況下,將使得網路拓樸難以管理,此時若選定相對移動性高的行動節點來當叢集頭,這樣的選定是很不適合的,因為這個被選定叢集頭對於整個網路拓樸來說是很不穩定的,這樣就會使得收集及傳送資料的任務變得很不可靠。所以就會失去叢集頭收集資料及傳送資料的功能。因此,叢集頭的選定必須要把相對移動性列為重要的考量因素之一。

2. **網路拓樸的規則性**:有別於以往行動隨意網路中行動節點隨意移動的特性,車載隨意網路根據街道路的不同,網路拓樸也有不同的規則。在車載隨意網路中,網路拓樸大略可分為三種,第一個是高速公路;第二個是城市街道;第三個則是郊區。依照網路拓樸來說,第一個是行動節點的分布以長條管狀為主,第二個根據城市的不同而有不同的分佈,舉例來說如果像是台北市面積小但車輛密度很高,其分佈的形狀會像格子一樣,而郊區因為車輛密度通常比較低,而車流量通常來說也比較小,所以其分佈的是稀疏的。就是因為實際地理位置的關係,車輛不能在實際的街道上任意的移動,所以車輛會收到周遭其他車輛的限制。車輛的移動方向也會收到限制,一般車輛會依照道路來行使,不像在行動隨意網路中的行動節點任意移動的特性。

3. **網路密度的不規則**:大致上可以依據兩點來做判斷,第一個是上述的網路拓樸的規則性,會呈現三種不一樣的網路密度。第二個是車流量,在離峰時段,街路上車輛的數量可能很少;但是到尖峰時段,街路上車輛的數量倍增而就會發生塞車的情形。第三個是駕駛者的反應,可能會因為駕駛者收到某訊息後做出反應而有所變動。

雖然目前大部分的叢集演算法,都是在行動隨意網路、無線感測網路的領域裡面;在車載隨意網路的環境下的叢集演算法並沒有太多的著墨。**叢集化結構**(Clustering)在行動隨意網路被證實有一定的效能 [1],再加上車載隨意網路是由行動隨意網路發展而來,屬於行動隨意網路的子集合,所以行動隨意網路的叢集演算法在車載隨意網路上改良應該也可運行。為了突破這些限制對於叢集結構所帶來的設計缺失,車輛位置、車輛速度、車輛加速度的資訊,加上一些另外叢集頭選擇的條件、叢集頭個數、叢集大小等等;如何在網路拓樸變化間的有效率地維護叢集,為叢集結構在車載隨意網路環境下,帶來更多的設計。

4.2 相關研究

4.2.1 叢集和角色工作

叢集結構就是將網路上的行動節點們分為數個虛擬的群組,利用行動節點不同的行為與規則配置這些行動節點,而這些所謂的規則就稱為叢集式的演算法。

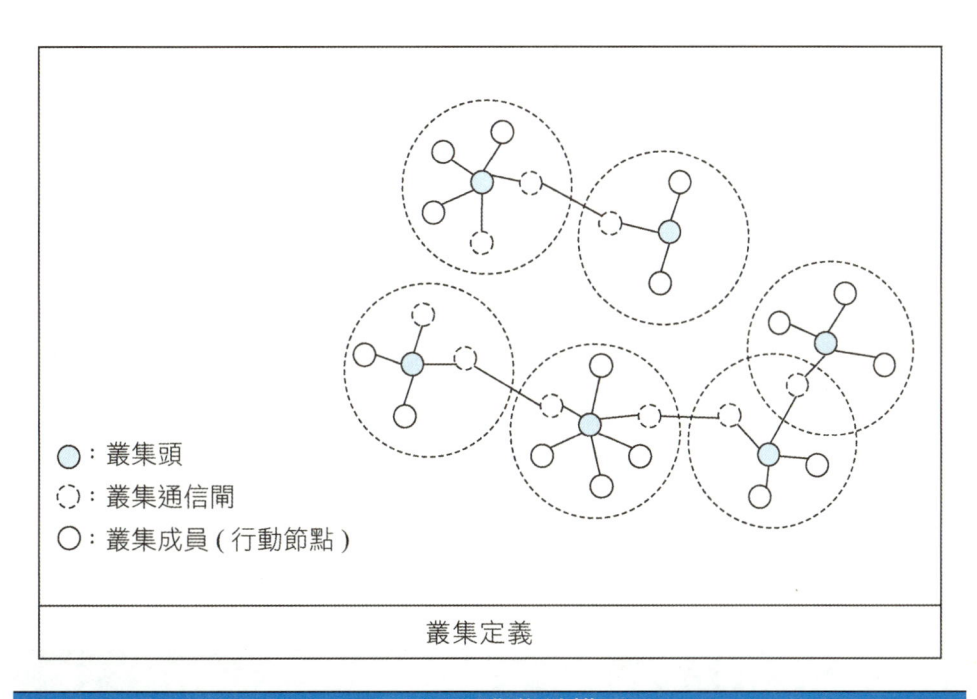

▲圖 4.1 叢集結構圖

每個行動節點被指派一個不同角色,並且有不同的性質與功能,分為叢集頭、叢集通訊閘、叢集成員。三個角色分配如下,如圖 4.1 所示:

1. **叢集頭**(Cluster Head, CH):是每個叢集局部掌管者,負責叢集內部傳輸的安排、資料的傳遞、內部的溝通 ⋯ 等等工作。
2. **叢集通訊閘**(Cluster Gateway, CG):有時候也會被稱為**邊界節點**(Boundary Node)為非叢集頭行動節點的集合,並且擁有叢集間的連結,所以它負責與鄰居通訊以及叢集之間資料的傳遞。
3. **叢集成員**(Cluster Member, CM):有時候也會被稱為一般**行動節點**(Ordinary Node),它也不屬於叢集頭行動節點的集合,也沒有任何叢集間的連結。

4.2.2　叢集的通訊

叢集化所來的效應是可以更有效的傳遞資料跟訊息的交換,其通訊方式分為兩種,如圖 4.2 所示。

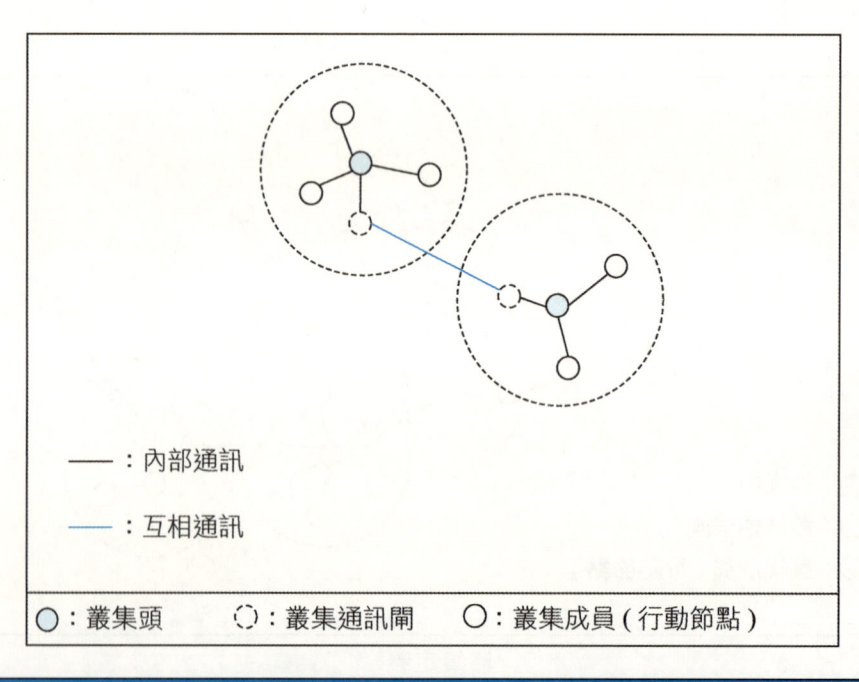

▲圖 4.2　叢集通訊圖

1. **叢集內部通訊**(Intra-Cluster Communication)：任何的叢集內部必須至少有一個掌管者 CH 負責管理其掌管的叢集裡的每個成員，而 CH 與內部成員的訊息交換，即為叢集內部通訊。
2. **叢集間通訊**(Inter-Cluster Communication)：CH 除了管理自己叢集裡的每個成員，每個 CH 間也必須隨時保持聯繫，彼此交換訊息。此即為叢集間通訊。

4.2.3 叢集的重要性

傳統行動節點間沒有組織性的交換資料，這樣的方式，隨著行動節點的移動性伴隨著網路拓樸的快速變化而使得網路的**規模性**(Scalability)差且效率低。所以，階層式的架構對於行動隨意網路是一個很大的優勢，其主要的概念是將網路劃分成許多小型網路，其中，這樣的結構在大規模的行動隨意網路環境下來說是可以得到較好的效能。而**叢集化**(Clustering)的觀念對於管理網路拓樸者來說是很有效率的 [2]，並且帶來至少下列三個優點[3-5]：

1. 可以提升資源的再利用度進而增加系統的處理速度：舉例來說可以利用特定的行動節點像是 CH，保存重要的傳輸資料，這樣可以減少資料傳輸碰撞後重新傳輸的次數。或是當兩個沒有重疊的叢集互相不為鄰居的時候，此兩個叢集可以分配到相同的頻率或是編碼，不會造成碰撞且沒有衝突，提升**頻道**(Channel)的利用度。
2. 有利於網路上資料傳輸的路由建立：舉例來說藉由特定行動節點像是由 CH 與 CG 這些虛擬骨幹架構，建立叢集間的路由，並且只需要這些特定的行動節點作傳輸的動作，增加傳輸的效率，並且減少資料傳輸的碰撞。
3. 可以使得原本任意配置的行動節點更好管理且更穩定：舉例來說當某個行動節點移出它隸屬的叢集，只有原本的那個叢集內其他駐留的行動節點需要更新資料。因此，局部性改變不需要更新整個網路，並且可以大幅減少每個行動節點所儲存跟所需處理的資料。

目前在行動隨意網路上的叢集演算法已經很多被提出來，隨著車載網路的迅速發展，後來也少部分在車載隨意網路上提出一些叢集演算法。不同的叢集演算法會根據不同的目標去設計，像是在行動隨意網路與無線感測網路中，節省能源可能是一項很重要的考量。在過去的研究中，我們會先把叢集演算法分成兩部分詳細的討論，第一部分為著重在叢集建立階段的叢集演算法，第二部分為著重在叢集維護階段(包含重建與合併)。叢集建立階段主要為叢集初始化的建立，而叢集維護階段在於降低動態環境下當網路拓樸改變時所帶來的影響，包括 CH 的反覆重選與否、叢集數目上升與下降、CH 的存活時間的長短。然而，現在大部分的演算法都把重心放在叢集建立上，如何利用不同的規則或是量測值來選取最佳的 CH；在叢集維護的大部分都是以一些範例來說明，只有少部分的演算法比較有規律的描述叢集維護的程序。

以下我們將分成三個部分來討論。首先，第一，我們會討論在不同環境下的各種不同叢集演算法及發展；第二，我們會針對叢集的不同特性作為分類；第三，描述我們的叢集演算法可以應用在不同的問題的解決方案中。

4.2.4　叢集結構

首先介紹的是最原始的兩個叢集演算法，第一個是**最低識別碼叢集**(Lowest Identification Clustering, LID)[6] 其概念如同 LCA [7]，其演算法是以具有最小 ID 編號的行動節點被選為 CH。LID 的優點就是容易的使用 ID 編號去選出 CH，只需要兩次比較就能得到結果。但是缺點是網路拓樸分

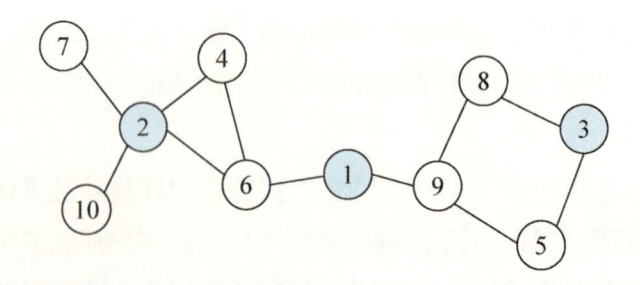

○：叢集頭
○：叢集成員 (行動節點)

▲圖 4.3　LID 叢集演算法

割後的叢集沒有規則，有大有小，而且當網路拓樸改變時，會使得叢集不穩定，所以就非常容易使得叢集個數很多的情況。圖 4.3 為 LID 演算法的釋圖。

第三個是最大連結度為基礎**高連結度叢集演算法**(High Connectivity Clustering, HCC)，有人又稱為**最大連結度叢集法**(Maximum Connectivity Clustering, MCC)[6] 做法裡面，每個行動節點在行動隨意網路下都有自己唯一的識別碼，其演算法是以具有最多連結度的行動節點將會被選為 CH。當**連結度**(Degree)相同時，再改由 LID 的方式來決定 CH。HCC 比 LID 多一次的比較時間，HCC 優點在於當 CH 負責的行動節點愈多，相對的叢集的個數就會減少，而叢集個數減少，相對的就可以使整個網路資訊儲存的維護量降低，而達到節省記憶空間的功效。不過，當網路拓樸有所改變時，當時的時間與下一秒的時間所負責的叢集成員個數可能有巨大的差異，所以方法的穩定性比 LID 差。圖 4.4 為 HCC 演算法的釋義圖。

由於 LID 或 HCC 所產生的叢集數量可能會太多，因而造成網路不穩定，所以後來又有人提出了 MMDA(Max-Min D-hop clustering Algorithm)[8] 與 RCC(Random Competition based Clustering)[9] 都是以競爭的概念去選定 CH。這兩個叢集建立演算法會產生比前述兩個演算法少的叢集數，它們修正前面兩個演算法穩定性的問題。

也有另外一些叢集演算法的作法是使用權重值比例，像是行動節點本身的識別碼、與周圍鄰居連結度、本身電力消耗程度、相對於鄰居節點移

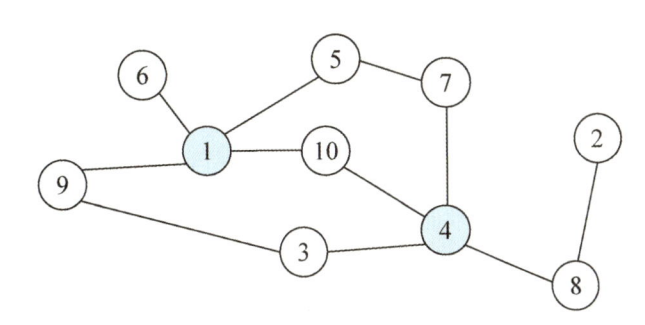

○：叢集頭
○：叢集成員(行動節點)

▲圖 4.4　HCC(或 MCC)叢集演算法

動性和相對鄰居的距離等選出 CH，如下列**需求導向權重叢集演算法**(On Demand Weighted Clustering Algorithm, WCA)[10] 與**連結、電力和行動導向叢集演算法**(Connectivity, Energy and Mobility driven Clustering Algorithm, CEMCA)[11]。CEMCA 就是利用行動節點的相對移動性 R_s、連結度 R_c 以及節點電力比值 R_e，而得到下列算式：

$$Q_i = 1/3 \cdot (R_s + R_c + R_e) \tag{1}$$

最後，把這三個評估因子取平均值，愈小的值當作 CH 的選擇條件。到目前為止，都是在行動隨意網路環境下的一些叢集演算法。接下來我們說明一些在車載隨意網路環境下的叢集演算法。

分散式群組行動自適應(Distributed Group Mobility Adaptive, DGMA)叢集演算法 [12][13] 利用群組的移動型態來建立叢集，它主要依靠節點的歷史速度與方向去選出 CH。作者把行動節點分成三個角色並且分成三個顏色，白色點是還沒決定狀態的行動節點，紅色點是 CHs 和黃色點是 CMs。並且在叢集建立階段，利用 *TSD* 值去選定 CHs，*TSD* 值如下：

$$TSD(i, t) = \sum_{j=1}^{n} SD(i, j, t) \tag{2}$$

其中，*SD* 為空間依存性，它是利用行動節點的速度與方向去計算出來的。在叢集維護階段，分成三個動作：(1)叢集的合併，(2)叢集頭的離開，(3)現成叢集的加入。優點在於其叢集建立與維護階段的流程很有系統的描述與謹慎考慮，但是如果使用歷史速度與方向來運用在叢集建立，可能在下一秒整個網路拓樸就改變很大，這樣勢必會造成一些計算上的誤差。如果能預測未來的速度與方向，運用在叢集建立上可以把誤差縮小。

直接傳遞演算法(Directional Propagation Protocol, DPP)中的叢集演算法 [14] 引用 MOBIC(叢集維持部分會提到)所提及之方式來選擇 CH。其選擇方式與 MOBIC 機制類似。首先每個行動節點會去偵測鄰近行動節點所送出的訊號強度，根據此訊號強度算出一**相對移動度量**(Relative Mobility Metric)。之後每個行動節點再將其與鄰近各個行動節點計算後得到的所有相對移動度量做一運算，得到**區域匯集移動資訊**(Aggregate Local Mobility Value)。區域匯集移動資訊最小的行動節點即成為 CH。DPP 改進 MOBIC

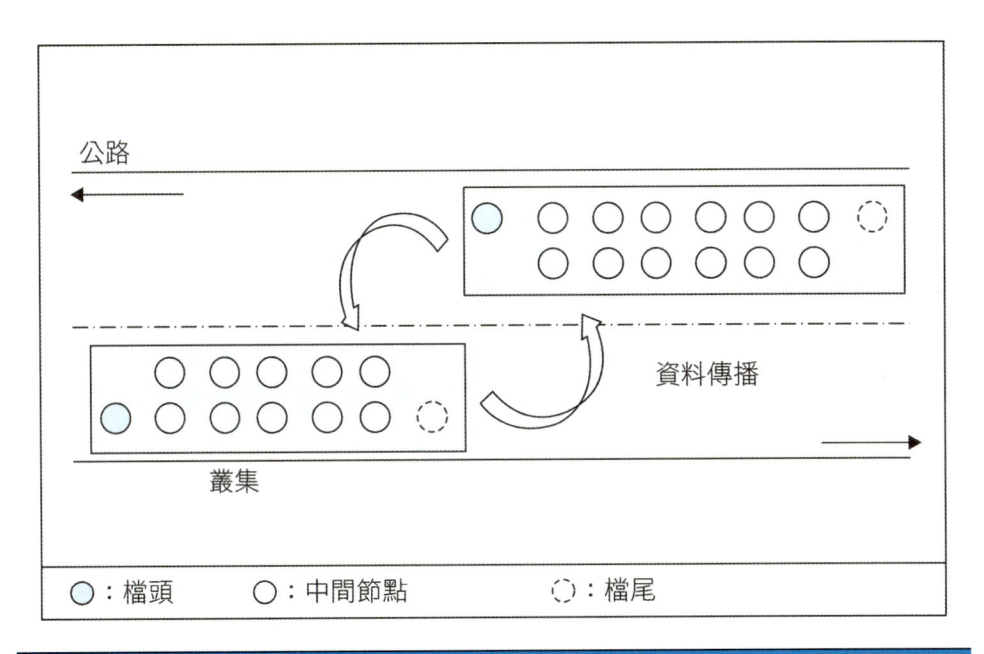

▲圖 4.5　DPP 叢集演算

的部分是一個叢集內同時可以擁有兩個 CH，一個為檔頭，另一個則為檔尾所提出的叢集演算法選出 CH 之後便開始做資料的傳輸，其叢集間傳輸方式是與對向車道的叢集互相作資料的交換與傳遞。而叢集內部的傳輸方式是利用一個檔頭節點路由的演算法傳輸資料。圖 4.5 為 DDP 內的叢集演算法釋義圖。

Xi Zhang 等作者所提出的叢集演算法利用叢集架構在車載隨意網路解決分配頻道的問題 [15]。作者把行動節點定義分成四種狀態：**叢集頭** (CH)、**準叢集頭** (Quasi-cluster-head, QCH)、**叢集成員** (CM)、**準叢集成員** (Quasi-cluster-member, QCM)。每個行動節點假設都配置有兩個收發器，其叢集演算法利用控制訊息的交換與時間的控制來有效分配頻道。

上述兩個在車載隨意網路下的叢集演算法僅僅是用在高速公路的環境下，前一個方法在 CH 選定的機制以及叢集維護階段可以再做更多的構想，後一個方法中，即時應用所付出的代價就是控制訊息的交換可能會帶來很多系統的 overhead。並且在不同的街道地圖，像是城市街道中車輛密度很大加上整個網路拓樸變動大，這些叢集演算法可能就不是那麼適用了。

4.2.5 叢集維持

C.-C. Chiang 等等作者提出了**叢集數改變最少的演算法**(Least Cluster head Change Clustering, LCC)[16] 為了解決 LID 或 HCC 演算法所產生的叢集穩定性不佳，作者們認為必須要有一個 CH 重選的機制來維持 CH 的數量，否則 CH 數量一直上升會使得叢集的數目上升，進而造成 CH 的 overhead 負擔過大，LCC 是改善在叢集維護階段；LCC 演算法能使 LID 和 HCC 的叢集演算法能降低叢集的變動率，其叢集建立階段使用 LID 來產生叢集結構。而其主要改良的叢集維護階段為：

1. 當 CM 移動到新的叢集範圍內時，CHs 並不需要改變，只有 CM 需要改變。
2. 當一個 CM 移出它所屬叢集範圍外時，並且無法加入至別的叢集時，則它將形成一個新的叢集並且變成一個新的 CH。
3. 當 CH 從原本的叢集移入新的叢集時，CH 將挑戰新的叢集的 CH 地位，CH 或新的叢集的 CH 將有一方會退休成為 CM，其中挑戰方式可依據 LID 或 HCC 叢集演算法任一方式。
4. 當某 CH 離開後，其成員將依據 LID 或 HCC 叢集演算法重新加入其他叢集，或形成新的叢集。

以移動性相關作法裡面，其中**移動性度量叢集**(Mobility Metrics Clustering, MOBIC)[17] 為了改善 LID 與 HCC 的效能，考慮了節點的相對移動性在 MOBIC 裡面，這個叢集演算法，其選擇 CH 的方式是利用兩個度量，**相對移動性度量**(Relative Mobility Metric)還有**區域匯集移動資訊**(Aggregate Local Mobility Value)去做為 CH 決策評估因子，如下列所示：

$$M_Y^{\text{rel}}(X) = 10 \log_{10} \frac{R_x P_{rX \to Y}^{\text{new}}}{R_x P_{rX \to Y}^{\text{old}}} \tag{3}$$

$$M_Y = \text{var}_0 \{M_Y^{\text{rel}}(X_j)\}_{j=1}^m = E[(M_Y^{\text{rel}})^2] \tag{4}$$

其中，$R_x P_r$ 是從接收節點偵測的訊號也隱含是傳送節點與接收節點之間兩兩的距離。M_Y 是計算 Y 跟其鄰居的移動性，其中 X_i 表示 Y 的鄰居，M_Y 愈小代表 Y 對於其鄰居的相對移動性較小且愈有機會變成 CHs。其叢集演算

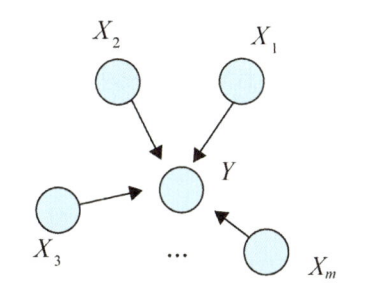

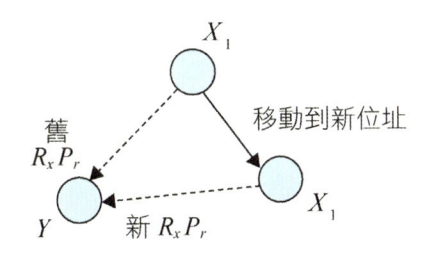

▲ 圖 4.6　MOBIC 叢集演算法

　　法是每個行動節點經過訊息的交換後，算出(2)和(3)，有最小**區域匯集移動資訊**(Aggregate Local Mobility Value)的行動節點即成為 CH。在叢集維護階段，是以 LCC 演算法的規則來運作，比較不一樣的是，當兩個 CH 交會的時候，**先等待一段時間**(Cluster-Contention-Interval, CCI time period)，若 CCI 超過某的定值後，**相對移動度量**(Relative Mobility Metric)小的人為 CH；否則兩個 CHs 的狀態不會變。圖 4.6 為 MOBIC 叢集演算法的釋義圖。

　　此方法雖然不用 GPS 的額外裝置，也不需要行動節點的速度距離等等資訊的優點，但其缺點是 MOBIC 只利用相對移動性去計算行動節點的移動資訊，加上這個方法沒有使用到 GPS，所以如果從一個移動很快速的行動節點收到的移動資訊，去計算移動後所得的值不會很精準，造成錯誤的估計。

　　到目前為止，都是在行動隨意網路環境下的一些包含著重在叢集維護的叢集演算法。接下來我們說明一些在車載隨意網路環境下的叢集演算法。

　　基於叢集媒介存取控制協定(Cluster-Based Medium Access Control Protocol, CBMAC)[18] 中，行動節點分為四個狀態：Undecided、Member、Gateway 和 CH，一開始所有行動節點都屬於 Undecided；其叢集維護階段，當兩個 CH 交會時，必須靠著下面的方程式來選出一個 CH，另外原本的叢集則合併到選定的叢集裡。

$$W_v = w_1 \cdot \Delta_v + w_2 \cdot D_v + w_3 \cdot M_v, \text{ 其中} \{w_1, w_2, w_3\} \in [0, 1] \tag{5}$$

其中，$Δ_v$ 為行動節點 V 的連結度，D_v 為與每個 1-hop 鄰居距離的平均值，M_v 為與每個 1-hop 鄰居相對速度的平均值。選出來值比較小者擁有較好的資格做為 CH。

4.2.6 叢集化應用

叢集化所帶來的優點使得叢集結構可以應用在許多方面，像是空間的重新利用(Spatial Reuse)[5]、資料散佈(Data Dissemination)[14]、多頻道通訊(Multi-Channel Communication)[15]、媒介存取控制(Medium Access Control)[18]、廣播機制(Broadcasting Scheme)[19]、路由選擇演算法(Rout-ing Protocol)[20]、位置服務(Location Services)[20]、多媒體串流(Multimedia Streaming)[21]、能源節省(Power Saving)[11] 等等應用。在未來希望我們的叢集演算法能運用到更多不同的應用上。

4.3 演算法說明

4.3.1 單叢集頭演算法

我們有三點假設：(1)每個行動節點都攜帶全球定位系統(GPS)；(2)每個行動節點都擁有大於零且具唯一性的 ID；(3)每個行動節點在 HELLO 週期中，位置變化量差異性低。

在我們的叢集演算法中，叢集頭選定機制是以中心位置為叢集頭的概念以及在移動性相當的行動節點中，找出相較其他鄰居中移動性最穩定的行動節點。叢集建立階段是以 RPM 做為比較條件，其值最小的行動節點即為 CH；並且將會介紹決策中所提及的評估因子。如下列步驟：

步驟 1：假設在時間 t 的時候，因為每個行動節點都攜帶全球定位系統，所以行動節點會知道自己的位置，且假設行動節點 1 有 $2 \cdots k \cdots m$ 的 $m-1$ 個鄰居，則行動節點 1 和其他鄰居行動節點 $2 \cdots k \cdots$

m 的位置我們以下面的式子來表示：

$$P_1 = (x_1(t), y_1(t)) \tag{6}$$

$$P_2 = (x_2(t), y_2(t)) \tag{7}$$

$$P_k = (x_k(t), y_k(t)) \tag{8}$$

$$P_m = (x_m(t), y_m(t)) \tag{9}$$

步驟 2：算出行動節點自己與鄰居節點的虛擬中心點(假設為節點 c)位置，P_c 以下面的式子來表示：

$$P_c = (x_c(t), y_c(t)) = \left(\frac{\sum_{i=1}^{m} x_i(t)}{m}, \frac{\sum_{i=1}^{m} y_i(t)}{m} \right) \tag{10}$$

求出虛擬中心節點位置之後，計算自己與虛擬中心節點 c 的距離，任意行動節點 i 與虛擬中心節點 c 的距離如下面的式子來表示：

$$\text{Dist}_{ic} = |P_i - P_c| = \sqrt{(((x_i(t) - x_c(t)))^2 - ((y_i(t) - y_c(t)))^2)} \tag{11}$$

步驟 3：此外，我們還必須考慮行動節點本身的速度與所有鄰居節點速度的差異。任意節點 i 的速度用下列公式計算：

$$V_i = \sqrt{(((x_i(t) - x_i(t-1)))^2 - ((y_i(t) - y_i(t-1)))^2)} \tag{12}$$

相同公式計算所有鄰居節點(包含本身)的速度值，並經過數值大小排序後以 $\{V_i, V_2, \cdots, V_i, \cdots, V_m\}$ 表示。接著找出這列數值的中位數 V_c，如下列公式所示：

$$V_c = \text{median}\{V_i, V_2, \cdots, V_i, \cdots, V_m\} \tag{13}$$

接著計算本身速度與 V_c 的差異如下所示：

$$\text{Rel\_Speed}_{ic} = |V_i - V_c| \tag{14}$$

步驟 4：我們將以調整權重的方法來當作叢集頭選定的決策評估因子，α 為比重加權值，正規化之後，所得的 RPM $\in [0, 1]$，其公式為下列所示：

$$RPM_i = \alpha \cdot \frac{\text{Dist}_{ic}}{\text{Max}\{\text{Dist}_{jc}, j \in 1 \sim m\}}$$
$$+ (1+\alpha) \cdot \frac{\text{Rel\_Speed}_{ic}}{\text{Max}\{\text{Rel\_Speed}_{jc}, j \in 1 \sim m\}} \quad (15)$$

求出 RPM_i 之後，記錄於 HELLO 訊息中通知所有鄰居節點，同時並收集鄰居節點的 RPM 值。如果本身的 RPM 值在所有鄰居節點中數值最小，則宣告自己為叢集頭。

4.3.2 常用辭彙

在接下來的這個章節裡，將介紹我們所提出在車載隨意網路環境下，適用於城市街道的叢集演算法，首先，我們先展示一張概念圖，如圖 4.7。並說明在叢集演算法中會使用到的一些觀念。

如圖 4.7 所示，在我們所提出的叢集演算法中，每個行動節點都有大於零且唯一的 ID 編號，而我們所提出的叢集演算法把網路拓樸中的行動

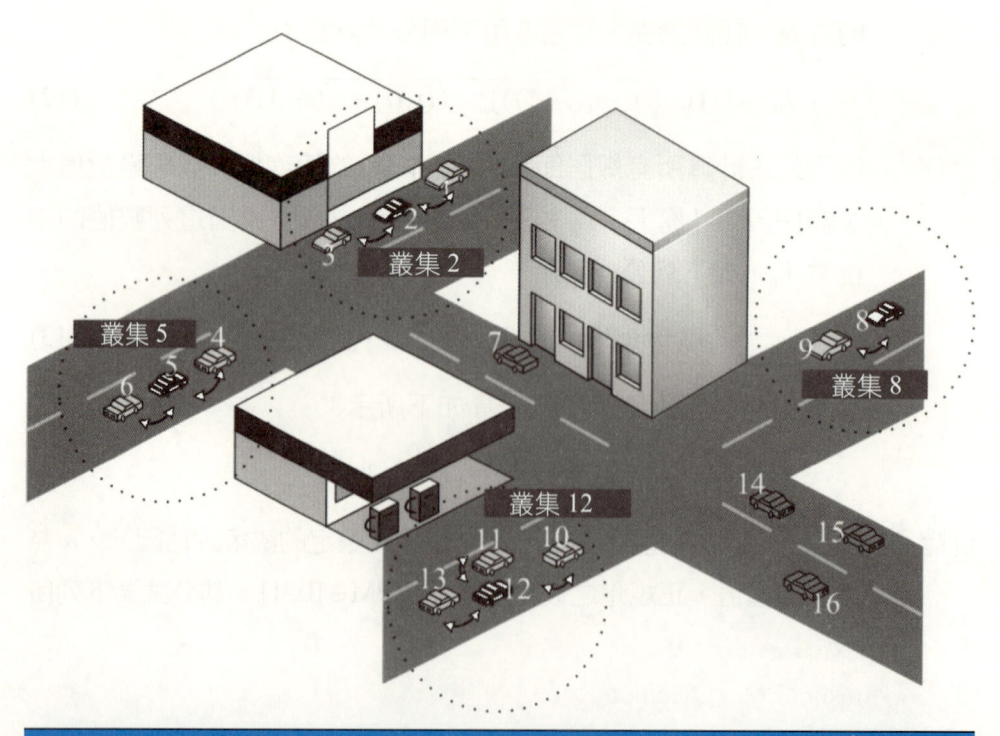

▲圖 4.7 擬議單叢集頭演算法的概念圖

節點劃分成下列三個身份狀態：

1. **閒置節點**(Undecided Node, UN)：當行動節點在叢集建立階段的初始化時，或者，當行動節點都尚未屬於任何叢集並且也沒有任何的身份時，屬於此種身份狀態。此行動節點在網路拓樸下是沒有傳遞資料的功能，如圖 4.7：7、14、15、16 為灰色的行動節點。

2. **叢集頭節點**(Cluster Head Node, CH)：當行動節點在叢集建立階段的叢集頭選舉過程完成後，所當選的節點屬於這種身份狀態。此行動節點的工作為負責管理其叢集成員，收集或分享資訊給其叢集成員；其與叢集成員對應為一對多的情形，並且負責與其他叢集頭通訊。如圖 4.7：2、5、8、12 為黑色的行動節點。

3. **叢集成員節點**(Cluster Member Node, CM)：當行動節點在叢集建立階段的叢集頭選舉過程完成後，除了叢集頭之外，並且有加入叢集的行動節點，屬於這種身份狀態。此行動節點的工作為負責向叢集頭查詢或取得資訊；其與叢集頭的對應為多對一的情形，即每個叢集成員節點最多只能有一個叢集頭。如圖 4.7：1、3、4、6、9、10、11、13 為白色的行動節點。

介紹完三種不同的行動節點之後，我們將介紹在叢集演算法裡的表示符號：

1. BI(Broadcast Interval, 廣播間隔)：每個行動節點廣播 HELLO 訊息的週期時間間隔。

2. CI(Contention Interval, 競爭間隔)：兩個 CH 競爭時通訊的時間間隔(這裡我們設為 BI 的倍數)。

3. TI(Timeout Interval, 過期間隔)：每個行動節點清空鄰居表中過期(這裡我們設為 BI 的倍數)資訊的週期時間間隔。

4. i(Node Identification, 節點識別)：大於零且唯一的 ID 編號。

5. $|UN_i|$ (Number of Undecided Nodes, 閒置節點個數)：行動節點 i 的 1-hop 鄰居裡面 UN 的個數。

6. u(Threshold of Undecided Nodes, 閒置節點門檻)：UN 進入叢集競爭的最低下限。

7. CH_i(CH 節點 i)：行動節點 i 的身份狀態是 CH。
8. C_i(CH Identification, CH 識別)：行動節點 i 的 CH 的 ID 編號，也是叢集的 ID 編號。
9. CD(Contention Distance, 競爭距離)：CH 進入叢集競爭的限制，為一半的傳輸半徑。
10. $|CM_i|$ (Number of CMs for Node i, 節點 i 的 CM 個數)：行動節點 i 本身為 CH，其所擁有的 CM 個數。
11. JOIN_INVITED：叢集頭選舉的程序後，選定出來的 CH 所發出的邀請訊息。
12. JOIN_REPLY：叢集頭選舉的程序後，收到選定出來的 CH 所發出的邀請訊息後，回覆同向方向的 CH，請求加入叢集。
13. CH_RESIGN：CH 叢集競爭的程序後，所競爭失敗的 CH 所發出的辭職訊息，用來告知原本所擁有的 CM，並且解散其叢集。

表 4.1 為單叢集頭控制訊息的介紹。

▼表 4.1　單叢集頭演算法中使用的訊息

訊　息	程　式
HELLO	$(i, C_i, P_i, |CM_i|, RPM_i)$
JOIN_INVITED	(i)
JOIN_REPLY	(i, C_i)
CH_RESIGN	(i)

4.3.3　處理流程

我們的叢集演算法主要的設計目標在於有效的資料分享及散佈。而以叢集演算法的角度來看，我們的叢集演算法設計的重點著重於：

1. 使用接近中心點位置的行動節點來當作 CH，利用中心點位置縮短與其他行動節點的位置之優點，用以延長 CH 的存活時間。
2. 避免無效叢集的存在，以減少叢集的數量(無效叢集：只有 CH 一個行動節點的叢集或是 CH 與一個以下叢集成員的叢集)。

3. 減少叢集的競爭與解散,以減少利用度低的行動節點。
4. 避免無謂的叢集重選,以減少不必要的花費成本。
5. CH 選定的限制,加強有效叢集的存在,以增加叢集成員的數量。

我們的叢集演算法分成兩個部分,叢集建立階段以及叢集維護階段。我們的叢集演算法是以分散式的方式去運作的,每個行動節點都需要週期性的去維護一些區域性的資訊。在叢集建立的階段,步驟如下:

步驟 1:在初始化階段,因為每個行動節點 i 不屬於任何的叢集,所以皆為 UN。

步驟 2:每個行動節點 i 隔 BI 時間就週期性的廣播 HELLO 訊息給其 1-hop 鄰居,告知自己的存在;同時地,也交換自己與鄰居的資訊。

步驟 3:當行動節點 i 收到廣播訊息之後,則進入選舉判斷的程序。選舉判斷的程序即為判斷屬於 UN 身份狀態的鄰居個數是否超過臨界值。如果行動節點 i 收到 $|UN_i|$ 個以上同向方向 UN 的廣播訊息,即 $|UN_i| \geq u$ 之後,才開始進入叢集頭選舉的程序。每個行動節點開始計算 RPM 值並收集鄰居節點的 RPM 值,如果自己的 RPM 在鄰居中是最小值,則宣告自己為 CH。若有兩個以上的行動節點有相同的 RPM 值,則比較 $Dist_{ic}$ 第一個為最高優先權,Rel_Speed_{ic} 後者為次高優先權者,而小的為 CH。

步驟 4:選定之後出來的 CH,設定 C_i 為自己的 ID,設定完後並且廣播 JOIN_INVITED 訊息給其 1-hop 鄰居。

步驟 5:當新加入網路拓樸的 UN 或是在叢集頭選舉的程序完畢後的 UN,收到 JOIN_INVITED 訊息後,先檢查是否為同向方向的 JOIN_INVITED 訊息。如果是的話,則回復 JOIN_REPLY 訊息給 CH。接著,變換身份狀態到 CM,然後設定 C_i 為 JOIN_INVITED 訊息內的 ID。

在叢集維護的階段,我們分成三個身份狀態 UN、CH、CM 來說明,不同的身份狀態進入不同的狀態,其說明如下:

1. **閒置節點**(UN)：
   - 當收到同向方向的 JOIN_INVITED 訊息，則設定收到的訊息來源 ID 為自己的 C_i，並且加入其叢集。且轉換身份狀態到 CM。
   - 當鄰近區域中沒有收到同向方向的 JOIN_INVITED 訊息，則進入選舉判斷的程序。

2. **叢集頭節點**(CH)：
   - 假設有兩個 CH_i 與 CH_j 通訊超過 CI 之後，則進入 CH 叢集競爭的程序。進入之後，先判斷是否為同向方向，如果是同向方向的話，再判斷兩 CH 的距離是否小於 CD。如果小於 CD 內，則判斷叢集的大小，若 $|CM_i| \geq |CM_j|$，則 CH_j 放棄自己的身份狀態狀態，並且廣播 CH_RESIGN 的訊息告知原本隸屬於自己的 CM，然後加入 C_i 並且變換身份到 CM。
   - 當鄰近區域中沒有收到隸屬於自己的 CM 廣播訊息時，則放棄自己叢集頭的身份狀態，並且轉換身份狀態到 UN。

3. **叢集成員節點**(CM)：
   - 當超過 TI 時間之後，CM 聽不到自己 CH 所發出的 HELLO 訊息時，則判定 CH 離開，並且轉換自己的身份狀態為 UN。
   - 收到 CH_RESIGN 訊息後，轉換自己的身份狀態為 UN。

圖 4.8 為身份狀態轉換的圖示。

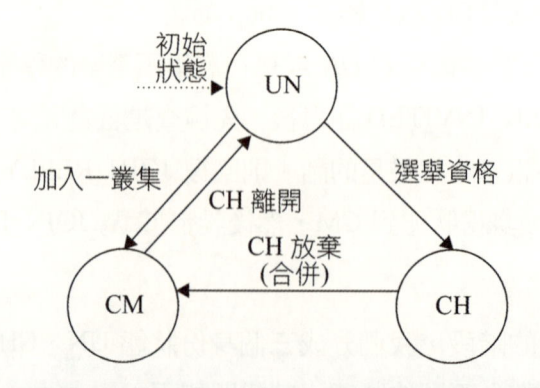

● 圖 4.8　每個節點的 FSM

4.3.4 多叢集頭演算法

如圖 4.9 所示，在我們所提出的叢集演算法中，每個行動節點都有自己唯一的 ID 編號，而我們所提出的多叢集頭演算法把網路拓樸中的行動節點劃分成下列四個身份狀態：

1. **閒置節點**(Undecided Node, UN)：其工作如單一叢集頭演算法之 UN，如圖 4.9：行動節點 9、10、11、12。
2. **叢集成員節點**(Cluster Member Node, CM)：其工作如單一叢集頭演算法之 CM，如圖 4.9：行動節點 1、4、6、7。
3. **主要叢集頭節點**(Master Cluster Head Node, MCH)：當行動節點在叢集建立階段的叢集頭選舉過程完成後，第一個當選的主要叢集頭。此行動節點的工作為負責指派次要的叢集頭，並且負責與次要叢集頭通訊，一個叢集裡面只有一個。如圖 4.9：行動節點 3。
4. **次要叢集頭節點**(Slave_Cluster Head Node, SCH)：當行動節點在叢集建

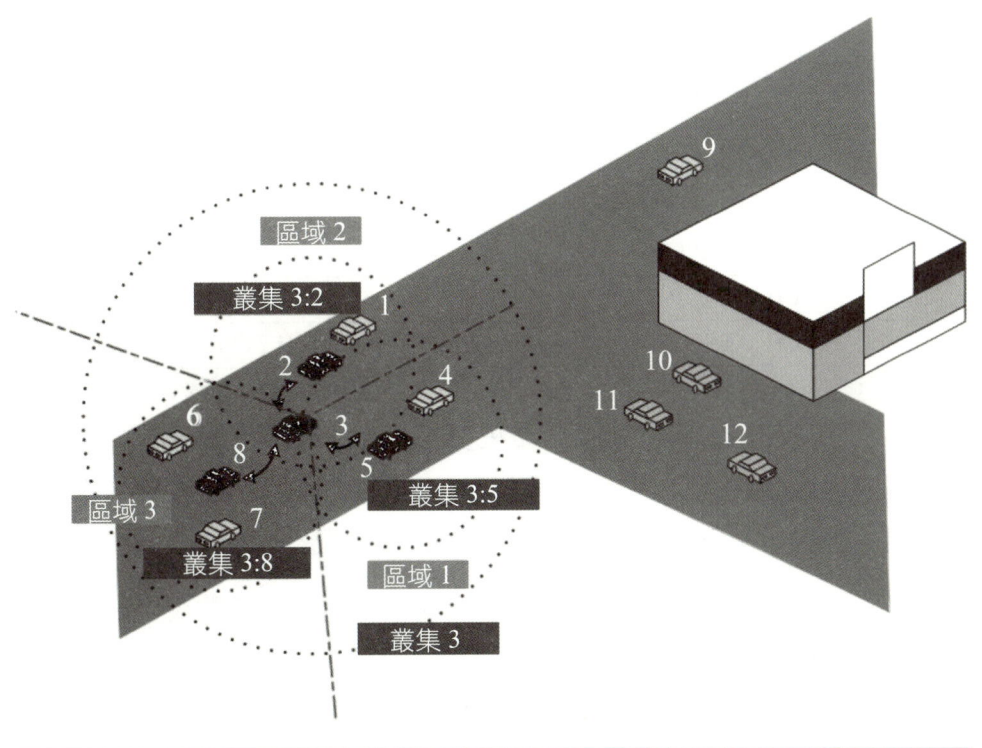

▲圖 4.9　多叢集頭演算法的概念圖

立階段的叢集頭選舉過程完成後，被主要叢集頭所指派的節點。此行動節點的工作為負責管理其叢集成員，收集或分享資訊給其叢集成員；一個叢集裡面會有多個，並且負責與其他叢集頭。如圖 4.9：行動節點 2、5、8。

4.3.5　處理流程

介紹完四種不同的行動節點之後，我們將介紹在多叢集演算法裡的表示符號：

1. |*SCH*| (Number of Slave_Cluster Head Nodes)：附屬在主要叢集頭節點之下的次要叢集頭個數。
2. CH_ASSIGN：主要叢集頭選定，並且選出次要叢集頭之後，主要叢集頭所發出的訊息，用來告知原本所擁有的 CM 裡，哪些人必須更改其角色為 SCH。

表 4.2 為多叢集頭控制訊息的介紹。

▼表 4.2　多叢集頭演算法中使用的訊息

訊　息	程　式
HELLO	$(i, C_i, P_i, |CM_i|, RPM_i)$
JOIN_INVITED	(i)
JOIN_REPLY	(i, C_i)
CH_RESIGN	(i)
CH_ASSIGN	(i, SCH)

我們所提出的多叢集頭演算法主要是用在網路拓樸密集度高的環境下，並且也以分散式的方式運作，每個行動節點也都需要週期性維護一些區域性的資訊。在叢集建立的階段，步驟如下：

步驟 1：在初始化階段，因為每個行動節點 *i* 不屬於任何的叢集，所以皆為 UN。

步驟 2：每個行動節點 *i* 隔 BI 時間就週期性的廣播 HELLO 訊息給其 1-hop 鄰居，告知自己的存在；同時地，也交換自己與鄰居的資訊。

步驟 3：當行動節點 i 收到廣播訊息之後，則進入選舉判斷的程序。選舉判斷的程序即為判斷屬於 UN 身份的鄰居個數是否超過臨界值。如果行動節點 i 收到 $|UN_i|$ 個以上同向方向 UN 的廣播訊息，即 $|UN_i| \geq u$ 之後，才開始進入叢集頭選舉的程序。每個行動節點開始計算 RPM 值並收集鄰居節點的 RPM 值，如果自己的 RPM 在鄰居中是最小值，則宣告自己為 CH。若有兩個以上的行動節點有相同的 RPM 值，則比較 $Dist_{ic}$ 第一個為最高優先權，Rel_Speed_{ic} 後者為次高優先權者，而小的為 CH。

步驟 4：選定之後出來的 CH，設定 C_i 為自己的 ID，然後發送 JOIN_INVITED 給自己的鄰居節點。接著，再把行動節點 i 的通訊範圍切割成 n 等份的區域(Zone)，即得到 $360/n$，$n \geq 1$ 的平均等分(圖 4.9 中設定 $n=3$，分為區域 1、區域 2、區域 3)。設定完後，並且 MCH 開始替每個區域選取一個 SCH，選取方式為以區域內部的 CM 節點為一集合，計算集合中每個節點相對於集合中其他節點的 RPM 值，RPM 數值小者為 SCH。MCH 透過發出 CH_ASSIGN 的訊息告知鄰居節點，選定出來的 SCH。

步驟 5：收到 CH_ASSIGN 的訊息之後，CM 節點擷取 SCH 列表資料。(補充說明：我們希望每個 CM 擁有多個 CH(即一個 MCH 與數個 SCH)，而不是隸屬單一 SCH)。

在叢集維護的階段，UN、CM 的身份如同上述的單叢集頭演算法，只是在 CH 的身份上做修正，其修正如下：

1. 不做任何競爭。
2. 當隸屬於自己的 $|SCH| \leq 2$ 時，則放棄自己叢集頭的身份狀態，發出 CH_RESIGN 的訊息，並且轉換身份狀態到 UN。

4.4 效能分析

4.4.1 移動模型

我們所提出的叢集演算法在行動隨意網路中的模擬是採用隨機移動的模型(Random Waypoint Model)是一種以隨機為基礎(Random-Based)的移動模型，由 Johnson and Maltz 所提出的移動模型其特色是每個行動節點是在網路拓樸下是沒有限制的、移動的路線是走 Z 字型的，也可以設定最高速度、暫停時間、模擬時間以及節點個數。也由於它是使用上簡單且用途廣，所以它被廣泛應用在行動隨意網路的環境下。

當然，由於車載隨意網路的特性，像是受限於街道拓樸、街道限速等等，而使得傳統被使用在行動隨意網路的移動模型(Random Waypoint Model)已不再適用在車載隨意網路。然而模擬實驗在車載隨意網路的研究當中一個好的移動模型的設計是非常重要的，因為它可以實現許多研究理論的想法，大大降低模擬的成本，並且仿真的模擬能夠顯示出真實道路上的車輛間的交通狀況。我們所提出的叢集演算法在行動隨意網路中的模擬是採用 VanetMobiSim [26]，其為延伸 CanuMobiSim [27] 的移動模型，它主要包含使用地理資料檔案為主的資料結構(Geographical Data File-compliant Data Structures, GDF)的車輛空間模型(Vehicular Spatial Model)還有車輛導向的移動模型(Vehicular-Oriented Mobility Models)。前者包含了空間上的要素、屬性以及串連了這些要素的關係；而其獲得網路拓樸資料的方式有四種：(1)允許使用者自行定義道路地圖；(2)載入 GDF；(3)載入 TIGER 圖 [28]；(4)隨機產生 Voronoi 圖。另外，還可以定義車道的行進方向、不同的速度限制分級以及號誌燈的開關。

4.4.2 模擬參數

在接下來的這一章節中，我們將介紹實驗參數的設定。在實驗效能模擬，我們採用 NS-2.33 [29][30] 作為車載隨意網路的模擬器，採用 IEEE

802.11p [31] 作為通訊協定 [又稱**車輛環境的無線存取** (Wireless Access in the Vehicular Environment, WAVE)] 是一個由 IEEE 802.11 標準擴充的通訊協定，這個通訊協定主要用在車用電子的無線通訊上。它設定上是設計來符合 ITS 的相關應用。應用的層面包括高速率的車輛之間以及車輛與 5.9 千兆赫波段的標準 ITS 路邊基礎設施之間的資料交換。IEEE 1609[32] 標準則是以 IEEE 802.11p 通訊協定為基礎的高層標準。

802.11p 被用在車載通訊 [或稱**專用短距離通訊** (Dedicated Short Range Communications, DSRC)[33]] 系統中，使用於一些應用，像是電子道路收費系統、車輛安全服務與車上的商業交易系統等等。

下面要介紹的是我們實驗中所用來比較實驗效能的評估標準：

1. **叢集個數**(Average Number of Clusters)：叢集數量是指在實驗模擬時間之內所產生的叢集數量。在叢集演算法中，我們不希望叢集建立後，產生太多的叢集，會使得無效叢集變多，減少叢集化所帶來的系統效能。

2. **叢集成員的個數**(Average Cluster Size in Numbers of Cluster Members)：叢集成員的個數是說一個叢集頭所掌管的 CM，在資料分享的應用方面，我們希望一個叢集內的 CM 不可以太少，避免無效叢集的產生，以達到有效率的資料散播。

3. **叢集的存活時間**(Average Cluster Lifetime)：叢集的存活時間是指在實驗模擬時間之內，每個叢集平均的存活時間，即 CH 存活的時間。由於在車載無線網路的環境下，電力的提供已經不是像傳統行動隨意網路的環境中，會遇到行動節點能源消耗的問題(即叢集頭的存活時間會與行動節點的電力成反比)，所以，這在車載隨意網路的環境下電力的提供並不是太大的問題。所以，在叢集演算法的考量上，我們希望每個行動節點在叢集內的時間愈長愈好，以提升每個節點在網路拓樸下的存在感和利用性，以增加資料分享的豐富性。

4. **節點閒置時間**(Average Idle Time)：指在實驗模擬時間之內，每個節點不在叢集內的時間。在叢集技術之所以會被提出來，是由於上述的一些重要性。例如，提升出資源的再利用度、有利於網路上資料傳輸的路由等等。所以在叢集演算法的設計上，我們不希望行動節點不在叢集內的時間太長，反而希望每個節點能有其功能，讓網路拓樸變得更有系統，以發揮出叢集技術的最大優點。

4.5 結　論

　　傳統的行動隨意網路中，行動節點間沒有組織性的交換資料的方式，使得階層式架構－叢集技術的出現。由於叢集技術的存在，網路拓樸的管理變得有系統，得到許多改良以及效能的提升。而在傳統的行動隨意網路中的叢集演算法已經被大量研究和分類，在本篇實驗中，我們整理了傳統行動隨意網路與車載隨意網路中目前已被提出來的叢集演算法，並討論它們的優缺點。並且，我們提出一個以中心位置與行動節點的移動性為基底的複合式度量叢集演算法。除此之外，我們還利用所提出來的單叢集頭演算法做一個延伸，提出了多叢集頭演算法，在同一個叢集內以分區的方式去選取更多的叢集頭，變成一個更有系統且多叢集頭的叢集結構。

練習

1. 請圖示並說明「車載隨意網路架構」。
2. 請比較「車載隨意網路」與傳統的「行動隨意網路」之差異。
3. 請敘述「叢集結構」之角色與通訊方式。
4. 請說明選定「車載隨意網路叢集頭演算法」的考量因素。
5. 請列舉三種叢集演算法,並比較其優缺點。
6. 請列舉三種叢集演算法之應用。
7. 請敘述 IEEE 802.11p、IEEE 1609 標準。
8. 請敘述車載網路之單／多叢集頭演算法之主要方法。
9. 請說明叢集演算法在行動隨意網路中如何進行效能分析。
10. 請改良叢集演算法,並舉例說明。

參考文獻

[1] C. E. Perkins, Ad Hoc Networking, Addison-Wesley, 2001.

[2] E. M. Belding-Royer, "Hierarchical Routing in Ad Hoc Mobile Networks," Wireless Commun. and Mobile Comp., 2002, vol. 2, no.5, pp. 515-32.

[3] A. B. MaDonald and T. F. Znati, "A Mobility-based Frame Work for Adaptive Clustering in Wireless Ad Hoc Networks," Proceedings of IEEE JSAC, Aug. 1999, vol. 17, pp. 1466-87.

[4] C. R. Lin and M. Gerla, "Adaptive Clustering for Mobile Wireless Networks," Proceedings of IEEE JSAC, Sept. 1997, vol. 15, pp. 1265-75.

[5] T.-C. Hou and T. J. Tsai, "An Access-Based Clustering Protocol for Multihop Wireless Ad Hoc Networks," Proceedings of IEEE JSAC, July. 2001, vol. 19, no. 7, pp. 1201-10.

[6] M. Gerla and J. T. Tsai, "Multiuser, Mobile, Multimedia Radio Network," Wireless Networks, Oct. 1995, vol. 1, pp. 255-65 .

[7] A. Ephremides, J. E. Wieselthier, and D. J. Baker, "A Design Concept for Reliable Mobile Radio Networks with Frequency Hopping Signaling," Proc. IEEE, 1987, vol. 75, pp. 56-73.

[8] A. D. Amis, R. Prakash, T. H. P. Vuong, and D. T. Huynh, "Max-min d-cluster formation in wireless ad hoc networks," Proceedings of IEEE INFOCOM, Mar.2000, vol. 1, pp.32-41.

[9] K. Xu, X. Hong, and M. Gerla, "A heterogeneous routing protocol based on a new stable clustering scheme," Proceedings of the MILCOM, vol.2 pp.838- 843 vol.2.

[10] M. Chatterjee, S. K. Das and D. Turgut, "An On-Demand Weighted Clustering Algorithm(WCA)for Ad hoc Networks," Proceedings of IEEE GLOBECOM, San Francisco, Nov. 2000, pp.1697-1701.

[11] Tolba F. D., Magoni D., and Lorenz P., "Connectivity, Energy and Mobility Driven Clustering Algorithm for Mobile Ad Hoc Networks," Proceedings of IEEE GLOBECOM, 2007, pp.2786 - 2790.

[12] Y. Zhang and J. Mee Ng, "A Distributed Group Mobility Adaptive Clustering Algorithm for Mobile Ad Hoc Networks," Proceedings of the IEEE International Conference on Communications(ICC), May 2008, pp.3161-3165.

[13] Y. Zhang, J. Mee Ng and C. P. Low, "A Distributed Group Mobility Adaptive Clustering Algorithm for Mobile Ad Hoc Networks," Computer Communications, Jan.2009, vol.32, Issue 1, pp.189-202,23.

[14] Little, T. D. C. and Agarwal, A., "An information propagation scheme for VANETs," Proceedings of the Intelligent Transportation Systems, 2005.

[15] X. Zhang, H. Su and H. H. Chen "Cluster-based multi-channel communications protocols in vehicle ad hoc networks, Wireless Communications" ,Oct. 2006, vol.13, Issue 5, pp.44-51 .

[16] C.-C. Chiang et al., "Routing in Clustered Multihop, Mobile Wireless

Networks with Fading Channel," in Proc. IEEE SICON'97, 1997.

[17] P. Basu, N. Khan, and T. D. C. Little, "A Mobility Based Metric for Clustering in Mobile Ad Hoc Networks," in Proc. IEEE ICDCSW'01, Apr. 2001, pp.413-18 .

[18] Y. Gunter, B. Wiegel and H. P. Grossmann, "Cluster-based Medium Access Scheme for VANETs," Proceeding of IEEE ITSC 2007 Intelligent Transportation Systems Conference, Oct. 2007, pp.343-348.

[19] P. Fan, "Improving Broadcasting Performance by Clustering with Stability for Inter-Vehicle Communication," Proceeding of IEEE 65th VTC2007- Spring Vehicular Technology Conference, Apr. 2007, pp. 2491-2495 .

[20] S. P. Leng, Liren Zhang, Jiansheng Rao and Jianjun Yang, "A Novel K-hop Cluster-based Location Service Protocol for Mobile Ad Hoc Networks," Proceeding of IEEE ITS Telecommunications, June 2006.

[21] Y. M. Huang, M. Y. Hsieh, Ming-Shi Wang, "Reliable Transmission of Multimedia Streaming Using A Connection Prediction Scheme In Cluster-Based Ad Hoc Networks", Computer Communications, Jan. 2007, vol. 30, No. 2, pp.440-452 .

[22] X. Ji, "Sensor Positioning in Wireless Ad-hoc Sensor Networks with Multidimensional Scaling," in the Proceedings of IEEE INFOCOM, Hong Kong, Mar. 2004.

[23] P. Krishna, et al., "A Distributed Routing Algorithm for Mobile Wireless Networks," ACM SIGCOMM Computer Communications Review, 1997.

[24] T. Wu and S. K. Biswas, "A self-reorganizing slot allocation protocol for multi-cluster sensor networks," in the Proceedings of the 4th International Conference on Information Processing in Sensor Networks(IPSN'05), Apr. 2005.

[25] J. Y. Yu and P. H. J. Chong, "3hBAC(3-hop between Adjacent Clusterheads): a Novel Non-overlapping Clustering Algorithm for Mobile Ad Hoc Networks," in Proc. IEEE Pacrim'03, Aug. 2003, vol. 1, pp.318-21.

[26] VanetMobiSim, http://vanet.eurecom.fr/.

[27] CanuMobiSim, http://canu.informatik.uni-stuttgart.de/mobisim/.

[28] TIGER, http://www.census.gov/geo/www/tiger/.

[29] NS-2.33, http://www.isi.edu/nsnam/ns.

[30] NS2 教學手冊，http://hpds.ee.ncku.edu.tw/～smallko/ns2/ns2.htm.

[31] 802.11p, http://ieeexplore.ieee.org/stamp/stamp.jsp? tp=&arnumber=4526014.

[32] IEEE1609, http://ieeexplore.ieee.org/xpls/abs_all.jsp? tp=&isnumber=34648&arnumber=1653011&punumber=11000.

[33] DSRC, http://www.cs.odu.edu/～mweigle/courses/cs795-s08/lectures/5c-DSRC.pdf.

第 5 章
道路網中快速路徑計算之技術

車載通訊原理、服務與應用

　　路徑規劃和導航是車載裡很重要的技術之一，雖然最短路徑未必等於最快速路徑，但是適當的定義道路權重，某些情況下最快速路徑是可以用最短路徑的演算法求取。本章將考慮二種模式下的快速路徑計算之技術，首先就是圖形模式，在這種模式下，最短路徑演算法扮演了一個很重要的角色，第二就是資料分析模式，道路狀況是由一大堆走過的經驗值累積而成，因此眾多可能選擇的路徑就必須要我們從這眾多的資料式樣裡去探勘去發掘，如此資料探勘的技術是這個模式裡重要的課題，本章將對這些技術做個簡介。

5.1 簡　介

　　快速路徑的計算是車載系統的一個很重要技術之一，配合定位系統尋找一條快速路徑，讓使用者很快到達目的地，是很多系統想要達到的目標，從路況導航是目前很多車子所列的基本配備可見一般，然而目前的技術大部分只使用最短路徑演算法，似乎不能滿足日益複雜的道路狀況，因此本章將就相關技術做一個說明，作為讀者未來發展相關技術之參考。

　　首先我們先來看一下這個問題的定義，考慮圖(圖 5.1)。

　　圖 5.1 中，**點**(Vertex)標示為一個城市，連接二個城市的線段稱為**邊**

▲圖 5.1　一個簡易的地圖表示

110

(Edge)，一般以(a, b)表示一條連接 a 和 b 的邊，一條 u 到 v 的**路徑**(Path)記為[u, v] = [u=a_1, e_1, a_2, ···, a_k=v]，其中 a_i 為點，e_i = (a_i, a_{i+1}) 為一條連接 a_i 和 a_{i+1} 的邊。給定一個**起始點**(Source)和一個**終點**(Target)，快速路徑問題在找出一條路徑連接這二個點，使得這條路徑是所有可能路徑中最快速的。這個快速的定義可以有很多不同的看法，如果邊長是距離，那麼最短路徑可能是我們要的解；如果邊長是一般要花費的時間，那麼最短時間應該就是我們要的最快速路徑，本章將對這個問題的相關解法做個說明。

　　我們主要從二個模式來探討相關之解決方法，我們首先考量**圖形**(Graph)模式，這也是目前最為大家所熟悉的模式，圖形中的點可以表示城市或一個參考位置，二個點之間的連線稱為邊，邊上記錄了一個**權重**(Weight)，一般即是該連線的長度，也稱為邊長。例如圖 5.2 就是圖 5.1 所對應到的抽象圖形。通常一般的地圖可以說是一個特殊的圖形，它的邊長會是一個正數，而在抽象的圖形模式中，邊代表二端點間存在著一個關係 (在道路網中，通常表示二點之間有連接的道路)，一般情況，還允許邊長為負數，很多問題都可以用這個圖形模式來表示。在這個模式中我們將探討一些最短路徑的演算法，例如點對點的最短路徑，它可以是二個特定點，或是二個任意點。

　　另一個我們考量的模式稱之為**資料分析**(Data Analysis)模式，主要是考量路況的實際化，同一條路在不同時段會有不同的車流狀況，一般而言，車流量大時，通常車速會變慢，而影響到達目的地的時間，路徑的計算不

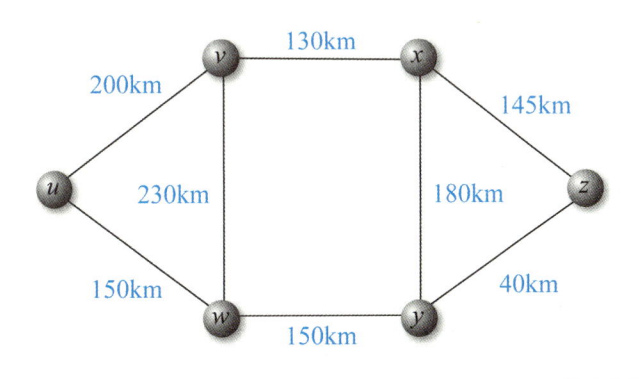

▲圖 5.2　圖 5.1 的抽象圖形表示

再單純的依照邊的長短,而是依照該路段的經驗資料而決定,依照時段(如早、午或晚) 或天候(晴天、陰天或雨天) 等不同因素,依照過去累積的大量資料,我們必須分析再提出可能的選擇路徑,因此演算法主要著重在資料探勘的技巧上。

快速路徑問題除了在一般車載應用外,對於運輸業更是重要,因為愈早將貨物送達目的地意謂可以處理更多的需求,也更可以增加顧客的滿意度。此外,如果將圖形上的點視為一個產品的製程站,將邊(a, b)視為產品a製作(或組裝)成產品b的關係,那麼產品u到產品v的一條路徑表示這個製程的花費或製造速度,那麼尋找一個最小成本或最快速製造的路徑就是這個問題的解答。

5.2 圖形模式

在這一節我們考慮比較單純的圖形模式,基本上我們用$G = (V, E)$來表示一個道路網路,V稱為點集合,每一個點可以抽象的代表一個城市,E則稱作邊集合,每個邊抽象的表示連接二個城市的道路,通常我們使用$n = |V|$及$m = |E|$。為了簡單起見,我們只對邊定義一個**權重**(Weight),稱為邊長,我們用c來表示這個權重,取其**成本**(cost)的意思。因此$c(a, b)$就表示邊(a, b)的長度。在理想的模式下,愈短的路徑意謂可以愈早到達,因此快速路徑問題在這個模式下,就變成了最短路徑問題,依照問題的特性,本節將再細分小節考慮輸入要求及邊長限制的問題,來討論目前已經廣泛使用的演算法。

5.2.1　Dijkstra 演算法

Dijkstra 演算法主要是計算二點間的最短距離,稍微修改後,可以計算某一點到其他所有點間的最短距離,因此一般稱它為**單源頭最短路徑演算法**(Single Source Shortest Path Algorithm),它可以處理的圖形可以是有向圖或是無向圖,這二種圖形的區別主要在於有向圖的邊(a, b)和(b, a)可以是不同的，邊 (a, b) 表示點 a 到點 b，而 (b, a) 則表示點 b 到點 a，而無向圖的邊 (a, b) 和 (b, a) 則是一樣的。

Dijkstra 演算法主要植基於下面這個觀察：如果路徑 [u, v] 是點 u 到點 v 的最短路徑，假設 w 是路徑 [u, v] 中的一個點，那麼路徑 [u, v] 可以分成二段 [u, w] 和 [w, v]，其中路徑 [u, w] 會是 u 到 w 的最短路徑，而路徑 [w, v] 則是 w 到 v 的最短路徑。假設 d[a, b] 表示 a 到 b 的最短距離，則前面的意思就是說：

$$d[u, v] = d[u, w] + d[w, v]$$

假設在這個最短路徑問題中，點 s 是給定的一個起始點，而 t 則是目標點，透過這個式子，Dijkstra 演算法允許我們從 s 開始計算，然後每次選擇一個離 s 最近的點 u 進來，此時 d[s, u] 即為 s 到 u 的最短距離，然後更新所有可以透過 u 到達的點的最短距離，也就是說

$$d[s, w] = \min\{d[s, w], d[s, u] + c(u, w)\}$$

如果 u = t，就表示我們已經找到一條從 s 到 t 的最短路徑了。Dijkstra 演算法的內容如下：

Algorithm Dijkstra

Input: $G = (V, E), c, s, t$

Output: $d[s, t]$

1    $Q = \emptyset$

2   for $i = 1$ to n, $\text{dist}[i] = \infty$

3    $\text{dist}[s] = 0$

4   ENQUE$(Q, v, \text{dist}[v])$

5    $last = $ DEQUE(Q)

6   while$(last \neq t)$

7   for each edge$(last, v)$

8   if $\text{dist}[v] > \text{dist}[last] + c(last, v)$

9           $\text{dist}[v] = \text{dist}[last] + c(last, v)$

10   UPDATE$(Q, v, \text{dist}[v])$

11   *last* = DEQUE(Q)

12   return dist[*t*]

演算法中的 Q 是一個有**優先權的佇列**(Priority Queue)資料結構，每個在 Q 中的點 v 是以 dist[v] (也就是從 s 到 v 的最短距離 $d[s, v]$)的大小為優先權，ENQUE(Q, v, dist[v]) 是將 v 以 dist[v] 為權重放入 Q 中，而 DEQUE(Q) 則是將 Q 中具有最小權重的點給取出來。若是 v 不在 Q 中，則 UPDATE(Q, v, dist[v]) 就是 ENQUE(Q, v, dist[v])，若是 v 存在於 Q 中，則 UPDATE(Q, v, dist[v]) 會更新 Q 中 v 的 dist[v] 值，如此可以提高 v 被取出的機會。

最簡單實作 Q 的資料結構是陣列，此時 ENQUE、DEQUE 和 UPDATE 等動作都可以在 O(n) 的時間內完成，因此整個 Dijkstra 演算法需要 O(n^2) 的時間，如果是使用**費氏堆積**(Fibonacci Heap)那麼就可以在 O($m \log n$) 的時間內完成，通常 m 介於 O(n) 和 O(n^2) 之間。所以當 n 值很大，而 m 又接近 O(n) 時，使用費氏堆積是很讚的。

下面我們用一個例子來說明 Dijkstra 演算法的執行經過，我們的輸入圖形如圖 5.3 所示。

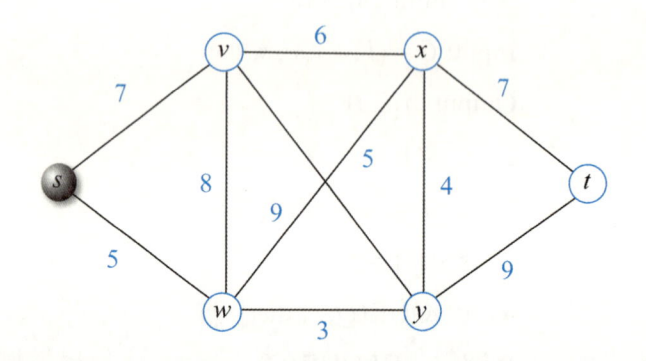

▲圖 5.3   輸入圖形

演算法首先從 s 可到達的點中選出距離最短的點，在這個例子中，目前 s 就只能到達 w 和 v，由於點 w 比較近，因此就選擇 w，如圖 5.4 所示，粗線表示連接到被選中的點，虛線所連接的點表示已經看過，目前還在佇列 Q 中，dist 函數記錄目前的最新值。

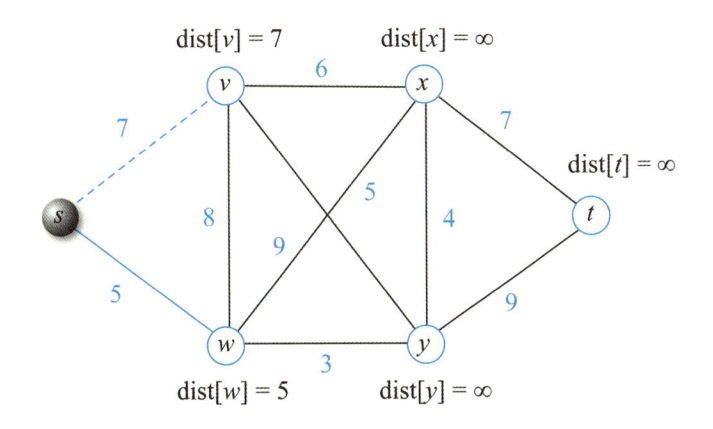

▲ 圖 5.4　挑選離 s 點最近的點 w

選中 w 後，透過 w 可以到達 v、x 和 y，因此就會更新這些點到 s 的最短距離，之後取出最近者為 v，如圖 5.5 所示。

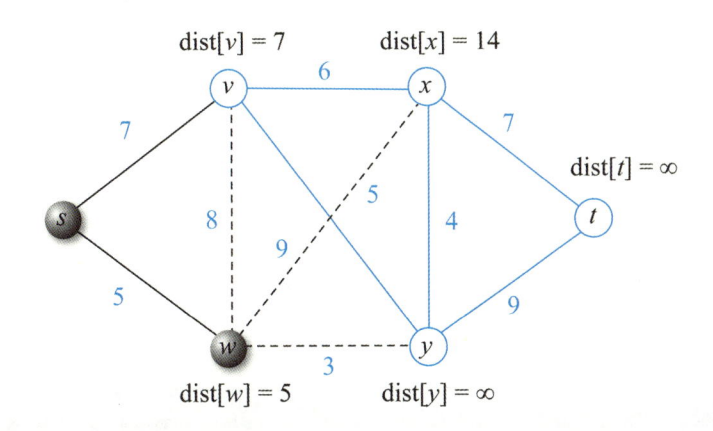

▲ 圖 5.5　挑選離 s 點最近的點 v

選中 v 後，更新透過 v 可到達點的最短距離，在我們的例子裡會被改變的就是 dist[x]，它從 14 變成 13，如圖 5.6 所示。

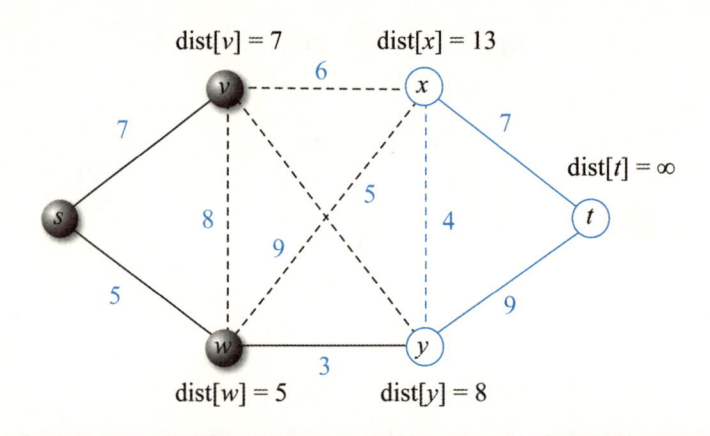

▲ 圖 5.6　更新 dist[x] 的值

接著,就是選擇 y,結果如圖 5.7 所示。

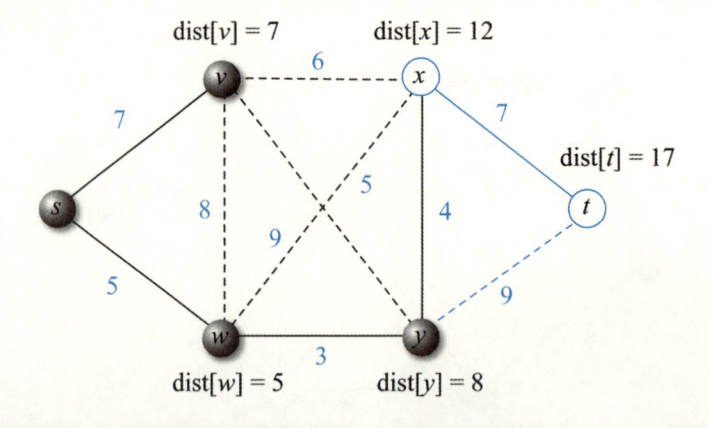

▲ 圖 5.7　選擇 y 後會更新 dist[x] 和 dist[t] 的值

剩下 x 和 t 了,因為 dist[x] < dist[t],所以就選擇 x 囉,結果如圖 5.8 所示。

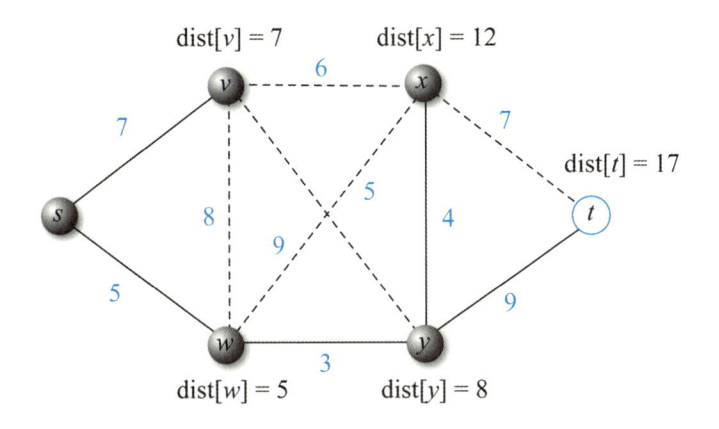

▲圖 5.8　選擇 x 後就只剩下 t 了

最後終於到達目的地 t 了，請注意，在程式裡我們並沒有輸出那條最短路徑，如果要記錄這條路徑，我們可以使用陣列 pre 來記錄每個點的**前行點**(Predecessor)，只要在演算法的第 9 列和第 10 列之間插入下面敘述：

$$\text{pre}[v] = last$$

最後循著這個指標就可以輸出這條最短路徑了，在我們的例子裡，粗黑的線就代表這個指標，通常這些粗黑的線連接成樹狀結構，一般稱之為**最短路徑生成樹**(Shortest Path Spanning Tree)，圖 5.9 就是我們例子最後產生的最短路徑生成樹。

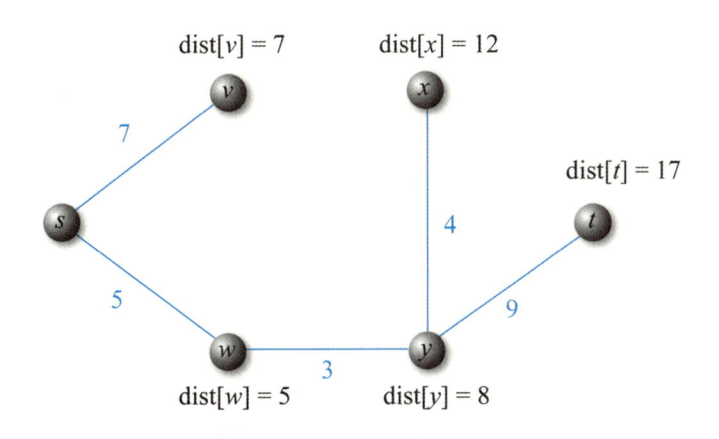

▲圖 5.9　圖 G 的最小路徑生成樹

5.2.2 Bellman-Ford 演算法

Dijkstra 演算法稍微修改一下就可以計算出 s 點到其他所有點的最短距離，只要將第 5 列和第 6 列互換，然後將 while 迴圈的條件改為 (Q is not empty) 即可，只要這個圖形是連通的，所有點都會被加入 Q 中一次，因此當 Q 為空集合時，所有的點到 s 點的距離都會被計算出來。然而 Dijkstra 演算法的缺點在於邊長都必須為正數才行，因此如果允許邊長為負數，Dijkstra 演算法可能就無法正確計算出結果了。

允許邊長為負數的應用雖然並不多見，對圖形來說卻是一個一般化的問題，允許邊長為負，衍生的問題在於可能造成**負迴圈**(Negative Cycle，也就是一個迴圈的長度為負數)，如果在二個點中間存在一個負迴圈，那麼它們就沒有最短路徑，因為它們之間的負迴圈每走一次，距離就變短了，如此可以一直重複繞迴圈，一直到 $-\infty$，而無法停止。

Bellman-Ford 演算法可以解決負迴圈的問題，給定一個圖形 G、距離函數 c 和一個起始點 s，這個演算法可以算出 s 到其他點的最短距離，如果這個點和 s 之間存在一個負迴圈，它也可以被標示出來。Bellman-Ford 演算法的詳細內容如下所示：

Algorithm Bellman-Ford

Input: $G = (V, E)$, c, s

Output: $d[s, v]$ for every v if $d[s, v]$ exists

1   for $i = 1$ to n, $dist[i] = \infty$
2   $dist[s] = 0$
3   for $i = 1$ to $n - 1$ do
4   for each edge (u, v) in E do
5   if $dist[v] > dist[u] + c(u, v)$
6            $dist[v] = dist[u] + c(u, v)$
7   for each edge (u, v) in E do
8   if $dist[v] > dist[u] + c(u, v)$
9         $dist[v] = -\infty$
10 return dist

如果 dist[v] 所存的值為 $-\infty$，表示路徑 [s, v] 之間有負迴圈，若不是 $-\infty$，就是 s 到 v 之間的最短距離 d[s, v] 了。這個演算法的主要執行時間是從第 3 列到第 6 列，不難算出時間複雜度為 $O(nm)$。

理論上，Bellman-Ford 演算法像是 Dijkstra 演算法的暴力法版本，Dijkstra 演算法每次會挑出一個離 s 最近的點延伸，然而 Bellman-Ford 演算法卻同時對所有的點作延伸，當然包括離 s 點最近的點，所以它算是 Dijkstra 演算法的暴力法版本。所以時間複雜度在理論上當然要略遜 Dijkstra 演算法一籌，但是它可以測出負迴圈的情況，使得 Bellman-Ford 演算法在這個問題上，仍佔有一席之地。以下我們舉個例子為例，考慮圖 5.10（此圖無負迴圈）。

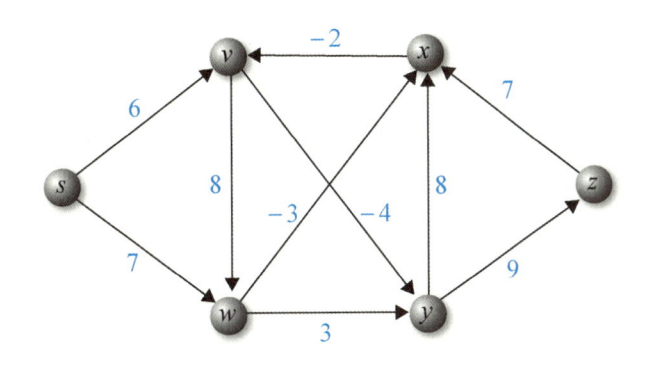

▲圖 5.10　Bellman-Ford 演算法的範例圖（無負迴圈）

經過整個演算法執行後，結果如下表。

距離	迴圈 i						
	1	2	3	4	5	6
v	∞	6	6	2	2	2
w	∞	7	7	7	7	7
x	∞	∞	4	4	4	4
y	∞	∞	2	2	-2	-2
z	∞	∞	∞	11	11	7

接著讓我們考慮一個有負迴圈的例子，範例如圖 5.11 所示，在這個圖

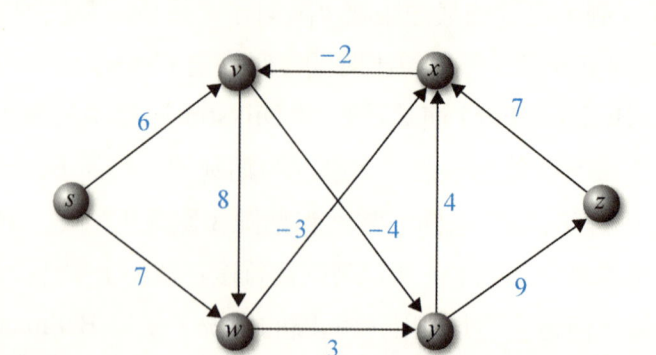

裡，$\{v, y, x\}$ 剛好形成一個長度為 -2 的迴圈。

▲ 圖 5.11　Bellman-Ford 演算法的範例圖（含負迴圈）

　　經過整個演算法執行後，結果如下表所示，因為含有負迴圈的緣故，當演算法完成主迴圈的運算，然後經過第 7 到第 9 列的最後驗證，發現有些最短距離還可以被縮的更短，因此判定有負迴圈，表格的第 7 欄顯示 $-\infty$ 的點就是在負迴圈上的點。

距離	迴圈 i						
	1	2	3	4	5	6	7
v	∞	6	6	2	2	2	$-\infty$
w	∞	7	7	7	7	7	7
x	∞	∞	4	4	4	4	$-\infty$
y	∞	∞	2	2	-2	-2	$-\infty$
z	∞	∞	∞	11	11	7	7

5.2.3　Floyd-Warshall 演算法

　　如果我們要算出任二點間的最短距離，理論上對每一個點都執行一次 Dijkstra 演算法或 Bellman-Ford 演算法就可以達成，然而卻還有一個更簡單的演算法就是 Floyd-Warshall 演算法。

　　Floyd-Warshall 演算法使用圖形的矩陣表示法，設 M 為表示圖形 G 的矩陣，$M[i, j]$ 表示邊 (i, j) 的長度，如果 $M[i, j] = \infty$，表示邊 (i, j) 不存在。

另外假設 D 為最短距離矩陣，則 $D[i, j]$ 紀錄目前點 i 到點 j 的最短距離。Floyd-Warshall 演算法在計算矩陣 D 的過程中，每次考慮加入一個點 k 進來，然後計算點 i 到點 j 的最短距離會不會因為點 k 的加入而變得更短，假設 $D^{k-1}[i, j]$ 為考慮點 1 到點 $k-1$ 為中介點後，點 i 到點 j 的最短距離，那麼再加入點 k 為中介點後，我們可以由下面的式子算出 $D^k[i, j]$：

$$D^k[i, j] = \min\{D^{k-1}[i, j], D^{k-1}[i, k] + D^{k-1}[k, j]\}$$

很顯然的，$D^0 = M$，當所有的點都被我們考慮後，就可以算出矩陣 D 了，也就是說我們可以一路計算 D^1，D^2，…，直到 D^n 為止，當然 $D = D^n$，就是我們要的答案(即任二點間的距離都記錄在 D 裡)。在上面的 D^k 說明中，我們使用 k 為 D 的上標來說明目前所考慮的點編號，然而在實際的計算中，我們使用 D^{k-1} 來計算 D^k，而一旦 D^k 被計算後，D^{k-1} 是不需要被保留的，因此我們可以直接在 D 上做運算即可，下面是 Floyd-Warshall 演算法的內容：

    Algorithm Floyd-Warshall
    Input: $G = (V, E)$ with adjacency matrix M
    Output: all pairs shortest path matrix D
    1   D = M
    2   for $k = 1$ to n do
    3   for $i = 1$ to n do
    4   for $j = 1$ to n do
    5   D$[i, j]$ = min{D$[i, j]$, D$[i, k]$ + D$[k, j]$}
    6   return D

很明顯的，Floyd-Warshall 演算法看起來就覺得相當的簡單，三個巢狀迴圈裡使用一個 min 函數即可完成計算，這個演算法的時間複雜度為 $O(n^3)$。這個演算法的優點就是簡潔，它也是圖形演算法裡少數使用連接矩陣(就是 M)運算，而效能優於使用**連接串列**(Adjacency List，一般的圖形表示法)的演算法，然而它的缺點就是所輸入的圖形不能含有負迴圈，當然我們可以事先使用 Bellman-Ford 演算法來檢測，但是這將破壞 Floyd-Warshall 演算法的簡潔性，下一節將討論的 Johnson 演算法就會考慮這個問題。

同樣的，我們舉一個例子來說明這個演算法的執行情況，考慮圖 5.12 及其連接矩陣。

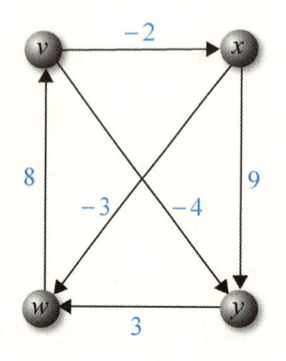

M	v	w	x	y
v	0	∞	−2	−4
w	8	0	∞	∞
x	∞	−3	0	9
y	∞	3	∞	0

▲圖 5.12　Floyd-Warshall 演算法的範例圖及其對應的連接矩陣

首先我們會將距離矩陣 D^0 設成連接矩陣 M，當計算 D^k 時，第 k 列和第 k 行的值會被參考到並用來計算 $D[i, j]$，因此第 k 列和第 k 行的值是不會變的，下表我們用黃色底來表示，表格中的粗黑數值表當次被更新的值。

D^1	v	w	x	y
v	0	∞	−2	−4
w	8	0	**6**	**4**
x	∞	−3	0	9
y	∞	3	∞	0

D^2	v	w	x	y
v	0	∞	−2	−4
w	8	0	6	4
x	**5**	−3	0	**1**
y	**11**	3	**9**	0

D^3	v	w	x	y
v	0	**−5**	−2	−4
w	8	0	6	4
x	5	−3	0	1
y	11	3	9	0

D^4	v	w	x	y
v	0	−5	−2	−4
w	8	0	6	4
x	5	−3	0	1
y	11	3	9	0

5.2.4 Johnson 演算法

Floyd-Warshall 演算法可以算出所有的二點間之最短距離，由於每考慮一個新的點進來，就會計算透過這個點所有可能會縮短二點間的距離，因此這個演算法特別適合緊密的圖形，也就是含邊數比較多的圖形，通常含邊的個數為 $O(n^{1+\varepsilon})$，其中 ε 是一個介於 0 與 1 之間的常數。

Johnson 演算法的功能和 Floyd-Warshall 演算法相同，但它特別適合於邊個數比較疏鬆的圖形。首先它先將圖形 G 新增一個起始點 s，當然這個點 s 到其他所有點的邊長設為 0，這個新的圖形稱為 G 的延伸圖 H，然後執行 Bellman-Ford 演算法檢查是否有負迴圈，如果沒有負迴圈就繼續，否則就停止。如果沒有負迴圈，假設 dist[v] 是 Bellman-Ford 演算法算出來從 s 到 v 的最短距離，我們使用下面的公式來調整 G 所有邊的長度：

$$c'(u, v) = c(u, v) + \text{dist}[u] - \text{dist}[v]$$

然後使用 c' 的權重，對 G 中的所有點 u 執行一次 Dijkstra 演算法算出它到其他所有點 v 的最小距離 dist'[v]。最後得出點 u 到點 v 在原圖的最小距離如下：

$$D[u, v] = \text{dist}'[v] + \text{dist}[v] - \text{dist}[u]$$

Johnson 演算法的詳細內容如下：

Algorithm Johnson

Input: $G = (V, E)$

Output: all pairs shortest path matrix D

1 $H = \text{EXTEND}(G, s)$

2 run Bellman-Ford(H, s) to detect negative cycles

3 if there is no negative cycle in H

4 let dist[v] = d[s, v] for each v computed by Bellman-Ford

5 for each edge(u, v) in G do

```
6        c'(u, v) = c(u, v) + dist[u] − dist[v]
7    for each vertex u in G run Dijkstra(G, c', u)
8        for each vertex v in G
9            let dist'[v] be the shortest path length from u to v
10           D[u, v] = dist'[v] + dist[v] − dist[u]
11   return D
```

EXTEND(G, s) 函數的功能就是我們前面所說的將圖形 G 加入一個點 s 形成一個延伸圖，s 到其他點的距離設為 0，主要的目的是用來檢測 G 中有無負迴圈，因為允許距離為負數，所以算出的最短距離可以為負數(即使沒有負迴圈)。如果距離函數 c 都是正數，那麼 Johnson 演算法就真的只是對每一個點執行 Dijkstra 演算法一次而已。因此 Johnson 演算法的最重要貢獻就在程式的第 6 列，在 G 沒有負迴圈，但有負數最短路徑的情況下，第 6 列應用了三角不等式原理裡的「二邊和大於第三邊」，透過這個轉換，對於任意二點 u 和 v 而言，c'(u, v) 就會是一個正數，如此 Dijkstra 演算法才算是有用武之地，當然，經過第 10 列的還原後，D[u, v] 就是 u、v 原來在 D 中真正的最短距離了，如果使用**費氏堆積** (Fibonacci Heap)，那麼整個演算法的執行時間就是 $O(nm \log n)$，如果 G 是一個稀疏圖形，那麼這個時間複雜度就比 $O(n^3)$ 要來得好。

為了幫助大家的了解，我們還是用前面的例子來說明，圖 5.13 左邊是原來輸入的圖形 G，而右邊則是加了 s 後的延伸圖 H。

由於圖形 H 並沒有負迴圈，因此執行 Bellman-Ford 演算法後可以算出所有點到 s 的最短距離如下：

dist	v	w	x	y
s	0	−5	−2	−4

然後執行第 5 和第 6 列重新調整各邊的長度，結果如圖 5.14 所示：最後以調整後的 c' 值分別對每個點執行 Dijkstra 演算法，結果如圖 5.15 下。

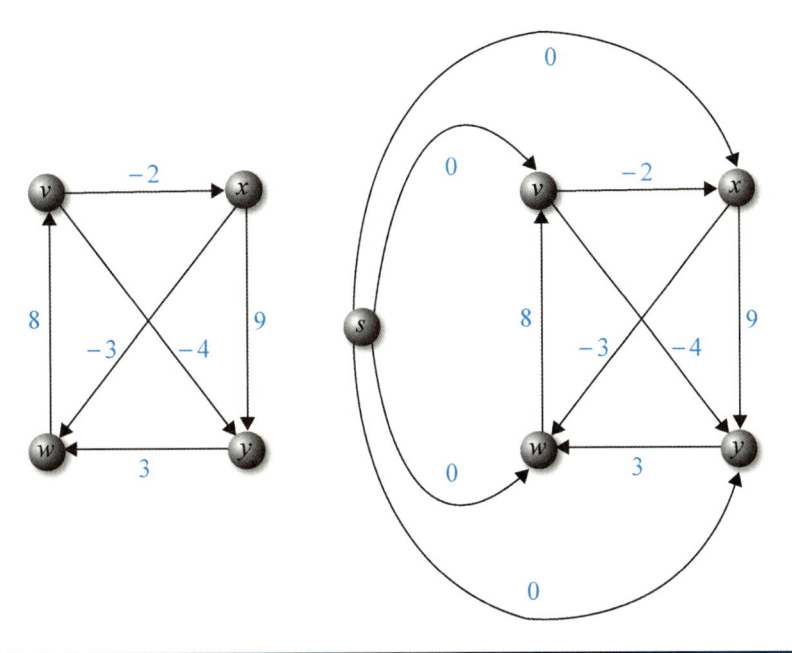

▲圖 5.13　Johnson 演算法的輸入圖 G 及其延伸圖 H

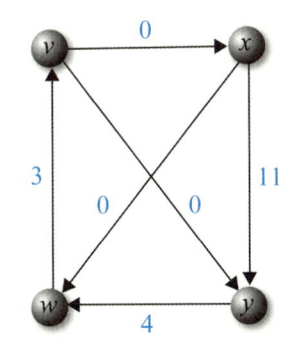

▲圖 5.14　經過調整後的圖形，邊上的值就是 c' 的值

　　圖 5.15 中，點旁邊有二個數值，以 a / b 表示，其中 a 表示 Dijkstra 演算法計算的最短距離，而 b 表示被 Johnson 演算法第 10 列調整回來的值。請注意，圖中比較粗黑的線形成最短路徑生成樹。

125

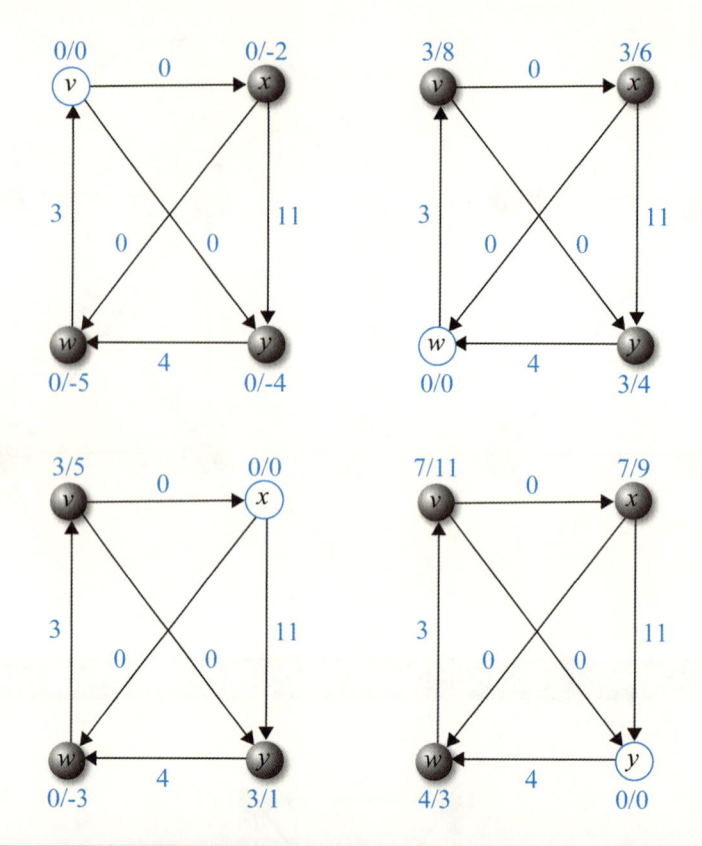

▲ 圖 5.15　分別以 v、w、x、y 執行 Dijkstra 演算法後的各個結果

5.2.5　A* 演算法

　　A* 演算法最常被使用於人工智慧裡，用在搜尋最佳解的時候(因此通常被稱為 A* search)，它用一個函數 $f(x) = g(x) + h(x)$ 來評估選擇點 x 的可能性，其中 $g(x)$ 表示起始點到 x 的最短距離，而 $h(x)$ 則是 x 到目標點所估計的最短距離，$f(x)$ 值愈小愈好，依照理論如果估計值 $h(x)$ 要比 x 到目標點的實際距離小，那麼 A* 演算法一定可以找到最佳解，因此在這個最短距離問題裡，如果我們將 $h(x)$ 設定為 x 到目標點的直線距離，就可以保證它比 x 到目標點的實際距離短，所以就可以用來解決這個最短路徑問題。

　　在這個問題裡，A* 演算法有點類似於 Dijkstra 演算法，可以被拜訪的點會被存放於一個優先佇列 Q 裡，在 Dijkstra 演算法裡使用 dist[x] (點 x

到起始點的最短距離) 來決定優先次序，而 A* 演算法則使用 $f(x) = \text{dist}[x] + \text{est}[x]$ 來決定拜訪的優先次序，其中 $g(x) = \text{dist}[x]$，$h(x) = \text{est}[x]$ (點 x 到目標點所估計的最短距離)。

Dijkstra 演算法每次取出目前擁有最短距離的點 x 來當中介點後，演算法以後就不會再拜訪 x 了，而 A* 演算法即使拜訪過 x (就是從 Q 中選出 x)，它可能會因為拜訪一個點 y，使得透過 y，$f(x)$ 變小了，這時 A* 演算法會把 x 重新放入 Q 中，重新考慮再一次選擇點 x 的好處，這就是這二個演算法最大的不同處，也造成 A* 演算法可能會花費指數時間去搜尋一個最佳解。

下面是 A* 演算法解決最短路徑的演算法內容：

Algorithm A*
Input: $G = (V, E), s, t$
Output: $d[s, t]$
1    $Q = \emptyset$
2   for $i = 1$ to n, do
3   dist$[i] = \infty$
4   est$[i, t]$ = straight line distance from i to t
5   for each edge(s, v) do
6   dist$[v] = c(s, v)$
7        $f(v) = \text{dist}[v] + \text{est}[v, t]$
8   ENQUE$(Q, v, f(v))$
9   last = DEQUE(Q)
10 while$(last \neq t)$
11   for each edge$(last, v)$
12   dist$[v] = \min\{\text{dist}[v], \text{dist}[last] + c(last, v)\}$
13   if $f(v) > \text{dist}[v] + \text{est}[v, t]$
14           $f(v) = \text{dist}[v] + \text{est}[v, t]$
15   UPDATE$(Q, v, f(v))$
16 last = DEQUE(Q)
17 return dist$[t]$

在這個問題裡，A* 演算法從 s 開始出發，直到碰到 t 為止，尋找的過程好像在巡視一棵樹，這棵樹的根節點就是 s，每次會往距離 t 最近的點 v 走去。因為使用了估計值 est[v, t]，如果這個估計值是錯的(例如中間有障礙物，而走不過去)，那麼演算法會回溯到前一個點，繼續搜尋。這是一個以樹狀圖架**構解空間**(Solution Space)，再按照樹結構及其記載的值來決定搜尋途徑的例子，接著我們用圖 5.16 來看 A*演算法執行的狀況。

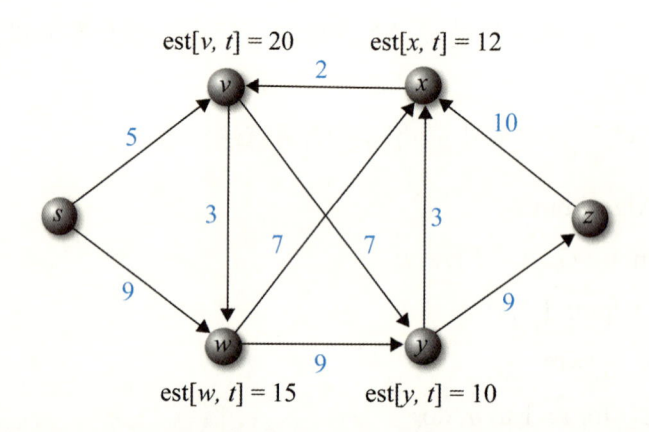

▲圖 5.16　圖形 G 除了各邊的長度外，還多了各點到 t 的估計值 est

開始出發前，會將它所能到達的點 1 如 v 和 w)都放入 Q 中，然後選擇 f 值最小的來搜尋，由於 f(w) 是目前最小值，因此選擇 w，結果如圖 5.17：

在圖形中，被拜訪過的點 u，我們會將它目前距離 s 的最短距離 dist[u] 算出，然後再加上 est[u] 後的 f(u) 值紀錄在點上，黃點表示被拜訪過，藍點表示被存在 Q 中。因此選擇 w 後 x 和 y 會被放入 Q 中，結果如圖 5.18。

由於 v 是目前 f 值最小者，當 v 被選中後，透過 v，dist[w] 和 dist[y] 都被縮短了，雖然 w 被拜訪過，但因為它的 f 值變小了，因此重新放入 Q 中，此時 Q 含有 w、x 和 y 三個點。f(y) 值最小，所以下一個被搜尋的點應該是 y，如圖 5.19 所示。

同樣地，因為 y 被選中，而更新了 f(v)、f(x) 和 f(t)，當然 v 再度被放入 Q 中了，結果如圖 5.20 所示。

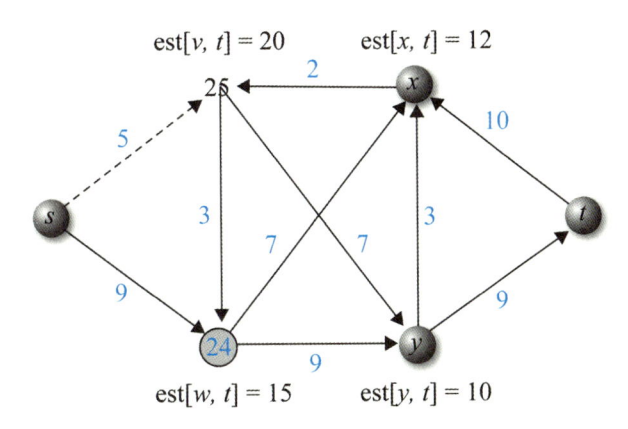

▲ 圖 5.17　圖形中粗線表示搜尋方向，虛線連接的點會被放入佇列中

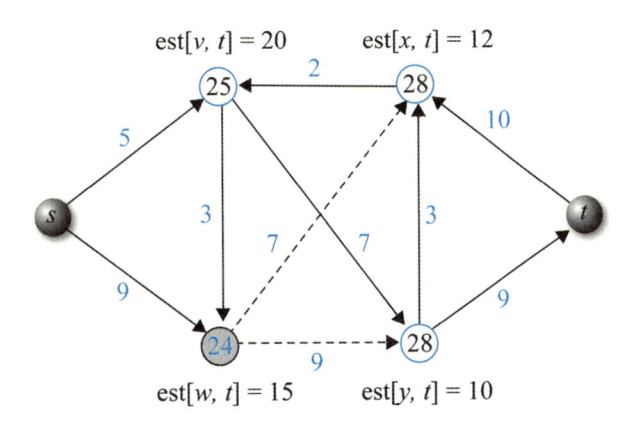

▲ 圖 5.18　第二個被選中的點為 v

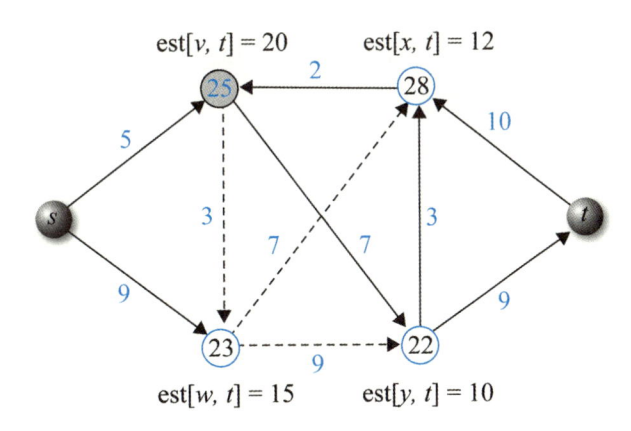

▲ 圖 5.19　第三個被選中的點為 y

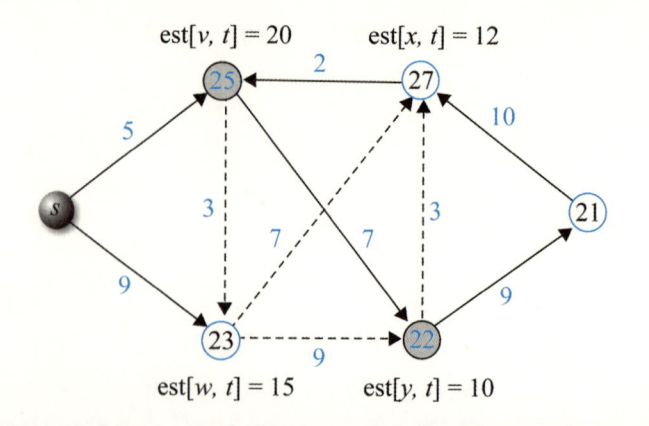

▲ 圖 5.20　f(v) 的值被更新為 22

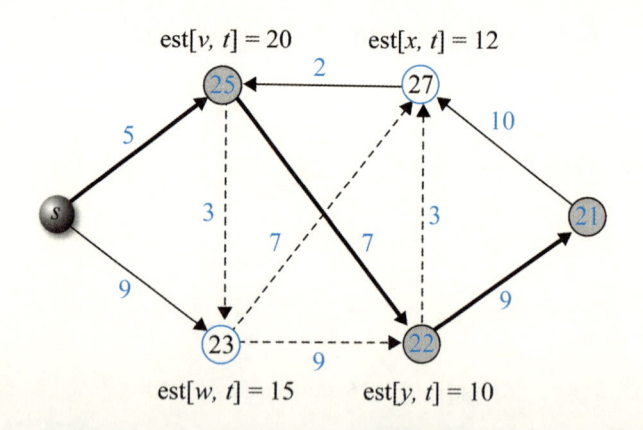

▲ 圖 5.21　最後的結果，粗線表示可以追蹤出的最短路徑

最後 t 終於被選中了，也就是 s 到 t 的最短距離被計算出來了，演算法就結束了，最後結果如圖 5.21。

最後，我們用圖 5.22 的樹狀搜尋圖來看 A* 演算法實際上展開搜尋的概念：

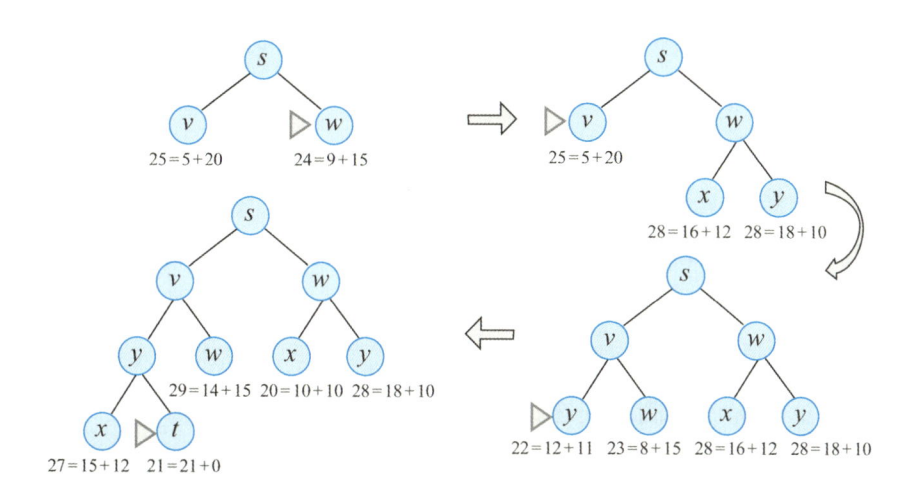

▲ 圖 5.22　A* 演算法搜尋解空間的樹狀圖

5.3 資料分析模式

　　在現實生活中，最短的路徑可能是最快的路徑，但是最快的路徑未必是最短的路徑，每條路可能因為上路的時間、天氣狀況等因素，而有不同的結果。例如，如果 8 點出發，從台北到台中可能要花費三小時，若 9 點出發，可能二小時就到。所以，使用一個長度值來表示一個邊的權重是不夠的，我們必需要擴充權重的表示法。

　　一個簡單的擴充方法就是使用向量來定義路況，例如工作日(星期一至星期五的上班日)和非工作日(星期六、星期日和其他假日)可以使用一個分量來表示(如 1 表前者，0 表後者)，再來是一個分量表示天氣好或差，接著是一個出發的時間區段，然後是車速(如 50 mph)等，整個向量表示如下：

$$(1, 0, 9:00, 10:00, 50)$$

　　如此一個邊 (a, b) 就可以有一個集合的路況向量來描述各種可能的路況，當然，此時我們需要輸入更多的資訊，如工作日、天候、出發時間等。即使如此，上一節所講解的演算法還是可以適用的，只是在計算權重(比距離長度更一般化的值，如花費時間等也都適用)時，必須選擇適當的向量來運算，據一些研究指出，實際的車載服務中，用這樣的路況資訊，A* 演算法會是一個很好的選擇。

以上的情形還是架構在一個固定的模式中，例如在工作日時、一樣的天氣和同一個時段就只能有一個速度，實際上路況的變化是瞬息萬變的，可能一日數變，單純只考慮一個路況可能無法反映出真實的狀況，此時我們要考慮所謂的資料分析模式，在這個模式中，我們儲存了大量的經驗，也就是開車狀況，我們的快速路徑選擇就是依照這個資料庫所記載的經驗法則來推估的，這種情形就像我們開車選路一樣，常常都是依照經驗法則的，如果經常走的是一個快速路徑，即使偶爾碰到一、二次塞車都不會影響我們繼續行駛這條路的意願。然而，如果一星期中，五天塞了三天，或是碰到長期施工，就會影響我們繼續使用這條路的意願了，當然這些判斷就要仰賴我們資料庫的收集了。

資料分析模式使我們的問題進入大量資料的處理模式，除了資料庫的建構外，最重要的就是從這些資料中理出頭緒，這就是**資料探勘**(Data Mining)的範疇了，為了完整起見，以下我們將說明幾種常見的資料探勘技術，對於我們在資料分析模式裡找出快速路徑是相當重要的。

5.3.1　何謂資料探勘

近年來由於資料庫技術的成熟與普及，在自動化資料收集工具的幫助下，大量的資料數位化後，被存在資料庫中，而產生了數量巨大的資料，如何妥善運用這些大量資料來幫助使用者做出有利之決策，是一個很重要的議題。為了解決這個問題，近年來資料探勘的理論與技術被廣泛的討論。簡而言之，資料探勘就是要從大量的資料中，**萃取**(Extracting)或是**探勘**(Mining)出有用有趣的**知識**(Knowledge)及**資訊**(Information)，以便於資料的擁有者加以運用。又因為它是一種從資料庫中**發現知識的過程**(Knowledge Discovery in Database, KDD)，所以又可稱之為知識發現。

資料探勘的應用十分廣泛，舉凡行銷、工業、商業、體育、財務、銀行、交通管理、通訊、醫療保健業、電信業、網路相關行業等等，皆為資料探勘應用之範疇。舉例而言，利用關連性產品銷售(哪些產品客戶會一起購買)及跨時銷售(客戶在買了某一樣產品之後，在多久之內會買另一樣產品)，資料探勘可幫助零售業者了解客戶的消費行為，做相對應的管理行銷政策，提升顧客的消費額；而資料探勘亦可以從現有客戶資料中找出他們的特徵，再利用這些特徵到潛在客戶資料庫裡去篩選出可能成為該業者客戶的名單，作為行銷人員推銷的對象，以提高行銷的成功率。

一般說來，知識發現的過程可分為下面所列之五大步驟，並圖 5.23 所示。

1. **資料清理及整合**(Data Cleaning and Integration)：消除雜訊或不一致的資料，再將多種資料來源、型態、格式整合在一起，以供後續之探勘演算法使用。
2. **資料選擇與轉換**(Data Selection and Transformation)：包含資料的淨化(Clean)、格式的轉換以及資料**正規化**(Normalization)，將資料轉換成適合探勘演算法的格式。
3. **資料探勘**(Data Mining)：根據應用以及目的選擇適合的資料探勘演算法，將隱藏於上一步驟所完成的資料中有用的資訊挖掘出來，這個過程對於資料探勘的應用成功與否有決定性的影響。
4. **分析及評估**(Analysis and Evaluation)：分析及評估所挖掘出來的知識是否真的有價值，以便將資料探勘的結果去蕪存菁，過濾掉沒有用的資訊，將有價值的知識提供給使用者。
5. **知識呈現**(Knowledge Presentation)：將複雜的資料探勘結果做一個淺顯易懂的呈現(如圖形化介面)，使得這些有趣的知識可以容易的被了解使用。

現有的資料探勘技術中比較重要的研究課題有：**資料關聯**(Data Association)、**資料分類**(Data Classification)、**資料分群**(Data Clustering) 等議題。而在本節中，將針對這資料關聯分析技術做一概括性的介紹。

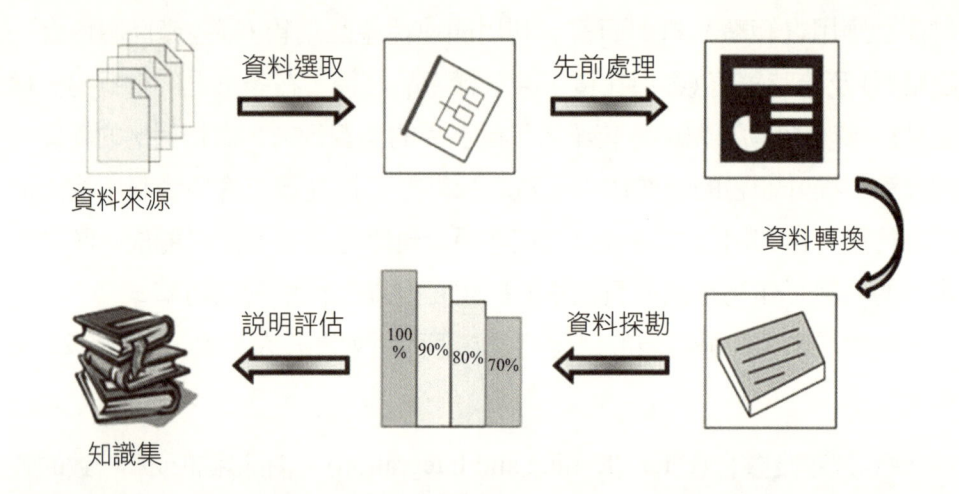

▲ 圖 5.23　知識發掘流程圖

5.3.2　資料關聯分析技術

　　資料關聯首先是由 Agrawal 等人所提出。主要的目的是找出項目與項目間的關連性，我們以下面的例子來說明何謂關聯規則，例如："麵包=>牛奶 [10%, 70%]"為一條關聯規則，代表的意思為 10% 的顧客會買麵包和牛奶，而在買麵包的顧客中，有 70% 的比例會買牛奶。這就是一個典型的關聯規則，掌握了這些規則之後，就可以採取適當的行銷點子提高相關產品的銷售率。

　　關聯規則資料探勘的定義如下：令 I 為商店中所販售的商品**項目** (Item) 的集合，$I = \{i_1, i_2, i_3, \cdots, i_m\}$，交易資料庫 D 是由一筆一筆的交易 (T_i) 所組成，$D = \{T_1, T_2, T_3, \cdots, T_n\}$，其中每一筆交易 T_i 包含交易編號 (TID) 與一組被購買的**商品項目** (Itemset)；而一組商品項目所成的集合稱之「項目集」，$T_i = \{i \in [1, 2, \cdots, n]\}$。假設 X 是一個項目集，若所有在 X 中的項目皆被包含在交易 T 之中，則我們稱交易 T 支持項目集 X。一個項目集 X 的**支持個數** (Support Count) 被定義為「支持項目集 X 的交易總數」，而項目集的**支持度** sup (Support) 則是「支持項目集 X 的交易個數佔全部交易總數的比例」，公式如下：

$$\sup(X \Rightarrow Y) = \frac{|X \cup Y|}{|\text{Tranctions\_of\_database}|}$$

一個關聯規則表示為：$X \Rightarrow Y$ [sup, conf]，其中 $X \subset I$，$Y \subset I$，且 $X \cap Y \neq \varnothing$，sup 代表該條規則的支持度。而關聯規則的**信心度** conf(Confidence)則是符合 X 與 Y 的交易個數佔全體符合 X 的交易個數之比例，亦即 confidence$(X \Rightarrow Y) = X \cup Y$ 的支持度 / X 的支持度。公式如下：

$$\mathrm{conf}(X \Rightarrow Y) = \frac{|X \cup Y|}{|X|}$$

關聯規則探勘是從資料庫中，找出支持度及信心度大於所設定的最小支持度(min_sup)及最小信心度(min_conf)，而其中的支持度及信心度之**門檻值**(Threshold)是由使用者給定的。當項目集的支持度大於或等於使用者所自定的最小支持度時，我們稱該項目集為**頻繁項目集**(Frequent Itemset Orlarge Itemset)，若一個頻繁項目集長度為 k，我們稱此項目集為**頻繁 K-項目集**(Frequent K-Itemset)，所有可能成為頻繁項目集的項目集，稱為候選項目集(Candidate Itemset)。一般而言，當我們所找出來的關聯法則能通過使用者所設定的最小支持度跟最小信任度時，我們就認為這些關聯法則對使用者而言是感興趣的並稱之為**強關聯法則**(Strong Association Rule)。我們以下面的範例來做說明。

範例：假設交易資料庫中有五個項目 $I = \{A, B, C, D, E\}$，且總共有四筆交易 $D = \{T_1, T_2, T_3, T_4\}$，如下表所示：

交易編號	購買項目
1	A, B, C
2	A, C
3	A, D
4	B, E, F

交易資料庫

頻繁項目集	支持度
$\{A\}$	75%
$\{B\}$	50%
$\{C\}$	50%
$\{A, C\}$	50%

頻繁項目集

在交易資料庫中，支持項目 A 的交易為$\{T_1, T_2, T_3\}$，所以項目 A 的支持個數為 3，而因為交易資料庫中共有四筆交易，所以 A 的支持度即為 $3/4 = 0.75$。假設最小支持度設為 50%，最小信心度設為 60%，則滿足最小支持度的頻繁項目集以及其對應的支持度如上表所示。其中 $A \Rightarrow C$[50%, 66.6%]即為符合條件的關聯規則，其中 $\mathrm{conf}(A \Rightarrow B) = 2/3$。

在關聯規則探勘的過程中，主要可以分為兩個步驟：第一步是在交易資料庫中找出所有的頻繁項目集(支持度大於等於所設定的值者)，第二步則是根據頻繁項目集，產生所有信心度不小於最小信心度的關聯規則。其中，由於在第一個步驟中面對處理的資料是整個交易資料庫，所以在關聯規則探勘的相關演算法中，皆著重於第一步驟效能的探討。

而尋找關聯規則的方法主要有兩種，一為根據 1994 年由 Agrawal 等人所提出的 Apriori 演算法所做改進的相關技術，我們統稱為 Apriori-Based 的方法，該方法主要是以迴圈的方式產生候選項目集，掃描資料庫檢查候選式樣的支持度，再產生下一個長度的候選式樣，直到找不到為止。這個方法最大的缺點是需要對資料庫做 $k+1$ 次的掃描，k 為最大高頻項目集的長度，並且在面對**擴充性**(Scalability)的問題上，該方法的效能不佳。

舉個例子來說，Apriori 演算法首先在交易資料庫中掃描各交易項目，然後計算各項目之支持度，接著將支持度太低的項目移除，如此先得到支持度夠高且長度為 1 的項目集。假設我們得到所有長度為 k 的項目集，當然要滿足支持度哦！我們就可以透過這些項目集來合併成長度為 $k+1$ 的所有可能項目集，合併的原則是將二個長度為 k 且交集有 $k-1$ 個元素的項目集合併成一個長度為 $k+1$ 的項目集。產生所有長度為 $k+1$ 的項目集後，再重新檢查各項目集並計算出其支持度，將支持度低於設定值的項目集移除，就可以得到所要長度為 $k+1$ 的所有項目集，如此依此類推，一直做到找出所有使用者所要求的長度之項目集為止，圖 5.24 顯示一個找到支持度≥2 且長度為 3 的項目集之例子。

另外一種則為根據 Han 等人於 2000 年提出的 FP_growth 演算法所作改進的相關演算法，我們統稱為植基於樹狀結構(Tree-based)演算法，該類方法為先掃描資料庫一次，找出所有高頻的資料項目並將其做排序的動作，將原始資料庫去除非高頻項目後，壓縮成為一棵**高頻式樣樹**(Frequent Pattern Tree, FP-tree)，然後再利用樹的搜尋找出高頻資料式樣。請注意，其實 FP-tree 相當類似於資料結構裡所說的**關鍵字樹**(Keyword Tree)(其實它是一個 trie 的資料結構)，在 FP-tree 裡所對應到的每一個高頻項目集就相當於 Keyword Tree 裡所儲存的 Keyword(關鍵字)。

植基於樹狀結構 (Tree-based) 的演算法不會有擴充性的問題，也不會

TID	項目
10	A, C, D
20	B, C, D
30	A, B, C, D
40	B, C, E

1st scan →

項目	支持度
{A}	2
{B}	3
{C}	4
{D}	3
{E}	1

→

項目	支持度
{A}	2
{B}	3
{C}	4
{D}	3

項目	支持度
{A, C}	2
{A, D}	2
{B, C}	3
{B, D}	2
{C, C}	3

←

項目	支持度
{A, B}	1
{A, C}	2
{A, D}	2
{B, C}	3
{B, D}	2
{C, D}	3

2st scan ←

項目
{A, B}
{A, C}
{A, D}
{B, C}
{B, D}
{C, D}

項目
{A, C, D}
{B, C, D}

3st scan →

項目	支持度
{A, C, D}	2
{B, C, D}	2

→

項目	支持度
{A, C, D}	2
{B, C, D}	2

▲ 圖 5.24　Apriori 演算法的範例

產生候選式樣，因此避掉了 Apriori 演算法一直重複掃描資料庫來檢查項目集是否滿足所設定之支持度的情況，此外由於其資料結構的特性，該演算法較適用於資料集中的情況下。

　　我們先來看一下如何產生一個 FP-tree，首先當然是確定所有的高頻項目，這是唯一需要掃描資料庫的步驟，在確定這些項目後，為了將它們放在 FP-tree 上，我們需要一個項目次序，通常是依照各項目的支持度(也就是出現頻率)而定，也就是說頻率愈高者，會被排在前面，當這些前置作業完成後，我們就可以進入 FP-tree 的建構階段了。圖 5.25 顯示一個前置處理的例子，它顯示從掃描資料庫、找出高頻項目、排序後，一直到去除非高頻項目後的結果。

　　依照項目頻率定次序後(由大到小)，就可以對所有符合的項目集依序來建 FP-tree，誠如前面所提，這是一個 trie 的結構，也就是說一個 tree node 存放一個符號(項目)，root 是一個空節點，對每一個高頻項目集，依序掃描，從根出發，如果在這個 tree 上有一樣的路徑對應，就共用這條路

137

TID	項 目
10	A, B, E, P
20	B, D, M
30	B, C, G, N
40	A, B, D
50	A, C, F
60	B, C
70	A, C, H
80	A, B, C, E, I
90	A, B, C

TID	頻繁項目集
10	{A, B, E}
20	{B, D}
30	{B, C}
40	{A, B, D}
50	{A, C}
60	{B, C}
70	{A, C}
80	{A, B, C, E}
90	{A, B, C}

TID	(次序) 頻繁項目集
10	{B, A, E}
20	{B, D}
30	{B, C}
40	{B, A, D}
50	{A, C}
60	{B, C}
70	{A, C}
80	{B, A, C, E}
90	{B, A, C}

項目	頻 率
A	6
B	7
C	6
D	2
E	2

▲ 圖 5.25　Tree-based 演算法的前置處理

徑；如果目前節點沒有一個兒子的值和所掃描到的項目相同，就產生一個新兒子來存放目前的項目，依此類推，直到所有的高頻項目集都被建到樹上為止。承接前面的例子，圖 5.26 所示即為最後產生的 FP-tree：

TID	(次序) 頻繁項目集
10	{B, A, E}
20	{B, D}
30	{B, C}
40	{B, A, D}
50	{A, C}
60	{B, C}
70	{A, C}
80	{B, A, C, E}
90	{B, A, C}

▲ 圖 5.26　產生高頻 FP-tree

標題表

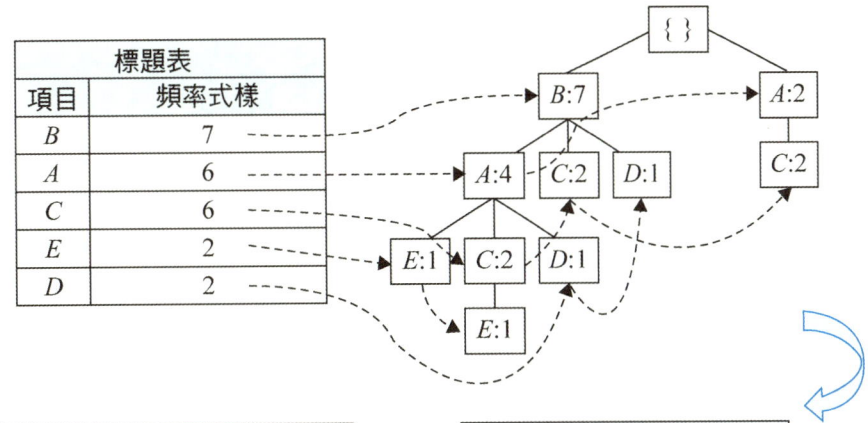

項目	頻率式樣
B	7
A	6
C	6
E	2
D	2

條件式樣

項目	條件式樣
A	B:4
C	BA:2, B:2, A:2
D	BA:1, B:1
E	BA:1, BAC:1

TID	條件式樣	條件 FP-tree
E	{(BA:1), (BAC:1)}	{(BA:2)}∣E
D	{(BA:1), (B:1)}	{(BA:2)}∣D
C	{(BA:2), (B:2), (A:2)}	{(BA:2)}∣C
A	{(B:4)}	{(B:4)}∣A
B	Empty	Empty

圖 5.27　最後產生高頻式樣

　　最後再依照在 FP-tree 的上下關係，建立各項目的條件式樣，最後找出高頻式樣，圖 5.27 是這樣的一個過程：。

　　圖 5.27 最後一個表格顯示的內容主要可由 FP-tree 得到，例如第一列的項目 E 顯示當 E 存在的條件下，BA 會出現 2 次，其中 BA 貢獻 1 次，BAC 貢獻 1 次，其他依此類推。

　　在這個資料分析模式下，使用資料探勘的技巧尋找快速路徑，有一個很有趣的現象，一條很好走的路徑，由於路況佳，就會經常被回報，因此在資料庫中就會有很高的頻率，當大家透過系統的建議來使用後，由於車流量變大，速度變慢，就會再反應回系統，而成為不推薦的路徑。時間久了，就又回復成一條很好走的路徑，如此消長不斷，倒也像人生苦樂輪迴一般，切勿因一時的不如意而失志喪氣，陰、雨天久了，總會出太陽的。

練習

1. 一條最短的路徑可能是大家都能得到的，想必這條路徑可能會非常擁擠，反而會變慢了，如果我想知道第二短的路徑呢？給定一個圖形及其邊的一個長度函數，另給定二個點 s 和 t，請設計一個演算法來找出一條從 s 到 t 的第二短路徑。(如果你的方法可以適用到找出第 k 短的路徑，那就更棒了！)

2. 在圖形 G 中，假設 P 是 s 到 t 的最短路徑，我們說 P 裡的邊 e 是一條對 s 和 t 而言，**最有價值的邊**(Most Vital Edge)：假如 $G-e$(從 G 中移除掉邊 e)會使得 s 到 t 的最短路徑是最長的。顧名思義，這個邊 e 對 s 到 t 的最短路徑來說，是很重要的。如果 s 和 t 是二個很重要的城市，那麼維持道路 e 的暢通就是很重要的了，請設計出一個演算法來找出 s 和 t 之間最有價值的邊。

3. 下面是一個很簡單找出 s 到 t 的最短路徑的方法：在圖形 G 中，我們一直把最長的邊給移除，直到 s 和 t 之間只存在一條唯一相通的路徑為止，這條就是 s 到 t 的最短路徑了。請問這個演算法是對的嗎？請證明或是給一個反例。

4. 通常當我們規劃好一條從 s 到 t 的快速路徑後，實際依照這個路徑行駛時，發現有一條路臨時施工而無法通行，如果人生地不熟就慘了，這時我們會希望當初規劃的路徑具有容錯的機制，例如允許一條邊是壞的，那麼我們要的路徑會是一條主幹線加上各點間互通的支幹線，這整個建議的道路網，我們稱之為容錯快速路徑，衡量的標準是這個道路網裡從 s 到 t 的最長路徑要最短，那麼演算法要如何設計呢？如果我們將衡量的標準設為這個建議道路網所含點的個數呢？

5. 另一種快速路徑計算的技術稱為階層式選徑法，也就是給定二個點 s 和 t 後，一開始先選擇可以連接這二個地方的高速公路，假設 s_1 和 t_1 分別是離這二點最近的交流道，然後問題變成找 s 到 s_1 的快速道路和 t_1 到 t 的快速道路，所謂階層式的意思就是說，此後再去找省道的連接路徑，之後是縣道、市道、街道、…，直到幽幽小道，這個方法通常配合地圖模式來計算，試論述這個方法和傳統圖形模式的方法有何優劣之處。

6. 在資料分析模式中，我們可能一次探勘到多條可行的快速路徑，除了支持度和信心度之外，還有甚麼好的方法可以對這些找到的路徑分級(Ranking)，如此就可以向 Google search 一樣列出建議的路徑出來。

7. 在本文所介紹的 Apriori-based 和 Tree-based 的探勘方法，每次計算都是從整個資料庫開始算起，然而駕駛資料的累積是遞增的(Incremental)，有沒有可能修改這些方法，使得第二次之後的計算可以值基於第一次的計算，也就是把新增的資料加上來就行了，通常這稱為可調式計算(Adaptive Computation)，請試著提出一個可行的方法。

參考文獻

[1] R. Agrawal, T. Imielinski and A. Swami, "Mining association rules between sets of items in large databases," In: *Proceedings of* 1993 *ACM SIGMOD International Conference on Management of Data*, Washington, D.C., May 1993, pp. 207-216.

[2] R. Agrawal and R. Srikant, "Fast Algorithm for Mining Association Rules," In: *Proc.*1994 *Int. Conf. Very Large DataBases* (VLDB'94), pp. 487-499, Santiago, Chile, Sep. 1994.

[3] M. S. Chen, J. Han, and P. S. Yu, "Data Mining: An Overview from a Database Perspective," *IEEE Trans. on Knowledge and Data Engineering*, 1996, Vol. 8, No. 6.

[4] T. H. Cormen, C.E. Leiserson, R. L. Rivest, and C. Stein, Introduction to Algorithms, The MIT Press, 2001.

[5] E. W. Dijkstra "A note on two problems in connexion with graphs," In: *Numerische* Mathematik. 1, 1959, pp. 269-271.

[6] J. Han and M. Kamber, *Data Mining*: *Concepts and Techniques*, Morgan

Kaufmann, San Francisco, CA, 2006.

[7] J. Han, J. Pei and Y. Yin, "Mining Frequent Patterns Without Candidate Generation," ACM SIGMOD Record, *Proceedings of 2000 ACM SIGMOD International Conference on Management of Data*, May 2000.

[8] E. Horowitz, S. Sahni, and S. Anderson-Freed, *Fundamentals of Data Structures in C*, Silicon Press, 2008.

[9] H. Gonzalez, J. Han, X. Li, M. Myslinska, and J. P. Sondag. "Adaptive fastest path computation on a road network: a traffic mining approach," In: *Proc. 2007 Int. Conf. Very Large DataBases* (VLDB'07), Sep. 2007.

[10] D. B. Johnson, Algorithms for shortest paths, in Dept. of Computer Science. Cornell Univ.: Ithaca, NY, 1973.

[11] E. Kanoulas, Y. Du, T. Xia and D. Zhang. "Finding Fastest Paths on A Road Network with Speed Patterns," *International Conference on Data Engineering*, 2006.

[12] C.-C. Lee, Y.-H. Wu and A. L. P. Chen. "Continuous Evaluation of Fastest Path Queries on Road Networks," Lecture Notes in Computer Science, 2007, pp. 20-37.

[13] N. J. Nilsson. Problem-Solving Methods in Artificial Intelligence, McGraw Hill, NY, 1971.

[14] S. Pallottino and M. G. Scutell. "Shortest path algorithms in transportation models: classical and innovative aspects," Equilibrium and Advanced Transportation Modeling, 1998.

[15] http://www.policyalmanac.org/games/aStarTutorial.htm.

誌謝：本章作者非常感謝東華資工所陳俊銘同學幫我們畫上所有的範例圖形。

第 6 章
車載通訊系統中的空間資料庫

大眾所知的資料庫系統，是在 1970 年代就設計的資料管理軟體，在當年，最需要管理的資料大多為交易數據資料。例如，銀行所需的存放款記錄、連鎖超市所需的客戶採購資料，這些交易數據資料的特性是：**結構嚴謹**(Well-structured)、維度之間沒有**空間(或幾何)關聯**(Spatial / Geometric Relationship)。

然而，隨著資訊科技日益發達，愈來愈多領域及應用需要管理與空間相關的資料，例如：衛星導航系統中的**地球表面資料**(Surface of the Earth)、超大型積體電路設計系統中的**印刷電路板佈局**(Printed Circuit Board Layout)、醫療系統中的**大腦模型**(Brain Model)，車載通系統中的交通號誌、車輛定位也屬於空間相關資料，而這些空間相關資料是傳統資料庫不能處理的，因此在這情況下，就必須針對空間資料的特性來設計開發「空間資料庫」，在開始介紹空間資料庫之前，讓我們先來介紹空間資料的特性。

6.1 空間資料的特性簡介

為什麼傳統資料庫不能處理空間資料庫呢？難道我們不能直接把這些空間資料儲存到資料庫中嗎？傳統資料庫當然可以儲存空間資料，但是傳統資料庫沒有辦法針對空間資料建立**檢索**(Index)，所以只能對空間資料做**循序存取**(Sequential Access)，並不能有效率的存取空間資料，在這樣的情況下，如果資料庫中的資料愈多，使用者就會需要花更多的等待時間。

為什麼傳統資料庫不能對空間資料建立檢索呢？傳統資料庫的檢索技術(例如 B-Tree 或是 Hash)，是分析單一維度的**屬性值**(Attribute Values)，然後根據分析結果將**記錄**(Record)分配置放在易於存取之處，藉由檢索技術，資料庫系統才能有效率的管理並存取系統中的記錄。空間資料並不是單一維度的資料，空間資料通常都有多維度，要同時考慮多維度上不同的屬性值，才能決定這個記錄的空間分佈。

為了解釋多維度在空間分佈的重要性，請見範例 6.1。

範例 6.1

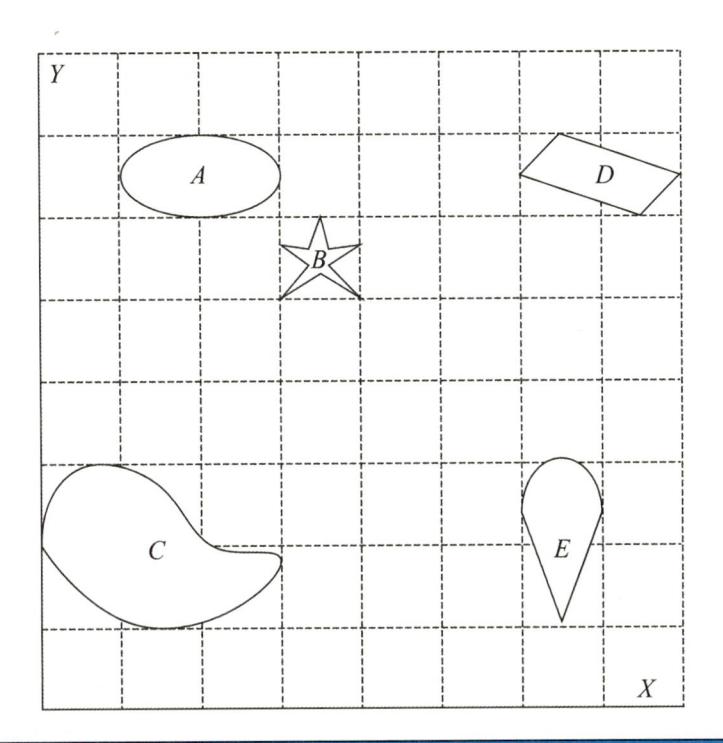

▲ 圖 6.1 空間資料範例(根據 X 和 Y 維度)

　　圖 6.1 是幾筆空間資料記錄，從圖中可以了解，空間資料的分佈是多維度的，要決定兩筆記錄的空間分佈是否相鄰，需要根據資料的每一個維度(例如在此圖，是兩個維度：X 和 Y)來判斷，因此物件 A 的鄰居們，從近到遠分別為：物件 B、物件 D、物件 C、物件 E；對物件 C 來說，他最近的鄰居是物件 E。在傳統資料庫中，由於只能根據單一維度來分析資料的分佈，因此原來的空間分佈在傳統資料庫中會失真，失真後的圖將會是圖 6.2 與圖 6.3。

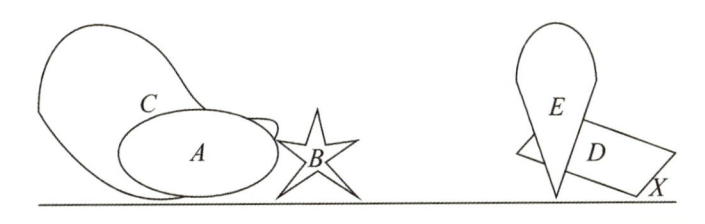

▲ 圖 6.2 空間資料範例(根據 X 維度)

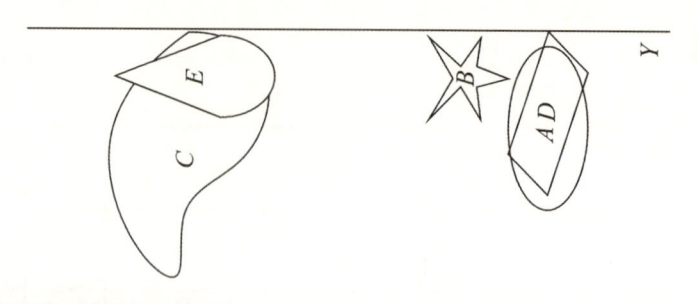

▲ 圖 6.3　空間資料範例(根據 Y 維度)

如果單純根據維度 X，來將圖 6.1 的記錄分配其在空間的關係，就會得到圖 6.2 的結果，對物件 A 來說他最近的鄰居會變成物件 C，而對物件 C 來說他最近的鄰居也不再是物件 E；同理，如果單純根據維度 Y，來將圖 6.1 的記錄分配其在空間的關係，就會得到圖 6.3 的結果，對物件 A 來說他最近的鄰居就會變成物件 D。

而不管是圖 6.2 或是圖 6.3 都和原始的圖 6.1 差異甚大，這幾張圖說明了為什麼傳統資料庫不能支援空間資料的原因，因為要清楚了解空間中的分配，我們需要參照所有相關的維度，才能了解物件的正確相鄰關係；如果只根據單一維度，將會嚴重失真。

6.2 空間資料庫簡介

空間資料庫是一種可以有效率管理空間資料[1]的資料庫軟體，為了能管理這類型的資料，資料庫需要有能力處理**空間資料模型**(Spatial Data Model)以及**空間查詢語言**(Spatial Query Language)，為了要支援這些特殊的需求，資料庫需要有特別為空間資料設計的**空間檢索技術**(Spatial Indexing)，這種檢索技術可以幫助資料庫，透過非循序存取的方式，只要檢索少量的資料就可以得到查詢的物件。空間檢索技術是可以加速單一條件的查詢，但是，查詢語言中有不少是複合條件的查詢，因此空間資料庫仍然

---

[1] 以及其他傳統資料

需要有效率的**空間聯合查詢**(Spatial Join)。接下來我們將針對空間資料模型、空間查詢以及空間檢索技術簡介。

6.2.1　空間資料模型

空間資料是包含幾何資料中的**點**(Points)、**線**(Lines)、**矩形**(Rectangles)、**多邊形**(Polygons)等其他幾何物件,每個幾何物件都有多維度的位置資訊,換言之,每個幾何物件在空間中都有其分佈位置,由於幾何物件的種類繁多,為了簡化起見,我們可以將以上的幾何物件分成三大類:**點狀資料**(Point Data)、**線型資料**(Line Data)以及**區域資料**(Region Data)。

1. **點狀資料**:點狀資料在空間資料庫特別的地方是點狀資料並不佔空間或是體積,這類型資料的重點在於其**位置**(Location),城市的中心位置就是這一類的資料。

2. **線形資料**:線型資料包括直線、**曲線**(Curve)、**折線**(Polyline)。線形資料通常在資料庫中代表物件在空間中移動的軌跡、或是在空間中連結的方式,河流、道路、車輛軌跡就是這一類的資料。

3. **區域資料**:區域資料除了在空間中有其位置外,還有其**邊界**(Boundary)以及其所佔空間。區域資料的位置通常都要視為一種**定錨點**(Anchor Point),例如:區域資料的中心位置,或最接近原點的起始位置等。在二維空間中,區域資料的邊界是線型資料;但在三維空間中,邊界會是一個面。湖泊、鬧區範圍、建築物範圍就是這一類的資料。

不同的空間資料類別可執行的**操作類別**(Operations and Predicates)是有差異的,操作後的產物也會因為輸入資料類別的不同而有所差別,下面將簡列可運作的空間操作以及產物:

1. **內部**(Inside):兩個不同的空間資料中,其中一個一定要是區域資料,產出物是一個布林值。

2. **交集**(Intersect):這是描述兩個不同的空間資料(除了點狀資料外),在空間中的關聯,產出物是一個布林值。

3. **接觸**(Meets):這也是描述兩個不同的空間資料(除了點狀資料外),在空間中的關聯，產出物是一個布林值。與交集不同的地方是，兩個空間資料在空間中，只有一個點相同，才稱為接觸。

4. **相鄰**(Adjacent)：這是描述兩個不同的區域資料，在空間中的關聯，產出物是一個布林值。兩個空間資料在空間中，沒有任何點是相同的，但是有某個邊緣點相鄰。

5. **包含**(Encloses)：這也是描述兩個不同的區域資料，在空間中的關聯，其中一個區域資料被完全包含在另一個區域資料中，產出物是一個布林值。

6. **交集值**(Intersection)：這是描述兩個不同的空間資料(除了點狀資料外)，在空間中重複的空間資料。如果兩個空間資料都是線形資料，產出物會是一個點；如果兩個空間資料都是區域資料，產出物也是一個空間資料。

7. **加**(Plus)、**減**(Minus)：這是描述兩個不同的空間資料，在空間中增加彼此、或減去彼此共同空間資料後，所得到的第三個空間資料結果。

8. **輪廓**(Contour)：這是對一個區域資料描繪其邊緣後，得到的線形資料(通常是一個封閉型的折線)。

9. **距離**(Distance)：這是對兩個空間資料計算其最短的距離。

10. **周長**(Perimeter)、**面積**(Area)：這是對一個區域資料計算其周長以及面積。

空間資料在空間中有兩種關聯：一個是**拓樸關係**(Topological Relationships)，兩個區域資料(假設這兩個區域都是完整、而非乳酪狀有洞的)在空間中，會有六種可能的拓樸關係(在扣掉八個不合理以及兩個對稱的關係後)，分別為**互斥**(Disjoint)、**存在**(In)、**接觸**(Touch/Meet)、**相等**(Equal)、**包含**(Encloses/Cover)、**重疊**(Overlap)。另一種是**方位關係**(Direction Relationships)，方位關係的種類繁多，舉例有：之上(Above)、之下(Below)、北方(North_of)、西南方(Sothwest_of)等。

當空間資料、空間操作以及空間關聯定義完備後，我們就可以對基礎的空間資料類別，例如：點、線、區域等，設計完整的**空間資料型態**(Spatial Data Types)，然後利用**物件導向－關聯式資料庫**(Object-Relation Database)中**使用者定義資料型態**(User Defined Types)的操作,來開放讓使用者能定義更複雜的空間資料型態,最後使用者就可以用傳統的資料模型以及新加入的空間資料型態,來定義空間資料模型。

範例 6.2

以下為幾個空間資料模型的定義範例:

- `table Cities(cname: STRING; center: POINT; ext: REGION; cpop: INTEGER)`
- `table Buildings(bname: STRING; benter: POINT; ext: REGION; bpop: INTEGER)`
- `table Roads(rname: STRING; route: LINE; avg_throughput: REAL)`

6.2.2 空間查詢

在支援空間查詢之前,與傳統資料庫比較起來,空間資料庫有兩個主要的考慮因素。

1. 查詢語言中必須有能力插入**空間代數**(Spatial Algebra),空間代數相關的查詢語言可以分成三種,一種是**空間甄選**(Spatial Selection)查詢,一個是**最鄰近查詢**(Nearest Neighbor),另一種是**空間聯合查詢**(Spatial Join)。空間甄選查詢語言中,每次的查詢只會和一個**資料表格**(Relation)有關;最鄰近查詢是所謂的**不精確**(Approximate)查詢,也就是查詢的指定條件很含糊,所以會有許多符合的查詢結果,因此不能列出所有符合條件的結果,而是將結果排序,只取前面幾名[2];而空間聯合查詢是和數個資料表格有關,因此還需要做對映和過濾的動作。

範例 6.3

空間甄選查詢語言範例如下:

- 「查詢所有在台灣的城市」

    `SELECT cname FROM cities c WHERE c.center inside Taiwan.area`

---
[2] 由使用者事前指定要回傳幾筆資料。

- 「查詢所有與指定視窗交集的道路」

    SELECT * FROM Roads r WHERE r.route intersects Window
- 「查詢所有距離台中市中心不超過十公里的大樓(人數超過 200)」

    SELECT bname FROM Buildings b

    WHERE dist(b.center, Taichuang.center)< 10 AND b.pop > 200 ■

範例 6.4

最鄰近查詢語言範例如下：

- 「查詢距離台中市中心距離最近的十棟大樓」

    SELECT TOP 10 bname FROM Buildings b

    ORDER BY dist(b.center, Taichuang.center)
- 「查詢前五名與指定視窗內有交集且流量最多的道路」

    SELECT TOP 5 rname FROM Roads r

    WHERE r.route intersects Window

    ORDER BY r.throughput DESC ■

範例 6.5

空間聯合查詢語言範例如下：

- 「找出前 20 名流量最多的十字路口」

    SELECT TOP 20 r1.rname, r2.rname

    FROM Roads r1, Roads r2

    WHERE r1.route intersects r2.route

    ORDER BY(r1.throughput + r2.throughput) DESC
- 「找出前十名在單一城市內最長的道路和所屬城市」

    SELECT r.rname, c.cname

    FROM rivers r, cities c

    WHERE r.route intersects c.area

    ORDER BY length(intersection(r.route, c.area))DESC ■

2. 要能用圖形介面來呈現空間資料且能利用圖形介面來轉換查詢條件。例如前面的範例中，要如何利用圖形來表示查詢視窗或是高雄縣的疆界或

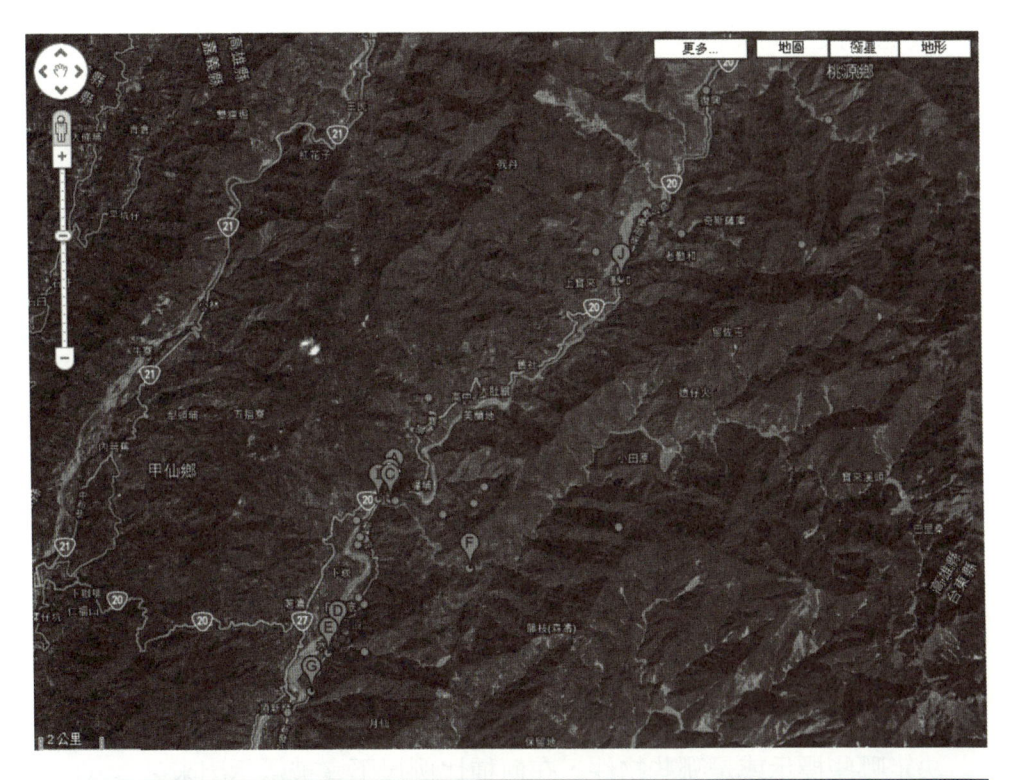

▲ 圖 6.4　利用圖形來表示高雄縣境內的溫泉位置

是範例中(intersection(r.route, c.area)的概念呢？最後的查詢結果要如何呈現，才能讓使用者輕易的了解他們之間的空間關聯呢？這些是很難用傳統的文字來描述的，通常要利用圖形才容易讓使用者了解，一張圖勝過千言萬語。

例如圖 6.4 代表高雄縣境內的溫泉位置，從圖中很明顯的可以看到大部分的溫泉大多依著荖濃溪興建，而縣道 20 有一大段也沿著荖濃溪興建，因此沿著同一條公路造訪大多數的溫泉是可能的。這些資訊如果利用傳統的文字來描述，可能沒有圖形如此的一目了然。

如果要完整的支援空間查詢，需要考慮的因素不只以上兩點，除了空間資料、圖形表示外，還要考慮到使用者的互動方式，因此較完整的考慮因素有以下十一點：

1. 要能支援空間資料型態。
2. 要有圖形介面來顯示查詢結果。
3. 要有能力能將數個查詢結果一層層**覆蓋**(Overlay)綜合顯示,而且要有能力能增減不同層的資料或是能改變每層資料的先後順序。
4. 要有能力能顯示不同的背景資料,例如改變底圖為衛星空照圖、地形圖或道路圖,或者能描繪城市的疆界。
5. 要有能力能檢查顯示結果(例如:哪筆資料是屬於哪一個查詢)。
6. 可以支援**延伸互動**(Extended Dialog),例如可以點選部分結果或是能放大、縮小或是改變視窗範圍等互動。
7. 可以更改畫面表示,例如改成不同的背景色、更改代表圖示或是將結果分類表示。
8. 有能力能更改圖示以及分類圖示。
9. 有能力標示標籤,而標籤的內容是記錄中的屬性值(例如:人口數)。
10. 有能力可以用不同的比例尺,這不但只是放大或縮小圖形,還要有能力決定哪些標示或是哪些物件,在何種比例尺下會被標示出來。
11. 有能力針對部分查詢內容做更近一步的後續查詢。

6.2.3 空間檢索

　　承前面所述,空間資料並不是單一維度的資料,空間資料通常都有多維度,要同時考慮多維度上不同的屬性值,因此需要藉由特殊的空間檢索技術,將空間資料特過特殊的方式組織起來,這樣當使用者進行空間查詢的時候,才能透過非循序存取的方式,只需要針對少部分的子集做有效的過濾,以加速空間查詢的效率。

　　空間檢索技術通常分成兩大類,第一類是透過特殊的編碼方式,將原本多維度的空間資料,透過最不失真的方式轉成單維度的資料,如此一來將可以利用傳統資料庫的檢索技術(例如:B-tree)來管理空間資料。第二類就是設計特殊的多維度檢索技術,專門用來處理空間資料。

單維轉碼

普遍使用的單維轉碼方式有兩種，一個是 Z 型編碼(Z-order)、另一個是位元交錯式編碼(Bit-interleaving)，這兩種編碼的共通原則是：將空間分成固定大小的網格(Grids)，然後在網隔間找到一條線，使網格們能保持在多維空間中的區域性(Locality)，也就是說在多維空間中彼此接近的網格，在線性順序中也是接近的。我們可以利用遞迴方式，將空間的網格做更細部的切割，一直到最精細的單位為止，如此一來，不管空間有多大，都可以利用該方式，找到一條線來串聯所有網格們。

圖 6.5 就是利用 Z 型編碼將空間中的網格串聯的範例：

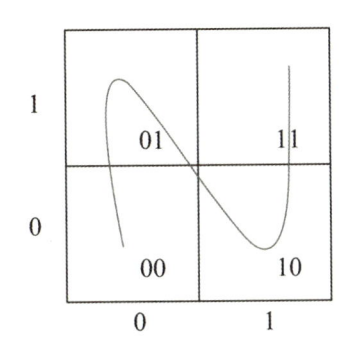

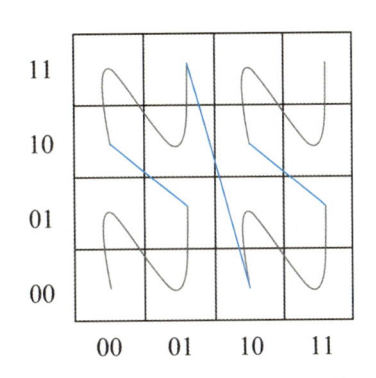

▲圖 6.5　利用 Z 型編碼的範例

多維度空間檢索技術

多維度的空間檢索技術通常都會利用近似值(Approximations)的估算來加速檢索步驟，首先這些檢索技術會先將空間資料轉換成近似值，然後只針對近似值檢索，等到查詢階段時，會透過兩階段的過濾和精化(Filter and Refine)步驟來求查詢結果，在過濾過程中，會把查詢條件轉成近似值，然後進資料庫中比對近似的檢索值，在第一階段先得到可能的候選記錄(Candidate)，接下來再針對候選記錄來比對真正的值，以便過濾假性候選記錄，如此一來將可以加速整個查詢過程。

一般來說，多維度空間檢索技術都是利用空間資料的佔用空間(Spatial Occupancy)關係，將空間資料整理、置放到不同的儲存格(Buckets)，不同的空間檢索技術所採用的**分解**(Decompose)策略是不同的，大致上來說有四種分解策略：

1. **最小邊界矩形法**(Minimum Bounding Rectangle, MBR)，最著名的範例為 R-tree。
2. **不相交的空間分割**(Disjoint Cells)，最著名的範例為 R$^+$-tree。
3. **統一分割格**(Blocks of Uniform Size)，最著名的範例為 Grid-File。
4. **資料的頻率分配**(Distribution of the Data)，最著名的範例為 Quadtree。

其中前兩種分解策略的**資料依賴性**(Data Dependency)較高，也就是說資料的輸入先後順序會影響到檢索結果；後面兩種分解策略的資料依賴性較低，資料的輸入順序和檢索結果沒有關聯，以下我們將針對這兩大類中的幾個著名檢索技術來介紹，首先來介紹 R-tree：

R-tree

R-tree 是 Antonin Guttman 在 1984 年提出的分層次的樹狀結構，它可以視為利用最小邊界矩形法的 B-tree 延伸，也因此它保留不少 B-tree 的特性與要求，以下是 R-tree 的幾個基本規範與特性：

1. R-tree 是高度平衡的**樹狀結構**(Height-balanced tree)，因此所有**葉節點**(Leaf Node)的高度都相同。
2. 每一個葉節點中最多不會超過 M 筆檢索記錄，而至少也有 $M/2$ 筆檢索記錄(除了根節點(root)才有例外)。
3. 對於每個葉節點中的檢索記錄裡，除了要包含空間資料的辨識值外，還需要記錄這個空間資料的最小邊界矩形。
4. 每一個非葉節點中最多不會超過 M 筆檢索項目，而至少也有 $M/2$ 筆檢索記錄(除了根節點(root)才有例外)。
5. 對於每個非葉節點中的檢索項目裡，除了要包含下一個檢索指標外，還要記錄下個指標節點中，能包含所有空間資料的最小邊界矩形。
6. 根節點至少要有兩個檢索項目，除非其同時也是葉節點，才能有例外。

以下是一個 R-tree 以及其原始空間資料的範例：

範例 6.6

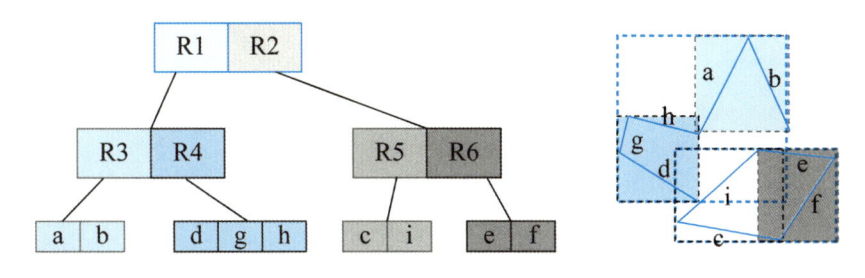

▲圖 6.6　R-tree 範例以及其空間資料

　　圖 6.6 左是一個 R-tree 的範例，可以發現這是一個高度平衡的樹狀結構，而每一個節點都和一個最小邊界矩形有關，圖 6.6 右則是原始空間資料、以及後來因檢索而產生的最小邊界矩形(用虛線標出)，從這個圖可以發現：這些最小邊界矩形是會重疊的，例如 R5 和 R4 就有重疊；而原始空間資料的最小邊界矩形也有可能和多個檢索產生的最小邊界矩形重疊，例如：h 就和 R4 和 R5 重疊，即便如此每一筆空間資料，只會出現在一個節點中。

　　要建立一個 R-tree 可以利用圖 6.7 的流程圖，將一筆又一筆的空間資料新增到空間資料庫中。

　　以下是流程中的 ChooseLeaf 步驟的演算法：

```
ChooseLeef
Select a leaf node in which to place a new index entry E
CL1 [Initialize] Set N to be the root node
CL2 [Leaf Check] If N is a leaf, return N.
CL3 [Choose Subtree] If N is not a leaf, let F be the entry in N
whose rectangle FI needs least enlargement to include EI. Resolve
ties by choosing the entry with the rectangle of smallest area
CL4 [Descend until a leaf is reached.] Set N to be the child node
pointed to by Fp and repeat from CL2
```

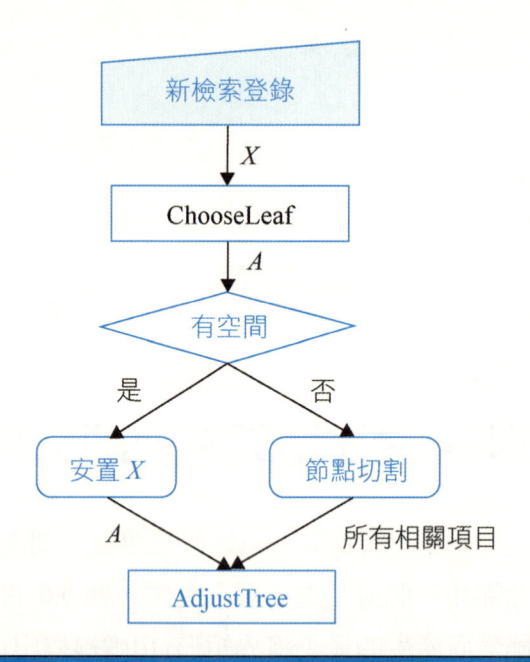

▲ 圖 6.7　新增記錄到 R-tree 的流程圖

　　如果節點中還有多於空間可以新增一筆空間資料，就直接將這一筆資料放入節點中，接下來修改相關的最小邊界矩形大小即可，如果空間已滿，就要進行**節點切割**(SplitNode)的步驟，SplitNode 在不同文獻中(即便是原始由 Guttman 提出的文獻)，有許多不同的版本，例如：Exhaustive、Quadratic、Linear、Packed、Hilbert Packed，在這裡我們只介紹 Quadratic Split，節點切割的流程圖如圖 6.8。

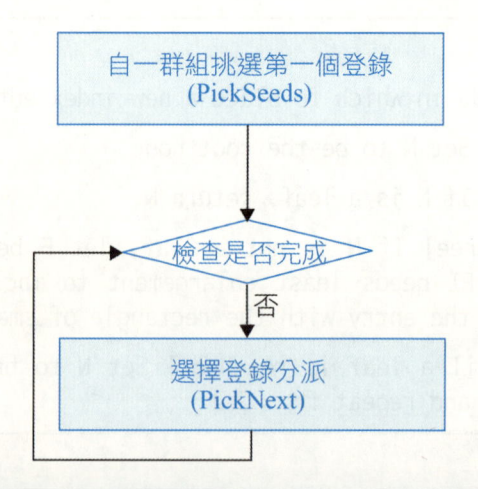

▲ 圖 6.8　R-tree SplitNode 流程圖

流程圖中的兩個步驟 PickSeeds 以及 PickNext 分別如下：

```
PickSeeds
PS1 [Calculate inefficiency of grouping entries together]
For each pair of E1 and E2, compose a rectangle R including E1 and E2
Calculate d = area(R) - area(E1) - area(E2)
PS2 [Choose the most wasteful pair ]  Choose the pair with the largest d
```

```
PickNext
PN1 [Determine cost of putting each entry in each group] For each entry E
calculate d1 = the increased MBR area required for G1
calculate d2 = the increased MBR area required for G2
PN2 [Find entry with greatest preference for one group] Choose the entry with the maximum difference between d1 and d2
```

一旦 R-tree 建構完成後，我們就可以利用這個樹狀結構來加速查詢，而利用的方法如圖 6.9 中的流程圖。

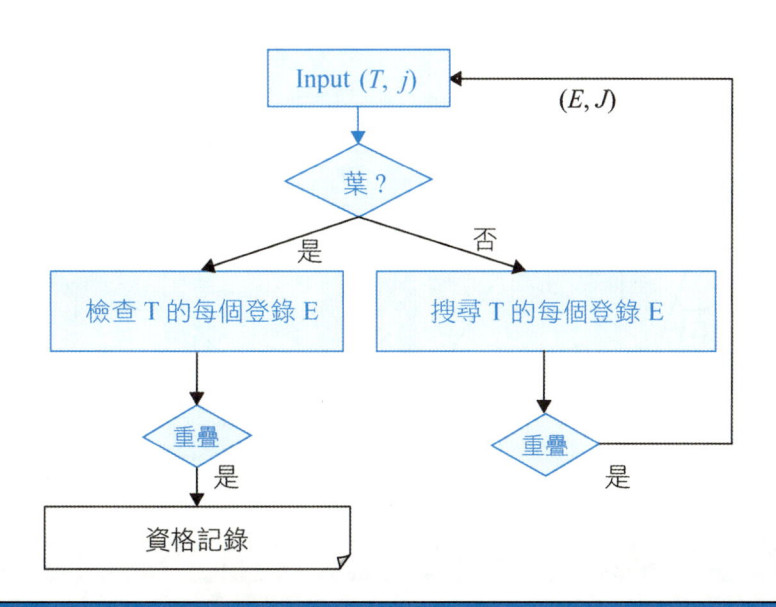

▲ 圖 6.9　R-tree 查詢流程圖

從圖 6.9 的流程圖可以得知，只要節點的最小邊界矩形和查詢物件的最小邊界矩形有任何重疊，該節點與所有子節點就要一一檢查，而在前面的 R-tree 的特性描述中，我們曾經說過最小邊界矩形們是會重疊的，而且每一筆資訊即使和多個節點的最小邊界矩形重疊，也只會被記錄在其中一個節點中，因此如果要找到該筆資訊需要多查詢許多不相干的節點，換言之，其查詢效率可能無法達到原先設計的標準，為了解決這個問題，因此後來的學者提出了另外的改版本 R$^+$-tree。

R$^+$-tree

R$^+$-tree 是在 1987 年由 Sellis、Roussopoulos 和 Faloutsos 等人提出的高度平衡的樹狀結構，和 R-tree 不同的地方是：R$^+$-tree 是 k-d-B-tree 的延伸、它會將空間分割成不相交的矩形、而且當一筆空間資料和多個分割矩形重疊時，這一筆空間資料將會建立多筆檢索資料在這些節點中，利用這幾個不同的特性來改善 R-tree 種所皆知的缺點。以下是一個 R$^+$-tree 以及其原始空間資料的範例。

圖 6.10 左是一個 R$^+$-tree 的範例，圖 6.10 右則是原始空間資料、以及後來因檢索而產生的不相交的矩形(用虛線標出)，從這個圖可以發現：這

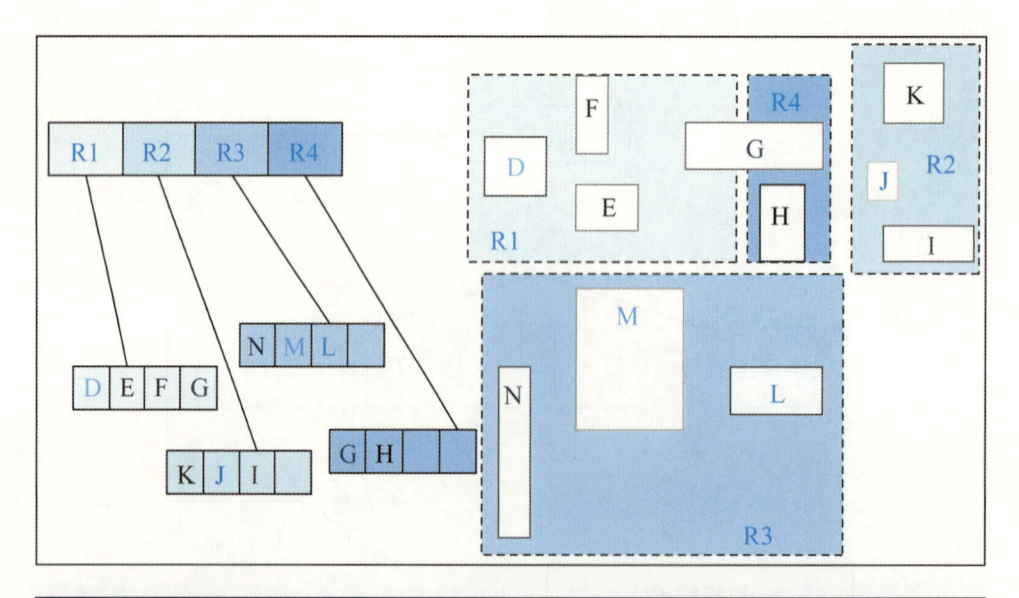

△ 圖 6.10　R$^+$-tree 範例以及其空間資料

些矩形是不重疊的，而當一筆空間資料和多個分割矩形重疊時，這一筆空間資料將會建立多筆檢索資料在這些節點中，例如：G 就和 R1 和 R4 重疊，因此 G 就出現在這兩個節點中。

雖然重複安插空間資料到不同節點中，可以縮短查詢時間，但是也因為空間資料會重複在 R⁺-tree 檢索中，因此 R⁺-tree 需要在得到候選資料時，先過濾重複候選資料的動作，R⁺-tree 雖然改進 R-tree 的主要問題，但是它仍然具有資料高度依賴性，也因為如此，將會增加**查詢最佳化**(Query Optimization)的複雜度。

四元樹

四元樹(Quadtrees)技術是一個非常龐大的家族，裡面有針對不同資料型態、不同用途而設計的變形，例如：針對區域資料設計的**區域四元樹**(Region Quadtree)、針對點狀資料設計的**點狀區域四元樹**(Point-Region (PR) Quadtree)以及針對折線資料設計的**多邊形圖四元樹**(Polygonal-Map (PM) Quadtrees)，這個家族的成員們有以下的共同點：

1. 空間資料會透過**中軸轉換**(Medial Axis Transformation)來切割空間，並進而根據空間切割結果來產生代表值。
2. 切割出來的區塊必須是不相交的。
3. 會按照標準尺寸來裁切空間，區塊必為正方形。
4. 有固定的標準位置。
5. 每次裁切都會將區塊分成四個相等大小的小區塊。
6. 檢索結果和資料輸入的順序沒有任何關聯。

由於這個四元樹家族的變形都非常相似，在這裡我們介紹其中比較複雜的 PM1 四元樹，PM1 四元樹除了考慮線型資料外，還會多加考慮折線的**頂點**(Vertex)，這個技術是利用以下的條件來啟動空間切割機制：

1. 在每個切割後的葉節點中，最多只能容納一個頂點。
2. 如果一個葉節點中有一個頂點，它就不能有其他和頂點無關的線段。
3. 如果一個節點中沒有任何頂點，它最多只能有一個線段。

凡是違背以上條件，PM1 四元樹會繼續分割空間，一直到滿足所有條件為止，舉例來說，圖 6.11 有三個範例，其中只有中間的圖滿足上面的條件，另外兩個圖都不能滿足，因此需要繼續將圖中的正方形，繼續裁切成四個相等的小正方形。

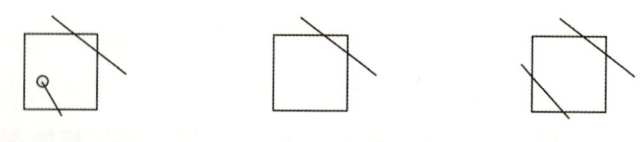

▲圖 6.11　PM1 四元樹條件範例

因此，圖 6-12 左圖的空間資料，透過 PM1 四元樹後，會將空間切割成圖 6.12 右圖的樣子，這個範例也同時表現四元樹每一個節點的解析度是不同的，換言之最後產生的樹狀結構，也會是個高低不等的非平衡樹狀結構。

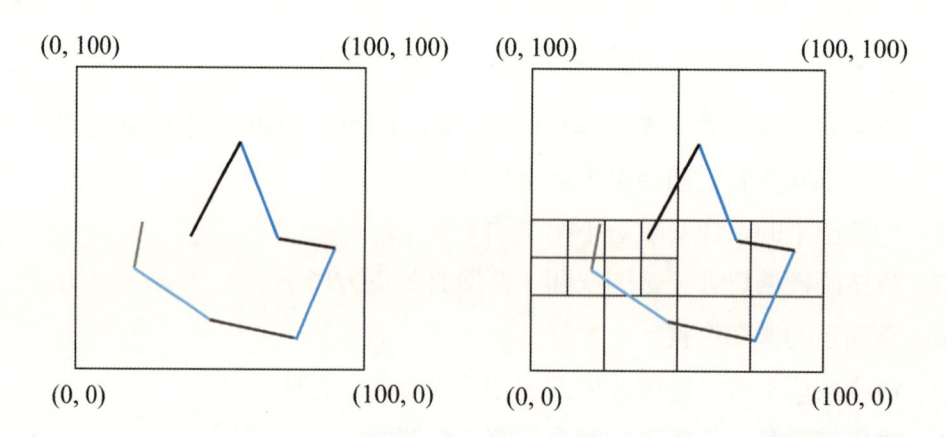

▲圖 6.12　PM1 四元樹的資料範例以及切割結果

6.3 高維度檢索的難題

雖然現在已經有不少空間資料檢索技術，但是這些空間檢索技術較適合在二維、或三維的空間中運作，它們的查詢效率向來和維度大小成指數的成長，根據一些實證研究的結果，即使查詢效率良好的 R⁺-tree 最多也只能支援二十個維度的空間資訊，一旦維度數目超過二十，R⁺-tree 的查詢效率將大幅降低。

為什麼高維度會造成檢索困難呢？這是因為當維度增加的時候，空間中的每一點對於其**最近的鄰居**(Nearest Neighbor)、與對於**最遠的鄰居**(Farthest Neighbor)的距離差距將愈縮愈短，因此要根據距離遠近分配空間將會愈來愈沒有意義，也因此前面所提的所有檢索技術都不再適合，也因此近年來有不少研究者都相繼投入研發高維度檢索技術，來解決這個難題。

還好在車載通資訊系統中，大部分的空間資料多為二維、三維甚至到四維的資料(例如：車輛位置、號誌燈位置以及車輛位置的相關時間)，只有極少部分的資訊(例如：乘客資訊、車輛所有過往位置資訊等)，有可能會超過四維，不過通常也不會直接被利用到空間查詢中，因此目前空間資料庫技術對於車載通系統是勝任有餘的。

6.4 結　論

從前述的範例 6.2 至範例 6.6 中，我們給了不少和車載通系統相關的空間資料模型和空間查詢，從這些範例中，可以發現現行的空間資料庫一定可以處理系統裡面的固定資料，例如：交通號誌、道路、建築物、城市等等，然後車載通系統不只處理這些固定資料，變動的資料，例如：移動中的車輛、變動中的交通流量等等，也是需要查詢的，這些可以在空間資料庫中查詢嗎？答案是：空間資料庫一樣可以處理變動資料，只要將時間軸放入，當成另一維的資料即可，由於新加入的時間軸只增加一個維度，所以並沒有超過空間檢索技術的運作範圍。

為了能讓學生們了解該如何實際運用空間資料庫在車載通系統內，我們也設計了相關的實作題，讓學生能利用車載通系統中必備的**感應器**(Sensors)傳遞資料進資料庫，然後再利用空間檢索技術查詢相關資訊，從實作中，可以讓學生了解如何提高車載通系統的效率。

不可諱言的是：因為本章節所描述的空間資料庫仍然屬於傳統**主從架構**(Client-Server)的，因此當車載通系統範圍擴大，感應器的電力與傳輸變成一個重要考量點時，中央處理架構的空間資料庫可能會成為系統瓶頸，這時候還要再考慮**分散式**(Distributed)、甚或**點對點計算**(Peer to Peer, P2P)處理。

一旦我們可以將分散式技術、P2P 技術與空間資料庫的優點結合，想必能創造一個非常有效率的車載通資料管理系統。

練習

1. 為何傳統資料庫無法支持空間資料？
2. Why cannot the DBMS provide the GUI functionalities for spatial data?
3. 為轉換資料從多維到單一維度，需考量什麼？（以 Z 型編碼為例描述）
4. 寫下建構 R-Tree 的全部程序 (m, M) = (2, 3)

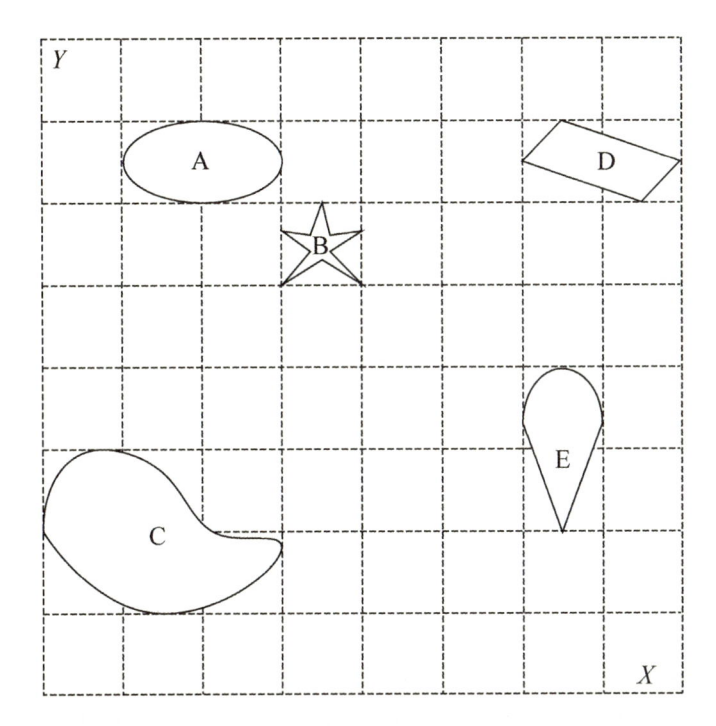

5. 為何需要 R^+-tree？請舉例證明 R^+-tree 是什麼？
6. Divide the space into proper quadrants by the rule of PM1 quadtree.

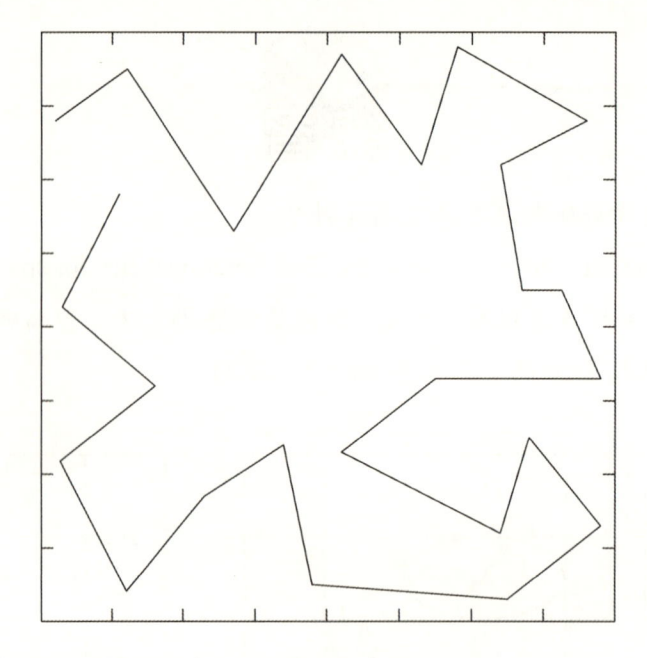

7. 為什麼我們無法使用 B$^+$-tree 接近改善 R-tree？
8. 試述空間資料庫與傳統資料庫有何不同？為何傳統索引技術無法使用在空間資料庫？

參考文獻

[1] Ramakrishnan, Gehrke. "DATABASE MANAGEMENT SYSTEMS" Chapter 28, third edition, McGRAW Hill.

[2] Ralf Hartmut Guting. "An Introduction to Spatial Database Systems." VLDB Journal 3(4): 357-399, 1994.

[3] Timos Sellis, Nick Roussopoulos and Chrishtos Faloutsos. "The R+-tree: A Dynamic Index For Multi-Dimensional Objects." Proceedings of the 13th VLDB Conference, Brighton 1987.

第 7 章
車載感測網路資料傳播技術介紹

為了改善道路安全、交通效率和駕駛的方便，我們研究了**車輛隨意網路**(VANETs)。舉個眾所皆知的例子：交通訊息協助管理和停車導引系統，在地區內兼具效率和方便性的應用。這類的應用通常需要動態的散佈相關訊息(如：交通路況或停車位置)，這些訊息來自許多地方或一個大型網路的全部節點。

在車輛隨意網路中，一個較主要的通訊模式是：將測量的數據資料從許多來源連續傳輸到各個目的地。然而，VANETs 就像一般的無線多跳躍節點網路一樣，頻寬能力非常有限。因此，在固定的傳輸(頻寬)速度內，持續傳送每個位置的更新數據給所有網路使用者顯然是不可能的。所以，此章使用的方法建議我們隨著距離的增加蒐集更多的資料。例如，在鄰近區域的範圍內散播解析度較精細的圖片，當區域範圍增加時，訊息變得愈來愈粗糙。

雖然許多聚集機制與應用是建立於目前已經提出的方法上，但截至目前為止，我們只知道些許關於車輛隨意網路上資料聚集的基本資料與需求。根據以往描述，對具延展性車輛無線隨意網路訊息的傳播而言，聚集機制的產生是必要的。但什麼特性適合聚集機制？例如，提供交通訊息給遠程汽車，資料多久要更新？我們必須減少多少圖片的解析度才能解決遠距離區域的問題？也就是說，圖片的解析度必須變得多粗糙或聚集需要多少才足夠？

在本章中，我們將討論之前所研究的，不同的聚集資料以及傳播機制。

首先介紹如何找到可用停車位的聚集資料和傳播機制。然後，討論有關合併低階與高階的聚集技術。

7.1 尋找可用停車位

在都市的交通環境下尋找空的停車位，對每個人的日常生活而言是個非常麻煩的問題。當駕駛／乘客為了一個重要的約會進入市區，一般會想將車子停在最靠近目的地的街道上，同時也不想也沒辦法花費太多的時間在尋找停車位上。

在這種情況下，對駕駛／乘客而言，若能擁有最新的交通路況，特別是靠近目的地的停車位資訊，就十分方便了。先前德國慕尼黑的施瓦賓區(Schwabing)提出有關停車位的研究結果。這項研究統計表示，在施瓦賓區每年因尋找停車空間而對交通造成的損害如下：

1. 20 萬歐元的經濟損失
2. 尋找停車位的同時浪費 350 萬歐元的汽油和柴油。
3. 150,000 小時的等待時間
4. 整體交通統計裡有高達 44% 的比例是在找停車位，亦即每兩輛車中就有一輛是在找尋空的停車位置(這項結果是統計施瓦賓區每天大約 80,000 公里的車流量所得)。

依此結果推斷德國幾個同樣大小的城市，估計每年總經濟損失 2 至 5 億歐元。因此，提供一種智慧型停車位搜尋演算法來告知駕駛目前的交通狀況便顯得非常重要。在這裡我們介紹一種演算法，利用廣播的技術傳播訊息，以及考慮停車位的時間與空間特性。此機制主要是利用車輛與自動停車繳費機(德國一種可以停車自動售票繳費的機器)之間訊息交換的方法，訊息則分為微量和聚集訊息。微量訊息代表可用的停車位置，經由某個自動停車繳費機與聚集的資訊，表示出總和一個地區內一台以上自動停車繳費機的資訊。分散以及不同階層的組織聚集所涵蓋的地區，使用階層定義來允許停車場建設位置的回報，停車情況。比起微量資訊廣播，聚集資訊廣播大幅降低了整體需要的頻寬，因為這個概念，每輛車收集之前所收到的資訊整合成聚集，並傳給其他車輛。多個微量資訊的聚集產生一個處理過的資訊，用來覆蓋更大的區域。此外，由於它較普遍的性質，聚集訊息比微量訊息來得更加穩定。

在聚集的資訊中使用時間郵戳來驗證資料的正確性，以確保資訊保持在最新狀態。但聚集中的資訊隨著駕駛／乘客到停車場距離的增加，資訊的準確度也隨之降低。因此我們藉著選擇微量訊息或聚集訊息的應用，將造成的損失標準限制在可接受的範圍之內。

7.2 演算法

　　由於使用者大量的查詢會影響到廣播的延展性，以及單一繞送傳送在經過多個網路區塊時造成的問題，這裡提出一個主動式的傳播機制來解決。

　　其演算法的工作原理簡要地描述如下：預先定義週期性的廣播間隔，用來傳送之前暫存在車輛上的微量與聚集資訊。微量資訊負責將可用的停車位資訊傳送給自動停車繳費機。聚集資訊提供某地區裡，統整多個自動停車繳費機所傳送可用停車位置的情況。在之後廣播的時間間隔，利用先前暫存的資訊重新排序成新的訊息，傳送給其他車輛。在這個階段，車輛將新的資訊取代舊的，以及依照不同空間粒度建立聚集，稱為聚集階層。每個聚集階層代表一個不重疊劃分的區域。而聚集是由階層式四元樹結構組成的網格所覆蓋。如圖 7.1，四個低階聚集可組成一個高階聚集。此演算法就如同無線網路一般，將聚集分散在一個廣大的區域，但將微量訊息保持在本地附近。這種方式可以達到兩個主要的目標：

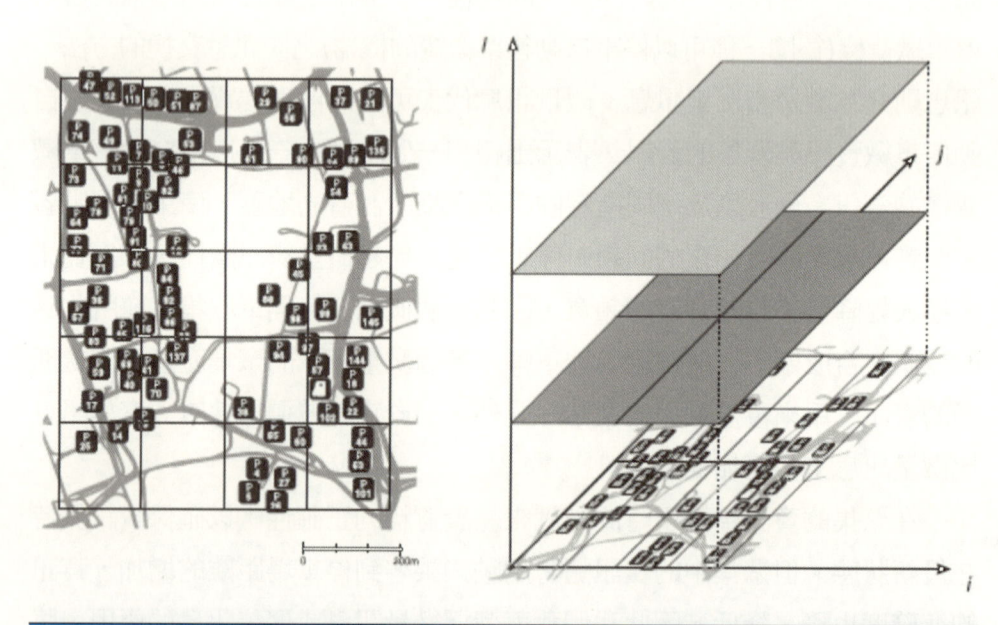

▲圖 7.1　採用的聚集方法

首先，比起微量訊息必須廣播到整個拓樸，聚集訊息的頻寬消耗量降低。再者，停車位狀況的聚集訊息可以分散到很遠的距離，這可以提供給第一次進入此區域的車子一個大致的停車方向。微量與聚集資訊的分散距離是由判斷收集到的資訊屬性所控制。在此演算法中，所有的車輛都可以產生與傳送行動資訊與停車資料。

演算法的組成部分如下描述：

1. 網格：網格細分成不重疊的區域，在網格上，訊息被分類組到不同的階層，每個階層代表所覆蓋區域的空間範圍以及停車相關的綜合訊息。
2. 來源：每個資料都被定義為一個來源。
3. 廣播：定期廣播其他車輛的訊息。
4. 基於關聯性的策略選擇：微量訊息與聚集訊息的空間分佈是透過訊息選擇策略來控制。暫存在車輛的資訊透過多方相關的訊息更新。關聯性是透過距離以及來源的新舊來計算。

7.3 資料傳送的機率聚集

在普通情況下，資料聚合是由以下的步驟完成：每輛車都可以建立觀測數據，這些觀察值主要是由一些測量到的數據而來的(如交通密度、可用的停車位 … 等等)。當一個觀測數值被建立時，它關係到位置空間(例如，一段道路或一小塊區域)與當時的時間。所有或部分儲存的訊息會週期性的廣播傳送。當接收到廣播訊息後，節點會合併所收到的資料並存入該區域的資訊庫中。透過比較電子時戳的觀測值，可以確保每個地區儲存和分配的數值都是最新的資料。然而，如果我們假設數個連續點之間的空間密度可由觀測數值來達到一個近似的常數(不變量)，此數據量會隨著所覆蓋的半徑範圍增加。因此，廣播給每輛車的數據量也會快速增加。

由於網路的頻寬有限，數據量增加會佔用頻寬，這對具有延展性的系統造成龐大的負擔，為十分致命的問題。為了克服這個問題，我們使用階層式資料聚集：隨著距離的增加，觀察值愈大的區域(或愈長的路段)，會將多個觀測值合併成單一的數值。例如，在一個速度平均的冗長的路段上，或是在都市一小角落停車位的使用率。訊息較粗略的聚集可以讓資料散佈的距離更遠，而詳細的資料只需保持在鄰近本地的節點之中。

　　這裡有一個基本的議題：產生的聚集並非像單一的觀測數值，而是直接比較資料的新舊與完整度。資料由數台車產生，這些聚集的資料大部分並非最新的測量資料，而是以數個可用的點為基礎蒐集資訊。因此，許多的聚集可以存在同一個地區，聚集本質上不相同，但所收到的資料有可能相互重疊。我們很難去決定哪些數據是比較可用的。所以接著介紹另一種演算法，它藉著特殊的數據表示來解決此一問題：在我們的方法中不會同時使用到一筆觀察與聚集的資料，例如：直接告知還有多少空置的停車位，而是用近似值來取代結果，這裡使用一組亂數(Flajolet-Martin sketch)來修改資料的結果。

　　目前尚未有方法可以直接比較兩個聚集的質量，但有更好的解決途徑：合併多個在同一地區的聚集，產生一個包含所有訊息的新的聚集。此方法不需要判斷聚集中哪些為較新的訊息，因為新形成的聚集裡已經將所有的訊息合併。它還可以使觀察值或低階的聚集，不受時間限制地合成一個高階的聚集。另外，此方法可以減輕為了產生好聚集而造成的負擔。為了創造一個有意義的聚集，節點通常要蒐集覆蓋在此區域的資料中較為重要的部分，我們可以從這些被蒐集的資料裡找到一個較具代表性的良好聚集。有了這個演算法，我們只要使用聚集就可以保持訊息在最新的狀態，不必一直傳送新的訊息給整個網路佔用頻寬，也能使聚集擁有更高的品質。

7.3.1　Flajolet-Martin 圖

　　Flajolet-Martin sketch [1](以下簡稱 sketch)是一種用機率理論在不同元素計算上的資料結構，它表示了一個正整數的近似值經由一個長度 $w \geq 1$ 的位元組 $S = s_1, \cdots, s_w$，其中該位元組的初始值均為零。增加一個元素 x 至 sketch 中，它是經由雜湊函數 h 與地理位置分佈輸出正整數，其中 $P(h(x)=i)=2-i$。而 $Sh(x)$ 是設定為 1(在機率 $2-w$ 下有 $h(x) > w$；在這個條件下，表示該筆資料是不使用的)。一個雜湊函數加上必需的性質從一個共同的雜湊函數與均等分布的位元可以容易的衍生出一串資訊(output)，經由輸出字串上第一個位元的位置作為雜湊函數值。

不同元素數量的近似值增加了 sketch 所獲得的資訊，經由找出一連串連續數列的字首之後，表示為：

$$Z(S):=\min(\{i \in N_0 | i<w \wedge s_{i+1}=0\} \cup \{w\}) \tag{1}$$

經過計算

$$c(s):=\overline{\rho} \tag{2}$$

以 $\rho = 0.775351$ 為條件。$Z(S)$ 的變數是一個重要的數值，然而它只是一個近似值，並不是非常的精確。為了克服這個問題，我們使用一個 sketches 的集合來取代單一的 sketch 來表示一個單一數值，在精確度上與記憶體之間做取捨。這種各別的方法稱為機率的**計算與隨機的平均**(Probabilistic Counting with Stochastic Averaging, PCSA)。PCSA，每個附加的元素首先會映射到 sketches 的其中之一，經由一個均等分佈的雜湊函數並且加上當時的資料。如果 m 個 sketchers 被使用，表示從 $S_1, \cdots, S_m$ 評估至在當時額外增加不同物件的總數，表示為：

$$C(S_1, \cdots, S_m):=m * \frac{2^{\sum_{i=1}^{m} z(s_i)/m}}{\rho} \tag{3}$$

這個式子相當不精確，只要元素的數量是低於近似值 $10m$。因此我們更改(3)式如下：

$$C(S_1, \cdots, S_m):=m * \frac{2^{\sum_{i=1}^{m} z(s_i)/m}-2-k\sum_{i=1}^{m} z(s_i)/m}{\rho} \tag{4}$$

$k \approx 1.75$

這個方式減緩了一開始數值不精確的問題，當不同的 sketchs 是漸近等值為(3)式的時候，PCSA 產生一個近似的標準誤差：

$$0.78/\sqrt{m}$$

由於多數 VANET 的應用，在合理的範圍大小內，產生接近目標的近似值是有可能達成的。sketches 可以透過合併來產生不同元素的總量，並增加至 sketches 中的任意位元,透過一個簡易的位元操作運算子 OR(將一個位元設定為 1)。這邊重要的是,經由它們的建構,不論多久或運算哪一個位元,重複地組合這些同樣的 sketches 或再加上已經描述過的元素也不會改變結果。

創造及合成圖

為了討論此一議題,我們考慮使用一個特殊的應用。假設我們感興趣的是有關可用停車位數量的資訊散播。現在,我們忽略掉觀測值隨著時間改變的部分。

第一階段,配一個 sketch(或使用 PCSA 的一個 sketches 的集合)給每個路段。我們假設某輛汽車在經過一個路段時,可以觀察到目前空的停車位的數目。例如從每個停車位上的感測器來蒐集資訊。在通過那個路段後,產生一個 ID r 以及停車位數量的觀測值 n,該數值是汽車透過雜湊和設定各自的位元來增加變數組合$(r, 1), \cdots, (r, n)$,在經過 sketch 後產生 r。本地儲存的 sketches 會被定期廣播出去。當訊息接收後,會藉由位元 OR 指定運算來合併。

如圖 7.2 所示。有 A 與 B 兩台車,獨立觀察同一路段(ID 為 17)。A 車觀察到四個停車位置,然後將其雜湊到組值$(17, 1), \cdots, (17, 4)$給路段 17 的 sketch。B 車觀察到五個停車位置,因而增加組值$(17, 1), \cdots, (17, 5)$。如果 A 和 B 兩台車在之後相遇,A 車接收到 B 車傳送過來的 sketch,並使用位元 OR 指定運算合併來獲得一個新的 sketch,取代舊的資料。雜湊出來的值組(r, i)中較為不同的部分是觀測值,由觀測值增加了多少來判斷。因此在同一條路上,相同數目的停車空位會被設定成相同的位元,其較低的子集數。

當然,在目前的基本演算法裡,位元一旦被設定後就無法取消或重新設定,因此 sketch 的值不能減少。但不久之後,我們可以藉由擴展數據結構來解決此一限制問題。

7.3.2　階層式聚集

典型的分層聚集是呈現樹狀,通常是在二維平面上與它自身對稱的四

$h(17,1)$ $h(17,2)$ $h(17,3)$ $h(17,4)$

| 1 | 1 | 0 | 0 | 1 | 0 |

A 車

| 1 | 1 | 1 | 0 | 1 | 0 |

- -

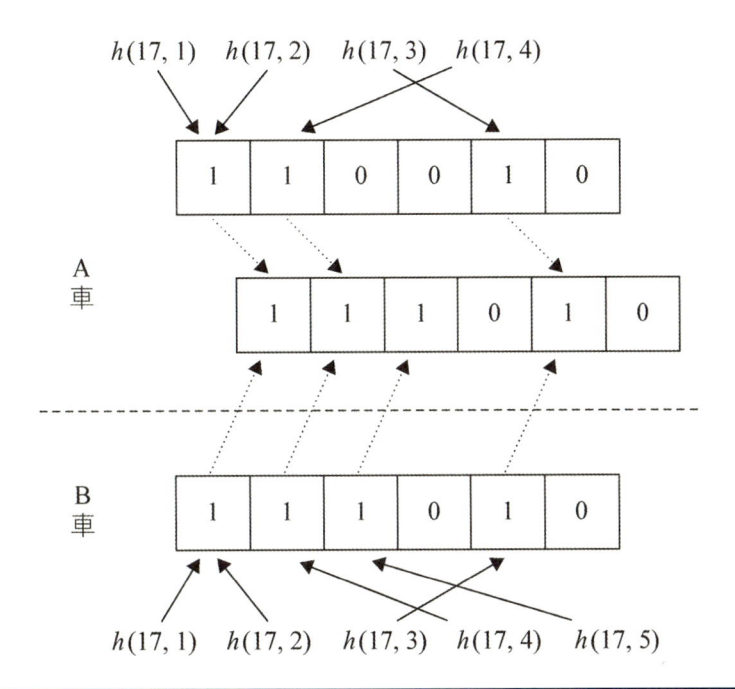

B 車

| 1 | 1 | 1 | 0 | 1 | 0 |

$h(17,1)$ $h(17,2)$ $h(17,3)$ $h(17,4)$ $h(17,5)$

▲圖 7.2　產生及合併 FM 圖聚集

元樹。但是儘管我們可以預期的結果與實際的交通狀況和路段相似相近，或停車位就在靠近目的地的地方；但同一個時間點，相近的距離卻可能產生極大不同的結果：例如在高速公路的另一端。因此一個好的聚集方法應該特別注意環境的變化。我們假設，地圖上的階層聚集數據已預先定義。它的基本結構和地區分組方式反映了它們之間的關係，如地區和城市道路的等級。

這個特性無疑的可以使用在我們的演算法上，L 代表觀測點，可在任何地方設置。如整個路段，甚或是整個地圖。原則上，大量的聚集是有可能的，因為任意的組合都能隨時隨地合成聚集。我們可以總合 L 的子集合 $\rho(L)$ 裡非空值的元素。然後選擇其中一些可以被持續使用的 sketches 聚合成子集合 A：

$$A \subseteq \rho(L) \backslash \{0\} \tag{5}$$

儘管特定的選擇方式會得到好處，子集合 A 的結構仍不被我們的方法所限制。根據以上概述的方法，階層聚集可以使用以下的方式完成。我們分配了 sketches 給 A 的所有元素。

任何一個屬於 L 集合裡的觀測位置 $1(l \in L)$ 可以馬上被加入到其他在區域 A 中的聚集，即是 $l \in A$。因此，在我們計算可用停車位數量的範例應用中，這些統計數將包含各個區域的總量。不需要保持每個位置裡個別的 sketch，換言之，$\forall l \in L:\{l\} \in A$ 非必要，特別是當 L 的範圍特別大(或是連續的) 時，可以確保 sketches 持續的涵蓋區域內的多個位置。資訊範圍較小的地區通常將 sketches 維持在附近，並只在當地廣播；而距離較遠的車輛最好保持與傳送較大規模的區域聚集。

sketches 中不重要拷貝(副本) 允許聚集使用同樣的方法合併，它引用了之前提到過單一區域的 sketches。但在某些特殊情況下，任何在區域 A 裡接收到的 sketch 可以立即被蒐集到任何上層階級的聚集 A_0，上層階級是指 A 被 A' 整個覆蓋，例如 $A \subseteq A'$。

為了盡可能的將所有資料接收，A 通常是一個階層式的樹狀結構。所有的 $A_1, A_2 \in A$ 亦即：

$$A_A \cap A_2 \neq 0 \Rightarrow A_1 \subseteq A_2 \vee A_2 \subseteq A_1 \tag{6}$$

這意味著子樹中的任何一個節點，既沒有對稱也不相同。它也不排除在某些情況下，有些更高階層的區域尚未完全被較小的子區域覆蓋。因此比起以往常用的聚集樹，此觀念更為強大好用。

軟狀態圖

截至目前為止所討論的演算法，sketches 總是代表每個路段最大的觀測值。當然，這結果無法令人滿意的。因此必須提出一個新的方法來取代舊的意見。我們藉著修改 FM sketches 達到這個目的。這裡使用一個 n 位元長度的計數器代替每個索引位置放置單獨的位元。計數器代表生存時間 (TTL)，範圍在 $0, \cdots, 2n-1$ 位元之間。

以往使用的方法是在觀察值之後設定位元，現在我們將相對應的計數器設置一個最大的 $TTL(T:=2n-1)$ 來取代。廣播中包含定期發送的 sketches。在傳送本地資訊庫裡的訊息之前，如果當地的計數器尚未歸零，則將所保留的 sketches 減一。

```
┌───┬───┬───┬───┬───┬───┐
│ 9 │ 8 │ 0 │ 0 │ 6 │ 0 │
└───┴───┴───┴───┴───┴───┘
```
A 車

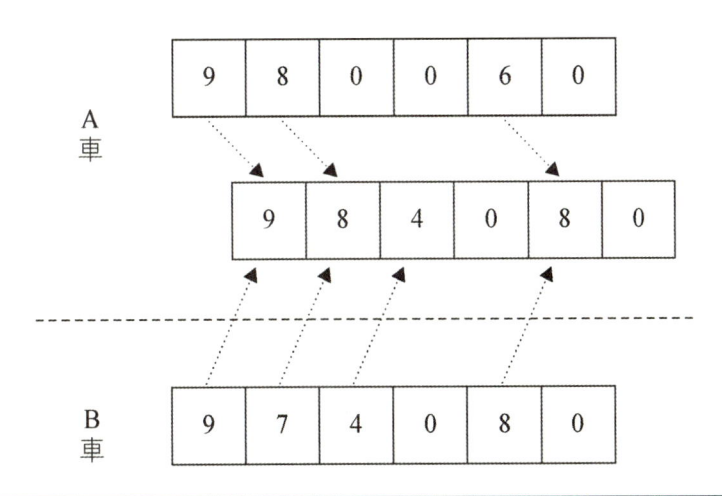

```
┌───┬───┬───┬───┬───┬───┐
│ 9 │ 8 │ 4 │ 0 │ 8 │ 0 │
└───┴───┴───┴───┴───┴───┘
```

```
┌───┬───┬───┬───┬───┬───┐
│ 9 │ 7 │ 4 │ 0 │ 8 │ 0 │
└───┴───┴───┴───┴───┴───┘
```
B 車

▲圖 7.3　軟狀態圖合併

當本地的資訊庫接收到 sketch 時，原本的位元 OR 指定運算使用正數增加的最大運算取代。這就產生了 FM sketches 的軟形態變體(soft-state variant of FM sketches)。當 TTL 過期時，之前所加入的元素也會消失，除非它們被加入一個新的觀察值[2]。合併示意如圖 7.3，A 車從 B 車收到一個聚集，然後它可以更新自己相對應的軟狀態 sketch。獲得軟狀態 sketch 的演算法保持不變，但最小值為零的索引位置可以被使用。如果一個位元位置不再被放置新的觀察值，這可能會導致一些延遲出現。

回想我們之前觀察停車位位置的例子，假設停止觀察會形成一個少量的特定位置(例如：不再有空的停車位可以被雜湊)。假如此位置曾經被設為一個聚集，TTL 值將隨時間而減少，直到數值歸零。對一個具延展性的系統而言，此時可以考慮將索引值設定低於某個門檻值，而不是最小為零。可使用如下算式：

$$Z_t(S) := \min(\{i \in N_0 \mid i < w \wedge s_{i+1} \leq T-t\} \cup \{w\}) \tag{7}$$

在此式裡 $Z(S)$ 與 $Z_t(S)$ 相等一表示於算式(2)或(4)。當我們評估 sketch 時，可以任意選擇個別的產生門檻值 t，範圍介於 1 與 T 之間。這時可以產生一個明確項目總數的近似值 $C_t(S)$，它介於最後 t 廣播間隔之間。因此允許動態地選擇一個「截斷範圍」，從最近的觀測值之間取一個平衡點，也就是說，最新的訊息、計數器的資料都會運作在一個較大的資訊基礎上。

7.3.3 較長的計數器分配給大的聚集

在我們聚集方法的典型應用裡,大的聚集會被散佈到較遠的距離,而小的聚集則會保留在本地附近。但長距離的傳送意味著此聚集會一直保留在行進中的狀態,然後經過多點跳躍。總而言之,當訊息到達目的地要被使用時通常已經過期了。

因此,雖然快速老化的區域訊息我們可以忍受(甚至是可以使用);但廣泛的分佈的較大聚集,建議使用壽命較長的軟狀態訊息。可以透過延伸我們的演算法方式來達成這一點,針對大的聚集使用較長 TTL 計數器的軟狀態 sketches。顯然地,這增加了聚集的大小,但由於現有的 TTL 範圍會隨著計數器大小呈現指數增長,因此能調整的很好。在不同的聚集裡使用不同的計數器長度,增加了合併工作的複雜度。但是,如果年齡取代 TTL 做為進入的門檻條件,必要的修改相對變得比較簡單。年齡在此位置發生多少遞減,例如:不同於最大值的 TTL。

這裡不將位置設置在由兩個軟狀態 sketches 合併而成、擁有最大 TTL 的聚集;而將它設置在 TTL 比零大,相對應的最低年齡。由此產生的運算相當於兩個相同計數器大小的兩個 sketches,但如果計數器大小不同,兩個 sketches 則不相當。例如,考慮一個擁有八位元長度計數器的本地儲存聚集,讓我們集中在一個單一的位置,並假設它的數值為 8。此時的年齡計算為 255－8＝247,因為這裡最大值的 TTL 為 $2^8-1=255$。現在接收到一個包含在我們聚集內子區域的 sketch,只能使用四位元的計數器大小。

在這個 sketch 位元位置為 10。因為最大的 TTL 值為 15,老化的年齡為 5。由於本地收到的最低年齡以及聚集是 5,我們設定本地聚集為這個年齡,因此 TTL 的值為 255－5＝250。更正確地說,如果 T_{local} 與 S_{local} 是 TTL 的最大值,且是當前進入本地儲存 sketch 的值,又 T_{recv} 以及 $S_{recv} > 0$ 與收到要被合併的 sketch 相對應,那麼新的值將由下列算式算出:

$$T_{local} - \min\{T_{local} - S_{local}, T_{recv} - S_{recv}\} = \max\{S_{local}, S_{recv} + Tl_{local} - T_{recv}\} \qquad (8)$$

7.3.4　範例應用與問題實做

　　上述所簡單討論的計算停車位置應用有一個主要的缺點，萬一聚集出現總量較小數目的可用停車位，目前不清楚是否因為有些少數量的停車位變為可使用的，或者小數目的可用停車位被 TTL 的時間間隔所覆蓋觀察，由於人數過低而出現的觀察資料。

　　這並不是只有我們的方法才會出現的問題。但幸運的是，此問題比較容易被解決。這裡建議一輛車可以分配兩個單獨的 sketches 而不是只有一個，分別用來觀察可使用的停車位以及停車位的總量。綜合兩個所觀察到的值，其中有一小部分的停車位是可使用的。一般而言，散播相關的值會使資料更為建全。回想一下，由於軟狀態方法不需要回報已佔用的停車空間，因為如果不一直更新，已佔用的停車空間會在資料上消失。

　　在上述的介紹中也考慮資料在兩個時間點之間的誤差，此應用可以很容易推斷出全面性和覆蓋面的增加時間範圍的基本數據，藉以優化權衡。sketches 可以用來估計總和的正整數，但可以推斷到一般的整數和固定或浮動的浮點數 [3]。我們的方法中，聚集值可以透過總和來表達。

　　例如範例中是計算、總和或平均，也考量了變異數與標準差(經由平均數值的平方和與平均的計算)。這些不同近似值的精準度，必須在特定的應用中找到一個適當的權衡。未來的應用範例應該能表示當前交通密度的散佈情形(例如，經由散佈觀測到資料數輛的車子，可以觀測出將道路的總長度)，或是當前在路上的平均速度。這兩樣資訊常常被用來進行車輛導航與路徑規劃。

7.4 結　論

　　在本章中，我們介紹資料聚集演算法，應用於尋找可用的停車場。它是 VANET 一個首次展示且吸引人的應用。而 IEEE 802.11 基礎的部署將協助類似停車場相關的應用，因為它影響了車輛上的無線連接性。本文中提到的演算法不僅限於應用在停車位，還可以隨著時間與空間的特性，有效的分送所有種類的交通資訊。然而,每台車如何處理所收到的資源,從訊息中找尋最適合自己的資訊,這是我們的研究尚未關注的方向。

例如可以在不同的車子上進行資訊處理,如此便有許多的數據可以參考。在所提出的參考數據中,停車位到目的地之間是一段可忍受的步行距離、加上便宜的停車費,以及專門為行動不便的人士所設置的專屬停車位等等。如果多數的車輛都使用相同的演算法來尋找可用的停車位,這可能會造成許多車輛在同一時間內找到相同的停車位。在基於公平、資源共享的情況下,這是我們的停車場搜尋應用需要考慮的部分。

練習

1. Once we have constructed a sketch, there are two values we can use to estimate the number of elements in S:

   ^{2} *Estimator* 1: The left-most zero in the array

   ^{2} *Estimator* 2: The right-most one in the array

   What is the simplest way to record the right-most one？And how much CPU time would it like？

參考文獻

[1] F$_{\text{LAJOLET}}$, P$_{\text{AND}}$ M$_{\text{ARTIN}}$, G. N. Probabilistic counting algorithms for data base applications. J. Comput. Syst. Sci. 31, 2, 1985, pp. 182-209.

[2] ACM Transactions on Database Systems(TODS)archive Volume 34, Issue 1(April 2009)table of contents Article No. 6, 2009, ISSN:0362-5915.

[3] Xin Li, Fang Bian, Mark Crovella, Christophe Diot, Ramesh Govindan, Gianluca lannaccone, Anukool Lakhina. "Detection and identification of network anomalies using sketch subspaces" 2006, ISBN:1-59593-561-4.

軟體／裝置

第 8 章　車載執行緒管理與網路通訊

第 9 章　車載週邊裝置原理

第 10 章　智慧型車輛之感測器技術

第 11 章　車載通訊閘道器效能評估

第 8 章
車載執行緒管理與網路通訊

本章節主要說明在車載嵌入式平台中,常常要不斷地讀取裝置回傳的資料,如果程式沒有使用執行緒的概念來撰寫的話,程式將無法順利的進行。在後面的章節中,會考慮當主行程需要另一行程的資源時,必須依賴行程之間的通訊來達到資源共享的概念。

8.1 執行緒與多執行緒

執行緒(Thread)是 CPU 執行時的基本單位,同一個行程(Process)底下的執行緒共用程式碼區段、資料區段和檔案區段;每個執行緒各自擁有自己的暫存器組和堆疊空間。一個行程下可以有多個執行緒,一個有多個執行緒的程序可以分別處理多項工作。

有些時候我們會將一份工作分成數個部分去做處理,以縮短工作時間。或是將不同的任務分開以避免一個可以繼續進行的動作因為另一個動作未完成,而停止運作。以視窗環境為例,若資料運算與視窗介面用同一個工作(Task)來運作,此時若資料運算需要大量的時間,則會導致視窗介面沒有回應;而在寫網路程式時,伺服端若只有一個工作,那當接受了一個連線後,就無法再處理其他的連線要求。若要解決這些問題,就必須使用多行程(Multiprocess)或是多執行緒的機制來將工作分開執行。

多行程與多執行緒(Multithread)的使用目的是相同的,但是由於每個行程擁有自己的程式碼區段、資料區段、檔案區段和暫存器組與堆疊空間,因此在環境轉換時的負擔較大,也較佔用記憶體資源。而同行程下的執行緒,其程式碼區段、資料區段與檔案區段都是共用的[4]。所以在同一個程式內要同時處理多個工作會較傾向於使用多執行緒。下面將介紹 WinCE 下多執行緒的的使用。

8.2 在 Windows CE 下執行緒的操作

在 WinCE 下如果我們要利用執行緒的原理，我們首先要先建立執行緒，在這一小節中，我們將會告訴你如何建立、終止、暫停及恢復執行緒[1]。

建立執行緒

```
HANDLE WINAPI CreateThread(
        LPSECURITY_ATTRIBUTES lpThreadAttributes,
        SIZE_T dwStackSize,
        LPTHREAD_START_ROUTINE lpStartAddress,
        LPVOID lpParameter,
        DWORD dwCreationFlags,
        LPDWORD lpThreadId
);
```

下面介紹各個參數的屬性與其代表的意義：

- lpThreadAttributes：安全屬性，在 WinCE 不支援，必須設定為 NULL。
- dwStackSize：當 dwCreationFlags 設定為 STACK_SIZE_PARAM_IS_A_RESERVATION 時用來設定堆疊的大小，否則設為 0。
- lpStartAddress：此執行緒所要執行的函式位址。
- lpParameter：要傳送給執行緒函式執行的參數。
- dwCreationFlags：建立執行緒的控制旗標，可用參數如表 8.1 所示。
- lpThreadId：利用一個 DWORD 變數接收執行緒 ID，若不需要則設為 NULL。

若成功執行，則傳回新執行緒的號碼。若失敗，則回傳 NULL。

要讓執行緒執行的函式，應定義為：

```
DWORD WINAPI ThreadProc(LPVOID lpParameter);
```

▼ 表 8.1　dwCreationFlags 控制旗標的參數

0	建立後立刻執行
CREATE_SUSPENDED	建立為暫停狀態，必須呼叫 ResumeThread 來恢復執行
STACK_SIZE_PARAM_IS_A_RESERVATION	可由 dwStackSize 定義要保留的堆疊大小

執行緒的終止

執行緒有兩種結束方式，第一種是被呼叫的副程式會傳值之後結束，而另一種則是呼叫函數 ExitThread() 將執行緒關閉然後結束。

```
VOID ExitThread(DWORD dwExitCode);
```

● dwExitCode：用來定義執行緒的結束代碼(Exit Code)。

暫停與恢復執行序執行

如果要將執行緒暫停或者要喚醒執行緒，我們可以呼叫 SuspendThread() 函數來進行這個動作。

```
DWORD WINAPI SuspendThread(HANDLE hThread);
```

其中 hThread 參數是用來傳遞所要暫停的執行緒的號碼，如果成功，則傳回先前的暫停計數；若失敗則會傳回 −1。

每個執行緒的暫停計數是由作業系統所維護，只有暫停計數為 0 的執行緒才會被執行，每次呼叫 SuspendThread() 函式都會使暫停計數值加 1，所以呼叫幾次 SuspendThread() 就必須呼叫同等次數的 ResumeThread() 來讓執行緒回覆，如此一來執行緒才能恢復運行。

```
DWORD WINAPI ResumeThread(HANDLE hThread);
```

● hThread：用來傳遞所要恢復的執行緒的號碼，如果成功，則傳回先前的暫停計數；若失敗則傳回 –1。

如果要我們想要執行緒暫停，我們也可以呼叫 Sleep() 函數來暫停執行緒一段設定的時間：

```
void Sleep(DWORD dwMilliseconds);
```

● **dwMilliseconds**：是用來設定暫停的時間長度，單位為毫秒。

8.3 執行緒同步

在多執行緒環境中，當數個執行緒合作來完成一個工作時，經常會共用同一變數，但同時存取變數可能導致資料錯誤。在某些情況下一個執行緒必須等待另一個執行緒處理完資料，才能去存取該資料。由於這些理由，因此需要一套機制，用來協調各執行緒的工作，下面將介紹 WinCE 下的同步機制。

在介紹同步機制前，必須先介紹等待函式，在 WinCE 的同步機制中，等待函式是用來取得受同步物件所保護的資源的存取權，或是用來等待程序或執行緒的結束。使用到等待函式的同步機制有**事件**(Event)、**互斥**(Mutex)和**信號量**(Semaphore)。主要的等待函式有兩個，第一個是等待單一物件的函數 WaitForSingleObject()，第二種則是等待多個物件的函數，WaitForMultipleObjects()，下面將介紹這兩個函數。

等待單一物件 WaitForSingleObject() 函式是用來等待單一個物件，呼叫此函式的執行緒將被阻擋，直到等待到物件，或者超過設定的等待時間。函式定義如下：

```
DWORD WINAPI WaitForSingleObject(
    HANDLE hHandle,
    DWORD dwMilliseconds
);
```

下面介紹此函數的參數：

- hHandle：所要等待的物件、程序或執行緒的編號。
- dwMilliseconds：等待的時間(逾期值)，單位為毫秒，若要永遠等待，可設為無限大(INFINITE)。

呼叫此函數回傳值如表 8.2。

▼表 8.2　等待函數回傳值

WAIT_ABANDONED 0x00000080L	佔用所等待的 mutex 物件的執行緒已終止，卻未釋放 mutex 物件。
WAIT_OBJECT_0 0x00000000L	等待的物件處於 signaled 狀態
WAIT_TIMEOUT 0x00000102L	等待超過逾時值仍未等到
WAIT_FAILED 0xFFFFFFFF	函式呼叫失敗(可能是 handle 不正確)

等待多個物件的 WaitForMultipleObjects 函式用來等待多個物件，可由參數 bWaitAll 設定為任何一個物件處於 signaled 就返回，或是必須等到所有等待物件皆為 signaled 狀態才返回(WinCE 下不支援)，函式定義如下：

```
DWORD WINAPI WaitForMultipleObjects(
    DWORD nCount,
    const HANDLE *lpHandles,
    BOOL bWaitAll,
    DWORD dwMilliseconds
);
```

- nCount：所要等待的物件個數。
- *lpHandles：存放物件 handle 值的陣列指標。
- bWaitAll：是否等待全部物件，在此可設為 FALSE。
- dwMilliseconds：等待的時間(逾期值)，單位為毫秒，若要永遠等待，可設為無限大(INFINITE)。

呼叫這個函數並且物件為 signaled 狀態時，將回傳 WAIT_OBJECT_0 加上 handle 陣列的索引值。例如，陣列中第一個物件為 singnaled 而解除阻擋，則回傳 `WAIT_OBJECT_0+0`，因為第一個物件索引值為 0。其他回傳值定義則與 `WaitForSingleObjec` 相同。

8.4 Windows CE 下的同步機制

WinCE 提供了四種不同的方法來幫助完成同步機制，分別為事件、信號量、互斥、**臨界區**(Critical Section)，在下面為你一一介紹如何在 WinCE 中實做這幾個同步機制[3]。

8.4.1 事　件

事件(Event)是一種同步物件，此物件有 signaled 和 nonsignaled 兩種狀態，在建立時可以設定其類型為自動從 signaled 重置到 nonsignaled，或者是需要人工重置到 nonsignaled。事件可以用來通知執行緒一個事件的發生，以實現執行緒間的同步。

建立事件物件

如果我們要建立一個事件物件的話，我們可以利用 `CreateEvent()` 函數：

```
HANDLE WINAPI CreateEvent(
    LPSECURITY_ATTRIBUTES lpEventAttributes,
    BOOL bManualReset,
    BOOL bInitialState,
    LPCTSTR lpName
);
```

- `lpEventAttributes`：安全屬性，在此設為 NULL。
- `bManualReset`：設定在 signaled 狀態後需要人工重置還是自動重置為

nonsignaled 狀態。若設定為 TRUE 將建立一個需人工重置的事件，需要使用 ResetEvent 函式來設定為 nonsignaled。若設定為 FALSE 將會在一個等待此事件的執行緒釋放後，將狀態重置為 nonsignaled。

- bInitialState：設定事件物件建立時初始化的狀態。TRUE 為 signaled，FALSE 為 nonsignaled。
- lpName：命名事件物件。若不同的程序建立相同名稱的事件物件，則實際使用的是相同的事件物件。若無需命名，則設為 NULL。可以在呼叫 CreateEvent 後立即呼叫 GetlastError，來確認 CreateEvent 函式是建立了新的事件物件，或是開啟了已存在的事件物件，若 GetlastError 回傳值為 ERROR_ALREADY_EXISTS，表示是開啟了已存在的事件物件。

控制事件狀態

建立事件物件後，若要將之設置為 signaled 狀態，有兩個函式可以使用。

分別為：

```
BOOL SetEvent(HANDLE hEvent);
BOOL PulseEvent(HANDLE hEvent);
```

兩函式中參數 hEvent 皆為物件事件的控制碼。

這兩個函式有些區別。當 SetEvent() 函數將狀態設為 Signaled 後，若事件物件設定為人工重置，則無法自動將事件重置為 nonsignaled 狀態，必須呼叫 BOOL ResetEvent(HANDLE hEvent)，進行重置；若事件物件設為自動重置，則會在使一個等待該事件的執行緒釋放後，將該事件重設為 nonsignaled 狀態，而不需呼叫 ResetEvent。

若使用 PulseEvent 來將事件設為 signaled 狀態，會使所有等待該事件的執行緒釋放，並將事件狀態重設為 nonsignaled。

8.4.2 信號量

信號量(Semaphore)利用一個計數值來控制對資源的訪問數量，當此值大於 0 時，將被設置為 signaled。當此值為 0 時，將被重置為 nonsignaled。

建立 Semaphore 物件

如果我們要建立一個 Semaphore 來幫助我們解決同步問題，我們可以利用 `CreateSemphore()` 函式來建立：

```
HANDLE CreateSemaphore(
    LPSECURITY_ATTRIBUTES lpSemaphoreAttributes,
    LONG lInitialCount,
    LONG lMaximumCount,
    LPCTSTR lpName
);
```

下面介紹此函數的參數所代表的意思：

- `lpSemaphoreAttributes`：安全參數，在此設為 NULL。
- `lInitialCount`：起始的計數值，須大於等於 0。若大於 0，則初始化為 signaled 狀態。否則初始為 nonsignaled。
- `lMaximumCount`：允許的最大計數值。須大於 0。
- `lpName`：命名 semaphore 物件。若兩個執行緒呼叫 CreateSemaphore，並命名相同的名稱，則第一個呼叫為創建新的物件，第二次為開啟已建立的物件，此時設定的參數將被忽略。

要求 Semaphore 物件所保護的資源

若要存取受 semaphore 保護的資源，則呼叫等待函式(`Wait…`)來取得所保護資源的存取權。

釋放佔用的 semaphore 物件

每次當等待 semaphore 的函式成功返回時，計數值將被減 1，當計數值被減至 0 時，semaphore 物件將被設為 nonsignaled。因此，取得此資源的執行緒在完成了對資源的操作後，我們可以利用 `ReleaseSemaphore()`

函式來釋放 Semaphore。

```
BOOL WINAPI ReleaseSemaphore(
    HANDLE hSemaphore,
    LONG lReleaseCount,
    LPLONG lpPreviousCount
);
```

- hSemaphore：Semaphore 物件的控制碼。
- lReleaseCount：希望增加的數值，加進 Semaphore 物件的計數值中。
- lpPreviousCount：指向一個變數的指標，用來取得前一次的計數值，若不用，可設為 NULL。

每次當成功呼叫後，Semaphore 物件的計數值將增加 lReleaseCount 所設的數量。

銷毀 semaphore 物件

當要銷毀一個 semaphore 物件，需呼叫 CloseHandle()函式，而且呼叫的次數，需與呼叫 CreateSemaphore()的次數相等，才可以銷毀該 Semaphore 物件。

8.4.3　互　斥

互斥(Mutex)物件有兩個狀態，當未被任何執行緒佔用時，處於 signaled 狀態；而只要一被佔用，就會設為 nonsingnaled 狀態。

建立 Mutex 物件

如果要建立 Mutex 物件，我們可以呼叫 CreateMutex()函數來建立：

```
HANDLE WINAPI CreateMutex(
    LPSECURITY_ATTRIBUTES lpMutexAttributes,
    BOOL bInitialowner,
    LPCTSTR lpName
);
```

- **lpMutexAttributes**：安全參數，在此設為 NULL。
- **bInitialOwner**：若設為 TRUE，則呼叫此函式的執行緒將在此物件建立時，佔用此物件。這個設定只有在建立新物件時一定會成功，若此次的 `CreateMutex` 呼叫是開啟已建立的物件，並且物件已被佔用，將無法佔用該物件，需呼叫 `WaitForSingleObject` 來佔用該物件。若要確認物件是否為新建立的，可以呼叫 GetLastError，若回傳值為 ERROR_AL-READY_EXISTS，則表示在之前已建立。
- **lpName**：命名 Mutex 物件。若兩個執行緒呼叫 CreateMutex，並命名相同的名稱，則第一個呼叫為創建新的物件，第二次為開啟已建立的物件。

要求 Mutex 物件所保護的資源

若要存取受 Mutex 保護的資源，我們可以呼叫 `WaitForSingleObject()` 函式來佔用 Mutex。

釋放佔用的 Mutex 物件

當一個執行緒佔用了 Mutex 物件，我們必須在執行緒使用完資源後呼叫 `ReleaseMutex()` 函數來釋放 Mutex 物件：

```
BOOL WINAPI ReleaseMutex(HANDLE hMutex);
```

- **hMutex**：為 Mutex 物件的控制碼。

銷毀 Mutex 物件

若要銷毀 Mutex 物件，我們可以呼叫 `CloseHandle()` 函式來銷毀 Mutex 物件，若多個執行緒開啟了同一個 Mutex 物件，則 `CloseHandle` 的呼叫必須與 `CreateMutex` 的呼叫次數相等，才可以銷毀該物件。

8.4.4 臨界區

在執行緒執行的程式碼中，可能有一段區域的程式碼會去存取共用的記憶體或者是變數，此程式碼區段就叫做臨界區(Critical Section)。WinCE

的臨界區機制可以用來避免共用資源的數個執行緒,在同一時間執行共用資源的程式碼區段。

當一個執行緒進入自己的臨界區,若另一個執行緒也想進自己的臨界區,則會被擋住,直到第一個執行緒離開此區段。附帶一提,臨界區只能用來協調同一個行程下的執行緒。

初始化臨界區

如果我們要使用臨界區,必須先宣告一個名為 CRITICAL_SECTION 的結構體,然後呼叫函式 InitialzeCriticalSection() 來初始化臨界區。

```
void WINAPI InitializeCriticalSection(
    LPCRITICAL_SECTION
    lpCriticalSection
);
```

- lpCriticalSection:傳入指向先前宣告的 CRITICAL_SECTION 結構體的指標。

進入臨界區

當執行緒要進入被保護的程式碼區段,需呼叫 EnterCriticalSection() 函式,若臨界區已被別的執行緒佔用,則會被阻擋住,直到其他執行緒釋放臨界區後此函式才會返回。

```
void WINAPI EnterCriticalSection(
    LPCRITICAL_SECTION lpCriticalsSection
);
```

- lpCriticalSection:傳入指向經 InitializeCriticalSection 函式初始化的 CRITICAL_SECTION 結構體的指標。

如果希望進入臨界區,但又不想因為臨界區被其他執行緒佔用,而使目前的執行緒被阻擋住,可以呼叫 TryEnterCriticalSection() 函數:

```
BOOL WINAPI TryEnterCriticalSection(
    LPCRITICAL_SECTION lpCriticalSection
);
```

- lpCriticalSection：傳入指向經 InitializeCriticalSection 函式初始化的 CRITICAL_SECTION 結構體的指標。

TryEnterCriticalSection 會在臨界區未被其他執行緒佔用時，佔用臨界區，並回傳 TRUE。若以被佔用，則回傳 FALSE，而不會將執行緒阻擋住。

離開臨界區

當我們要強制讓執行緒離開臨界區的話，可以呼叫 LeaveCriticalSection()函式：

```
void WINAPI Leave CriticalSecion(
    LPCRITICAL_SECTION lpCriticalSection
);
```

- lpCriticalSection：傳入 CRITICAL_SECTION 結構體的指標。

呼叫離開函式的次數需要與呼叫進入函式的次數相等，才會真正釋放臨界區。舉例來說，假設我們呼叫了兩次 EnterCriticalSection，就必須也呼叫兩次 LeaveCriticalSection，才會將之釋放，如圖 8.1 所示。

```
EnterCriticalSection();
EnterCriticalSection();

  Critical Section

LeaveCriticalSection();
LeaveCriticalSection();
```

△ 圖 8.1　呼叫兩次 EnterCriticalSection 示意圖

刪除臨界區

如果我們要刪除先前所建立的臨界區,我們可以呼叫 DeleteCriticalSection() 函數,來釋放臨界區物件所佔用的資源。

```
void DeleteCriticalSection(
    LPCRITICAL_SECTION lpCriticalSection
);
```

- lpCriticalSection:傳入 CRITICAL_SECTION 結構體的指標。

8.5 執行緒範例程式

在此,以 MFC 程式來示範執行緒的同步。程式中將建立兩個執行緒,一個將遞減文字方塊的數值 20 次,另一個將遞增 20 次。使用單選按鈕 (Radio Button) 來讓使用者選擇欲使用的同步機制。有三個按鍵,分別為創建執行緒、暫停以及恢復,在執行緒產生後,可輸入執行緒號碼來控制執行緒的暫停與恢復。下面將擷取主要程式碼部分做說明。

當按下 CreateThread 時,將呼叫 CThreadDlg::m_CreateThread(),在此函式中,建立、初始化同步物件,並產生 2 個執行緒去執行遞增與遞減。

```
void CThreadDlg::m_CreateThread()
{
    //更新控制項資料至變數
    UpdateData(TRUE);
    //建立同步物件
    //建立 Event 物件
    h_Event = CreateEvent(NULL, FALSE, TRUE, NULL);
    //建立 Mutex 物件
    h_Mutex = CreateMutex(NULL, FALSE, NULL);
    //建立 Semaphore 物件
    h_Semaphore =CreateSemaphore(NULL, 1, 1, NULL);
    //初始化 Critical Section 物件
```

```
    InitializeCriticalSection(&CS_CriSec1);
    //建立執行緒分別執行 Inc,Dec
    hThread[0] = ::CreateThread(NULL, 0, Thread_Inc, this, 0, NULL);
    hThread[1] = ::CreateThread(NULL, 0, Thread_Dec, this, 0, NULL);
}
```

當按下 Suspend 與 Resume，將分別執行 CThreadDlg::Suspend()與 CThreadDlg::Resume()，暫停與恢復執行緒的運行。

```
void CThreadDlg::Suspend()
{
    UpdateData(TRUE);        //更新控制項至變數
    SuspendThread(hThread[ThreadIndex-1]);              //暫停 Thread
}

void CThreadDlg::Resume()
{
    UpdateData(TRUE);        //更新控制項至變數
    ResumeThread(hThread[ThreadIndex-1]);               //恢復 Thread
}
```

產生的執行緒將分別執行 CThreadDlg::Thread_Inc 與 CThreadDlg::Thread_Dec，由於兩者幾乎相同，在此只列出一個。

CThreadDlg::Thread_Inc 需宣告為 static DWORD CThreadDlg::Thread_Inc(PVOID);。

由於在執行緒中，直接呼叫 UpdateData()，將發生執行期間的錯誤。因此在此函式中，利用訊息事件(SendMessage)通知主程式去執行 UpdateData()，來達到更新控制項顯示內容的目的。

```
DWORD CThreadDlg::Thread_Dec(PVOID arg){
    CThreadDlg *WMain = (CThreadDlg*)arg; //轉換參數型態為 CThreadDlg*
    int count = 0;

    //訊息傳送資料存放
    CString Msg=_T("Update");  //要傳送的訊息，內容未使用故無意義
    COPYDATASTRUCT buf;   //利用 COPYDATASTRUCT 存放要傳送的資料
```

```
        buf.lpData =Msg.GetBuffer(Msg.GetLength());  //資料存放位址
        buf.cbData =Msg.GetLength()*2;   //資料大小(單位為 byte)
//判斷所選用的機制並試著取得資源
    //若選擇 Event 機制
    if(WMain->CB_Event.GetCheck()){
        WaitForSingleObject(WMain->h_Event, INFINITE);   //等待 Event
    }
    //若選擇 Mutex 機制
    else if(WMain->CB_Mutex.GetCheck()){
        WaitForSingleObject(WMain->h_Mutex, INFINITE);   //等待 Mutex
    }
//若選擇 Semaphore 機制
    else if(WMain->CB_Semaphore.GetCheck()){
        WaitForSingleObject(WMain->h_Semaphore, INFINITE);
                                                  //等待 Semaphore
    }
    //若選擇 Critical 機制
    else if(WMain->CB_CriSec.GetCheck()){
        EnterCriticalSection(&WMain->CS_CriSec1);
                                             //進入 CriticalSection
    }
//受保護區段開始
    while(count<=20){
        count++;  //計算做了幾次
        WMain->SusCount--;   //變更對應控制項的變數
        //利用訊息事件通知主程式更新控制項內容
        WMain->SendMessage(WM_COPYDATA,0,(LPARAM)&buf);
        Sleep(1000);
    }
    //受保護區段結束

//依照所選用的機制釋放資源
    //若選擇 Event 機制
    if(WMain->CB_Event.GetCheck()){
        SetEvent(WMain->h_Event);   //將 Event 物件設為 Signaled
    }
    //若選擇 Mutex 機制
    else if(WMain->CB_Mutex.GetCheck()){
        ReleaseMutex(WMain->h_Mutex);   //釋放 Mutex
    }
    //若選擇 Semaphore 機制
    else if(WMain->CB_Semaphore.GetCheck()){
        ReleaseSemaphore(WMain->h_Semaphore, 1, NULL);
```

```
                                                        //釋放 Semaphore
    }
    //若選擇 Critical 機制
    else if(WMain->CB_CriSec.GetCheck()){
        LeaveCriticalSection(&WMain->CS_CriSec1);//離開 CriticalSection
    }
    return 0;
}
```

8.6 網路概論

在複雜的網路環境中，通訊協定被制定用來維護機器、設備或電腦間的正常運轉及互相溝通的規則、標準或方法，**國際標準組織**(International Standardization Organization, ISO)提出了**開放式系統互聯參考模型**(Open System Interconnection Reference Model, OSI 參考模型)，試圖使世界上各種機器共同遵循的網路通訊協定之架構。OSI 參考模型將網路結構依功能劃分成七層架構，每一層建立在下層所提供的服務上，並且為上層提供服務[3]。

1. **實體層**(Physical Layer)：定義了所有電子及物理設備的規範，其中包含了資料傳輸的設備與物理媒介之間的關係，以及設備與傳輸媒介之間建立和終止連接。

2. **資料鏈結層**(Data Link Layer)：在兩個網路實體間提供資料鏈結的建立、維持和釋放管理，並提供同步、收發順序的控制，其資料單位為**訊框**(Frame)。

3. **網路層**(Network Layer)：網路層提供路由和定址的功能，使兩節點能夠連結且決定最佳路徑，並具有一定的擁塞控制和流量控制的能力。

4. **傳輸層**(Transport Layer)：唯一負責總體的資料傳輸和資料控制的一層，提供交換資料的機制，及封包編號與次序檢查。傳輸層對上層提供可靠的傳輸服務，對網路層提供可靠的目的地位置訊息與使用的透明性

(如資料的分段與結合)，並且進行偵錯及錯誤處理，以確保通訊順利。

5. **會談層**(Session Layer)：會談層用於為通訊雙方制定通訊方式，並建立、拆除會談(雙方通訊)。會談層為使用者端的應用程式提供了開啟、關閉和管理會談的機制；而會談的實體也包含了對其他程式做會談連結的要求，及回應其他程式提出的會談連結要求。

6. **表示層**(Presentation Layer)：提供應用層資料和語法(語意)表示轉換方法，使系統能解讀成正確的數據。同時，也提供資料的時序格式壓縮解壓縮及加解密等功能。

7. **應用層**(Application Layer)：應用層直接和應用程式介面溝通，並提供常見的網路應用服務，應用層也向表示層發出請求。

依照 OSI 模型傳送資料時，由第七層(即最上層的應用層)開始處理，將處理後的資料(如附加一個協定及控制訊息等)傳送給第六層(表示層)，依各層功能將資料依序作處理，並將結果傳送給下一層，當資料傳送到第一層時，再實際經由傳輸媒介將資料傳送出去；接收方接收到資料時，依相反順序進行處理，各層將相對的協定和控制訊息取出，處理直至最上層時，輸出原始資料[7]，詳細如圖 8.2 所示。

8.7 TCP/IP 通訊協定

網際網路(Internet)是目前最普遍被使用之網路，其通訊協定是採用 TCP/IP 通訊協定，TCP/IP 通訊協定包含了**網路介面層**(Network Interface)、**網際網路層**(Internet Layer)、**傳輸層**(Transport Layer)和**應用層**(Application Layer)，若對各層所負責處理的功能進行比較和對照，可大致上將 TCP/IP 參考模型映射到 OSI 參考模型上，如圖 8.3 所示。

在 TCP/IP 參考模型中，底層的網路介面層負責建立連結，透過物理媒介發送資料，將資料從一個設備的網際網路層傳輸到另外一個設備的網路層，網際網路層對於 TCP/IP 而言即是**網際網路通訊協定**(Internet Protocol, IP)，負責建立通道以及網路上節點間的資料傳輸，而 TCP 協定和

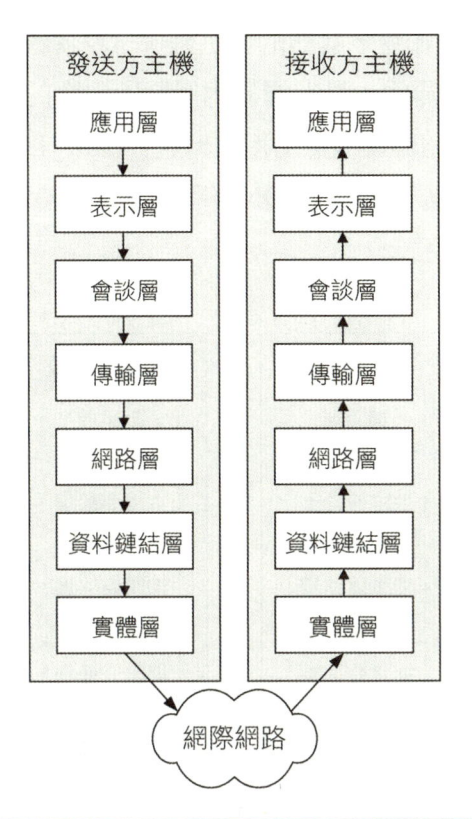

▲圖 8.2　OSI 模型

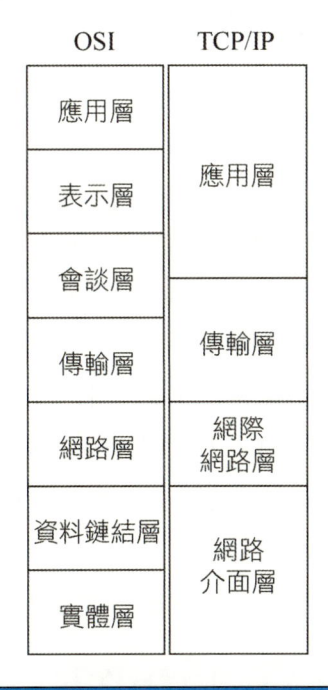

▲圖 8.3　OSI 與 TCP/IP 關係圖

UDP 協定被歸類在傳輸層，此層的協定確保資料傳輸可靠性，其中也包括資料與應用程式間的關係，最上層的應用層所包含的協定，大多數是為了能讓應用程式透用網路與其他應用程式溝通，諸如 HTTP(Web 瀏覽)、FTP (檔案傳輸)、SMTP(郵件傳輸)、DNS(網域命名服務)等協定都被歸類在應用層，詳細如圖 8.4 所示。

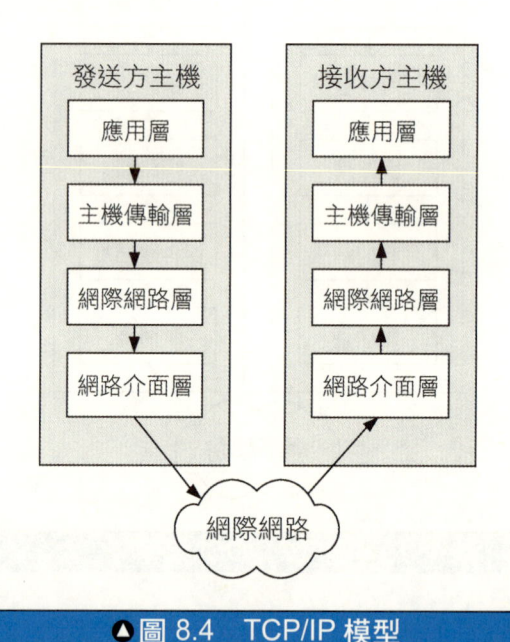

○圖 8.4　TCP/IP 模型

8.7.1　TCP 協定簡介

傳輸控制協定(Transmission Control Protocol, TCP)是一種連接導向的、可靠的、基於位元組流的運輸層通訊協定，TCP 層位於 IP 層之上、應用層之下，不同主機的應用層之間經常需要可靠的連接通道，但 IP 層不提供這樣的串流機制，而是提供不可靠的封包交換，應用層向 TCP 層發送用於網路傳輸的資料串流，TCP 把數據串流分割成適當長度，由 IP 層來通過網路將封包傳送給接收端實體的 TCP 層，TCP 協定是為了在主機間實現高可靠性的封包交換傳輸協定。

TCP 為了保證不發生封包遺失，給每位元組一個序號，保證了傳送到接收端實體的封包接收順序，接收端實體對已成功收到的位元組發回一個相應的確認(ACK)，如果發送端實體在合理的往返時間延遲(RTT)內未收到確認，相對應的數據將會被重新傳送。

8.7.2 TCP 協定運作流程

在這小節中我們介紹 TCP 協定運作的過程，如圖 8.5 所示。

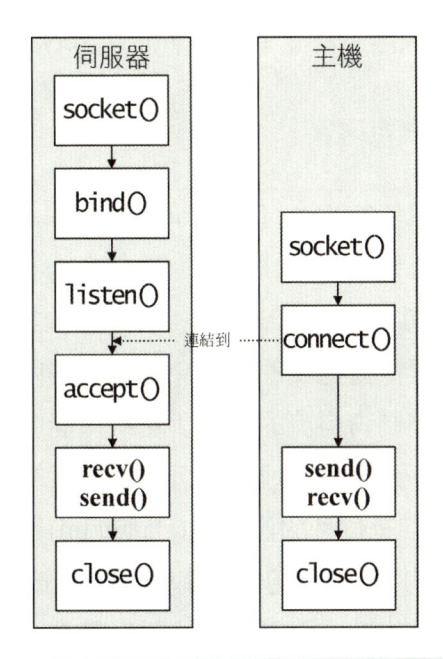

◎圖 8.5　TCP 協定流程圖

下面介紹 TCP 協定中每個元件的功能和意義：

1. `socket()`：建立一個新的 socket，並且分配系統資源給 socket；socket 可視為程式與 TCP 連線之間的界面。
2. `bind()`：對於伺服器端而言，下一步要繫結 socket 到一組 IP 位址和連接埠(port，用於辨識網路中的電腦所執行的應用程式，因為有可能有多個程式同時使用相同的協定)，如此使用者端才知道要連接到哪一個 IP 位址(對應到的電腦)的哪個連接埠(所對應的應用程式)。
3. `listen()`：socket 繫結到一個位址後，伺服器端會把 socket 設為監聽模式來接收使用者端的連線請求。

4. connect()：使用者端將建立好的 socket 連線到伺服器端,提出建立連接的申請。
5. accept()：當伺服器在監聽模式中準備好接受一個 socket 連線時,伺服器端建立一個新的 socket 與使用者端連接。最初建立的 socket 會繼續保持監聽狀態準備接受其他連線。
6. send()、recv()：連線建立完成後,就可以開始進行資料的傳輸(包括傳送與接收)。
7. close()：雙方通訊結束終止連線後,關閉 socket 並釋放系統資源。

8.7.3 UDP 協定簡介

使用者資料流通訊協定(User Datagram Protocol, UDP)是一種非可靠、非連接導向的傳輸層協定。

UDP 只提供不可靠的資料傳輸,它不會運用確認機制來保證資料是否正確的被接收、不需要重傳遺失的資料、資料的接收可不必按順序進行、也不提供回傳機制來控制資料流的速度,資料可能會在網路傳送過程中遺失、重複或不依順序,而且抵達速度也可能比接收端的處理速度還快。

UDP 是以獨立且帶有位址的**資料包**(Datagram)進行傳輸,進行傳輸前雙方不需要建立連接,所以它的傳輸效率較 TCP 高,但不能保證所有資料都能準確有序的到達目的地,而對於某些訊息量較大、時效性大於可靠性的傳輸來說(如語音、視訊或影像等),UDP 是個不錯的選擇。

8.7.4 UDP 協定運作流程

在這小節中我們介紹 UDP 協定運作的過程,如圖 8.6 所示。

下面介紹 UDP 協定中每個元件的功能和意義:

1. socket()：建立一個新的 socket,並且分配系統資源給通訊端。
2. bind()：繫結 socket 到一組 IP 位址和連接埠。
3. send()、recv()：指定目標位址,開始進行資料傳輸。
4. close()：關閉 socket 並釋放系統資源。

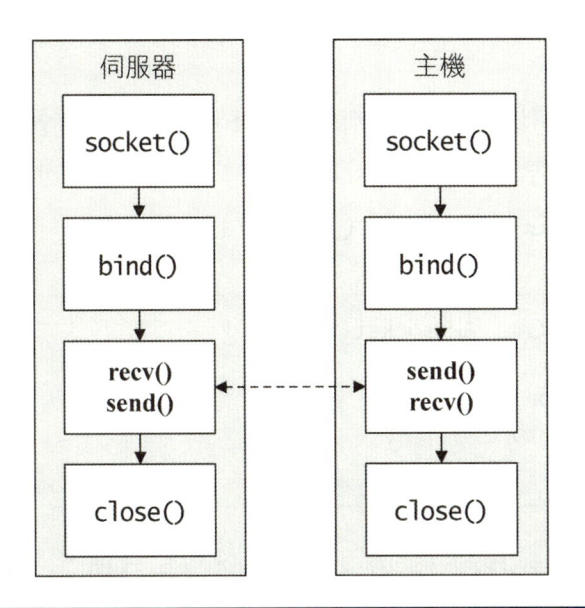

▲ 圖 8.6　UDP 協定流程圖

8.8 Windows sockets(WinSock) API 函式介紹

　　WinSock 是 Windows 所提供關於網路的 API，如果要完成一個完整的 TCP 網路連線必須經過 8 個步驟：初始化 WinSock、建立 socket、繫結 socket、監聽 socket、連線(Connect)、允許連線(Accept)、資料傳送與接收及關閉 socket[5]。

初始化 WinSock

　　此函式用於程式執行初期時的 windows sockets DLL 初始化，在呼叫其他 windows sockets DLL 中的函式前，必須先執行 **WSAStartup()**函式。

```
int PASCAL FAR WSAStartup(
    WORD wVersionRequested,
    LPWSADATA lpWSAData
);
```

建立 Socket

呼叫此函式可以創造一個新的 socket，參數中可定義 socket 的類型和通訊協定，若創造成功會回傳 socket 描述子，失敗則回傳 INVALID_SOC-KET，可使用 WSAGetLastError() 函式取的錯誤編號。

```
SOCKET PASCAL FAR socket(
    int af,
    int type,
    int protocol
);
```

- af：位址之格式，網際網路位址之格式為 PF_INET。
- type：socket 的類型，使用 TCP 協定時用 SOCK_STREAM，使用 UDP 協定時用 SOCK_DGRAM。
- protocol：socket 使用的通訊協定，若不指定則設為 0。

繫結 socket

在伺服器端，可使用此函式為監聽用 socket 指定一組位址和連接埠 (port)，如此使用者端才能夠得知監聽用 socket 是哪個位址的哪個連接埠。

```
int PASCAL FAR bind(
    SOCKET s,
    const struct sockaddr FAR * name,
    int namelen
);
```

- s：需要被繫結的 socket 的描述子。
- name：分配給 socket 描述子 s 的位址結構，也可以使用同樣大小的 sockaddr_in 結構，其中包含位址家族、位址及連接埠等資訊。
- namelen：name 的資料長度。

監聽 socket

伺服器端在 socket 繫結完畢後，必須使用此函數建立一個監聽的 socket，用以處理使用者端的連線請求；沒有發生錯誤時本函式回傳 0，否則回傳 SOCKET_ERROR。

```
int PASCAL FAR listen(
    SOCKET s,
    int backlog
);
```

- s：建立監聽的 socket 的描述子。
- backlog：最大連線數。

使用者端提出連線要求

使用者端透過呼叫此函式，提出 socket 與伺服器的連接要求；若沒有發生錯誤，此函式回傳 0，反之，回傳 SOCKET_ERROR。

```
int PASCAL FAR connect(
    SOCKET s,
    const struct sockaddr FAR * name,
    int namelen
);
```

- s：希望與伺服器端連接的 socket 之描述子。
- name：目標伺服器的位址結構。
- namelen：name 的資料長度。

伺服器端接收使用者端的連接要求

當使用者提出連線要求時，伺服器端可呼叫此函式回應此連線要求，此函式會創造一個新的 socket 與使用者端連接，並非使用監聽中的 socket 與使用者端連接；此函式若成功與使用者端連接則回傳新的 socket 之描述子，否則回傳 INVALID_SOCKET。

```
SOCKET PASCAL FAR accept(
    SOCKET s,
    struct sockaddr FAR * addr,
    int FAR * addrlen
);
```

- **s**：監聽狀態的 socket 之描述子。
- **addr**：存放被連接的使用者端之位址結構(非必要)。
- **addrlen**：addr 的長度(非必要)。

資料的傳送與接收

　　從指定的 socket 送出或接收資料，若傳送(或接收)成功，擇回傳傳送出(或接收到)的資料長度，若連接中斷則回傳 0，有錯誤發生則回傳 SOCKET_ERROR。

```
int PASCAL FAR send(
    SOCKET s,
    const char FAR * buf,
    int len,
    int flags
);
```

- **s**：以連接的 socket 之描述子。
- **buf**：待傳送的資料緩衝區。
- **len**：buf 的長度。
- **flags**：設定此函式發送資料的方式。

```
int PASCAL FAR recv(
    SOCKET s,
    char FAR * buf,
    int len,
    int flags
);
```

- **s**：以連接的 socket 之描述子。

- buf：儲存接收的資料緩衝區。
- len：buf 的長度。
- flags：設定此函式接收資料的方式。

關閉 socket 連接

伺服器及使用者端皆是透過這兩個函式來關閉 socket，並釋放 socket 所佔用的系統資源。

```
int PASCAL FAR closesocket (SOCKET s);
```

- s：希望被關閉 socket 的描述子。

```
int PASCAL FAR WSACleanup (void);
```

8.9 TCP 協定應用實例

伺服器端(使用 TCP 協定)：

```
//初始化
(void) WSAStartup(MAKEWORD(1, 1), &wsaData);

//創造用於監聽的 socket - socket()
listenSocket = socket(PF_INET, SOCK_STREAM, 0);

//繫結 socket - bind()
(void) bind(listenSocket, (struct sockaddr *)&listenSocketAddress, sizeof(listenSoc ketAddress) );

//開始監聽 - listen()
(void) listen(listenSocket, 5);
```

```
//開始監聽 - listen()
(void) listen(listenSocket, 5);

//接受來自使用者端的連接 - accept()
serviceSocketAddressLength = sizeof(serviceSocketAddress[socketIndex]);
serviceSocket = accept(listenSocket, (struct sockaddr *)&serviceSoc-
ketAddress, serviceSocketAddressLength);

//接收使用者端傳送的資料 - recv()
recvBytes = recv( serviceSocket, recvBuffer, sizeof(recvBuffer), 0);
```

使用者端(使用 TCP 協定)：

```
//初始化
(void) WSAStartup(MAKEWORD(1, 1), &wsaData);

//創造 socket - socket()
connectSocket = socket(PF_INET, SOCK_STREAM, 0);

//與遠端伺服器要求連線 - connect()
while(connect(connectSocket, (struct sockaddr *)&connectSocketAd-
dress, sizeof(connectSocketAddress) ) == -1);

//傳送資料給伺服器端 - send()
(void) send(connectSocket, sendBuffer, strlen(sendBuffer), 0);
```

練習

1. 試著利用同步機制，讓兩個執行緒在不會互相干擾的情況下，分別控制 LED 燈左旋與右旋。
2. 讓兩個程式利用行程間通訊傳送資料給對方，並利用 MessageBox 顯示出資料。
3. 利用 TCP 的範例實做 UDP 網路連線程式。
4. 結合前一章節多執行緒的概念，使伺服器端能夠創造獨力的執行緒來服務每一個連線，實作一個單伺服器端對應多使用者端的聊天室。

參考文獻

[1] Microsoft MSDN：http://msdn.microsoft.com/.

[2] Windows Embedded CE6.0 程式開發經典，Douglas Boling 著，葉佰蒼、黃昭仁 譯，碁峰資訊，2009.06。

[3] XSBase270(EELiod)ADS/Linux/WinCE 實驗開發與實務，華亨科技有限公司。

[4] Operating System Principles 7 edition, Silberschatz, Galvin, Gagne, John Wiley & Sons(Asia)Pte Ltd 2006.

[5] WinSock API, http://burks.brighton.ac.uk/burks/pcinfo/progdocs/winsock/winsock.htm.

[6] ARM9 S3C2440 嵌入式系統實作(WinCE 及上層應用實驗篇)，長高科技圖書。

[7] Pocket PC 無線網路與 RS-232 程式設計，龍仁光著，文魁資訊。

第 9 章
車載週邊裝置原理

本章節主要在講有關車載的串列埠裝置的使用方法與相關應用。其內容包括在 Non-OS 和 WinCE 上實做基本的串列埠通訊，還有 GPS、GSM、藍芽等串列埠設備的原理。在後半段章節會提到 USB 裝置要如何進行存取。

9.1 串列埠通訊

利用串列埠來進行傳輸、通信是非常常見的方法，由於使用方便、編譯簡單而廣泛地被使用，所以幾乎所有的微控制器、PC、NB 都擁有串列埠的介面。

串列埠資料格式

串列埠的每一個資料有 7 到 12 位元長，長度是可以控制的，這依賴於程式對資料的格式控制。一個完整的串列埠資料包含四個部分：開始位元、有效資料位元、奇偶校驗位元、停止位元，各部分的順序是固定的，如圖 9.1 所示。

在串列埠開始傳輸前，線路處於空閒狀態，送出連續 "1"。直到開始要傳輸時，會首先發送一個 "0" 作為開始位元，接下來則開始傳送資料。資料位元可設定為 5、6、7 或 8 位元，一般採用 ASCII 編碼。

後面是奇偶校驗位元，分為偶效驗或奇校驗兩種，如果是偶校驗，並且有效資料位元有奇數個 1 的話，這一位元會被設置為 1，反之則設置成 0。如果是奇校驗，且資料位元有偶數個 1 的話，這一位元會被設置為 1，

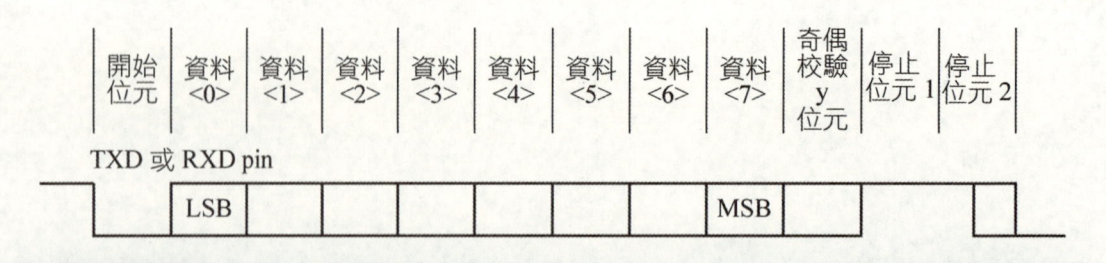

開始 位元	資料 <0>	資料 <1>	資料 <2>	資料 <3>	資料 <4>	資料 <5>	資料 <6>	資料 <7>	奇偶 校驗 y 位元	停止 位元 1	停止 位元 2
	LSB							MSB			

TXD 或 RXD pin

▲圖 9.1　串列埠資料格式

反之則設置為 0。附帶一提，奇偶校驗位元是唯一可以省略的位元，如果發送端與傳送端約定好的話，這個位元是可以被省略的。

最後停止位元為"1"，可以設定為 1、1.5 或 2 位元的時間寬度，當停止位元傳送完畢後，線路又回到空閒狀態，連續的送出"1"，直到下次要傳送資料時才又發送出開始位元"0"。

每一個有效資料位元的寬度等於傳送串列傳輸的速率倒數。在微處理器非同步串列通信中，常用的串列傳輸速率為 110、300、1200、2400、4800、9600、19200、115200 等。

串列埠接腳特性

串列埠標準採用的介面是 9 接腳或 25 接腳的 D 型插頭，常用的一般是 9 接腳插頭(DB-9)[3]，如圖 9.2。各接腳的介紹可以參考表 9.1。

▼ 表 9.1　串列埠腳位介紹

PIN 名	全　名	描　述
FX	Frame Ground	連到機器的接地線
TXD	Transmitted Data	資料輸出線
RXD	Received Data	資料輸入線
RTS	Request to Send	要求發送資料
CTS	Clear to Send	回應對方發送的 RTS 的發送許可
DSR	Data Set Ready	告知本機在待命狀態
DTR	Data Terminal	告知資料終端處於待命狀態
CD	Carrier Detect	載波檢出，用以確認是否收到數據機的載波
SG	Signal Ground	信號線的接地線

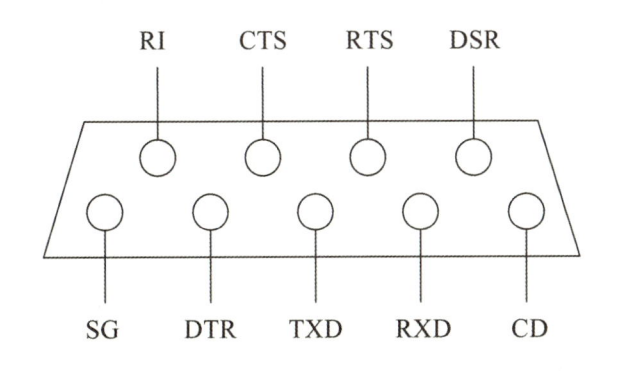

▲ 圖 9.2　串列埠(DB-9)腳位

串列埠操作原理

本實驗以 PXA270 處理器為例，PXA270 一共有四個 UART，分別是：全功能 UART(FFUART)、藍芽 UART(BTUART)、標準 UART(STUART)、硬體 UART(HWUART)。UART 就是**通用非同步接收／傳送器**(Universal Asynchronous Receiver / Transmitter)的簡寫。每個 UART 進行接收時，是將 RXD 端接收的串列資料轉變為並列的資料，反之當進行傳送時，則是將來自處理器的並列資料轉變為串列資料，然後透過 TXD 端發送出去[1]。

依據 UART 是否在 FIFO 模式下執行，我們可分作兩種狀況，如表 9.2 所示。

▼表9.2 在 FIFO 模式和 Non-FIFO 模式下，UART 接送與發送的過程

模式	接收	傳送
FIFO 模式	當 UART 準備接收資料時，傳送過來的資料會先被鎖住在接收 FIFO 和接收緩衝暫存器 RBR 裡，每讀完一次 FIFO 後，第一位元組單元資料會被移出。	當 UART 得到匯流排的資料準備要發送時，資料會先被寫到發送緩衝暫存器 THR 中，然後送入發送 FIFO，最後才被送入發送移位暫存器，再以逐位元方式在 TXD 端發送出去。
Non-FIFO 模式	當 UART 準備接收資料時，傳送過來的資料會先被放置在接收緩衝暫存器 RBR 中，直到形成一個位元組的資料時，RBR 的資料就可以被讀出。	當 UART 得到匯流排的資料準備要發送時，資料會先進入發送緩衝暫存器 THR，並且轉換成串列資料被送出。

當需要將資料接收或傳送時，應該先根據 UART 的狀態暫存器來決定是否可以進行，每個 UART 都有一個狀態暫存器 LSR，他提供了傳輸狀態的資訊，透過 LSR 的資料我們就可以得知目前 UART 的情況是否可以進行發送或接收。

串列傳輸速率產生器

以 PXA270 為例子，每個 UART 都包含著一個可編譯的串列傳輸速率產生器，它採用 14.7456 MHz 作為固定的輸入時脈，並且可以對它以 1 至 $(2^{16}-1)$ 分頻，所以串列傳輸速率可以通過以下公式計算：

$$傳輸速率 = \frac{14.7456 \text{ MHz}}{(16 \times 除頻)}$$

除頻的值可以是 1 至 $(2^{16}-1)$，該值是透過除頻暫存器 (Divisor Latch Register)(DLL 和 DLH) 中設置，DLL 和 DLH 都是 32 位的暫存器，但只有低 8 位元可以使用，所以 DLH 和 DLL 就組成了一個 16 位元的分頻器，DLH 為分頻器的高 8 位元，DLL 為分頻器的低 8 位元。

串列埠暫存器介紹

PXA270 和 UART 有關的暫存器一共有 10 個，每一個皆為 32 位元長，但是都只利用到低 8 位元，並且其中還存在著不同的暫存器使用相同的位址，要區分是要利用哪一個暫存器則需要借助 DLAB 暫存器幫忙，表 9.3 代表 UART 所有的暫存器。

▼表 9.3　UART 暫存器介紹

名稱	位址	DLAB	描述
RBR	0x40100000	0	接收緩衝暫存器 (僅讀取)
THR	0x40100000	0	傳送握持暫存器 (僅寫入)
IER	0x40100004	0	中斷電動暫存器 (讀／寫)
IIR	0x40100008	X	中斷辨析暫存器 (讀／寫)
FCR	0x40100008	X	FIFO 控制暫存器 (僅寫入)
LCR	0x4010000C	X	連線控制暫存器 (讀／寫)
MCR	0x40100010	X	數據機控制暫存器 (讀／寫)
LSR	0x40100014	X	連線狀態暫存器 (讀)
DLL	0x40100000	1	除頻低標暫存器 (讀／寫)
DLH	0x40100004	1	除頻高標暫存器 (讀／寫)

表中的 DLAB 欄位代表 LCR[DLAB]，通過設置該位元，我們就可以以相同的位址去存取不同的暫存器，打 X 的暫存器代表不受到 DLAB 的影響。

1. 接收緩衝暫存器 (Receive Buffer Register, RBR)

RBR 的低 8 位元是用來儲存著對方傳送的資料，透過讀取 RBR 可以得到剛接收到的資料，該資料會一直存放著直到 RBR 被存取。當 RBR 接

```
        實體位址
        0x4010_0000              接收緩衝暫存器

位元  31 30 29 28 27 26 25 24 23 22 21 20 19 18 17 16 15 14 13 12 11 10 9 8 7 6 5 4 3 2 1 0
     ┌─────────────────────────────────────────────────────────┬──┬──┬──┬──┬──┬──┬──┬──┐
     │                      保    留                            │R │R │R │R │R │R │R │R │
     │                                                         │B │B │B │B │B │B │B │B │
     │                                                         │R │R │R │R │R │R │R │R │
     │                                                         │7 │6 │5 │4 │3 │2 │1 │0 │
     └─────────────────────────────────────────────────────────┴──┴──┴──┴──┴──┴──┴──┴──┘
重置   0 0 0 0 0 0 0 0 0 0 0 0 0 0 0 0 0 0 0 0 0 0 0 0 0 0 0 0 0 0 0 0
```

△ 圖 9.3　接收緩衝暫存器

收到資料時，會將 LSR[DR] 設置為 1，LSR[DR] 在 RBR 被讀取資料後清空，如圖 9.3。

2. 傳送握持暫存器(Transmit Holding Register, THR)

　　THR 的低 8 位元是用來放置要傳送給對方的資料，透過寫入 THR 我們可以將資料傳送給對方。如果 THR 為空的時(也就是沒有資料要發送)，LSR[TDRQ]會被設置成 1，當正在載入資料到 THR 時，LSR[TDRQ]會被清空，如圖 9.4。

3. 連線狀態暫存器(Line Status Register, LSR)

　　LSR 負責存放 UART 的狀態資訊，負責控制傳送與接收的允許，當 UART 可以傳送時，會在 LSR[TDRQ] 中設置為 1，表示允許新的傳送。當 UART 可以接收時，LSR[DR] 會被設置成 1，表示允許新的接收，如圖 9.5。

```
        實體位址
        0x4010_0000              傳送握持暫存器

位元  31 30 29 28 27 26 25 24 23 22 21 20 19 18 17 16 15 14 13 12 11 10 9 8 7 6 5 4 3 2 1 0
     ┌─────────────────────────────────────────────────────────┬──┬──┬──┬──┬──┬──┬──┬──┐
     │                      保    留                            │R │R │R │R │R │R │R │R │
     │                                                         │B │B │B │B │B │B │B │B │
     │                                                         │R │R │R │R │R │R │R │R │
     │                                                         │7 │6 │5 │4 │3 │2 │1 │0 │
     └─────────────────────────────────────────────────────────┴──┴──┴──┴──┴──┴──┴──┴──┘
重置   0 0 0 0 0 0 0 0 0 0 0 0 0 0 0 0 0 0 0 0 0 0 0 0 0 0 0 0 0 0 0 0
```

△ 圖 9.4　傳送握持暫存器

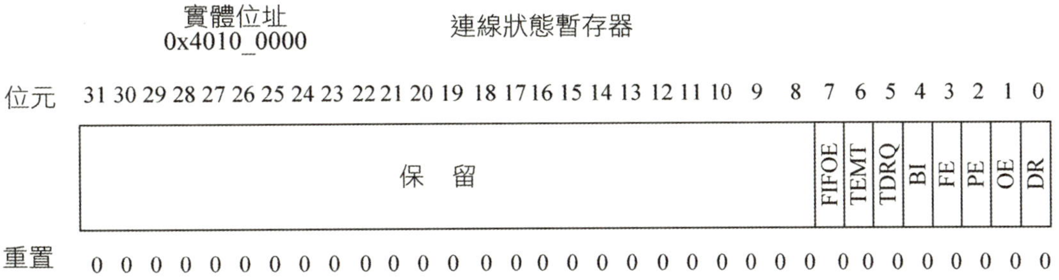

```
                實體位址                      連線狀態暫存器
                0x4010_0000
位元  31 30 29 28 27 26 25 24 23 22 21 20 19 18 17 16 15 14 13 12 11 10 9 8 7 6 5 4 3 2 1 0
```


保　留	FIFOE	TEMT	TDRQ	BI	FE	PE	OE	DR

重置　0 0 0 0 0 0 0 0 0 0 0 0 0 0 0 0 0 0 0 0 0 0 0 0 0 0 0 0 0 0 0 0

▲圖 9.5　連線狀態暫存器

串列埠應用實例

　　現在我們要根據理論來實做在 Non-OS 下的串列埠程式設計，根據串列埠的原理，我們必須要先檢查 LSR 狀態暫存器來確認 UART 是否可以傳送或接收，再對 RBR 讀出完成接收，或者對 THR 寫入完成傳送[2]。

　　不過，在進行 LSR 檢查之前，我們必須預先進行暫存器的初始化和設置。

1. 首先設置 GPIO，目的是使處理器的接腳 GP34、GP39 分別作為 UART 的 RXD 和 TXD 端，所以要先配置 GPDR1 暫存器和 GAFR1_L 暫存器：

```
#Define GPDR1(*((volatile unsigned int *)(0x40E00010)))
#Define GPDR1_L(*((volatile unsigned int *)(0x40E0005c)))

GPDR1 |=0x80;
GAFR1_L=0x8010;
```

2. 接下來開始設置 UART 暫存器，實現發送與接收的功能：設置串列埠資料格式：8 位元有效資料長度，無奇偶校驗位元，1 個停止位元。

```
#Define LCR(*((volatile unsigned int*)(0x410000c)))
    LCR = 0x3;
```

3. 設置接收／發送 FIFO，在使用 UART 前清空接收／發送 FIFO。

```
#Define FCR(*((volatile unsigned int*)(0x4100008)))
    FCR = 0x7;
```

4. 設置分頻器,將發送/接收的頻率設為 115200 bps。存取 DLL 和 DLH 時需要將 LCR [DLAB] 設置為 1,並且在設置完分頻器後需要將 LCR [DLAB] 設置為 0,使得程式可以存取 RBR、THR。

```
LCR |= 0x80;   //轉換成可以存取 DLL 和 DLH
    DLL = 0x8;
    LCR &= 0xFFFFFF7F;    //轉換成可以存取 RBR 和 THR
```

5. 關閉 UART 的所有中斷,並將 UART 設置為可用。

```
#Define IER(*((volatile unsigned int*)(0x4100004)))
    IER = 0x40;
```

6. 接收函數:在初始化完暫存器後,我們變可以開始實做我們的 UART 程式了,透過檢查暫存器 LSR [DR],我們就可以判斷是否要存取暫存器 RBR 來做接收。

```
Int UARTGet(char *c)
{
    If((LSR & 0x00000001) == 0)
    {
        return 0 ;
    }
    else
    {
        *c = RBR ;
        return 1 ;
    }
}
```

7. 發送函數:檢查 LSR [TDRQ] 的狀態來判斷是否適合發送資料。

```
void UARTSent(const char c)
{
    While((LSR& 0x20) == 0 ) ;
    THR = ((long) c & 0xFF ) ;
}
```

WinCE 串列埠 API

在了解了上述的 Non-OS 下實做串列埠程式後,接著我們要告訴大家在 WinCE 中如何實做串列埠程式[4]。在 WinCE 中,由於實體記憶體位置被作業系統保護著,所以不能用像 Non-OS 中直接對記憶體位置做存取。串列埠的實做分為四個步驟,首先我們必須先開啟串列埠設備,接著設定串列埠之間通訊的參數,當兩邊設定好傳輸的規範後,就可以開始進行傳輸,傳輸完後再關閉串列埠設備。

1. **開啟串列埠**:開啟串列埠我們利用到 `CreateFile()` 這個函數,它可以幫助我們打開指定 Port 的設備來進行通訊:

```
HANDLE m_hport = CreateFile(L("COM1:"), //Pointer to the name of the port
    GENERIC_READ|GENERIC_WRITE,  //Access mode
    0,                 //Share mode
    NULL,              //Pointer to the security attribute
    OPEN_EXISTING,  //How to open the serial port
    0,                 //Port attribute
    NULL);             //Handle to port with attribute to copy
```

其中第一個參數為目標設備的設備名,如果要開啟其他的串列埠的話可以在這裡做設定。回傳值為控制的控制碼,或是已開啟的序列埠設備號,如果開啟失敗則會傳回 `INVALID_HANDLE_VALUE`。

2. **配置串列埠**:串列埠之間要進行傳輸,一定要兩邊設定相同的傳輸速率、開始位元、有效資料位元、奇偶校驗位元等。在這裡我們要介紹兩個函數 `GetCommState`、`SetCommState` 來幫助我們配置串列埠。

```
BOOL SetCommState(HANDLE hRle, LPDCB lpDCB);
BOOL GetCommState(HANDLE hFile, LPDCB lpDCB);
```

這兩個函數均包含兩個參數，分別為已開啟的序列埠控制碼和指向 DCB 指標。DCB 為一個結構，它擁有許多的狀態。

```
typedef struct _DCB {
  DWORD DCBlength;
  DWORD BaudRate;
  DWORD fBinary  :1;
  DWORD fParity  :1;
  DWORD fOutxCtsFlow  :1;
  DWORD fOutxDsrFlow  :1;
  DWORD fDtrControl  :2;
  DWORD fDsrSensitivity  :1;
  DWORD fTXContinueOnXoff  :1;
  DWORD fOutX  :1;
  DWORD fInX  :1;
  DWORD fErrorChar  :1;
  DWORD fNull  :1;
  DWORD fRtsControl  :2;
  DWORD fAbortOnError  :1;
  DWORD fDummy2  :17;
  WORD  wReserved;
  WORD  XonLim;
  WORD  XoffLim;
  BYTE  ByteSize;
  BYTE  Parity;
  BYTE  StopBits;
  char  XonChar;
  char  XoffChar;
  char  ErrorChar;
  char  EofChar;
  char  EvtChar;
  WORD  wReserved1;
}DCB, *LPDCB;
```

但是在這裡我們建議不要從頭填寫整個結構，因為只是要修改部分的狀態而已，所以我們呼叫 GetCommState() 來接收預設的結構，再修改我們要修改的區域，之後再呼叫 SetCommState() 來進行設定新的串列埠。

通常在串列埠設定時，要設置的參數為 BaudRate、Parity、Byte-Size、StopBits，分別的意義為傳輸速率、奇偶校對、有效資料位元和停止位元。

```
GetCommState(m_hport,&m_dcb);
    m_dcb.BaudRate = 115200;
    m_dcb.StopBits = 0;
    m_dcb.ByteSize = 8;
    m_dcb.Parity = 0 ;
SetCommState(m_hPort,&m_dcb);
```

3. **讀取串列埠**：當設備有資料傳輸進電腦時，我們可以呼叫 ReadFile() 這個函數來接收傳送來的資訊：

```
bReadResult = ReadFile(m_hPort,    //Handle to COMM port
               &RXBuff,  //RX Buffer Pointer
               1,                  //Read one byte
               &dwNumBytesRead,    //Stores number of bytes
               read NULL);
```

其中第二個參數為資料存放的位置，第 3 個參數為一次讀取幾個位元數

4. **寫入串列埠**：當電腦要傳輸資料給設備時，我們可以呼叫 WriteFile()這個函數來傳送指令或命令：

```
bResult = WriteFile(m_hPort ,  //Handle to COMM Port
            &Byte,     //Pointer to message buffer in calling
                          function
            1,         //Length of message to send
            &dwNumBytesWritten,
                //Where to store the number of bytes sent
            NULL);
```

其中第二個參數為要傳送的訊息，第三個參數為傳送訊息的長度。

5. **關閉串列埠**：當我們不要再進行傳輸時，必須把串列埠關閉掉，以免下次再開啟的時候會產生錯誤，關閉串列埠使用 CloseHandle()函數，

並且給予的參數值就是開啟串列埠時，產生的控制碼。

```
CloseHandle(Handle);
```

9.2 GPS 原理特性與資料格式

全球定位系統(Global Positioning System, GPS)的定位是利用衛星基本三角定位原理，其接收裝置以測量無線電信號的傳輸時間來量測距離，以距離來判定接收裝置在地球中的位置，是一種高軌道與精密定位的觀測方式。

全球定位系統的空間部分使用 24 顆高度約 2.02 萬千米的衛星組成衛星星座。24 顆衛星均為近圓形軌道，運行週期約為 11 小時 58 分，分佈在六個軌道面上(每軌道面四顆)，軌道傾角為 55 度(圖 9.6)。衛星的分佈使得在全球的任何地方，任何時間都可觀測到四顆以上的衛星，並能保持良好定位解算精度的幾何圖形(DOP)。提供了在時間上連續的全球導航能力[5]。

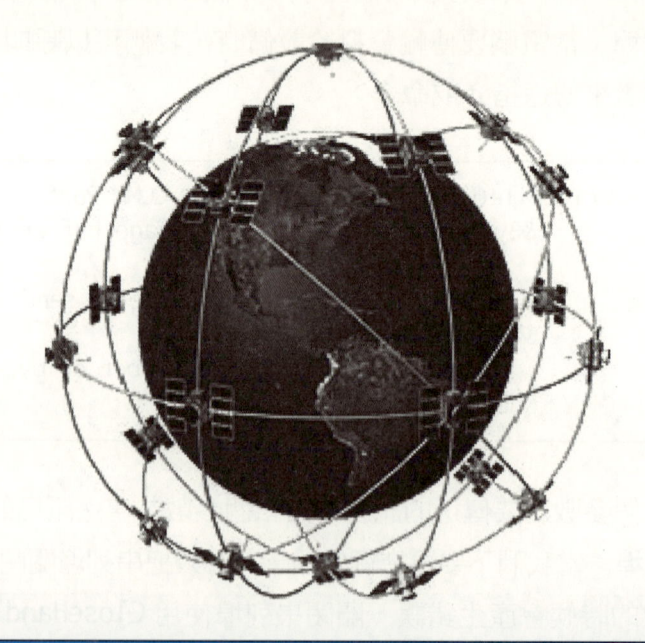

▲圖 9.6　GPS 衛星位置圖

GPS 的誤差

GPS 的誤差分為三種，分別是衛星偏差、觀測偏差和其他因素，表 9.4 中顯示三種偏差的形成：

▼表 9.4　GPS 誤差的三種因素

偏　差	內　容
衛星偏差	星曆誤差：由衛星實際運行之軌道或瞬間位置與導航訊號中廣播星曆之軌道預估資料間之偏差。 衛星時鐘之偏差：衛星上之時鐘與全球定位系統時鐘間之偏差。
觀測偏差	指接收儀之時鐘誤差，即接收儀時鐘與全球定位系統時鐘間之偏差。
其他	為衛星信號傳播過程中，因傳播介質與環境所引起的偏差。如起始整數周波末定值、對流層或電離層傳播延遲、多路徑誤差、周波脫落值及精密值強弱度等因素。

GPS 接收訊號

當 GPS 接收到衛星訊號時，傳送到接收器，經由接受器回傳給電腦經過 GPS 資料傳輸軟體，把接收下來的資料轉換座標及格式轉換，如圖 9.7 所示。

GPS 的缺點

GPS 雖然可以在全球都有分佈衛星，但是還是有些情況無法得到訊

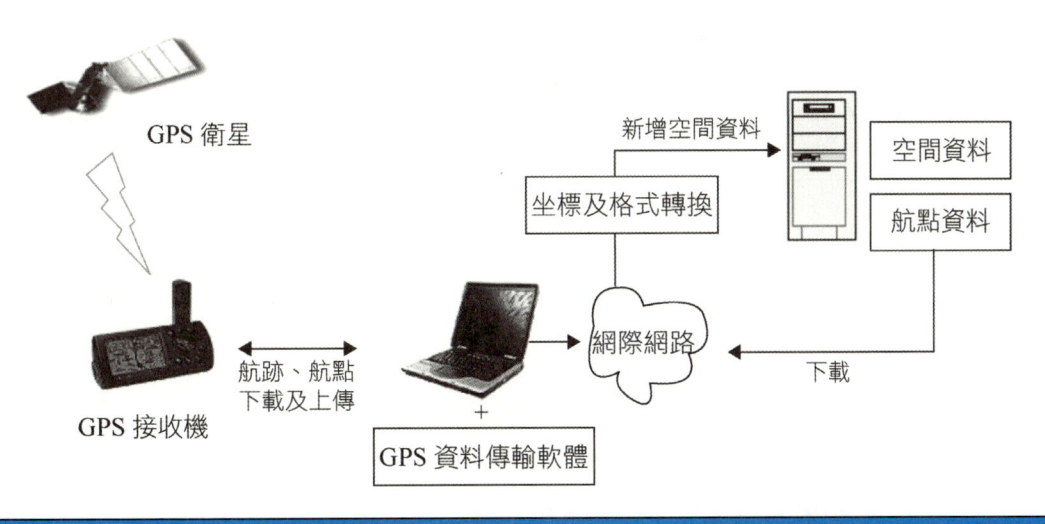

▲圖 9.7　GPS 原理示意圖

號,在這裡我們列出三點 GPS 的缺點:

1. GPS 需在室外及天空開闊度較佳之地方才能使用,否則若大部分之衛星信號被建築物、金屬遮蓋物、濃密樹林等所阻擋,GPS 接收器將無法獲得足夠的衛星訊息來計算出所在位置之座標。
2. 在 1.57 GHz 左右之強電波環境下使用,因此環境易將衛星訊號遮蓋掉,造成 GPS 接收器無法獲得足夠的衛星訊息來計算出所在位置之坐標,尤其是高壓電塔下方。
3. 單純 GPS 所計算出的高度,並非是我們一般所說的海拔高度及氣壓計量測的飛行高度,原因在於所使用的海平面基準點不同。

GPS 資料格式

GPS 的資料格式是由美國國家海洋電子協會(National Marine Electronics Association) 制定的介面協定標準 NMEA- 0183,這種介面協定制定了所有航海電子儀器間的通訊標準,包括了傳輸協定和資料的格式 [5]。

GPS 的訊號是以句子的方式進行傳遞,每一個句子以"$"作為開頭,最後以 16 進位控制碼"13"、"10"作為結束,中間為 GPS 主要資料,其資料皆以逗點隔開,在主要資料中,第二、三個字元為傳輸設備的識別碼,如"GP"為 GPS 的接收儀;"LC"為 Loran-C 接收儀;"OM"為 Omega Navigation 接收儀,第四、五、六個字元為句子的名稱,並且根據不同的名稱,資料會擁有不同的排列方式,以下舉個例子:

```
$GPGGA,055148,2407.8945,N,12041.7649,E,1,02,1.0,155.2,M,16.6,M,X.X,
xxxx,*47
```

0 GGA(Global Positioning System Fix Data):GPS 固定資料。
1 055148 為資料在格林威治時間 5 點 51 分 48 秒傳輸。
2 2407.8945:緯度(度分.分)。
3 N 指北半球,S 指南半球。
4 12041.7649:經度(度分.分)。
5 E 指東半球,W 指西半球。

6　1＝GPS 等級，0：表示資料不可用；1：GPS 定位；2：GPS 定位。

7　02＝所使用之衛星數。

8　1.0＝平面精度指標(HDOP)。

9　155.2 天線高度(平均海水面)。

10　M＝Meters(Antenna height unit)[單位(公尺)]。

11　16.6＝大地起伏值。

12　M＝Meters(Units of geoidal separation)[單位(公尺)]。

13　X.X＝Age in seconds since last update from diff. reference station [差分 GPS 數據期]。

14　xxxx＝Diff. reference station ID# [基站站號 0000-1023]。

15　*47＝Checksum(檢查位元)。

一般最常使用的訊號為 GGA，其餘還有 GLL、GSA、GSV、MSS、RMC、VTG、ZDA。

GPS 應用實例

我們使用的 GPS 裝置為 HOLUX GM-210(圖 9.8)，他的規格請參照表 9.5。

▼表 9.5　HOLUX GM-210

功　能	參　數
定位時間	120 秒
更新速率	1 次／秒
水平誤差	2.2 公尺
垂直誤差	5 公尺

由於 HOLUX GM-210 是串列埠介面的設備，所以我們可以利用前面章節所學習到的讀取串列埠函數 **ReadFile()** 來接收此 GPS 裝置所收到的衛星定位訊號。並且由於我們必須讓程式一直處於接收 GPS 裝置的訊息，所以必須要利用到前面章節執行緒的概念來使得程式可以順利地進行。

▲ 圖 9.8 　 HOLUX GM-210

9.3 GSM/GPRS 原理與 AT 指令集介紹

整合封包無線服務(General Packet Radio Service, GPRS)是一種將封包交換的概念引進到行動通訊系統全球標準(Global System for Mobile Communication, GSM)的系統中。傳統中的 GSM 是一個電路交換的網路，主要是提供語音傳輸的服務，當雙方一旦建立了連接時，此頻道就不會被其他人使用，即使雙方都沒有任何的語音傳輸，除非任何一方斷掉連接，否則頻道是不會被釋放出來給其他人使用的。所以在雙方利用 GSM 在傳輸時，就很容易發生網路資源空閒的現象，並且因為數據的傳輸不需要像語音或者影像需要即時性的傳輸，即使延誤數秒也不會影響效果及正確性。

在 GPRS 這種技術標準制定和發展後，改變了兩種網路互相的獨立性，GPRS 是在現有的 GSM 網路上，加上幾個數據交換節點，因為數據交換節點擁有處理封包的能力，所以使得 GSM 可以和網際網路互相連接，使得 GSM 網路無線傳輸的方便性與網際網路的資源都可以彼此分享。

SMS 資料格式

SMS 為 ESTI 所制定的一種傳輸規範，它擁有三種方式來發送與接收簡訊，分別為區塊模式(Block Mode)、文字模式(Text Mode)和 PDU 模式

(PDU Mode)。區塊模式是使用二進位編碼來傳輸使用者的資料，為了提高可靠性，它附有容錯保護，但是在近年來已經慢慢的被 PDU 模式取代了。

文字模式是使用 AT 命令來傳輸本文資料的一種協定，可使用不同的字元集，但是國內手機基本上不支援，主要用於歐美地區的手機。

PDU 模式類似於電腦網路中的分組交換介面協定，並且被所有手機支援，由於這種方式可以很順利的過渡到 GPRS，因此 GSM 規範要求使用者盡可能的使用 PDU 模式處理簡訊，這裡主要討論 PDU 模式的資料格式。

PDU 模式的資料格式可以分為發送簡訊與接收簡訊兩種基本格式如圖 9.9 和圖 9.10 所示。

我們可以舉一個發送簡訊的範例來說明，假設簡訊中心的號碼是 +8613800210500，要發送的號碼是 13818413649，簡訊內容是 Hello!，那我們就可以整理出發送出去的 PDU 串為：

08 91 68 31 08 20 01 05 F0 11 00 0B 91 31 58 81 27 64 F8 00 00 00 06 C8 32 9B FD 0E 01，

我們可以對這串 PDU 詳細的分析如表 9.6 所示。

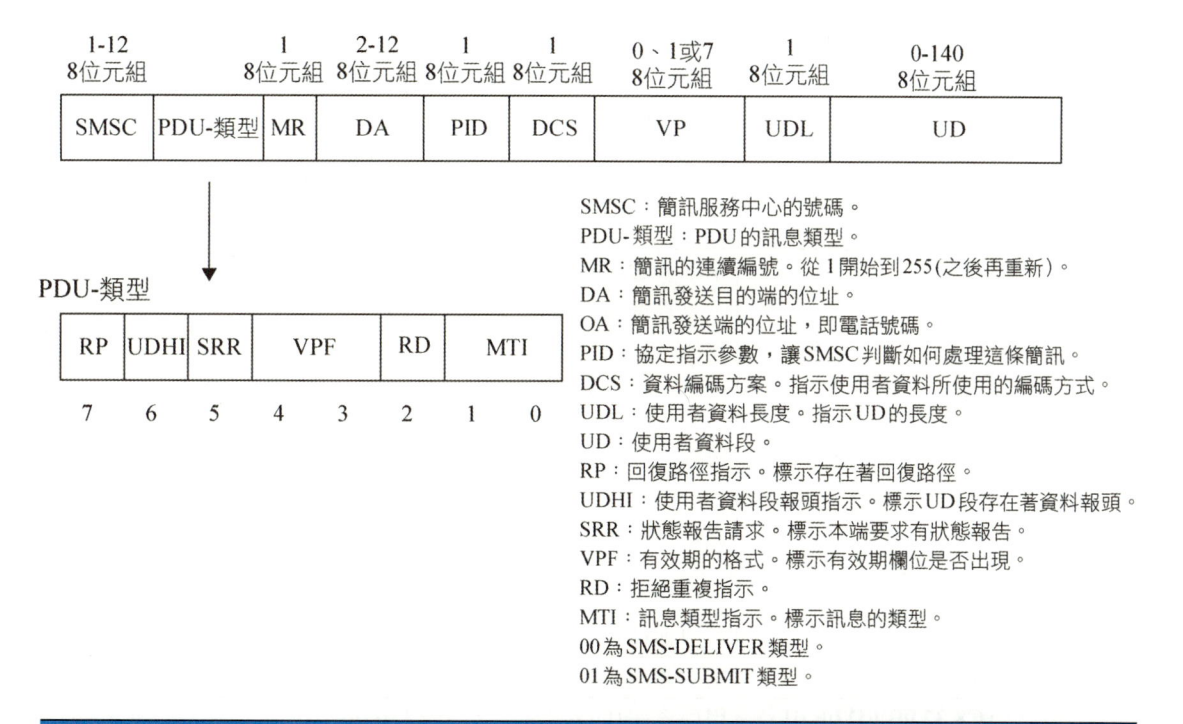

1-12 8位元組	1 8位元組	2-12 8位元組	1 8位元組	1 8位元組	0、1或7 8位元組	1 8位元組	0-140 8位元組
SMSC	PDU-類型	MR	DA	PID	DCS	VP	UDL	UD

PDU-類型

RP	UDHI	SRR	VPF	RD	MTI
7	6	5	4	3	2 1 0

SMSC：簡訊服務中心的號碼。
PDU-類型：PDU 的訊息類型。
MR：簡訊的連續編號。從 1 開始到 255(之後再重新)。
DA：簡訊發送目的端的位址。
OA：簡訊發送端的位址，即電話號碼。
PID：協定指示參數，讓 SMSC 判斷如何處理這條簡訊。
DCS：資料編碼方案。指示使用者資料所使用的編碼方式。
UDL：使用者資料長度。指示 UD 的長度。
UD：使用者資料段。
RP：回復路徑指示。標示存在著回復路徑。
UDHI：使用者資料段報頭指示。標示 UD 段存在著資料報頭。
SRR：狀態報告請求。標示本端要求有狀態報告。
VPF：有效期的格式。標示有效期欄位是否出現。
RD：拒絕重複指示。
MTI：訊息類型指示。標示訊息的類型。
00 為 SMS-DELIVER 類型。
01 為 SMS-SUBMIT 類型。

▲圖 9.9　發簡訊資料格式

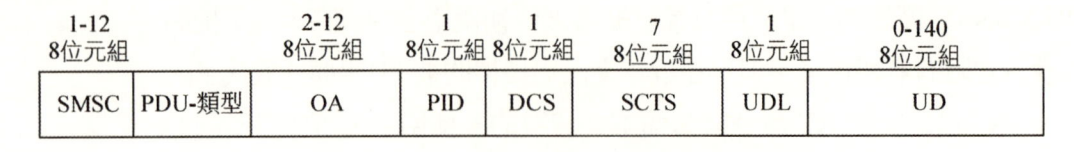

1-12 8位元組	2-12 8位元組	1 8位元組	1 8位元組	7 8位元組	1 8位元組	0-140 8位元組
SMSC	PDU-類型	OA	PID	DCS	SCTS	UDL	UD

PDU-類型

RP	UDHI	SRI		MMS		MTI
7	6	5	4	3	2	1	0

SMSC：簡訊服務中心的號碼。
PDU-類型：PDU 的訊息類型。
OA：簡訊發送端的位址，即電話號碼。
PID：協定指示參數，讓 SMSC 判斷如何處理這條簡訊。
DCS：資料編碼方案。指示使用者資料所使用的編碼方式。
SCTS：訊息中心的時間：標示著 SMSC 收到這簡訊的時間。
UDL：使用者資料長度。指示 UD 的長度。
UD：使用者資料段。

RP：回復路徑指示。標示存在著回復路徑。
UDHI：使用者資料段報頭指示。標示 UD 段存在著資料報頭。
SRI：狀態報告指示。標示對方端訊息實體是否要求有狀態報告。
MMS：更多訊息指示。標示是否有更多簡訊要發送。
MTI：訊息類型指示。標示訊息的類型。
00 為 SMS-DELIVER 類型。
01 為 SMS-SUBMIT 類型。

▲ 圖 9.10　收簡訊資料格式

▼ 表 9.6　發送 PDU 時的資料格式

分　段	含　義	說　明
08	簡訊中心位址資訊的長度 (SMSC)	共 8 個八位元位元組(包括 91)
91	簡訊中心地址格式(SMSC)	國際格式號碼(加 "+")
68 31 08 20 01 05 F0	簡訊中心地址(SMSC)	8613800250500，補 F 湊成偶數個
11	基本參數(PDU-type)	發送
00	訊息基準值(MR)	0
0B	目標位址數位個數(DA)	共 11 位，不包括補足偶數的 F
91	目標位址(DA)	國際格式號碼(加 "+")
31 58 81 27 64 F8	目標位址(DA)	8613818413649，補 F 湊成偶數個
00	協定標識(PID)	為普通的 GSM 類型，點到點方式
00	用戶編碼方式(DCS)	7 位元編碼
00	有效期(VP)	5 min
06	用戶資訊長度(TP-UDL)	實際長度 6 位元組
C8 32 9B FD 0E 01	用戶資訊(UD)	Hello!

我們再舉一個接收簡訊的例子，假設簡訊中心的號碼是 +8613800210500，對方號碼是 13851872468，訊息內容也是 Hello!，收到的 PDU 串為：

08 91 68 31 08 20 01 05 F0 84 0D 91 68 31 58 81 27 64 F8 00 08 30 30 21 80 63 54 80 06 C8 32 9B FD 0E 01

同樣的我們來分析一下這端 PDU 串，如表 9.7 所示。

▼表 9.7　發送 PDU 時的資料格式

分　段	含　義	說　明
08	簡訊中心位址資訊的長度(SMSC)	共 8 個八位元位元組(包括 91)
91	簡訊中心地址格式(SMSC)	國際格式號碼(加 "+")
68 31 08 20 01 05 F0	簡訊中心地址(SMSC)	8613800250500，補 F 湊成偶數個
84	基本參數(PDU-type)	接收
0D	回復位址數位個數(OA)	共 11 位，不包括補足偶數的 F
91	回復位址格式(OA)	國際格式號碼(加 "+")
68 31 58 81 27 64 F8	回復位址(OA)	8613818413649，補 F 湊成偶數個
00	協定標識(PID)	為普通的 GSM 類型，點到點方式
08	使用者資訊編碼方式(DCS)	UCS2 位元編碼
30 30 21 80 63 54 80	時間戳(SCTS)	2003-3-12 08:36:45 +8 時區
06	使用者資訊長度(UDL)	實際長度 6 位元組
C8 32 9B FD 0E 01	使用者資訊(UD)	Hello!

AT 指令集

　　AT 兩個字代表英文字 ATtention，當我們利用超級終端機鍵入 AT 兩個字再加命令碼，數據機接收到後便立即執行指定的動作。除了 A/ 和 +++ 兩條命令除外，所有的 AT 指令皆以 AT 為前置碼，並且以 ENTER+換行結尾。每道 AT 指令可以由多道指令所組成，但是總字元數不能超過 200。

　　某些 AT 指令有附帶參數，如果不指定的話視同參數值為 0。並且大多數的 AT 指令被執行後都會回傳參數(OK、NO CARRIER、ERROR 等訊息)，回傳的格式為 <ENTER> <換行> 訊息 <換行> <ENTER>。表 9.8 為回傳參數所代表的意義。

▼ 表 9.8　回傳參數意義一覽

狀態碼	回傳訊息	代表意義
0	OK	動作完成。
1	CONNECT	連線完成。
2	RING	表示有人正打電話進來。
3	NO CARRIER	信號消失，斷線後會出現的訊息。
4	ERROR	命令碼錯誤或格式不符。
5	CONNECT 1200	與對方的 1200 BPS 數據機完成連線。
6	NO DIALTONE	沒有撥號信號。
7	BUSY	對方電話忙碌中。
8	NO ANSWER	在一定時間內未能偵測到靜音(Silence)信號。
9	CONNECT 2400	與對方的 2400 BPS 數據機完成連線。

在這裡我們介紹和車載有關的電話和簡訊指令集，電話相關 GSM 指令集如表 9.9。

▼ 表 9.9　電話相關 GSM 指令表

指令	範例	功能說明
atd\r	atd 0912345678;\r	撥電話號碼 0912345678。
ata\r	ata\r	接電話。
ath\r	ath\r	掛電話。
at+cpbr=\r	at+cpbr=1,10\r	顯示電話簿號碼。範例顯示電話簿中位置 1 至位置 10 的號碼。
at+cpbw=,\"\",129,\"\"\r	at+cpbw=i,\"0912345678\",129,\"名稱 \"\r	輸入一筆電話號碼 0912345678 存至電話簿中。
at+cpbs=\r	at+cpbs=m\r	選擇電話簿類型。m 為參數，內容可為： SM：SIM 卡的電話簿。 ME：儲存於手機的電話簿。 LD：已撥電話。 MC：未接來電。 RC：已接來電。

簡訊相關的 AT 指令集如表 9.10。

▼ 表 9.10　簡訊相關 GSM 指令表

指 令	範 例	功能說明
at+cmgf=\r	at+cmgf=n\r	選擇簡訊模式。n 為參數，n 為 0 時為 PDU 模式，為 1 時是普通文字模式。
at+cmgl=\r	at+cmgl=k\r at+cmgl=all\r	列出簡訊。k 為參數，在 text 模式中： k=rec unread 為列出已接收的未讀簡訊。 k=rec read 為列出已接收的已讀簡訊。 k=sto unsent 為列出已儲存的未傳送簡訊。 k=sto sent 為列出已儲存的已傳送簡訊。 k=all 為列出所有簡訊。 如果為 PDU 模式： k=0 列出已接收的未讀簡訊。 k=1 列出已接收的已讀簡訊。 k=2 列出已儲存的未傳送簡訊。 k=3 列出已儲存的已傳送簡訊。 k=4 列出所有簡訊。
at+cmgr=\r	at+cmgr=10\r	選擇讀取第幾封簡訊。範例代表讀取第 10 封簡訊。
at+cmgd=\r	at+cmgd=10\r	選擇刪除第幾封簡訊。範例代表刪除第 10 封簡訊。
at+cnmi=1,1,2,0, 1\r	at+cnmi=1,1,2,0, 1\r	查看有無新簡訊。當有接收到新簡訊時，便會彈跳一個視窗出來告知，只需要在程式剛開啟時執行一次，此指令即會持續到程式結束。
at+cmgs=\"\"\r char szText=26	at+cmgs=\"+886912345678\"\r char szText=26	發簡訊給號碼 0912345678。此指令分成三個部分執行： 1) 輸入：at+cmgs=\"0912345678\"\r。 2) 撰寫簡訊內容。 3) 輸入：→ 即完成發送簡訊。 → 的指令格式為 char szText=26

GSM/GPRS 應用實例

由於使用的 GSM 為 RS-232 介面，所以我們必須要利用到前面串列埠實驗提到的 WriteFile() 函數來幫助我們將 AT 指令寫入 GSM 模組中，使得 GSM 模組可以執行打電話或收簡訊的功能，回傳的值再利用 ReadFile() 函數來判斷指令是否有成功執行。

9.4 藍芽原理

隨著人類科技的進步，3C 產品愈來愈普及，使得短距離無線通訊技術逐漸地被受到重視，其中藍芽無線技術擁有低成本、低耗能兩大優點，並可同時提供語音資料傳輸而吸引眾多目光。

藍芽技術(Bluetooth)是一種短距離的無線通訊技術，由於其使用的是低功率的無線電傳輸技術，所以可以有效地使得不同的設備(例如筆記型電腦、印表機、傳真機、鍵盤、耳機等)能於短距離進行資料的傳輸及溝通，也能簡化這些設備與網際網路之間的通訊，使得設備與網際網路之間的資料傳輸變得更加方便及迅速。簡單來說，藍芽技術使得現代的 3C 產品不必經由電纜就可以連上網際網路，並且能夠實現無線網際網路的概念，其實際應用還可以拓展到各種家電產品、電子產品或者汽車等資訊家電，組成一個大型的家用無線通訊網路。

藍芽歷史

藍芽是在 1998 年 5 月，由 Ericsson 及 Nokia 為了聯結其手機與其他可攜式 3C 產品而發展的技術。為了使藍芽成為新一代的短距離無線通訊標準，Ericsson 及 Nokia 聯合了 Intel、Toshiba 及 IBM 等廠商聯合開發，其宗旨就是開發一種新型短距離且低成本的無線傳輸應用技術。五家公司分工合作，由 Intel 公司負責半導體晶片和傳輸軟體的開發，Ericsson 負責無線射頻和移動電話軟體的開發，而 IBM 和 Toshiba 負責筆記型電腦介面規格的開發。在 1999 年下半年，微軟、摩托羅拉、三康、朗訊也開始投入藍芽的開發成立了藍芽技術推廣組織，使得全球掀起了一股藍芽熱潮。隨後成立的藍芽技術特殊興趣組織(SIG)來負責該技術的開發和技術協議的制定，如今全世界已經有將近 1800 多家公司加盟該組織 [6]。

藍芽通訊協定

藍芽通訊協定主要分為**無線電**(Radio)、**基頻**(Baseband)，**連結管理**(Link Manager)、L2CAP、HCI 及**應用架構**(Application Framework)等六部

分,其中無線電負責的是雜訊過濾和頻率的合成,基頻主要處理錯誤重送、訊息編碼及跳頻機制等工作,連結處理負責有關連線的建立、斷線,還有保密等工作,L2CAP 主要負責不同通訊協定之間的多工處理、封包的切割及重組及服務品質等。HCI 則提供藍芽與主機之間的介面控制,為一種與硬體無關的標準控制命令。至於應用架構部分,則依據使用所需來提供如 TCP/IP、HID 及 RFCOMM 等應用程式介面。此外,藍芽技術還規範了 SDP 通訊協定,使得藍芽可以進行探索,得到附近其他藍芽裝置的服務或資訊。

藍芽規格

藍芽的可傳輸範圍為 10 cm～10 m,如果增加某些外部設定或者是增加功率的話甚至可以達到 100 m 的傳輸距離。藍芽在語音方面,以**同步連結導向**(Synchronous Connection-Oriented, SCO)的連線方式,提供 64 kb/s 的即時語音傳輸,其語音編碼為 CVSD,發射功率分別為 1 mW、2.5 mW 和 100 mW,並且採用全球統一的 48 位元的設備識別碼。由於藍芽採用無線介面來代替傳統的有線電纜連接,所以具有很強的移植性,並且適用於大部分的場合,加上其消耗功率低、對人體危害小並且容易實現、簡單,所以藍芽的普及率也愈來愈高。

藍芽應用實例

由於藍芽模組的介面為 RS-232,所以我們可以利用前面章節所學習到的串列埠 API,來進行輸出和輸入的動作。透過 `ReadFile()` 和 `WriteFile()` 來進行兩個藍芽設備的資料傳輸。

9.5 RFID 原理與程式設計

RFID 為一項非常實用的技術,已經在很多領域得到廣泛應用。在這一小節中我們將會介紹 RFID 的運作原理和流程。

RFID 的運作原理

無線射頻識別系統 (Radio Frequency IDentification, RFID)，它主要是利用電磁傳播(Propagation Coupling)或空間電磁感應(Inductive Coupling)來進行通訊，以達到識別物體的目的。一個完整的 RFID 裝置包含電子標籤(Tag)、讀取器(Reader) [7]。

標籤是由 IC 晶片與天線封裝而成，其晶片上可以儲存資料，一般來說，標籤被製造時上面就會附有唯一編號(Tag ID)或者是工作人員為了需求所賦予的相關資訊或產品序號。然後標籤再透過天線將所內建的資訊傳送給讀取器。而讀取器的架構是由天線、接收器和解碼器所組成的。它可以經由發出無線電波的訊號來查看範圍內有無 RFID 電子標籤的存在，若有就可以進行標籤所回傳的訊號進行解碼 [8]。

然而在 RFID 系統中的線圈電路擁有兩種功能，一個是利用無線訊號產生電源，另一種則是利用訊號以調變的方式進行資訊接收和傳送。一般來說，讀取器要進行掃描時，會先發出一段 13.56 MHz 的無線掃描訊號。此時，如果電子標籤在這讀取器的掃描範圍內出現，它就會接收到此訊號。接著電子標籤會先進行訊號的解碼，若發現此訊號正確的話，即會藉著調變來改變掃描的電磁場，讓讀取器發現標籤的存在。

RFID 的電子標籤

電子標籤主要是依需求存放貨品的資料或者是儲存識別的 ID，大致上可因為有無電池分為兩種：

1. 主動式標籤(Active Tag)：因為其本身擁有電池，所以它擁有較遠的讀取距離，一般被設計為可儲存較大的記憶體，其缺點為體積較大並且價格昂貴，每隔 7～10 年需要更換電池。
2. 被動式標籤(Passive Tag)：標籤本身沒有電池，利用讀取器所傳送的能量，轉換成標籤內部電路操作能量。其優點為體積小、價格便宜、壽命長和可攜性。

RFID 的讀取流程

在這小節中，我們稍微敘述一下 RFID 系統的讀取流程，依照這個流程，我們就可以設計 RFID 應用程式：

1. 讀取器啟動後，它會不斷發射固定頻率的無線電波，持續偵測在它的範圍內是否有無 RFID 標籤的出現。
2. 一旦 RFID 標籤進入讀取機所發射的無線電波裡，它就會先進行訊號的比對。若比對正確，標籤內部會整合電波，並且藉由電容器產生出電源後，再將 RFID 標籤內的相關資料傳送回讀取器。
3. 當讀取器接收到回傳的資料後，會立即將這些資料透過傳輸線傳送給後端的應用系統，並進行後續的處理工作。

RFID 應用實例

本實驗中 RFID 模組的介面為 RS-232，所以可以利用前面所學習的串列埠通訊 API 來對裝置做存寫的動作。當串列埠打開後，我們可以透過串列埠寫資料給 RFID 裝置告知開始讀取：

```
0x55,0x00,0x01,0x00,0x02,0x00,0x10,0x00,0x13,0xAA
```

傳十個位元組的資料給 RFID 裝置代表開始準備讀取。並且準備讀取串列埠，會回傳 27 個位元組的資料，例如：

```
0x55,0x80,0x01,0x00,0x13,0x00,0x03,0x00,0xE8,0x00,0x00,0x14,0x00,
0x00,0x00,0x00,0x00,0x00,0x00,0x1A,0xB9,0x8C,0x9C,0xD5,0x04,0x70,
0xAA
```

請檢查傳回值之第 8 位元的資料為 00 或 FF，若為 FF 則表示無法讀取到標籤(Tag)值，請調整一下標籤到讀卡機天線的距離或位置並再次重試傳送讀取指令。若為 00 則表示從第 9 位元起到第 24 位元止共 16 位元的長度為此標籤的 ID(EX:E8000014000000000000001AB98C9CD5)。

237

9.6 USB 串列匯流排

USB 為日常生活中非常普遍的裝置。在近年來，這樣隨插即用特性的裝置漸漸成為人們日常生活中不可或缺的一部分，例如隨身碟、WebCam 及諸多週邊裝置都逐漸開始使用 USB 這種協定。在這一章節中，我們會敘述 USB 的原理及運作的流程。

USB 簡介

通用串列匯流排(Universal Serial Bus, USB)，從 1994 年起，IBM、Intel、Microsoft、NEC、Compaq、DEC、Northern Telecom 七家公司推出了 USB 協定規範的第一個版本，在以後 10 年時間裡，USB 的協定規範從 1.1 發展到 2.0，使得設備的傳輸速度大幅的提升至 480 Mbps，更提升了 USB 在電腦週邊的使用度。

USB 擁有許多優點，例如：

1. 熱插拔、自動檢測、自動配置、隨插即用。
2. 低功率設計。
3. 介面相同、標準統一。
4. 匯流排供電，可減少 USB 設備的體積。
5. 具有很好的擴展性，可以接入大量不同的種類設備，一台 PC 最多可以接上 127 個設備。
6. 提供四個不同的資料傳輸類型，分別為**控制**(Control)、**同步**(Isochronous)、**中斷**(Interrupt)和**大量**(Bulk)，適合各種不同週邊設備的要求。

USB 的拓樸

USB 系統主要被分為三個部分：USB 的互連、USB 的設備、USB 主機。每個 USB 系統中，主機就是整個系統中唯一的控制部分，作為整個系統的根節點。而根集線器為主機提供了擴展，使他可以連接多個設備和集線器，如此一直循環下去，為下一層設備和集線器提供了擴展的可能。具體的 USB 結構如圖 9.11 所示。

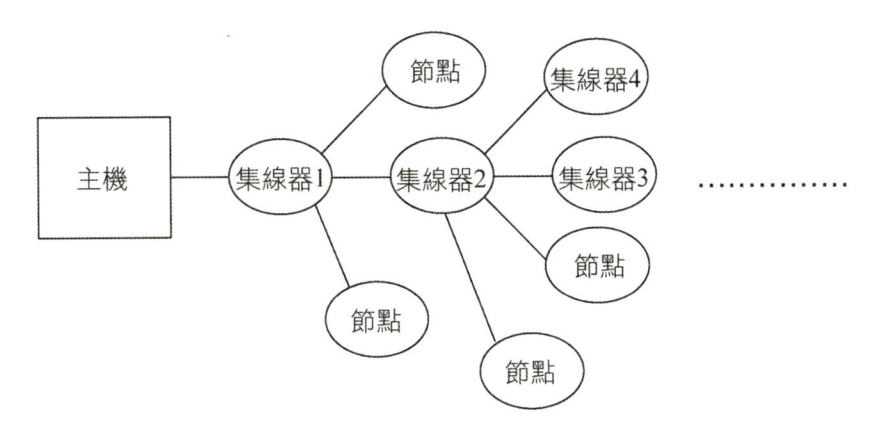

▲ 圖 9.11　USB 匯流排拓樸結構

USB 的屬性

為了實現 USB 的通用性，USB 的協定規範定義了許多屬性：**描述元**(Descriptor)、**類別**(Class)、**功能**(Function)／**介面**(Interface)、**端點**(Endpoint)、**管道**(Pipe)和**設備位址**(Device Address)。USB 設備就是利用這些屬性來區別其作用並且被 USB Host 識別。

下面簡介一下各種屬性的作用：

1. **描述元**(Descriptor)：負責存放有關設備的資訊、屬性及特點，USB 主機就是透過此屬性來判斷各個裝置的不同。
2. **類別**(Class)：由於 USB 可以支援大量不同的週邊設備，為了驅動這些週邊設備，USB 主機需要為了這些不同的週邊設備提供符合的驅動。為了減少驅動程式開發上的困難，協定把設備分為幾種不同的類別，並且把功能相近的分為同一類。
3. **功能**(Function)／**介面**(Interface)：功能就是具有某種能力的設備，傳統中的設備可能只具有單一的功能，隨著科技的進步，一個設備可能有多種功能。從硬體的角度來看，功能又可以被稱為介面，介面屬性則提供了介面屬性的設備類別。
4. **端點**(Endpoint)：端點是負責 USB 主機和設備之間通訊的基本單元，設備可以透過端點完成和 USB 主機的資料通訊。每個設備允許有多個端點，但是每一個端點都只有支援一種傳輸的方式。因此，對於四種不

239

同的傳輸方式，每一種傳輸方式都有若干個端點來完成傳輸。

5. **管道**(Pipe)：管道為設備和 USB 主機之間用來通訊的通道，在實質上我們看到的就是 USB 系統中的資料線。

6. **設備位址**(Device Address)：USB 主機的使用者端驅動程式透過描述元來區別不同種類的設備，而 USB 主機的主機控制器則是透過設備位址來區分不同種類的設備。

USB 的四種傳輸方式

在 USB 的資料傳輸方式中，一共有四種傳輸的方式：**控制**(Control)、**同步**(Isochronous)、**中斷**(Interrupt)和**大量**(Bulk)。在下面我們介紹這四種傳輸方式的特色：

1. **控制**(Control)方式傳送：控制傳送是雙向傳送，適合較小的資料量。在 USB 系統中主要是此種方式來進行查詢、配置和給 USB 發送通用的命令。此種傳輸方式可以包括 8、16、32、64 位元組的資料，要使用何種大小的資料必須依賴設備和傳輸速度。典型的控制傳送例子是用在主電腦和 USB 外設之間的端點 0 之間的傳輸。

2. **同步**(Isochronous)方式傳送：同步傳輸提供了確定的傳送流量和間隔時間。它被用於時間嚴格並具有較強容錯性的資料傳輸，或者使用者要求固定的資料傳輸率的傳輸中。典型的例子為網路電話的應用，由於一定要在固定的時間內才能進行溝通，所以會選擇使用同步方式來進行傳送。簡單來說，對於同步傳送而言，資料傳遞的效率會比資料傳送的精準度和完整度更重要一些。

3. **中斷**(Interrupt)方式傳送：中斷傳輸是單向傳送，並且對於 USB 主機只有輸入的方式。它主要是用於定時查詢設備是否有終端資料要傳送，其查詢頻率通常為 1 到 255 ms 之間。這種傳輸方式通常被應用在少量的、分散的或者是不可預測資料的傳輸。例如鍵盤、滑鼠就屬於這種類型。

4. **大量**(Bulk)傳送：主要應用在大量的資料被傳送或被接收，同時又沒有頻寬的間隔時間要求情況下，要求必須要完整的傳輸。印表機和掃描器就是屬於這種類型。這種類型的設備適合於傳輸較慢，並且大量且可以被延遲的傳輸，可以等到所有其他類型的資料傳送完成之後再傳送和接收資料。

USB 設備枚舉過程

當一個新的 USB 設備接入了集線器的某個連接埠上或者是移走時，集線器就會透過「狀態改變管道」向 USB 主機報告有新的設備移出或接入。USB 主機得知有新的設備連上它的某個埠，它至少要等待 100 ms 來確保插入操作的完成和設備電工穩定工作，然後主機就會像該埠發送置能和重置命令。

USB 主機發送重置命令持續 10 ms，當重置命令結束後，埠已經變得有效。這時設備處於待命狀態，並且可以從主機擷取小於 100 mA 的電能。此時 USB 主機會配給設備一個唯一的<u>設備位址</u>(Device Address)，設備以後就對該位址進行回應。USB 主機接下來就可以讀取描述元來確認設備的屬性，並且依照讀取的描述元進行配置，如果設備所需的資源充足，USB 主機就可以發送配置命令給 USB 裝置，表示配置完成。

USB 應用實例

首先如果我們要操作一個 USB 設備，我們一定要將與它連接的埠打開，所使用的函數和開啟串列埠的函數一樣為 `CreateFile()`。

```
HANDLE hCam=CreateFile(L("CAM1:"),  //Pointer to the name of the port
        GENERIC_READ|GENERIC_WRITE,  //Access mode
        0,                   //Share mode
        NULL,                //Pointer to the security attribute
        OPEN_EXISTING        //How to open the serial port
        0,                   //Port attribute
        NULL);               //Handle to port with attribute to copy
```

第一項參數要看驅動程式的內容，作業系統配置給該裝置什麼設備名稱。

練習

1. 試著利用前面所學習到的串列埠基本原理，實做 ECHO 程式，從終端機打入一個字元，並且從終端機上讀回字元。
2. 試著利用上面所提到的 API 函數，在 WinCE 中實做串列埠通訊實驗，在電腦終端機中輸入一個字元或一段字串，並且可以在 WinCE 中擷取到，且從 WinCE 中打入文字，在終端機上顯示。
3. 試著在 WinCE 上分析 GPS 裝置得到的訊號，並且顯示經緯度、時間等參數。
4. 試著利用前面小節學習到的串列埠通訊 API 配合 GSM 原理，編寫出可以打電話及傳簡訊的應用程式。
5. 試著利用藍芽裝置和串列埠 API，使得檔案可以透過藍芽進行傳輸。
6. 試著設計 RFID 應用程式使得兩張 RFID 標籤卡可以透過應用程式來識別身份。
7. 將準備好的 USB Webcam 裝置與驅動程式準備好，撰寫程式使得 Webcam 可以進行照相和攝影的功能。

參考文獻

[1] XSBase270(EELiod) ADS/Linux/WinCE 實驗開發與實務，華亨科技有限公司。

[2] XScale PXA27X XSBase270 實驗指導手冊，華亨科技有限公司。

[3] ARM9 S3C2440 嵌入式系統實作(ADS 應用實驗篇)，長高科技圖書。

[4] ARM9 S3C2440 嵌入式系統實作(WinCE 及上層應用實驗篇)，長高科技圖書。

[5] NMEA, http://www.nmea.org/.

[6] 藍芽無線技術發展與簡介，李永定著，http://www.iii.org.tw/ncl/docu-

ment/bluetooth.html。

[7] EPCglobal Taiwan 官方網站 http://www.epcglobal.org.tw.

[8] RFID 無線射頻識別標籤系統的探討(上)(下)，黃昌宏著。

[9] Microsoft MSDN：http://msdn.microsoft.com/

[10] Windows Embedded CE6.0 程式開發經典，Douglas Boling 著，葉佰蒼、黃昭仁 譯，碁峰資訊，2009.06。

[11] 嵌入式系統概論 以 S3C2400 核心為架構，許永和著，學貫行銷股份有限公司。

第 10 章
智慧型車輛之感測器技術

10.1 智慧型車輛

10.1.1 智慧型車輛之定義

智慧型車輛系統(Intelligent Vehicles Systems, IV systems)可以感測駕駛環境,並提供資訊或車輛控制服務,以輔助駕駛者完成最佳化的車輛操控。智慧型車輛系統能依據決策進行戰術層級上的駕駛操控行為,這些決策可能源自於**車內導航系統**(On-Board Navigation System)所提供之最佳路徑選擇。

智慧型車輛系統被視為下一世代的車輛系統技術,與現有之**主動式安全系統**(Active Safety Systems)是有明顯差異的。現有主動式安全系統僅提供基本的操控輔助,但未對環境變化進行偵測或對行車風險進行評估,如**防鎖死煞車系統**(Antilock Braking Systems)、**循跡控制**(Traction Control)及**電子穩定控制**(Electronic Stability Control)即為此類系統。

智慧型車輛技術運用以矽微加工技術製作之電子、機電與電磁感測元件,結合電腦控制技術與無線傳輸技術,提供精密並具高度可重現性之緊急示警功能。這些透過自主監控之機電感測器所產生之示警訊號,傳送至大約 100 公尺範圍內的車上與道路側之收發裝置,可以完成**車對車**(Vehicle-To-Vehicle)、**車對道路側**(Vehicle-To-Roadside)及**車對人**(Vehicle-To-Driver)之資訊交流。

行車環境,如圖 10.1 所示,可區分為車輛內之**內部環境**(Inner Environment)、距車身外數公尺範圍內之**近場環境**(Near-Field Environment)及數公尺至數百公尺範圍之**遠場環境**(Far-Field Environment)。不同之環境偵測訊號使用不同的物理或化學感測器,也可以提供不同的智慧型應用之需求。

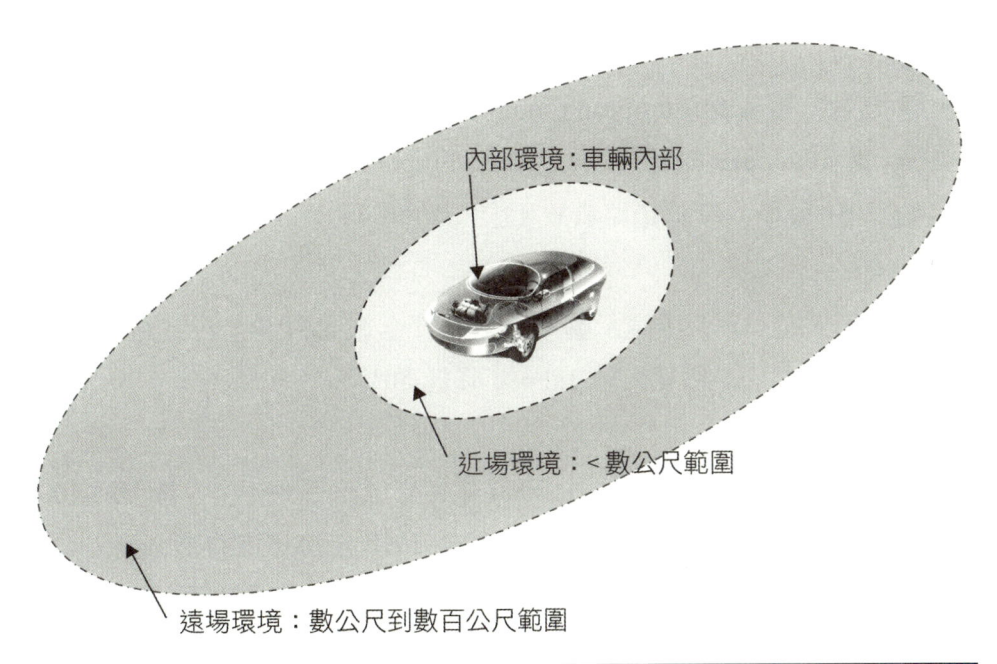

▲圖 10:1　行車環境之定義

10.1.2　目標與願景

目　標

在 2000 年前後，全球各主要已開發國家紛紛針對道路安全議題制定其國家政策與目標。

澳大利亞

澳大利亞運輸局(Australia Transport Council)在 2000 年訂定 2001~2010 年之國家道路安全策略，其目標為降低道路事故死亡人數 40%，即每 10 萬人口死亡人數由 1999 年的 9.3 人降至 2010 年 5.6 人。

日本

2003 年日本政府宣示，10 年內交通事故死亡人數減半，要讓日本成為全世界道路交通最安全的國家。日本政府計畫推動**先進巡航輔助高速公路系統**(Advanced Cruise-Assist Highway System, AHSs)，以應付 75% 的道路碰撞事件。藉由導入 AHSs，在 2010 年時，希望達成讓高碰撞事故地點之碰撞事故降低 15% 之目標，而長期之目標則希望讓碰撞事故減半。

歐　盟

歐盟執行委員會(European Commission, EC)在其推動的歐洲道路安全推動計畫(European Road Safety Action Program, RSAP)中，訂定之目標為：在 2010 年時，降低道路事故死亡人數 50%。

瑞　典

瑞典政府在 1995 年宣示國家之道路安全施政目標，希望到 2007 年時，道路事故死亡人數相較於 1996 年降低 50%。

荷　蘭

依據荷蘭政府統計資料，在 2000 年每年道路事故死亡人數大約 1000 人，荷蘭政府推動道路安全目標，希望在 2010 年每年道路事故死亡人數下降至 900 人(降低 10%)，而更希望到 2020 年時，此數字下降到 640 以下。

英　國

英國政府運輸部(Department of Transport)以 1994～1998 年之平均車禍碰撞事件統計資料為基礎，訂定 2010 年之國家道路安全目標：

- 減少 40% 的重傷及死亡人數。
- 減少 10% 的輕微受傷人數。
- 減少 50% 兒童的重傷及死亡人數。

美　國

美國聯邦運輸部(Department of Transport, U.S. DOT)在 1996 年設定之國家道路安全目標，希望到 2008 年，每 1 百萬英哩車輛行駛里程數發生之碰撞事故頻率，由 1996 年的 1.51 次降為 2008 年的 1.0 次。另外美國聯邦機動載具安全局(Federal Motor Carrier Safety Administration)針對大型卡車相關事故死亡率之目標為：由 1996 年每 1 百萬英哩車輛行駛里程數 2.8 人降為 2008 年的 1.65 人。

彙整上述全球主要國家與區域之道路安全目標，如表 10.1 所示。

表 10.1 全球主要國家與區域之道路安全目標

	亞 太			歐 洲				北美洲
	澳大利亞	日本	歐盟執行委員會	ERTICO 組織	荷蘭	瑞典	英國	美國
2007-2008								降低碰撞事故每 100M 車輛行駛里程由 1.5 到 1.0 (2008) 降低大型卡車相關傷亡率 1.65 人(2008)
2010	降低傷亡 40% 人數	降低碰撞 15% 人數	降低傷亡 50% 人數	20% 新車配備先進駕駛輔助系統	降低傷亡 10% 人數	與 1996 年比較，傷亡減少 50% 人數 (2007)	事故死亡和重傷降低 40% 輕傷減少 10% 兒童的事故死亡和重傷害降低 50%	
2013		降低傷亡 50% 人數						
2015								在 15%已知高傷害事故發生之路口部署碰撞交互預警系統，同時有 50%的車輛可支援此系統
長期	碰撞事故半減				到 2020 年降低傷亡 40%人數	沒有道路傷亡		

249

願 景

歐盟的 eSafety 計畫願景

歐盟執行委員會所推動的歐洲道路安全推動計畫，規劃了包含道路設計與使用、車輛設計、緊急事件的回應與主動式安全系統等項目，稱為 eSafety 計畫。eSafety 在歐洲道路安全推動計畫中扮演極關鍵的角色，主要是結合政府與企業的資源與能量，應用資通訊技術來改善道路使用的安全性。其中三項被關注與討論的議題如下：

- 制定主動式安全系統的管理措施
- 研發 [車輛-車輛] 及 [車輛-道路側] 通訊系統
- 補助購買主動式安全系統的獎勵措施

瑞典的 Vision Zero 願景

Vision Zero 的概念為：可預見的未來，不再有任何人在道路交通過程中死亡或受到嚴重傷害。而這樣的 Vision Zero 的概念，已形成瑞典國會在立法上基本且強烈的共識。Vision Zero 之核心由下列 11 項優先議題所形成：

- 聚焦最危險道路
- 讓多建築物地區的交通更安全
- 強調用路人的責任
- 更安全的單車交通
- 交通運輸系統的品質保證
- 冬季用輪胎之需求／要求
- 善加運用瑞典新科技
- 道路運輸系統設計者的責任
- 科學化處理交通犯罪
- 自發性組織的角色
- 籌措新道路資金的替代方案

美國的 Zero Fatalities 願景

美國智慧運輸協會 (Intelligent Transportation Society of America, ITS

America)在 2003 年作成 Zero Fatalities 決策共識，並與許多關鍵的組織、政府部門與國會議員共同來推動 Zero Fatalities 願景。

日本的 ITS 改革願景

日本的 ITS 計畫期待在未來建置先進互助型安全系統(Advanced Cooperative Safety Systems)為目的，該計畫目前投入研發與部署的兩個重要工作平台為：

- 車用導航系統合併車輛資通訊系統
- 基於專用短距離通訊之電子收費系統

法國的 ARCOS 計畫

ARCOS 是法國最大的國家型研究計畫，投入研究經費 1,800 萬歐元，有 60 個法國企業與學術單位參與此計畫，計畫執行期間為 2001～2004 年。ARCOS 計畫聚焦於四個研究主題：

- 前方道路危險狀況之預防措施
- 道路障礙物之碰撞預防措施
- 由車道與路旁出發行駛之預防措施
- 由車對車通訊技術來預防二次事故之防範措施

中國的 CyberCars 計畫

CyberCars 計畫的研究重點，在於研發行駛於都會區非正規道路之特定道路，具有自動駕駛能力的小型轎車或小巴士。

英國的 Vision 2030

1999 年英國高速公路局(U.K. Highway Agency)以規劃 30 年後的未來場景藍圖，來刺激前瞻性的思考，勾勒出 Vision 2030 的三大重要願景：

- 綠色高速公路：以強力地環保意識驅策。
- 車輛-高速公路協同合作系統：在自動化高速公路系統(Automated Highway System, AHS)上的協同合作駕駛，實現旅途時間的可預測性及可靠性。
- 貨運優先化概念：聚焦於無縫整合的物流服務，儘可能以鐵路運輸替代道路運輸，來減少道路上行駛的卡車數量。

10.1.3　相關計畫與執行策略

澳大利亞

Monash 大學事故研究中心

　　該中心執行 TAC SafeCar 計畫，研究主題針對智慧型車速適應性(Intelligent Speed Adaptation, ISA)、跟車距離警示及安全帶提示系統等，進行效益與可接受度的評估。智慧型存取計畫主要測試與評估 ISA 用於遙控監控重型車輛速度，最後以駕駛模擬器來進行失效預警裝置之評估。

Griffith 大學智慧控制系統實驗室

　　該實驗室進行之研究計畫方向如下：

- 行車車距控制
- 車道跟隨與車輛偵測(研發具有辨識、接近與超越另一車速較慢的車輛之功能)
- 高速自動巡航
- 車輛間的通訊
- 協同合作駕駛
- 智慧型車速適應性

中　國

　　第一汽車集團與國防科技大學主導，以機器視覺為基礎之自主駕駛智慧型車輛計畫。

吉林大學

　　CyberCar：於 2008 年北京奧運展示的自主駕駛小巴士。實現適應性巡航控制(Adaptive Cruise Control, ACC)與碰撞警示的 THASV-1 智慧型車輛計畫。

清華大學

　　裝置有彩色 CCD 攝影機及差分 GPS 導航系統之 THMR-V 智慧型車輛計畫。

交通運輸部

智慧型高速公路系統(Intelligent Highway System, IHS)計畫，由裝設在道路旁的基礎建設，提供車輛資訊服務、安全警示及自動化操控。

日 本

AHSRA 計畫：成立於 1996 年，研究聚焦於測試、評估與實現協同合作車輛／高速公路系統(Cooperative Vehicle-Highway Systems)，其最終目的在改善道路安全。計畫成員包含日本的汽車公司與電子公司。

AVS 計畫：研究主軸為自主性主動式安全系統(Autonomous Active Safety System)，所有日本的汽車公司皆為本計畫的參與者。

韓 國

韓國的智慧型車輛系統研發，由三個政府部門分工：建設與運輸部主導智慧型運輸系統(Intelligent Transportation System, ITS)交通管理與車輛安全之測試與評估，商業工業與能源部負責車輛安全技術之發展，資訊與通訊部則負責專用短距通訊系統(Dedicated Short Range Communications, DSRC)技術與應用之研發。

歐 盟

歐盟相關之研究計畫被定調為**骨幹計畫**(Framework Programs)，每一階段的計畫執行 4-5 年。1998-2002 年執行 5FW ADAS(The Fifth Framework Program On Advanced Driver Assistance Systems)計畫，2003-2008 年執行 6FW ADAS(The Sixth Framework Program On Advanced Driver Assistance Systems)行動。

法德合作-DeuFrako 計畫

DeuFrako 計畫是由法國政府的 PREDIT 計畫、德國聯邦教育與研究部及德國聯邦運輸部共同參與之智慧型車輛系統計畫。DeuFrako 計畫研究主題包含：

- 車輛間危險警示計畫(The Intervehicle Hazard Warning, IVHW 計畫)：本計畫是最早聚焦於車對車通訊的研究計畫之一，已於 2002 年完成。
- 安全地圖計畫(The SafeMAP 計畫)：本計畫投注於數位地圖與衛星定位

之應用 ADAS 系統。

法 國

為了參與歐盟的智慧車輛計畫，法國亦投入了下列三個相關之研究計畫：

- ARCOS 計畫(2001～2004)
- LAVIA 智慧車速輔助系統(2001～2005)
- 卡車自動化部署分析計畫

德 國

德國政府曾投入兩個智慧型車輛研究計畫：

- INVENT(2001～2005)
- FleetNet(2000～2003)

荷 蘭

荷蘭的三個智慧型車輛研究計畫：

- AVG Strategy
- TRANSUMO 計畫
- SUMMITS 計畫(2003～2006)

瑞 典

瑞典的智慧型車輛研究計畫：

- 智慧型車輛安全系統(Intelligent Vehicle Safety System Program, IVSS)(2003～2008)

英 國

英國的智慧型車輛研究計畫：

- CVHS Program(2003 開始～)
- ISA-U.K.(90 年代後期)
- AutoTaxi
- MILTRANS

- Radar Automated Lane Following(～2003)
- SLIMSENS

美　國

　　美國運輸局的智慧型車輛研究計畫：

- IVI 計畫(1998～2003)
- Naturalistic Driving Study(一年期計畫)
- Collision Avoidance Metrics Partnership, CAMP(1999～)
- Passenger Car Rear-End Collision Warning
- Passenger Car Road Departure Avoidance
- Passenger Car ICA System
- Evaluation of Active Safety Systems for Heavy Trucks
- Special Vehicle Driver Support
- Transit Bus Collision Warning Systems
- New Initiatives(2004～)

10.1.4　結論

　　歐盟執行委員會所推動的歐洲道路安全推動計畫 eSafety，在 2009 年 1 月 17 日針對 eSafety 願景的檢討報告中指出，從 2001 年起到 2008 年終之道路事故死亡人數統計如圖 10.2 所示。各年死亡人數雖然未達目標值，但逐年下降的趨勢明確，顯示計畫有相當程度的執行成果，亦值得做為我們執行計畫的參考。

　　總結上述內容，可歸納下列三點結論：

1. 道路安全議題儼然成為全球性人類社會新的挑戰，尤其面對愈來愈高齡化的社會，此一挑戰更加嚴峻。
2. "Vision Zero"，一個以零事故死亡為終極願景的概念，逐步受到全球愈來愈多國家的重視與認同，而努力不懈地朝此目標願景前進。
3. 發展以資訊科技與車輛科技為關鍵技術，所架構之智慧型車輛協同合作系統技術，許未來一個永續發展的契機。

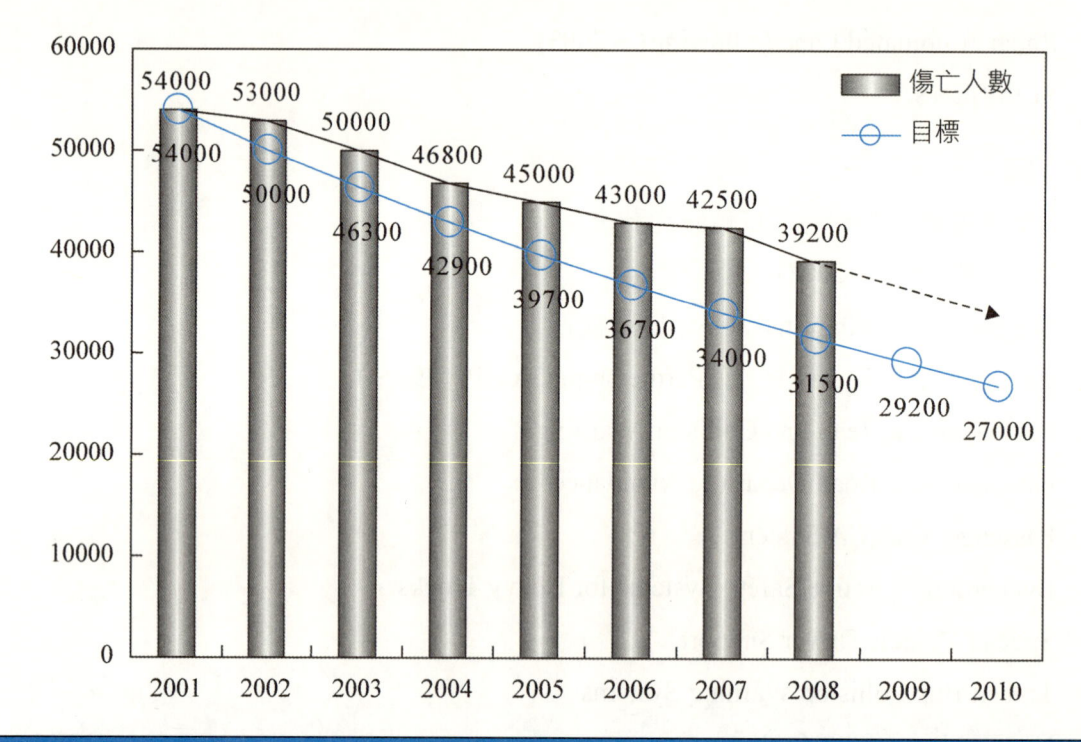

▲圖 10.2　歐盟道路事故死亡人數統計圖(2001～2008)

10.2
智慧型車輛之感測器技術

10.2.1　簡　介

何謂 MEMS？

　　微機電系統(Micro-Electro-Mechanical Systems, MEMS)是整合機械元件、感測器、致動器及電子電路於一矽基板之微小裝置。通常，典型的微機電系統裝置的尺寸大小在 1～100 微米範圍。MEMS 在日本被稱為微機器(Micromachines)，在歐洲被稱為微系統技術(Micro Systems Technology, MST)，都是微機電系統的別稱。

MEMS 技術的優點
1. 使用 IC 技術：整合多重且更複雜的功能於單一晶片中，形成完整的系統(感測器＋運算處理＋致動器)，系統微小化卻無損功能甚至功能更佳。
2. 批次量產：降低製造成本與時間。
3. 元件微小化可使系統速度更快、更可靠、可攜性更佳、更便宜、更省電、簡易且大量地被採用、易於維修與更換。
4. 易於與應用系統進行整合與修改。
5. 對環境的危害較少。
6. 開發全新的物理領域。

MEMS 技術在汽車上的應用
1. 慣性感測器：安全氣囊的加速規、ESP、GPS 導航、翻滾偵測用之加速規與陀螺儀、防盜用傾斜計、電子駐車煞車系統、車頭大燈水平儀等。
2. 壓力、流量感測器：引擎管理與空氣進氣之壓力、流量感測器、胎壓管理系統之壓力感測器、側面安全氣囊之壓力感測器、HVAC 之流量感測器等。
3. 紅外線、光學感測器：抬頭顯示器、視覺強化輔助、路面監控、車艙溫度、空氣品質與防起霧之紅外線感測器等。
4. RF 與其他感測器。

MEMS 的市場狀況

根據德國 wtc-consult.de 的市場分析顯示，2006 年全球 MEMS 市場產值為 70 億美元，預測 2011 年全球 MEMS 市場產值將達 115 億美元，平均年複合成長率(CAGR)為 10.5%，成長力道相當可觀。其中，在 2006 年有噴墨頭、壓力感測器及微光機電系統／數位光源處理技術(MOEMS/DLP)等三項應用產品產值超過 10 億美元。而預估在 2011 年，陀螺儀、加速規及 RF MEMS 等產值也將接近 10 億美元。

分析 2006 年全球 MEMS 市場的產業應用分布情況，IT 週邊產業佔 34%，汽車工業佔 23%，工業、航太、能源產業佔 23%，消費性電子

10%、通訊產業 6%、製藥及生命科學 4%。此外，2006 年全球 30 大 MEMS 製造商當中，有 13 家公司其主要產品應用於汽車工業，依產值排序分別為 Robert Bosch、Freesacle、Schneider Electric、Denso、Analog Devices、Delphi Delco Electronics、GE Navisensor、Infineon、Honeywell、Panasonic、VTI technologies、Conti. Auto. Systems、Silicon Sensing Systems。

我們在將目標聚焦於車用 MEMS 感測器的市場成長趨勢，2006 到 2011 年，壓力感測器、陀螺儀、加速規及流量感測器等四項主要的車用 MEMS 感測器產品，平均年複合成長率約 7%。其中陀螺儀平均年複合成長率達 10%、壓力感測器與加速規平均年複合成長率達 6%。而法規的強制規範是推動車用 MEMS 感測器市場成長的重要動力，如 2007 年法規強制新車出廠必須安裝胎壓監測系統(Tire Pressure Monitoring Systems, TPMS)，及 2011 年即將實施的新車出廠需具備 ESP 等。

10.2.2　MEMS 技術

1982 年 K. E. Petersen 在 IEEE 的研討會上，首次將利用 IC 製程技術用來製作非常微小的機械元件的方法，定義為微加工技術。

1916 年波蘭科學家 Jan Czochralski 發展出一種讓單晶結晶體成長的方法，Jan Czochralski 的方法奠定了今日半導體科技蓬勃發展的重要基礎。Czochralski 製程方法非常簡單，首先將多晶矽置於坩堝中加溫至融熔狀態，接下來導入單晶矽晶種於熔湯表面，單晶矽晶種緩慢旋轉拉高，單晶矽慢慢成長成單晶晶柱。完成之單晶晶柱經過磨邊、切片、研磨與拋光之後，即成為**矽晶圓**(Silicon Wafer)。

矽晶圓中有三個重要的結晶平面(100)、(110)及(111)，由於不同的結晶平面在蝕刻液中的溶解速度不同，最大差異可達 400 倍，是設計 MEMS 元件製程之重要參數工具——**選擇性蝕刻**(Selectively Etching)，在 MEMS 製程中扮演極重要的角色。矽晶圓的結晶平面在 Czochralski 製程中被確定，而後製成特定結晶平面之矽晶圓，使用者只要選用適合的晶圓即可。

常見的微加工技術

1. **體型微加工**(Bulk Micromachining)：體型微加工通常以選擇性蝕刻向晶圓基板內部定義出 MEMS 元件的結構，如圖 10.3 所示，簡言之即「往下挖出結構」。

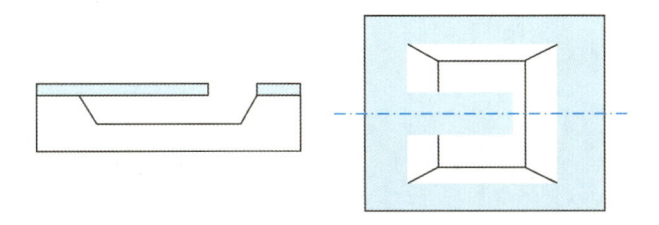

▲圖 10.3　體型微加工技術示意圖

2. **面型微加工**(Surface Micromachining)：面型微加工通常使用薄膜沉積加上選擇性蝕刻方式，在晶圓基板上堆疊出所定義之 MEMS 元件的結構，如圖 10.4 所示，簡言之即「往上層層疊起結構」。

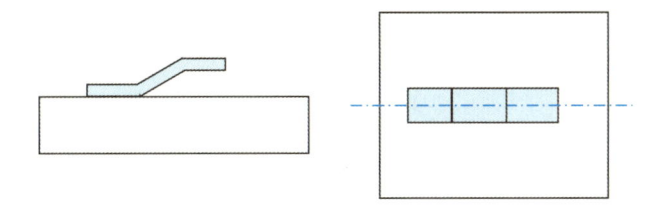

▲圖 10.4　面型微加工技術示意圖

3. **LIGA 與類 LIGA 製程**(LIGA/LIGA-like Process)：LIGA 製程由是結合**微影製程**(Lithography)、**電鑄製程**(Electroplating)與**模塑製程**(Molding)，常應用於製作具高深寬比(High-Aspect-Ratio)微結構之元件。由於 LIGA 製程使用 X 光作為曝光光源，限制了 LIGA 製程的可應用性及發展，而後才發展出使用 UV 光結合厚膜負型光阻的類 LIGA 製程，讓 LIGA 製程可以被廣泛的使用，如圖 10.5 所示。

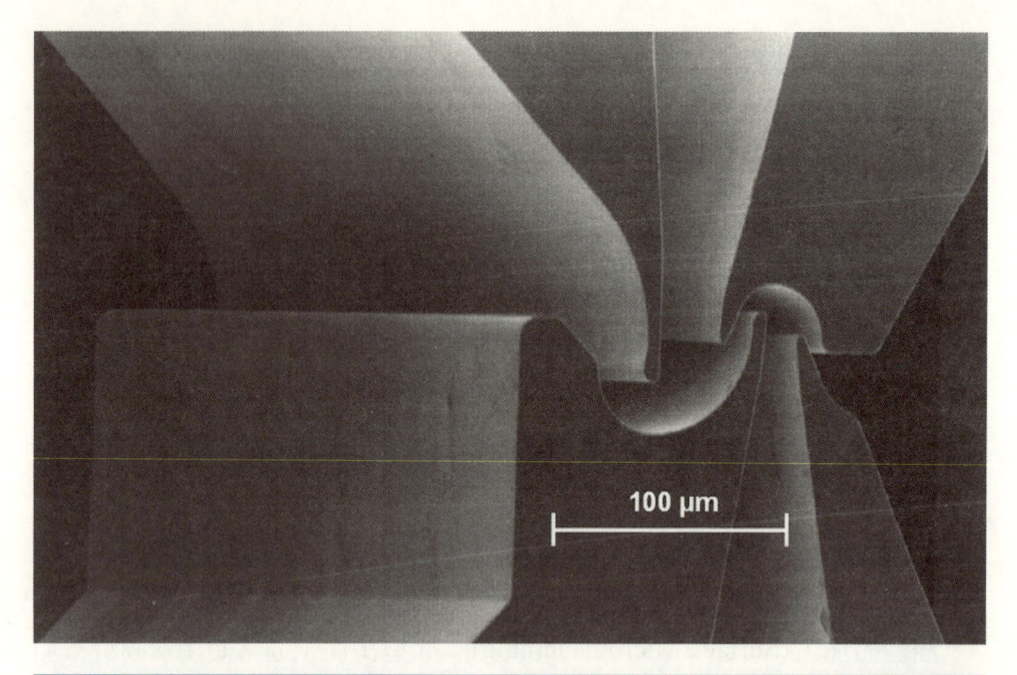

▲圖 10.5　以 X 光 LIGA 技術製作之微噴嘴結構

典型的微加工製程

1. **晶圓準備**：晶圓的選用、清洗及前處理(圖 10.6)。

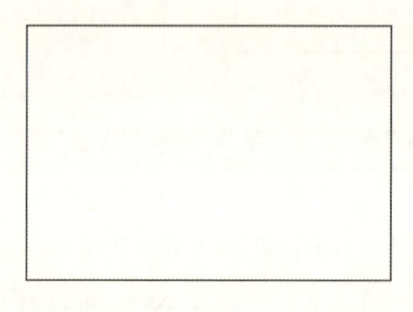

矽基板

▲圖 10.6　晶圓準備

2. **薄膜沉積**(Film Deposition)：在晶圓表面以物理或化學氣相沉積(PVD/CVD)或**旋轉塗佈**(Spin Coating)方式，沉積一層數奈米到 100 微米厚之薄膜材料，此沉積之薄膜材料通常作為電路或 MEMS 元件結構(圖 10.7)。

▲圖 10.7　薄膜沉積

3. **光學微影-光阻塗佈**(Photolithography I)：以旋轉塗佈將光阻材料方式塗佈於基板上(圖 10.8)。

▲圖 10.8　光學微影-光阻塗佈

4. **光學微影-曝光顯影**(Photolithography II)：透過光罩曝光定義出所需之圖案，再以顯影劑來進行圖案顯影，顯影後殘留之光阻可顯現所定義之圖案(圖 10.9)。

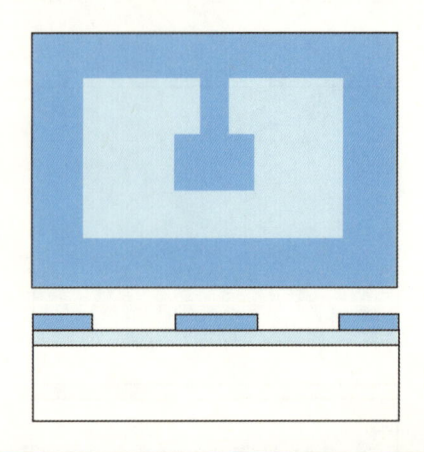

△圖 10.9　光學微影-曝光顯影

5. **蝕刻**(Etching)：透過光阻保護定義出圖案，在蝕刻過程中將所定義之圖案轉移至沉積薄膜。兩種基本的蝕刻方式為濕蝕刻跟乾蝕刻，前者係浸泡於化學溶液將暴露的沉積薄膜溶解移除，後者則透過反應離子或氣相蝕刻劑移除暴露的沉積薄膜(圖 10.10)。

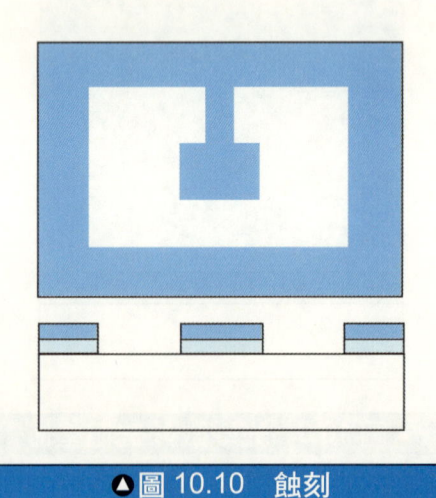

△圖 10.10　蝕刻

6. **去光阻**(PR Strip)：以光阻去除液將剩餘的光阻移除(圖 10.11)。

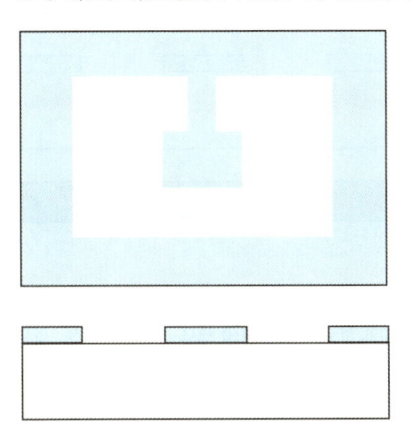

▲圖 10.11　去光阻

7. **體型微加工蝕刻**：對晶圓基板進行體型微加工蝕刻，製作出懸臂質量塊結構(圖 10.12)。

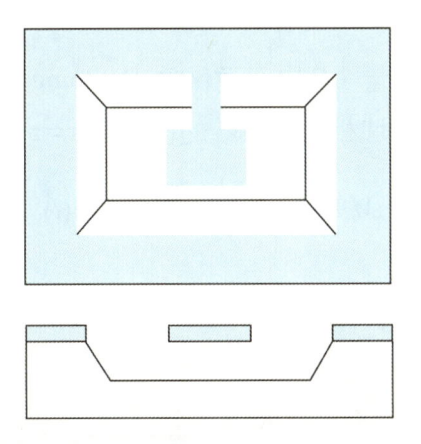

▲圖 10.12　體型微加工蝕刻

8. **接合**(Bonding)：接合製程經常用於 MEMS 微感測器之封裝，常用之接合技術有**陽極接合**(Anodic Bonding)、**共晶接合**(Eutectic Bonding)、**金屬化封裝**(Metallic Seals)、**低溫玻璃接合**(Low-Temperature Glass Bonding)、**熔接接合**(Fusion Bonging)及其他方式。(圖 10.13)

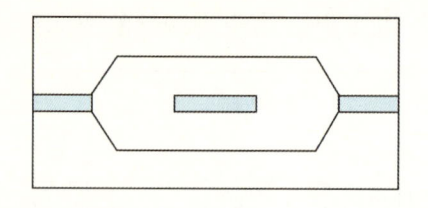

▲圖 10.13　接合

10.2.3　車用 MEMS 感測器

加速度規(Accelerometer)的基本概念

典型的加速度規系統如圖 10.14 所示，基本元件包含已知質量 M、彈簧 K 及阻尼 D。如圖 10.14 物理模型所示，當系統產生 z 的位移時，質量塊因受慣性力作用而產生 y 的相對位移量，其運動方程式可以表示為：

$$M\frac{dt^2 y}{dt^2} + D\left(\frac{dy}{dt} - \frac{dz}{dt}\right) + K(y-z) = 0 \tag{1}$$

其中，M 為質量塊的質量，D 為<u>阻尼係數</u>(Damping Coefficient)，K 為彈簧的剛性。進一步取質量塊相對於系統的位移量 $x=z-y$ 代入(1)式可得：

$$M\frac{d^2 x}{dt^2} + D\frac{dx}{dt} + Kx = Ma(t) \tag{2}$$

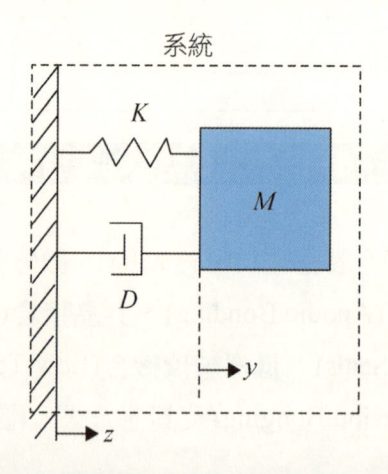

▲圖 10.14　加速度規物理模型

(2)式再透過二階微分方程式並經由**拉普拉斯轉換**(Laplace Transform)後可表示為：

$$\frac{x(s)}{Ma(s)} = \frac{1}{Ms^2 + Ds + K} \qquad (3)$$

由(3)式結果，在已知系統結構的各部分參數後，透過間接量測位移量即可得到相對應的加速度大小。

加速度規在汽車科技上的應用：

1. 安全汽囊(Airbag, 3-5 感應器)
2. 安全帶束緊器(Seat Belt Tensioner)
3. 車輛動態控制(Vehicle Dynamic Control)
4. 防鎖死煞車系統(Antilock Braking System)
5. 防盜系統(Antitheft System)
6. 主動式懸吊(Active Suspension)(3-5 感應器)
7. 頭燈持平(Headlight Leveling)

加速度規的基本特性：

1. 靈敏度(Sensitivity)
2. 工作頻寬(Bandwidth)
3. 線性度(Linearity)
4. 動態範圍(Dynamic Range)
5. 側向軸的響應(Cross Axis Response)
6. 溫度效應(Temperature Effect)
7. 階梯式加速度的暫態響應(Transient Response to Step Acceleration)

加速度規種類依感測原理可區分為：

1. 壓阻式(Piezoresistive)
2. 電容式(Capacitive)
3. 穿隧電流式(Tunnel Device)
4. 響應諧振式(Resonant Device)
5. 熱導式(Thermal)

6. 壓電式(Piezoelectric)
7. 微光機電系統(MOEMS)
8. 電磁式(Electromagnetic)
9. 聲波式(Acoustic)
10. 其他

陀螺儀的基本概念

陀螺儀(Gyroscope)在汽車科技的應用，最主要在車輛動態穩定控制系統，其次為慣性導航系統之感測。以車輛之動態穩定控制為例，行駛中的車輛因某些外在環境因素的影響，常見如過彎時外側輪胎接觸的路面磨擦條件改變、部分車輪經過油漬或積雪濕滑路面等，導致車輛**轉向過度**(Oversteer)；透過陀螺儀的即時感測，車輛動態穩定控制系統啟動，部分車輪的煞車產生作動，反角動量促使車輛反向旋轉，可避免車輛翻轉或翻滾的發生。另外，陀螺儀可支援衛星導航系統，當失去衛星訊號時作為慣性導航之輔助。

目前常見的 MEMS 振動式陀螺儀其結構部分是由一質量塊、靜電致動器以及用來感測質量塊位置和速度的感測機構所組成。整體的機械結構部分可視為是一個由質量塊、彈簧以及阻尼所構成的二維自由度系統。

常見之 MEMS 陀螺儀種類：

1. 指叉結構(Comb Drive)振動式陀螺儀
2. 表面聲波式(Surface Acoustic)陀螺儀
3. 振動環式(Vibrating Ring)陀螺儀

壓力傳感器的基本概念

壓力傳感器(Pressure Transducer)的基本元件包含一可變形的平面(通常為一薄膜結構)，利用薄膜兩側的壓力差造成薄膜變形，來進行壓力感測(圖 10.15)。

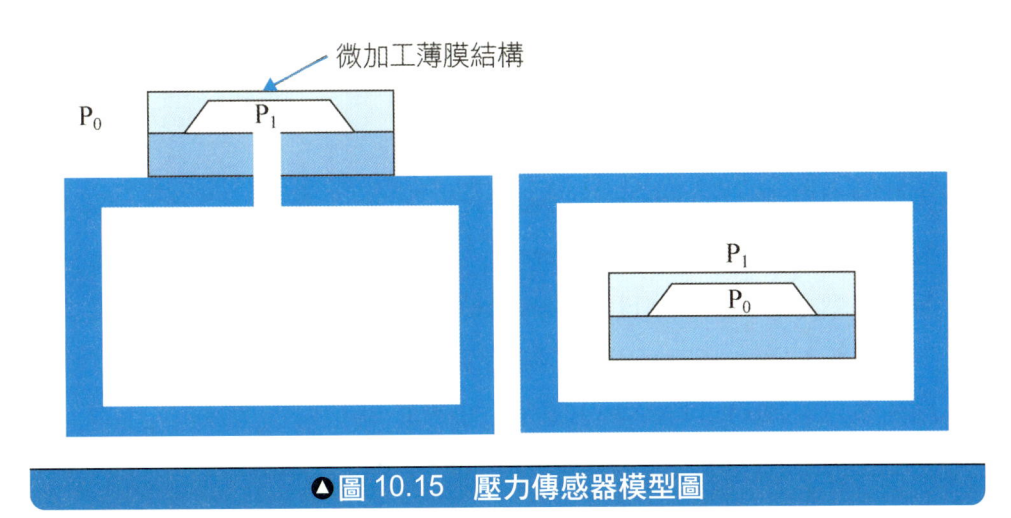

▲圖 10.15　壓力傳感器模型圖

壓力傳感器的種類及其優缺點：(＋優點，－缺點)

1. 壓阻式(Piezoresistive Type)
    + 迴路簡單
    － 易受方向性影響
    － 易受溫度影響
2. 電容式(Capacitive Type)
    + 構造簡單(對製程較不敏感)
    － 迴路精密(易產生寄生電容)
3. 響應諧振式(Resonant Type)
    + 可直接輸出數位信號
    + 靈敏度高
    － 對封裝方式較敏感
    － 構造複雜
4. 光學感測式(Optical Type)
    + 靈敏度高
    + 可直接輸出數位信號
    － 構造複雜

壓力傳感器在汽車科技上的應用：

1. 空氣進氣控制(Control Air Intake)(引擎控制)
2. 渦輪增壓壓力控制(Turbocharger Pressure)
3. 機油壓力控制(Oil Pressure)
4. 大氣壓力感測(Atmospheric Pressure)
5. 油箱壓力感測(Fuel Tank Pressure)
6. 煞車油壓力感測(Brake Fluid Pressure)
7. 空調系統(Climate Control)(空氣調節系統)
8. 燃油壓力控制(Fuel Pressure)(直噴射引擎)
9. 胎壓監控系統(Tire Pressure Monitoring System, TPMS)

夜視裝置(Night vision)系統

1. 遠紅外線系統(Far-Infrared-Based System, FIR)：直接偵測由物體發散之 7-12 μm 波長的熱輻射，以 Pyroelectric 熱影像儀或 Bolometer 攝影機來取得影像。[圖 10.16(a)]。
2. 近紅外線系統(Near-Infrared-Based System, NIR)：由車上設備對外界物體發射波長 0.8-1 μm 之近紅外線，再以近紅外線攝影機擷取反射回來之近紅外線成像。[圖 10.16(b)]

(a)遠紅外線系統　　　　　　　　　(b)近紅外線系統

▼圖 10.16　典型的夜視裝置系統圖

練習

1. 各國對智慧型車輛發展勾勒出的願景，可歸納出其所關懷的議題有哪些？你覺得還有哪些議題可以納入考量？
2. 如果由碳足跡(Carbon Footprint)及生命週期評估(Life Cycle Assessment, LCA)的角度思考智慧型車輛的發展，你覺得有哪些研究方向與議題更有意義？
3. 根據熱感測式加速度規的運作原理，提出你對改善加速度規效能的設計構想。
4. 試提出可應用於行車路線維持輔助(Lane-Keeping Assistance, LKA)之感測器，並說明其工作原理及使用上可能發生之問題。
5. 請圖示說明以體型微加工(Bulk Micromachining)方式製作一熱感測器的過程(含製程及材料)。

參考文獻

[1] R. Bishop, "Intelligent Vehicle Technology And Trends," Artech House Publishers, 2005.

[2] Commission of The European Communities, "WHITE PAPER European transport policy for 2010: time to decide," The European Communities, 2001.

[3] Commission Communication, "A sustainable future for transport: Towards an integrated, technology-led and user friendly system," The European Communities, 2009.

[4] 國土技術政策總合研究所, "ITS Introduction Guide: Shift from Legacy Systems to Smartway," 2007。

[5] K. E. Petersen, "Silicon as a mechanical material," Proceeding of the

IEEE, 1982.

[6] J. A. Wickert, D. N. Lambeth, and W. Fang, "Towards a Micromachined Dual Slider and Suspension Assembly for Contact Recording," STLE/ASME Tribology Conference, 1991.

[7] 方維倫、孫志銘、王傳蔚、蔡明翰，"CMOS MEMS 微感測器之設計、製造、與整合"產學合作暨成果發表專刊，2008。

[8] 方維倫、孫志銘、王傳蔚、蔡明翰，"CMOS MEMS 微型加速度計"科儀新知，2008。

[9] R. Amarasinghe, D. Viet Daob, T. Toriyamaa and S. Sugiyama, "Development of miniaturized 6-axis accelerometer utilizing piezoresistive sensing elements," Sensors and Actuators A: Physical, 2007.

[10] D. S. Lee, "Thermal accelerometer based predictive drop sensor," Sensors and Actuators A: Physical, 2006.

[11] F. Mailly, A. Martinez, A. Giani, F. Pascal-Delannoy and A. Boyer, "Design of a micromachined thermal accelerometer: thermal simulation and experimental results," Microelectronics Journal, 2003.

[12] A. Chaehoi, F. Mailly, L. Latorre, and P. Nouet, "Experimental and finite-element study of convective accelerometer on CMOS," Sensors and Actuators A: Physical，2006.

[13] 沈聖智、陳永裕、陳家榮，"MEMS-Based 微慣性導航系統於水下載具之研發"第十屆水下技術研討會暨國科會成果發表會，2008。

[14] SAID EMRE ALPER and AKIN Tayfun, "A symmetric surface micromachined gyroscope with decoupled oscillation modes," Sensors and Actuators A: Physical, 2002.

第 11 章
車載通訊閘道器效能評估

全球汽車產業規模相當龐大，伴隨著資通訊技術的快速發展，利用車載資通訊來打造智慧型車輛變成熱門研究題材之一。依據經濟部出版的 2007 年產業技術白皮書 [1] 明確地定義，所謂「智慧型車輛」即是導入電子、電機、資通訊與控制等相關技術，運用於車輛產業與智慧型運輸系統 (Intelligent Transportation System, ITS)，主要是用來發展先進安全、智慧行車之系統技術與相關產品；同時，結合資訊、通訊、電子、控制及管理等技術，運用於各種道路運輸軟硬體建設，使整體交通運輸之營運管理達到自動化或提升運輸服務的品質。

車載閘道器是一種嵌入式系統，它在智慧型車輛中扮演著對內和對外通訊的重要角色，對內的通訊網路以控制器區域網路匯流排(Controller Area Network Bus, CAN Bus)為主，CAN Bus 通訊平台為世界各大車廠共同推動並整合車輛中各電子控制單元(Electronic Control Unit, ECU)通訊的網路平台，於 2008 年後各大車廠將整合 CAN Bus 通訊平台於各式新款車上。在對外通訊部分，以車用行動通訊網路(Vehicle Ad Hoc Network, VANET)和專用短距離通訊(Dedicated Short Range Communication, DSRC)為發展的主軸，分別是用來進行車與車、車與路間通訊。此外，藍芽(Bluetooth)和 ZigBee 也是車載通訊閘道器常用的短距離無線通訊技術之一。

本章的組織說明如下：首先會介紹車載通訊閘道器的角色及其功能，再說明四套效能評估工具，這四套工具分別是 PEPSY、PIPE2、PRISM 及 SHARPE。最後介紹行動部落格系統，說明其系統架構及實作，再說明如何利用 PRISM 工具來進行效能評估，我們選定車載通訊閘道器最常用的通訊協定：CAN Bus 及藍芽，來進行效能評估分析。

11.1
車載通訊閘道器簡介

車載通訊閘道器結合車上的通訊標準控制器區域網路匯流排(CAN Bus)以及一般常用的無線通訊，包括：IEEE802.11、藍芽、ZigBee、GPRS、GPS、GIS 等，提供以服務為導向的應用，也使車載通訊閘道器成為智慧型運輸系統必要的電子設備,增進運輸系統的安全、效率及舒適性。我們以**先進旅行者資訊系統**(Advanced Traveler Information Systems, ATIS)相關應用為例,將車載通訊閘道器應用在行動網誌自動化系統上,如圖 11.1 所示。該系統可以協助旅行者輕鬆記錄旅行軌跡和拍照地點,換句話說可即時跟親朋好友分享旅行過程中的發現與感動。

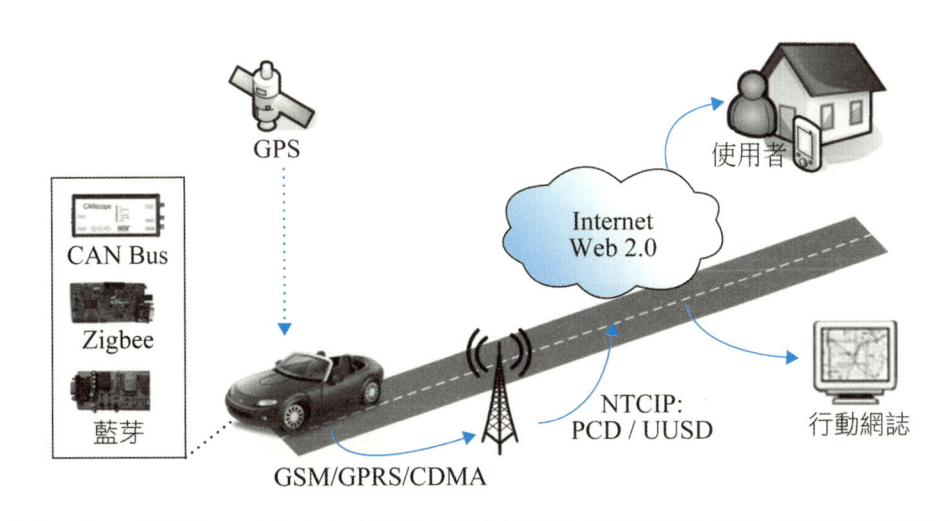

▲ 圖 11.1　行動網誌自動化系統概念圖

　　在我們生活的每一個角落及行動載具上,已逐漸覆蓋行動通訊裝置,整個社會已成形**無所不在的運算**(Ubiquitous Computing)的環境。而在行動載具上車載通訊閘道器是智慧型車輛的控制中心。圖 11.2 說明車載通訊閘道器整合對內及對外通訊,並與周圍環境形成一個完善的智慧型運輸系統,讓系統主要是結合資訊、通訊、電子、控制及管理等技術實現於各種運輸軟硬體建設,以使整體交通運輸之營運管理得以達到自動化目的,或是能有效地提升運輸服務品質之系統。在車內網路常見以實現**控制器區域網路匯流排**(CAN Bus)和 Zigbee 的整合,分別用來讀取有線及無線感測元件的數值,並經由微控器或閘道器適度運算後,可用來控制車內的致動器等設施,而對外的通訊則以藍芽和 Wi-Fi 分別用來提供車間通訊及連結網際網路的伺服器。

　　近幾年,因為各大汽車業者都以控制器區域網域匯流排通訊為標準,

▲ 圖 11.2　車載通訊通訊整合架構圖

　　整合汽車內部網路，藉由匯流排的概念取代傳統車內線束的使用過多的問題，而且因電子式控制器或感知器能經由匯流排來交換資料，使得這些控制器和感知器能彼此合作，形成較具智慧的控制網路，例如：雨刷控制器可以和車速感知器相結合，當汽車放慢速度時可以調降雨刷轉動速度；當車速變快時雨刷轉動可自動變快。而相關的研究也以控制器區域網路匯流排在車內環境的應用為主，Wang [2] 使用控制器區域網路匯流排實作整合雷達和三個**超音波感知器**(Ultrasonic Sensors)達到自動警示避免車輛碰撞的系統。Mangan [3] 實作車輛中只使用**傾角羅盤感知器**(Inclinometer Sensor)和以**加速度為基礎的錯誤修正演算法**(Acceleration-Based Error Correction Algorithm)達成直線道路的傾斜度的偵測法。Song [4] 使用控制器區域網路匯流排具備高可靠度和即時性等優點將它應用在傳動系統上，以增加傳動效率。Lihui [5] 探討自動**重複量**(Redundancy)的機制在使用控制器區域網路匯流排的系統上。Tao [6] 探討使用數位訊號處理器利用脈波寬度調變(PWM)來控制產品並將訊息傳遞的整合在可靠性較高控制器區域網路匯流排。Kong [7] 實作出自動確認和控制系統，利用引擎電子控制器在控制器區域網路匯流排的傳輸上控制訊號。以上的例子都是以控制器區域網路匯流排的高可靠度和即時傳輸等特質應用於車上的研究。在控制器區域網路匯流排閘道器的相關方面的研究有 Sommer [8] 在有限的**緩衝區容量**(Buffer Capacity)和資源中,來強化 CAN 最佳化並實現 CAN 橋接網路中的閘道器。Pereira [9] 提出一個通訊協定能和控制器區域網路匯流排橋接機制,並以**優先權重為基礎的無線媒體存取控制協定**(Priority-Based Wireless MAC Protocol)來達成設計同步、可靠和具有優勢等目的通訊協定。為了達成控制器區域網路匯流排中的更高可靠度的傳輸,Barranco [10] 使用星狀拓樸的方式,在中心點建立可靠的**錯誤檢查**(Fault Check)機制,且分析並解決所有使網路錯誤的方式。Emani [11] 設計**混合自動重複請求**(Hybrid Automatic Repeat Request, HARQ)的方法,改善控制器區域網路匯流排於資料傳送錯誤的檢查和回復有效方法。Jikun [12] 設計**失誤路徑**(Fault Path)的方法使控制器區域網路匯流排的**穩定度**(Reliability)增加。Obermaisser [13] 提出一個新的演算法和實作**中介軟體**(Middleware),使目前在有限的控制器區域網路匯流排頻寬和**時間觸發**(Time-Triggered)的架構上增加它的傳輸效率。

11.2 效能評估工具

我們都知道「工欲善其事,必先利其器」,由於資通訊科技的進步,已有許多研究學者在系統分析上開發許多很好用的工具,而這些工具都是以馬可夫鏈相關,我們都知道馬可夫鏈是一門有趣的學科,它是隨機機率為基礎並具備非記憶性的特質,亦即下一個狀態只與目前的狀態有關,和它歷史資料無關,因此能使用多項式來求解。本節將介紹幾個以馬可夫鏈為基礎所發出來常用的效能評估工具,包括:PEPSY、PIPE2、PRISM 及 SHARPE 等。

11.2.1　PEPSY

效能評估與預測系統(Performance Evaluation and Prediction System, PEPSY)是由 Erlangen-Nuremberg 大學所發展出來的,使用此工具最能用

來決解有乘積解排隊理論(PFQN)及非乘積解排隊理論(NPFQN)，其功能相當強大。目前已內建超過 30 種解法的演算法，它能用來求開放式網路(Open Networks)、封閉式網路(Close Networks)及混合式網路(Mixed Networks)，我們可以利用此工具來計算系統效能，包括：吞吐量(Throughput)、利用率(Utilization)或平均反應時間(Mean Response Time)。目前此工具有專為 X11 視窗作業系統所設計版本稱為 XPEPSY，而在 Windows 作業系統執行版本稱 WinPEPSY。圖 11.3 是利用 WinPEPSY 來分析封閉式網際網路主從工作站的效能，在伺服端有兩個節點：CPU 和 Disk，都是採用 M/M/m 佇列模型；在用戶端則選用 M/G/∞；網際網路則用 M/G/1 來模擬。圖 11.3 共有四個畫面分別表示利用率、反應時間、佇列網路模型、等待時間。

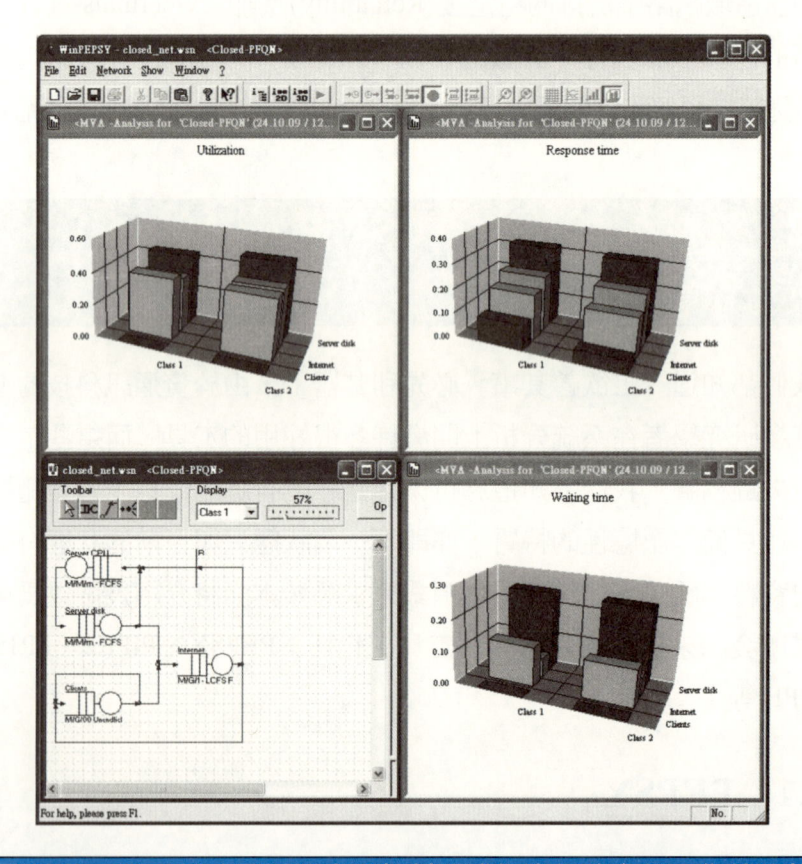

△圖 11.3　利用 WinPEPSY 來分析封閉式網際網路主從工作站的效能

11.2.2　PIPE2

　　PIPE2 是一套開放原始碼、平台獨立的工具,可以用來建立及分析**派翠網**(Petri Nets),當然也包括**泛用型隨機的派翠網**(Generalised Stochastic Petri Nets)。派翠網是目前在分散式系統中塑模平行和同步機制最受歡迎方法之一。在利用馬可夫鏈來分析系統時,要將系統分成哪幾個狀態,往往讓人感到非常困難,不知所措。然而利用 PIPE2 可以輕鬆地依照系統運作情形,來建立派翠網,經由**標誌**(Token)在派翠網內流動來觀察系統的行為目否與我們預期一樣。再利用該工具所提供的驗證,確認派翠網不會產生**死結**(Deadlock)現象且具備**安全**(Safe)特質及**有邊界的**(Bounded)特質後,再利用 GSPN 分析就可以很容易得到穩定狀態的機率值,利用這些機率值再配合適當的**獎勵值**(Reward),就可以輕易地求得系統的穩定度、有效性及能源損耗等效能評估的參數值。而且該工具也可以用來產生**可到達圖**(Reachability),讓我們了解系統狀態切換的情形。圖 11.4 即用它來建立 UPnP 協定中,控制點和裝置之間的交握情形,從控制點搜尋能提供它想要的服務之裝置開始,一直到訂閱控制點想關心的事件以及操控裝置的狀態。在圖中圓形表示狀態節點;長方形表示轉移節點。在 GPSN 下,轉移節點可分成兩種:黑色實心為立即轉移節點;空心方形表示帶時間條件的轉移節點。黑色小點即為標誌,當轉移節點流入的狀態節點上都有標誌時,就構成轉移的條件,在轉移後轉移節點會把標誌分別傳送到流出的所有狀態節點。

11.2.3　PRISM

　　或然性模型檢查器(Probabilistic Model Checker, PRISM),此工具是用來塑模和分析系統內存在隨機或具或然性的行為。PRISM 應用範圍極廣,包括:通訊協定、多媒體、亂數分配演算法、安全協定、嵌入式系統、生物系統等。該工具目前支援三類機率的模型:分離時間的馬可夫鏈(DTMCs)、馬可夫決定處理(MDPs)以及連續時間的馬可夫鏈(CTMCs)。圖 11.5 是利用 PRISM 來分析車載閘道器與手機間利用藍芽通訊交換照片的行為。在左下角可以看到 PRISM 標籤頁提供的主要功能有模型(Mod-

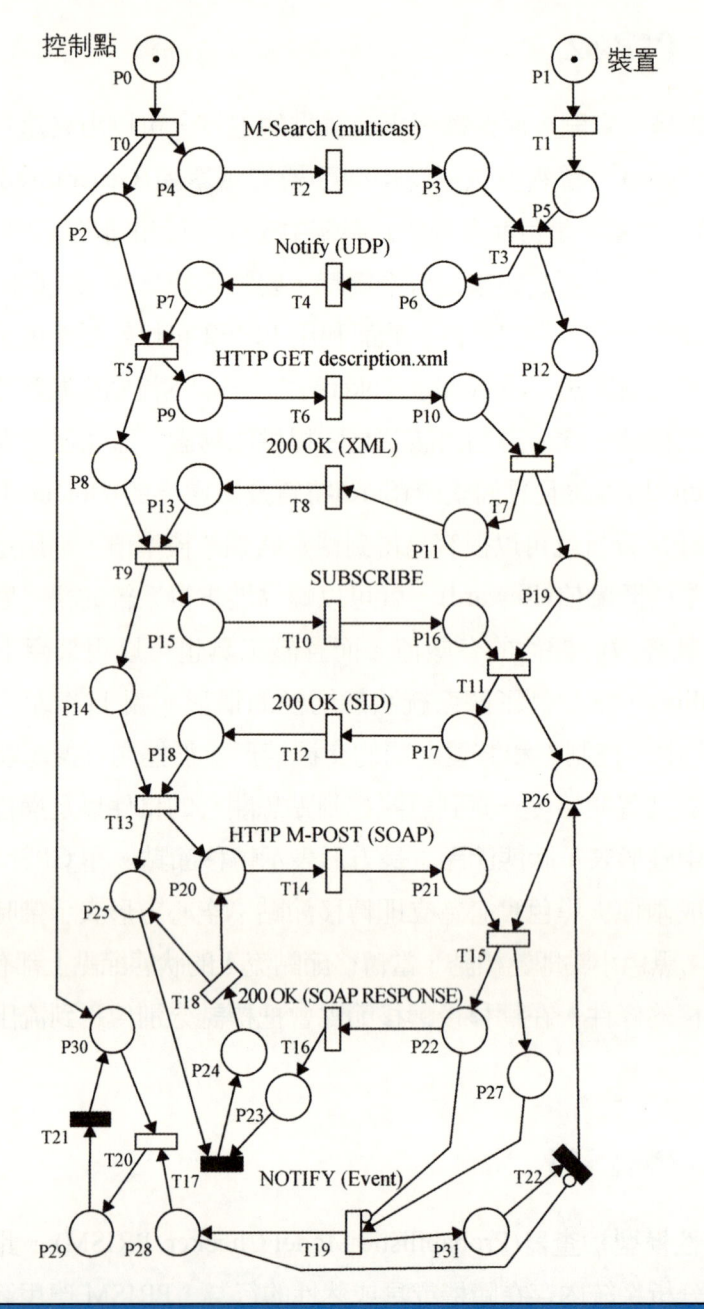

▲ 圖 11.4　以 UPnP 為基礎之控制點和裝置交握情形

el)、屬性(Properties)、模擬(Simulator)和記錄(Log)，分別用來建立和編輯系統模型、運用屬性來進行分析、模擬系統行為可單步執行、記錄。

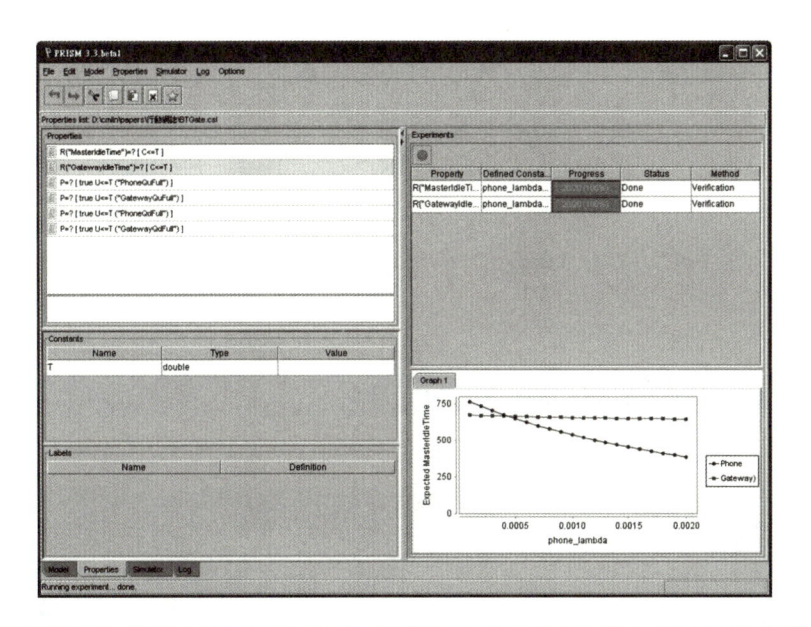

▲ 圖 11.5　使用 PRISM 來分析閘道器對手機的行為

11.2.4　SHARPE

符號階層自動化可靠度效能評估(Symbolic Hierarchical Automated Reliability Performance Evaluator, SHARPE)工具是在 1986 年由 Duke 大學 Sahner 和 Trivedi 兩位教授發展出來，該工具是使用標準 ANSI C 實作出來，而且在幾乎所有平台上都可執行。使用 SHARPE 工具的好處是它不會像 PESPY 和 SPNP 受限於單一模型型別，該工具提供了 9 種不同模型，包括有乘積解佇列網路 (Product-form Queueing Networks)、隨機式派翠網 (Stochastic Petri Nets)、連續時間馬可夫鏈(CTMC)、半馬可夫鏈(semi-Markov)、馬可夫再生模型(Markov Regenerative Model)、工作優先權圖 (Task Precedence Graphs)、穩定性方塊圖(Reliability Block Diagrams)、穩定性圖 (Reliability Graph)及失誤樹(Fault Tree)等。

圖 11.6 說明了 ZigBee 三種拓撲結構：星狀(Star)、網狀(Mesh)及樹狀 (Tree)。我們使用 SHARPE 利用穩定性方塊圖來進行星狀網穩定度的分析，其繪製穩定性方塊圖的畫面如圖 11.7 所示，第 1 個方塊以串列元件來表示中心節點，而第 2、3 元件以 KofN 元件來繪製分別表示有 n 個節點

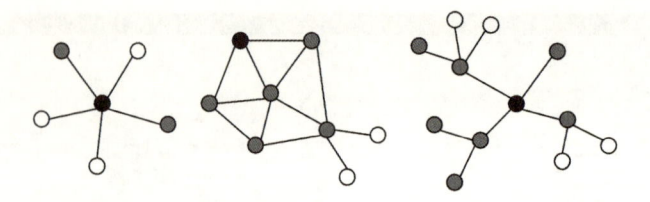

● 協調者
● 全功能節點
○ 精簡功能節點

▲ 圖 11.6　ZigBee 三種拓樸結構

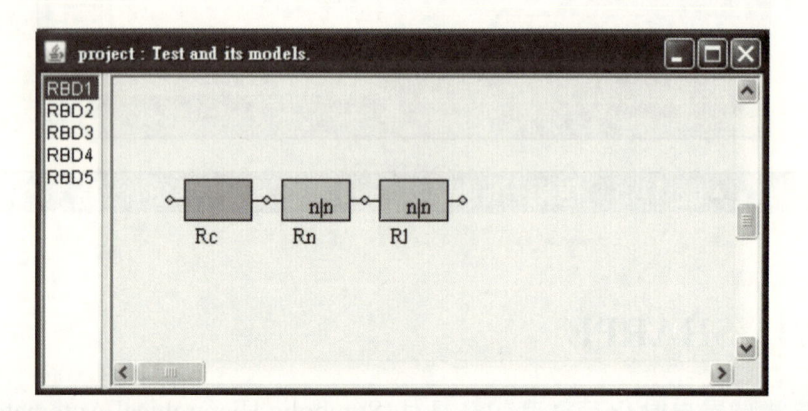

▲ 圖 11.7　ZigBee 星狀網穩定度方塊圖

及 n 個邊。利用該工具能轉換成以符號階層來表示，其輸出格式如下：

```
format 8
factor on
block RBD1(lamba, n)
comp C exp(lamba)
kofn Rn n, n, C
kofn Rl n, n, C
series serie0 C Rn Rl
end
```

11.3 應用實例：自動化行動部落格系統

當旅行者開車到處旅行時，他除了要享受美好時光外，也需要在旅行期間花大量時間收集資料來記錄歡樂時光，而收集及記錄工作常造成旅行者過多工作負擔。部落格是一個網站被用來呈現個人的日誌，像旅遊和地圖日誌等。在智慧型運輸系統裡這樣的網頁服務被稱為行動部落格，自動化行動部落格系統可以用來協助使用者以降低他收集及記錄資料的時間。這一類的系統可以用來協助自動紀錄旅行者的旅行資料和拍照地點，當資料上傳後可以讓旅行者將這些旅行經驗和朋友、家人一起分享。

本節首先會介紹自動化行動部落格系統的系統架構及其系統實作，再用 PRISM 工具來塑造自動化行動部落格系統之中兩種通訊介面的模型，其一是用來分析車載閘道器利用控制器區域網路匯流排和電子式控制器交換封包的行為，由於控制器區域網路匯流排實體層具備天生優先權的特性；其二是分析車載閘道器和手機間利用藍芽來交換圖片的行為，車載閘道器和手機在藍芽通訊系統中，形成一個微網且具備主從的特性。

11.3.1 系統架構

圖 11.8 呈現自動化行動部落格系統架構分為三個部分：汽車空間、網路資源和混搭部落格。在汽車空間裡有一個多功能通訊閘道器，該通訊閘道器被安裝在汽車上，此通訊閘道器的通訊介面包含：控制器區域網路匯流排、ZigBee、藍芽和 3G 等。通訊閘道器可以透過控制器區域網路匯流排取得汽車裡的資料，如速度、油量、診斷問題碼和引擎溫度等；透過藍芽介面可以取得使用者拍的照片和路邊的影像圖片；另外，通訊閘道器也可也透過地理定位系統(GPS)取的車子定位的經緯度位址。

除了車載閘道器外，代理人技術也是經常用來實作提供服務的工具之一。在圖 11.8 中自動化代理人可以從各種通訊介面取得的原始資料，透過 3G 自動上傳到網路各種資源裡，如文字部落格、網路相本、影音部落格和檔案儲存空間裡；而**混搭代理人**(Mashup Agent)可以利用這些資訊重新組合設計成新的網頁。透過混搭技術除了讓部落格內容可以更吸引人外，也因重新組合各項資源後，能因應新的需求提供新的服務。

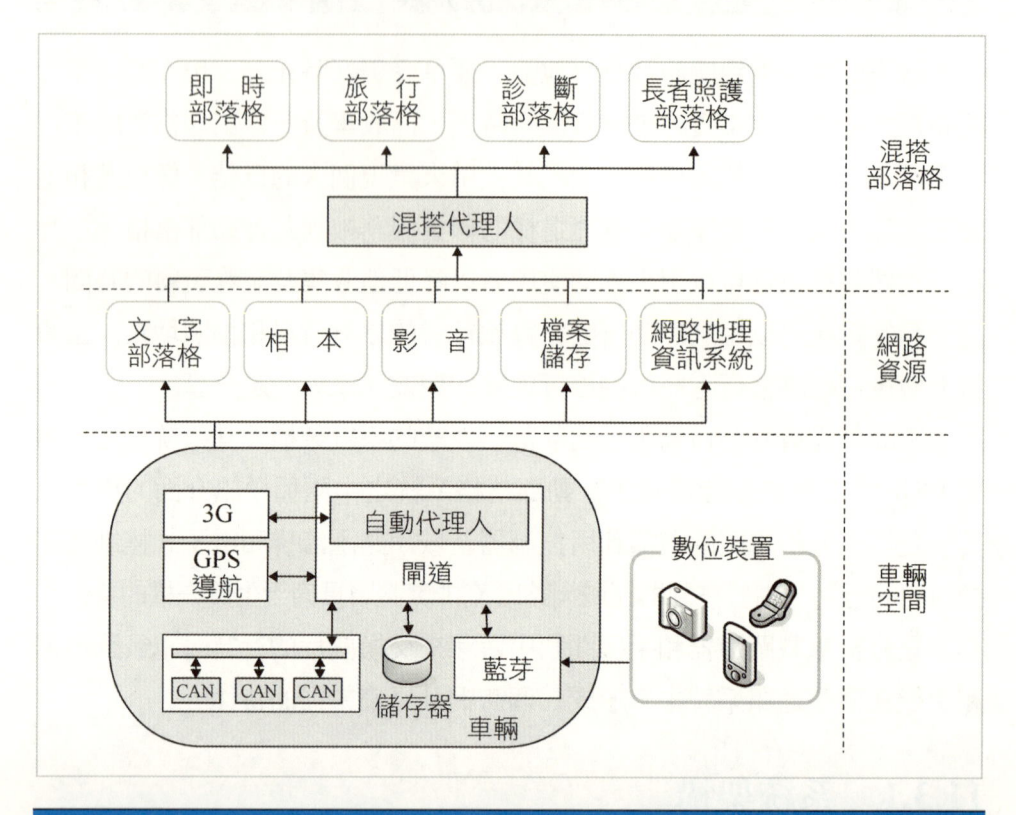

▲圖 11.8　系統架構

11.3.2　系統實作

此節將說明自動化行動部落格系統所實作的功能。首先，多功能車載閘道器被用來實現整合幾個常用的通訊協定，如：GPS、無線區域網路、控制器區域網路匯流排、ZigBee 和藍芽等，車載閘道器一般都是採用嵌入式系統來實現，在我們實作的系統是使用 ARM7 晶片核心，其中一種稱為 STM32F101 的微控器，該微控器包括 CAN、USB 和 UART 等介面，其內部功能如圖 11.9 所示。無線網路卡是使用 USB 介面插在通訊閘道器上，並可以透過 3G 連結到網路，控制器區域網路匯流排是汽車對內通訊系統，汽車內所裝置的電子控制設備其資訊可以透過 OBD II 連接器使用

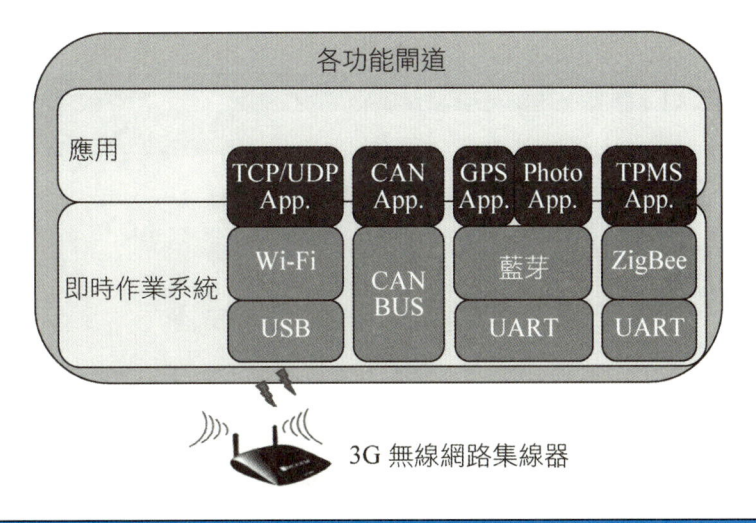

▲圖 11.9　車內閘道器功能區塊圖

ISO-15765 協定通訊來和通訊閘道器進行雙向溝通，因此車載閘道器很容易地取得行車內部資訊，再利用這些資訊來監控汽車運轉狀態，如速度、油量和引擎溫度等，且汽車的診斷問題碼也可以被萃取出來送到網頁上。有了這些資訊再利用 Web 2.0 技術，就很容易發展出新的應用。

　　無線個人區域網(WPAN)的短距離通信是一種受歡迎的技術，通常採用 TCP/IP 來進行資料的交換；藍芽則是利用一種通訊控制器模組加上 UART 和主機控制介面(HCI)進行溝通，有的是採用 USB 介面來和主機溝通；對 GPS 和相關資料利用藍芽發送到車載通訊閘道器，在經由 3G 介面送到行動部落格上；ZigBee 被利用於輪胎壓力監測系統(TPMS)，如果輪胎壓力異常，警告將會被自動地開啟，並將警告的資訊傳送到部落格上。

　　其次，網際網路訊息服務器(IIS)是被用來建立一個網站，ASP.Net 用於開發混搭代理人，API 是被用於來開發網站上各種應用，如 Google Map 等。圖 11.10 顯示了旅遊行動部落格，它使用地圖、照片和文字的 API 去製作成網頁，此部落格應用於和家人分享旅遊經驗。圖 11.11 顯示即時部落格，它使用地圖、繪圖、影音和汽車的 API，繪圖 API 是用來繪製移動路徑，汽車 API 用來顯示汽車資訊於部落格上，此部落格應用於即時追蹤旅客旅遊行程，透過規則的設定，混搭代理人可以自動使用這來 API 來建立新的服務。

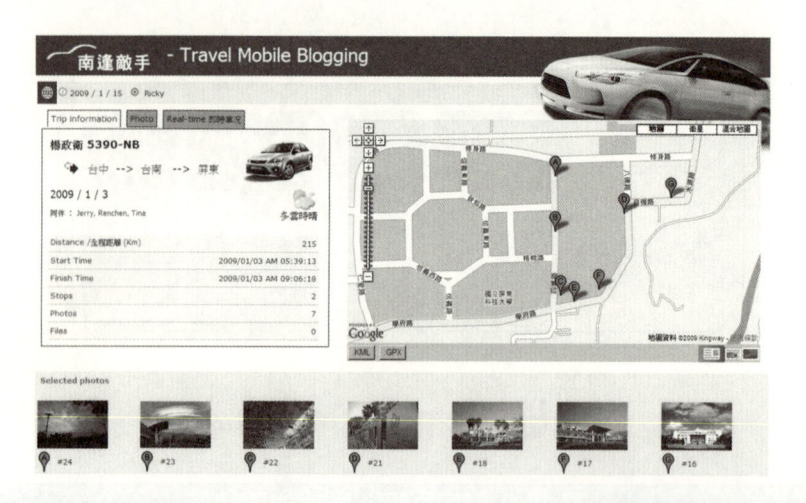

▲圖 11.10　旅行行動部落格

▲圖 11.11　即時部落格

11.3.3　藍芽微網路評估

　　低功率、低功耗以及低價格成為藍芽產品成功的主要因素。在短距離無線通訊網路應用中，藍芽是一項重要的技術，而分散網路(Scatternet)可以藉由連結數個微網(Piconet)而延伸其通訊距離。藍芽分散網路中有三個重要角色，分別是主節點(Master)、從節點(Client)及橋接結點(Bridge)。

藍芽無線技術被應用於有效通訊距離裡的微網或分散網路中，任意兩個節點間可進行傳輸資料及語音。由於使用不同的跳頻頻率，多微網是可以同時存在於同一區域的，微網之間也可以藉由橋接節點達成互相連結，而形成分散網路。橋接節點可以在多微網裡，利用分時多工技術，從一個微網中接收資料，並傳送到另一微網裡。

我們利用 PRISM 工具來評估一個藍芽的微網的效能，圖 11.12 顯示微網路模型，該模型由兩個節點組成：手機和車載通訊閘道器。我們要觀察經由手機照像後，將相片後傳對於通訊閘道器效能的影響。對於要建立一個微網的模型，需要有使用到三個模組分別是手機模組、閘道器模組和微網模組。其中手機模組和閘道器模組用來代表手機及通訊閘道器的運作行為，而微網模組則是用來模擬上傳及下傳的通訊行為。在圖 11.12 中以 phone、gateway 和 pico 分別代表這三個模組的名稱。在這裡有四個常數：N、phone_lambda、gateway_lambda、time_slot 和 gateway_mu，分別代表每個模組的佇列長度和照片產生速度、閘道器輪詢率藍芽輪詢時間槽和閘道器服務率。各個模組同步是透過下行(downi)和上行(upi)同步器，其中 $i=0$、1、3 和 5。四個標籤被定義用來表示佇列是否已滿載，而兩個獎勵(Reward)函數則分別用於計算手機和閘道器的閒置時間。

在圖 11.12 中我們定義了兩個獎勵函數來計算手機和通訊閘道的系統執行處於閒置的機率，這兩個獎勵函數分別命名為 MasterIdleTime 和 GatewayIdleTime。對於系統處於閒置狀態下，我們假設是指系統沒有任何封包存在模組內等待被處理，因此當節點內上行及下行佇列都沒有任何封包時就表示該節點正處於閒置狀態。我們再利用 R 屬性來獲得穩態的機率值，其屬性述詞表示如下所示：

$$R\{"MasterIdleTime"\}=?\ [\ C<=T\ ]$$
$$R\{"GatewayIdleTime"\}=?\ [\ C<=T\ ]$$

利用上述的兩個 R 屬性述詞：R{"MasterIdleTime"} 和 R{"GatewayIdleTime"} 分別用來做手機主節點及通訊閘道從節點處於閒置狀態的定量分析，我們假設 N、gateway_lambda、gateway_mu 和模擬時間分別為 10、0.001、0.0001 和 1000，圖 11.13 顯示手機和閘道器的閒置機率，我們

```
ctmc
const int N=10;
const double phone_lambda;
const double gateway_lambda;
const double time_slot=1/625;
const double gateway_mu;
module phone
    mqu:[0..N];
    mqd:[0..N];
    [] (mqd<N) ->phone_lambda:(mqd'=mqd+1);
    [] (mqd=N) ->phone_lambda:(mqd'=mqd);
    [up1] (mqu<N)->1:(mqu'=mqu+1);
    [up1] (mqu=N)->1:(mqu'=mqu);
    [down0] (mqd=0) -> 1:(mqd'=mqd);
    [down1] (mqd>0 & mqu>0) -> 1:(mqd'=mqd-1) & (mqu'=mqu-1);
    [down3] (mqd>=3 & mqu>0) -> 1:(mqd'=max(mqd-3, 0)) & (mqu'
            =mqu-1);
    [down5] (mqd>=5 & mqu>0) -> 1:(mqd'=max(mqd-5, 0)) & (mqu'
            =mqu-1);
endmodule
module gateway
    Qu:[0..N];
    Qd:[0..N];
    [] (Qu<N) ->gateway_lambda:(Qu'=Qu+1);
    [] (Qu=N) -> gateway_lambda:(Qu'=Qu);
    [down1] (Qd<N) -> 1:(Qd'=Qd+1);
    [down1] (Qd=N) -> 1:(Qd'=Qd);
    [down3] (Qd<N) -> 1:(Qd'=min(Qd+3, N));
    [down3] (Qd=N) -> 1:(Qd'=Qd);
    [down5] (Qd<N) -> 1:(Qd'=min(Qd+5, N));
    [down5] (Qd=N) -> 1:(Qd'=Qd);
    [up1] (Qu>0) -> 1:(Qu'=Qu-1);
    [up1] (Qu=0) -> 1:(Qu'=Qu);
    [] (Qd>0) -> gateway_mu:(Qd'=0);
endmodule
module pico
    u1:[0..1]; //0:down link 1:up link
    [down0] (u1=0 & (mqd = 0 | mqu = 0)) -> time_slot:(u1'=1);
    [down1] (u1=0 & mqd > 0 & mqd < 3 & mqu > 0) -> time_slot:
            (u1'=1);
    [down3] (u1=0 & mqd >= 3 & mqd < 5 & mqu > 0) -> time_slot/3:
            (u1'=1);
    [down5] (u1=0 & mqd >= 5 & mqu > 0) -> time_slot/5:(u1'=1);
    [up1] (u1=1) -> time_slot:   (u1'=0);
endmodule
label "PhoneQdFull" = mqd =N;
label "GatewayQdFull" = Qd = N;
label "PhoneQuFull" = mqu =N;
label "GatewayQuFull" = Qu = N;
rewards "MasterIdleTime"
    (mqu=0 & mqd=0):1;
endrewards
rewards "GatewayIdleTime"
    (Qd=0 & Qu=0):1;
endrewards
```

▲ 圖 11.12　藍芽微網模組的程式碼

設定照片產生率從 0.0001 到 0.002，每次增量 0.0001，當照片產生率增加，手機閒置的機率將迅速下降，閘道器閒置的概率之間保持 64% 和 68%。

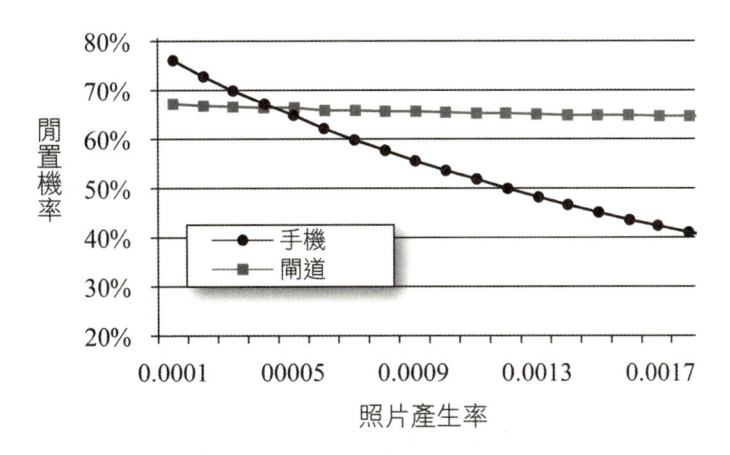

▲圖 11.13　手機及通訊閘道模組的閒置機率

利用 R 屬性述詞可以分析穩態機率，而 P 屬性述詞則可以用來觀察時間 t 當時的機率，即為暫態值，我們利用四個 P 屬性分為來觀察手機及通訊閘道上下行佇列滿載的機率，其屬性定義為當某佇列從任意狀態直到滿載狀態的機率為何？這四個屬性如下：

P=? [true U<=T("PhoneQuFull")]
P=? [true U<=T("GatewayQuFull")]
P=? [true U<=T("PhoneQdFull")]
P=? [true U<=T("GatewayQdFull")]

以下有關於藍芽實驗都是使用上述四個屬性所做的定量分析。為了觀察佇列是否填滿，我們加長模擬時間，改變為 10000，圖 11.14 顯示當照片產生率在 0.0001 到 0.002 間手機和閘道器佇列滿載的機率值；對於手機模組而言，當照片產生率增加，下行的佇列滿的機率增加，但上行的佇列滿的機率減少；對於閘道器而言，當照片產生率增加時，上行滿載機率一直維持近乎滿載但下行則是先上升後再慢慢下降。

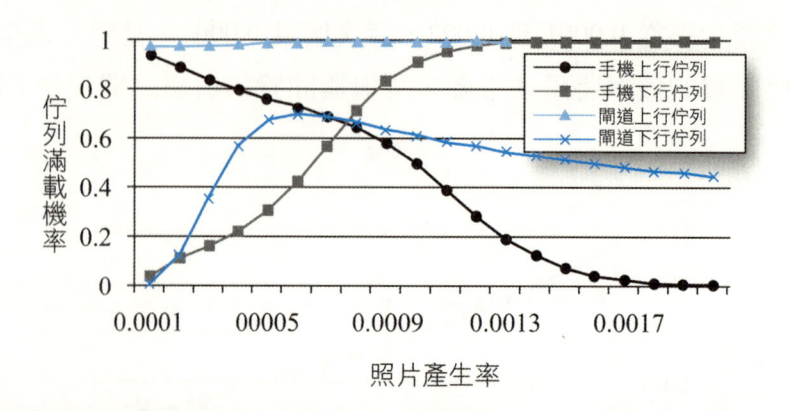

▲圖 11.14　手機模組佇列滿載機率

　　讓圖片產生率定為 0.001，當增加閘道器輪詢速度時，觀察佇列滿載的影響，圖 11.15 表明除了在閘道器模組上行佇列會因輪詢速度增快其滿載的機率值也會增加外，其他則保持了佇列狀態。

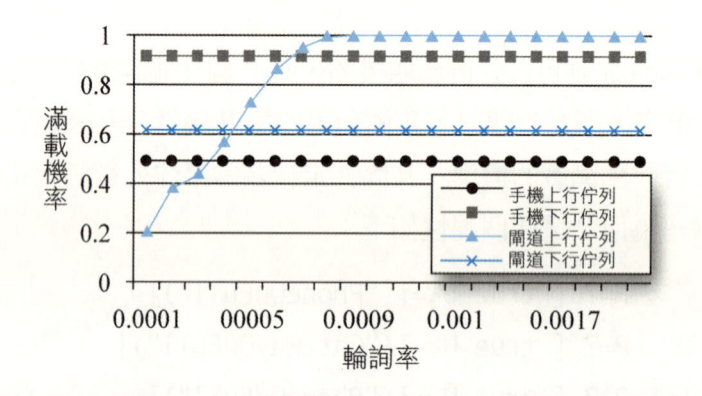

▲圖 11.15　閘道器佇列滿載機率

11.3.4　控制器區域網路匯流排優先權訊息分析

　　利用 PRISM 建立控制器區域網路匯流排優先權訊息分析模型，PRISM 語言是用來建立三個電子式控制器及一個通訊閘道的優先順序排隊系統模型。如圖 11.16 所示，利用 PRISM 將優先訊息模型可以分為四個部分：

1. 模型的選擇和常數值必須先被宣告。首先，我們說明一個範例，此範例

```
stochastic // model is a ctmc
const int N;// queue size
const double lambda1;// arrival rate for packet
const double lambda2;// arrival rate for packet
const double lambda3;// arrival rate for packet
const double lambda4;// arrival rate for packet
const double pu=1/10;//  service rate
const double tu=1/130;//130 bits      service rate for bus
module  ECU1
    Q1 : [0..N];
    [] (Q1<N) -> lambda1:(Q1'=Q1+1);
    [] (Q1=N ) -> lambda1:(Q1'=Q1);
    [arrival41] (Q1<N)->1:(Q1'=Q1+1);
    [arrival1] (Q1>0 & s=0 ) -> pu:(Q1'=Q1);
    [serve1](Q1>0)->1:(Q1'=Q1-1);
endmodule
module  ECU2
    Q2 : [0..N];
    [] (Q2<N) -> lambda2:(Q2'=Q2+1);
    [] (Q2=N) -> lambda2:(Q2'=Q2);
    [arrival42] (Q2<N)->1:(Q2'=Q2+1);
    [serve2](Q2>0)->1:(Q2'=Q2-1);
    [arrival2] (Q1=0 & Q2>0 & s=0) -> pu:(Q2'=Q2);
endmodule
module  ECU3
    Q3 : [0..N];
    [] (Q3<N) -> lambda3:(Q3'=Q3+1);
    [] (Q3=N) -> lambda3:(Q3'=Q3);
    [arrival43] (Q3<N)->1:(Q3'=Q3+1);
    [serve3](Q3>0)->1:(Q3'=Q3-1);
    [arrival3] (Q1=0 & Q2 =0 & Q3>0 &s=0) -> pu:(Q3'=Q3);
endmodule
module gateway
    Q4 : [0..N];   sending : [0..1];
    [] (Q4<N) -> lambda4:(Q4'=Q4+1);
    [] (Q4=N) -> lambda4:(Q4'=Q4);
    [arrival41] (Q1=0&Q2=0&Q3=0&Q4>0&s=0&sending=0) -> pu:(Q4'=Q4) &  (sending'=1);
    [arrival42] (Q1=0&Q2=0&Q3=0&Q4>0&s=0&sending=0) -> pu:(Q4'=Q4) &  (sending'=1) ;
    [arrival43] (Q1=0&Q2=0&Q3=0&Q4>0&s=0&sending=0) -> pu:(Q4'=Q4) &  (sending'=1);
    [serve4](Q4>0)->1:(Q4'=Q4-1) &  (sending'=0);
endmodule
module bus
    s:[0..4];
    [arrival1] (s=0)->1:(s'=1);
    [arrival2] (s=0)->1:(s'=2);
    [arrival3] (s=0)->1:(s'=3);
    [arrival41] (s=0)->1:(s'=4);
    [arrival42] (s=0)->1:(s'=4);
    [arrival43] (s=0)->1:(s'=4);
    [serve1]  (s=1)->tu:(s'=0);
    [serve2]  (s=2)->tu:(s'=0);
    [serve3]  (s=3)->tu:(s'=0);
    [serve4]  (s=4)->tu:(s'=0);
endmodule
label "Empty"  =   Q1=0 & Q2 =0 & Q3=0 & Q4=0;  label "AllFull"  =   Q1= N & Q2  = N & Q3 = N ;
label "ECU1Full"  = Q1 =N;
label "ECU2Full"  = Q2 =N;
label "ECU3Full"  = Q3 =N;
label "GateFull"  = Q4 =N;
rewards "ECU1serve"    [serve1] true : 1;   endrewards
rewards "ECU2serve"    [serve2] true : 1;   endrewards
rewards "ECU3serve"    [serve3] true : 1;   endrewards
rewards "Gateserve"        [serve4] true : 1;   endrewards
rewards "Allserve"
    [serve1] true : 1000000;    [serve2] true : 1000000;
    [serve3] true : 1000000;    [serve4] true : 1000000;
endrewards
```

▲ 圖 11.16　控制器區域網路匯流排模組程式碼

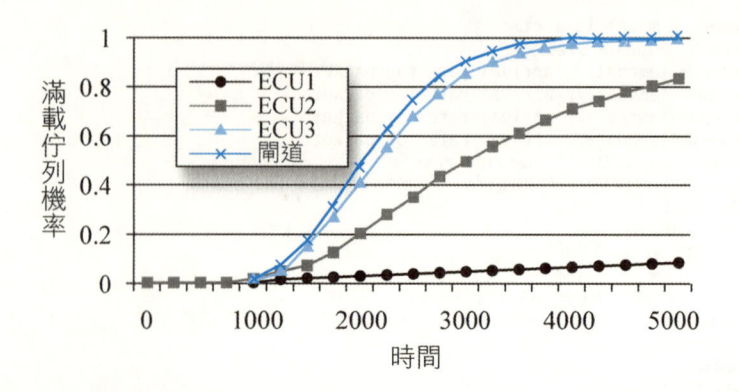

▲ 圖 11.17　佇列滿的機率

是使用 CTMC 模型，N 用來表示一個固定佇列的大小，一個可以暫存訊息的最大容量，這個佇列可以用來儲存訊息。然後我們定義一個固定的抵達率用於四個優先訊息的模塊。

2. 設計四個訊息模組和一個匯流排模組，分用 ECU1、ECU2、ECU3、閘道和匯流排來表示，每個模組有一個佇列，ECUn 來表示，在範例裡 n 的值為 1、2、和 3 之一。
3. 在 Bus 模組之後，有定義一些標籤被，這些標籤將透過 CSL 屬性述詞中去檢索的實驗結果。
4. 最後一部分，定義四個 Reward 函數。

我們假定一個訊息由 130 位元組成，每個模組的佇列長度為 10，基本的模擬時間單位為 10^{-6} 秒，如圖 11.17 所示，時間從 0 到 5000 秒，我們看到佇列滿載的機率值，三個信息模組的到達率都設置為 0.005，換言之，每 200 微秒會產生一個訊息，模擬時間在 500 之前沒有任何訊息在佇列裡等待，因為他們的機率值為零。對於閘道器訊息而言，最低在 4500 單位時間之後，其概率立即大幅增加至 100% 的，相較之下，ECU1 僅略微增加，這是因為 ECU1 具有最高的優先權重而閘道器則是最低。

在通訊閘道器中，其輪詢的訊息到達率在 0.005 至 0.0002 之間，其閒置的機率如圖 11.18 所示，我們假設在三個 ECU 中，每個模組佇列長度為 10，模擬時間為 1000 單位，到達率為 0.001。當輪詢的訊息增加時，我們發現閒置的概率迅速下降；當到達率大於或等於 0.0034，閘道器閒置的機率網將成為零；當輪詢訊息數量增加時，三個 ECU 閒置機率將會影響，但當到達率大於 0.0026 時，三個 ECU 和閘道器一樣，閒置機率沒有在增加，因為接受輪詢訊息的數量沒有增加。

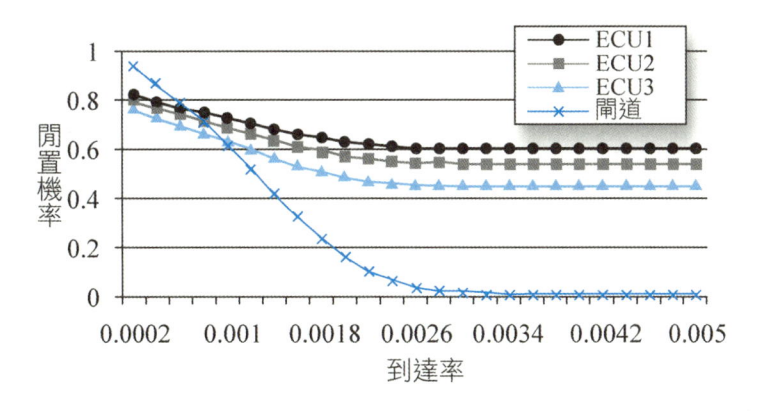

▲圖 11.18　輪詢時閘道器閒置的機率

11.4 總　結

車載通訊閘道器是智慧型車輛的重要裝置之一，它不但要能具備和車內網路溝通能力，也要能具備車際或車間網路溝通的能力。由於車載閘道器要整合許多通訊系統，因此其效能的好壞就變得相當重要。本章主要介紹車載閘道器的功能及架構，並運用一些好用的數學工具來建立分析模型，我們選擇可分析系統或然性行為的工具 PRISM 來建立一個應用實例──自動化行動部落格的系統的數學模型，再利用 PRISM 來模擬此系統的行為。

在這一篇文章裡，我們分析車載通訊閘道器裡的控制器區域網路匯流排和藍芽的效能，車載通訊閘道器是用來整合汽車內外通訊系統的中心設備。實驗結果指出當模擬控制器區域網路匯流排輪詢率大於 0.0026 時，閘道器增加輪詢率不影響電子控制單元空閒機率。在藍芽模型裡，當照片產生率增加，閘道器單元下行佇列滿載率快速增加，然後因網路載滿後再慢慢地降低。

練習

1. 利用 WinPESPY 來分析由三部電腦所組成的鬆散耦合系統(Loosely Coupled System)的效能，其節點選用 M/M/1；網路則用 M/G/1，三部電腦的服務率為 0.2 而網路則為 0.5，在封閉式的網路中放置 10 個工作，請求等待時間、反應時間、利用率、平均佇列長度、平均工作量。

2. UPnP 協定經由 GPSN 分析後的結果，求出每個狀態的機率值。每個時間轉移節點的轉移率設定如下：T2, T4, T6, T8, T10, T12, T14, T16 和 T21 為 0.001，T18 為 0.0001，其餘為 0.01。

3. 請使用 SHARPE 工具來分析 ZigBee 星狀網路穩定性，並以圖表方式呈現，X 軸為時間而 Y 軸為穩定度，除了中心節點外其節點有 10、20、30、40 和 50 個。模擬時間由 0 到 1,000 個單位，平均失敗間隔時間為 1,000,000 小時。

4. 利用 PRISM 來模擬三個電子式控制器在控制器區域網路匯流排上的通訊行為，當此三節點的訊息到達率分別為 0.05、0.1 及 0.2 且控制器和控制器區域網路匯流排的服務率分別為 1/10 和 1/130；而且每個節點的佇列容量為 10，求出此三個控制器滿載機率為何。

參考文獻

[1] 經濟部，「2007 年產業技術白皮書」，http://doit.moea.gov.tw/itech/report.asp? id=65。

[2] A. P. Wang, J. C. Cheng and P. L. Hsu, "Intelligent CAN-based automotive collision avoidance warning system," Proceedings of IEEE International Conference on Networking, Sensing and Control, March 2004, vol.1, pp.146-151.

[3] S. Mangan and Jihong Wang, "Development of a Novel Sensorless

Longitudinal Road Gradient Estimation Method Based on Vehicle CAN Bus Data," IEEE/ASME Transactions on Mechatronics, June. 2007, vol. 12, no. 3, pp. 375-386.

[4] D. Song, J. Li, Z. Ma, Y. Li, J. Zhao and W. Liu, "Application of CAN in vehicle traction control system," Proceedings of IEEE International Conference on Vehicular Electronics and Safety, October. 2005, pp. 188-192.

[5] L. Sun and J. Jiang, "Design Method of Multi-Micro-Computer Redundancy System Based on CAN Bus," Proceedings of 8th International Conference on Electronic Measurement and Instruments, July. 2007, pp.785-788.

[6] T. Zhao, Q. Wang, W. Jiang and Y. Ni, "System design and development of parallel-hybrid electric vehicle based on CAN bus," Proceedings of 8th International Conference on Electrical Machines and Systems, September. 2005, vol. 1, pp. 828-832.

[7] F. Kong, L. Zhang, J. Zeng and Y. Zhang, "Automatic Measurement and Control System for vehicle ECU based on CAN Bus," Proceedings of International Conference on Automation and Logistic, August. 2007, pp. 964-968.

[8] J. Sommer and R. Blind, "Optimized Resource Dimensioning in an embedded CAN-CAN Gateway," Proceedings of International Symposium on Industrial Embedded Systems, July. 2007, pp. 55-62.

[9] N. Pereira, B. Andersson and E. Tovar, "WiDom: A Dominance Protocol for Wireless Medium Access," IEEE Transactions on industrial Informatics, vol 3, no. 2, May. 2007, pp. 120-130.

[10] M. Barranco and J. Proenza, G. Rodriguez-Navas and L. Almeida, "An active star topology for improving fault confinement in CAN networks," IEEE Transactions on Industrial Informatics, May. 2006, vol. 2, no. 2, pp. 78-85.

[11] K. C. Emani, K. Kam, M. Zawodniok, Y. R. Zheng and J. Sarangapani, "Improvement of CAN BUS Performance by Using Error-Correction Codes," Proceedings of IEEE Reqion 5 Technical Conference, April.

2007, pp. 205-210．

[12] J. Guo and J. Zhang, "Reliable Assessment of CAN Bus," Proceedings of 8th International Conference on Electronic Measurement and Instruments, July. 2007, pp. 913-915．

[13] R. Obermaisser, "Reuse of CAN-Base Legacy Applications in Time-Triggered Architectures," IEEE Transactions on Industrial Informatics, Nov. 2006, vol. 2, no. 4, pp.255-268．

智慧型車輛

第 12 章　計算智慧與電腦視覺在駕駛輔助系統之應用

第 13 章　以幾何包圍體階層法為基礎之車輛碰撞偵測技術

第 14 章　計算智慧技術於交通輔助系統之應用

第 15 章　車輛檢測的智慧型視覺系統

第 12 章
計算智慧與電腦視覺在駕駛輔助系統之應用

12.1 駕駛輔助系統之介紹

車輛駕駛已經是人們不可或缺的一項技能。但也由於車輛十分地普及,行車安全也成為一個相當重要的課題。如圖 12.1 所示,德國在 1998 年曾做過一項車禍意外種類的傷亡統計。單一車輛發生車禍造成駕駛或乘客受傷比例約為 12%,死亡比例約為 27%。車輛之間對撞的受傷比例約為 28%,死亡比例約為 15%。與行人或生物發生意外而受傷的比率約為 19%,死亡比率則約為 21%。車輛與卡車或巴士等大型車輛所造成的意外傷害比例則約為 5%,死亡比率則為 7%。與自行車發生的受傷比例也在 5% 左右,而死亡比例則約為 3%。另外,因其他因素所造成的傷亡比率仍佔了三成上下。

在上述的車禍意外中,其實大部分的意外事故都可歸因於車輛與小客車、卡車、巴士、行人、自行車和摩托車的撞擊。因此為了能在第一時間保護駕駛人、乘客及發生意外的雙方,一個能及時偵測意外發生並做出適當安全措施的行車輔助系統便顯得十分重要。此外以圖 12.2 為例,在單一

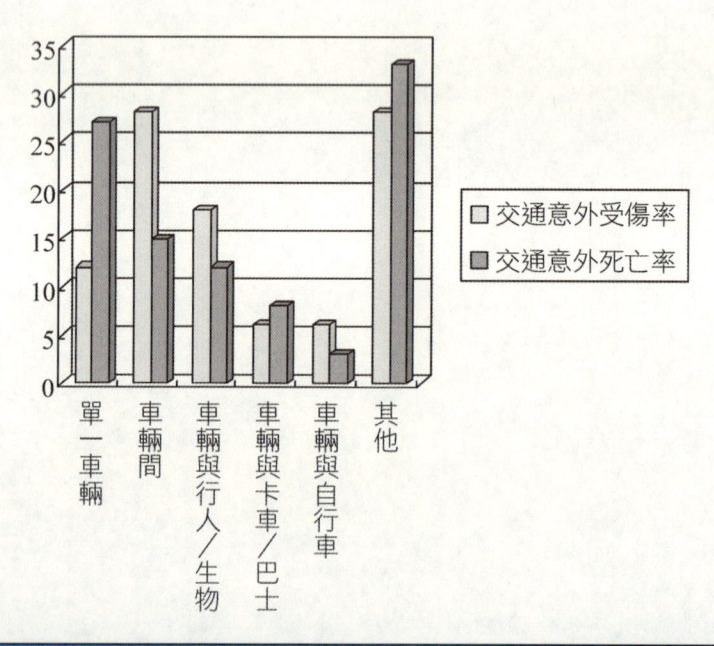

▲ 圖 12.1 1998 年德國車禍意外之傷亡統計

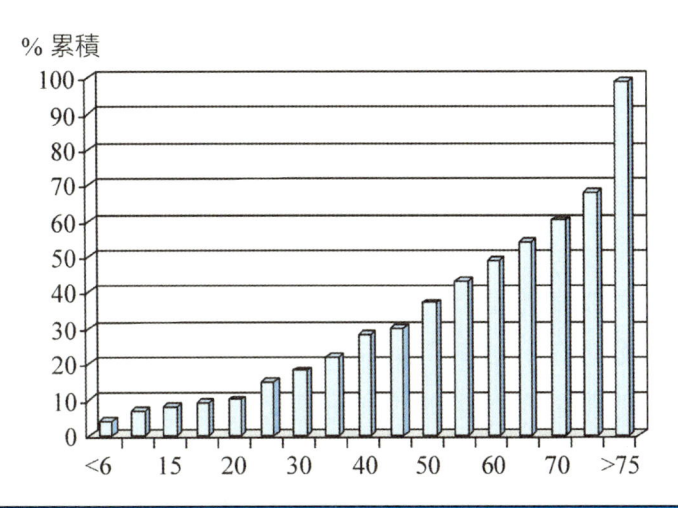

▲ 圖 12.2　各年齡層之車禍死亡比例

車輛發生的意外事故中，有三分之一的事故都和車輛偏離道路有關。要降低這類的事故發生，需要道路的偵測和避免車輛偏離道路的技術。

行人方面的車禍肇事死亡統計中，幼童和六十歲以上的老年人佔大多數，分別為 8% 及 50%。因此在設計系統時，感測器要能偵測到目前在車輛附近有無行人、小客車或是巴士，且能提供他們的各項特徵，例如目標物的移動速度？是老人或是幼兒？是貨車或自行車？質量和重量等等的資訊。

在車輛的感測器上，主要可分為**攝影感測器**(Vision)、**雷射雷達、光學定向和測距感測器**(the Light Detection And Ranging, LIDAR)、**雷達**(Radar)和**聲納**(Ultra Sonar)感測器。對上述感測器來說，在天氣不好，能見度差的情況下，攝影感測器、雷射雷達、光學定向與測距感測器靈敏度皆會下降，而雷達感測器的運作則幾乎不太受到天氣狀況的影響。因此攝影和雷射雷達感測器要能自動偵測目前能見度的好壞，如此一來才能避免駕駛輔助系統做出人們無法掌控的行為。另外對於聲納感測器而言，聲波的傳遞需要仰賴空氣作為介質，因此天氣的好壞便會對聲納感測器造成極大的影響。此外攝影和雷射雷達感測器可以提供最廣的視野資訊。雷達感測器次之，聲納感測器則無法提供這類資訊。

在上述感測器中，攝影感測器在使用上是最廣泛的，因為攝影感測器可以提供最多的原始資料，有利於對車輛附近的物體做辨識及分類。在應用上主要可以分為資訊提供及警示,例如停車時的倒車輔助、車道偏離或碰撞的預警、交通號誌資訊之提供以及駕駛瞌睡之警示。另一方面的應用則針對車輛做有限度地行車控制,例如隨著環境變化調整車燈,讓車輛能維持在車道上等控制。最後為自動控制系統,例如自動駕駛及碰撞避免機制。

隨著系統可靠度的提升,對資訊提供及警示的功能與自控功能的要求也愈來愈高。雖然資訊和警示功能中可以容忍一些感應誤差,但要做到更好的車輛控制仍需要更高的精準度和可靠度。例如要達到車輛的自主控制,感測器的感測能力至少要達到人類的水準。參考圖 12.3,在 2004 年時,以視覺為基礎的圖像辨識就已經可以做到資訊警示功能,例如輔助行車等。2006 年就已進步到車燈的控制及車道穩定系統的支援。在未來希望能夠達到自動駕駛或是避免碰撞機制。

攝影感測器主要的原理是將射入鏡頭的光線擷取後,儲存成一串數位信號。感測器的組成大致包括處理器、記憶體和與系統連接的硬體介面,和目前應用在汽車上的高端電子控制單元(ECU)類似。對車輛輔助系統的應用來說,需要在擷取下來的數位圖片中找出物體,例如道路、其他車輛或行人以及預先定義過的物體。舉例來說,當我們想辨識出車輛,就必須

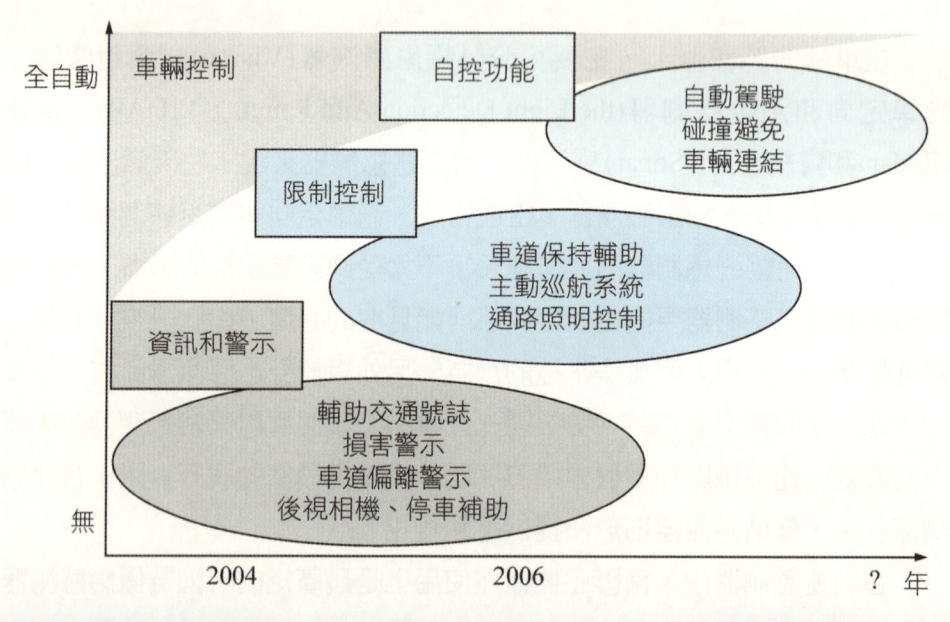

▲圖 12.3　車輛輔助系統之發展遠景

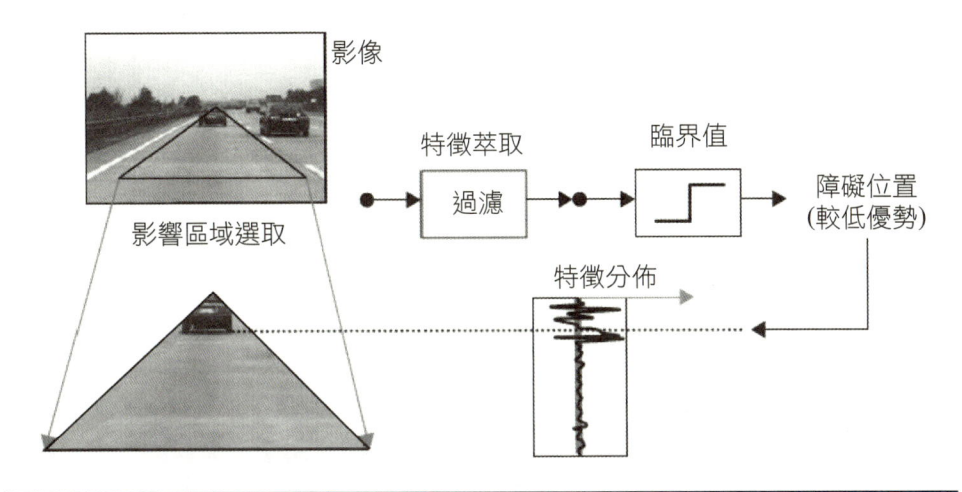

▲ 圖 12.4　車輛特徵之擷取

先找出車輛在圖片中的特徵。以圖 12.4 為例，車輛底下的陰影可以定義為車輛特徵之一。但像陰影之類預先定義的特徵也有其限制，例如陽光不強或是在夜晚便無法依靠陰影來辨認車輛。因此某些特徵只能用在特定的情況下。就圖 12.5 而言，另一個方法是使用兩部攝影機分別擷取左右兩邊略有差異的影像，擷取出立體視覺的特徵，以便找出某些物體在三度空間中的位置。當我們要抽取圖像中的資訊並且分析這些資訊時，首先我們會先將所有我們感興趣的資訊全都轉換為模型。使得我們較容易去對真實世界中的資訊做評估和預測。例如我們可以由目前擷取到的汽車影像，經過模型的轉換和評估後，可以由之前得到的經驗來預測汽車之後可能的行進路線。

　　舉例來說，有財團進行了一項稱為「自動駕駛」(Autonomous Driving) 的計畫，目的就是希望能達成汽車的自動駕駛。這個計畫中所設定的行車環境包含狹窄的彎道、非常陡峭的上下坡和崎嶇的路面。在這個計畫中，車道的地理資訊被記錄在電子地圖中，並利用了多種感測器來追蹤車道並偵測障礙物。在這些感測器中，能同時感測車道及障礙物資訊的只有攝影感測器。此自動駕駛的實作方式首先要先由車道的邊界建構出所有可供行駛的車道。接著假設車道上沒有障礙物的情況下規劃出一條可以讓乘客保持舒適和安全的最佳化路徑。最後再由動態的路徑規劃考慮如何閃避車道上的障礙物。

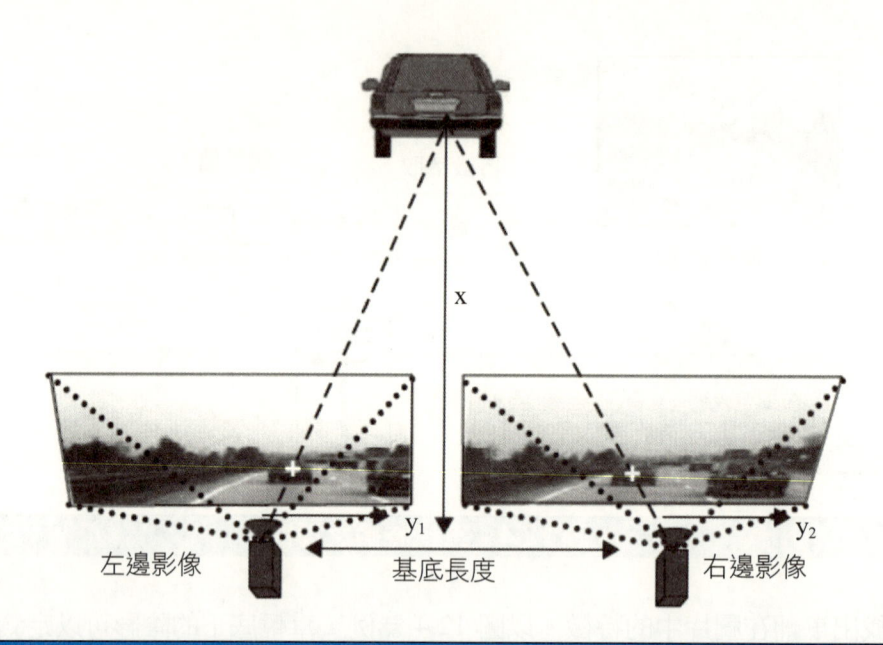

▲ 圖 12.5　立體視覺特徵擷取

　　另一個例子是拖板車，我們可以不將拖板車聯結在一起但仍能列隊行進，這就需要取得配備在車輛四周的感測器資訊。讓拖板車能自動跟著前方拖板車行進的優點是可以減少燃料消耗和廢氣排放，增加道路的使用效率並降低司機的工作負荷。

　　由於長程偵測與控制系統的發展，包括停車輔助系統、夜視系統等等，幫助駕駛人可以及早察覺道路狀況、障礙，進而做出反應措施以避免發生碰撞。近年來，**適應性巡航控制系統**(Adaptive Cruise Control, ACC)廣泛地應用在車輛上，例如 Audi 在 2004 年推出的 A8、BMW 在 2003～2004 年的七系列車款以及 2004 年五系列車款等等。適應性巡航控制亦被稱為**智慧型巡航控制**(Intelligent Cruise Control, ICC)或**自主性智慧型巡航控制**(Autonomous Intelligent Cruise Control, AICC)；而在 BMW 則被稱做**主動式巡航控制**(Active Cruise Control, ACC)。

　　適應性巡航控制系統是基於**巡航控制系統**(Cruise Control System)進而發展出來。巡航控制系統主要的特色是讓駕駛人能夠讓車輛依照自己設定的速度行駛，當長途旅程且車流量不大的情況下，除了降低駕駛人的疲勞度，也能較有效率的節省能源；另外，駕駛人可利用定速的方式來避免違反交通規則，如超速。而適應性巡航控制系統則是更進一步的改善巡航控制系統，可以根據道路狀況來決定是否加速或減速。配備適應性巡航控制系統的車輛會在車頭裝置感測器監控前方道路的狀況，一般而言，多用雷達感測器或是雷射感測器。除了保有巡航控制系統的特色外，還能透過感測器偵測前方車輛的速度與彼此間距離來控制本身的速度。

12.2 疲勞駕駛偵測

在行車時，駕駛人疲勞、四處張望或是在行車時講電話等等動作都會對行車安全造成危險。本部分的主題主要聚焦在判斷駕駛人意識是否清醒。大致的流程首先會利用攝影機拍攝駕駛的臉部，然後偵測駕駛的眼睛眨動的頻率，最後藉由眼睛眨動的波形來判斷駕駛的意識是否清楚。由於在汽車中光線強度的變化十分極端，因此在拍攝駕駛時攝像系統要能適應各種不同的光線強度，在這裡可以使用脈衝紅外線投影法解決此問題。

當駕駛人圖像被擷取後，接著便可以利用類神經網路偵測圖片中哪些區域屬於臉部。首先先從圖片中取出一塊候選區域，將其轉換為低解析度的圖片後，再從四個方向做邊緣的特徵偵測。最後將結果輸入類神經網路中學習。假設輸入給類神經網路學習的圖像都包含駕駛人臉部面積的80%，而且涵蓋了雙眼和上唇。這個過程的目的就在於要建立類神經網路的學習模式，使其可以偵測出圖像中的人臉。

找出圖像中的人臉位置後，接著就要找出上下眼瞼的位置。參考圖12.6，其方法為將圖像切成許多個垂直的截面，然後再分別從每一部分中找出可能是上眼瞼和下眼瞼的點。如圖 12.6 在 L 截面中每組成對的點的厚度分佈，定義 C 為 L 截面中最暗的點。接著從 C 點開始向上下找尋出最大和最小的分佈後，便能找出眼睛的上方和下方最外層的點，在這邊定義最外層的一組點為 P1 和 M1 為 A 和 B。接著將每一截面代表上下眼瞼的候選點進行分組，接著兩兩依序比對哪組適合表示上下眼瞼。接著從五個截面中找出上下眼瞼距離的平均值，稱為眼距。這個方法的好處是就算

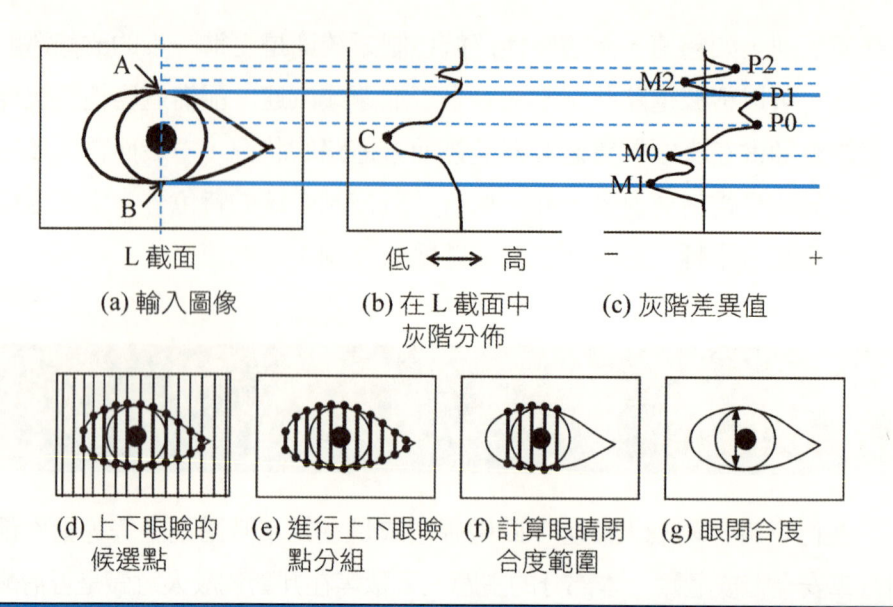

(a) 輸入圖像　　(b) 在 L 截面中灰階分佈　　(c) 灰階差異值

(d) 上下眼瞼的候選點　(e) 進行上下眼瞼點分組　(f) 計算眼睛閉合度範圍　(g) 眼閉合度

▲ 圖 12.6　人眼上、下眼瞼之偵測

每個人的眼睛形狀不大相同，得出的結果也不會受到太大的影響。

找出眼睛位置後，就要開始做眨眼的偵測。當眼睛張開時，眼距會變大。當眼睛開始眨動時，眼距就會快速地縮短，當眼睛完全閉上後，眼距又會逐漸地增加。然而為了要從眨眼的波形衡量眼瞼閉合的時間，就必須要找出眨眼動作精確的開始和結束的時間點。然而，每個駕駛眨眼的波形和眼距的變化也不盡相同。參照圖 12.7，要找出眨眼開始和結束的時間點，可以由眨眼的波形做二次微分後經過 0 的點決定。

為了驗證眨眼偵測系統的可用性。實驗找來了 19 位男性和 2 位女性，他們都沒有戴眼鏡。受測者會觀看 8 個不同的物體，分別為室內鏡、空調、右手邊、右外方的鏡子、正前方的玻璃、左外方的鏡子、左手邊和左後方，並分別拍下臉部照片。實驗結果中，能正確找出圖像中的人臉成功率為 90%。在一般駕駛情況下，可能是駕駛常常會轉頭看兩旁的後照鏡的關係導致無法分辨人臉。若系統經過學習後的臉部辨識率高達 100%，沒有經過學習的辨識率有 94%。對於辨識出左眼的辨識率則有 87%。另外受測者駕駛模擬器 10 分鐘，模擬在高速公路下開車的情境。然後計算眨眼次數的偵測成功率，公式為：

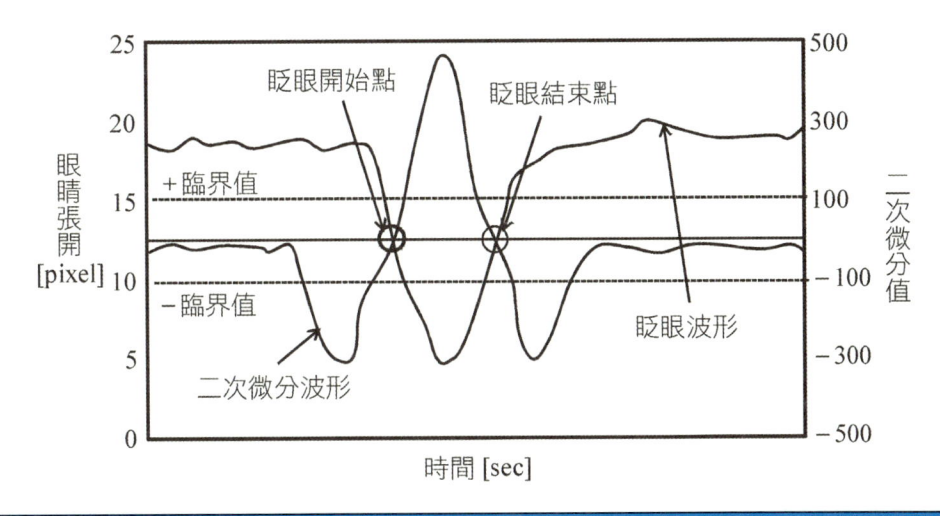

▲ 圖 12.7　眨眼波形圖

眨眼偵測成功率＝

$$\left(1-\frac{系統未偵測到之眨眼次數＋系統多算的眨眼次數}{實際眨眼次數}\right)\times 100$$

結果得到平均眨眼偵測成功率為 96%。

　　要判定駕駛是否開始感到疲勞，可以藉由駕駛眨眼的時間長度來判定。當駕駛眨眼的時間變長，就可能表示駕駛開始感到疲勞或意識不清。當這些時間較長的眨眼動作佔總眨眼次數的比率超過一臨界值便可判定駕駛感到疲勞，此一方法具有一定的準確度。但每個人的眨眼時間長短皆不甚相同，因此這個方法要對每個人的差異做適當的改良。要做到更準確的判斷需要再多考慮兩個因素，閉合率和眨眼頻率。閉合率指的是一段時間內眼睛完全閉合的時間所佔的比率。眨眼頻率則是 1 分鐘內的眨眼次數。在此使用加權的方式來計算駕駛是否疲勞。其中 L、C、B 各指長時間觀察到的眨眼頻率、閉合率和眨眼頻率。藉由多元迴歸分析決定每個人的權重值。另外，Y 值的計算和人類的生理有關，會隨著時間做週期性的變動。同時，Y 值也包含了一些雜訊。將這些情況都考慮進去的話，我們可以以一個 Z 來表示平均權重變化的狀況，而 Y_i 則代表在 i 時間的 Y 值。對於要判斷人們實際上有多少睡意，可以使用一種多變量的分析技術來決定式子中的權重值。且此方法對於每個人個別差異的適應性極佳。

為了驗證這個方法，實驗找來了習慣在晚上睡覺且不戴眼鏡的 12 名男性和 3 名婦女。並根據睡意的衡量標準判斷他們的狀況為「正常」、「睏」和「非常地睏」。接著根據實際的觀察結果來推測及計算符合的比率 R。公式為 $R=C/T$。C 是指觀察結果與公式推測結果相同的人數，而 T 則是所有被觀察的實驗對象。藉由最後的實驗結果，我們可以觀察到要去分辨實驗對象目前是「正常」、「睏」或是「非常睏」是有困難的。當我們使用某些方法來改變駕駛的疲勞程度，或是因系統故障等原因低估了駕駛的疲勞度都有可能造成嚴重的後果。最後，此方法提供了一個藉由分析臉部圖像來判定駕駛是否疲勞的判斷方式，並使用類神經網路來評估駕駛的眨眼波型，而且對每個人的差異有很好的適應性，對於最終判斷的結果也與真實情形十分地接近。

12.3 停車輔助系統

停車輔助系統可分為全自動以及半自動兩種不同的模式。全自動的停車系統由六個部分組成，包含了環境識別、路徑規劃、車體位置評估、路徑追蹤控制、主動轉向和剎車系統以及人機介面。半自動停車系統和全自動停車系統最大的差異在於，半自動系統將剎車的動作交由駕駛主導，而不是由系統來完成。目前大部分的停車輔助系統一般都將聲納或是雷射掃描裝置用作識別環境的感測器，但視覺型的感測系統將成為未來的主流。運用視覺型感測系統的自動停車系統在找尋停車格時，可以將相鄰車輛視為停車格的邊界，或藉由辨識停車格的標記來尋找可用的停車格，上述兩種方法也可以一併使用。對於停車輔助系統而言，不失為一個經濟實用的方法。這個系統包含了六個步驟：將攝得的影像轉為鳥瞰圖、Hough 轉換、地面標線的識別、取出地面標線之線段、導引線識別及劃分的標線識別。

為了將影像轉為鳥瞰圖。首先廣角鏡頭所拍攝的影像會經過**徑向鏡頭扭曲模型**(Radial Lens Distortion Model)轉換後，再經過**單應**(Homography)圖像處理轉為鳥瞰圖。為了將廣角鏡頭攝得的影像修正為正常的影像，在此假設圖片中的點和光學中心共線，因此可透過徑向鏡頭扭曲模型將圖像修正為一般非廣角鏡頭所拍攝的圖像。鏡頭扭曲模型可以使用數學式表示為：

$$\begin{pmatrix} x_d \\ y_d \end{pmatrix} = L(\tilde{r}) \begin{pmatrix} \tilde{x} \\ \tilde{y} \end{pmatrix}$$

其中，$(\tilde{x}, \tilde{y})$ 為透過線性投影所得之理想圖像定位；

(x_d, y_d) 是經過徑向扭曲後所得的實際圖片定位；

$\tilde{r}$ 則是從徑向扭曲的中心實際扭曲了 $\sqrt{\tilde{x}^2 + \tilde{y}^2}$ 的距離；

$L(\tilde{r})$ 是扭曲因子，這個函式只和半徑 $\tilde{r}$ 有關。

此座標軸修正的目的十分簡單，就是希望將原本圖片中應為直線的線段都轉換為直線。最後對圖片做單應處理，如此便可得到一鳥瞰之影像。單應矩陣 H 由四個對應的點集組成，單應矩陣可將二維空間相互轉換至另一個二維空間 $x_i \leftrightarrow x_i'$，其轉換可寫為 $x_i' = Hx_i$。將圖像轉換為鳥瞰圖後，還需要利用 Sobel 算子分別取出圖像中水平和垂直的邊緣特徵。圖 12.8 為轉換為鳥瞰圖之過程及結果。

另外為了找出停車格的特徵以方便辨識，需對圖像做 Hough 轉換。停車格由數條相距固定長度的平行線段組成，當圖像被轉換到 Hough 空間後，這些成對的平行線段便會形成具有固定特徵的模式。其模式為成對的線段應在 Hough 空間中形成兩個高峰值，且應落在幾乎相同的座標軸上並

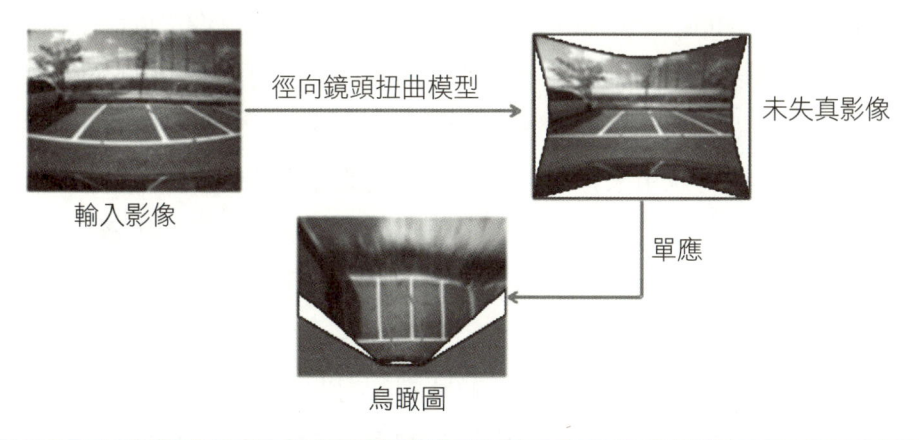

▲圖 12.8　將圖像轉換為鳥瞰圖過程

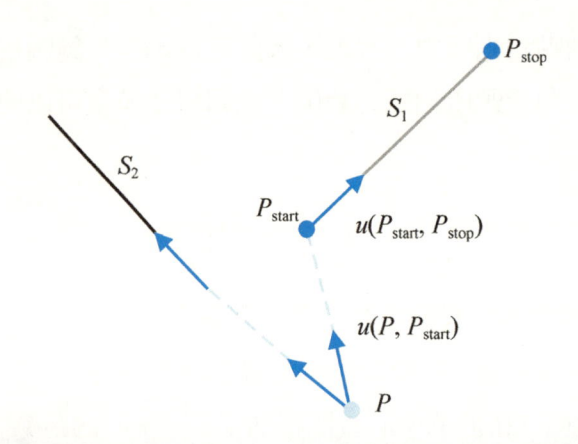

▲ 圖 12.9　取得攝影機與導引線之距離

在固定軸上相隔固定的距離。此外兩個峰值應具有相同的高度。藉由此空間轉換的動作，便可識別出地面上的標線。

在辨識停車格時，導引線扮演了非常重要的角色。因為導引線不僅作為辨識停車格時的參考，同時也用來把路面與停車格區隔開來。當在選擇導引線時，會假設導引線是以一般鏡頭望出去的方向中取一條較靠近鏡頭的線段。使用導引線作為參考時，首先會算出目前攝影機與導引線的距離。參考圖 12.9，接著將導引線上的起始線和終點設定出一單位向量 $u(P_{start}, P_{stop})$ 以及攝影機鏡頭 P 和導引線之起始點形成的單位向量 $u(P, P_{start})$ 內積後，找出目前鏡頭與導引線之間的距離，以提供停車時所需的距離資訊。

最後一個部分是找出每一格停車格的位置。在分析停車格的特徵後，不難發現停車格的格線其顏色的強度特別明顯，因此圖像之間顏色差異較大的部分便可以找出停車格線。另外，沿著導引線可以發現每隔一段距離便可找到線段中有 T 型的部分。如圖 12.10，將所有導引線上的 T 型區分出來，此資訊便可以用來分割出每一個不同的停車格。

經過上述的六個流程後，可以發現到幾點現象。在提取出邊緣的鳥瞰圖中，標線會平行且成對地出現，並擁有固定的距離。然而，若圖像沒有事先將應為直線的曲線部分做修正，此特性便不復存在。另外，如果已有車輛停在空停車位的相鄰位置，鳥瞰圖中的扭曲會造成視角內的車輛都會落在導引線內。最後，即使在亮度不足的情況中，導引線仍然能夠作為可供辨認的線段。

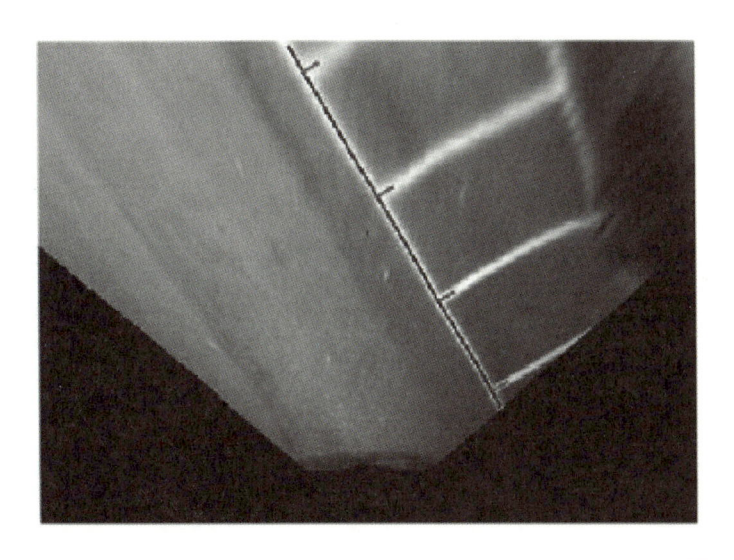

▲ 圖 12.10　辨識停車標線上的不同停車格

12.4 車道偏離警示系統

　　現實生活中，大部分交通事故的發生都歸因於駕駛的疏忽或疲勞。因此為了提高道路行駛的安全性，車道偏離警告系統的議題便應運而生。其中，車道偵測是智慧型傳輸系統應用中不可或缺的一部分。一個好的車道偵測系統必須能夠配合交通規則、路面標示、光線的變化等等情境，才有實際應用上的價值。

　　首先要偵測車道就必須以模型的方式來描述車道。例如在高速公路上，如圖 12.11 所示，範圍約在車輛前方 6 至 30 公尺的近距離車道可使用線性模型來描述。在此會取一臨界值 x_m 來區分遠近距離，並分別套用不同的模型來描述車道。x_m 值的大小端看攝影機的拍攝角度、遠近等等條件而做不同的改變。在較近的車道通常會使用線性拋物模型，其為一線性函數之組合；而離鏡頭較遠的車道則利用拋物線函數來描述之。例如下式：

$$\begin{cases} a+bx & ; x>x_m \\ c+dx+ex^2 & ; x \leq x_m \end{cases}$$

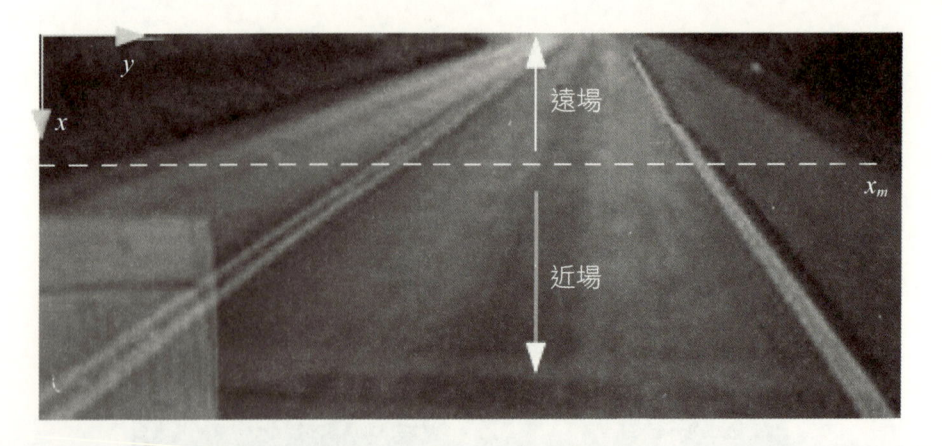

▲ 圖 12.11　對不同距離使用不同車道模型

便是一例。

另外，在建構車道模型時，函數的設計上也引入函數之連續性或可微等性質，以期能使車道模型的偵測效率提高。假設左右車道的邊界在之前攝影機拍下的影格中就已被偵測出來。基於上述的假設，車道邊緣界線通常有比較大的機會落在此區，那麼在目前這張影格中，可以預期車道邊界仍會被限制在之前偵測到的區域內，稱為**車道邊界區域**(Lane Boundary Region Of Interest, LBROI)。要搜尋目前這張影格的車道時，會傾向於先在此區域裡找尋。

如圖 12.12，對高速公路而言，通常其曲率半徑會超過一公里。因此車頭和路面彎曲的角度也相對地小，大約皆落在五度以內。考慮這類情況，選擇使用車道模型建立為一 Hyberbolas 平面會是個有效率的方式。其數學式表示為：

$$y - y_0 = A_i(x - x_0) + \frac{B}{x - x_0}, \ i \in \{l, r\}$$

其中，$i = l$ 及 $i = r$ 分別對應至車道的左右邊界

點(x_0, y_0)則為原本兩直線車道一直延伸至路面消失的交點。根據車道彎度的變化，行駛時車頭的方向也需要隨之修正。

線性方程式 $y - y_0 = A_i(x - x_0)$ 就可以用來描述在此平面上車輛左右邊界的切線。

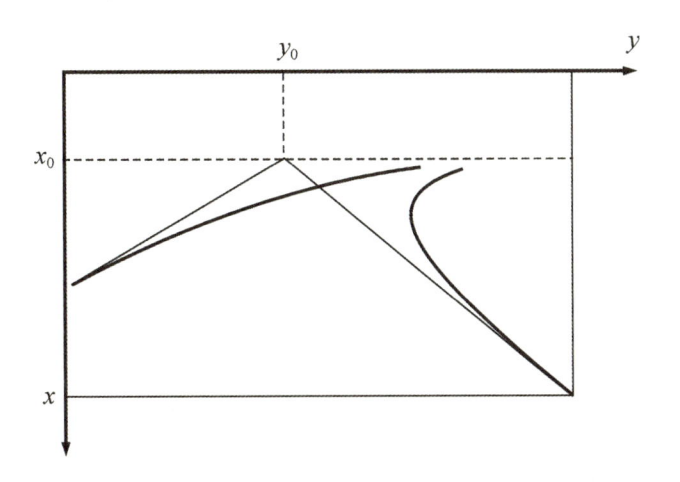

▲ 圖 12.12　車道彎曲示意圖

式 $B(x-x_0)$ 代表在彎道中偏離車道的直線距離。

如圖 12.13，車頭偏移了車道多少距離可寫成 $\dfrac{l_0}{W}=\dfrac{A}{\Delta A}$，$l_0$ 為車道的偏移量，而 W 則為車道寬度。

舉例來說，圖 12.14 的車輛一開始行駛較偏向車道的右邊，隨後朝著左方偏移可以觀察到第 90 到第 100 影格間車道開始變換後，位移量也同時增加。在靠近 114 影格時車輛的軸心已經超越了原先的車道($\dfrac{l_0}{W}\approx 0.5$)。在 145 影格左右，車道偏移完成時，$\dfrac{l_0}{W}$ 的值則約為 1。

另外，在車道偏離偵測中，考慮一車在行駛時非常精準地行駛在車道中心。如果將橫向偏移量以時間函數來考量，那麼在一段時間內橫向偏移量將會為零。若車輛行駛在車道的邊界而非中心，那麼此時間函數中的橫

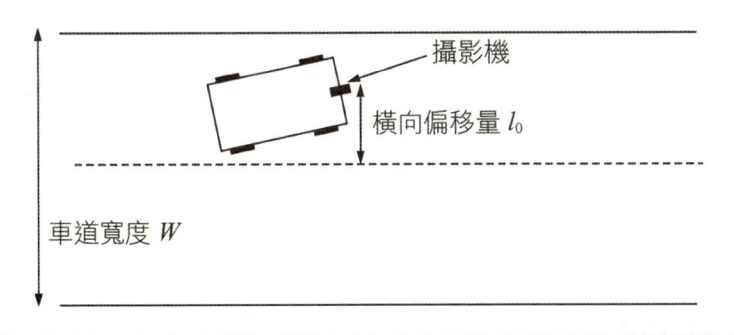

▲ 圖 12.13　車道偏移之示意圖

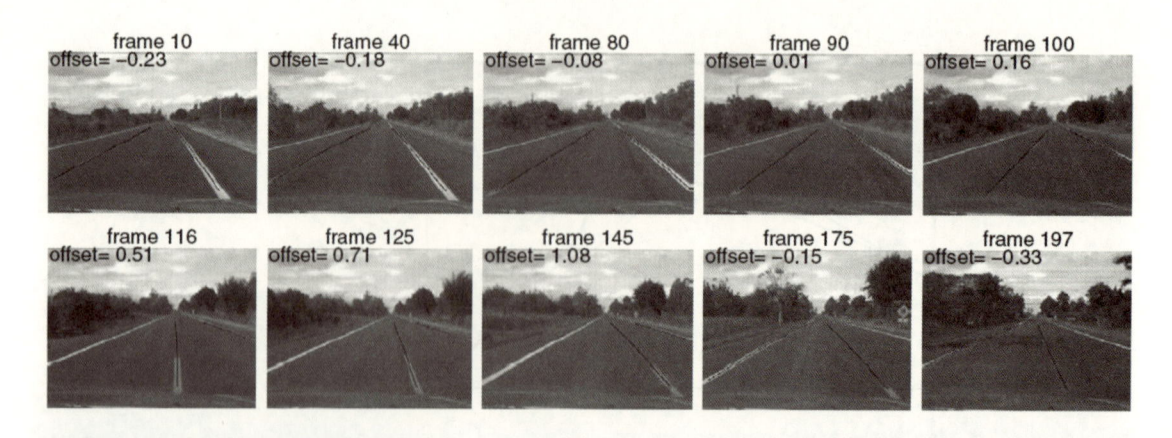

▲圖 12.14　車道變換實際畫面

向偏移量將會保持一定值。因此，只分析時間函數內的橫向偏移量無法偵測車輛是否偏離車道，所以應考慮在幾個影格之間其橫向偏移量的變化。例如若在幾張影格間發現橫向偏移量幾乎沒有改變，那麼便可判斷此時發生了車道偏移的情況。這種情形，系統就需要重新初始化，要將右車道邊界作為左車道邊界並重新計算右車道的邊界。

實際將此系統用於高速公路上測試，第一個實驗對照圖 12.15 及圖

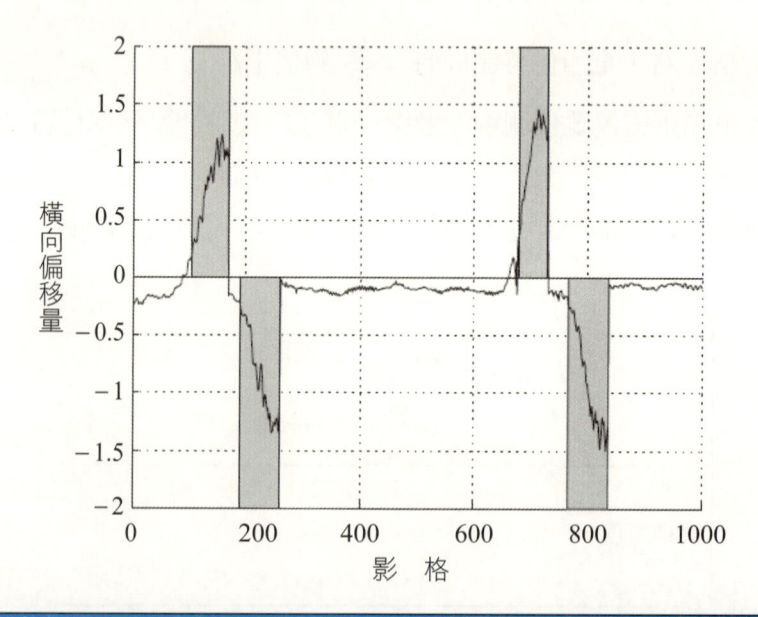

▲圖 12.15　實驗一橫向偏移量數據

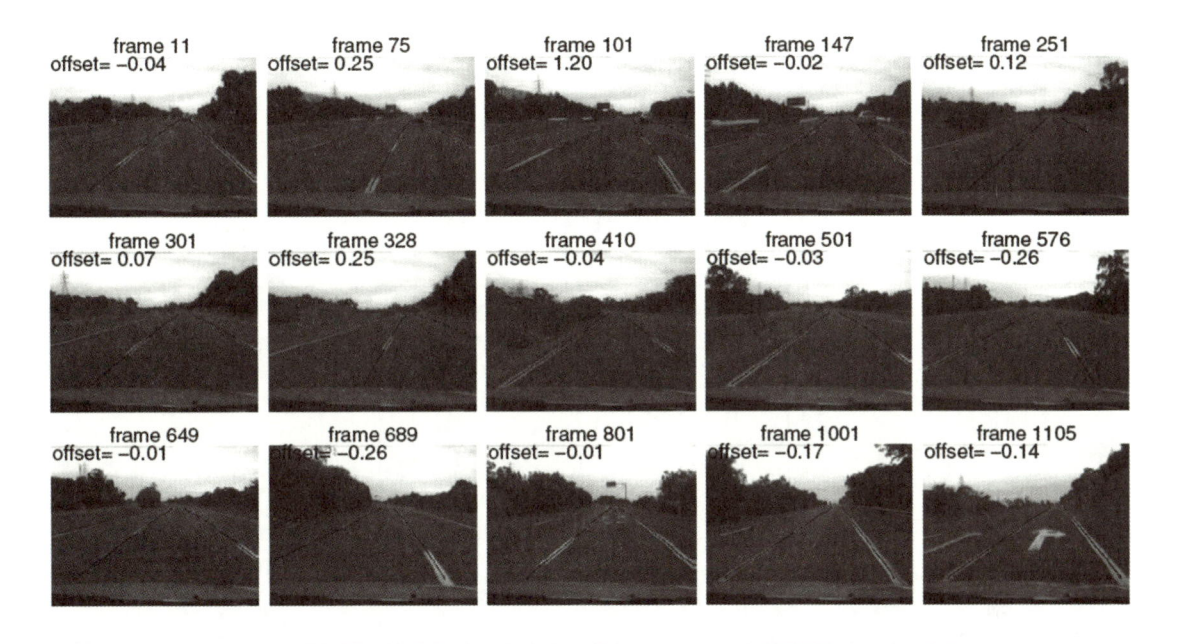

▲圖 12.16　實驗一之影格畫面擷取

12.16，實驗中車輛由車道右側變換到左側再換回原車道。觀察橫向偏移量的變化可以發現，車道偏移警示發生在第 104、109、679 和 766 影格，而第 170、260、731 及 838 影格則變換了車道。

　　第二個實驗中，如圖 12.17，車輛由右側車道轉換到中間車道再切換到左側車道，隨後再從左側車道換回中間車道，最後切換回右側車道。可以發現第 75、328、576、689 影格時發出了車道偏移警示。

　　本教材提供了一個以車輛橫向偏移為基礎的車道偏移警示系統之概念，該系統能警示駕駛人回到車道的中央。另外也運用了線性拋物模型建立車道模型，並利用該模型偵測車道的邊界，以及使用其線性部分計算車道偏移量。但此系統仍有其限制，例如當攝影機緊鄰著前方車輛時此系統可能無法順利運作。

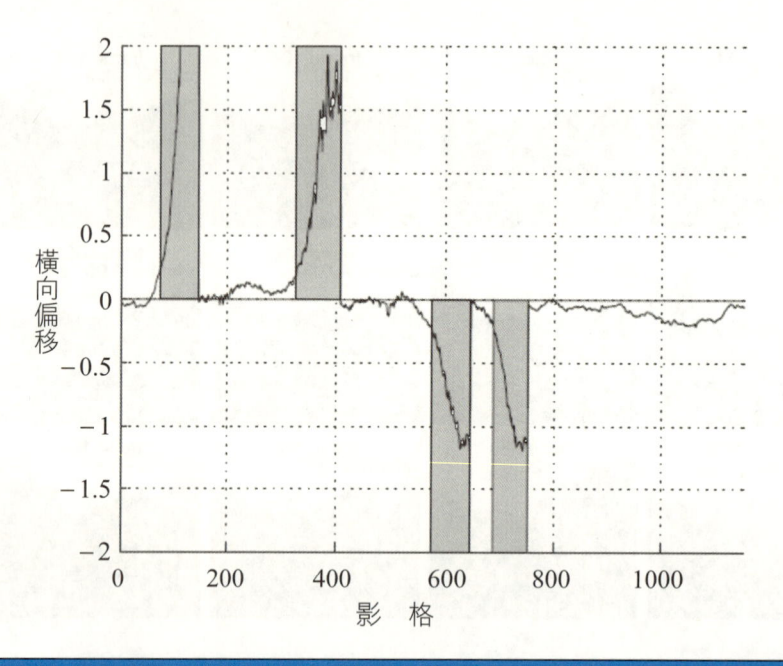

▲ 圖 12.17　實驗二的橫向偏移量變化圖

12.5 適應性巡航控制系統

　　由於長程偵測與控制系統的發展，包括停車輔助系統、夜視系統等等，幫助駕駛人可以及早察覺道路狀況、障礙，進而做出反應措施以避免發生碰撞。適應性巡航控制系統可以根據道路狀況與前方車輛來控制速度與彼此間安全距離。目前已被廣泛地使用在各種車輛中，希望可以減少交通意外的發生。

　　由於適應性巡航控制是屬於非線性系統，較難使用數學模型的傳統控制方法來控制。此時，可以使用人類語意的模糊控制來達成。在模糊控制裡，會先將由外界感應到的輸入值，透過預先建立好的成員關係函數轉換為一個模糊輸入值。接著，透過預先建立的規則庫，推論出一組模糊輸出。最後，解模糊為一個可以真正控制系統的輸出值。模糊控制可以用較平穩的方式來控制系統，讓適應性巡航控制系統以較穩健的方式適應可能會產生的環境變化(如前車突然加速)。

由於模糊控制本身缺乏學習能力，成員關係函數及規則庫都需要透過專家意見來建立，而耗費大量時間。演化式計算發展至今，在解決最佳化問題有非常好的效能，其中尤以基因演算法最為廣泛地使用。因此，為了增進模糊控制在適應性巡航控制上的執行效能，使用基因演算法這種模擬演化過程的強大全域搜索方式作為模糊控制的學習演算法。

12.5.1　模糊控制

在本章節，我們將介紹在控制領域中著名的**模糊控制**(Fuzzy Control)。在真實世界，人類對事物的感受不會只有好與壞(1 跟 0)的區別，而是有**程度**(Degree)上的不同。舉例來說，如何去定義人的身高為高或矮？假設我們定義 180 公分以上為「高」(如圖 12.18(a))，若有一個人身高為 179 公分，那他就被歸類為「矮」嗎？通常人類對於事物的感受都有不同程度上

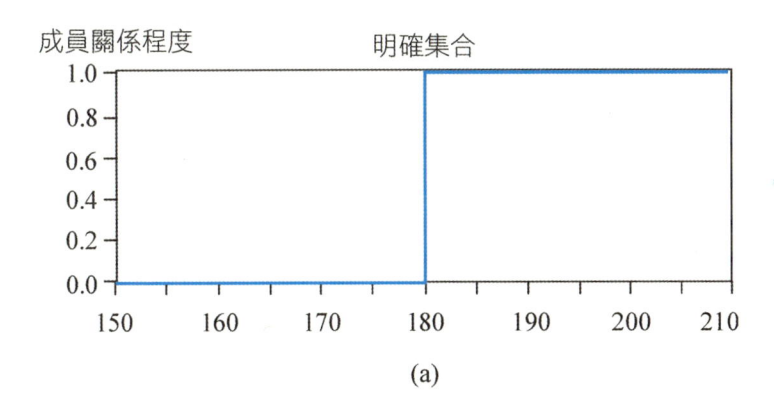

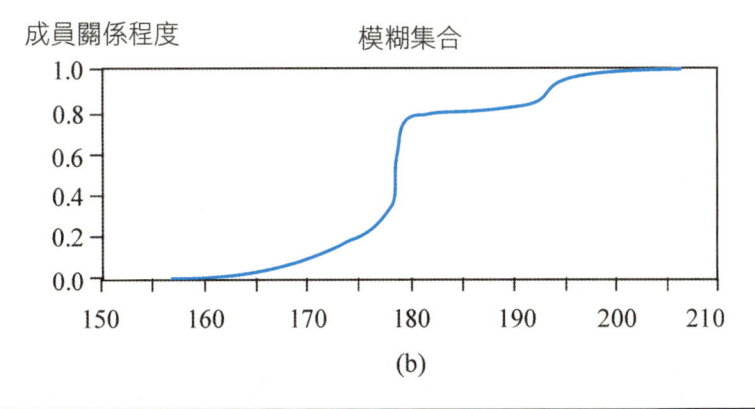

▲圖 12.18　明確集合及模糊集合身高範例

的差別,而非涇渭分明地只是 1 或 0(明確值, Crisp Value)的差別。因此,對於一個身高 179 公分的人,我們或許會定義他的身高介於矮與高之間,例如:有 0.78 程度的高(如圖 12.18(b)),這就是模糊理論(Fuzzy Theory)的精神所在:在模糊邏輯(Fuzzy Logic)裡,對事物的描述不再只是 0 或 1 的二元邏輯,而是介於 0 與 1 之間有不同「程度」的差別。

模糊的概念,最早在 1930 由 Jan Lukasiewicz 所提出,他把原本的二元邏輯值(0/1)延伸為多元邏輯(Multi-Valued Logic, [0, 1]),並使用實數值來代表一件事情的可能性(Possibility)。後來,Max Black 在 1937 年更進一步定義了模糊集合(Fuzzy Set)及其相關的運算法則。模糊理論發展的重要關鍵點為 1965 年,模糊理論之父 Lotfi Zadeh 發表了著名論文 "Fuzzy Sets",模糊理論才開始廣被世人重視。在這篇論文裡,Zadeh 提出一個以可能性理論(Possibility Theory)為基礎的正規數學邏輯系統——模糊邏輯(Fuzzy Logic),用以表示及處理模糊概念。

模糊邏輯的優點在於可以克服傳統布林邏輯(Boolean Logic)上的限制,並且更貼切地表示現實狀況;如之前所述身高的例子,對於一個身高 179 公分的人,讓他屬於矮集合並不符合人類的直覺。此外,模糊邏輯是種多值(Multi-Valued)邏輯,較貼近人類的想法,對人類來說,能夠以較直覺的方式對系統控制的決策準則建立模型,從而發展智慧型系統。

在介紹模糊邏輯前,我們先回顧傳統二元邏輯(布林邏輯)。二元邏輯可以用明確集合(Crisp Set)表示,如式(1),$f_A(x)$是特徵函數,對任何屬於 X 集合的元素 x,如果 x 屬於集合 A 的元素,則 $f_A(x) = 1$;反之,若 x 不是集合 A 的元素,則 $f_A(x) = 0$。

$$f_A(x): X \to \{0, 1\}, \text{其中 } f_A(x) = \begin{cases} 1, & x \in A \\ 0, & x \notin A \end{cases} \tag{1}$$

模糊集合(Fuzzy Set)如式(2)表示:$\mu_A(x)$ 為成員關係函數(Membership Function),對任何屬於 X 集合的元素 x,成員關係函數的值表示 x 屬於集合 A 的程度,稱為成員關係程度(Degree of Membership)或成員關係函數值。以身高定義為例(圖 12.19),若一個人的身高為 184 公分,在明確集合中,他是屬於「高」集合且不屬於「矮」集合;而在模糊集合中,此人

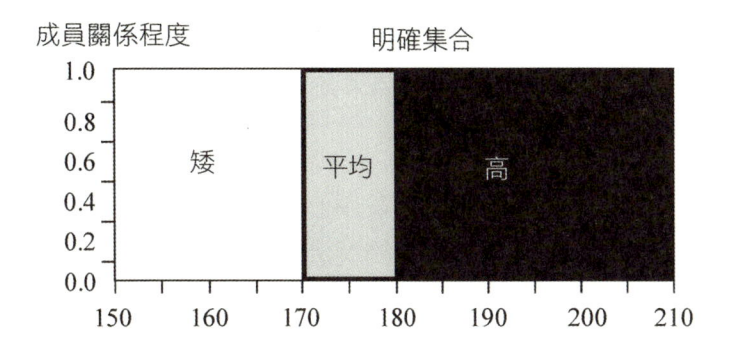

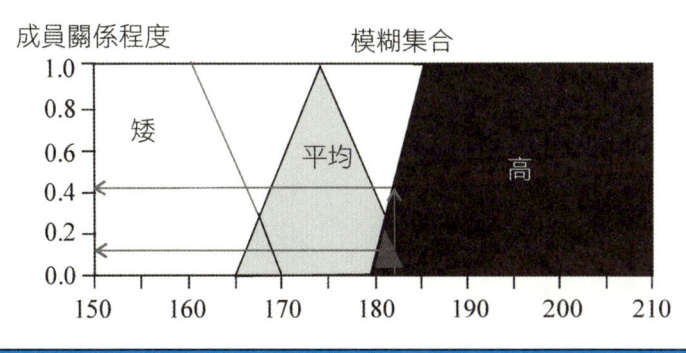

▲ 圖 12.19　另一個身高範例

則有 0.4 程度屬於"高"集合及 0.1 程度屬於一般「平均」身高。

$$\mu_A(x): X \to \{0, 1\},\ 其中\ f_A(x) = \begin{cases} \mu_A(x) = 1, & x\ 完全在\ A \\ \mu_A(x) = 0, & x\ 不在\ A \\ 0 \le \mu_A(x) \le 1, & x\ 部分在\ A \end{cases} \quad (2)$$

模糊集合常用的運算有：

1. **補集合**(Complement)：在明確集合中，補集合的運算為 $1 - f_A(x)$；模糊集合亦為類似的運算方式，為 $1 - \mu_A(x)$。

2. **包含**(Containment)：包含在明確集合中的定義為一個子集合的所有元素都被包含在一個較大的集合中；而在模糊集合中的定義為一個子集合的所有成員關係函數值都小於一個較大集合的成員關係函數值。

3. **交集**(Intersection)：在明確集合中，交集的定義為二個集合共同擁有的元素所構成的集合；在模糊集合的定義為在二個集合的成員關係函數值的較小值，$\mu_{A \cap B} = \min\{\mu_A(x), \mu_B(x)\}$。

4. **聯集**(Union)：在明確集合的定義為二個集合各自擁有之元素所合成的集合；在模糊集合的定義為二個集合成員關係函數值的較大值，亦即 $\mu_{A\cup B}=\max\{\mu_A(x), \mu_B(x)\}$。

另外，我們也列出其他模糊集合與一般集合相同運算法則，這些法則可以經由簡單證明導出，不在本章節討論範圍。

模糊運算法則：

交換性：	$A\cup B = B\cup A$
	$A\cap B = B\cap A$
結合性：	$A\cup(B\cup C) = (A\cup B)\cup C$
	$A\cap(B\cap C) = (A\cap B)\cap C$
分散性：	$A\cup(B\cap C) = (A\cup B)\cap(A\cup C)$
	$A\cap(B\cup C) = (A\cap B)\cup(A\cap C)$
冪等性：	$A\cup A = A$
	$A\cap A = A$
同一性：	$A\cup\varnothing = A$
	$A\cap\varnothing = \varnothing$
自旋性：	$\neg(\neg A) = A$
遞移性：	$(A\subset B)\cap(B\subset C) \rightarrow (A\subset C)$
迪摩根定理：	$\neg(A\cap B) = \neg A\cup\neg B$
	$\neg(A\cup B) = \neg A\cap\neg B$

模糊控制(Fuzzy Control)為基於模糊邏輯所發展出的控制系統，對於非線性、不確定系統有較好的**強健性**(Robustness)。另外，模糊邏輯較接近人類想法，能以人類語意的方式定義控制系統，讓我們可以用較簡單、直覺的方式設計、操作及實作控制系統。以上優點讓模糊控制廣為現代控制系統使用，市面上已有許多利用模糊控制系統的產品，如相機的自動對焦系統、冷氣機的溫度調節以及洗衣機所使用的模糊類神經系統等。

基本模糊控制系統區塊圖如圖 12.20 所示，除了輸入輸出訊號的前處理及後處理二個區塊外，中間的三個區塊為模糊控制系統的核心部分：

▲圖 12.20　模糊控制區塊圖

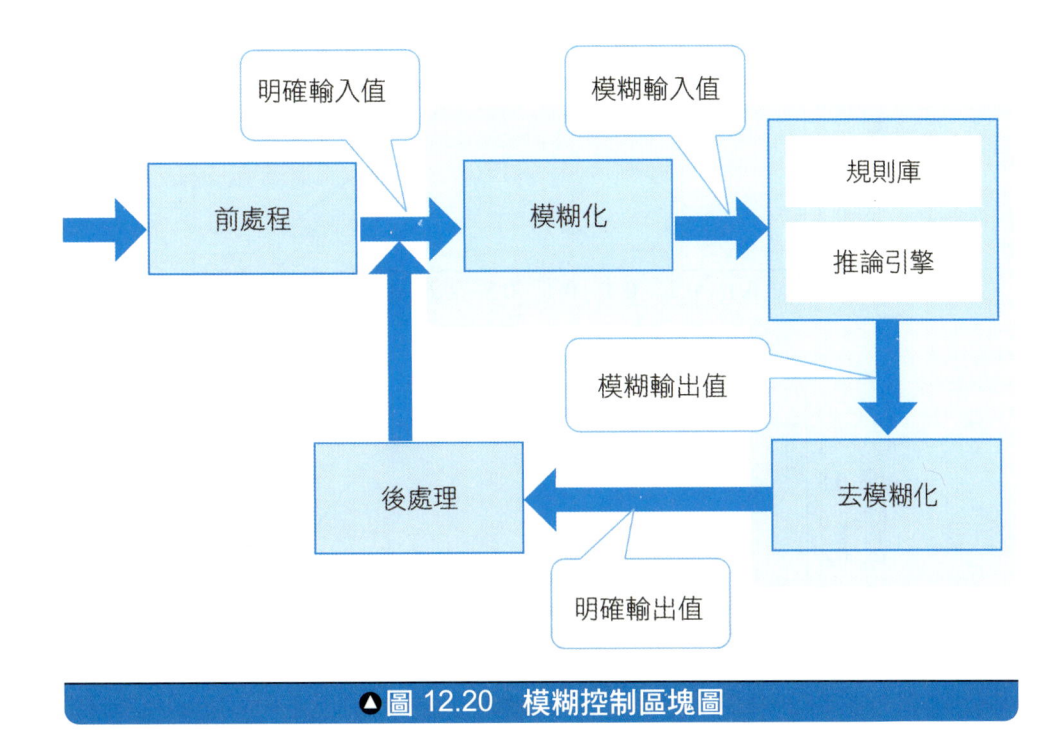

1. **模糊化**(Fuzzification)主要功能為將原本輸入的明確值透過成員關係函數對應，而得成員關係函數值(也就是模糊程度值)。
2. **模糊推論**(Fuzzy Inference)讓輸入的模糊值，經過**規則庫**(Rule Base)與**推論引擎**(Inference Engine)推論出輸出的模糊值。
3. **去模糊化**(Defuzzification)，因為控制系統的輸出必須為明確值，所以必須在此區塊將推論得到的模糊輸出值反解為明確的輸出值。以下對各區塊的功能做更詳盡說明。

模糊化區塊如前段所述，主要功能是把明確值輸入值經由成員關係函數轉為模糊輸入值。在設計模糊化功能時，必須先決定要使用哪一種成員關係函數，常見的成員關係函數類型有**三角形**(Triangle)、**梯型**(Trapezoidal)、**鐘型**(Bell)及**高斯**(Gaussian) (參考圖 12.21)，圖形函數的選擇則視控制的標的及預期達到的效能而定。接著再將明確輸入值，利用所選擇的成員關係函數對應模糊輸入值。如圖 12.19 的範例所示，身高 183 公分的人對應出 0.4 程度屬於高集合及 0.1 程度屬於平均身高。

將輸入值模糊化後，接下來會依此模糊輸入值進行模糊推論，推論過

(a) 三角型

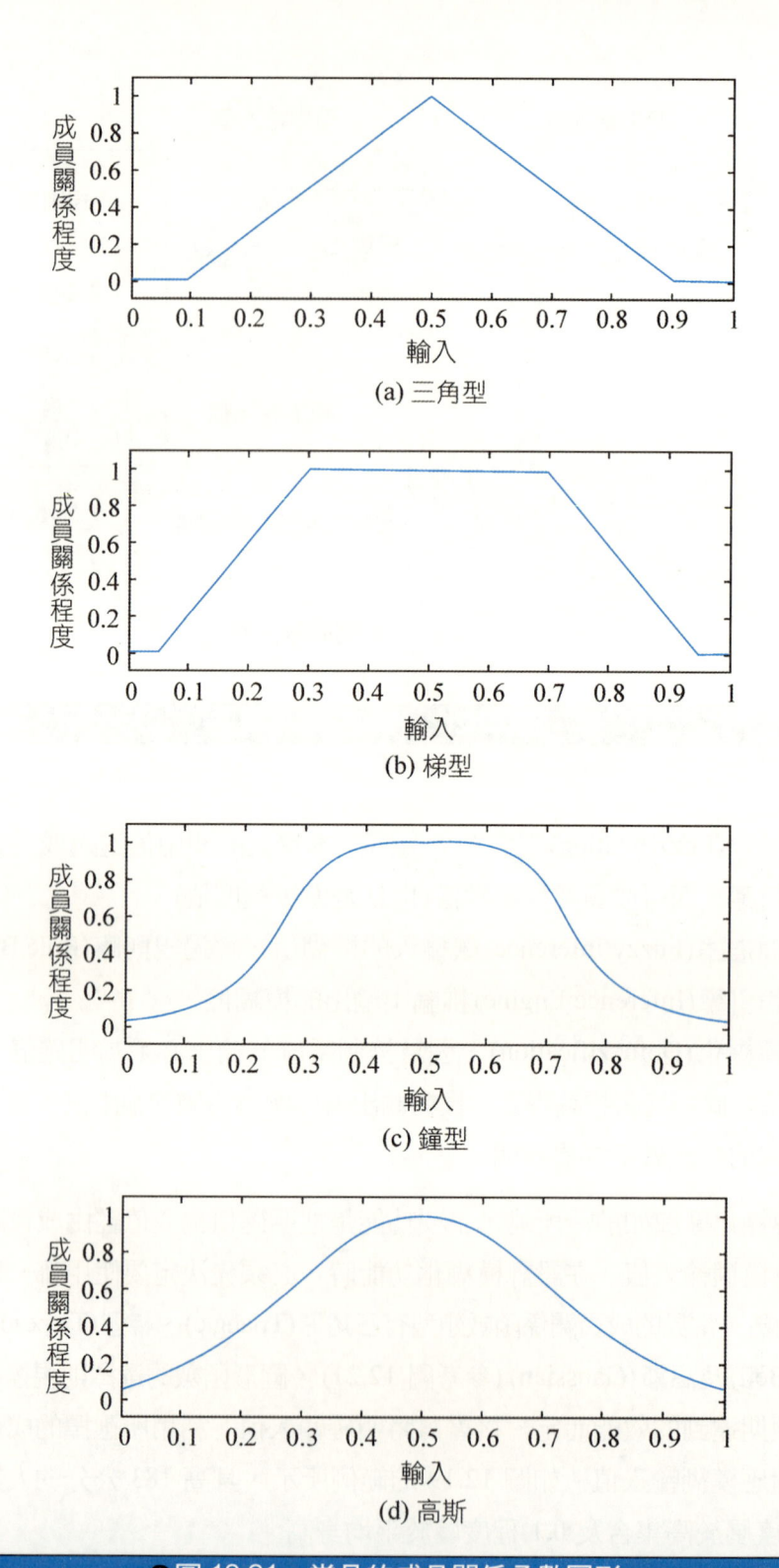

(b) 梯型

(c) 鐘型

(d) 高斯

圖 12.21　常見的成員關係函數圖形

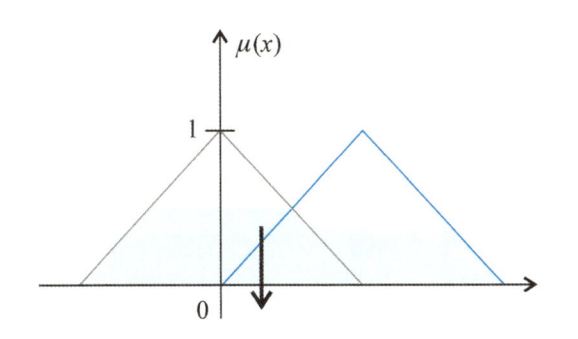

▲圖 12.22　重心法示意圖

程可分為二個步驟：

1. **規則評估**(Rule Evaluation)：在規則庫中，每條規則都是依照 IF A THEN B 的形式所建立，在處理 IF 的部分時，會使用模糊邏輯運算來解析單一規則的多個條件子句，以算出其合成之程度值。在 THEN 部分，則將從 IF 得到的程度值依輸出成員關係函數，計算所對應的輸出值。
2. **規則合成**(Rule Aggregation)：最後將所有觸發的規則推論結果合成一個模糊集合。

經過模糊推論得到模糊輸出值後，必須將此輸出值轉成可供控制系統使用之明確輸出值。常用的去模糊化方法為**重心法**(Centre of Gravity, CoG)，如圖 12.22 所示，此方法乃以所有推論結果的集合的重心作為明確的輸出值，以下為重心法的計算公式 ($y(x)$ 為解模糊後的值，μ_{MF_j} 為第 j 項的程度值，t_j 為該項的典型值)：

$$y(x) = \frac{\sum_{j=1}^{m} \mu_{MF_j} t_j}{\sum_{j=1}^{m} \mu_{MF_j}} \tag{3}$$

12.6 基因演算法

本章節將介紹**基因演算法**(Genetic Algorithm)，基因演算法被視為解決各式最佳化問題的強大演算法，目前已被許多的領域使用以解決其中的難題，例如工程、運輸、網頁搜尋、通訊、遊戲、軍事、音樂、數學以及生物資訊問題。基因演算法的概念乃基於達爾文所提出的「物競天擇，適者生存」理論，以自然界的演化機制而言，演化時發生於某個「環境」，並且在這環境當中會有許多「個體」，這些個體對環境的「適應情形」將影響其生存機會。對照於「解題」而言，我們被賦予一個「問題」(環境)，問題當中會有許多不同的「候選答案」(個體)，由於每個候選答案對於這個問題有不同的「解品質」(適應情形)不同。只要我們能夠找出每個解的適應值，就可以用「物競天擇，適者生存」的方式來找出最佳解。

基因演算法包含的步驟如下：

1. 創造個體：將問題的可能解都轉化成演化的個體，在基因演算法中我們將每一個可能解轉換為染色體。
2. 選擇：每個個體皆有機會被挑出以進行繁衍，我們可以透過各種機制去選擇適合交配的個體。
3. 交配：將兩個挑出的個體交配去創造其子代，亦即產生新的可能解答。
4. 突變：每一個新的個體均有機會突變，以增加多樣性。
5. 競爭：對於不合適的個體給予淘汰，讓整個群體能夠朝著較好的方向前進。

以下進一步介紹上述流程的步驟：

A. 個體表示方式

每個個體都有所謂的「表現型」以及「基因型」(圖 12.23)，以生物學而言，每個人外觀(表現型)不相同，源自每個人的基因(基因型)也不同。在基因演算法中，常模擬染色體的型態將個體編碼成二元字串，也就是我們所說的「基因型」，之後才能讓這些個體的基因做交配、突變及競爭。

基因演算法的個體表示方式不僅可使用二進位表示方式，目前也常用整數、實數以及序列。但使用各種不相同的表示方式時，必須使用其對應的各種不同的交配及突變方式。

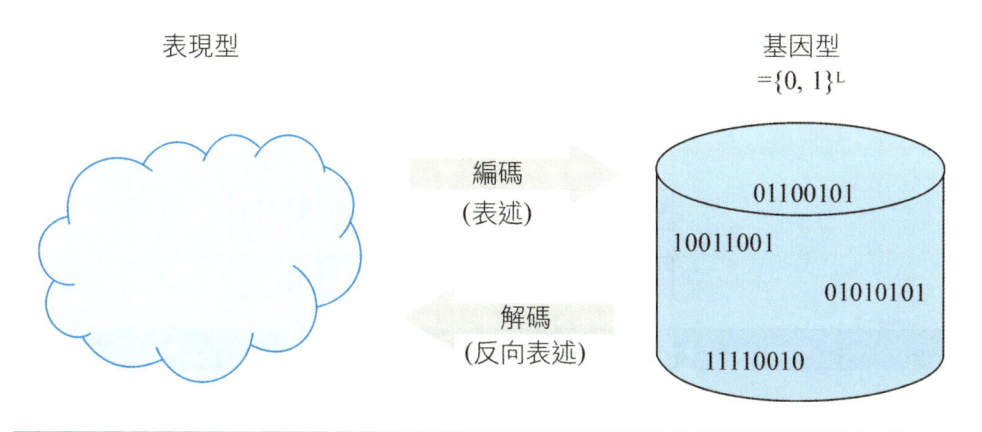

▲圖 12.23　表現型及基因型

B. 選　擇

　　在選擇可交配的個體時，基因演算法傾向利用較佳**適應值**(Fitness)的個體來做交配，意即若個體有較佳的適應值，則其被挑出從事交配的機會將較適應值低的個體為高。常用的方法為輪盤法，此方法的概念為：個體被選中的機率正比於適應值。以圖 12.24 而言，在使用輪盤法時，由於個體 A 有著較好的適應值，因此被選到的機會也較高，而個體 B 的適應值較差，機會也較少。

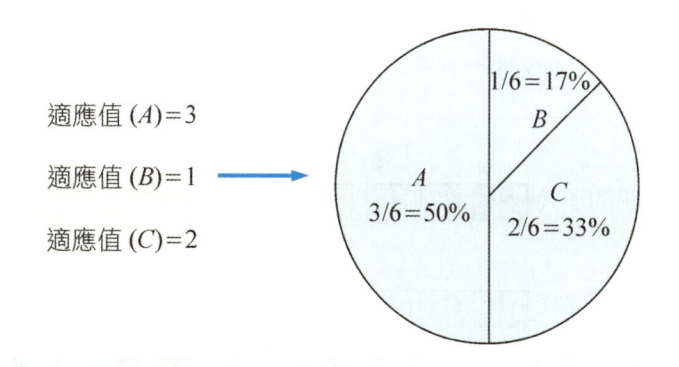

▲圖 12.24　輪盤選擇法

C. 交　配

　　交配讓親代的個體能重組基因以產生新的個體(子代)，基因演算法常用所謂的**單點交配**(One-Point Crossover)，此法從染色體當中隨機選取一

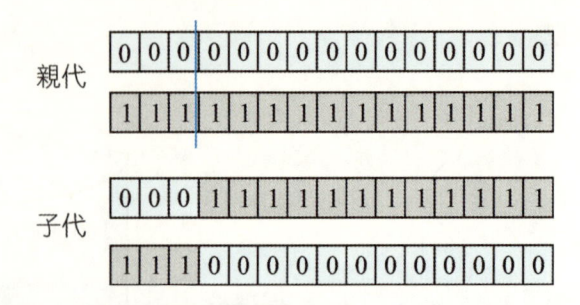

▲圖 12.25　單點交配的變化方式

點，之後依此點將兩親代個體切開，並交換重組而產生其子代。對於一組親代而言，基因演算法中並非每次均從事交配來產生子代，而是機率決定是否交配，常用的機率值們於 [0.6～0.9] 之間(圖 12.25)。

由於單點交配在每次交配時只選擇一個交換點，不容易增加個體的變異性，因此後續發展出**多點交配**(n-point Crossover)，以及單就每一個位置做一次機率性對調的**均勻交配**(Uniform Crossover)，這些方法都能夠增加群體的變異性，有利演化的進行。

D. 突　變

基因演算法的突變提供了個體的變異性，針對二元表示法的個體，常見的突變方式為隨機選擇少數基因，將其值翻轉(即 0→1, 1→0)。基因演算法使用機率決定每個基因是否突變(圖 12.26)。

▲圖 12.26　使用均勻性的突變方法

E. 生存選擇

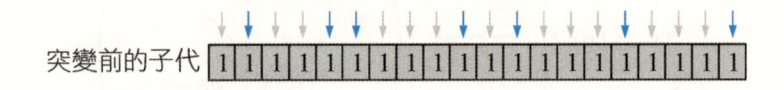

在基因演算法中，我們可以使用適應值競爭法、年齡競爭法或菁英主義競爭法此三種競爭方式。

1. 年齡競爭法：先設定個體可以存活的年齡數(代數)，當個體到達應有的歲數時則遭到淘汰，值得注意的是，年齡競爭無法保留適應值最佳的個體。
2. 適應值競爭法：以個體適應值作為個體是否能存活至下一代的考量因素。使用適應值競爭時常用兩個參數來表示競爭方式：μ 代表著親代數目，而 λ 代表子代數目。$\mu + \lambda$ 競爭生存方式為將 μ 個親代與 λ 個子代共同競爭以找出存活的 μ 個下一代。
3. 菁英主義競爭法：在個體競爭的時候，此方法將留下適應值最好的數個個體，以確保適應值最好的個體永遠不會消失於族群中。

12.7 系統概念

　　配備適應性巡航控制系統的車輛，會透過車頭的感測器偵測前方車輛的距離與速度，以調整本身的速度。駕駛人一開始可以設定車輛的速度與前車的距離，當前方沒有其他車輛時，駕駛車輛會維持設定的速度行駛；當前方車輛比駕駛車輛慢，感測器會偵測到前方車輛，並將前方車輛的速度與彼此間距離回傳給適應性巡航控制系統，再透過模糊控制系統判斷應逐漸減速；當彼此距離縮減至與設定距離相同時，會與前方車輛維持相同的速度行駛；最後，前方車輛改道或是超過感測器偵測範圍外，才會開始加速至原先設定的速度行駛。如圖 12.27 所示，駕駛車輛(黑車)以 80 km/h 的速度行駛，黑車會保持速度行進，在感測器偵測範圍內感應到前方車輛(灰車)以 50 km/h 的速度行駛，則黑車開始減速至 50 km/h，並保持 50 km/h 的速度行進，當灰車轉換線道時，黑車則開始加速至 80 km/h 行駛。

　　適應性巡航控制系統運作狀態包含有：

1. 關機狀態
2. 待機
3. 車輛行駛
    i. 距離控制
    ii. 速度控制

黑車設定車速 80 km/h

保持速度	減　速	維　持	加　速
	50 km/h	50 km/h	
80 km/h	80 km/h → 50 km/h	50 km/h	50 km/h → 80 km/h

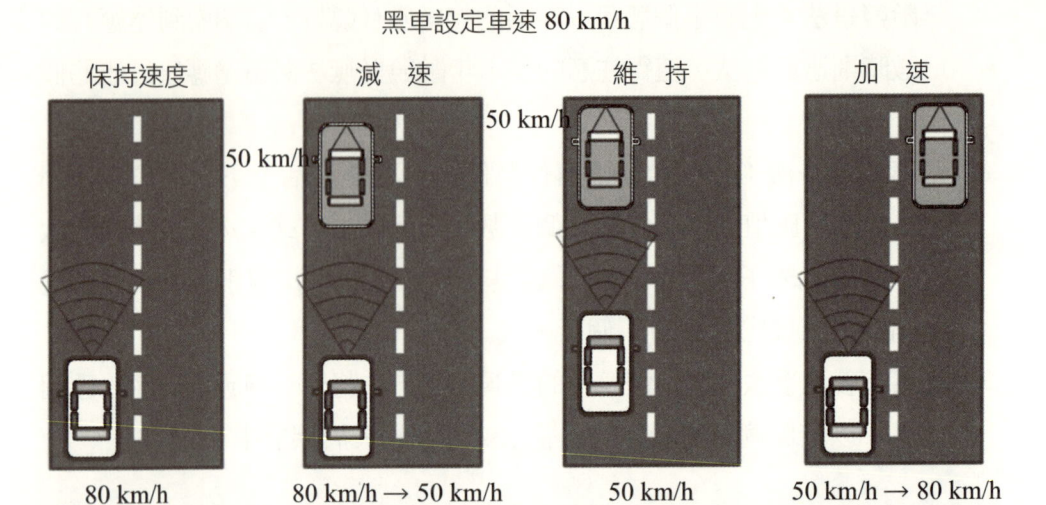

△ 圖 12.27　適應性巡航控制示意圖

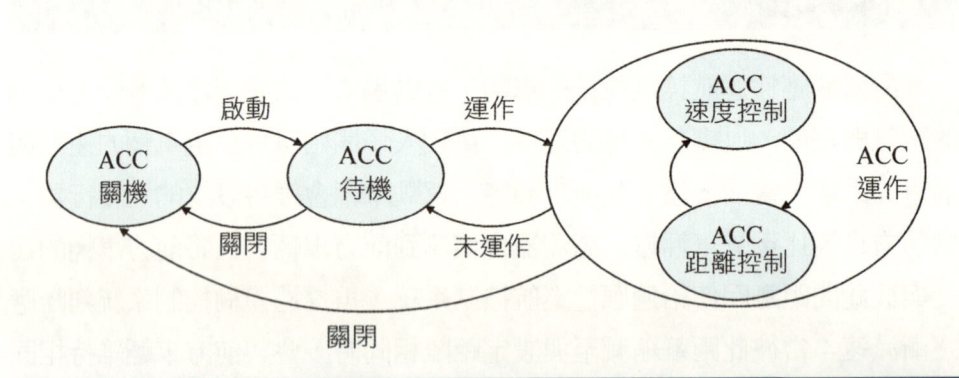

△ 圖 12.28　適應性巡航控制狀態轉變圖示

　　如圖 12.28 所示，當駕駛車輛發動後，適應性巡航控制系統仍處於關機狀態(ACC Off)；啟動適應性巡航控制系統後(On)，適應性巡航控制系統需要駕駛者設定行駛速度以及安全距離(ACC Standby)，之後適應性巡航控制系統會根據此設定來行駛車輛(ACC Activity)。即使車輛在適應性巡航控制系統控制下，駕駛者仍然可以隨時改變行駛速度與安全距離的設定。

　　由於駕駛者可以隨意設定安全距離，因此距離的設定會影響適應性巡航控制系統的效能。當距離設定愈大，車輛行駛的安全性跟著提高，同時在切換線道的機會也隨之增高。然而，這樣的做法卻會降低車流量。表 12.1 列出兩種距離設定的方式、特色及優缺點。

▼ 表 12.1　固定距離 V.S. 依速度調整距離

	特　色	優　點	缺　點
固定距離	固定距離	提高車流量	1. 並非有效率的使用感測器與控制策略 2. 讓人感到不安全
依速度調整	根據駕駛人設定的反應時間	比較接近人類的行為模式	降低車流量

接下來，我們將介紹模糊控制是如何應用在適應性巡航控制系統中。在模糊控制系統中，包括了五個步驟：

1. **系統設計**：主要是定義系統的功能、系統的架構、建構系統可以接受的語意、定義規則庫以及設計解模糊的方式並產生真正控制系統的值。
2. **離線最佳化**：輸入一個真實的值、系統的模型、特性或是時間分析進行模擬。
3. **線上最佳化**：透過即時的資訊來做最佳化的動作。通常會被替代，或是加入至離線最佳化。
4. **執行**：用程式語言撰寫模糊邏輯系統並載入在目標硬體設備中執行。
5. **測試與驗證**：必須不斷的測試並檢查操作的方式是否正確

　　距離跟追蹤控制問題是模糊控制在適應性巡航控制系統中的應用。這個問題被定義成每輛車必須和第一輛車保持一定的距離並跟著前一輛車，每輛車就像是在學習或模仿前一輛車子的行為。距離跟追蹤控制系統會提高交通的安全性與流量。在這個問題下，最重要的就是距離的控制與軌跡的追蹤。舉例而言，除了第一輛車的中央裝設雷射之外，其餘車輛的前端均裝設 25 顆紅外線感測器去判別前方車輛是否進行轉彎的動作。在距離的設定方面，由於是和第一輛車的距離，範圍是從 20 到 200 公尺，我們會將範圍標準化為 0 到 2 之間的值(圖 12.29)。而軌跡的追蹤主要是透過一排感測器進行監控，從最左到最右的編號是從 1 到 25 號。當前方車輛在最左前方時，1 號感測器就會啟動；同理，前方車輛在最右前方的時候，25 號感測器就會啟動，13 號感測器啟動表示前方車輛目前是在正前方，如圖 12.30。定義完輸入的語意之後，同時也必須定義輸出的語意，在這系統中，操作的是車子的速度，因為會有轉彎的情況，因此必須定義左輪

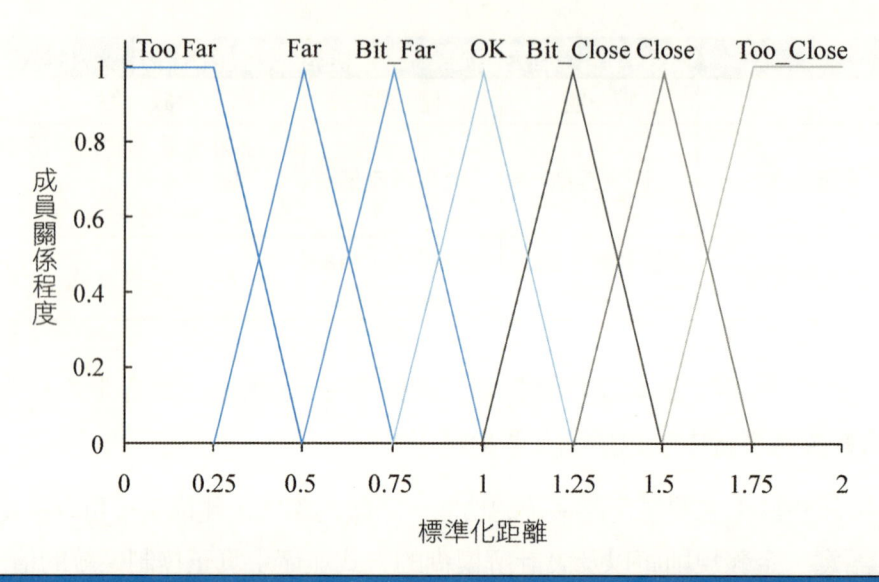

▲ 圖 12.29　標準化距離的成員關係函數

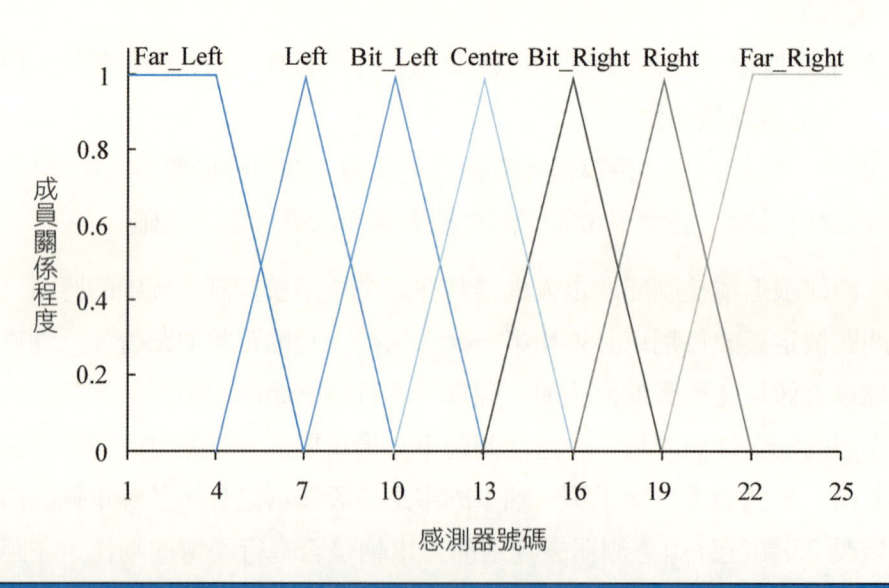

▲ 圖 12.30　感測器號碼的成員關係函數

與右輪的成員關係函數(參考圖 12.31)。

在定義輸入語意之後，系統會模糊化輸入的明確值以得到對應的模糊值，接著到規則庫中找尋對應的規則。在這個例子中，由於輸入的語意參數各為 7 種，總共會產生出 49 種規則。最後，使用重心法(CoG)做為解模糊的方式，產生出一個明確的輸出值回傳給控制系統。

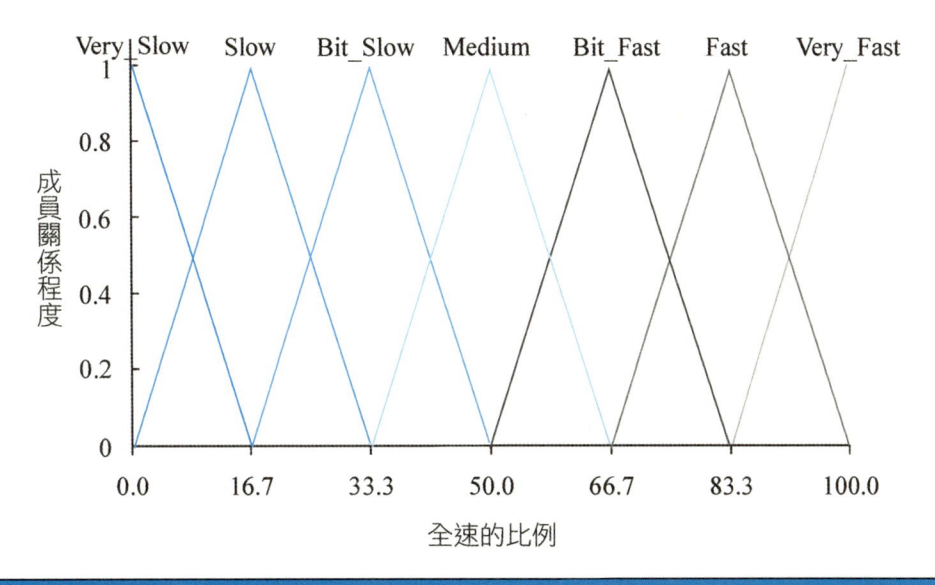

▲圖 12.31　左輪或右輪的速度百分比成員關係函數

對於模糊控制，成員關係函數的建構是個重要的議題，原因在於成員關係函數的結構會影響模糊控制的效果，而三角形則是被廣泛地應用在各種模糊控制理論中。大部分的成員關係函數都是根據各個專家的建議集合而成，這樣的方式太過於耗費時間。因此，如何找尋一個「好」的成員關係函數就變成一個解決最佳化的問題。演化式計算在解決最佳化問題一直都有很好的效果，其中的基因演算法除了廣泛地被使用外，其運作方式也相當簡單。

本書僅簡短介紹利用基因演算法找尋成員關係函數的步驟。基因演算法最重要的是個體的表述，個體表述的好壞會間接影響演化的優劣，一個個體中包含所有項目的語意項成員關係函數，若以每一個三角形表示為一個語意項成員關係函數，每一個三角形皆可以使用三個端點值表示，如圖 12.32。每個成員函數必須滿足下列兩個不等式：

1. $c_{ik1} \leq c_{ik2} \leq c_{ik3}$
2. $c_{i12} \leq c_{i22} \leq \cdots \leq c_{il2}$

第一個規則表示一個成員關係函數的三個表示參數的值必須由小到大排序，第二個規則是表示每個成員關係函數的頂點必須由小至大排列，才

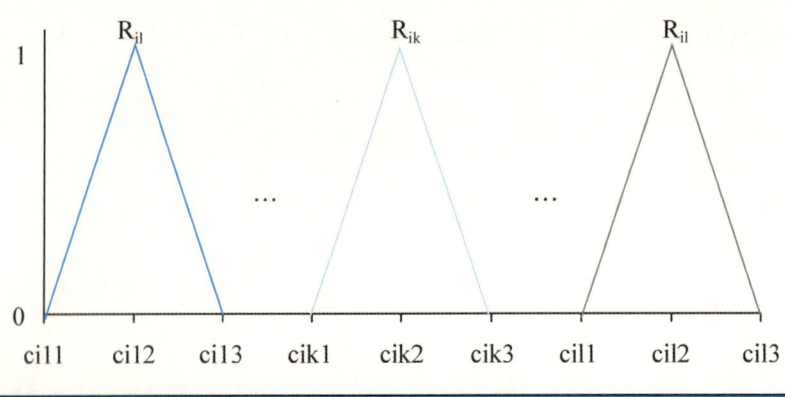

▲ 圖 12.32　項目 i 的成員關係函數

　　符合成員關係函數的邏輯。

　　染色體的表示法如圖 12.33 所示。每一個三角形均由三個端點所構成，因此染色體的長度取決於所有三角形的端點個數。在作初始化的階段，每條染色體必須遵循前述所列的二條規則。

　　當進行交配或突變運算子後，子代可能無法符合上述兩項條件，若未符合上述條件，先將三角型內部依條件 1 各自排好後，再調整其位置使其符合條件 2。如圖 12.34 所示，親代經過交配之後，先依照條件 1 進行檢查，發現產生的子代中有不合法的結果(0, 4, 3)與(2, 1, 8)，因此必須要做修正，修正的方式就是重新做排序，將(0, 4, 3)改成(0, 3, 4)；(2, 1, 8)改成

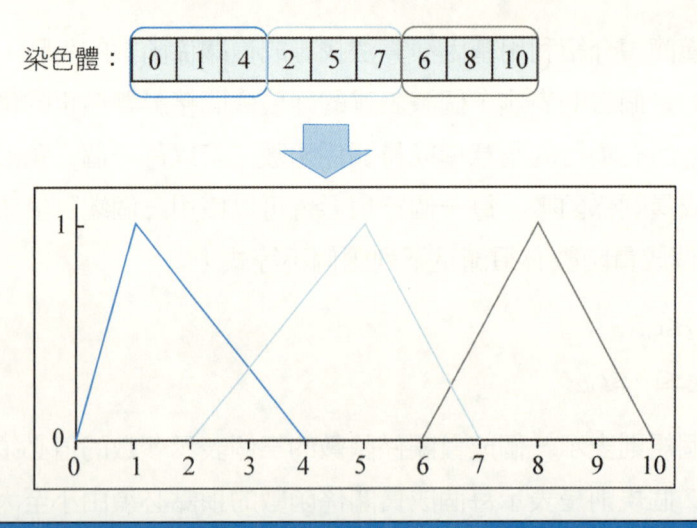

▲ 圖 12.33　個體表述

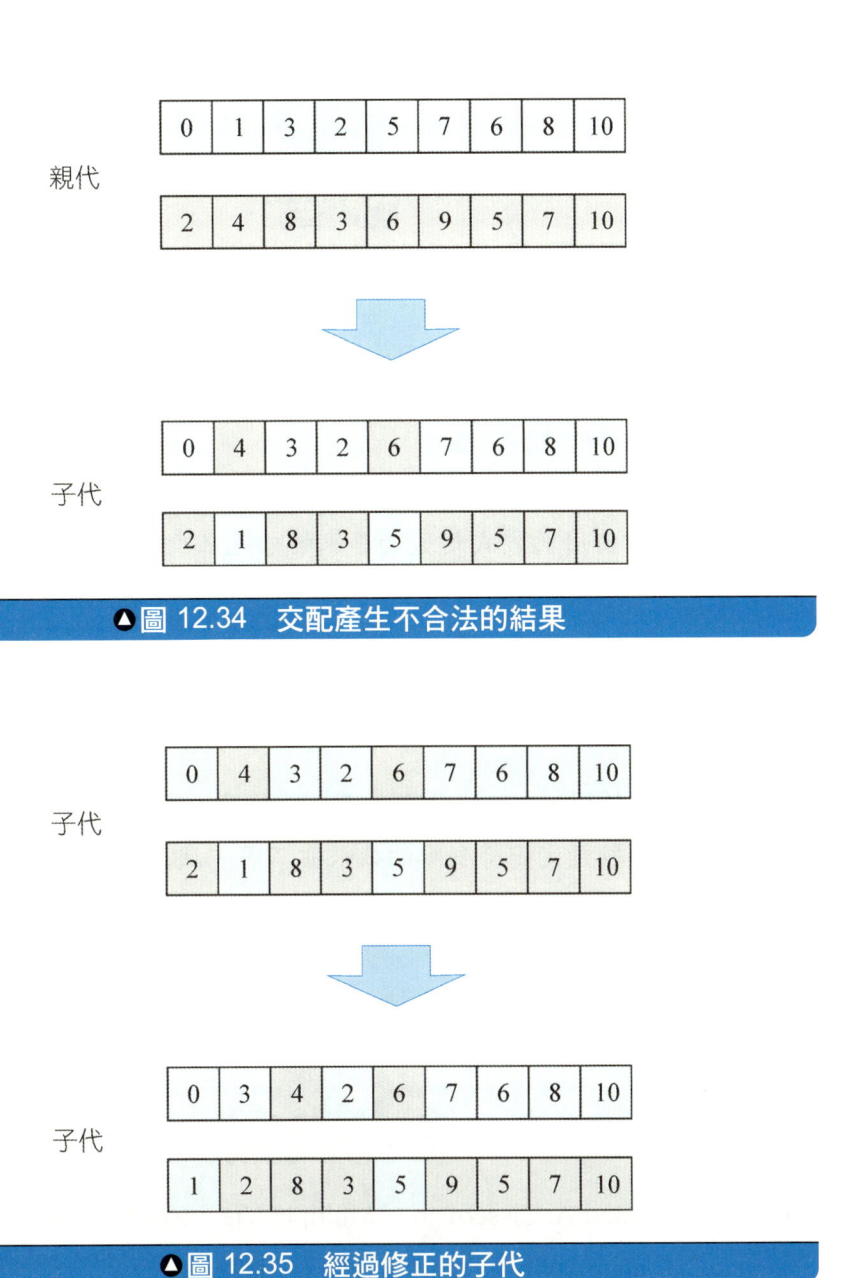

▲圖 12.34　交配產生不合法的結果

▲圖 12.35　經過修正的子代

(1, 2, 8)，如圖 12.35。接著再檢查條件 2，發現(3, 6, 8)與(2, 5, 7)均符合規則，才讓子代繼續做突變的動作。

依據前述基因演算法的步驟進行最佳化，以找尋成員關係函數以改善模糊控制的效果。因此，基於模糊控制的適應性巡航控制系統也將透過基因演算法的最佳化過程，在系統表現上得以提升。

練習

1. 關於車道穩定系統的建置，請舉出至少三個重要的系統元件並說明其功能。
2. 利用視覺感測器來輔助開發智慧型車輛有許多優勢，請舉出至少兩個優於其他感測器的優勢。
3. 在模糊控制中，成員關係函數的各項參數設定對控制系統的效能影響很大，以往常使用的方式是透過專家的意見來設定。然而，在很多情形中，很難有專家的意見可供參考。因此，在現今的模糊控制系統常會結合人工智慧的學習方法來自動找到合適的參數設定值。試討論：目前常與模糊控制系統結合的人工智慧學習方法有那些？並分析各自的優缺點。
4. GA 在解決 NP-hard 的問題都有不錯的效果，卻存在參數設定的問題。根據不同參數設定而得到解的效果亦不同。試討論：我們能使用 fuzzy control 的方式調整參數嗎？如果可以，請簡單描述作法；反之，請說明理由。

參考文獻

[1] R. Hartley and A. Zisserman, "Multiple View Geometry in Computer Vision," Cambridge University Express, 2003.

[2] L. Vlacic, M. Parent, and F. Harashima, "Intelligent Vehicle Technologies," Elsevier, 2001.

[3] M. Suzuki, N. Yamamoto, O. Yamamoto, T. Nakano, and S. Yamamoto, "Measurement of Driver's Consciousness by Image Processing-A Method for Presuming Driver's Drowsiness by Eye-Blinks Coping with Individual Differences," Proceedings of IEEE International Conference on Systems,

Man, and Cybernetics, 2006.

[4] H. G. Jung, D. S. Kim, P. J. Yoon, and J. Kim, "Parking Slot Marking Recognition for Automatic Parking Assist System," Proceedings of IEEE Intelligent Vehicles Symposium, 2006.

[5] C. R. Jung and C. R. Kelber, "A Lane Departure Warning System Using Lateral Offset with Uncalibrated Camera," Proceedings of IEEE Intelligent Vehicles Symposium, 2005.

[6] L. Vlacic, M. Parent, and F. Harashima, "Intelligent Vehicle Technologies: Theory and Applications," Society of Automotive Engineers Inc, 2001.

[7] R. Bishop, "Intelligent Vehicle Technology And Trends," Artech House Publishers, 2005.

[8] K. M. Passino, "Fuzzy Control," Addison Wesley Publishing Company, 1997.

[9] J. Jantzen, "Foundations of Fuzzy Control," WileyBlackwell, 2007.

[10] D. E. Goldberg, "Genetic algorithms in search, optimization and machine learning," Addison-Wesley, 1989.

[11] J. H. Holland, "Adaptation in Natural and Artificial Systems: An Introductory Analysis with Applications to Biology, Control, and Artificial Intelligence," The MIT Press, 1992.

[12] A. E. Eiben and J.E. Smith, "Introduction to Evolutionary Computing," Springer, 2003.

第 13 章
以幾何包圍體階層法為基礎之車輛碰撞偵測技術

13.1 預防碰撞

13.1.1 緒 論

近十年來，國內車輛數成長相當快速，至民國 98 年 9 月時，國內各級車輛總數已達 2188 萬輛，而每年交通事故死亡率平均每一萬輛車就有 1.06 人死亡。換言之，每年有近 2200 人在交通事故當中不幸喪生。根據統計資料顯示，大多數交通事故肇事原因可分為三大類：

1. **分散注意駕駛**：由於分心或者疲勞，駕駛者無法集中注意力駕駛，對於路況無法進行有效的判斷。此類事故常發生於車速低於 30 km/h 的都會區車輛密集的路段中或者高速公路上。在都會區車輛密集的路段中，由於車速過低，駕駛者容易產生無聊的情緒，此時很容易受到路旁景物的影響而分心、肇事；在高速公路上，由於行車路程較一般道路長，加上車速相較一般道路穩定又無交通號誌影響，駕駛者容易產生疲勞、精神渙散的情況。一旦肇事，往往都是死亡事故居多。
2. **酒後駕駛**：酒精可以抑制人體中樞神經的運動，使得駕駛者的反應減慢、動作協調能力降低、影響視力、集中力以及認知能力，導致嚴重交通事故及人員傷亡。
3. **不良駕駛**：有些駕駛者為圖一時方便，進行超速、任意變換車道、不遵守交通規則、不依循交通號誌行駛等不良駕駛行為，影響交通秩序，甚至肇事。

有鑑於此，為了提升行車安全，並且有效減少交通事故發生，基於「預防勝於治療」的理念，政府與車廠逐漸將研發重心由過去的碰撞防護，轉移至預防碰撞。本章節中所提出的各種預防碰撞技術大多都已實際應用並成為智慧型車輛的標準或選配配備。這些預防碰撞的技術大致上包含三部分：機器視覺、車載資通訊技術及演算法。

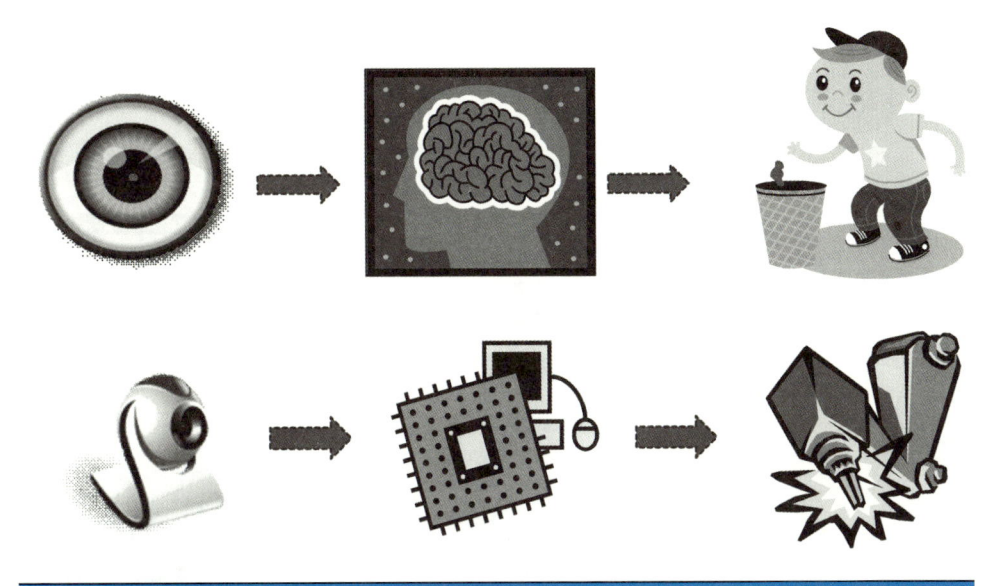

▲ 圖 13.1　人類視覺與機器視覺反應示意圖

機器視覺

　　機器視覺(圖 13.1)屬於電腦視覺技術的一種實例應用，廣泛應用於工業、製造業、智慧型車輛之中。機器視覺技術的優點在於它屬於一種非接觸式的檢測方式，不需與待測物體作接觸即可進行檢測，故不干擾待測物體原先進行程序。此外，應用機器視覺技術進行檢測的效率以及結果的一致性都較人工檢測的結果更為優秀。一般而言，機器視覺可視為人類視覺。以人的角度而言，人類經由眼睛感知周遭環境之後，透過大腦分析、判斷經由眼睛所得到的訊息後，再將對應的動作指令傳送給手、腳，最後再由手、腳產生動作。相同地，機器系統透過攝影機取得環境影像後，透過相當於大腦的中央處理器及電腦演算法進行判斷與計算，最後根據計算結果透過機械手臂進行動作。

　　建立一套應用於行車安全機器視覺系統包含了四個階段：訓練、偵測、分析、警示。

1. 訓練：技術人員將待測物體／事件的名稱、特徵、判斷式、回饋反應編撰成電腦演算法，並透過實例的測試，提升判斷的準確率。
2. 偵測：行車時，將透過車載攝影機所取得之影像，進行影像轉換、分割、特徵辨識等影像技術將交通號誌或車距等行車資訊擷取出來進行分

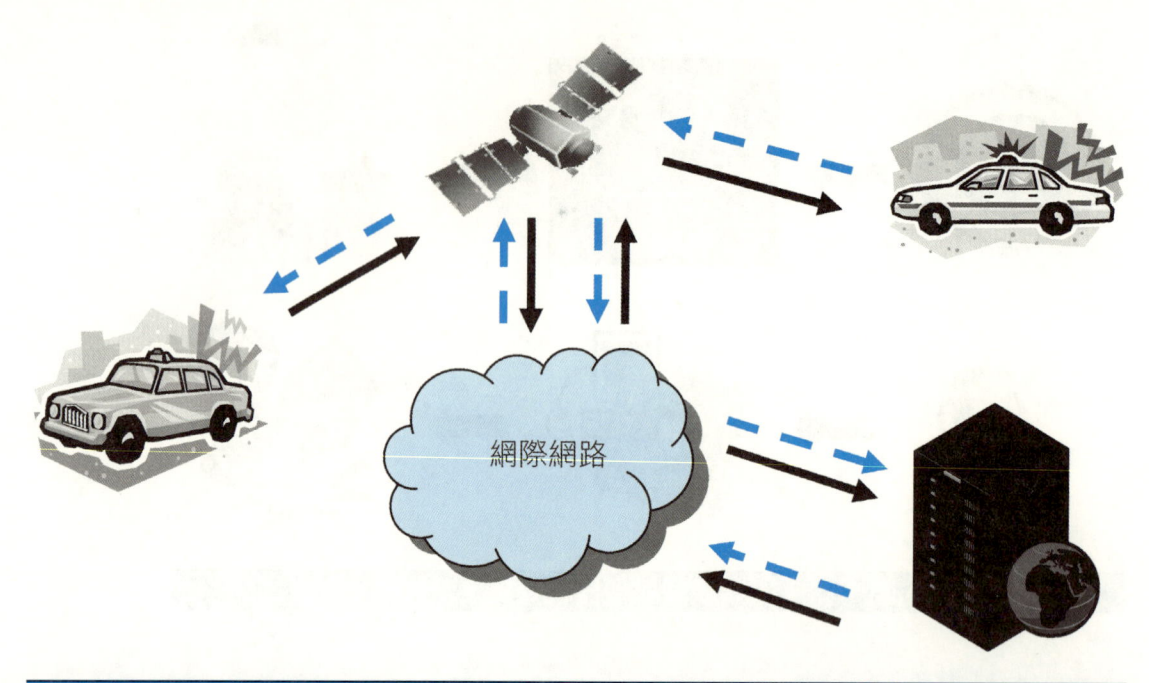

▲圖 13.2　機器對機器溝通示意圖

析。
3. 分析：將偵測所得之資料透過電腦演算法的計算、分析、判斷。
4. 警示：根據判斷結果，進行對駕駛者之警示。

車載資通訊技術

　　為了更進一步提升行車安全，預防車輛碰撞的議題除了車輛本身以外，還必須加入外在因素的影響。舉例而言，當駕駛者的眼睛看到前方車輛突然緊急煞車時，為了避免追撞，駕駛者的大腦發出踩煞車的指令，最後駕駛者的腳才踩了煞車，由於每個人的反應時間都不同，也影響了是否造成追撞的結果。如果將車載資通訊的技術導入預防碰撞的概念，車與車之間可以透過車載資通訊技術溝通，當前方車輛緊急煞車時，立即發出警告給周遭車輛，周遭車輛的智慧系統便能依據目前的行車資訊判斷是否煞車或減速，有效避免追撞。

機器對機器溝通

　　機器對機器溝通技術(Machine To Machine Communication, M2M)的發展使得機器與機器之間能夠自由的交換資訊(圖 13.2)。一個典型的 M2M

系統包含了四大準則:

1. 整體系統中至少包含了一套智慧型系統。
2. 系統中包含了一個能夠分析、回報,並依據所得資料進行反應之智慧代理人或處理程序。
3. 可透過有線或無線的方式連接至遠端伺服器或其他機器(群)。
4. 終端機器(群)可自動回復或傳送資料給其他機器。

根據以上所述之準則,若在每一台車上均裝有發信器及接收器,配合智慧型車輛本身的預防碰撞系統,當上述前方車輛緊急煞車時,發信器就能即時發出訊息給周遭車輛,周遭車輛接收到訊息之後依據現場狀況啟動預防碰撞系統。如此一來,便能有效降低事故的發生率,達到提升行車安全的目的。

車用無線接取

為了建立**車用環境專屬之無線接取系統**(Wireless Access in the Vehicular Environment, WAVE),IEEE 自原先 802.11 的無線通訊協定延伸出車輛與車輛之間以及車輛與環境之間專用之無線通訊協定——802.11p。802.11p 支援高速行駛中的車輛進行高速率的傳輸。目前車用無線接取系統大多應用在車輛與收費站之間的電子收費系統。希望透過車廠與政府的努力,未來將能實現透過 WAVE 技術,掌握車輛間彼此的行車資訊,降低事故發生率。

13.1.2　應用技術

前方防撞警示／減速／避碰撞免

前方防撞警示系統,利用智慧型車輛技術,使用安裝在車上的雷達或光線感測器(圖 13.4),測量和前方車輛的距離和速度,若系統經過運算之後,發現可能會發生碰撞,將會立刻對駕駛人發出提醒,首先啟動聽覺性的警告或視覺性的警告來提醒駕駛人,可利用座椅的震動或安全帶輕微的收縮達成此效果(圖 13.5),若駕駛沒有發現這些警告,則此系統會自動地煞車盡量去避免重大傷害,而自動煞車系統又被稱為**碰撞減速系統**(Colli-

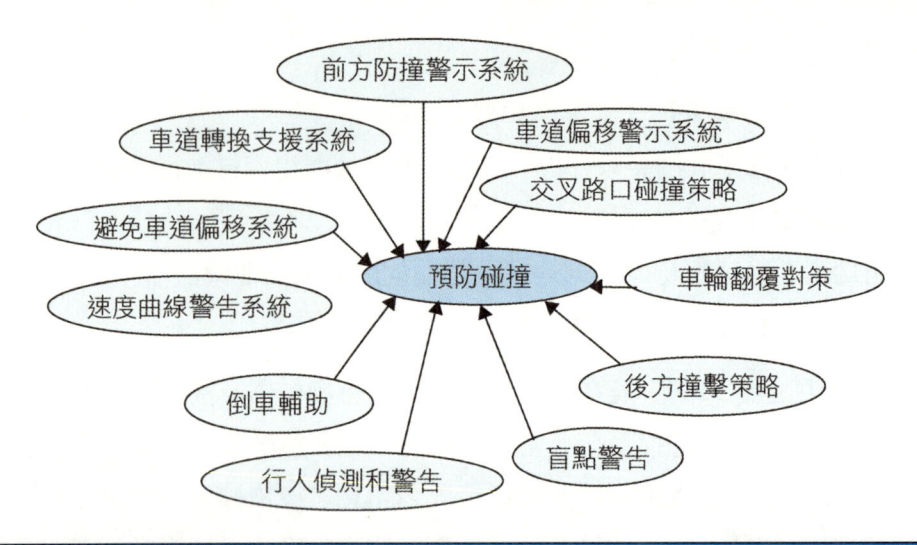

▲ 圖 13.3　11 種方法和觀點預防碰撞發生

sion Mitigation System)，首先這個系統聽從駕駛的控制，當駕駛沒有對即將發生的碰撞做出適當的回應，自動煞車功能只是降低了碰撞速度，並沒有辦法完全避免傷害。

車道偏移警示系統

　　車道偏移警示系統利用機器的視覺技術來監控車子側面是否超越車道的位置，利用電腦的演算法去處理這些影像，去偵測路標和估計車輛的位置，若駕駛不注意行駛，當車輛超出車道時(轉彎標誌不算)，該系統則會

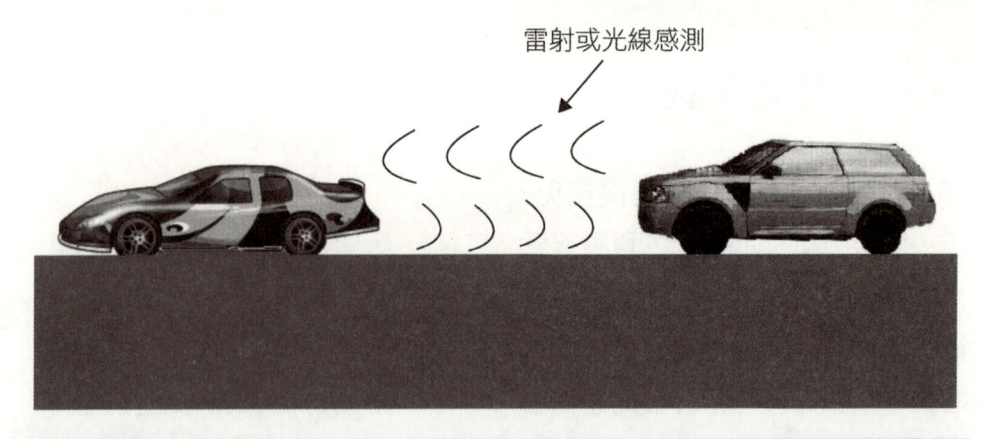

▲ 圖 13.4　車輛利用雷達或光線偵測距離

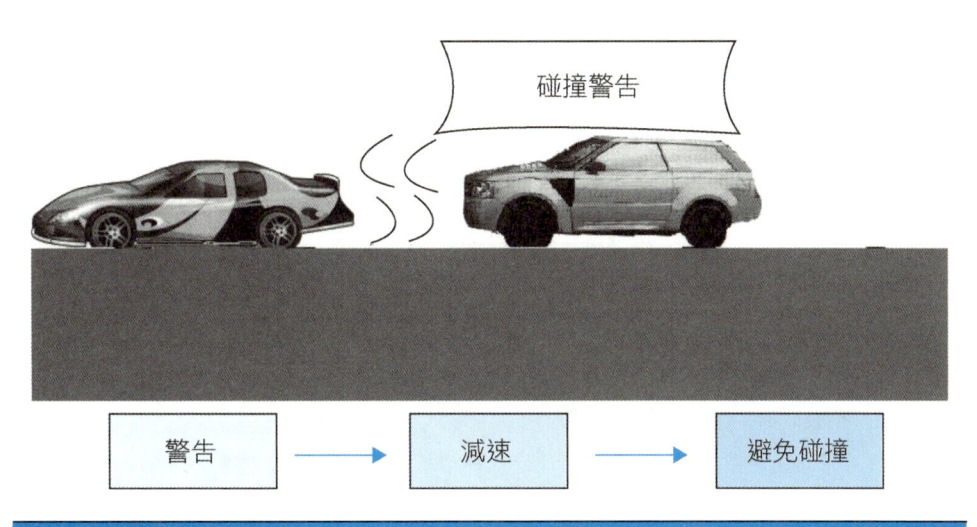

△ 圖 13.5　若系統判定可能會碰撞，則會對駕駛發出警告

發出一些轟隆隆的聲音，並適當的指出該修正偏移的差，去避免危險發生 (圖 13.6)。

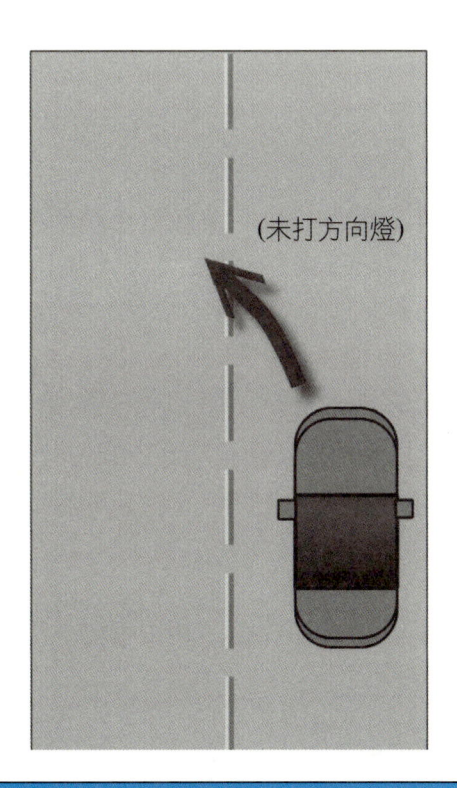

△ 圖 13.6　若未打方向燈，而該車卻有偏離的動作

▲圖 13.7　車道偏移警示系統將會警告駕駛

避免車道偏移系統

　　避免車道偏移系統比 LDSW 更進一步的主動指導，去保持車輛在車道中行駛，由於系統會以路肩寬度為因素去評估，並校正給駕駛的警告，所以當車輛行駛在寬和平滑的路肩上，會較沒有路肩的情形更能夠有效去避免超出車道(圖 13.7)。

速度曲線警告系統

　　速度曲線警告系統是避免偏移道路的另一種方式，在面臨即將到來的彎路前，它使用了數位地圖和人造衛星的定位去估計一個安全速度的門檻，當接近彎道前，要是速度高過於此門檻，它將會警告駕駛。

盲點警告

　　由於在車內視覺而產生盲點問題，利用警告的方式來提醒駕駛，藉此避免碰撞發生(圖 13.8)。

車道轉換支援系統

　　車道轉換支援系統將側邊物體警示系統的監視範圍往外延伸，當駕駛

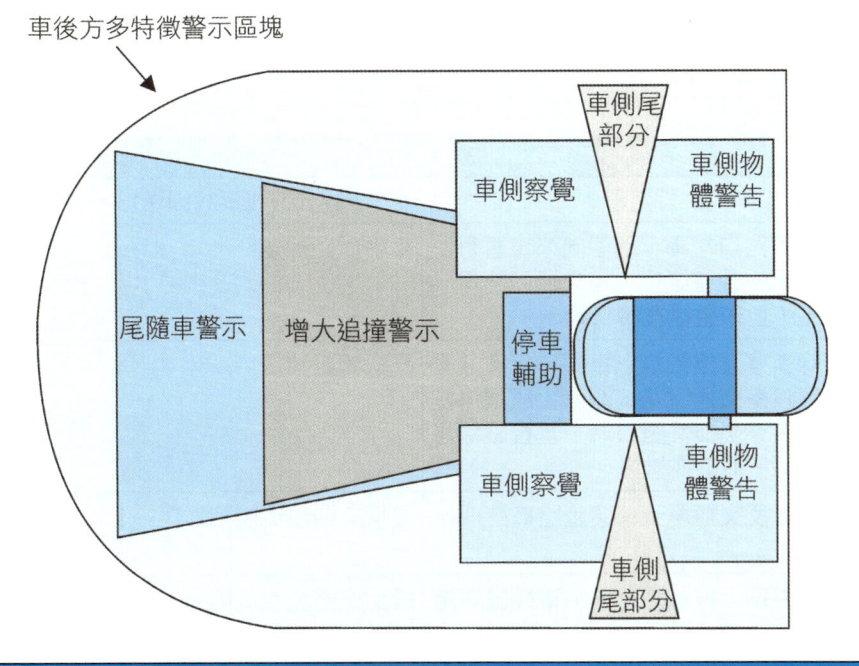

▲ 圖 13.8　停車輔助顯示車的各方向盲點

者要進行變換車道時，提供側邊資訊使得駕駛者能夠進行安全的車道變換。先進的車道變換支援系統將偵測範圍延伸至鄰近車道，偵測後側方是否有來車高速前進，避免車道變換時遭到後方來車追撞的危險。

車輛翻覆對策

　　車輛翻覆對策，該對策主要針對大貨車的翻覆問題，由於駕駛大貨車時並沒有辦法察覺是否會有翻覆的可能，因此更需要該策略的輔助，此方法為先找出大貨車整體的重心所在位置，在利用該系統算出整體行車速度和側邊加速度，如果系統判定有翻覆可能性，則立刻提醒駕駛人做減速動作。

交叉路口碰撞策略

　　交叉路口屬交通狀況較為複雜的地帶，碰撞事故頻繁，包含轉角行人、轉角來車、對向來車等狀況，通常需要感測範圍更為廣泛的雷達系統，並且需要地面裝置或車輛溝通系統來掌握視覺與雷達系統無法察覺的行人或來車。為了有效防範交叉路口碰撞，研究學者將其碰撞事故分為四種主要狀況，並區分為車輛間距與違反交通燈號兩大類別來設計對策，其事件可以表 13.1 說明。

▼ 表 13.1

事故狀況	事件類別(造成事故因素)	例　圖
車輛於交叉路口左轉，而對向來車直行。即使左轉車輛應當讓行，但交通號誌顯示通行燈號，並未阻擋左轉車輛。	車輛間距問題	表 13.2(a)
單一路線有停止燈號控制車輛，但與其垂直之路線沒有交通號誌，當停止訊號熄滅且車輛即將穿越交叉路口時，垂直路線可能尚有車輛，而造成碰撞。	車輛間距問題	表 13.2(b)
直行車輛違反交通燈號，穿越路口造成碰撞。	違反交通燈號規則	表 13.2(c)
交通燈號由停止轉為通行前，車輛提早進入路口，造成碰撞事件。	違反交通燈號規則	表 13.2(d)

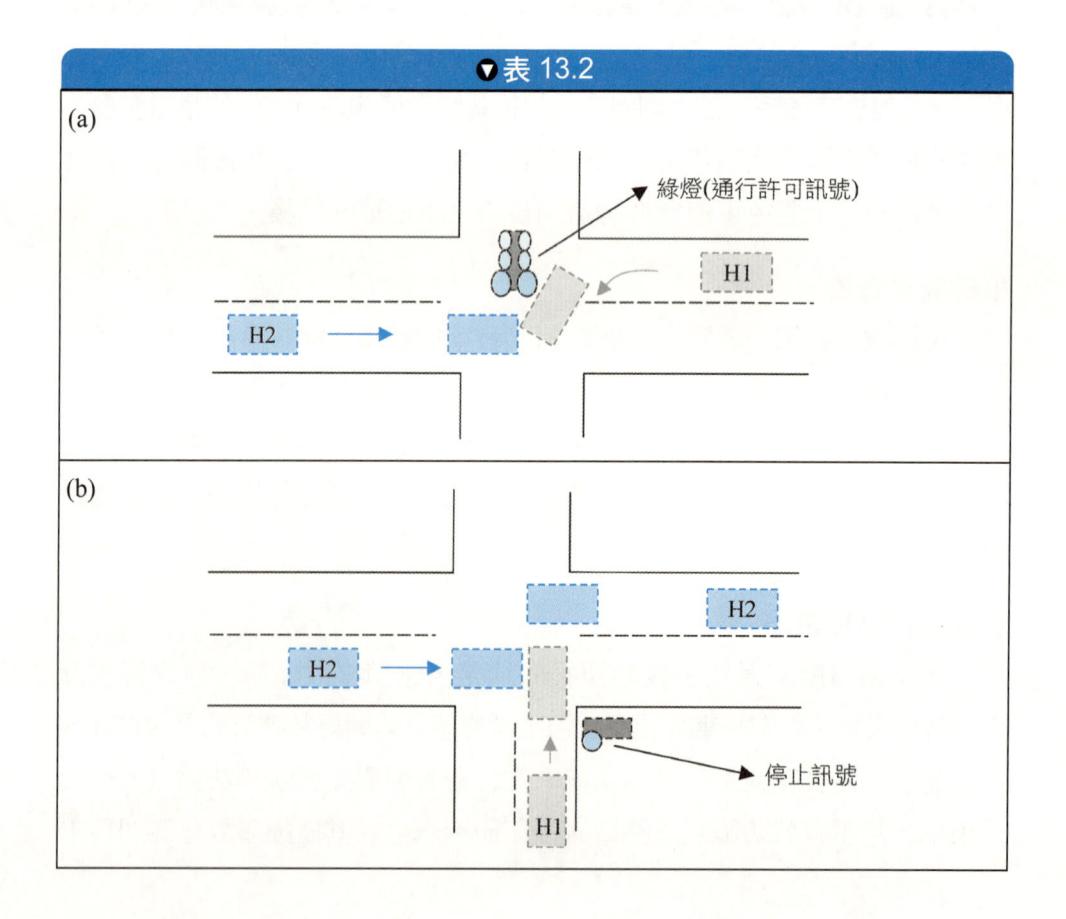

▼ 表 13.2

(a)

(b)

▼ 表 13.2　（續）

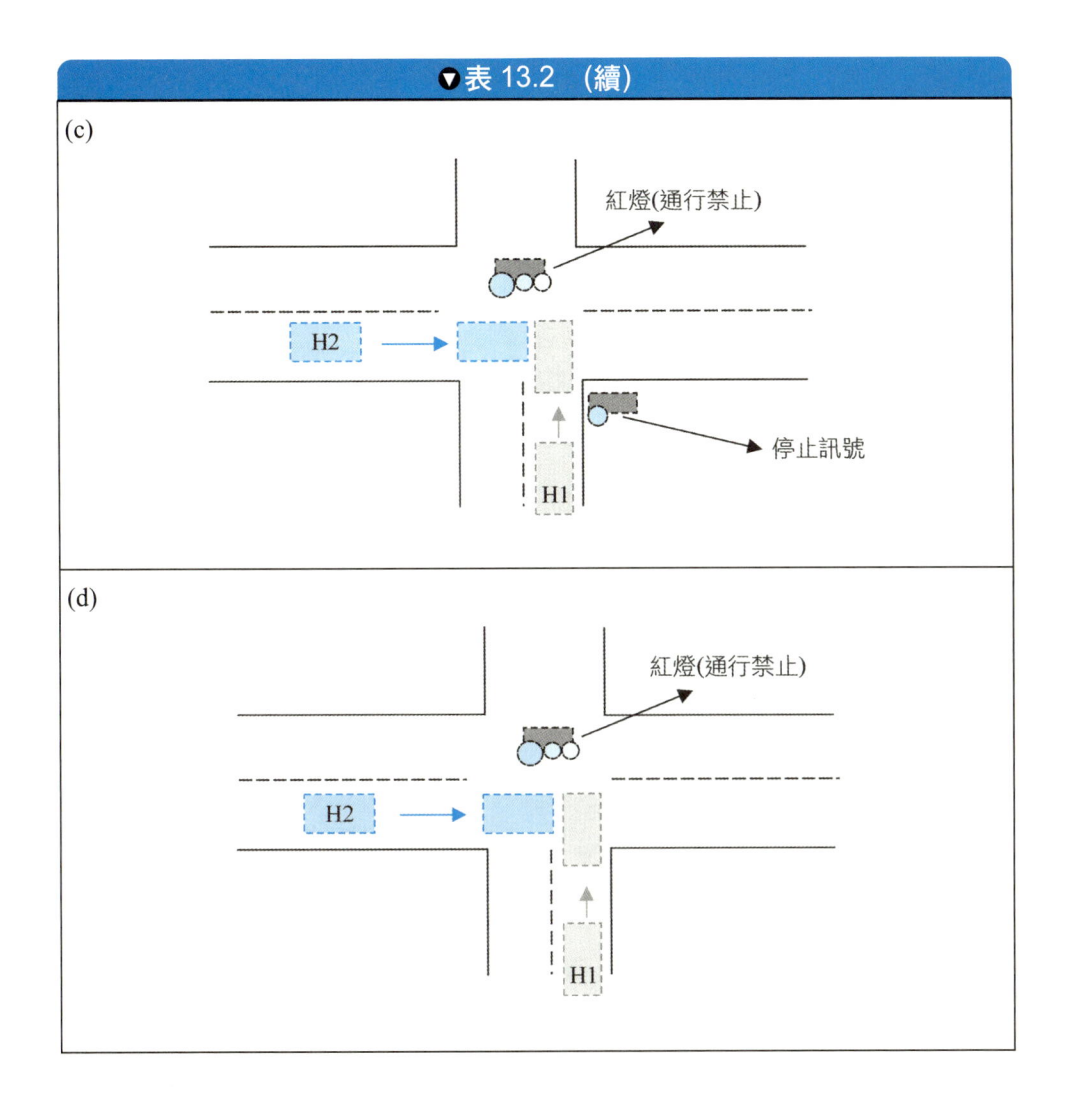

(c)

(d)

　　車輛間距問題為，兩通行車輛路徑與時間關係，在不違反交通燈號規則下，低於避免碰撞所需的車間距離；而交通燈號的違反，也經常造成閃避不及的碰撞事件。針對違反交通燈號的事件，交通號誌將依據從車輛接收到之可能碰撞警告，改變燈號變換時間，避免碰撞事件。其運作機制為透過路邊訊號裝置傳送現在燈號、地圖資訊以及路況給車載系統，車載系統再依據訊號裝置傳送的資料與目前車輛資訊，決定是否警告駕駛並傳送訊息通知訊號裝置改變燈號。車輛間距事件則較為複雜，雖然使用與違反交通訊號事件一樣的對應機制，訊號裝置須額外傳送車輛接近路口的狀況，如車速、所在車道以及與交叉路口之距離，而訊號裝置將依據車輛回傳的訊息，顯示特殊的警告燈號。

後方撞擊策略

　　後方撞擊策略是為了避免後方車輛沒有注意前方車況而導致從後方追撞的想法，因此該策略在車後方裝置了感測器，如果後方來車過於快速的接近，則利用較顯目的警示燈或警告聲來提醒後方來車。

倒車輔助

　　倒車輔助系統為了避免因為後方的盲點，而導致不幸的事件發生，該系統先於車後方裝置感測器，並利用紅外線或雷達來偵測後方情形並顯示在該車內的螢幕上。

行人偵測和警告

　　行人偵測功能，是從機器視覺著手，利用了感測器來感知行人，並且需及時的偵測行人的動向，並將該情形顯示在車內的螢幕上，藉由這樣的方法來避免撞擊行人的事情發生。

13.1.3　實例討論

福特的主動巡航控制

　　所謂**主動巡航控制**(Adaptive Cruise Control, ACC)就是將定速巡航系統加入了雷達偵測系統(圖 13.9)，該系統利用雷達來偵測與前方車輛的安全距離，並保持安全速度，因此賦予了車輛因前方路況不同而自動調整行進時速，另外 ACC 系統可以根據使用者對於時間設定的間隔，進行偵測距離，ACC 設定時間拉的愈長，與前車的距離將縮得更短，反之，則是有著更長的安全距離(通常 ACC 可設定的時間為 1～2.6 秒之間)。

福特的碰撞預警制動系統

　　碰撞預警制動系統(Collision Warning with Brake Support System)利用雷達監控本身車輛和前方車輛的距離，若系統判定將會發生碰撞，則發出警告聲以及啟動警示燈，同時會處在預備啟動煞車的狀態，此該系統亦是建立在前方防撞警示的概念上，所以也是先對駕駛發出警告，如果沒有回應及展開自動煞車(圖 13.10)。

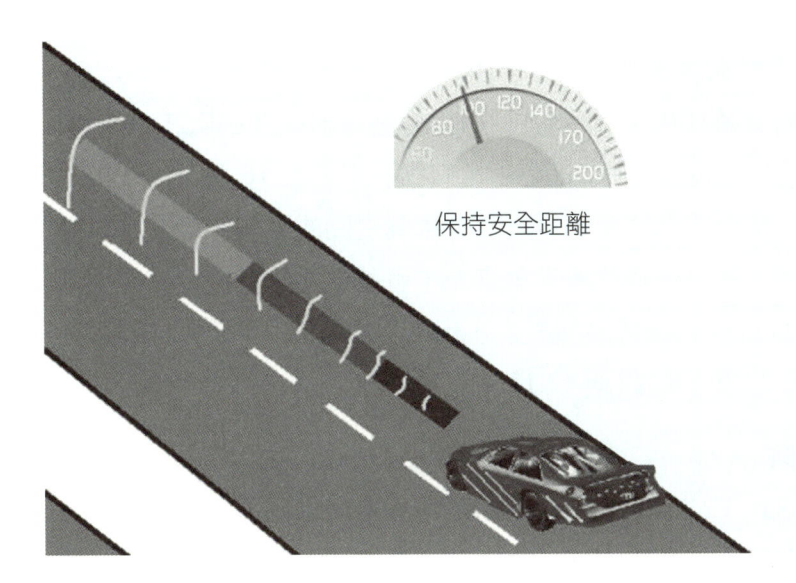

資料來源：http://car.cool3c.com/article/7227

▲圖 13.9　車輛利用雷達來偵測距離並保持安全速度

資料來源：http://info.qipei.hc360.com/2008/10/210847108208.shtml

▲圖 13.10　碰撞預警制動系統會依距離來判別做何種警示

富豪的都會安全防護系統

都會安全防護系統(City Safety)利用雷射感應器(在擋風玻璃上半部，以及位於後視鏡高度)監測前方車流，當有物體接近在 10 公尺內，該系統就會全程監視，雷射感應器會測量與前方車輛之間的距離，以及本車輛和前方車輛的速度，計算出需要多少煞車力才可避免碰撞發生，在時速低於 15 公里時，可以完全的避免碰撞發生，但若介於 15～30 公里之間只能夠降低乘客和駕駛的傷害機率(圖 13.11、圖 13.12)。

裕隆的側撞預防

側撞預防(Side Collision Prevention)利用車輛的二側上的感應器，偵測是否行駛車道上有不正常角度接近的車子，一但判定有發生碰撞的可能性時，就會自動採取變換車道藉此閃避側撞的發生(圖 13.13)。

富豪的追撞預防

追撞預防(Back-up Collision Prevention)透過車尾的感應器來偵測後方的路況，若是感應器偵測到後方來車有追撞的可能性，則自動發出聲音警告駕駛，或是暫時接管煞車的控制以避免被追撞(圖 13.14)。

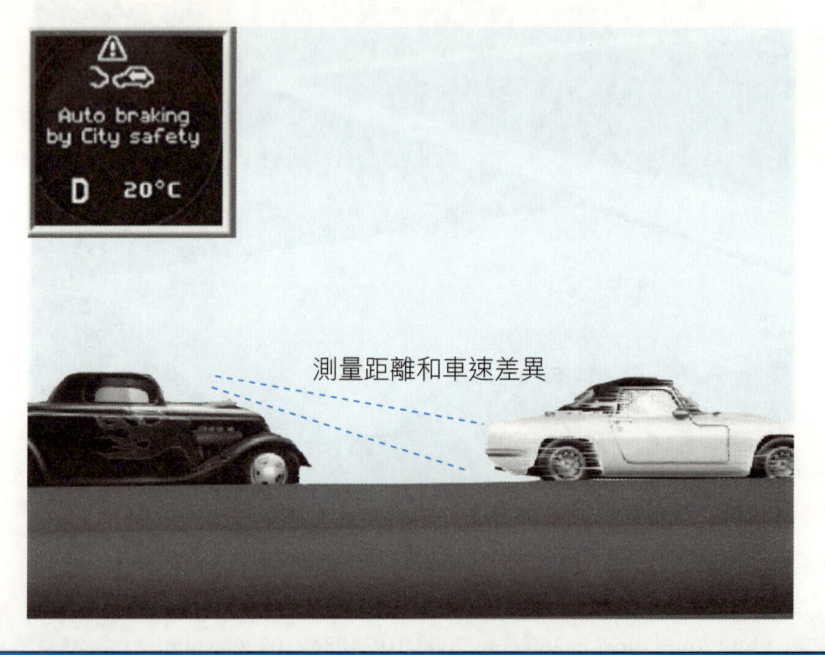

▲圖 13.11　利用雷射感應器偵測距離，如果自動煞車功能啟動，訊息會在螢幕顯示

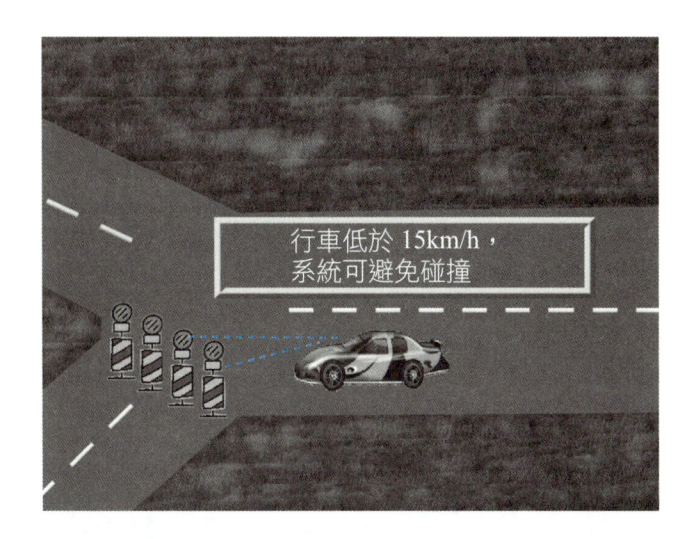

◎圖 13.12　行車速度低於 15km/h，則可完全避免碰撞

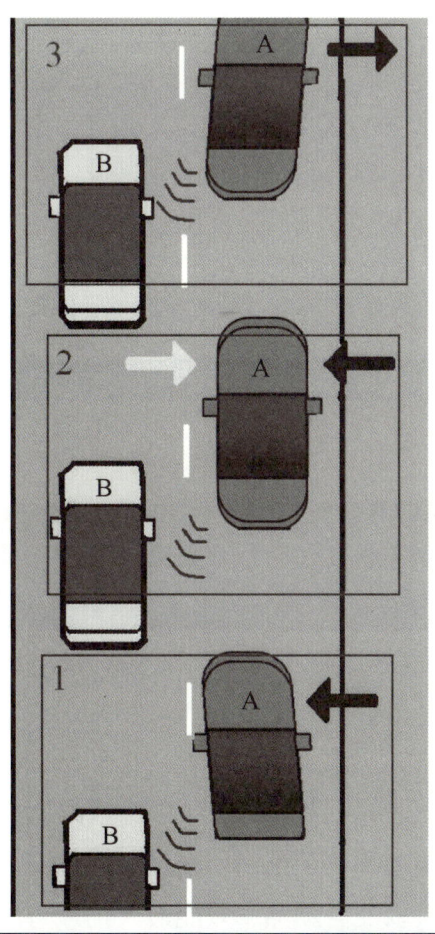

步驟 3：
採取變換車道，駛離危險區域

步驟 2：
側碰預防系統啟動，並抵抗駕駛向左轉的力

步驟 1：
A 車原本想更換車道，但其側面的感應器偵測到後方有 B 車正在接近，因此系統判定可能會有碰撞的可能性

◎圖 13.13　系統啟用的三個步驟

349

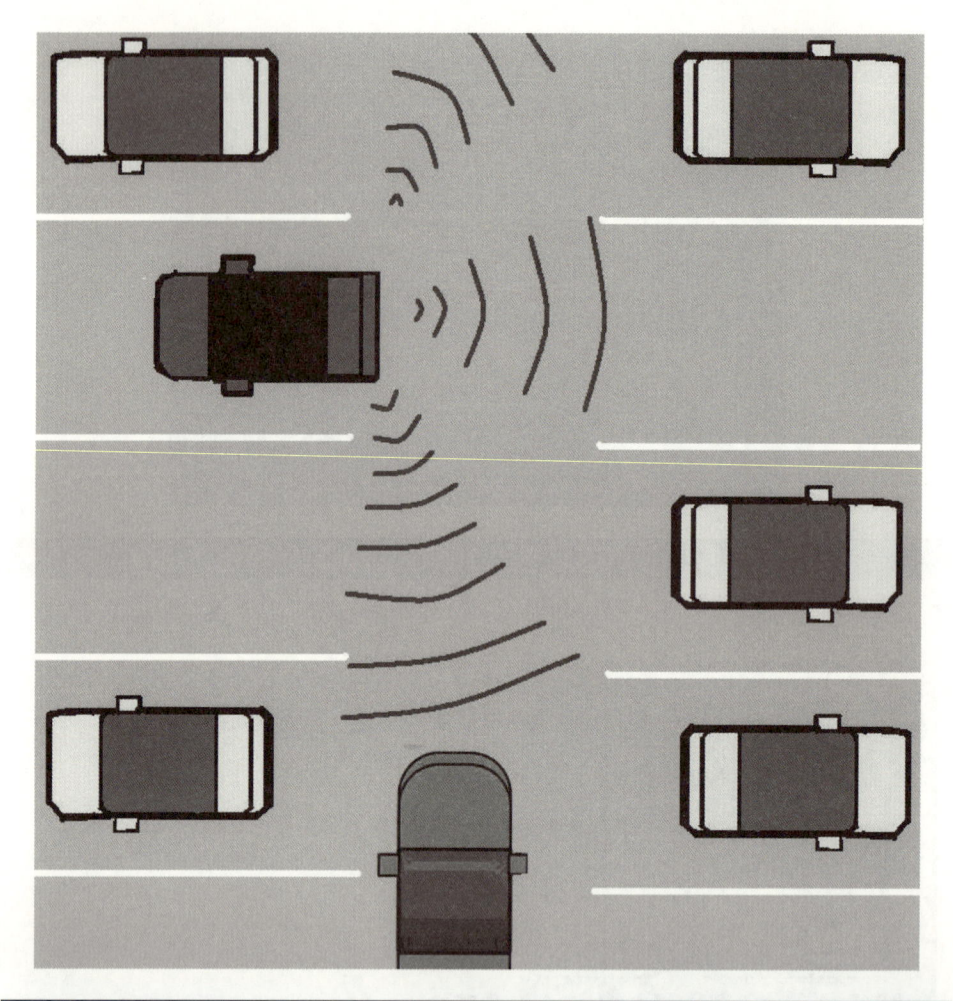

▲ 圖 13.14　藉由後方感測器，來判斷是否有被追撞的可能性

13.2 碰撞防護

13.2.1 緒　論

　　碰撞防護所涵蓋範圍乃感測系統判定碰撞已無法避免，而採取降低碰撞傷害措施之內容，除搭配雷達或紅外線之感測裝置以及判斷碰撞之安全系統外，自動收縮安全帶、啟動安全氣囊以及自動煞車效能最大化等方法

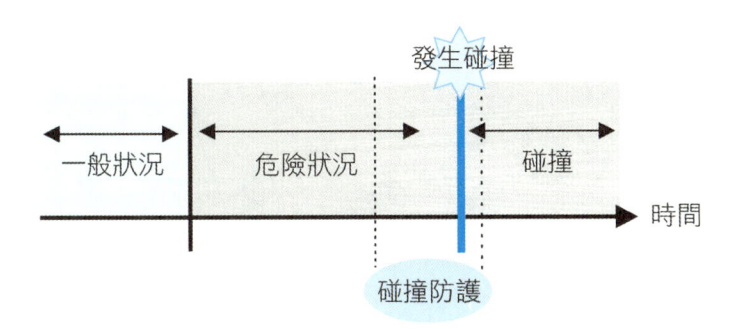

▲ 圖 13.15　碰撞防護階段

的使用，都為碰撞防護系統所包含的內容。相較於主動式安全系統的碰撞預防技術，碰撞防護使用於被動式的安全系統，而啟動的時間點也相對較晚。碰撞防護的階段如圖 13.15 所示：

當車輛進入可能碰撞狀態時，主動安全系統將給予警告提示，若駕駛持續無反應或無法適度修正車輛行進狀態，而感測系統判定碰撞已無法避免時，碰撞防護系統將立即介入車輛控制，在系統判定至碰撞發生的短暫時間內，使用各類非駕駛自行啟動的裝置(安全氣囊、煞車輔助系統等)，將碰撞的損害降為最低。

13.2.2　應用技術

碰撞防護主要可分為三個階段，第一階段為感測裝置系統的環境偵測。感測裝置使用雷達與紅外線裝置感測障礙物，而多數系統亦搭配影像裝置(攝影機與影像顯示器等)與影像分析技術進行車輛行進之周圍環境資訊掌握。第二階段為對環境資訊的分析運算，藉此判斷碰撞的發生機率並決定是否啟動碰撞防護裝置。安全系統利用碰撞預測演算法與感測裝置所接收到的資料，預測碰撞的可能性，並適時啟動防護裝置。而防護裝置的發動，盡可能減低速度減少傷害則為第三階段之內容。

多數碰撞防護裝置為不可重複使用的裝置，車輛往往在安全氣囊等設備啟動後無法馬上正常運行，準確的碰撞預測以及防護裝置的啟動時機便顯得十分重要，過早將失去成效甚至影響車輛正常運行，過晚則無法達到減少傷害的目的。為了正確預測碰撞的發生，雷達系統與其他車上裝置必

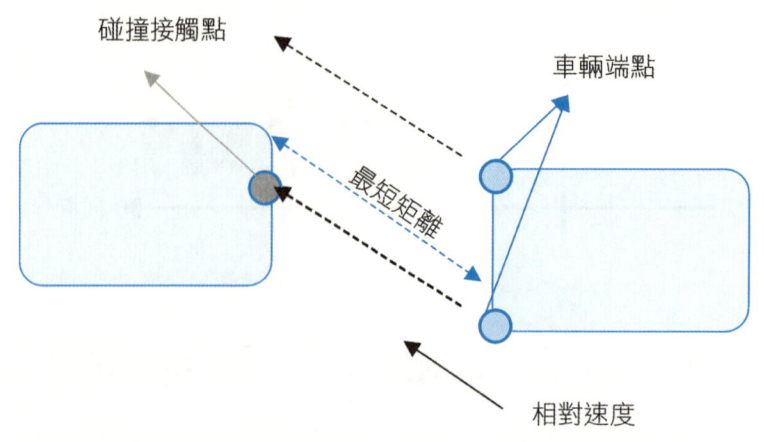

```
        碰撞接觸點                    車輛端點


              最短矩離


                              相對速度
```

碰撞時間＝兩物體(車輛)間最小距離÷兩物體(車輛)之相對速度

▲圖 13.16　碰撞時間計算

　　須掌握車輛本身與周圍車輛之速度、加速度與煞車效能(只考慮車輛本身的煞車效能)等資訊，再利用安全系統做即時的運算(圖 13.16)。

　　當碰撞時間低於最低時間限制時，即為碰撞不可避免的狀態。最低時間限制必須透過安全系統依照車輛的狀況自行計算而得，此外，煞車效果以及啟動系統的延遲時間也必須被計算在最低時限內。一般無法避免碰撞的狀況下，車輛在數百毫秒之後便會撞上其他車輛或障礙物。除了上述距離、速度等因素被使用於預測碰撞之計算外，更精準的技術甚至考慮了不同天氣因素，並且配對不同的參數設定，如反應時間或煞車效果；同時，更多的雷達裝置被裝備於車身各處，用以偵測不同距離與方向的接近物體，提供感測系統的可靠度。

13.2.3　討　論

　　我們可將碰撞防護分為碰撞預測與防護裝置兩部分探討。現今車輛的安全系統配備著精良的感測系統與判斷演算法，但大部分適用於碰撞的避免，而碰撞避免的時間判斷上亦較碰撞防護的要求來得寬鬆；碰撞防護著重啟動設備的最佳時間，甚至不同配備需要不同的時間參數設定，這一直以來都是技術人員的困擾。另一方面，防護設備於系統計算之最佳時機啟動，針對不同方向的碰撞，採取對應的防護措施，車身側面與窗口的安全氣囊與乘客座椅的位移,都是現今車輛配備的技術,我們將在實例章節對不同設備原理進行探討。

13.2.4 實　例

煞車輔助安全氣囊

　　一般的減速工作多依賴於煞車系統,由輪胎與地面的接觸消耗車輛前進的能量;但碰撞即將發生之際,使用安全氣囊的協助可提高煞車效能,降低碰撞力道。透過啟動裝置於引擎下的氣囊裝置,急速行進中的車輛將與地面有更多面積的接觸,提升摩擦力所帶來之減速效果,同時藉由氣囊爆起的影響,產生將車身往後移動的推力,圖 13.17 為其示意圖。

自動座椅位移與安全頭枕

　　保護車上乘客是碰撞防護的首要目標,而其方法大致為透過多雷達的感測系統判斷碰撞方向,接著再啟動對應的防護裝置達到最大的保護效果。多感測器的偵測系統透過在車身不同方位裝置不同類型與功能(紅外線與雷達裝置)的感測器,取得來自各個方向與距離的資訊,並自動緊縮安全帶與啟動碰撞方位之安全氣囊。自動座椅與安全頭枕為十分依賴碰撞方位資訊的安全設備,當偵測為後方碰撞時,後方座椅將急速往前移動,同時提高頭枕減緩後部撞擊造成的頸部傷害;而前方撞擊發生時,前方座椅將自動往後移動,離開碰撞傷害最大的區域(圖 13.18)。

▲圖 13.17　煞車用安全氣囊

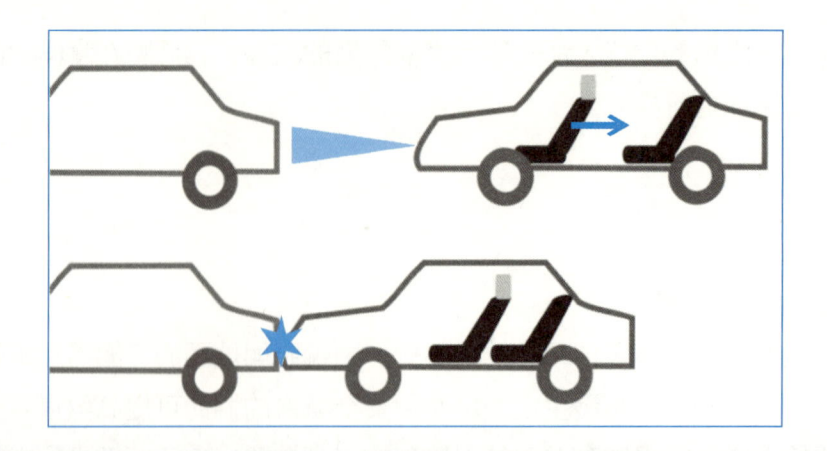

▲圖 13.18　前側碰撞

行人碰撞防護

　　上述兩實例方法都屬對本身車輛與乘客的防護措施，本技術則是根據受撞者的移動特性，採取減少傷害的對應方法。行人腳部遭受撞擊時，身體往往會急速撞上引擎蓋或擋風玻璃造成二次傷害，而行人碰撞防護系統透過車頭保險桿內裝設的感測器，判斷是否為行人碰撞意外或其他事故，在確定為行人碰撞時，及時爆發引擎蓋下火藥裝置，提升引擎蓋高度減少二次撞擊的傷害(圖 13.19)。

▲圖 13.19　後車碰撞

參考文獻

[1] Alan Watt and Fabio Policarpo *3D GAMES Real-time Rendering and Software Technology*, Addison-Wesley, 2001.

[2] Autoblog, http://chinese.autoblog.com/.

[3] AutoNet, http://ford.autonet.com.tw/.

[4] Channel Auto, http://www.channel-auto.com/cars/.

[5] IEEE, http://www.ieee.org/portal/site.

[6] J. Pierowicz, E. Jocoy, M. Lloyd, A. Bittner, and B. Pirson "Intersection Collision Avoidance Using ITS Countermeasures," U.S. Department of Transportation National Highway Traffic Safety Administration, 2000.

[7] Kenichi Hodota, "R&D and Deployment Valuation of Intelligent Transportation Systems: A Case Example of the Intersection Collision Avoidance Systems," Massachusetts Institute of Technology, 2006.

[8] Mercedes-Benz Taiwan, http://www.Mercedes-Benz.com.tw.

[9] NeHe Productions, OpenGL Tutorials, http://nehe.gamedev.net/.

[10] Nissan, http://www.nissan.com.tw/.

[11] Toyota, http://www.toyota.co.jp/en/csr/report/09/highlights_soc/02.html.

[12] U-car, http://news.u-car.com.tw/.

[13] ZDNet 企業應用，http://www.zdnet.com.tw/enterprise。

[14] 中華民國交通部，http://www.motc.gov.tw/。

[15] 財團法人國家實驗研究院 科技政策研究與資訊中心──科技產業資訊室，http://cdnet.stpi.org.tw/techroom.htm。

[16] 機器視覺教學網，http://mv.im.isu.edu.tw/mv-web89/start.htm。

第 14 章
計算智慧技術於交通輔助系統之應用

交通輔助系統可被視為是一種應用於智慧型車輛的加值服務。藉由此一系統之輔助，吾人將可獲得行車流量以及道路現況等相關即時資訊，進而準確而有效地預估旅行時間或規劃行駛路線。有鑑於此，本章將闡述如何以計算智慧技術解決行車流量預測以及車輛路線規劃等問題，進而使得交通輔助系統的核心功能得以具體實現。本章首先將於 14.1 與 14.2 節的內容中分別介紹人工神經網路與螞蟻族群最佳化技術的基本概念。其次，14.3 節之內容將探討如何以人工神經網路預測行車流量。最後，在 14.4 節的內容中則是探討可用以解決**車輛途程問題**(Vehicle Routing Problem, VRP)的**泛用啟發式演算法**(Metaheuristics)。

14.1 人工神經網路

在生物神經網路中，神經元是基本的組成單元，其負責執行神經網路中之訊號產生、傳遞與處理等功能。一般而言，神經元係透過神經樹突接收由其他神經元所輸入的微波訊號，然後再將此一訊號轉送給神經細胞核進行處理。其處理方式是將所收集到之訊號進行加總，之後再經過一次非線性的轉換進而產生一個新的微波訊號。倘若此一微波訊號的強度超過神經元所設之門檻，則該訊號便會藉由神經軸突傳送至其他的神經細胞。圖 14.1 所示之內容即為神經元的基本構造。

人工神經網路是一種使用大量相連人工神經元來模仿生物神經網路能力的計算系統 [1]，而人工神經元則可被視為是生物神經元的一種簡單模擬。人工神經元的主要功能在於：接收外界環境或其他人工神經元所傳送而來的資訊，接著再經過非常簡單的計算過程之後，最後再輸出其結果至外界環境或其他的人工神經元。由於每一個人工神經元通常會有多個輸入與一個輸出，且輸入值與輸出值的關係往往是以輸入值之加權乘積和的函數來加以表示。因此，吾人可利用以下方程式表示神經元網路輸出：

$$net = \sum_{i=1}^{n} x_i \times w_i - \theta \tag{1}$$

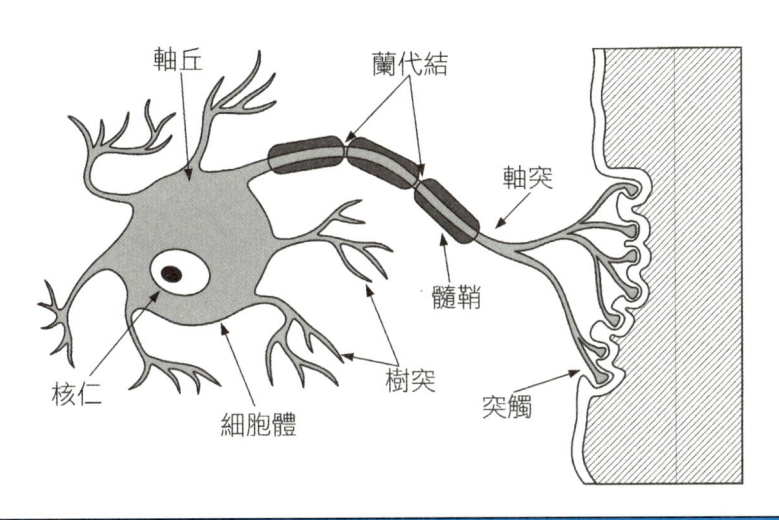

▲ 圖 14.1　神經元基本構造

其中，w_i 是模仿生物神經細胞的神經元權重值；θ 是模仿生物神經細胞的細胞核門檻值，當輸入訊號的加權乘積和大於門檻值，此一訊號才會被傳送至其它的神經元。圖 14.2 所示的內容即為神經元之模型。

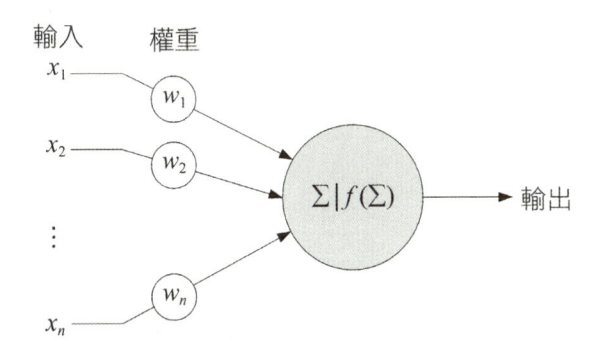

▲ 圖 14.2　神經元模型

一般而言，人工神經網路可依其結構特性之不同而被區分為**前饋式網路**(Feed-Forward Network)以及**回饋式網路**(Feedback Network)兩種類型[2]。前饋式網路的主要特性在於：網路訊號由輸入、傳遞至輸出過程中均無回饋訊號的產生。此一類型之網路的構造如圖 14.3 所示。圖中，向量 $\mathbf{X} = (x_1, x_2, ..., x_m)$ 為輸入向量，而向量 $\mathbf{Y} = (y_1, y_2, ..., y_n)$ 則為推論輸出向量。另一方面，回饋式網路的主要特性則是在於：網路訊號由輸入、傳遞至輸

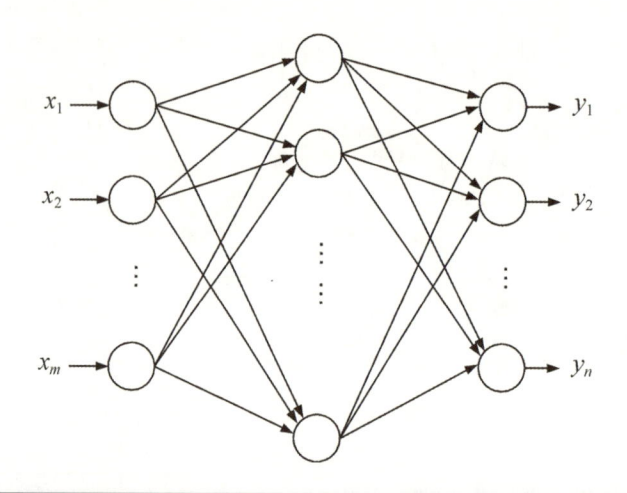

▲圖 14.3　前饋式網路基本構造

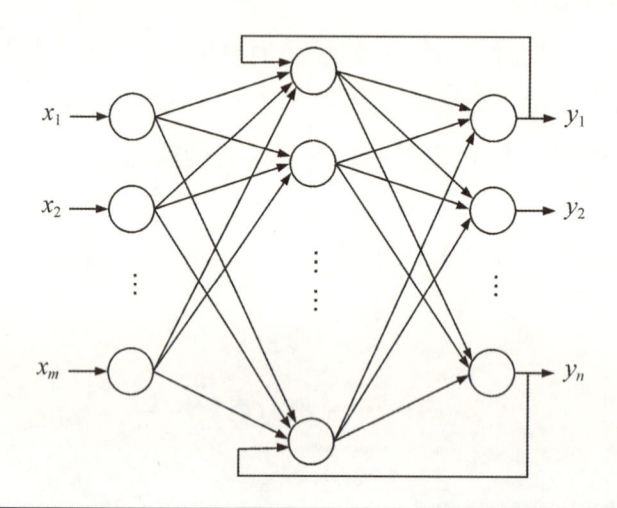

▲圖 14.4　回饋式網路基本構造

出過程中同時會有回饋訊號的產生。圖 14.4 所示之內容即為此一類型網路之構造。

除了以結構特性為分類標準之外，吾人亦可根據人工神經網路學習法則的特性將人工神經網路分成五種類型：(1) 監督式學習網路 (Supervised Learning Network)；(2) 非監督式學習網路 (Unsupervised Learning Network)；(3) 聯想式學習網路 (Associate Learning Network)；(4) 混合式學習網路 (Hybrid Learning Network) 以及 (5) 最適化網路 (Optimization Application Network)。在此，必須要說明的是，監督式學習網路係吾人在處理預測或分類等議題時，最常被使用到的一種網路類型 [3]。其基本精神是利用多組輸入與輸出向量為訓練樣本，重複學習訓練樣本的特徵直到所有實際輸出值皆趨近預期輸出值為止。

14.2 螞蟻族群最佳化

螞蟻族群最佳化技術源起於 M. Dorigo 等學者於 90 年代初期所提出之著名的**螞蟻系統**(Ant System, AS)[4]。此一系統的設計構想主要基於對自然界螞蟻覓食行為的觀察。在真實世界中，螞蟻利用一種名為**費洛蒙**(Pheromone) 的化學物質彼此溝通進而達成協同合作的目的，藉此找出巢穴與食物之間的最短路徑。螞蟻系統便是以人工螞蟻模擬此一行為模式並將之應用在旅行推銷員問題的求解。基本上，螞蟻系統在運作時的核心機制為狀態轉移規則與費洛蒙更新規則。狀態轉移規則係以費洛蒙機率模型為工具，用以引導人工螞蟻在決定其下一步的行進方向時有較大的機率往費洛蒙嗅跡濃度較高的路線前進。此一步驟將反覆執行直到該人工螞蟻完成一條代表問題可行解的路徑為止。此種以逐步建構方式產生問題可行解的策略係螞蟻系統與傳統泛用啟發式演算方法在設計上的最主要不同之處。另一方面，當每一迭代中的所有人工螞蟻皆已順利建構出問題可行解之後，費洛蒙更新規則則是用以決定如何在人工螞蟻所走過的路徑上累積適量的費洛蒙，進而使得本迭代中之人工螞蟻的搜尋經驗得以留存至下一迭代，並成為後續人工螞蟻在搜尋解空間時的導引。狀態轉移規則與費洛蒙更新規則在如此反覆作用經過足夠的迭代數之後，所有的人工螞蟻便會趨向於往費洛蒙嗅跡濃度最高的路線前進，最後便可獲致理想的問題解。

當發展一個以螞蟻搜尋技術為基礎之演算法用以解決組合最佳化問題時，一般必須先將所欲求解之問題抽象化為一個建構圖形，使得人工螞蟻得以在圖形上走訪出一條相對應於問題解的路徑。在此一建構圖形中，每一個頂點(或邊)表示可能會被人工螞蟻在求解過程中所選取構成問題解之元件；而圖形上的邊(或頂點)則是表示這些元件之間的關聯。此外，每一個邊(或頂點)會附帶有表示費洛蒙嗅跡的屬性，用以導引人工螞蟻選取構成問題解之元件的決策行為。一般而言，基於螞蟻搜尋技術所發展而成之演算法的執行過程可概分為初始、建構以及回饋等三階段。初始階段主要是初始化演算法在執行時所需使用的參數；而建構階段則是著重在導引人工螞蟻於建構圖形上進行走訪，進而建構出問題可行解；至於回饋階段則是擷取眾多人工螞蟻在建構問題解過程中所獲得的經驗，進而使得該經驗成為其它人工螞蟻在後續決策過程中的參考依據。圖 14.5 所示之內容即為螞蟻族群最佳化技術的運作流程。此外，各階段的主要工作則是說明如下：

1. **初始階段**：本階段的主要工作項目在於決定演算法於執行時所使用參數的初始值。常用的參數包括：求解問題時所需使用的人工螞蟻數量、費洛蒙權重值、啟發函式權重值、費洛蒙蒸發率以及附加在建構圖形中每一個邊(或頂點)的初始費洛蒙濃度等。一般而言，各個演算法依其目的與設計方法的不同而有不同的參數值。例如：**快速螞蟻系統**(Fast Ant System, FANT)只利用一隻人工螞蟻執行建構問題解的程序 [5]。此外，參數值的決定方式亦可被進一步區分為靜態與動態兩種類型。靜態類型係指參數值在演算法執行之前便已事先決定；反之，則稱為動態類型。例如：ACO-TMS 演算法 便是根據所欲求解問題案例的特性，以動態方式決定求解問題時所需使用的人工螞蟻數量 [6]。

2. **建構階段**：建構階段的主要工作項目是執行人工螞蟻選取構成問題解之元件的程序。此一程序將在本階段中反覆執行直到所有人工螞蟻皆已建構出可行解為止。程序中通常包含了狀態轉移規則以及區域費洛蒙更新規則 [7]。狀態轉移規則旨在指引人工螞蟻在走訪建構圖形時的行進方向，使得越符合解題目標的構成問題解之元件有越大的機會被人工螞蟻所選取。現假設有一編號為 k 的人工螞蟻 a_k，其在時間為 $t-1$ 時的所在位置為建構圖形中編號為 i 的頂點 v_i。若以螞蟻系統所採用的狀態轉移規則為例，則人工螞蟻 a_k 在時間 t 時會由頂點 v_i 行進至頂點 v_j 的機率 $p_{ij}^k(t)$ 可定義如下：

$$p_{ij}^k(t) = \frac{[\tau_{ij}(t)]^\alpha \times [\eta_{ij}(t)]^\beta}{\sum_{l \in N_i^k} [\tau_{il}(t)]^\alpha \times [\eta_{il}(t)]^\beta}, \quad \forall j \in N_i^k \tag{2}$$

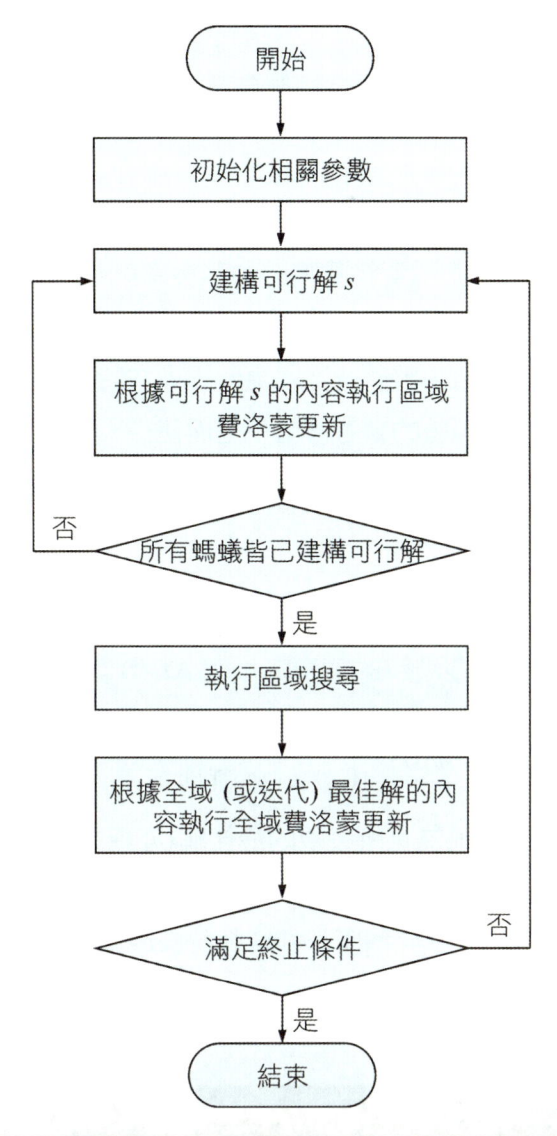

```
                    ┌──────┐
                    │ 開始 │
                    └───┬──┘
                        ▼
              ┌──────────────────┐
              │ 初始化相關參數   │
              └────────┬─────────┘
                       ▼
              ┌──────────────────┐
         ┌───▶│ 建構可行解 s     │
         │    └────────┬─────────┘
         │             ▼
         │    ┌──────────────────────┐
         │    │ 根據可行解 s 的內容  │
         │    │ 執行區域費洛蒙更新   │
         │    └────────┬─────────────┘
         │             ▼
         │       ╱─────────────────╲
         │  否  ╱ 所有螞蟻皆已建構  ╲
         └────⟨   可行解            ⟩
               ╲                    ╱
                ╲─────────┬────────╱
                          │ 是
                          ▼
                 ┌──────────────┐
                 │ 執行區域搜尋 │
                 └──────┬───────┘
                        ▼
              ┌──────────────────────┐
              │ 根據全域 (或迭代) 最 │
              │ 佳解的內容執行全域   │
              │ 費洛蒙更新           │
              └──────────┬───────────┘
                         ▼
                   ╱───────────╲   否
                  ╱ 滿足終止條件 ╲─────┐
                  ╲             ╱      │
                   ╲─────┬─────╱       │
                         │ 是          │
                         ▼             │
                    ┌──────┐           │
                    │ 結束 │           │
                    └──────┘           │
                         ▲─────────────┘
```

▲ 圖 14.5　螞蟻族群最佳化技術之運作流程

其中，$\tau_{ij}(t)$ 表示建構圖形中連接頂點 v_i 與 v_j 之邊 e_{ij} 所累積的費洛蒙濃度；$\eta_{ij}(t)$ 表示根據問題特性所定義的啟發值；α 與 β 係用以調整費洛蒙嗅跡與啟發值對於人工螞蟻決策行為的相對影響程度；N_i^k 則是表示人工螞蟻 a_k 位於頂點 v_i 時所有可行進之頂點所構成的集合。當人工螞蟻 a_k 建構出一個可行解之後，吾人便可根據構成該可行解之元件的內容以及區域費洛蒙更新規則適度增減建構圖形中之費洛蒙的量，藉此反映搜尋求解的現況並改變其他人工螞蟻建構問題解的行為,避免所有的人工螞蟻產生出相同的解。以螞蟻族群系統為例 [7],其區域費洛蒙更新規則被定義如下:

$$\tau_{ij}(t) = (1-\rho_1) \times \tau_{ij}(t) + \rho_1 \times \tau_0 \tag{3}$$

其中,ρ_1 與 τ_0 分別表示費洛蒙嗅跡的蒸發率以及初始濃度。

3. 回饋階段:本階段的主要工作是擷取所有人工螞蟻在先前的搜尋過程中所獲得的經驗,並藉由整體費洛蒙更新規則在特定路徑上累積適量的費洛蒙,用以強化該經驗的參考價值,進而使得人工螞蟻在後續的決策行為中能依據此一資訊做出更為準確的判斷。例如,在螞蟻族群系統中,全域費洛蒙更新規則被定義如下:

$$\tau_{ij}(t+1) = (1-\rho_2) \times \tau_{ij}(t) + \rho_2 \times \Delta\tau_{ij}(t) \tag{4}$$

在此,ρ_2 表示費洛蒙嗅跡的蒸發率,而 $\Delta\tau_{ij}(t)$ 則是被定義為

$$\Delta\tau_{ij}(t) = \begin{cases} (SL_{gb})^{-1}, & \text{若 } (i,j) \in s_{gb} \\ 0, & \text{其他} \end{cases} \tag{5}$$

其中,s_{gb} 為截至目前為止所發現的最佳解(亦稱為全域最佳解),而 SL_{gb} 則為 s_{gb} 的排程長度。此外,在進行整體費洛蒙更新之前,吾人亦可針對前一階段由人工螞蟻建構所得的解執行區域搜尋程序,藉以有效提升所得解的品質。

14.3 應用於行車流量預測之人工神經網路技術

所謂「行車流量預測」係指藉由歷史交通調查統計資料為依據,運用特定的計算方法針對目標區域之交通系統的未來狀況進行評估與測定。準確的車流預測不僅有助於吾人制訂合宜的交通政策以及規劃高效益的運輸路網,其同時也是吾人在發展交通訊息服務、車流誘導以及交通控制等系統時的關鍵技術之一。

為了達成準確預測車流的目標,吾人首先要能取得有效的歷史車流資

料。常見的車流資料蒐集方法是在特定地點設置偵測設備,進而針對移動車輛進行監測。以高速公路為例,感應線圈偵測器與影像偵測器便是兩種常用的典型工具。感應線圈偵測器通常具備技術成熟且易於掌握、可測參數多、檢測精度高、使用彈性大以及成本低廉等優點。然而,感應線圈偵測器也具有多項缺點。例如:其使用效果及壽命均明顯受到路面品質的影響;在進行維修養護作業時必須封閉車道,對於交通系統將造成嚴重的衝擊。另一方面,影像偵測器則是具備單台攝影機與處理器便可偵測多車道、可提供大量交通管理訊息以及可為事故管理提供可視影像等優點。但此類型偵測器的檢測精度會受到測量區域背景以及車速的影響。此外,影像處理作業需要耗用大量的計算資源,不易提供即時性的服務。

有鑑於感應線圈偵測器與影像偵測器在使用上各自有其優缺點,吾人一般採取並用搭配的方式蒐集車流資料,此一模式如圖 14.6 所示 [8]。此外,圖 14.7 所示之內容則是以雪山隧道及其兩端進出口附近之路段為觀察範圍,標示出各偵測器的設置地點。例如,南下方向 14.540 K 處的偵測器

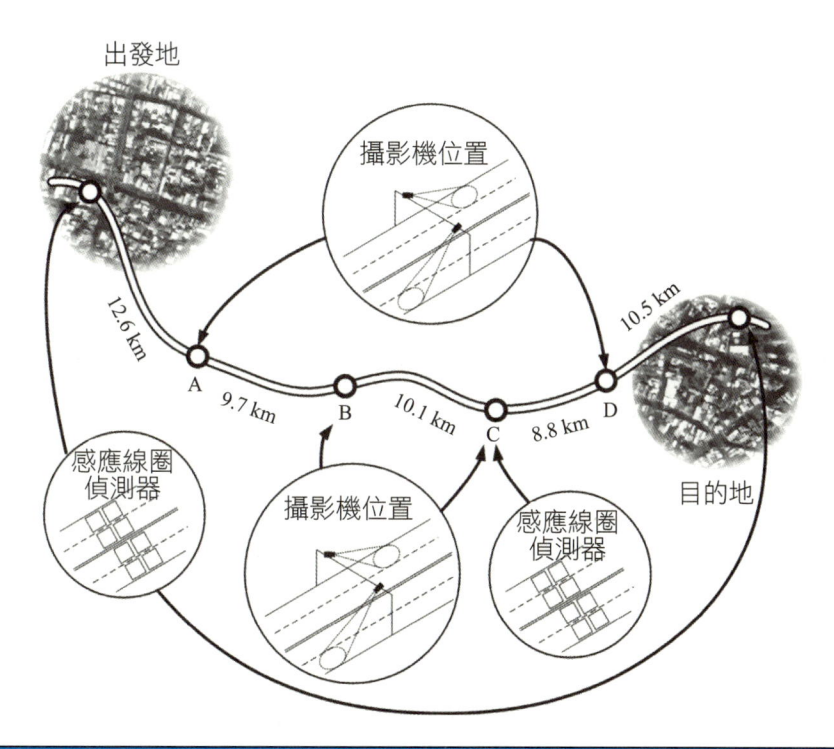

▲ 圖 14.6 以感應線圈偵測器與影像偵測器蒐集行車流量資訊之模式

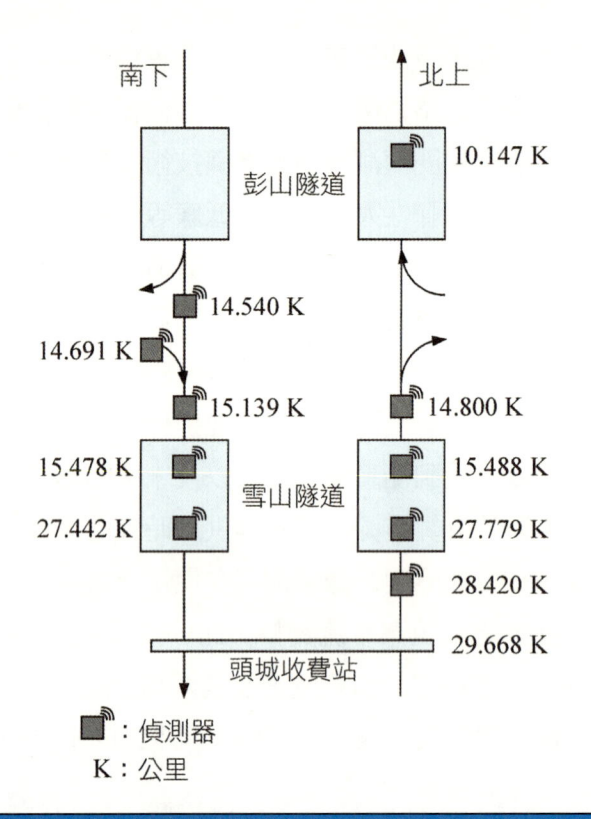

▲圖 14.7　雪山隧道及其兩端進出口附近路段之偵測器設置地點

係位於主線車道上,而位於 14.691 K 處之偵測器則可用於偵測坪林南下進口匝道所匯入的車流。

在各偵測器將車流資料匯集至資料收集系統之後,吾人接著便可進行車流預測的作業。基本上,預測行車流量的方法可概分為兩種類型:第一種類型係以傳統數學方法(例如:數理統計與微積分)為基礎的預測模型,其包括時間序列模型、參數迴歸模型以及指數平滑模型等;另一種類型則是以現代科學技術和方法為研究手段的預測模型(例如:人工神經網路)。由於交通系統在本質上可被視為是一種由人、車、路所構成的開放性複雜系統,其動力學行為往往無法藉由確定性的線性函數來加以描述,因此,藉由具備非線性預測能力的人工神經網路針對交通行車流量進行預測便引起廣泛的重視。此一概念模型如圖 14.8 所示。

一般而言,常被用於處理預測相關議題的人工神經網路包含**倒傳遞**(Back Propagation)神經網路、**輻狀基底函數**(Radial Basis Function)神經網

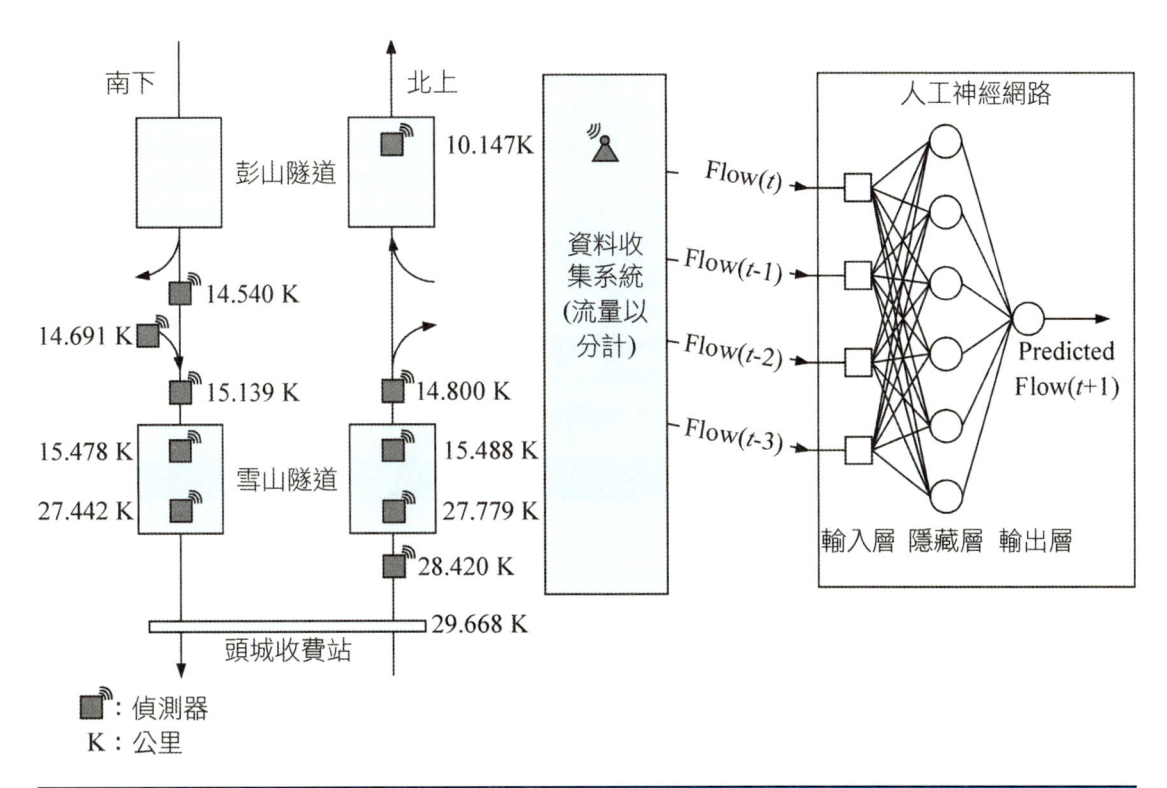

▲圖 14.8　以人工神經網路預測行車流量之概念模型

路以及小波(Wavelet)神經網路等多種模型，其中又以倒傳遞神經網路最被廣為使用。倒傳遞神經網路是一種具有學習能力的多層前饋式神經網路。除了輸入層與輸出層之外，倒傳遞神經網路還具備有至少一層的隱藏層。圖 14.9 所示之內容即為一具有三層結構的倒傳遞神經網路。

在倒傳遞神經網路中，任意兩個位於同一層內部中的神經元彼此並不相連，而位於相鄰層間的神經元則是彼此連接。此外，輸入層中的神經元主要負責接收來自於外部世界的輸入訊號(例如：歷史行車流量資料)，並將這些訊號發送給位於隱藏層中的神經元。而位於隱藏層中之神經元的最主要作用則是藉由權重值來表現前一層神經元交互作用後的結果，進而識別所欲處理問題的內在結構與特徵。至於輸出層中的神經元則是負責接收由隱藏層中各神經元所發送之訊號，並將最後運算所得之內容(例如：車流預測結果)予以輸出。

倒傳遞神經網路的運作過程可分為學習與回想兩個階段。在學習階段

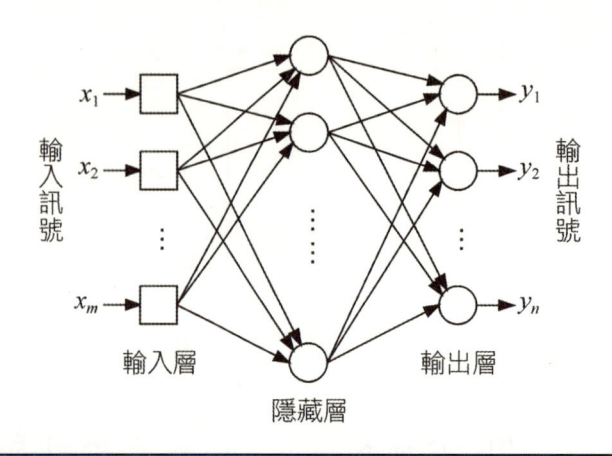

▲ 圖 14.9　具有三層結構之倒傳遞神經網路

中，吾人首先將問題領域所得之訓練樣本的資料輸入至網路，並比較實際輸出值與預期輸出值兩者之間的誤差。之後，再利用**最陡坡降法**(the Gradient Steepest Descent Method)計算輸出層各神經元的權重修正量，並且將該誤差值向後發送至隱藏層，藉以修正隱藏層各神經元的權重值。此一過程將反覆被執行直到神經網路所輸出之誤差值低於預定的目標為止。圖 14.10 所示之內容即為倒傳遞神經網路之學習階段的運作流程。

基本上，倒傳遞神經網路屬於的學習過程可被歸類為是一種監督式的學習方法。藉由圖 14.9 所示之神經網路為例，以下步驟詳細說明了實現此一學習方法的過程。

步驟 1：定義神經網路的結構。

此步驟之工作內容在於決定網路結構中的層數以及各層所具有的神經元個數。本例中，假設輸入層、隱藏層以及輸出層所具有的神經元個數分別為 m、l 以及 n。

步驟 2：初始化各個神經元的偏權值以及彼此間的權重。

令 $N_i(1 \leq i \leq m)$、$N_j(1 \leq j \leq l)$ 以及 $N_k(1 \leq k \leq n)$ 分別表示位於輸入層、隱藏層以及輸出層中的任一神經元。以隨機方式決定 θ_j、θ_k、w_{ij} 以及 w_{jk} 之值。

在此，θ_j 為神經元 N_j 的偏權值；θ_k 為神經元 N_k 的偏權值；w_{ij} 為神經元 N_i 與 N_j 之間的權重值；w_{jk} 為神經元 N_j 與 N_k 之間的權重

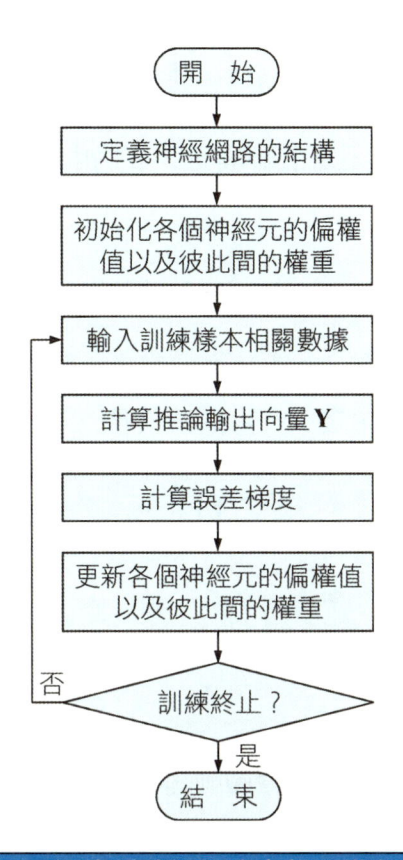

▲ 圖 14.10　倒傳遞神經網路之學習階段運作流程

值。

此外，還必須要說明的是，由於輸入層之神經元只負責將所收到之訊號發送給位於隱藏層的神經元，因此並不參與運算。換言之，只有位於隱藏層與輸出層的神經元才需要決定偏權值。

步驟 3：提供訓練樣本相關數據。

此步驟所需提供之數據包括：

輸入向量 $\mathbf{X} = (x_1, x_2, ..., x_m)$

期望輸出向量 $\mathbf{D} = (d_1, d_2, ..., d_n)$。

步驟 4：計算推論輸出向量 $\mathbf{Y} = (y_1, y_2, ..., y_n)$。

在計算推論輸出向量 $\mathbf{Y}$ 之前，必須先獲得隱藏層輸出向量 $\mathbf{H} = (h_1, h_2, ..., h_l)$ 的內容。隱藏層輸出向量 $\mathbf{H}$ 中之任一元素 h_j 的內容值可表示為

$$h_j = \frac{1}{1+e^{-net_j}} \qquad (6)$$

其中，net_j 表示隱藏層神經元 N_j 的加權乘積和。此一加權乘積和的計算方式如下：

$$net_j = \sum_{i=1}^{m} x_i \times w_{ij} - \theta_j \qquad (7)$$

在取得隱藏層輸出向量 **H** 之內容後，便可利用相同手法計算出推論輸出向量 **Y** 中之任一元素 y_k 的值。亦即：

$$y_k = \frac{1}{1+e^{-net_k}} \qquad (8)$$

其中

$$net_k = \sum_{j=1}^{l} h_j \times w_{jk} - \theta_k \qquad (9)$$

步驟 5：計算誤差梯度。

令 δ_j 與 δ_k 分別表示隱藏層神經元 N_j 以及輸出層神經元 N_k 的誤差梯度。則首先可透過以下的計算方式得到 δ_k 的值：

$$\delta_k = y_k \times (1-y_k) \times (d_k - y_k) \qquad (10)$$

當所有輸出層神經元的誤差梯度皆已被計算完成之後，接著便可藉由以下的計算方式得到任意一個隱藏層神經元 N_j 之誤差梯度 δ_j：

$$\delta_j = y_j \times (1-y_j) \times \sum_{k=1}^{n} \delta_k \times w_{jk} \qquad (11)$$

由於誤差訊號係由輸出層由後往前傳送至隱藏層，此一神經網路故名為「倒傳遞」。

步驟 6：更新各個神經元的偏權值以及彼此間的權重。

一如誤差梯度之計算，各個神經元的偏權值以及彼此間的權重更新過程亦是以倒傳遞方式進行。首先，隱藏層神經元 N_j 以及輸出層神經元 N_k 之間的連結權重更新方式如下：

$$w_{jk} = w_{jk} + \Delta w_{jk} \qquad (12)$$

其中

$$\Delta w_{jk} = \eta \times h_j \times \delta_k \tag{13}$$

在此，η 為學習速率，一般取值介於 0.1 與 1.0 之間。

另一方面，每一個輸出層神經元 N_k 之偏權值更新方式如下：

$$\theta_k = \theta_k + \Delta \theta_k \tag{14}$$

其中

$$\Delta \theta_k = -\eta \times \delta_k \tag{15}$$

一旦所有輸出層神經元的偏權值及其與隱藏層神經元之連結權重皆已更新完成，接著便可以利用相同方式更新隱藏層神經元的偏權值及其與輸入層神經元之連結權重。

步驟 7：收斂測試。

若神經網路經收斂測試後判定有進一步訓練之必要，則重複執行步驟 3；反之，則結束訓練過程。為了測試網路是否收斂，一般採用以下所列之誤差函式為評估之工具：

$$E = \left(\frac{1}{2}\right) \sum_{k=1}^{n} (d_k - y_k)^2 \tag{16}$$

一旦神經網路被訓練完成，便可於後續的回想階段解決所欲處理之預測問題。此一階段之運作流程如圖 14.11 所示。

雖然倒傳遞神經網路可以被成功地應用於解決行車流量預測之問題，但其仍然存在著某些缺點亟待進一步解決。例如：學習效率低、收斂速度慢、易陷入區域最佳困境、網路權重不易確定以及網路結構的選擇缺乏理論依據等。有鑑於此，便有研究藉由整合遺傳演算法以優化神經網路進而解決前述之缺點 [9]。

利用遺傳演算法優化神經網路最常見的作法便是用於決定網路的權值。吾人可將神經網路中的所有權值編碼成為一組浮點數字串(亦即，個體)。每一個個體的適存值係由所有訓練樣本之平均預測正確率決定之。以下過程為決定權值的演化步驟：

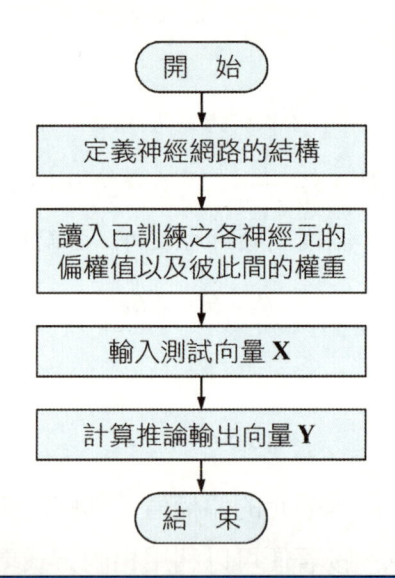

```
        ┌─────────┐
        │ 開  始  │
        └────┬────┘
             ↓
    ┌─────────────────┐
    │ 定義神經網路的結構 │
    └────────┬────────┘
             ↓
  ┌──────────────────────┐
  │ 讀入已訓練之各神經元的  │
  │ 偏權值以及彼此間的權重  │
  └──────────┬───────────┘
             ↓
    ┌─────────────────┐
    │  輸入測試向量 X   │
    └────────┬────────┘
             ↓
    ┌─────────────────┐
    │ 計算推論輸出向量 Y │
    └────────┬────────┘
             ↓
        ┌─────────┐
        │ 結  束  │
        └─────────┘
```

▲ 圖 14.11　倒傳遞神經網路之回想階段運作流程

步驟 1：基於編碼規則，以隨機方式產生初始族群。亦即，每一個個體的內容係由一組以隨機方式所產生之浮點數所構成。

步驟 2：針對族群中的每一個個體進行解碼(每個個體代表一個神經網路結構)，進而形成一組神經網路權值。然後再利用此一神經網路結構針對所有訓練樣本進行預測，並以最後所得之平均預測正確率為該個體的適存值。

步驟 3：若終止條件已滿足，則結束演化過程。反之，執行下一步驟。

步驟 4：以族群中所有個體所具有的適存值為基礎，利用輪盤選擇法選出兩個親代個體。

步驟 5：根據前一步驟所選出之親代個體的內容，利用交配與突變運算子產生兩個新的子代。圖 14.12 與 14.13 之內容分別為交配與突變運算子之運作例示。

步驟 6：若子代個體的數目與原族群大小相同，則將所有子代個體視為是新的族群，然後再執行步驟 2。反之，則執行步驟 4。

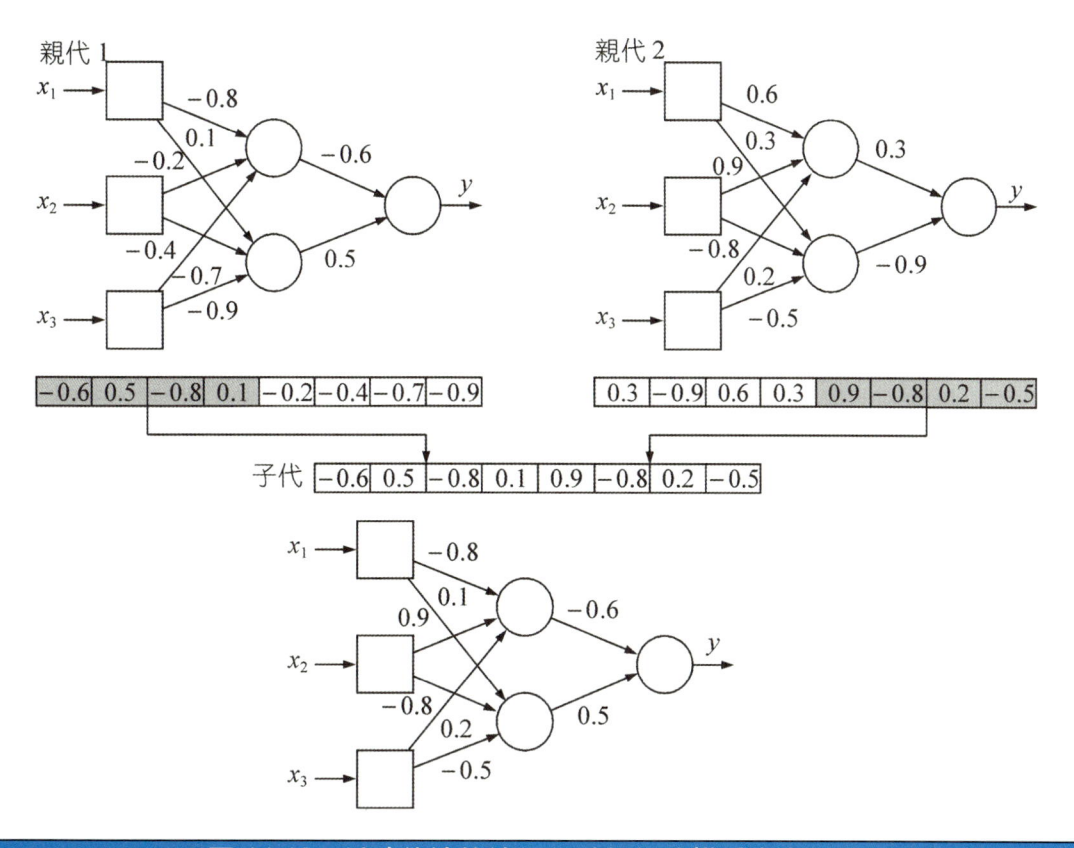

▲圖 14.12　以遺傳演算法優化神經網路權重之交配運算

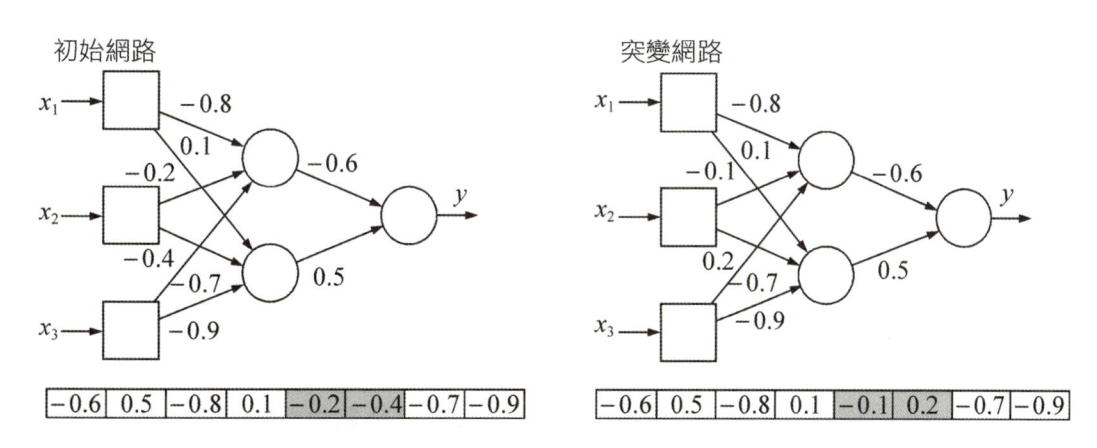

▲圖 14.13　以遺傳演算法優化神經網路權重之突變運算

14.4 解決車輛途程問題之泛用啟發式演算法

　　車輛途程問題係交通輔助系統應用於物流產業的重要議題之一。此一問題旨在探討如何能在滿足所有顧客之需求的前提下，針對事先給定的一組車隊規劃出由一個(或多個)場站(Depot)出發後可服務多個不同位置之顧客恰好一次的最優配送路線 [10-11]。近年來，由於運輸工具的不斷改良與進步帶動了運輸系統的蓬勃發展，此亦促使求解車輛途程問題之技術被廣泛地應用於航空運輸、汽車運輸、貨櫃運輸等各類型運輸行業。然而不同行業均各自有其不同的商業特性，其所要求的需求限制條件與求解目標亦不盡相同，因此車輛途程問題便衍生出多種不同的問題型態。表 14.1 之內容歸納出有關車輛途程問題的各種影響因素 [12]。

　　基於表 14.1 所歸納出之車輛途程問題的各種影響因素，一般可將此問題之衍生型態區分為具載重限制之車輛途程問題(Capacitated Vehicle Routing Problems, CVRP)、具載重限制與車輛路線距離限制之車輛途程問題(The Vehicle Routing Problem under Capacity and Distance Constraints, DCVRP)、多場站車輛途程問題(Multi-Depot Vehicle Routing Problems, MDVRP)、隨機性車輛途程問題(Stochastic Vehicle Routing Problems, SVRP)、回程取貨車輛途程問題(Vehicle Routing Problems with Backhauls, VRPB)、裝卸貨物車輛途程問題(Vehicle Routing Problems with Pick-up and Delivering, VRPPD)、時窗限制車輛途程問題(Vehicle Routing Problems with Time Windows, VRPTW)、具時窗限制之回程取貨車輛途程問題(Vehicle Routing Problems with Backhauls, VRPB)以及具時窗限制之裝卸貨物車輛途程問題(Vehicle Routing Problems with Pick-up and Delivering, VRPPD)等九種類型。各類型之車輛途程問題的關連性如圖 14.14 所示 [11]。

　　一般而言，傳統的車輛途程問題具有以下假設條件：

1. 單一場站。
2. 單一車種。
3. 具車輛容量限制。

表 14.1　車輛途程問題的各種影響因素

影響因素	類　型
需求限制 — 需求量型態	確定性需求 隨機性需求(依機率方式決定需求量)
需求位置	節點 邊 混合節點與邊
服務的要求型態	收貨 送貨 收送混合 混合節點與邊
資源限制 — 場站數目	單一場站 多場站
網路圖形態	無方向性網路 有方向性網路 混合性網路 歐幾里德網路
車輛數目	單一車輛 多車輛
車輛型態	單一車種 多車種
車輛路線(距離／時間)上限	所有車輛路線上限均相同 各車輛路線上限皆不同 沒有上限的限制
車輛的容量上限	有容量上限 沒有容量上限
最佳化指標 — 成本型態	變動成本(例：配送距離) 固定成本(例：車輛成本) 未服務需求成本
目標函式型態	最小化總變動成本(例：最小化配送距離) 最小化總固定與變動成本 最小化車輛數目 最大化服務品質或便利性

4. 固定的路徑成本與顧客需求。
5. 以最小化途程成本為目標。

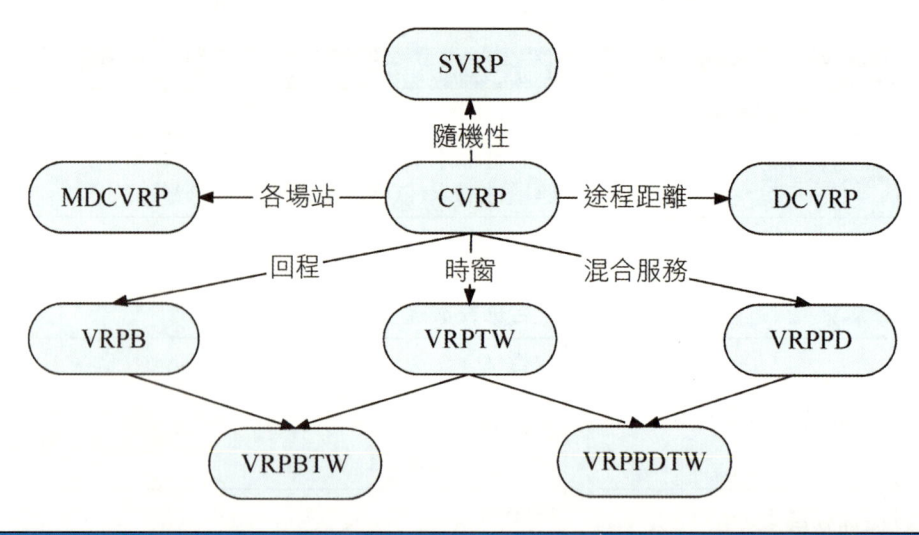

▲ 圖 14.14　各類型之車輛途程問題的關聯性

　　基於以上之假設，為了能夠有效描述車輛途程問題的特性，吾人通常會利用一個完全圖 $G=\{V, E\}$ 來塑模此一問題。在此一完全圖中，頂點集合 $V=\{v_0, v_1, v_2, ..., v_n\}$。其中，頂點 v_0 表示場站，而 $V-\{v_0\}$ 則表示由所有待服務之顧客所構成的集合。對於顧客 $i(1 \leq i \leq n)$ 而言，其需求量則被表示為 d_i。另一方面，$E=\{(i, j)\}$ 則是用以表示圖形 G 中所有的邊所構成之集合。在此，(i, j) 表示由顧客 i 所在之處直接前往服務顧客 j 所行經的路徑。每一個路徑 (i, j) 皆都伴隨著屬性 c_{ij} 與 t_{ij}，分別表示行經路徑 (i, j) 所必須耗用的成本與時間。以圖 14.15 所示之內容為例，其呈現出一個具有 12 位待服務顧客之單一場站車輛途程問題案例。

　　在車輛途程問題中，車輛是除了顧客之外的另一個影響問題特性之關鍵因素。假設吾人目前所考慮之車輛總數為 m (亦即，車隊規模)，且各車輛具有相同的容量限制 Q。此外，令決策變數 x_{ijk} 用以表示車輛 k 是否行經路徑 (i, j)。若車輛 k 於所規劃之途程中行經 (i, j)，則將決策變數 x_{ijk} 之值設定為 1；反之，將其值設定為 0。基於以上所述之定義，吾人可將車輛途程問題之目標函式描述如下：

$$\text{Minimize} \sum_{i=0}^{n} \sum_{j=0}^{n} \sum_{k=1}^{m} c_{ij} \times x_{ijk} \tag{17}$$

由於每一位顧客只能被一輛車所服務，因此，以下之限制條件必須要被滿

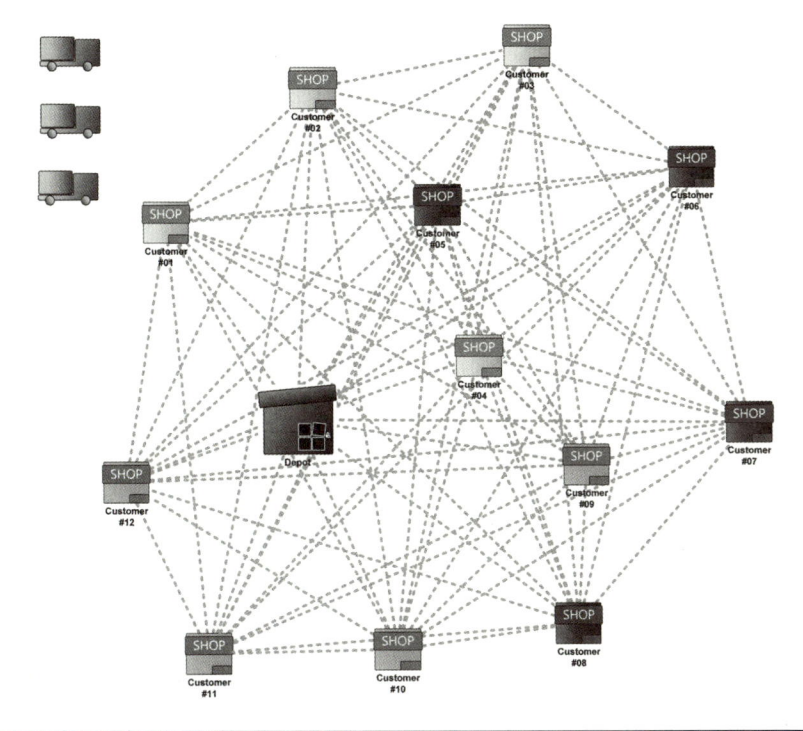

▲ 圖 14.15　一個具有 12 位待服務顧客之單一場站車輛途程問題案例

足：

$$\sum_{i=0}^{n} \sum_{k=1}^{m} x_{ijk} = 1 \quad (j=1, 2, ..., n) \tag{18}$$

$$\sum_{j=0}^{n} \sum_{k=1}^{m} x_{ijk} = 1 \quad (j=1, 2, ..., n) \tag{19}$$

有鑑於每一位顧客只能被一輛車所服務,所以對於顧客 c 而言,到達後提供服務之車輛即為完成服務後離開之車輛,亦即：

$$\sum_{i=0}^{n} x_{ick} - \sum_{j=0}^{n} x_{cjk} = 0 \quad (c=0, 1, ..., n; k=1, 2, ..., m) \tag{20}$$

此外,各車輛所服務之顧客需求量的總和當然不得超過該車輛之容量限制。換言之,以下條件亦必須要成立：

$$\sum_{i=0}^{n} d_i \times \left(\sum_{j=0}^{n} x_{ijk} \right) \leq Q \quad (k=1, 2, ..., m) \tag{21}$$

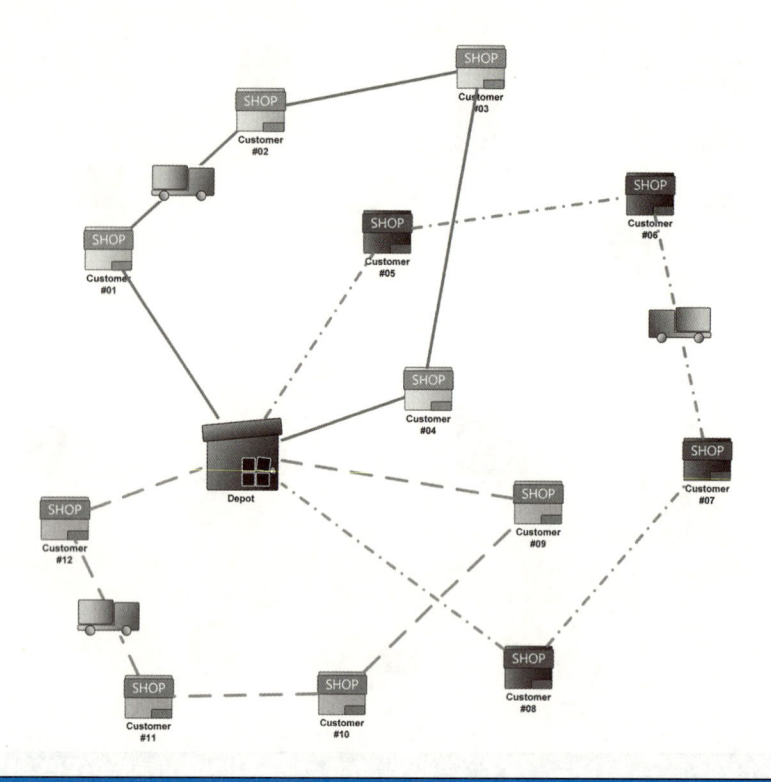

▲ 圖 14.16 一個具有 12 位待服務顧客之單一場站車輛途程問題案例可行解

由於,並非每一輛車都必須要被使用,因此吾人亦可得到以下的條件式:

$$\sum_{j=1}^{n} x_{0jk} \leq 1 \quad (k=1, 2, ..., m) \tag{22}$$

$$\sum_{i=1}^{n} x_{i0k} \leq 1 \quad (k=1, 2, ..., m) \tag{23}$$

最後,必須要說明的是,吾人為每一車輛所規劃之途程皆必須由場站出發,且在提供服務之後還必須回到原出發點。圖 14.16 所示之內容即為一個具有 12 位待服務顧客之單一場站車輛途程問題案例的合法解(車輛數=3)。

車輛途程問題的一般形式已被證實為一 NP-hard 問題。由於求解此一問題所需耗用之時間會隨著問題規模的增加而呈現指數方式的爆炸性成長,因此許多學者一直以來皆致力於發展各種泛用啟發式演算法,試圖在合理的計算時間內獲致令人滿意的近似最佳解。

B. M. Baker 等學者曾於 2003 年提出一種基於遺傳演算法解決車輛途程問題的技術 [13]。其主要探討之問題特性是基於單一場站且滿足車輛容

表 14.2　B. M. Baker 等學者所求解之車輛途程問題的類型特性

影響因素		類　型
需求限制	需求量型態	確定性需求
	需求位置	節點
	服務的要求型態	收貨
資源限制	場站數目	單一場站
	網路圖形態	無方向性網路
	車輛數目	多車輛
	車輛型態	單一車種
	車輛路線(距離／時間)上限	所有車輛路線上限均相同
	車輛的容量上限	有容量上限
最佳化指標	成本型態	變動成本(例：配送距離)
	目標函式型態	最小化總變動成本(例：最小化配送距離)

量與車輛路線距離上限之限制條件下，規劃出一組同性質車隊的配送路線以達到最小化配送距離之目的。表 14.2 之內容歸納出其所求解之車輛途程問題的類型特性。

在 B. M. Baker 等學者所提出之方法中，問題解被編碼成一個長度為 $|V|-1$ 的配送車輛編號串列。串列中位置為 i 之內容 k 係表示車輛 k 被分派前往服務顧客 i。圖 14.17 所示之內容即為一問題解。本例中，配送車輛編號串列位置為 5 之元素內容值為 1，係表示顧客 5 將由車輛 1 提供服務。有鑑於此一編碼方式允許非法解的存在，所以族群中的每一個個體在被評估時皆必須考慮其適存值(Fitness)與不適存值(Unfitness)。在此，適存值係以車輛配送總距離為評估法則，而不適存值則是針對車輛容量上限與車輛路線距離上限這兩個限制條件的違反程度決定之。

此一方法在執行時會藉由指派所有顧客之配送車輛的方式產生初始族

顧客編號	1	2	3	4	5	6	7	8	9	10	11	12
配送車輛編號	1	1	2	3	1	2	3	3	1	2	3	2

▲圖 14.17　基於配送車輛編號串列編碼方式之問題解範例

群中之個體。令 $c_{ij}=d_{0j}+d_{ij}-d_{0i}$ 表示顧客 i 被車輛 j 服務時所耗用之成本。其中，d_{0j}、d_{ij} 與 d_{0i} 分別表示顧客至場站的距離、顧客與車輛的距離以及車輛與場站的距離。針對每一位顧客，所有車輛中兩個具有最小配送成本的車輛會先被挑選出來，然後再以配送成本為權重，藉由輪盤法則決定服務該顧客的配送車輛。

當初始族群被建構完成且所有個體的適存值與不適存值皆已被評估，接著便利用**二元競賽法**(Binary Tournament Method)挑選親代個體以進行交配程序。此交配程序首先會在親代個體中任選兩個切點，並針對兩切點之間的顧客進行檢驗，判斷是否可以互相對換車輛以產生新的子代。在進行檢驗的過程中，除了以距離做為評估法則之外，還進一步參考該車輛之配送路線的**車輛極角**(Vehicle Angle)為輔助資訊，藉以增進演算法的求解精準度。當交配程序完成後，接著便針對子代個體執行突變程序。此一程序之執行過程乃是從子代個體中隨機選取兩位顧客並互換其配送車輛的資訊。當交配與突變程序執行完成後，接著計算所有子代個體的適存值與不適存值，然後再藉由取代程序決定存活至下一世代的族群個體。本方法中，取代程序乃是採取**分等取代方式**(Ranking Replacement Method)來決定是否以子代個體取代親代個體。此種作法的主要精神乃是在於希望能維持族群的多樣性，避免族群個體過度同質化進而導致早熟問題的發生。

除了遺傳演算法之外，吾人亦可利用螞蟻族群最佳化技術解決車輛途程問題。基於單一場站且滿足車輛容量限制條件下，J. E. Bell 等學者提出一種螞蟻族群最佳化技術，用以規劃出一組同性質車隊的配送路線進而達到最小化配送距離之目的 [14]。表 14.3 之內容歸納出其所求解之車輛途程問題的類型特性。

在 J. E. Bell 等學者所提出的方法中，一個問題解係由 m 個串列所組成。在此，m 為車輛之數量，而每一個串列之內容則是由部分顧客所組成。令 C_k 表示車輛 k 所負責服務之顧客所構成的集合。若吾人以圖 14.18 所示之合法解為例，則可知 C_1、C_2 以及 C_3 之內容分別為 {1, 2, 3, 5}、{4, 6, 8, 9} 以及 {7, 10, 11, 12}。根據此內容吾人亦可進一步得知各車輛之服務配送路線分別為 0→1→2→3→5→0、0→4→6→8→9→0 以及 0→7→10→11→12→0。

▼表 14.3　J. E. Bell 等學者所求解之車輛途程問題的類型特性

影響因素		類　型
需求限制	需求量型態	確定性需求
	需求位置	節點
	服務的要求型態	收貨
資源限制	場站數目	單一場站
	網路圖形態	無方向性網路
	車輛數目	多車輛
	車輛型態	單一車種
	車輛路線(距離／時間)上限	沒有上限的限制
	車輛的容量上限	有容量上限
最佳化指標	成本型態	變動成本(例：配送距離)
	目標函式型態	最小化總距離成本

　　本方法的主要執行過程主要是利用人工螞蟻以建構方式產生符合車輛容量限制的合法路線並評估其解的品質，然後再以區域費洛蒙更新規則來更新人工螞蟻所行經的路線。當所有人工螞蟻皆已完成合法解的建構工作之後，接著便根據整體費洛蒙更新規則來進行全域費洛蒙更新，進而為人工螞蟻於後續建構合法解之過程中提供學習改進的資訊。

　　本方法中，人工螞蟻主要藉由指派各車輛之拜訪顧客集合的程序來完

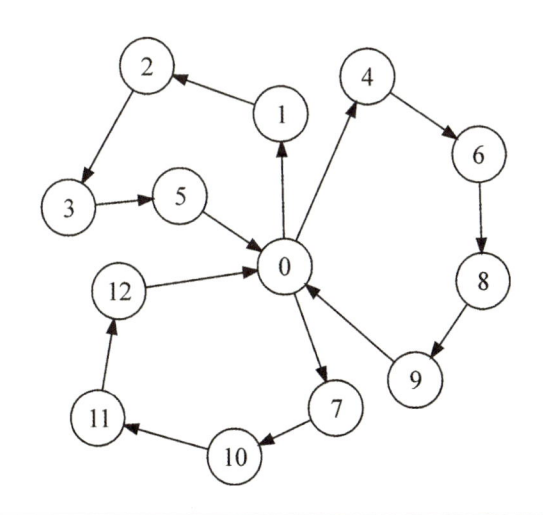

▲圖 14.18　車輛途程問題之合法解範例

成合法可行解的建構。當人工螞蟻所代表之車輛經拜訪數個顧客後的載重量已達限制量 Q 時，則該車輛必須先返回場站，以完成該車輛的途程規劃。之後，再繼續從場站開始規劃另一輛車的顧客服務路線。當所有顧客皆已經被指派車輛來提供服務時，人工螞蟻最後必須再回到場站以表示完成此一合法解的建構工作。

現假設車輛 k 已提供服務予顧客 r，則此一車輛會繼續提供服務予下一位顧客 s 的機率被定義如下：

$$p_{rs}^{k} = \begin{cases} 1, & \text{若 } (q \leq q_0) \text{ 且 } (s=s^*) \\ 0, & \text{若 } (q \leq q_0) \text{ 且 } (s \neq s^*) \\ \dfrac{(\tau_{rs}) \times (\eta_{rs})^{\beta}}{\sum\limits_{u \in J_k}(\tau_{ru}) \times (\eta_{ru})} & \text{其他} \end{cases} \quad (24)$$

其中，符號 J_k 表示車輛 k 此時可拜訪之顧客的集合；符號 τ_{rs} 表示顧客頂點 r 與下一個顧客頂點 s 之間的費洛蒙值；符號 η_{rs} 表示顧客頂點 r 與下一個顧客頂點 s 的啟發值。在此，啟發值為兩顧客頂點之間的距離倒數。另一方面，符號 s^* 被定義為 $s^* = \arg\max_{u \in J_k}\{(\tau_{ru}) \times (\eta_{ru})^{\beta}\}$。亦即，$s^*$ 表示費洛蒙值與啟發值之乘積最大值的顧客。此外，值得一提的是，此一方法藉由候選區域(Candidate-Site)的概念以建立可拜訪顧客集合，進而提升求解之效能。所謂的候選區域乃是由數個與目前顧客頂點距離最接近且尚未被拜訪之顧客頂點所形成之集合。

當某一人工螞蟻完成合法路線的建構工作之後，吾人便可藉由以下之區域費洛蒙更新規則調整路徑上的費洛蒙濃度：

$$\tau_{ij} = (1-\rho) \times \tau_{ij} + \rho \times \tau_0, \quad \text{若 } (i,j) \in \text{螞蟻旅途} \quad (25)$$

其中，ρ 與 τ_0 分別表示費洛蒙蒸發率以及初始費洛蒙嗅跡的濃度。

當所有人工螞蟻皆已完成合法解的建構工作，則吾人便可藉由以下之整體費洛蒙更新規則調整路徑上的費洛蒙濃度：

$$\tau_{ij} = (1-\rho) \times \tau_{ij} + \rho \times (L_{GB})^{-1}, \quad \text{若 } (i,j) \in S_{GB} \quad (26)$$

在此，S_{GB} 表示目前所得之整體最佳解，而 L_{GB} 則是表示 S_{GB} 的完整路線總距離。

練習

1. 在取得車流資料的過程中可能會發生資料缺漏的情況,試舉例說明必要的因應策略以及該策略的運作原理。
2. 除了倒傳遞(Back Propagation)神經網路之外,尚存在有其他多種可應用於預測與分類問題的神經網路模型。試舉例說明之,並請進一步闡述其運作方式。
3. 試舉例說明如何針對倒傳遞(Back Propagation)神經網路拓樸進行編碼,以供遺傳演算法優化之用。
4. 試舉例說明如何針對具有多場站之特性的車輛途程問題進行編碼,並請進一步探討該編碼方式的優缺點。

參考文獻

[1] J. Heaton, *Introduction to Neural Networks for Java*, Heaton Research, 2008.

[2] Y. H. Kim and F. L. Lewis, "Neural network output feedback control of robot manipulators," *IEEE Trans. on Robotics and Automation*, 1999, vol. 15, No. 2, pp. 301-309.

[3] M. F. Tenorio and W. T. Lee, "Self-organizing network for optimum supervised learning," *IEEE Trans. on Neural Networks*, 1990, vol. 1, No. 1, pp. 100-110.

[4] M. Dorigo, V. Maniezzo, and A. Colorni, "Ant System: Optimization by a Colony of Cooperating Agents," *IEEE Trans. System, Man and Cybernetics-Part B: Cybernetics*, 1996, vol. 26, No. 1.

[5] E. D. Taillard, *FANT: Fast Ant System*, Technical report IDSIA-46-98, IDSIA, Lugano, Switzerland, 1998.

[6] C. -W. Chiang, Y. -C. Lee, and T. -Y. Chou, "Ant colony optimization for task matching and scheduling," *IEE Proc.-Comput. Digit. Tech.*, 2006, vol. 153, No. 6, pp. 373-380.

[7] M. Dorigo and L. M. Gambardella, "Ant Colony System: A Cooperative Learning Approach to the Traveling Salesman Problem," *IEEE Trans. Evolutionary Computation*, 1997, vol. 1, No. 1, pp. 53-66.

[8] S. Innamaa, *Shortterm prediction of traffic flow status for online driver information*, VTT Technical Research Centre of Finland, 2009.

[9] X. Yao, "Evolving Artificial Neural Networks," *Proceedings of the IEEE*, 1999, vol. 87, No. 9.

[10] B. Golden, S. Raqhavan, and E. Wasil, "The Vehicle Routing Problem: Latest Advances and New Challenges," Springer, 2008.

[11] P. Toth and D. Vigo, *The Vehicle Routing Problem*, Society for Industrial & Applied Mathematics, 2001.

[12] L. Bodin, B. Golden, A. Assad, and M. Ball, "Routing and scheduling of vehicles and crews : The state of the art," *Computer & Operations Research*, 1983, vol. 10, No. 2, pp. 63-211.

[13] B. M. Baker and M. A. Ayechew, "A genetic algorithm for the vehicle routing problem," *Computers & Operations Research*, 2003, vol. 30, No. 5, pp. 787-800.

[14] J. E. Bell and P. R. McMullen, "Ant colony optimization techniques for the vehicle routing problem," Advanced Engineering Informatics, 2004, vol. 18, No. 1, pp. 41-48.

第 15 章
車輛檢測的智慧型視覺系統

15.1 引 言

在停車場的進出口管制裡，我們可以看到車輛識別與車牌識別這兩種技術互相應用。這兩種識別可以使停車收費更加容易，也可以用在追回被偷走的車輛等等。在之前所使用的識別檢測過程裡，它可以提供一輛正在行駛的車輛其活動的強度，例如，灰度值，或表示出邊緣區域的左右對稱。然而，如果因為區域內的目標失去蹤影而出現對稱效應，出現部分阻斷的情況，將造成系統的整體效能大量下降。因此我們的研究目標是建立一種車輛檢測方法來克服上述的限制問題。如圖 15.1 所示，建議的車輛檢測系統中包含一個訓練過程以及測試過程。這項研究認為，如學校的進出口管制這類的特殊應用，僅需檢測小型車(如轎車)的車頭及車尾(圖 15.2)。

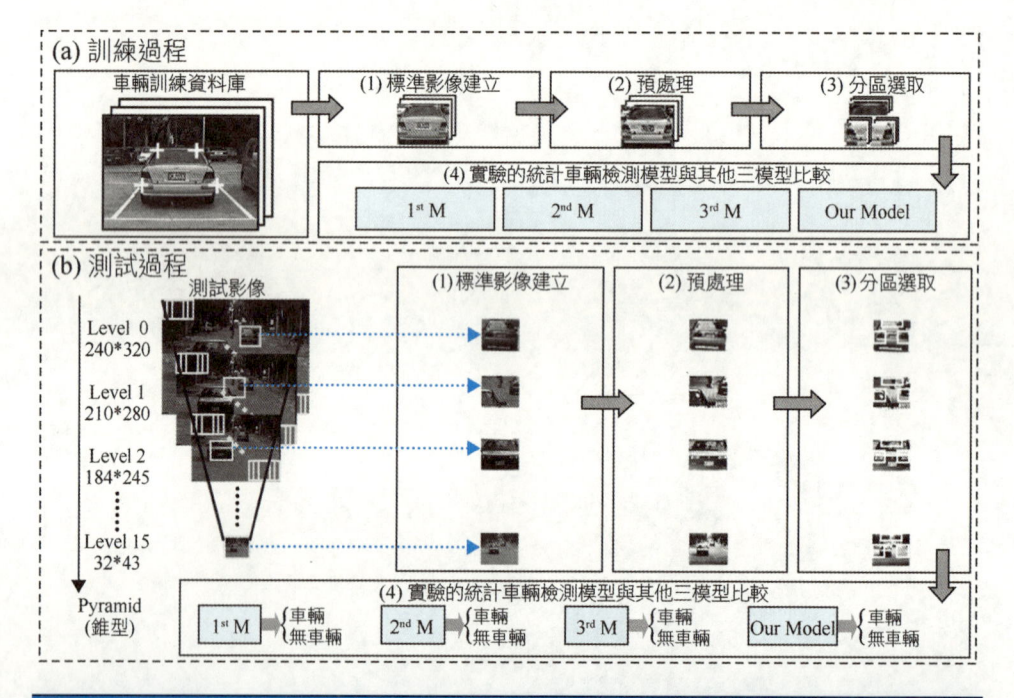

▲圖 15.1　車輛檢測系統的工作流程：(a) 四種模型的訓練過程 (b) 四種模型的測試過程 ('M'指模型)

前視和後視車輛

▲圖 15.2　在校門口的車輛出入管制

15.2 車輛檢測系統：訓練過程

圖 15.1(a) 說明訓練過程的工作流程。為了提高車輛倍率的不變性，每輛車的車頭或車尾影像的幾何位置，以及標準車輛影像建立模型的標準化，都從訓練資料庫裡提取。產生標準影像後，傳送到一個前處理模組，並標準化每個影像的光線條件 [1]，如最小化所有訓練影像的光線變化。子區域先選擇模組，然後從每個標準影像中提取三個較重要的子區域。此步驟很重要，因為在檢測過程中使用局部的特徵所產生的效能會比獲取全域資訊的更好，因為子區域較不容易受到幾何方差及部分阻斷的影響 [2, 3]。最後，被檢測車輛使用新產生的統計模型與其他三個模型做比較。

15.2.1 建立車輛標準影像模型

為了建立標準車輛影像模型，使用仿射變換技術來標準化每個訓練影像的車輛大小。在此變換過程中，手動選擇在來源影像(240×320 像素)與車輛的四個角落相對應的四個點 [(如圖 15.3(a) 中的白色交叉]，然後將車輛模板所對應的點扭曲變形 [(如圖 15.3(b)]。所產生的影像經過裁剪後生成一個尺寸 32×41 (=Nr×Nc＝行×列) 像素的標準車輛影像，如圖 15.3(c)。

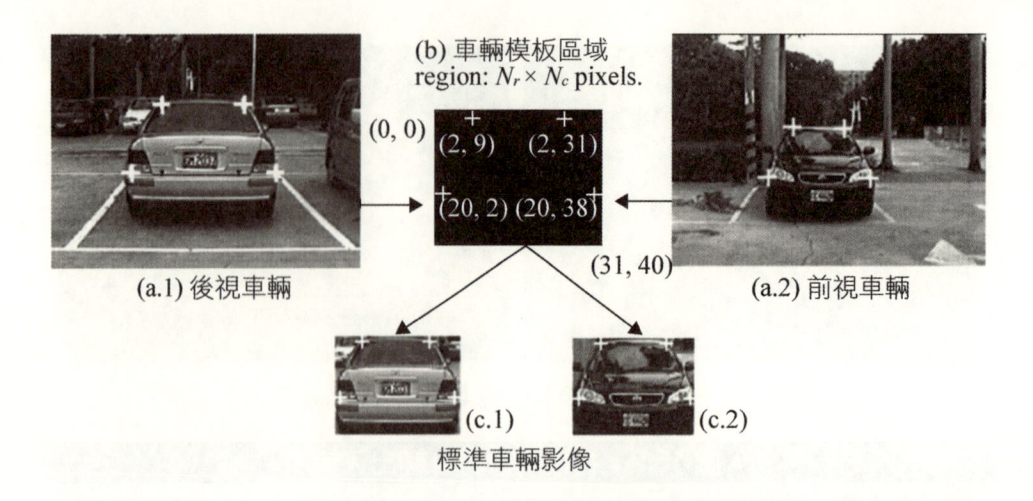

▲圖 15.3　在標準車輛影像建造模型中，經過幾何標準化的車頭車尾訓練影像

　　目前研究的訓練資料庫所使用的標準影像為車頭數據 2385 筆、車尾數據 2153 筆。當車輛在不平坦的路面上移動，或使用手持攝影機錄影時，為了使系統可以正常運作，我們取出兩個平面滾軸旋轉的影像，分別面對 −5° 及 +5°，總和起來產生 0° 的原始車輛影像。

　　然而，如圖 15.4 所示，每輛車在訓練資料庫裡的原始影像有三張相對應的標準影像。因此，訓練資料庫裡總共包含 7155[2385×3(旋轉)] 張車尾後視的標準影像，以及 6459[2153×3(旋轉)] 張車頭前視的標準影像，如表 15.1 所示。

▲圖 15.4　原始標準影像(0°) 以及轉動 −5° 及 +5°後的標準影像

▼表 15.1　資料庫裡標準車輛以及非車輛影像的總數和相對應的子區域影像（包含合成的車輛影像）'R': 車尾後視影像 'F': 車頭前視 'M': 模型

			標準影像	SubR$_1$	SubR$_2$	SubR$_3$	總計 SubR
車輛資料庫	R		2385	7155	7155	7155	21465
	F		2153	6459	6459	6459	19377
非車輛資料庫	1st M	R	17465	17465	17465	17465	52359
		F	15838	15838	15838	15838	47514
	2nd M	R	13466	13466	13112	12116	38694
		F	13027	12343	13027	12019	37389
	3rd M	R	10839	10839	10827	10836	32502
		F	10714	10714	10536	9596	30846
	實驗模型	R	9550	9550	9406	9352	28308
		F	9104	9104	8868	8854	26826

15.2.2　前處理模型

訓練資料庫裡的標準影像是在不同的光線標準和不同的時間日期下拍攝，最後我們能看出在不同光線下產生影像所造成的明顯差異。如圖 15.5(a) 和 15.5(b) 所示，整張大小為 $Nr \times Nc$ 像素的標準影像，其中的強度可以用以下的線性方程式(1)來描述：

$$\begin{bmatrix} x_1 & y_1 & 1 \\ x_1 & y_2 & 2 \\ \vdots & \vdots & \vdots \\ x_1 & y_{Nc} & 1 \\ x_2 & y_1 & 1 \\ \vdots & \vdots & \vdots \\ x_{Nr} & y_{Nc} & 1 \end{bmatrix} \times \begin{bmatrix} a \\ b \\ c \end{bmatrix}_{3 \times 1} = \begin{bmatrix} V(1,1) \\ V(1,2) \\ \vdots \\ V(1,Nc) \\ V(2,1) \\ \vdots \\ V(Nr,Nc) \end{bmatrix}_{(Nr \times Nc) \times 1} \quad (1)$$

其中 (a, b, c) 為線性函數的參數，可以用**虛擬反矩陣法** (Pseudo-Inverse) 解出；$V(x, y)$ 是位於 (x, y) 時的像素強度。因此，原始標準影像減去線性函式等於影像的像素強度，然後使用直方圖等化的過程來平衡對比 [圖 15.5(c) 和 (d)]。

(a) 原始標準車輛影像

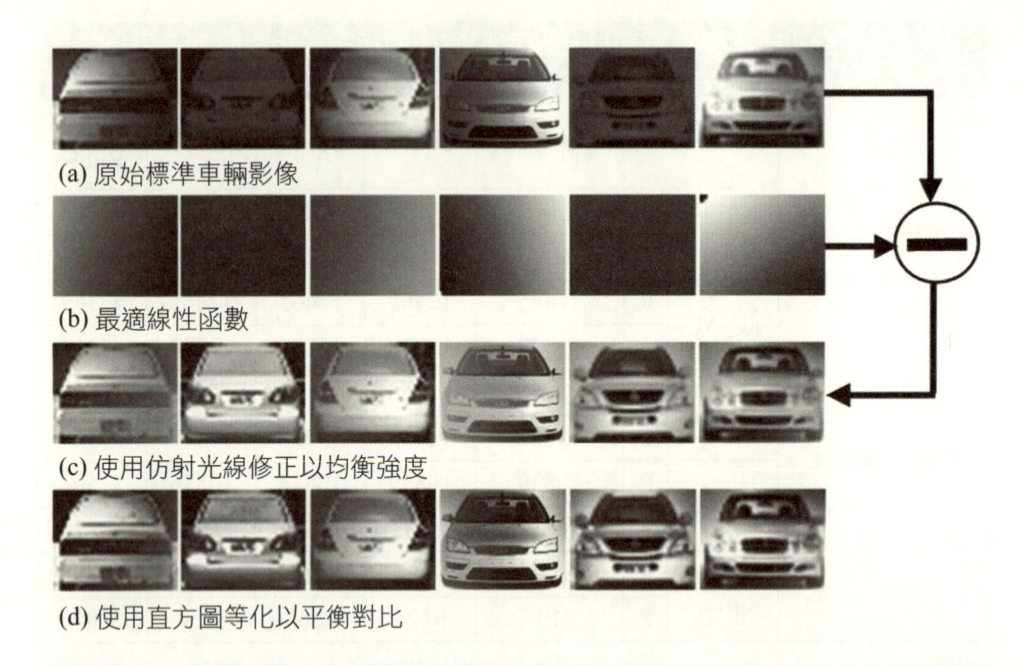

(b) 最適線性函數

(c) 使用仿射光線修正以均衡強度

(d) 使用直方圖等化以平衡對比

▲圖 15.5　在前處理模型裡均衡強度以及平衡對比的標準影像

15.2.3　子區域選擇模型

　　檢測系統開發一種模擬學習的能力，它可以從子集合局部的特徵來識別一個獨立的物件。例如，比起全域資訊，與局部特徵有關的資料對於幾何變化的結構以及強度較不敏感，因此它可以減少組合錯誤的影響。此外，局部特徵的使用當以檢測過程為基礎時可以增加系統的容忍度，針對不平衡的目標所造成的路面不均或使用手持式攝影機造成不穩定的輸入來源。最後，利用局部子區域個數有限的資料，而不是使用所有影像的全域資訊，達到有效的降低在計算上的負擔。

　　車輛的局部特徵如車頂、擋風玻璃、車尾燈、頭燈、車牌後照鏡或輪胎，通常都可以表現出高度的差異，因此是重要的潛在檢測訊息。然而，其中有些特徵不一定能在車輛影像中看到，例如圖 15.6，我們無法看到後照鏡與輪胎。另外，車輛影像所在區域周圍的車牌、擋風玻璃，也分別證明了幾何位置與照明的激烈變化。依據此特點，我們可以知道此檢測系統的發展是基於研究三個子區域的車輛影像，即車輛周圍的車頂、兩個尾燈

(或頭燈)，如圖 15.7 所示。留意剩餘的部分，包含車頂特徵的子區域標記為子區域 1；當子區域裡面有兩個尾燈(或頭燈)時分別被記為子區域 2 和 3，當選擇這三個區域為標準影像時，各區域的強度分佈標準化為均值零和單位變異數。

▲圖 15.6　遺失的後視鏡及輪胎

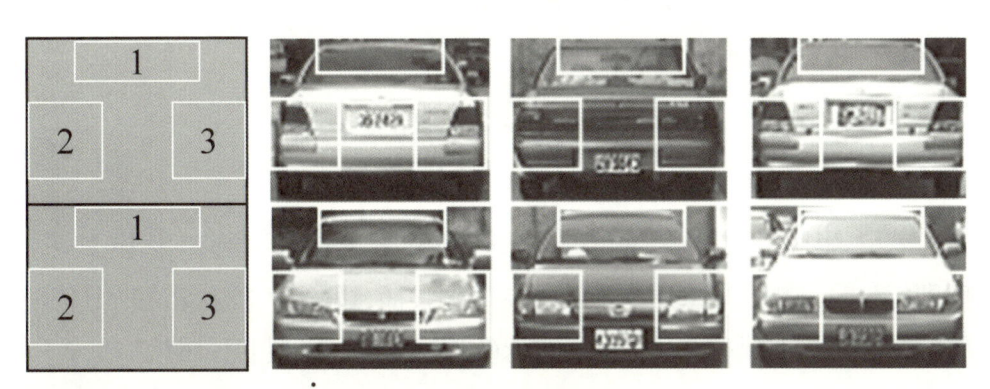

子區域 1: 9×25 像素
子區域 2: 15×15 像素
子區域 3: 15×15 像素

1st 列：後視標準車輛影像
2nd 列：前視標準車輛影像

▲圖 15.7　在每個標準車輛影像的三個局部子區域（均為 255 像素）

15.2.4　比較車輛檢測模型的統計

在我們提出的系統裡，檢測的過程是藉著移動一個 32×41 像素的視窗，I_T，逐一像素的比較整個車頭或車尾的影像 I。一旦影像出現在視窗內，該車輛就會被檢測。車輛檢測過程採用以下的**事後機率**(Posterior Probability)函式：

$$P(車輛|I_T) = \frac{P(I_T|車輛)P(車輛)}{P(I_T|車輛)P(車輛) + P(I_T|非車輛)P(非車輛)} \quad (2)$$

以及

$$P(非車輛|I_T) = \frac{P(I_T|非車輛)P(非車輛)}{P(I_T|車輛)P(非車輛) + P(I_T|非車輛)P(非車輛)} \quad (3)$$

其中 $P(I_T|車輛)$ 和 $P(I_T|非車輛)$ 分別為可能出現的車輛或非車輛類的相似比率，$P(車輛)$ 以及 $P(非車輛)$ 是他們所相對應的**事前機率**(Prior Probabilities)。因此，使用下方的**貝式決策規則**(Bayes Decision Rule)，輸入視窗 I_T 分別定義為「汽車類」或「非汽車類」：

$$I_T \in \begin{cases} 車輛 & 若\ P(車輛|I_T) \geq P(非車輛|I_T) \\ 非車輛 & 其他 \end{cases} \quad (4)$$

在一般情況下事前機率是未知的，因此我們提出一個相似比率的臨界值 γ 來表示，式(4)變成：

$$\frac{P(I_T|車輛)}{P(I_T|非車輛)} \overset{車輛}{\underset{非車輛}{\gtrless}} \frac{P(非車輛)}{P(車輛)} = \gamma \quad (5)$$

若機率比小於臨界值 γ，則 I_T 輸入判斷為「非車輛類別」然後丟棄；反則，I_T 輸入為「汽車類」，被視為車輛候補。隨後，多變量高斯分佈使用相對應的相似機率 $P(I_T|車輛)$ 和 $P(I_T|非車輛)$ 為模型 [4]，例如：

$$P(I_T|C) = \frac{1}{(2\pi)^{N/2}|\Sigma|^{1/2}} \times \exp\left[-\frac{1}{2}(I_T - \bar{I}_{c,T})^T \Sigma^{-1}(I_T - \bar{I}_{c,T})\right] \quad (6)$$

其中 C 是汽車類或非汽車類兩者的其中之一，$\bar{I}_{c,T}$ 以及 Σ 是指屬於 C 類所有標準訓練影像向量中的平均向量和共變異數矩陣，而 N 是向量的維度數目，從(6)式，**馬式距離**(Mahalanobis Distance)的相似測量 $d(I_T)$ 由(7)式算出：

$$\begin{aligned} d(I_T) &= \tilde{I}_T^T \Sigma^{-1} \tilde{I}_T = \tilde{I}_T^T [U W^{-1} U^T] \tilde{I}_T \\ &\approx \tilde{I}_T^T [U_k W_k^{-1} U_k^T] \tilde{I}_T \\ &= y_k^T W_k^{-1} y_k \end{aligned} \quad (7)$$

其中 $\tilde{I}_T(=I_T-\bar{I}_{c,T})$ 是一個無偏輸入的影像向量,而 W_k 與 U_k 的 k 主要由特徵矩陣 W 組成,且特徵向量矩陣 U 與共變異數矩陣 Σ 的特徵向量矩陣 U 相對應。此無偏輸入視窗 $\tilde{I}_T$ 映射在特徵空間產生一個 PCA 權重向量 y_k ($=U_k^T\tilde{I}_T$)。**馬式距離**(Mahalanobis Distance)可以表示為:

$$d(I_T)=\frac{\sum_{j=1}^{k} y_j^2}{\lambda_j} \quad (8)$$

其中 λ 為特徵值,因此可能的機率比變為:

$$P(I_T|C)=\frac{1}{(2\pi)^{k/2}\prod_{j=1}^{k}\sqrt{\lambda_j}} \times \exp\left[-\frac{1}{2}\sum_{j=1}^{k} y_j^2/\lambda_j\right] \quad (9)$$

如前面所述,本文所使用的車輛檢測系統只考慮到三個獨立區域的影像,而不是整張影像,藉此提高系統的探測效能。依此結果,機率表示為:

$$P(I_T|C)=\prod_{i=1}^{3}P(subregion_i|C) \quad (10)$$

然而,(10)式在計算上十分複雜,因為每個子區域包含 $N=225$ 像素,以及一個高維度的影像向量。幸好,子區域影像向量維度的數目可以透過應用 PCA 來降低,因此可以減輕算式的複雜度。以往的研究指出,PCA 在自動偵測內容的部分提供了一個重要的優勢,包含鄰近像素之間的高度相關性。較大的特徵值意味著與原始影像之間的重大差異,並且透過線性組合沒有損失任何重要特色的主要特徵向量,重建原始影像向量。

在自動識別過程中,ICA 同樣扮演很重要的角色,因為它提供將剩餘的子區域空間形成一個非高斯分佈(即高頻)的模型 [5],而且 ICA 針對照明與位置部分,對於行進中變化程度的處理上是可靠的。根據以上所述,車輛檢測系統的開發同時適用於 PCA 與 ICA。具體來說 PCA 用於將高斯分佈組成模型,而 ICA 是用來模擬非高斯分佈的組合。如前所述,我們將提出的檢測方法效能與目前現有的三個基於 PCA 檢測模型方法做比較(如圖 15.1(a),四種檢測模型的細節將在以下章節大略描述。請注意,在以下的討論中我們只討論車輛的後視影像,而同樣的程序及應用在車輛的前視影像也同樣成立。

- **Model 1 —所有沒有任何位置訊息的子區域映射到一個單一的特徵空間**：在訓練過程中，單一的特徵空間是由所有車輛後視標準影像中的 21,465 筆子區域所生成。請注意，這裡只有前 32 個最主要的組成被提取，因為累積的特徵值百分比曲線在 $k=32$ 時達到最高點(80% 變異數)。全部標準車輛與非標準車輛的子區域隨後投射到此單一特徵區域，由於這個特徵空間分為 32 個主要的特徵向量，所以原始子區域的影像向量維度從 225 減少到 32。原來的(10)式變為：

$$\prod_{i=1}^{3} P(subregion_i | C) = \prod_{i=1}^{3} \frac{1}{(2\pi)^{k/2} \prod_{j=1}^{k} \sqrt{\lambda_j}} \times \exp\left[-\frac{1}{2}\sum_{j=1}^{k} y_{i,j}^2/\lambda_j\right]$$

$$= \prod_{i=1}^{3} P(projection_i | C) \tag{11}$$

其中 $projection_i$ 代表對應到子區域的一個 32 維度 PCA 加權向量 i。圖 15.8 顯示此特徵空間裡的前六個特徵向量。由於子區域 1(車頂特徵)由 9×25(行×列)像素組成，而區域 2 和 3(光線特徵)都包含 15×15 像素。從這裡可以看出，第一、第四和第六特徵向量主要分布在子區域 1，而第二、第三和第五特徵向量則分布在子區域 2 或 3。機率比由下式求出：

$$\frac{\prod_{i=1}^{3} P(projection_i | 車輛)}{\prod_{i=1}^{3} P(projection_i | 非車輛)} \underset{非車輛}{\overset{車輛}{\gtrless}} \gamma \tag{12}$$

- **Model 2 —帶有空間資訊的子區域投射到一個單一的特徵空間**：此模型使用與 Model 1 一樣的特徵空間，不同的是在每個子區域中都加入了位

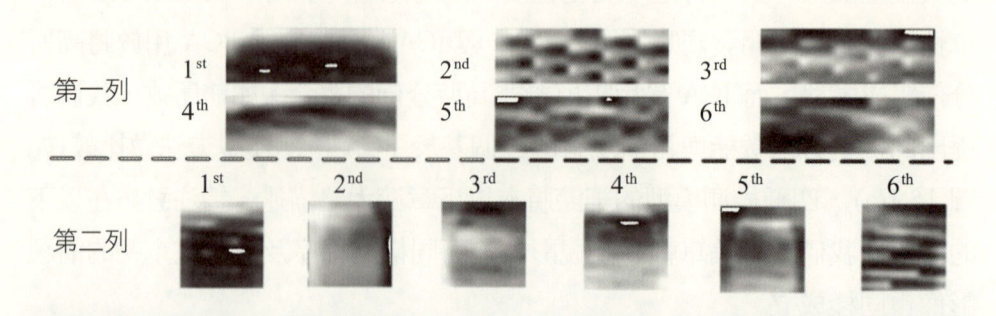

▲圖 15.8 Model 1 中前六個從標準車輛子區域產生的特徵空間

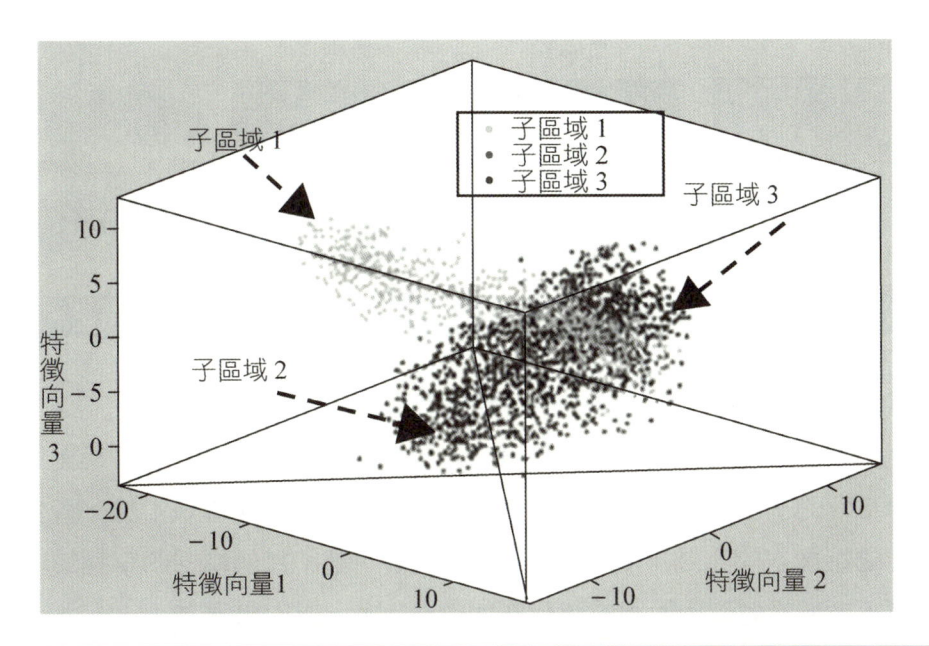

▲圖 15.9　Model 2 中 PC

置的資訊。式(10)變成：

$$\prod_{i=1}^{3}P(subregion_i|C) = \prod_{i=1}^{3}\frac{1}{(2\pi)^{k/2}\prod_{j=1}^{k}\sqrt{\lambda_j}} \times \exp\left[-\frac{1}{2}\sum_{j=1}^{k}y_{i,j}^{i}{}^2/\lambda_j\right]$$

$$= \prod_{i=1}^{3}P(projection_i, pos_i|C) \qquad (13)$$

其中 pos_i 是子區域在汽車樣板中的位置 i，其中機率比為：

$$\frac{\prod_{i=1}^{3}P(projection_i, pos_i|車輛)}{\prod_{i=1}^{3}P(projection_i, pos_i|非車輛)} \underset{非車輛}{\overset{車輛}{\gtreqless}} \gamma \qquad (14)$$

在標準車輛子區域的全部集合中，依照他們的個別的位置，可以在 32 維度的特徵空間中分別定義的三種權重向量群組。如圖 15.9 所示，由於它們在標準的汽車影像中互相對稱，因此子區域 2 和子區域 3 的分佈個別地重疊。然而，子區域 1 的分佈明確的表示與子區域 2 和子區域 3 的結構特性完全不同。其中同樣的分類程序也適用於三個標準的非汽車子區域。

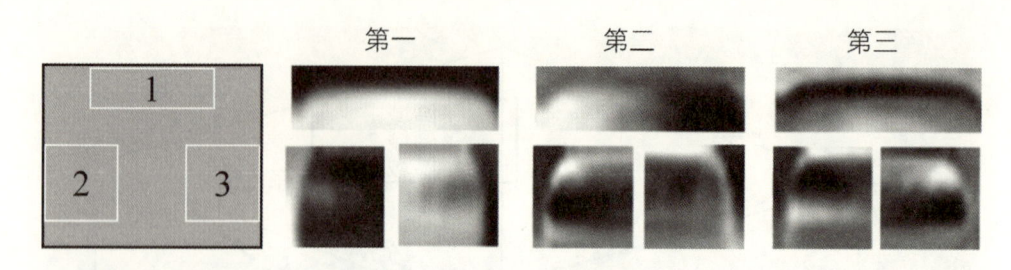

▲ 圖 15.10　Model 3 中每個子區域特徵空間的前三個特徵向量

- **Model 3 — 帶有位置資訊的子區域投射到相對應的特徵空間 [6]**：這個模組較著重三個子區域的個別位置，以及在訓練資料庫裡，基於相對應標準車輛的子區域。換句話說，每個位於不同位置的子區域影像，產生不同的特徵空間。為了產生一個 PCA 權重向量，每個標準的車輛或非車輛子區域投射到相對應的特徵空間中。因此，式(10)變為：

$$\prod_{i=1}^{3} P(subregion_i | C) = \prod_{i=1}^{3} \frac{1}{(2\pi)^{k/2} \prod_{j=1}^{k} \sqrt{\lambda_j^i}} \times \exp\left[-\frac{1}{2}\sum_{j=1}^{k} y_{i,j}^{i\,2}/\lambda_j^i\right]$$

$$= \prod_{i=1}^{3} P(projection_i^i, pos_i | C) \tag{15}$$

其中 $projection_i^i$ 是子區域 i 的 PCA 加權向量，投射在相對應的子區域特徵空間 i 中。其中，機率比為：

$$\frac{\prod_{i=1}^{3} P(projection_i^i, pos_i|車輛)}{\prod_{i=1}^{3} P(projection_i^i, pos_i|非車輛)} \begin{matrix}\scriptscriptstyle 車輛\\ \geq\\ \leq\\ \scriptscriptstyle 非車輛\end{matrix} \gamma \tag{16}$$

在 Models 1 與 2 中，每個特徵空間有 32 個主要的特徵向量。最大的 32 個特徵值在子區域 1、2、3 的特徵空間中各佔總特徵值的 82%、81% 和 81%。圖 15.10 表示在 Model 3 中，最初的三個特徵向量使用在子區域的特徵空間中的結果。

- **Model 4(提出的方法) — 每個子區域都投射到相對應的特徵空間以及帶有位置資訊的剩餘獨立基本空間**。就如前面所討論，為了達到更強的檢測效能，分別使用 PCA 和 ICA 模擬高斯及非高斯分佈組成的方法。如圖 15.11，原始的子區域影像，PCA 重建後的子區域影像以及剩餘的子區域影像(即與原始以及重建後影像不同的影像)。其中 PCA 重建後的子區域

(a) 原始子區域影像：*subregion*

(b) 使 PCA 重建子區域影像：*subregion'*

(c) 殘餘子區域影像：Δ*subregion*

▲ 圖 15.11　殘餘子區域影像的重建

影像與經過低通濾波後的結果相似，如圖 15.11(b) 所示。而剩餘的子區域影像則相似於經過高通濾波後的結果，它包含了高頻的組成，而且對於光線變化上比較不敏感，如圖 15.11(c) 所示。然而，在此模型中，檢測過程減少了整體計算的負擔，因為在 ICA 殘餘影像的重建要求中被消除。子區域剩餘影像 Δ*subregion* 由下式獲得：

$$\Delta subregion = subregion - subregion' \tag{17}$$

其中 *subregion* 與 *subregion'* 分別為原始子區域影像以及 PCA 子區域重建影像，換句話說：

$$subregion = UU^T \times subregion = [U_k, U_h]\begin{bmatrix} U_{k'}^T \\ U_h^T \end{bmatrix} \times subregion \tag{18}$$

以及

$$subregion' = U_k U_{k'}^T \times subregion \tag{19}$$

其中 $U_{k'}$ [圖 15.12(a)] 是第一個 $k'(k'=7)$ 在特徵向量矩陣 U 的主要組成部分，依照高斯軸線的假設挑選。U_h 是由 h 剩餘的主要部分組成，並且依照非高斯軸線的假設而成。另外 $N = k' + h$，因此，Δ*subregion* 可以改寫

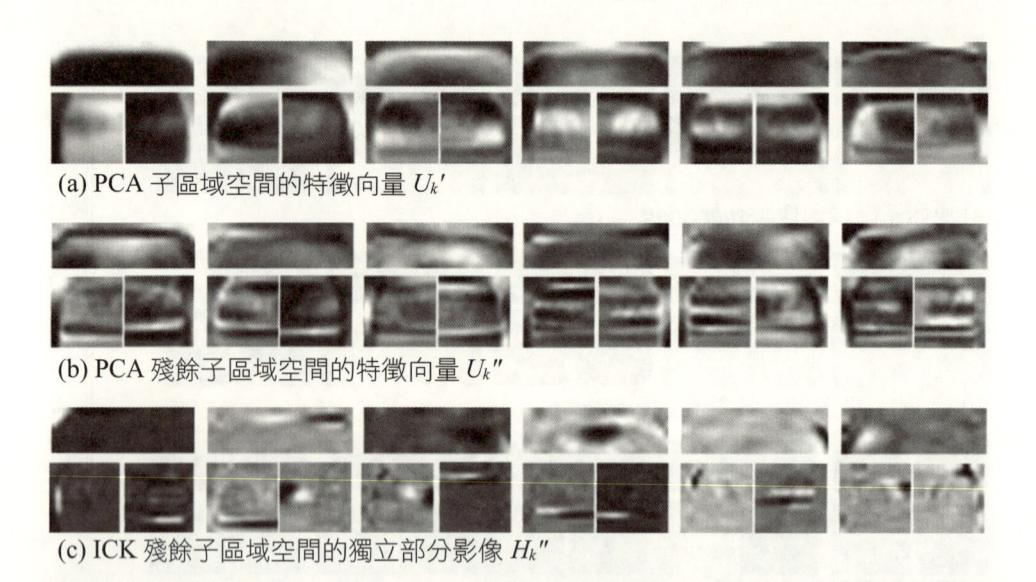

(a) PCA 子區域空間的特徵向量 U_k'

(b) PCA 殘餘子區域空間的特徵向量 U_k''

(c) ICK 殘餘子區域空間的獨立部分影像 H_k''

▲ 圖 15.12　目前的車輛檢測模型：(a) 第一個 k' 為特徵向量矩陣 U 的主要組成；(b) 其餘的 k'' 組成 $U_{k''}$ (c) $H_{k''}$ 為分佈在剩餘空間的獨立部分

為：

$$\begin{aligned}\Delta subregion &= UU^T \times subregion - U_k U_k^T \times subregion \\ &= (U_{k'} U_{k'}^T \times subregion + U_h U_h^T \times subregion) - U_{k'} U_{k'}^T \times subregion \\ &= U_h U_h^T \times subregion \\ &\approx U_{k''} U_{k''}^T \times subregion \end{aligned} \quad (20)$$

這裡的 $U_{k''}$ 表示 k'' ($k''=29$) 在 U_h 的第一個主要部分。因此，剩餘的子區域加權向量為 $U_{k''}^T \times subregion$，於 $U_{k''}$ 中使用 ICA，其中統計上 $N \times k''$ 維度的獨立基礎影像 $H_{k''}$，[參照圖 15.12(c)] 由下式算出：

$$H_{k''}^T = T_{k''} U_{k''}^T \quad (21)$$

在式(21)中，可逆的加權矩陣 $T_{k''}$ 可以使用索諾斯基(Sejnowski)的演算法預估 [7]，因此剩餘的子區域影像可直接從下式提出：

$$\begin{aligned}\Delta subregion &\approx U_{k''} U_{k''}^T \times subregion \\ &= H_{k''}(T_{k''}^{-1})^T U_{k''}^T \times subregion \\ &= H_{k''}(U_{k''} T_{k''}^{-1})^T \times subregion \\ &= H_{k''} B_{k''}\end{aligned} \quad (22)$$

換句話說，剩餘的子區域影像可以表示為一個 ICA 係數向量的線性組合 $B_{k''}[=(U_{k''}T_{k''}^{-1})^T \times subregion]$。以及相對應的獨立組成部分 $H_{k''}$。在式 22 中，$U_{k''}T_{k''}^{-1}$代表 ICA 變換矩陣，例如：

$$ICA\_TranM_{k''} = U_{k''}T_{k''}^{-1} \tag{23}$$

因此，不需要建造相對應的殘餘影像$\Delta subregion$，局部子區域影像乘以 ICA 變換矩陣 $ICA\_TranM_{k''}$ 就可以直接算出 ICA 係數向量 $B_{k''}$。將相似測度的馬式距離套用到式(7)，式子如下：

$$\begin{aligned}d(subregion) &= subregion^T \times \Sigma^{-1} \times subregion\\ &= subregion^T \times [UW^{-1}U^T] \times subregion\\ &\approx subregion^T \times [U_{k'}W_{k'}^{-1}U_{k'}^T + U_{k''}W_{k''}^{-1}U_{k''}^T] \times subregion\\ &= y_{k'}^T W_{k'}^{-1} y_{k'} + (U_{k''}^T \times subregion)^T \times W_{k''}^{-1}(U_{k''}^T \times subregion)\end{aligned} \tag{24}$$

這裡的 $y_{k'} = U_{k'}^T \times subregion$ 是在特徵空間 $U_{k'}$ 裡的 PCA 子區域加權向量，而$U_{k''}^T \times subregion$ 是特徵空間 $U_{k''}$ 裡的 PCA 剩餘子區域加權向量。在式 (24) 裡，$W_{k'}$ 包含第一個 k'的特徵值，且 $W_{k''}$ 是特徵空間 U 裡的第$(k'+1)$到第$(k'+k'')$個特徵值。從式 (8) 和(22) 裡可以看出，在式式(24)的相似測度 $d(subregion)$可以表示為：

$$d(subregion) = \sum_{j=1}^{k'} y_j^2/\lambda_j + \sum_{\substack{l=1\\j=k'+1}}^{\substack{l=k''\\j=(k'+k'')}} B_l^2/\lambda_j \tag{25}$$

其中第一個相似測度值是在 PCA 空間上的馬式距離，而第二個相似測度值是在 ICA 空間裡以 ICA 為基礎的距離(或相似測度)。因此，式(10)的機率為：

$$\begin{aligned}\prod_{i=1}^{3} P(subregion_i | C) &= \prod_{i=1}^{3} \frac{\exp\left[-\frac{1}{2}(y_{i,k'}^{i\,T}W_{k'}^{i-1}y_{i,k'}^{i} + B_{i,k''}^{i\,T}W_{k''}^{i-1}B_{i,k''}^{i})\right]}{(2\pi)^{(k'+k'')/2}\prod_{j=1}^{(k'+k'')}\sqrt{\lambda_j^i}}\\ &= \prod_{i=1}^{3} \frac{\exp\left[-\frac{1}{2}\sum_{j=1}^{k'}\frac{y_{i,j}^{i\,2}}{\lambda_j^i}\right]}{(2\pi)^{k'/2}\prod_{j=1}^{k'}\sqrt{\lambda_j^i}} \times \frac{\exp\left[-\frac{1}{2}\sum_{\substack{l=1\\j=k'+1}}^{\substack{i=k''\\j=(k'+k'')}}\frac{B_{i,l}^{i\,2}}{\lambda_j^i}\right]}{(2\pi)^{k''/2}\prod_{j=k'+1}^{(k'+k'')}\sqrt{\lambda_j^i}}\end{aligned}$$

$$= \prod_{i=1}^{3} P(projection_i^i, pos_i | C) \times P(ICA\_Coeff_i^i, pos_i | C) \quad (26)$$

其中 $projection_i^i$ 是子區域 i 投射到子區域 i 特徵空間的 PCA 加權向量，以及 $ICA\_Coeff_i^i$ 是子區域 i 投射到子區域 i 獨立基礎空間的 ICA 係數向量。因此目前檢測模型可能出現的機率比如下：

$$\frac{\prod_{i=1}^{3} P(projection_i^i, pos_i | 車輛) \times P(ICA\_Coeff_i^i, pos_i | 車輛)}{\prod_{i=1}^{3} P(projection_i^i, pos_i | 非車輛) \times P(ICA\_Coeff_i^i, pos_i | 非車輛)} \underset{非車輛}{\overset{車輛}{\underset{<}{\geq}}} \gamma \quad (27)$$

15.3 車輛檢測系統：測試過程

車輛檢測的過程首先使用**高斯低通濾波器**(Gaussian Low-pass Filter)來消除每張輸入影像的雜訊，如圖 15.1(b) 所示，然後將影像反覆使用 7/8 比例的因子降低取樣速率，從原始的 240×320 像素(級別 1)降低到最後的大小 32×43 像素(級別 15)，此數值略大於汽車的模板。接著，將相同大小的模板(如 32×41 像素)依照不同的像素和級別(如 0 到 15)，轉移到視窗 I_T 上，這樣每個輸入影像可以產生約 50,000 個搜尋視窗。然後搜尋視窗將處理程序傳送給前處理模組，它使用仿射來修正照明光線，以及直方圖等化技術分別抑制光照差異和平衡對比。最後，三個子區域分別從各個視窗提取並傳遞到可能的機率比評估模型，來確定視窗屬於車輛類還是非車輛類。在訓練過程裡，現有模型的檢測效能會與其他三個模型比較。

● Model 1：三個子區域裡每個的輸入視窗 I_T 都會投射到一個共同的特徵空間，此空間與 PCA 加權向量對應，從向量之間的距離，以及加總相對應標準訓練子區域裡的投影加權向量，可以計算出相似測度值。若將機率比放入式(12)會超出臨界值 γ，則輸入視窗 I_T 判斷為車輛類。注意，這裡的臨界值 γ 會隨著不同的檢測模型各自不同。

● Model 2：介於三個輸入視窗 I_T 投射子區域的 PCA 加權向量，以及投射加權向量的相對應標準訓練子區域的相似測度值，此值是使用相同的計算方法，如 Model 1。此車輛檢測的機率比使用式(14)來決定。

- **Model 3**：每個子區域的輸入視窗 I_T 都投射到相對應的特徵空間，產生一個 32 維度的 PCA 加權向量。因此會有三個 PCA 加權向量。此車輛的偵測的機率比使用式(16)來決定。
- **Model 4(目前的 PCA+ICA 方法)**：每個子區域的輸入視窗 I_T 均投射到個別相對應的特徵空間，以及獨立的基本空間，藉此產生一個 7 維度的 PCA 加權向量和 29 維度的 ICA 係數向量。換言之，三個 PCA 加權向量和相對應的三個 ICA 係數向量會產生各個輸入視窗。此車輛偵測模型由式(27)產生機率比決定。

一般而言，每個成功的車輛檢測結果常常會導致在相同或不同的縮放級別裡，建立多餘的候選視窗。為了試圖解決這個問題，目前的研究裡，我們將擁有最高機率比的標準視窗設定為車輛定位。為了刪除多餘的候選視窗，我們在標記的視窗中心繪製兩個同心圓，半徑分別為視窗寬度的一半以及視窗寬度的兩倍。任何與標記視窗有相同取樣速率級別，以及與內部圓圈相交的候選視窗都會被移除；如果與外圈相交的也同樣移除。這裡要注意，若候選視窗在內圈時請予以保留，以免消除規模較小的車輛。同樣的程序可以用在其它的標準視窗，直到視窗被檢測完畢或被移除。

15.4 實驗結果

15.4.1 效能評估標準

我們要使用兩種衡量標準對四個檢測模型的效能進行評估。即**接受者操作特徵**(Receiver Operating Characteristic, ROC)，即**檢測率**(Detection Rate)或稱為**收回**(Recall)、**誤判率**(False Positive Rate)以及**精準回收曲線**(Recall-Precision Curve)，如**收回**(Recall)與**一階精密度**(1-Precision)相對，各值的定義如下：

$$檢測率 = 收回 = \frac{檢測車輛數}{檢測資料組中的車輛總數} \tag{28}$$

▼ 表 15.2

	(a)檢測數據庫	(b) MIT CBCL	(c) Caltech Cars 1999	(d) Caltech Cars 2001
R	502	187	126	526
F	473	252	---	---
影像尺寸	240×320 原素	128×128 原素	(original:592×896) 240×360 原素	240×360 原素

$$精密度 = \frac{檢測車輛數}{檢測車輛數 + 誤判警示數} \quad (29)$$

$$1 - 一階精密度 = \frac{誤判警示數}{檢測車輛數 + 誤判警示數} \quad (30)$$

而且

$$誤判率 = \frac{誤判警示數}{檢測資料組中非車輛視窗總數} \quad (31)$$

在評估四種模型的效能時，最好的方式是可以達到最高的檢測率和精確度，以及最小的誤判率。

15.4.2 PCA+ICA 模型的效能

PCA+ICA 模型的效能可以進一步使用三個數據庫評估，如表 15.2 中的(b)、(c) 和 (d)。相對應的 ROC 以及精準回收曲線，如圖 15.13，它顯示該模型可以達到很高的效能。例如，麻省理工學院的量表數據庫指出，95% 的檢測率會導致約 0.2×10^{-4} 的誤判率，也就是每 8.3 個測試影像 [或每 49800(=8.3×6000 個搜尋視窗／128×128 影像像素)個搜尋視窗] 會出現一個錯誤。同樣地，從加州理工學院的數據庫(1999 年和 2001 年版)得知，98% 的檢測率會導致約 0.04×10^{-4} 的誤判率，亦即約 4.3 張測試影像(或每 250000(=4.3×58000 個搜尋視窗／240×360 影像像素)會出現 1 張錯誤。

在視角的容忍度上，本文提出的檢測模型評估了包含第二測試數據庫的車輛影像(表 15.2)。圖 15.14(a) 與 15.14(b) 分別說明了檢測率在範

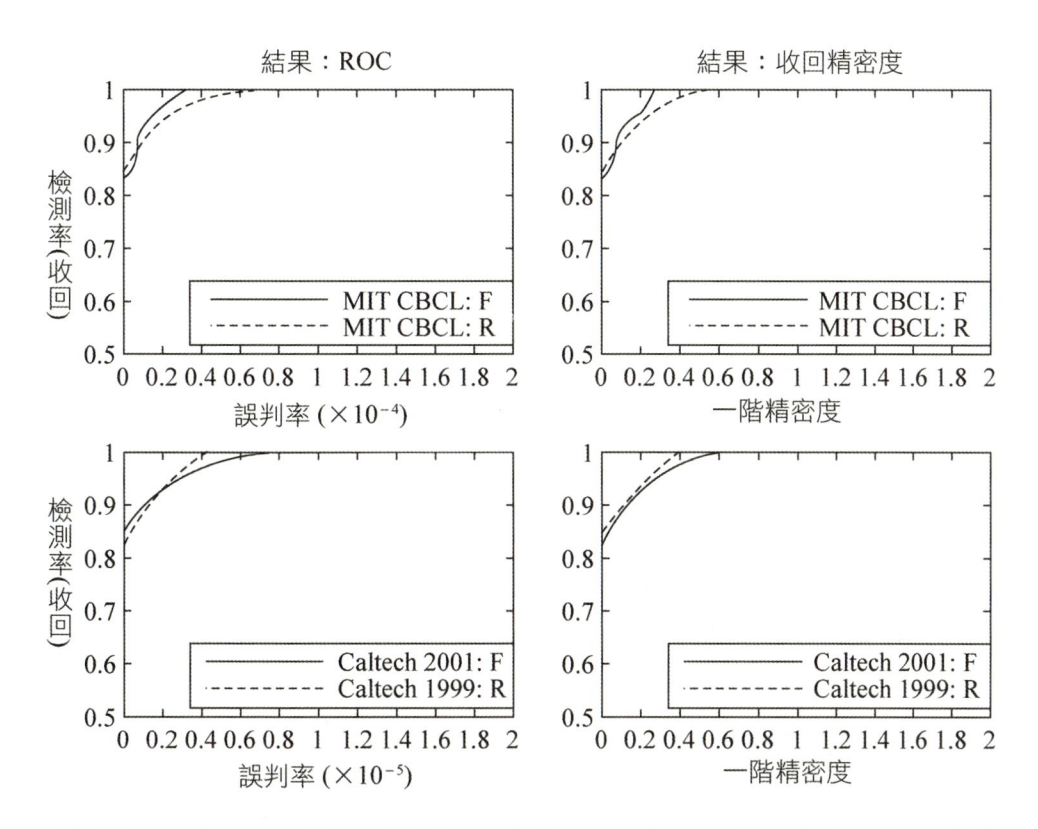

[圖表：結果：ROC 與 結果：收回精密度，MIT CBCL: F/R 以及 Caltech 2001: F / Caltech 1999: R 的檢測率曲線]

（註：考慮到誤判率的一致性，在 1999 年加州理工學院研究小組將 592×896 像素轉成 240×360 像素，在 2001 年也是同樣的像素）

▲圖 15.13 接受者操作特徵以及精準回收曲線在不同的車輛影像有不同的臨界值 γ (27).

圍 -60^0 到 $+60^0$ 的基底翻轉以及介於 -20^0 到 $+20^0$ 滾動翻轉。給檢測率一個約 83% 的容忍率，結果顯示該模型有能力檢測出 $\pm 40^0$ 角度的基底翻轉，以及 $\pm 10^0$ 的滾動翻轉。底翻轉的檢測率在大於 $\pm 40^0$ 時會急遽下降，因為車輛的旋轉會嚴重造成三維幾何投影成扭曲的二維影像。

同時，檢測率的減少會在滾軸翻轉角度大於 $\pm 10^0$ 時發生，因為車輛影像旋轉的角度被限制在只有 $\pm 5^0$。因此，結果證實了車輛檢測模型對有限旋轉角度的容忍度。我們所提出的模型有能力檢測發生部分影像阻斷時的狀況，當在評估效能時使用兩個序列影像，如圖 15.16 所示，每個序列包含 90 個測試影像以及當有人從車子前面走過時所造成的影像阻斷。

在兩種情況下，由式(26)所得三個子區域的機率比會在行人經過時大

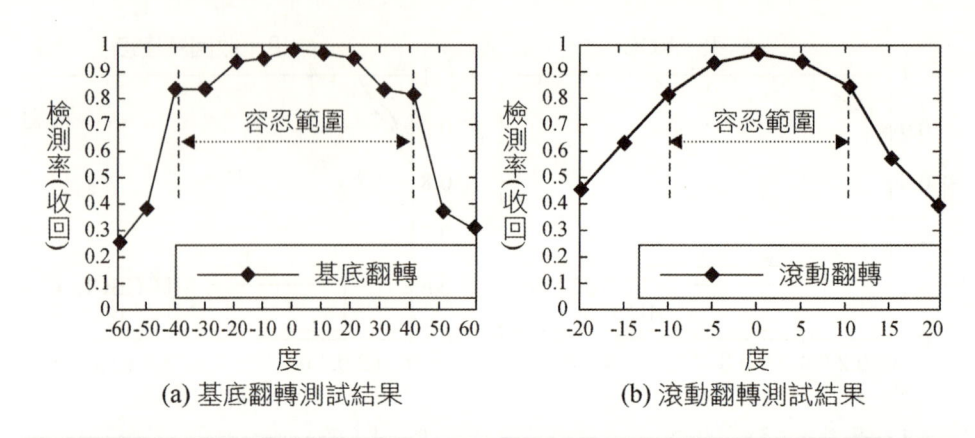

(a) 基底翻轉測試結果　　　　　　(b) 滾動翻轉測試結果

▲圖 15.14　評估應用在第二測試資料時的旋轉容忍度

▼表 15.3　目前車輛檢測模型的容忍度

	基底翻轉	滾動旋轉	縮放(像素)	阻斷
容忍度	$-40°\sim+40°$	$-10°\sim+10°$	$32\times41\sim238\times310$	是

幅下降。雖然如此，車輛仍可以被檢測，因為由式(27)求出的機率比高於臨界值 γ ($\gamma=0.995$)。因此，測試結果證實我們的模型具有可以容忍車輛部分阻斷的能力。此外，表 15.3 總合了基底翻轉、滾軸旋轉、縮放以及 PCA+ICA 模型對影像阻斷的容忍能力。圖 15.15 表示了每種典型的例子。

15.5 結　論

　　這個研究提出了一個新的統計方法，以局部特徵為基礎的自動化車輛偵測。從結果得知局部特徵的使用改善了偵測行進中的幾何學與部分阻斷的容忍力，而不是使用全域資訊來改善系統。子區域位置資訊的使用可以提高目前模組效能，它將錯誤的資訊的風險降到最低，同時我們也結合了 PCA 與 ICA 技術上的應用，即 PCA 的模組化為特徵空間的低頻組成，而 ICA 則是剩餘空間中的高頻組成，這兩個方法改善了檢測程序在不同的光照與汽車位置對於變異數的容忍力。

第 15 章　車輛檢測的智慧型視覺系統

(a) 不同基底翻轉檢測結果

(c) 不同縮放檢測結果

(b) 不同滾動翻轉檢測結果

(d) 不同阻斷檢測結果

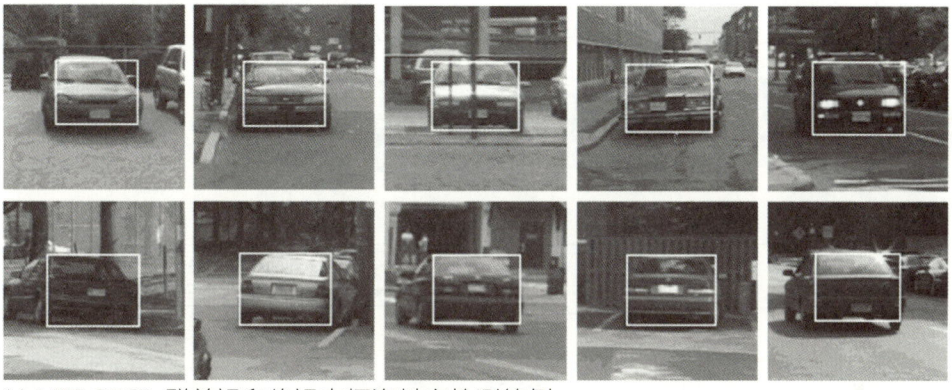

(e) MIT CBCL 群前視和後視車輛資料庫檢測範例

(f) 1999 和 2000 Caltech 後視車輛資料庫範例

▲圖 15.15　在不同測試資料庫影像的車輛檢測結果

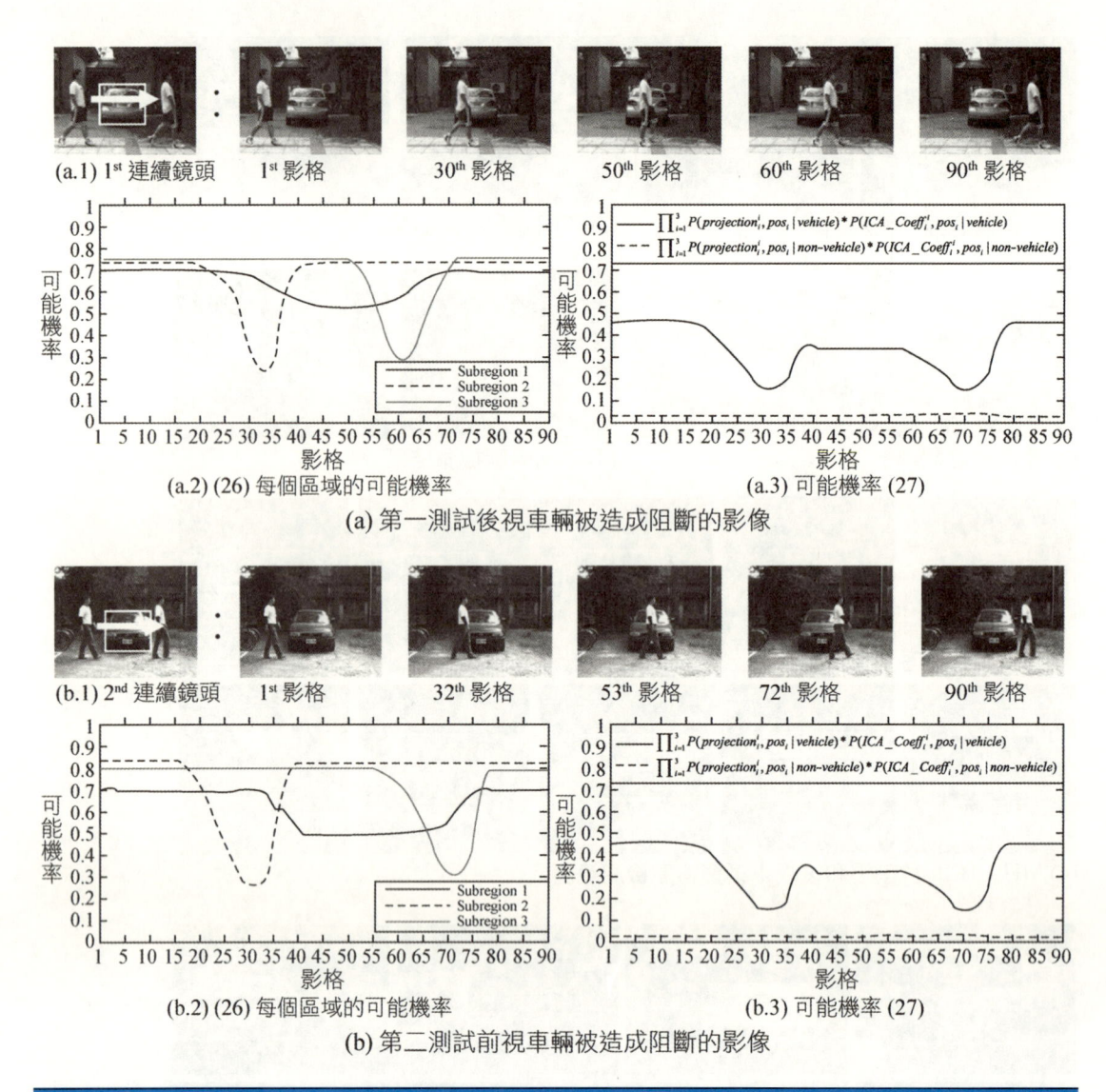

(a.1) 1st 連續鏡頭　　1st 影格　　30th 影格　　50th 影格　　60th 影格　　90th 影格

(a.2) (26) 每個區域的可能機率　　　　　　(a.3) 可能機率 (27)

(a) 第一測試後視車輛被造成阻斷的影像

(b.1) 2nd 連續鏡頭　　1st 影格　　32th 影格　　53th 影格　　72th 影格　　90th 影格

(b.2) (26) 每個區域的可能機率　　　　　　(b.3) 可能機率 (27)

(b) 第二測試前視車輛被造成阻斷的影像

▲圖 15.16　兩張行人經過造成部分阻斷的測試影像

　　一般而言，目前 ICA 程序的計算負擔比其他方法還要低，因為 ICA 針對剩餘影像的重建程序，已經排除了不必要的消耗。

　　它也表示了目前模組的計算速度可以更近一步的改良(使用因數 17)，以在機率評估的程序期間效能上不超過 1.2% 的遺失率，使用一個加權的 GMM 方法去模組化訓練子區域的 PCA 的加權向量與 ICA 的係數向量。在測試檢測模型的強健性時，我們得知在 ±400 基底翻轉以及 ±100 的滾動翻轉範圍時，檢測的結果是可靠的。在往後的研究中，這個方法將可以處理當基底旋轉的角度大於±400 時的影響，而且延伸到側視(Side-View)的檢測，最後車輛影像的訓練資料庫可以包含更大範圍的滾動翻轉，以便可以檢測更寬的視角範圍。

1. Data collection is one stage in constructing HCI system, and it also affects the performance of the system. However many factors will results in large data variance, such as noise, identities, camera zooming, etc. Therefore, we need to apply some processing methods. Principal component analysis (PCA) is one of processing skills. (a) What are the objectives of PCA? (Write at least two objectives). (b) There are N vehicle images $\{I_1, I_2, ..., I_N\}$, where the dimension of each image is $L*1$. Please define the mean vector Ψ and covariance matrix C of these N images. (c) After applying singular value decomposition (SVD) to the covariance matrix C, please write its relation to eigenspcae U (dimension $L*K$) and eigenvalue λ., i.e. $C=???$, (d) For vehicle recognition, how to use these PCA parameters, i.e. U, λ, Ψ to get the PCA projected weight vector w of any input facial image I?

2. Suppose that two variables z_1 and z_2 are independent so that $p(z_1,z_2)=p(z_1)p(z_2)$. Show that the covariance matrix between these variables is diagonal. This shows that independence is sufficient condition for two variables to be uncorrelated. Now consider two variables y_1 and y_2 in which $-1 \leq y_1 \leq 1$ and $y_2=y_1^2$. Write down the conditional distribution $p(y_2|y_1)$ and observe that this is dependent on y_1, showing that the two variables are not independent. Now show that the covariance matrix between these two variables is again diagonal. To do this, use the relation $p(y_1, y_2)=p(y_1)p(y_2|y_1)$ to show that the off-diagonal terms are zero. This counter-example shows that zero correlation is not a sufficient condition for independence.

參考文獻

[1] H. A. Rowley, S. Baluja, and T. Kanade, "Neural Network-Based Face Detection", *IEEE Trans. on Pattern Anal. and Mach. Intell.*, 1998, vol. 20, no. 1, pp. 23-38.

[2] B. Heisele, P. Ho, J. Wu, and T. Poggio, "Face Recognition: Component-Based versus Global Approaches", *Computer Vision and Image Understanding*, 2003, vol. 91, no. 1, pp. 6-21.

[3] B. Leung, "Component-Based Car Detection in Street Scene Images", Master Thesis, Department of Electrical Engineering and Computer Science, MIT, 2004.

[4] B. Moghaddam and A. Pentland, "Probabilistic Visual Learning for Object Representation", *IEEE Trans. on Pattern Anal. and Mach. Intell.*, 1997, vol. 19, no. 7, pp. 696-710.

[5] T. K. Kim, H. Kim, W. Hwang, and J. Kittler, "Independent Component Analysis in a Local Facial Residue Space for Face Recognition", *Pattern Recognition*, 2004, vol. 37, no. 9, pp. 1873-1885.

[6] H. Schneiderman and T. Kanade, "Probabilistic Modeling of Local Appearance and Spatial Relationships for Object Recognition", *IEEE Conf. on Computer Vision and Pattern Recognition*, 1998, pp. 45-51.

[7] M. S. Bartlett, J. R. Movellan, and T.J. Sejnowski, "Face Recognition by ICA", *IEEE Trans. on Neural Networks*, 2002, vol. 13, no. 6, pp. 1450-1464.

商務應用

第 16 章　車用行動商務之價值鏈與商業模式

第 17 章　於車用行動商務平台上的 QR 碼應用軟體開發

第 18 章　車載服務取得與應用

第 16 章
車用行動商務之價值鏈與商業模式

16.1 行動商務簡介

16.1.1 行動商務定義

網際網路與無線通訊的發展,重大影響電子化企業營運的變革,轉變為行動化之企業營運(M-Commerce)。市場調查公司 Forrester Research 對行動商務有一定義的詮釋:「利用手持的行動設備,藉由不斷地持續上網(Always-On)且高速的網際網路連線,進行通訊、互動及交易等活動。」簡單地說,行動商務(Mobile Commerce, M-Commerce)就是在行動通訊器材(Mobile Device)上執行電子商務(E-Commerce)。

行動商務廣泛的定義是為任何利用無線通訊網路來直接或間接處理與金融價值交易(Transaction)相關的事務。而更廣泛的定義可以將行動商務的特色定義為「整合一些應用和服務以讓使用者可以藉由以網際網路的促使(Internet-Enabled)行動手持設備來獲得服務」(Sodeh, 2003)。行動商務可以在任何時間、任何地點皆能與網際網路連結而使得線上交易(On-Line-Transaction)、採購、股票買賣、發送電子郵件等都變得可行。預期當所有的行動設備皆能與網際網路連結時,那麼以電子商務為交易基礎的顧客也將隨之激增。

從顧客觀點來看,在任何時候及任何地方顧客想要使用行動設備或是車用電腦去存取資訊、貨品與服務。像是顧客可以使用行動設備去訂購書籍、下載內容或是對於公共運輸的購票。從供應商的觀點來看,電信部門未來的發展會朝向加值行動服務。

在行動商務的演進歷程中(圖 16.1),前兩項的變革只有包括系統整合和業務重整,藉由企業內部全面改組來達成。後三項則牽連到產業界:電子商務影響企業與顧客的互動;電子商業對於供應商與顧客造成類似互動的效應;行動商業則是將企業的影響力擴張到海角天涯,只要擁有行動科技設備,任何人都可以使用行動商業的服務,讓行動商務變成具有希望的未來發展方向。

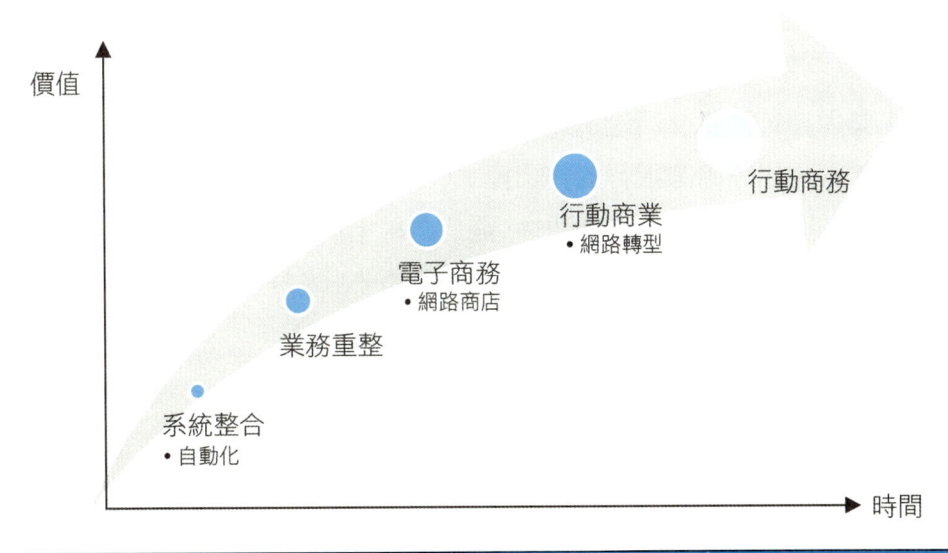

▲ 圖 16.1　行動商務之演進

16.1.2　行動商務與電子商務的差異

行動商務是行動通訊結合電子商務的一種資訊產品。行動商務與電子商務、電子化企業以及行動化企業之間仍有差異，如表 16.1 所示。

▼ 表 16.1　行動商務與電子商務的差異

企業範圍＼設備	企業外部	企業內部	企業內部加外部
有　線	電子商務(EC)	企業內部電子化(E 化)	電子商業(E-Business)
無　線	行動商務(MC)	企業內部行動化(M 化)	行動商業(M-Business)

1. **電子商務**：所謂電子商務(EC)是指在企業外部運用有線通訊設備來進行的商業模式，例如：用電腦上雅虎奇摩網站購物等。從基礎結構上來看，電子商務是以 PC 為主，必須透過實體線路來傳輸資訊，便利性的確不及行動商務，但目前電子商務仍比行動商務普遍許多。
2. **行動商務**：所謂的行動商務(MC)是指在企業外部運用無線通訊設備所進行的商業模式，例如：用手機上網採購等。
3. **企業內部電子化**：所謂的企業內部電子化(E 化)是指在企業內部所運用有線通訊設備來進行的作業模式，例如：ERP(企業資源規劃)等。目前許多企業已著手進行企業電子化的工作，政府也積極輔導企業導入 E 化。

4. **企業內部行動化**：所謂的企業內部行動化(M 化)是指在企業內部所運用無線通訊設備來進行的作業模式。M 化的方式是藉由系統整合，使企業在推動企業電子化過程中，融入無線上網傳輸系統和平台。它的功用是讓企業內員工可透過手機直接收發電子郵件、獲取企業內部網路的訊息，而不受限於企業內部有線的網路設施。
5. **電子商業**(E-Business)：所謂的電子商業指的是整合企業內部的電子化，並擴增到企業與企業及企業與消費者之間的交易流程中，加強企業與企業之間、企業與消費者之間的互動性，與彼此之間的資料分享性。
6. **行動商務**(M-Business)：行動商務簡單的定義為：行動商務為將網際網路導入無線化並加上電子商業的功能。即行動商務是經由科技，將訊息傳輸到每一個角落，而不侷限於任何的限制。

16.1.3　行動商務的屬性及效益

行動商務涉及的層面非常廣大，本節將以下列幾點分項探討行動商務所帶來的效益。

1. **傳輸無線化**：無線網路可以讓用戶透過隨身攜帶的通訊設備，只要想連接上網時，隨時隨地都可以滿足消費者的需求。
2. **連線快速化**：速度的提升到了第 3 代行動通訊後，達到大幅提升的目的。屆時，用戶不但能享受高頻寬與低費率的優點，也可以節省連線時所花費的時間，並且提供 "Always-On" 的連線方式。
3. **追蹤便捷化**：透過行動商務業者的網路，使用者的位置都可以隨時追蹤並且定位，此功能提供的商機無窮。例如：使用者可以了解距離最近的加油站位置，也可透過導航服務的系統來避免交通顛峰。
4. **使用個人化**：無線上網的設備比個人電腦更具個人化的特色，因為電腦會被共用，但是要與人共用同一台行動電話或個人數位助理的可能性就降低許多。個人化的特色，將是行動商務在發展時的一項利器，讓業者得以從事個人化行銷與個人化服務。

5. **資訊保密化**：行動通訊網路的安全性會比目前的有線網際網路高出許多，這都是靠**用戶識別模組**(Subscriber Identity Module, SIM)智慧卡及各種加密技術所賜。SIM 指的是在 GSM 行動電話內的一小張智慧卡，裡面包含用戶的電話帳戶資訊，可以隨身攜帶並插入任何一支 GSM 行動電話中使用。

由以上五點行動商務的效益可發現，對於使用者而言，行動商務會提高個人生活的方便化、自由化與個人化；另一方面，對於企業而言，企業也可以因為導入行動商務，而增加顧客資訊的正確性與效率性，並藉著準確的顧客分析進而得以提高顧客的忠誠度。

16.1.4　行動商務的關鍵成功因素

由以上可以知道，建構行動商務的關鍵在於以下五個方面(圖 16.2)：

1. 傳輸通路寬頻化
2. 提供內容個人化
3. 互動過程保密化
4. 消費者連結互動化
5. 高階主管的支持

以上五點為建構行動商務時，最須注意的成功關鍵因素，但是除此之外，企業建置行動商務時還必須要考量其他的因素，例如：企業文化、員工接受度、企業相關的教育訓練等，藉著考量範圍的全面化，減低導入行動商務會碰到的困難或阻礙，進而提升企業所提供的服務品質、顧客的滿意度與企業的獲利。

16.2 行動商務的現況

在行動商務的系統架構部分，包含了以下的元件：行動商務應用、行動手持設備、行動中介軟體、無線與行動網路、有線網路以及主機。

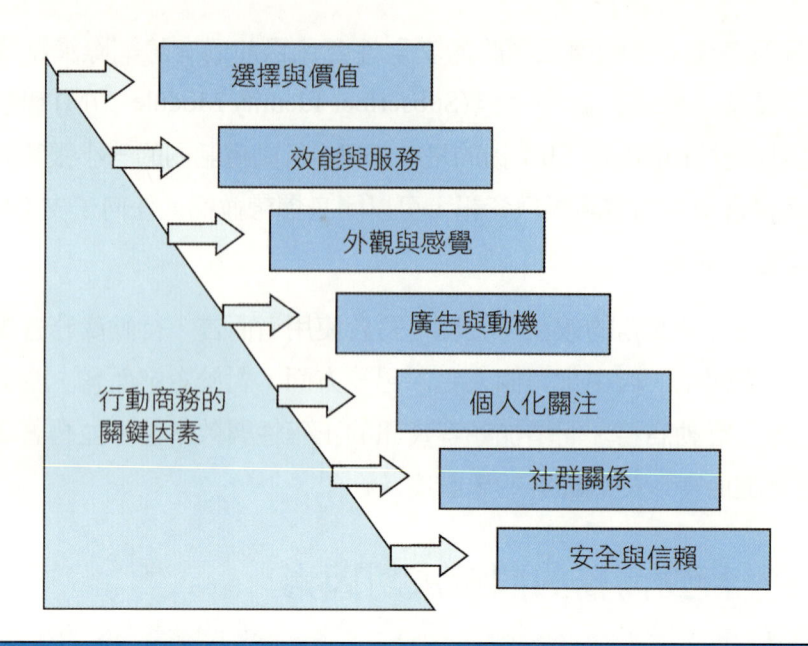

```
行動商務的
關鍵因素
  → 選擇與價值
  → 效能與服務
  → 外觀與感覺
  → 廣告與動機
  → 個人化關注
  → 社群關係
  → 安全與信賴
```

▲圖 16.2　行動商務之成功關鍵因素

　　行動商務應用是內容供應商藉由提供用戶端與服務端的程式來執行應用。而行動手持設備呈現使用者介面給行動末端使用者，他們在使用者介面上會指定他們的要求。行動中介軟體的主要目的是無縫地提供網際網路內容到行動工作站。行動商務變得可行，無線網路是個重要的因素。而有線網路對於行動商務系統來說是可選擇的，並不是必要的選項。電腦主機處理以及儲存所有對於行動商務應用需要的資訊，而大部分的應用程式也可以在這裡找到。

　　行動商務革命的背後驅動力為行動通訊設備的激增、行動電信通訊網路及網際網路的整合、第三代電信通訊技術及較快的資料傳輸速度、高度個人化、適地性(Location Sensitive)和情境感知(Context-Aware)的應用與服務。行動商務形成了一些挑戰，像是可用性挑戰、互通性的挑戰、安全及隱私的挑戰。行動商務也形成了新的使用情境與新的商業模式。

16.2.1　可用性的挑戰

　　行動網際網路的可用性(Usability)是造成行動商務實行失敗的最大因素。而且現有的行動設備有許多限制，像是記憶體容量過小、螢幕小、因鍵盤過小造成輸入功能的限制、電源持續性過短以及傳輸速率過慢和常常斷訊等缺點。比較可行方法是朝向「和使用者互動」的方向來思考。也就是說，拋棄提供給使用者的龐大資訊，取而代之的是知道使用者想要的是什麼，而提供使用者要的資訊或服務。**個人化**(Personalization)即是能解決上述問題的方案。行動商務可以依照使用者現行的位置、所從事的活動或周遭的環境而提供使用者所需要的服務。例如：當你出門在外，必須把所有的重要文件資料傳真給多位重要顧客，但時間只剩下 30 分鐘時，就可以利用行動商務的功能知道最近的便利超商在哪裡，順利完成工作。另一種個人化意義的呈現也可是取代原有螢幕上繁複的選單而用較為有趣且可跟使用者互動的界面，可由使用者的行為學習到使用者的喜好而提供下次使用的資訊，也可是採用語音輸入的界面方式取代鍵盤按鍵的輸入。

16.2.2 新的使用情境

　　行動網際網路的使用啟開了許多的服務和應用。例如：在行動當中可以和其他人保持聯繫，利用簡訊的方式和人聯繫；或是為了完成新保險單的銷售透過行動網際網路和你公司的內部網路聯繫，取得資料完成交易；或者是利用你的行動電話在自動販賣機買到可樂。上述行動商務應用皆有個重要的特點──以時間為**關鍵的需求**(Time-Critical Needs)，就像是使用者不會使用行動電話連結網際網路來對未來退休生活作細部的規劃，然而使用者卻會使用它來獲得特定股票的最新行情，或查詢距目前最近的下一班往目的地的火車時刻(圖 16.3)。

16.2.3 新商業模式

　　行動商務包括由許多企業經營參與者所構成的網路，也就是說網路中包含了由技術平台供應商到基礎建設設備的供應商和手持通訊設備的供應商、各種應用的發展者、內容和服務供應商、行動通訊業者、銀行業者、內容彙整者和行動入口網站等。誰控制了獲取使用者資訊誰就握有創造價值的關鍵。

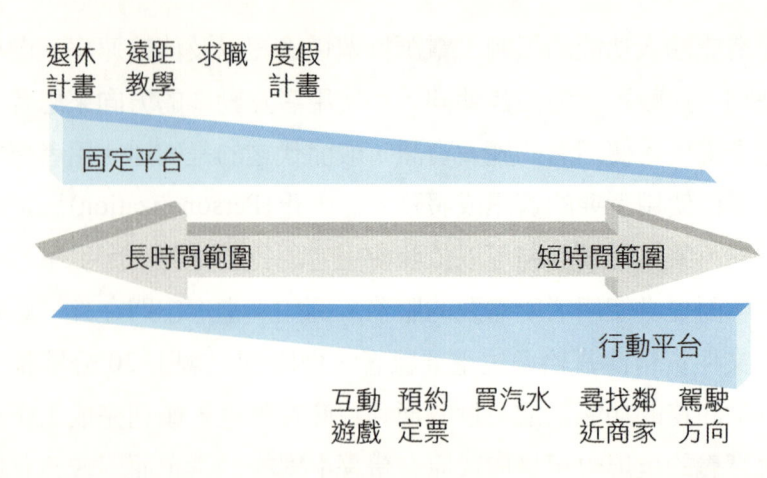

資料來源：N. Sadeh, M-Commerce: Technologies, Services, and Business Models, John Wiley & Sons, Inc., 2002.

▲ 圖 16.3　行動平台的使用情境

16.2.4　互通性的挑戰

　　行動商務顯示出開放文化和互通性的結合已經成為網際網路的特徵，而且由全球各地所發展出來的各種標準變成最後只有少數幾種標準而已。從資料的交易(Transaction)到開立帳單、位置的追蹤、到付款，必須使許多的標準和新興的行動商務工業的科技的發展能夠相互配合，這已成為了最大的挑戰。

16.2.5　安全與隱私的挑戰

　　由於空中傳輸的缺點、行動設備的計算能力受到限制、傳輸速率慢和斷訊頻繁皆造成端對端的直接連結(End-To-End)的安全保證產生很大的問題和挑戰。當行動設備的激增和開始被用來連結企業內部網路(Intranet)或外部網路(Extranet)，這將逐漸成為駭客(Hacker)攻擊的目標。行動商務最大的挑戰之一，就是為使用者對高度個人化服務的要求與對隱私的渴望之間的協調找出解決方法。

16.3 行動商務的應用

16.3.1 行動商務應用類型

行動商務的應用方向分為以下十大類,分別為:

1. **企業應用** (Applications In The Enterprise)
2. **財務服務** (Financial Services)
3. **娛樂** (Entertainment)
4. **購物** (Shopping)
5. **個人化服務** (Individual Consumer Services)
6. **付款系統** (Payment System)
7. **廣告** (Advertising)
8. **車載資訊服務** (Telematics)
9. **適地性服務** (Location-Based Applications)
10. **資訊導向的服務** (information-Oriented Services)

行動商務有許多的應用像是行動廣告、行動入口網站、**行動目錄服務** (Directory Service)、**行動資訊服務** (Mobile Informatics Services)以及行動娛樂等等。而且行動商務應用到許多不同的個人化服務,例如:銀行使用簡訊服務、行動娛樂服務、遠傳電信的行動嚮導、中華電信的行動地圖以及裕隆汽車的 TOBE 系統。從表 16.2 看到行動應用的一些類型。

16.3.2 行動訊息

首先,對於行動內容供應商的主要收益來源是來自行動廣告的收入,如 Yahoo!和 Google。所提供的服務包括以下特色:展示型廣告、行動搜尋廣告、視訊廣告以及行動廣告工具。

手機的行動訊息也逐漸成為廣告行銷的新管道。隨著手機的普及化,行動訊息逐漸成為平面、電子媒體(即報紙、廣播、電視、網路四項媒體通

▼ 表 16.2　行動商務之應用種類

行動種類	主要應用	服務提供者	對象
廣告	目標客群與位置相關之行動廣告	企業	所有人
教育	行動教室與行動實驗室	學校與訓練機構	學生
企業資源規劃	企業資源管理與人力管理	企業	所有人
娛樂	遊戲下載／圖片下載／音樂下載／影片下載以及線上遊戲	娛樂產業	所有
醫療照護	存取與更新病患記錄	醫院與照護家庭	病患
存貨管理	貨物追蹤與發送	投遞服務與運輸業	所有人
零售業	自動販賣機付款、產品價格與資訊查詢	零售業者	所有人
資訊服務	電子郵件、即時訊息、資料搜尋等服務	電信業者與內容提供者	所有人
交通	全球定位、路由服務、通行費付款、停車費付款、即時道路資訊	運輸與汽車工業	駕駛人
旅遊	保留與訂位服務	機場、飯店、旅行社	遊客

路)以外的另一項新興的行銷溝通媒體－第五媒體。

　　由於行動訊息傳遞的即時性、直接性與分眾的效果，許多企業紛紛開始運用手機簡訊作為發送廣告的媒體，透過鎖定特定的目標族群，然後進行廣告簡訊的直接行銷應用。行動訊息行銷應用相較於其他媒體的費用計算，具有絕對成本的優勢，以投資報酬率來看，行動行銷的效益回報也比其他媒體來的漂亮。表 16.3 列出了行動行銷訊息的特性。

　　精準行動行銷是透過專家系統分析企業行銷需求，針對企業目標行銷族群提出專家規劃與建議特徵條件，協助企業迅速找到目標客戶族群，並主動透過簡訊方式進行行銷訊息宣傳活動。因此企業只需提供產品需求的目標行銷對象，專家系統則會進一步分析、規劃，到最後找出幾乎零誤差的目標族群，達到企業精準行銷之目的。精準行動行銷服務有以下的特性：

1. **個人化**(Personalization)：手機是每個人隨身攜帶的溝通工具，直接透過手機簡訊進行一對一的行銷，成為最個人化的溝通互動。

2. **區隔化**(Segmentation)：同一區隔的消費族群擁有類似的喜好與需求，針對不同的消費族群可提供不同的且符合各自需求的簡訊訊息。

表 16.3　行動行銷訊息特性

特　性	說　明
連結性	只要消費者手機是保持在開機且正常收訊的狀態下，不論走到哪，行動訊息都能適時傳送到消費者的眼前。
互動性	透過回覆簡訊的方式，行動訊息不僅是單向訊息傳遞，也可以鼓勵消費者回覆簡訊，參與活動或是回饋訊息。
情境感	為因應消費者與時間相關的情境需求，行動訊息在文案設計上均加入行動行銷時間點的考量，提升消費者參與行銷活動的可能。
個人化	為了有效抓出消費者的需求與興趣，透過資料庫的分析，能投其所好地提供不同的行銷資訊，藉此強化行銷力道與準確性。
地域性	依據行銷活動的地點，透過區域性的訊息傳遞，可以更精確地掌握活動訊息散佈的區域，找出在該地居住或活動的潛在消費者。

3. **即時性**(Immediate)：不論消費者人在何處，只要手機是保持正常開機的狀態，皆能有效且立即地將行銷訊息傳達到消費者的眼前。

4. **地區性**(Localization)：可以針對行銷活動正在舉辦的位置，找到在附近活動或居住的消費者，提供活動訊息簡訊。

　　行動入口網站的主要目的是對於消費者對行動網際網路的所有需求供給一個**一次購足商店**(One Stop Shop)的解決方案，這可由電子郵件、留言和搜尋到個人資訊管理(行事曆、通訊錄)、個人化的內容、付款的方案等。當行動入口網站企業成功時，會吸引更多的成功者加入，例如當一個入口網站能夠招募到許多的網站內容供應商時，則會有更多的內容供應商的加入而建立更有利的合作環境和條件並增加了更多的廣告收益。另一方面凝聚數量龐大網站內容供應的合作夥伴時，會吸引更多的使用者加入，也就增加了會費和各項收入來源。

16.3.3　企業應用

　　企業內部的綠色行銷強調內部流程溝通的無紙化、資源整合應用的最佳化、建立中長期目標以達到節能減碳的目的，同時並提升企業經營的效益。例如：微軟提出的「Microsoft Green IT 整合未來，綠色競爭力」綠色 IT 計畫。

企業外部的綠色行銷重點在於如何在行銷宣傳的過程中，同時又能考量到節能減碳的用意，行動行銷正符合節能減碳的概念。外部行銷最大的衝突點發生於紙張的印刷與浪費，像是 DM 廣告傳單、平面印刷的折價券等，都是與綠色行銷背道而馳的方法。企業過去是用 DM 或報紙截角方式提供消費者商品折價券的話，則可以改用簡訊方式提供消費者索取，一方面減少紙張印刷成本的負擔與浪費，另一方面方便消費者隨身攜帶，不會因為忘了帶折價券出門，而選擇下次再進行消費。

互動簡訊是指簡訊可進行雙向回覆之功能，並可與民眾達到進一步互動的效果。網路平台發送簡訊時也可以做到互動簡訊。使用者進入網路平台發送簡訊，不再只是單向，收到簡訊的用戶也可直接按下回覆鍵，回覆的簡訊內容將會自動顯示於網路平台中，最初的發訊人也可以透過平台查詢。若應用於企業廣告行銷用途，行銷人員也可以在第一時間看到民眾對於活動的反應。

16.3.4 行動資訊服務

行動資訊服務的成功應用包括了簡訊服務(Short Message Services, SMS)、行動上網、Email 信件、股票資訊等。對行動資訊服務來說，個人化也是關鍵的因素。而行動銀行的應用是金融機構與行動通訊業者之間策略聯盟。銀行通常追求三個目標分別是使用者便利性、回應行動通訊業者的威脅以及較低的營運成本。另外，行動目錄服務的限制是關鍵字搜尋及滾動的連結過多。行動目錄服務的收益有幾個可能的來源，像是廣告費用、訂購費或是依實際使用的情況收費。行動娛樂是早期行動商務最成功與有利可圖的領域之一，像是遊戲、音樂、卡拉 OK 等等都是行動娛樂。

最後，行動商務還有其他應用，像是行動學習(M-Learning)、行動健康照護(Mobile Health Care)、行動企業資源規劃(M-ERP)、行動供應鏈管理(M-SCM)、行動顧客關係管理(M-CRM)與行動車隊追蹤與派遣(Mobile Fleet Tracking and Dispatching)等應用服務。

16.4 行動商務價值鏈與營運模式

本章節主要介紹在行動商務的價值鏈(圖 16.4)中，行動商務應用、服務與創造在傳送的過程中所扮演的角色以及行動商務主要來源及商業模式。

16.4.1 基礎建設的設備供應商

基礎建設的行動設備供應商扮演著相當重要的標準化和溝通作業程序的創始，包括下列項目(圖 16.4)：

1. 無線蜂巢網路技術進展的行動系統，發展一個全球化的標準規範。
2. 無線應用通信與資料傳送所遵守的規則，旨在發展行動網際網路標準。
3. 行動電子交易的制定，其目的在發展安全行動交易的標準。
4. 位置交互溝通的標準，主要目標在於供給一個可跨越不同系統的位置追蹤科技。

16.4.2 軟體供應商

因為軟硬體間存在許多不相容問題，行動業者、行動裝置製造者、行動商務入口網站和其他行動商務參與者皆會挑選不同的行動平台，因此無可避免的限制了提供服務的合作夥伴的數目。

在行動作業系統的市場裡，通常使用的作業系統有：Symbian、Windows Mobile、iPhone OS、Linux、Palm、Android 和 BlackBerry OS。他們之間的應用軟體互不兼容。若能夠提供跨系統的開放式標準，提供相容可以安裝第三方軟體，則能夠大幅推廣智慧型手機的功能。

16.4.3 內容供應商

資訊內容供應商所提供的資訊，包括：新聞、工商名錄服務、方向、購物、訂票服務、娛樂服務、金融服務等等。可能的收益來源包括：**閱覽費**(Subscription Fee)、交易費、共同分享由網路業者所收到網路費用的收

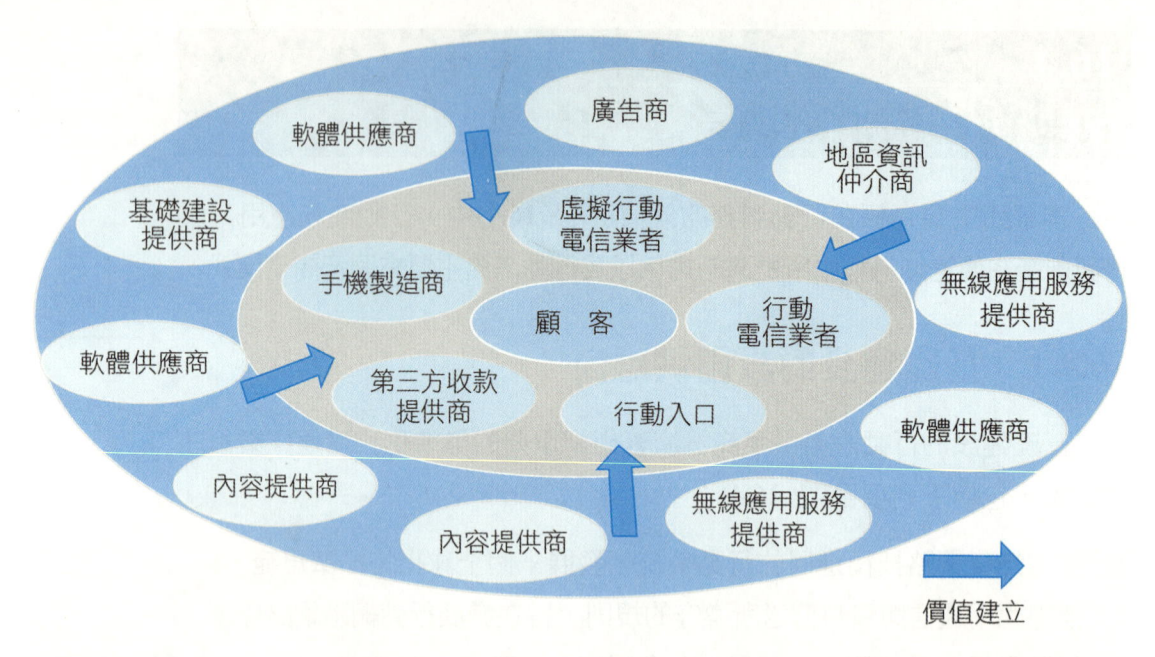

資料來源：N. Sadeh, M-Commerce: Technologies, Services, and Business Models, John Wiley & Sons, Inc., 2002.

△ 圖 16.4　行動商務價值鏈的網絡

入，和各種不同形態的贊助者如廣告、推薦費及相關的佣金，而這些可以用不同組合的方式出現。

使用費的商業模式

消費者使用行動資訊，包括：新聞、道路資訊、遊戲、娛樂、天氣資訊等，所需付出的使用費，一般都是由第三方的收款銀行收取**訂閱費**(Sub-Scription Fee)以及**使用費**(Usage Fee)(圖 16.5)。

購物的商業模式

如同一般的電子商務經營模式，購物的商業模式只是透過行動網際網路來進行交易買賣(圖 16.6)。只有某些特殊種類的產品和服務可以由此管道銷售。藉由此管道銷售主要的產品要能提供更為個人化、方便與位置相關和有前後關連情景的服務，例如：行動使用者所獲得的產品或服務直接與其目前位置或活動有密切關連。

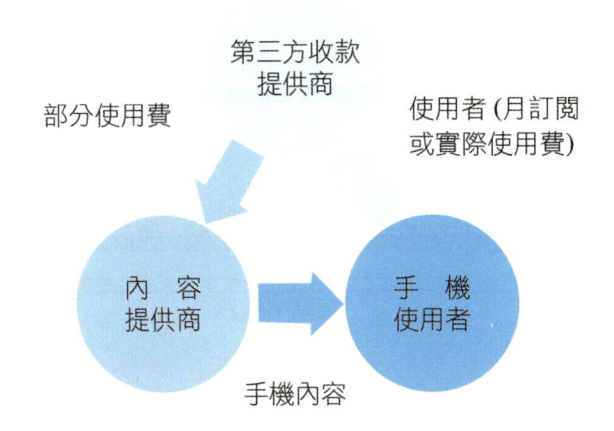

資料來源：N. Sadeh, M-Commerce: Technologies, Services, and Business Models, John Wiley & Sons, Inc., 2002.

▲圖 16.5　使用費的商業模式

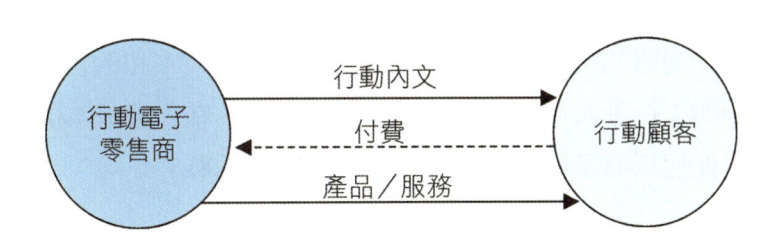

資料來源：N. Sadeh, M-Commerce: Technologies, Services, and Business Models, John Wiley & Sons, Inc., 2002.

▲圖 16.6　購物的商業模式

行銷的商業模式

行動裝置是一種促進購買的理想行銷途徑。此一模式不在於銷售產品於行動網路上，而是開發潛在的顧客為目的。有效的行動行銷重點在於：知道你的顧客和獲得其相關的知識，其目的在於能探索消費者個人喜好、目前可能的位置或從事的活動(圖 16.7)。

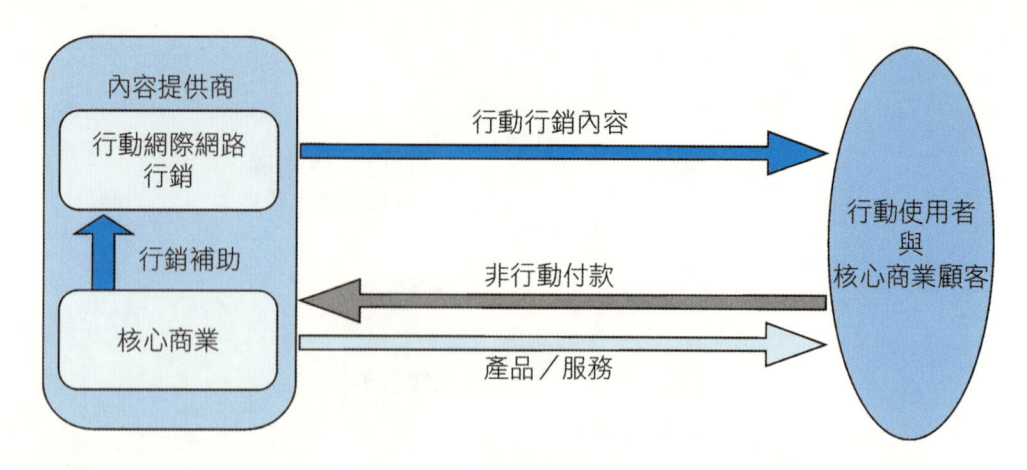

資料來源：N. Sadeh, M-Commerce: Technologies, Services, and Business Models, John Wiley & Sons, Inc., 2002.

▲ 圖 16.7　行銷的商業模式

改善效率的商業模式

行動網際網路的使用乃被視為一種被用來降低成本和改善顧客滿意度的機會。例如：行動銀行、行動貿易、行動售票。在作業成本的節省和增加顧客的方便性抵消了行動服務的建置成本(圖 16.8)。

廣告的商業模式

行動廣告最大的挑戰如同行銷商業模式所遭遇的問題，亦即在於其行動裝置螢幕太小，難以如個人電腦般地表現出所有的廣告訊息。主要的解決方法是藉由資訊過濾的方式，只將直接關連於使用者輸入相關的詢問訊息的廣告傳達給使用者。例如：當使用者詢問有關餐廳的訊息時，業者能將距離使用者最近的附近餐廳的訊息及折價券提供給使用者。廣告的商業模式收費方式包括下列三類：(1)均一費用；(2)以次數為基礎的計費以及(3)以績效為基礎計費(圖 16.9)。

收入共享的商業模式

針對內容提供者所提供的資訊價值有限，無法直接向消費者單獨收費，例如：單純的即時道路資訊、即時氣象、新聞資訊等內容，因此可透過入口網站等大型資訊平台的協助，藉由所提供的資訊來加值大型資訊平

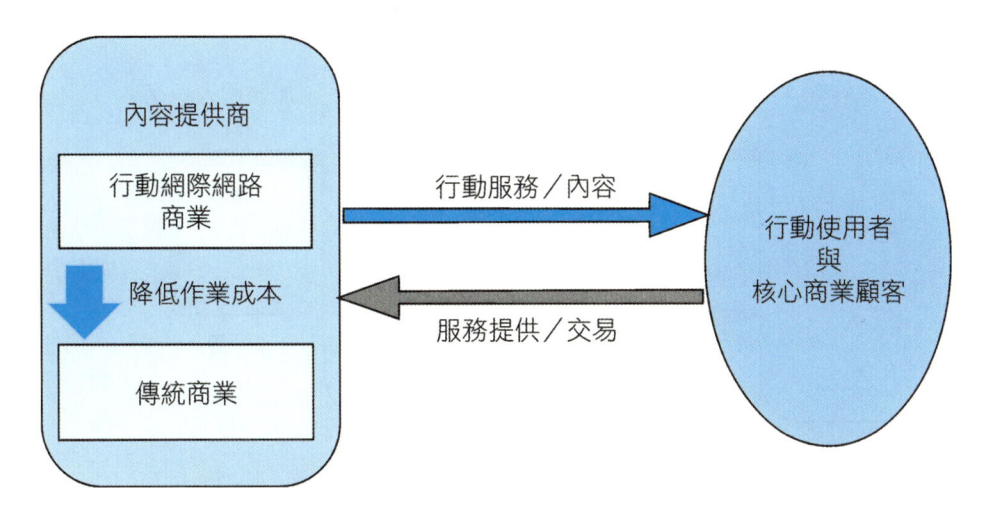

資料來源：N. Sadeh, M-Commerce: Technologies, Services, and Business Models, John Wiley & Sons, Inc., 2002.

◭ 圖 16.8　改善效率的商業模式

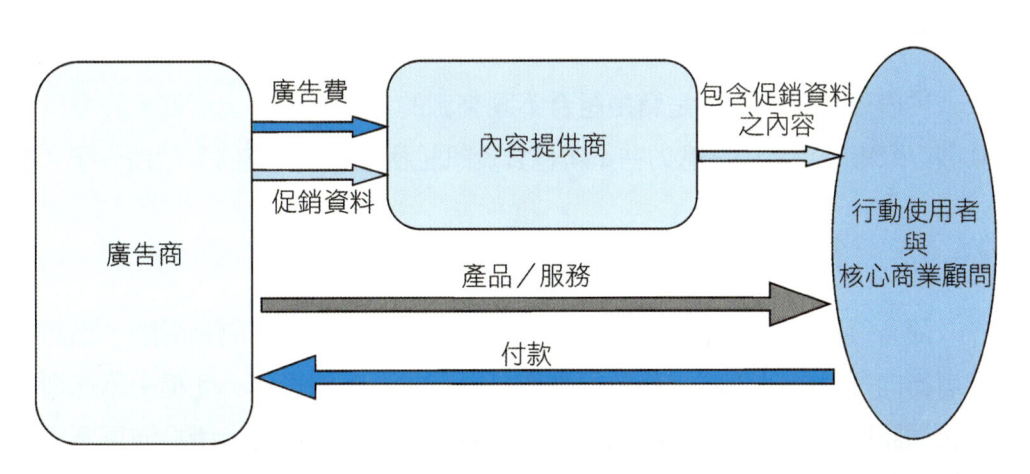

資料來源：N. Sadeh, M-Commerce: Technologies, Services, and Business Models, John Wiley & Sons, Inc., 2002.

◭ 圖 16.9　廣告的商業模式

台的不足，因此所獲得的收入以共享的模式為主要獲利來源，獲得來源通常包括從使用者而來及由其他提供服務得業者獲利後再分配而來的收入(圖16.10)。

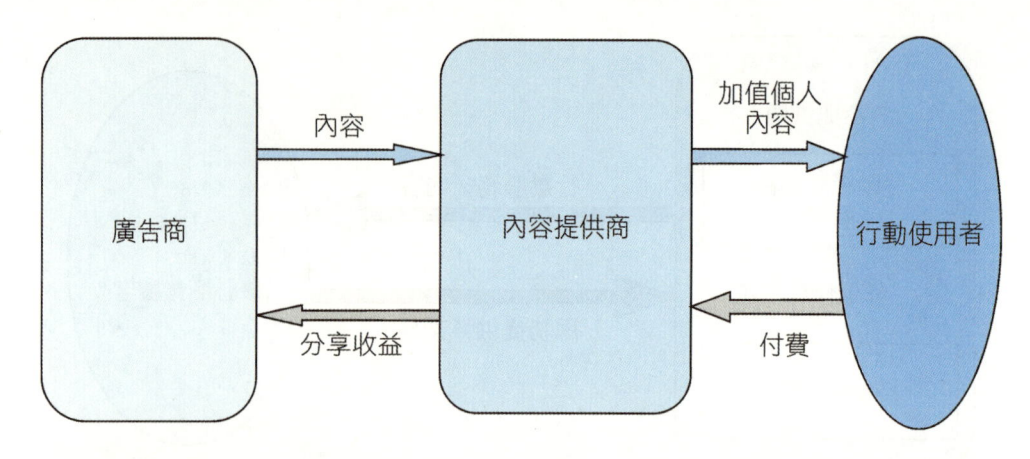

資料來源：N. Sadeh, M-Commerce: Technologies, Services, and Business Models, John Wiley & Sons, Inc., 2002.

○ 圖 16.10　收入共享的商業模式

16.4.4　內容聚集者

內容聚集業者主要是藉由組合不同來源的內容而創造出價值。許多行動內容聚集業者集中注意力在重新包裝資訊並藉由網際網路將其散播分配。

16.4.5　行動網路業者

隨著行動語音通訊市場的飽和，行動網路業者的獲利成長受限，因此業者轉向提供行動資訊服務及行動商務以尋求更多的獲利。此種由單純型語音通訊服務轉變為行動網際網路的參與者，其在價值鏈上所扮演更多獲利的角色區隔，包括：行動網際網路服務提供者、行動內容供應者、行動入口網站、行動位址仲介者以及行動交易提供者的組合為企業帶來數種可能的獲利來源，將行動網路業者角色的改變描述如圖 16.11 所示。

16.4.6　行動入口網站

行動入口網站的主要目的乃是對於消費者對行動網際網路的所有需求供給一個**一次購足商店**(One Stop Shop)的解決方案，其可由電子郵件、留言和搜尋到個人資訊管理(行事曆、通訊錄)、個人化的內容、付款的方案

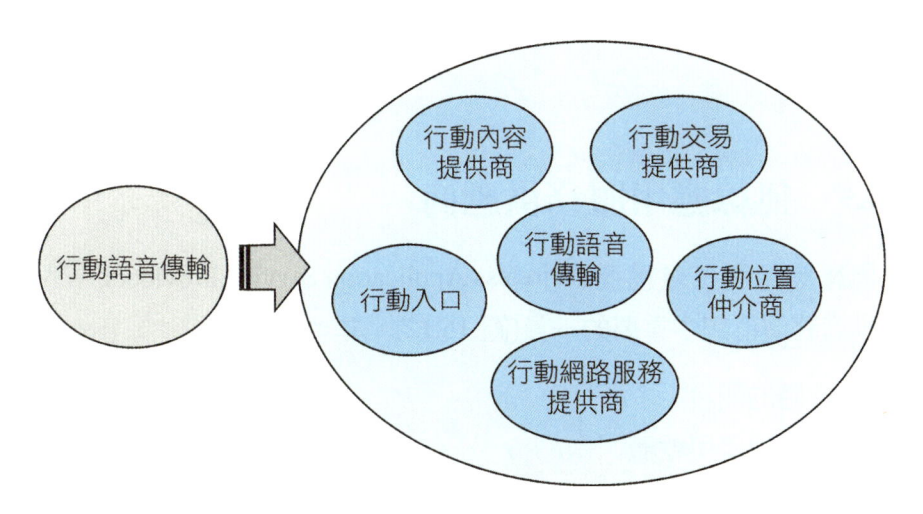

資料來源：N. Sadeh, M-Commerce: Technologies, Services, and Business Models, John Wiley & Sons, Inc., 2002.

△ 圖 16.11　行動網路業者所能夠扮演的多種角色

等。當行動入口網站企業成功時，會吸引更多的成功者加入。

16.4.7　第三團體的帳款金融業

由內容供應商提供行動內容給行動通訊使用者，使用者透過第三方收費業者付款給行動供應商。相關的金融機構有第三方收費業者、行動錢包服務等。

16.4.8　行動裝置製造業者

行動裝置製造業者必須決定行動設備作業平台的機能與可用的標準，如：

1. CPU、記憶體、螢幕、鍵盤、語音
2. 作業系統
3. 通訊標準
4. 微瀏覽器
5. 位置追蹤功能

6. 應用服務
7. 使用情境

16.4.9 無線應用服務供應商

無線應用服務供應商 (Wireless Application Service Providers, WASPs) 是行動商務價值鏈中重要的一員(圖 16.12)。其功能為：

1. 應用軟體的開發
2. 委託與管理應用軟體
3. 發展無線橋接器
4. 委託與管理無線橋接器

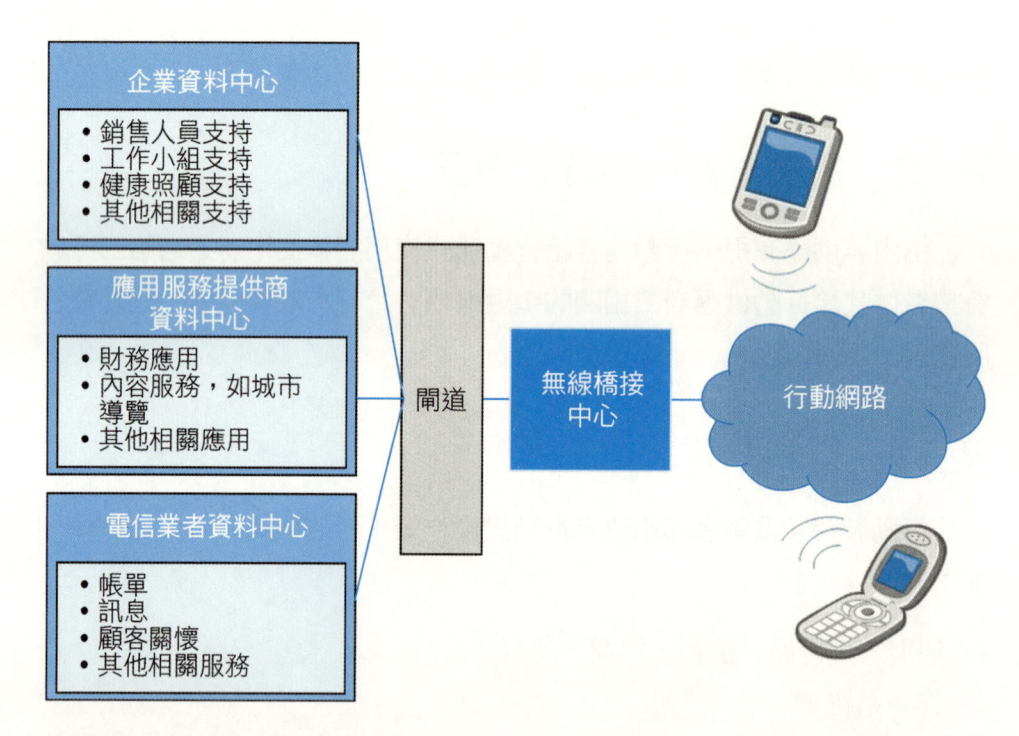

資料來源：N. Sadeh, M-Commerce: Technologies, Services, and Business Models, John Wiley & Sons, Inc., 2002.

▲圖 16.12　無線應用服務供應商在整個價值鏈的角色

16.4.10　位置資訊代理人

位置資訊代理人可確定並更新用戶的位置,將取得的位置資訊提供給行動服務供應商、內容提供商、行動入口網站以及整個行動商務價值鏈上的其他成員,藉由一連串供應鏈成員,攜手提供使用者所需的完整服務。

16.5 營運理論基礎

16.5.1　超越「顧客導向」

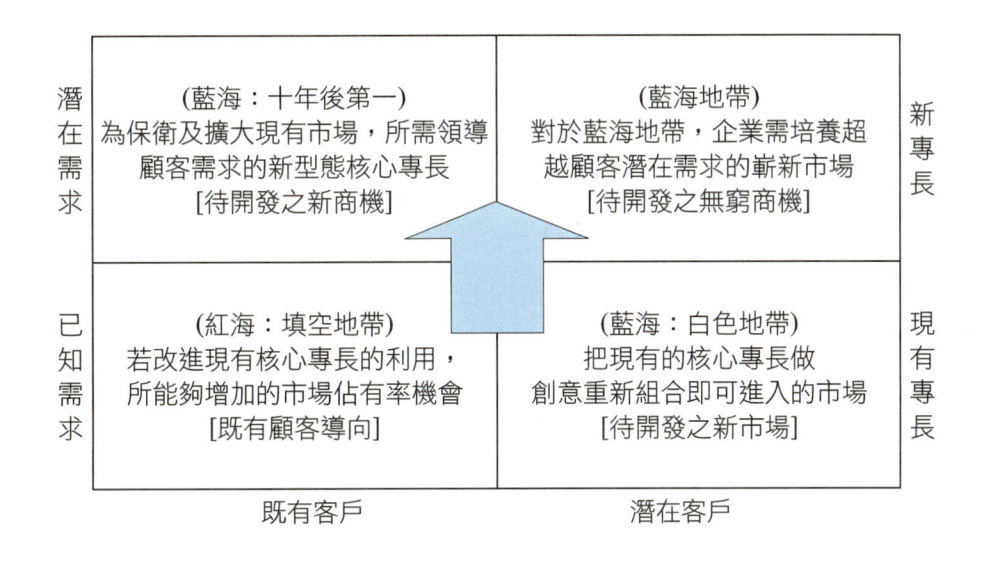

	既有客戶	潛在客戶	
潛在需求	(藍海:十年後第一) 為保衛及擴大現有市場,所需領導顧客需求的新型態核心專長 [待開發之新商機]	(藍海地帶) 對於藍海地帶,企業需培養超越顧客潛在需求的嶄新市場 [待開發之無窮商機]	新專長
已知需求	(紅海:填空地帶) 若改進現有核心專長的利用,所能夠增加的市場佔有率機會 [既有顧客導向]	(藍海:白色地帶) 把現有的核心專長做創意重新組合即可進入的市場 [待開發之新市場]	現有專長

16.5.2　套牢效應

所謂**套牢效應**(Lock-In Effect)係指資訊產品有強烈系統化特質,若市場沒有統一的標準,消費者若要轉換單一的產品,便需要付出極大成本。顧客鎖定是交易活動中的常見現象,它是指經濟主體為了特定目的,在特定交易領域,透過提高對方轉移成本的方式,對交易伙伴所達成的排他性穩定狀態。例如:軟體轉換。

16.5.3 轉移成本

轉移成本是指顧客從現有廠商處購買商品轉向從其他廠商購買商品時面臨的一次性成本。轉移成本限制顧客轉移，大致可從四個方面把握轉移成本的關鍵因素：

1. 沉澱成本：即第一階段交易活動中所發生的不可收回的成本，只有在交易繼續發生的前提下才有價值。
2. 交易成本：指尋找新的交易者，以及進行新交易所需要付出的成本。
3. 優惠損失：轉移的優惠折扣損失所產生的成本。
4. 心理成本：指情感因素導致的成本感受。

16.5.4 廠商策略

轉移成本是一個逐步投入和不斷累積的過程，它會隨著時間延續而發生變化，累積顧客的轉移成本。增加轉移成本的方式主要有：

1. 誘導顧客耐用資本投入，並降低該耐用資本與競爭產品的兼容性。
2. 提高顧客的學習成本：針對特定的活動開展培訓。
3. 引導顧客參與並提高其時間和精力的付出，並提供個性化服務，使其轉向競爭者獲取同樣服務需花費額外的時間和精力。
4. 顧客優惠折扣：運用關係營銷培育顧客好感和忠誠，提高顧客轉移的心理成本。

16.5.5 梅特卡夫定律

梅特卡夫定律(Metcalfe's Law)是關於網路上資源的定律，網路使用者愈多，價值就愈大。新技術只在多數人使用它時才會變得有價值，因而愈能吸引更多人來使用，就愈能提高整個網路的總價值。一部電話沒任何價值，幾部電話價值也有限，成千上萬部電話組成的通訊網絡把通訊技術的價值極大化。若技術已建立用戶規模，其價值將會呈爆炸性增長。

16.5.6　擾亂定律

隨著科技不斷進步，將牽動整個社會、企業與政治體系的進步。不過科技的進步是呈倍數或指數成長(因為莫爾定律)，相對的，社會進步則是隨時間增加而線性成長，變革與進步會愈來愈緩慢，使得科技與社會之間的差距愈來愈大，在這種情況之下，就需要一種革命性的應用來拉近彼此距離，這種應用就可稱之為「殺手級應用」。

16.5.7　需求面的規模經濟

學者 Kevin(1999)指出，網路的價值隨著成員數目的增加而呈等比級數增加，提升後的價值又會吸引更多成員加入。反覆循環，形成大者恆大，弱者愈弱的情況。

在消費者預期心裡中，會造成受歡迎的產品愈受歡迎，被摒棄的商品會被淘汰。當需求面經濟啟動時，會產生消費者預期心理，意即如果消費者預期產品會成功，會形成一窩蜂使用的情況，造成更多的人使用此產品。反之，如果消費者預期產品不會被廣泛使用，則會展開惡性循環。

16.5.8　營運策略

首先，廠商不斷擴大系統使用人數，吸引互補性產品的製造商不斷加入。由於使用者對於互補品的供應與標準的逐漸成形，愈發增強使用者所感知的價值。使用者欲有更進一步的採用意願，終究陷入其循環的效應內而造成套牢的現象。標準再增強機制是一種正向回饋的現象，也說明使用者轉換成本逐漸增加的原因。生產互補產品的公司必須建立同盟的關係，才能在此系統化與標準化的環境中，生產相容的產品，共同創造獲利。

其次透過差別定價，由於一項產品對每一個人的價值都是不同的，所以，差別定價便成為更適當的策略。例：104 人力銀行(向供給面收錢)、google(廣告收入)。

16.6 行動商務的未來

　　現今的行動商務是比較簡易的資訊娛樂服務，而且個人化是被受限的。另外，它也不能反映不斷變化的環境。因此，下一波的行動商務服務的興起是智慧型定位與利用多種服務的應用開發。情境感知服務打開了新行銷與廣告機會的大門。然而，隱私的議題是需要管理者去開發出解決方案來，這需要在使用者的便利與隱私之間來取得適當的平衡。

　　下一代的行動商務情況會是高度的個人化與互通性、適地性、情境感知、網路服務、智慧型腳本與代理人。行動商務更加受人注目的面向之一就是去追蹤使用者位置的能力，它可以用於緊急服務或是定位搜尋服務等等。

　　手機定位與網路定位兩種定位解決方案只能選擇其一。手機定位的解決方案有全球定位系統(GPS)、網路協助 GPS(A-GPS)、強化監測時間差異(E-TOD)。而網路定位解決方案是藉由網路來計算，像是小區全球識別碼(CGI)、時間前置法(TA)、抵達時間(TOA)。

　　GPS 使用一組衛星定位使用者位置，而**終端**(Terminal)會從三或四個衛星得到位置資訊。A-GPS 依賴固定網路、以網路為主的 GPS 接收器，它的放置間隔距離是每 200 公里到 400 公里。在手機的層次，相對 GPS 與 A-GPS 解決方案，兩者都需要額外硬體的引進，而 E-TOD 是依賴軟體的。CGI 是最便宜的可行技術，而 TA 是測量使用者距離基地台多遠。TOA 對於 uplink signals 使用三角測量的技術。TOA 勝過 E-TOD 的一個關鍵優勢是它完全依賴網路的計算，它適合非定位的手機。

　　而其主要的挑戰在於提供單一介面給開發者存取使用者位置，以及讓定位為基礎的應用、內容引擎與資料庫之間的介面簡化。讓授權使用者能夠簡單及精確的指定他們的隱私政策也是其主要的挑戰之一。

16.7 車用行動商務

在車用行動商務中,使用者、服務供應商、內容開發者、企業以及研究者已經大量產生許多新的應用,像是適地化服務、行動金融服務以及行動拍賣等等。在汽車上增加計算與通訊能力能啟動新的行動商務應用。從娛樂與商業服務到診斷及安全工具都是這些應用的範圍(圖 16.13)。

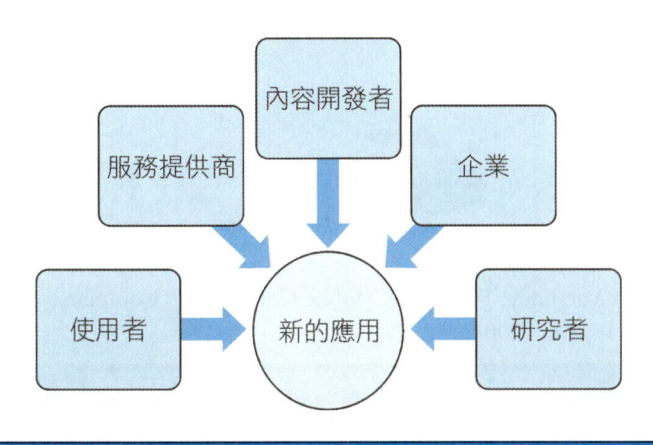

▲圖 16.13　車用行動商務應用的促成

現今已有許多車子提供了無線通訊系統,它能夠促進車用行動商務的發展。另外,使用 GPS 會顯示地圖以及路線資訊在 LCD 螢幕上,這可以幫助駕駛到想去的地點。

潛在的車用行動商務應用中,車子可以當作內容提供者,提供內容給其他的車子。車子也可以當作是部分的智慧型運費系統,像是可以支付道路的通行費用。而且它也可當作是部分的高速公路管理工具,可以去收集駕駛習慣的資料、高速公路的狀況、速率等等。另外,提供無線診斷工具、寄送安全資訊及廣告給附近的車子也是潛藏的車用行動商務的應用。圖 16.14 顯示了新興的車用行動商務應用。

然而在車用行動商務領域中也有一些困難及挑戰是需要去克服的。對於服務供應商來說,對車用行動商務應用發展合適的價格將會是一個主要

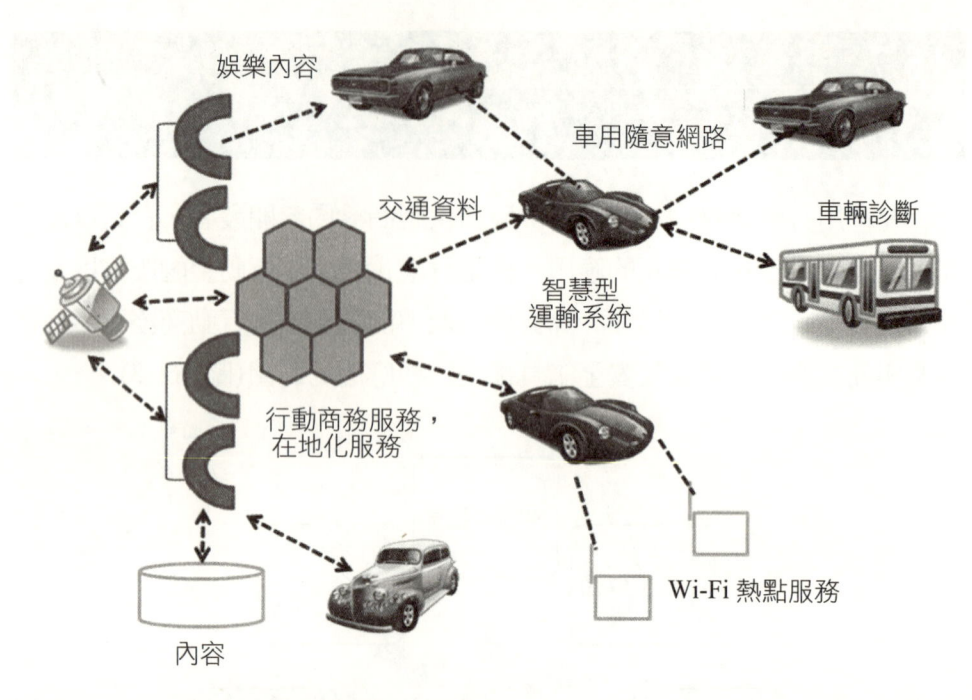

資料來源：Upkar Varshney, "Vehicular Mobile Commerce," Computer, vol. 37, no. 12, pp. 116-118, Dec. 2004.

▲圖 16.14　車用行動商務的應用情境

的困難。而且在群組應用的案例中，如何在多個使用者之間劃分成本就是一個挑戰了。另外，安全及隱私的問題也是個課題。

16.8 總　結

　　任何產業的拓荒者(藍海策略)都必須發掘打開大眾市場(達到關鍵多數)所必要的價格、規格、性能。

1. 全力投入未來的商機開發(藍海策略)。
2. 取得決勝未來的必要核心專長。
3. 發掘打開大眾市場(達到關鍵多數)所必要的價格、規格、性能。
4. 設法將本身的技術變成整個產業的標準。

5. 設法提高顧客荷包佔有率。

　　車用行動商務的發展能處於未成熟階段,汽車產業的領先企業已經開始著手推動車用行動商務的應用願景,重要的產業先見在於「現在就是未來」,著重於比較企業間的能力以及「比誰看得遠」,企業競爭的目標不再是市場佔有率,而是商機佔有率。長程與短程並沒有明顯的分界,而是緊緊地糾葛在一起。今日的利基市場,明日會變成大眾化市場今日的尖端科技,明日會變成家用科技。除非能先贏得今日的知識領導地位之戰,否則難以贏得明日的市場領先地位之爭。

練習

1. 請構思一個新的車用行動商務的商業經營模式。
2. 根據練習 1 之商業經營模式，利用五力分析和 SWOT 分析加以討論。
3. 根據練習 1 之商業經營模式，設計一個資訊系統雛形，並分析所需技術的成本與困難。

參考文獻

[1] K. C. Laudon and J. P. Laudon, Management Information Systems, 8th Edition, Prentice Hall, 2003.

[2] N. Sadeh, M-Commerce: Technologies, Services, and Business Models, John Wiley & Sons, Inc., 2002.

[3] R. Stair and G. Reynolds, Fundamentals of Information Systems, 4th Edition, Course Technology, Inc., 2007.

[4] U. Varshney, "Vehicular Mobile Commerce," Computer, Dec. 2004, vol. 37, no. 12, pp. 116-118.

第 17 章
於車用行動商務平台上的 QR 碼應用軟體開發

由車載資通訊系統所延伸之車用行動商務平台為目前相當受到注目的產業，人們可在車內完成以往只能在辦公室才能進行之工作，並可進一步享受由車載資通訊系統提供的各種車用行動商務之創新應用服務。為了提高使用者取得資訊的速度以帶來更廣泛新穎的車用行動商務服務，許多電信業者引進**二維行動條碼**(Quick Response Code, QR 碼)，二維條碼技術使電腦可快速讀取資訊，讓使用者省去使用鍵盤或按鍵輸入資料的時間。因此本文將解釋 QR 碼的技術以及分析 QR 碼對台灣產業的衝擊，並更進一步說明如何在目前相當熱門的行動裝置作業系統平台 Windows Mobile 和 Android 上撰寫 QR 碼編碼與解碼程式。透過本文的介紹，開發車用行動商務服務之工程師將可了解 QR 碼的相關知識，以及在各種行動裝置作業系統平台上撰寫 QR 碼程式之設計流程，藉以帶動車用行動商務的普及。

17.1 前　言

　　車載資通訊(Telematics)為一種整合車用軟硬體的應用，其目的是結合資訊、通訊以及汽車電子技術，於交通基礎建設上，滿足行車之各項需求。藉由這些技術的整合，車載資通訊能提供個人通訊、生活資訊查詢、駕駛輔助、遠端車輛控制、安全與保全、行動商務及行動娛樂等各式服務。因此，車內本身將形成一個行動辦公室，人們可以在車內完成以往只能在辦公室才能進行的工作，並進一步享受由車載資通訊服務產業所提供的各種車用行動商務之創新應用服務。然而，內建於汽車之相關車載資通訊產品受限於各式車輛之軟硬體設計而無法共用互通，且大多固定於車上，難以隨著交通工具的改變而隨身攜帶，因此，將輕便的智慧型手機整合至車載資通訊系統，即可在任何的交通運輸工具上使用，故智慧型手機為目前相當常用的車用行動商務平台。

　　近年來，為了取代手機的按鍵輸入方式，並提高使用者取得資訊的速度，日本 Denso-Wave 公司以及行動電話公司開始在具備相機功能的行動電話中加入 QR 碼讀取軟體，讓使用者可透過手機的照相功能快速讀取位於文件上的條碼。QR 碼呈正方形的黑白兩色二維條碼，並利用條碼 3 個角落上的正方圖案，協助解碼軟體定位，以便使用者可以正確擷取並解析由任何角度所拍攝下來的 QR 碼。因此，藉由手持裝置與車載資通訊系統的結合，讓使用者只要使用手機之照相功能取得 QR 碼，便可透過車載資通訊服務系統得到相關資訊並協助使用者使用車用行動商務平台所提供的服務，例如路線規劃、交通路況、GPS 導航、景點資訊、即時交通壅塞狀況、即時天氣狀況、即時停車場停車資訊等。

目前提供 QR 碼編碼與解碼的軟體雖然相當普及 [11-20]，但支援各種手持裝置作業系統的自由軟體卻有限。且這些 QR 碼編碼與解碼函式庫對市面上手持裝置的支援程度不高，且缺乏說明文件，讓欲使用 QR 碼之程式開發人員難以根據各種車用行動商務平台的需求使用或修改其函式庫。因此，提供一個簡單、修改彈性大的函式庫，以及詳細的說明文件與範例程式，將可以協助開發車用行動商務應用程式的工程師迅速掌握 QR 碼的特性以及使用方式。

因此，為了推廣以及讓相關的開發人員了解 QR 碼於車用行動商務平台上的應用、發展以及軟體開發，本文將分別介紹：

1. QR 碼的結構與特色，例如儲存容量、圖像資訊、支援的文字編碼、容錯能力、讀取角度以及儲存方式等，使讀者能對 QR 碼有基本的認知。
2. 各種 QR 碼編碼解碼函式庫之特色與優劣，讓工程師能夠了解各種 QR 碼函式庫的使用時機。
3. QR 碼的商業模式分析，包含鑽石模型、五力分析、SWOP 等，讓程式開發人員能夠了解 QR 碼的使用對車用行動商務所帶來的衝擊與發展機會。
4. QR 碼在 Windows Mobile 和 Android 上的應用，內容包含 QR 碼編碼與解碼以及範例程式碼的解說，提供工程師快速掌握在各種平台上開發 QR 碼的程式撰寫流程。

本文架構描述如下，首先將介紹 QR 碼的特色、架構以及 QR 碼編碼與解碼之函式庫。接著描述 QR 碼於車用行動商務之商業模式分析，最後介紹 QR 碼於 Windows Mobile 以及 Android 行動商務平台上的開發。

17.2 QR 碼簡介

條碼目前為廣受歡迎的光學資料存取技術，因為它們有能讓機器快速讀取、高準確性以及成本低廉的特性，因此物流、零售、批發等業者均利用條碼技術來提升庫存管理效率。隨著影像辨識技術的提升以及硬體設備成本的降低，許多業者開始希望條碼能夠儲存更多的資料，支援更多的字元型態，並能夠印出且配置在一個較小的空間上。所以，學者提出多種方法可以提高條碼的儲存資料量，例如增加的條碼數字的數目或利用多組條碼。然而，這些改善措施也造成了以下問題，如條碼區塊佔用面積變大，更複雜的讀取動作，以及印刷成本的增加等。而二維條碼的出現正可滿足這些需求和解決上述問題。

目前較常見的二維條碼，包括 Denso-Wave(Japan) 的 QR 碼 [1]、Semacode(Waterloo, Ontario, Canada) 的 Sema 碼 [2]、High Energy Magic of Cambridge University(England) 的 ShotCode [3]、Veritec(American) 的 VeriCode [4]、ColorZip(Korea) 的 ColorCode [5]、SimpleAct Incorporated(Taiwan) 的 QuickMark [6]，iconlab(Korea) 的 MagiCode [7]、Symbol Technologies(USA) 的 PDF417 [8]、RVSI Acuity CiMatrix(USA) 的 DataMatrix [9] 及 United Parcel Service(USA) 的 Maxi 碼[10]。然而上述眾多類型的二維條碼中，最為廣泛使用的即為**二維行動條碼**(Quick Response Code, QR 碼)，其外形如圖 17.1 所示。QR 碼之編碼方式已訂定成符合國際標準 ISO/IEC 18004 [21] [22]，所以各個廠商推出的解碼程式都能輕易的支援並解讀內容。目前只要超過 30 萬畫素以上的照相手機，安裝能夠解讀 QR 碼內含資訊的程式，就能透過拍攝 QR 碼，直接用手機取得內含的資訊(圖 17.1)。

以下我們分二部分說明 QR 碼的相關知識，第一部分介紹 QR 碼特色，第二部分則說明 QR 碼的組成架構。

17.2.1　QR 碼的特色

QR 碼是二維條碼的一種，日本 Denso-Wave 公司於 1994 年發明的技

▲ 圖 17.1　QR 碼的外形

術。日本 QR 碼的標準 JIS X 0510 在 1999 年 1 月發佈,而其對應的 ISO 國際標準為 ISO/IEC18004,則在 2000 年 6 月獲得批准 [21],同時於 2006 年發佈修訂版 [22]。QR 碼最常見於日本,並為目前最流行的二維空間條碼,主要原因如下所述。

高儲存容量

傳統的 Bar 碼最多能儲存的資訊量約 20 位數字,而 QR 碼則有能力處理數十至幾百倍的資訊量。且 QR 碼能夠處理所有類型的資料,如數字、字母與數字、位元組符號、日文漢字／片假名、中文字等,而各種類型的 QR 碼可支援的最大容量如表 17.1 所示。

小面積圖像

因為 QR 碼同時具有水平與垂直方向的資訊,對於相同的資訊量,QR 碼只需要傳統 Bar 碼十分之一大小的圖像面積。若需要更小的圖像,可以使用圖像面積更小的 Micro QR 碼。Micro QR 碼最多可以儲存 35 個字元,主要針對無法處理大型掃描的應用所設定。

▼ 表 17.1　QR 碼的資料容量

型　　態	最大量
數字	最多 7,089 字元
字母與數字	最多 4,296 字元
位元組符號(8 位元)	最多 2,953 位元組
日文漢字／片假名	最多 1,817 字元(採用 Shift_JIS 編碼)
中文漢字	最多 984 字元(採用 UTF-8 編碼)
中文漢字	最多 1,800 字元(採用 BIG5 編碼)

支援各種文字編碼

因為 QR 碼是於日本發展的二維條碼,故具有 JIS Level 1 與 Level 2 日本漢字字元集的編碼能力。一個日本漢字字元能夠以 13 位元的資料長度來有效率編碼,而使用 Big5 碼繁體中文是以 16 位元來編碼。

具容錯能力

QR 碼具有容錯能力。即使部分的圖像模糊、損毀或是有污垢,QR 碼依然能夠修復資料。而 QR 碼具有四種層級的糾錯能力供使用者選擇,Level L 具 7 % 容錯能力,Level M 具 15 % 容錯能力,Level Q 具 25 % 容錯能力,而 Level H 具有最大的容錯能力 30 %。

360 度的讀取角度

QR 碼沒有讀取方向的限制,使用者能由 360 度任一方向進行讀取。主因在於 QR 碼能藉由位於圖像三個角落的定位圖案來定義圖像的正確讀取方向。這些定位圖案能夠保證 QR 碼的穩定的讀取以及避免雜訊或背景物件的干擾。

結構化的儲存方式

一個 QR 碼可以切割成數個資訊區塊。反過來說,被儲存在多個 QR 碼圖像的資訊可以被再建構成一個資訊圖像。一個資訊圖像最多能切割成 16 個子圖像,並允許被列印並配置在一個長形的空間上,亦即當一個大的正方形 QR 碼無法放置於某個實際空間時,可將其切成小的子圖像來放置。

17.2.2　QR 碼的架構

在開發 QR 碼應用程式前,必須先了解 QR 碼編碼方式,圖像大小設定與各區塊的正確配置,因此本小節將簡介 QR 碼的架構與相關屬性。

QR 碼圖像大小

QR 碼的大小是由使用**圖像**(Symbol)的版本與**模組**(Module)大小來決定,一個圖像包括了 21×21～177×177 個模組。其中圖像版本是利用資

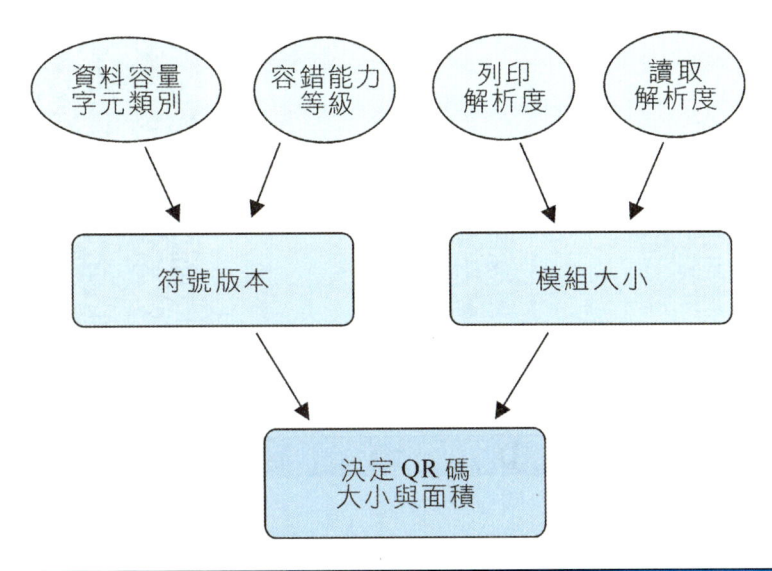

▲圖 17.2　決定 QR 碼圖像大小過程

訊容量、資料類別與容錯能力層級來決定，而模組大小則是根據列印裝置的列印效能與讀取器的讀取能力來調整，如圖 17.2 所示。

每一個**模組**(Module)在 QR 碼上相當一個黑色或白色小格，而黑色與白色的模組分別代表一個位元「0」和「1」。而 QR 碼的圖像版本有 1～40 版，每一版都有不同的模組設定與模組數量。**模組設定**(Module Configuration)則是參考於一個圖像中的模組數量。從第 1 版(21×21 模組)到第 40 版(177×177 模組)，每一個較大版本會比上一版本於每一邊多出 4 個模組，如圖 17.3 所示。每個圖像版本需根據資訊容量、資料類別以及容錯層級來決定。換言之，當所需要儲存的資訊量增加時，所使的 QR 碼就必須由更多的模組組成，形成更大的 QR 碼圖像。

QR 碼的組成

一個完整的 QR 碼包含了以下數個部分的圖案，如圖 17.4 所示。

定位圖案(Finder Pattern)位於圖像其中 3 個角落，主要是用來幫助讀取器偵測 QR 碼圖像區塊。藉由它的幫助，使用者可從任何方向來讀取並定位 QR 碼。當一個 QR 碼圖像過於龐大時，**校準圖案**(Alignment Pattern)可用來幫助讀取器能更快速及精確的定位 QR 碼圖像。定位圖案和校準圖案在讀取器解碼 QR 碼圖像時扮演著最重要的定位角色。不同之處在於在每

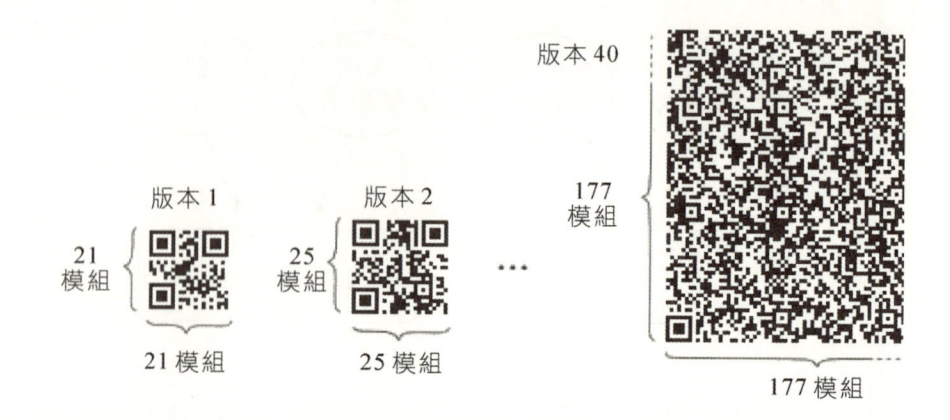

▲圖 17.3　模組版本

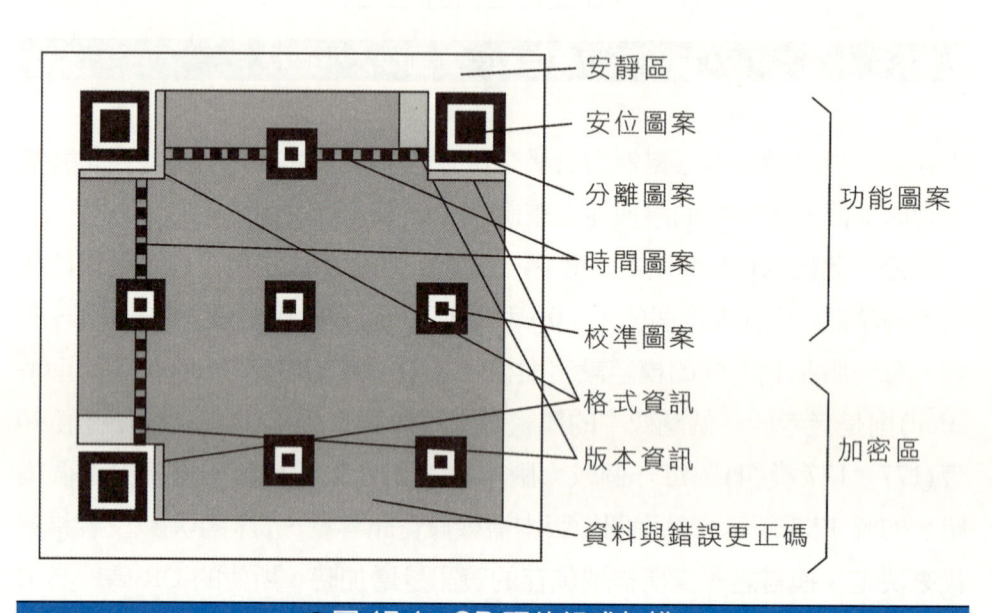

▲圖 17.4　QR 碼的組成架構

一版本的圖像都有定位圖案的存在,而校準圖案是從第 2 版開始才加入。

時間圖案(Timing Pattern)是用來支援解碼程式確認每一個位元在**字碼**(Codeword)中的位置,並讓它們再一次組成正確的資訊。**安靜區**(Quiet Zone)為位於 QR 碼圖像周圍的空白區域,協助提升解碼器在使用定位圖案時的效率。**加密區**(Encoding Region)是 QR 碼儲存關於此圖像的相關資訊及資料之處,包括**模式資訊**(Format Information),**一般資訊**(Version Infor-

▼ 表 17.2　QR 碼編碼與解碼函式庫列表

名稱	語言	操作難易度	修改難易度	Web支援能力	API支援能力	作業系統依賴性	手持設備依賴性	編碼	解碼
pecl-qrencode	PHP	容易	困難	高	普通	低	高	有	無
Kazuhiko Arase	javascript	容易	困難	高	低	低	高	有	無
PyQrcodec	Python	容易	困難	高	高	低	高	有	有
Libquencode	c/c++	普通	容易	普通	高	普通	高	有	無
Libdecodeqr	c/c++	普通	容易	普通	高	普通	高	無	有
Swetake	Java(SE)	普通	容易	普通	高	低	不支援	有	無
Java Open Source QR Code Library	Java(SE)	普通	容易	普通	高	低	不支援	無	有
J2MEQRCode	Java(ME)	普通	困難	普通	高	低	低	有	有
TWIT88	C#/ASP.NET	普通	困難	低	普通	高	高	有	有
Zxing	Java(ME)/C#/C/C++	困難	困難	高	高	低	高	有	有

mation)及**資料和錯誤更正碼**(Data and Error Correction Codewords)。模式資訊用來儲存容錯層級(L、M、Q、H)及資料遮罩模式(遮罩模式的意義為當編碼出來後，若產生出的白色或黑色過多，則會產生判讀的困難，故 QR 碼提供 8 種資料遮罩模式)，而版本資訊則儲存圖像版本。這兩個資訊是用來幫助 QR 碼解碼器了解此 QR 碼的資訊及協助**資料區塊**(Data Area)的解碼，並且分割放置在兩個以上不同的地方以避免損壞。

17.2.3　提供 QR 碼編碼與解碼之函式庫

表 17.2 為 QR 碼編碼與解碼函式庫的比較，直譯式程式語言(PHP、javascript、Phthon)的操作較容易、Web 的支援能力也較高，但 API 支援能力低、函式庫的修改難度高，且不支援手持裝置的作業系統。而編譯式程式語言(c/c++ 和 Java)雖操作難易度較高，但函式庫的修改難度較低、API 的支援能力高。而 C# 版本的函式庫雖然使用方便，但只侷限於 Windows Mobile 手持裝置平台。因此，目前提供 QR 碼編碼與解碼的軟體雖

然相當普及,使用者仍須根據所設計之行動商務平台選擇合適的 QR 碼編碼與解碼函式庫。

17.3 QR 碼於車用行動商務之商業模式分析

近年來,日本的行動電話公司在有相機功能的行動電話加入 QR 碼解碼軟體,其目標主要能讓使用者節省在手機上輸入資料的時間與精力,並進一步提供更廣泛新穎的行動商務服務。因此 QR 碼技術的導入衝擊了許多商業經營方式,例如使用 QR 碼將商店地址及網址儲存在日本的雜誌及廣告上,或是在個人名片上加入 QR 碼,使用者可利用相機手機掃描 QR 碼即可立即連結至條碼所在的產品網頁,並了解訂購方式或優惠資訊,或是可以將名片內的個人資訊與聯絡快速輸入手機內。在公共事務上,日本在許多公共汽車站牌附上 QR 碼,乘客只需用手機將 QR 碼解碼,就可以即時獲得該站牌的路線與班車時刻資訊。在網路上,Yahoo Japan 已將 QR 碼納入入口網站設計的基本需求,讓使用者點選頁面的資訊選項時,如氣象預報、地圖、路線、旅行住宿、不動產買賣等,皆可透過 QR 碼讓手機讀取相關資訊並進行交易。由上述得知,QR 碼已逐漸廣被使用在日本的商店和網路中,讓車用行動商務平台的使用者能快速地得到所需要的資訊。

臺灣也已經有不少企業開始提供 QR 碼相關的便利應用。寶來證券公司推出了營業員通訊錄的 QR 碼服務,讓客戶可以直接拍攝每個營業員通訊錄上的 QR 碼,將營業員的聯絡方式自動輸入手機內。另外,近年來臺灣的旅遊業者也開始推出 QR 碼的導遊服務。例如超能量資訊提供日本來臺的觀光客手機出租服務,並和各個地方政府合作,推出 QR 碼觀光導覽服務。在手機出租給日本觀光客時,一併提供包含臺灣各地資訊的導覽書,書上將會印製各地風景名勝資訊網址的 QR 碼,其中包含交通、景點、各地著名店家等資訊,讓觀光客節省許多查詢資料的時間。

為了讓使用者能夠更深入了解 QR 碼的車用行動商務應用以及對車載資通訊產業的衝擊,接下來我們將利用一個情境介紹 QR 碼如何應用於車用行動商務之中以及 QR 碼技術的導入對現有車用行動商務的衝擊。

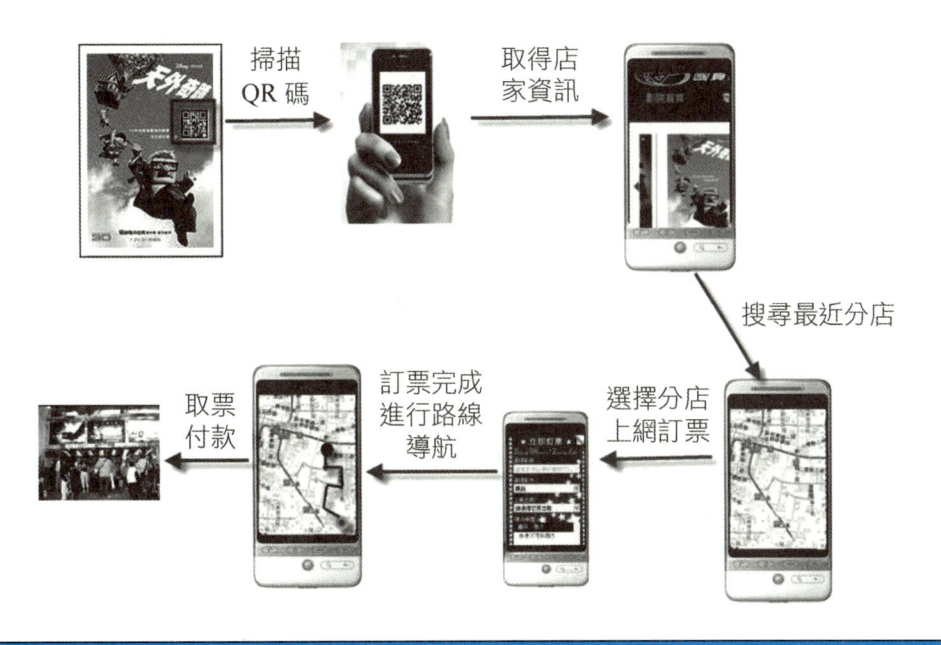

▲ 圖 17.5　應用 QR 碼技術之訂票流程

17.3.1　情境分析

如圖 17.5 所示，以某連鎖電影院為例，當雜誌或廣告列出包含 QR 碼圖片的店家折扣資訊時，只要使用者拿出手機掃描並解讀這張 QR 碼圖片，即可取得隱藏於 QR 碼的店家住址、電話、地圖、營業時間、優惠訊息等資訊，並透過手機上網功能上網預約訂位。前往電影院時，使用者也可運用手機裡的導航功能，搜尋並規劃出距離最近的連鎖電影院分店交通路線圖，車載資通訊系統便能導引汽車到導航系統所建議的店家地址。當使用者抵達電影院時，即可立即付款取票。

17.3.2　商業模式分析

此小節將使用鑽石模型、五力分析以及 SWOT 分析來了解 QR 碼技術的導入會如何影響車用行動商務的商業運作模式。如圖 17.6 鑽石模型分析所示，我們將一一分析 QR 碼應用於車用行動商務對其他鑽石模型構面所產生的效益。

車用行動商務同業競爭與生產因素方面，由於 QR 碼標準格式已為

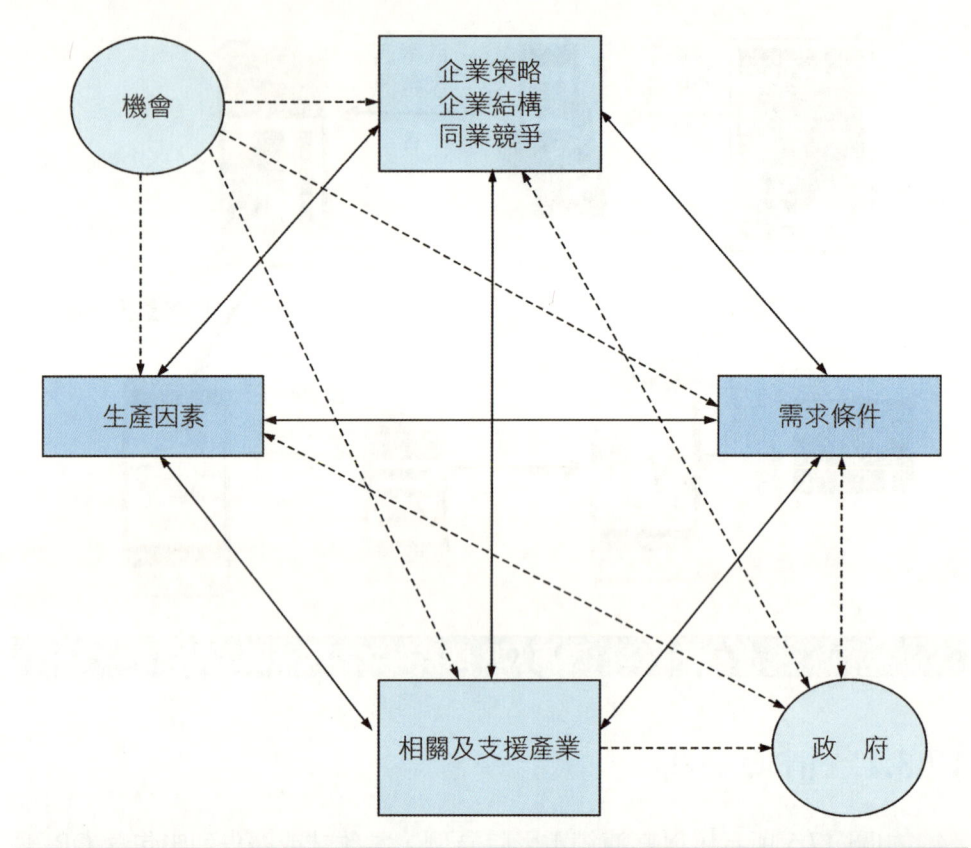

▲ 圖 17.6　利用鑽石模型分析車用行動商務基本環境

ISO 國際標準，因此「人」將是生產因素與同業競爭最為重要的關鍵，而非技術本身，如何運用技術、創意與創新、企劃與行銷將 QR 碼與車用行動商務結合，發展出方便與快捷的服務是關鍵因素。在企業的策略、結構和同業競爭中，由於 QR 碼所帶來的便利性，將會促進車用行動商務的發展，資訊服務提供者不僅只侷限於提供店家資訊與線上訂票訂位功能，也必須投入更多資源於車用行動商務平台的整合與服務的提供。

在需求條件部分，現在已進入無所不在的運算 (Ubiquitous Computing) 時代，我們可透過手機以及無線網路使用各式各樣的應用，例如把手機當信用卡、悠遊卡使用，在手機上聽音樂、看電視、進行視訊會議等等。但手機的的鍵盤太小，使用者無法快速輸入資料來連結網路取得資訊，這造成消費者使用手機存取網路時的諸多不便。但是若導入 QR 碼技術，消費者不必使用手機鍵盤輸入資料，只要用手機鏡頭掃描 QR 碼，所有資訊立即呈現。因此 QR 碼與車用行動商務結合對於市場需求是有正向幫助。

在相關與支援產業方面，廣告、網際網路及雜誌業者等各資訊服務提供者，需提供可供使用者讀取資訊的 QR 碼。而行動裝置配合電信業者 3G 行動上網，行動裝置結合照相功能與導航功能，也是 QR 碼與車用行動商務結合所需的相關配備。而 Google Android 平台將打入手機上網市場的機會，讓使用者可利用手機使用免費開放的網際網路資源。

而政府則扮演著的推廣與監督的角色，例如將 QR 碼標籤應用於農產品產銷履歷的認證制度、公共汽車站牌增加上 QR 碼以獲得該站牌的路線與班車時刻資訊等應用，讓更多消費者體驗 QR 碼之便捷性。

如圖 17.7 之 QR 碼與車用行動商務之五力分析所示，針對潛在進入者

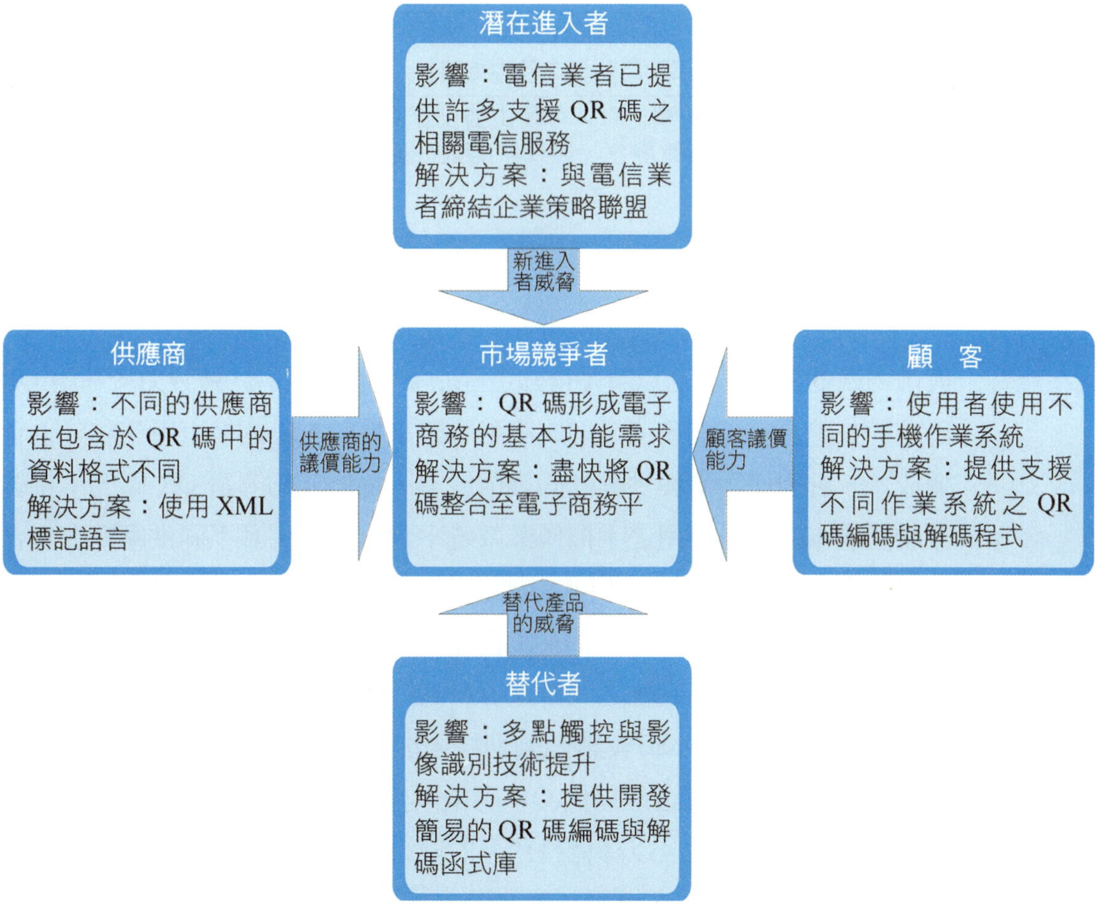
潛在進入者
影響：電信業者已提供許多支援 QR 碼之相關電信服務
解決方案：與電信業者締結企業策略聯盟
新進入者威脅
供應商
影響：不同的供應商在包含於 QR 碼中的資料格式不同
解決方案：使用 XML 標記語言
供應商的議價能力
市場競爭者
影響：QR 碼形成電子商務的基本功能需求
解決方案：盡快將 QR 碼整合至電子商務平
顧客議價能力
顧　客
影響：使用者使用不同的手機作業系統
解決方案：提供支援不同作業系統之 QR 碼編碼與解碼程式
替代產品的威脅
替代者
影響：多點觸控與影像識別技術提升
解決方案：提供開發簡易的 QR 碼編碼與解碼函式庫

▲圖 17.7　QR 碼與車用行動商務之五力分析

▼ 表 17.3　QR 碼在車用行動商務的 SWOT 策略分析表

SWOT 分析表	強勢(S)	弱勢(W)
QR 碼在車用行動商務的策略分析	S1. 手機鏡頭擷取 QR 碼後，利用行動上網將所有資訊呈現給使用者 S2. QR 碼結合導航，快速取得店家資訊與位置圖	W1. 手機搭載行動導航裝置成本高 W2. 目前行動上網傳輸費率高
機會(O)	ACTION (SO 把握強勢與機會創造業績)	ACTION (WO 利用機會排除弱勢)
O1. 車機系統和通訊技術的進步以及網路多媒體服務的蓬勃發展 O2. 便捷操作，使用者接受度高	針對 S1、O1、O2、O3，可利用行動裝置觸控式螢幕，以直覺化的操作介面呈現。不僅年輕族群接受度高，亦可吸引年長族群。	針對 W2、O1、O2，可利用行動上網月租套餐與直覺化的操作介面帶給使用者高品質與便捷的享受。
威脅(T)	ACTION (ST 用強勢來監控威脅)	ACTION (WT 用強勢機會排除弱勢威脅)
T1. 車機系統和通訊技術的進步，競爭者多	針對 S2、T1，可藉由強化創意與創新服務，與競爭者產生差異化	針對 W1、W2、T1，須培育更多跨領域專業人才，開發功能更強大產品，改善目前缺點，創造更多應用領域。

與市場競爭者，我們可以清楚得知這些企業與電信業者將會致力於利用 QR 碼功能來整合電子商務或是形成策略聯盟來提升本身的競爭優勢和降低營運成本。針對使用者與供應商的議價能力，由於能夠解讀 QR 碼的手持裝置硬體成本過高且使用之手機作業系統平台的不同，且不同供應商在包含於 QR 碼中的資料格式也不同，因此企業一方面必須向手機業者降低硬體成本外，也要提供不同平台的 QR 碼編碼與解碼程式，並且結合 XML 標記語言來解決在不同系統之間傳遞資料的問題。針對替代品的威脅，近年來多點觸控(Multi-touch)與影像識別技術能力逐漸提升，但由於設備與技術成本較高，企業可透過提供 QR 碼編碼與解碼函式庫，以迅速擴展 QR 碼之應用與可開發性，以降低替代品的威脅。

表 17.3 為 QR 碼在車用行動商務之 SWOT 分析，QR 碼在車用行動商務結合所帶來的優勢為手機鏡頭讀取 QR 碼後，結合行動上網所有資訊

立即呈現並透過導航,快速取得店家資訊與位置圖,但弱勢為手機搭載行動導航裝置成本高以及目前行動上網傳輸費率高,不過相對而言所帶來的機會為搭配行動上網月租套餐,以及軟體介面操作便捷與直覺化,因此使用者接受度高,但由於車機系統和通訊技術的進步,競爭者也容易開發相關系統。

依據以上基本環境面與策略面分析,我們可了解 QR 碼對國內基本環境的影響,對車用行動商務的衝擊,以及該採取何種策略來發展結合 QR 碼的車用行動商務服務。

17.4 QR 碼於 Windows Mobile 行動商務平台上的開發

本節將介紹如何在 Windows Mobile 行動商務平台上開發 QR 碼應用程式。其內容分別為安裝 QR 碼編碼解碼函式庫、QR 碼編碼以及 QR 碼解碼三個部分,並提供範例程式碼讓程式設計師能夠輕易的了解 QR 碼應用程式的開發流程與注意事項。

17.4.1 安裝 QR 碼編碼解碼函式庫

由於 Microsoft Visual Studio 2008 C# 未提供 QR 碼編碼解碼函式庫,故請先至 http://www.codeproject.com/KB/cs/qrcode.asp 下載 QR 碼編碼解碼函式庫,並根據以下步驟修正函式庫之版本問題與錯誤程式碼。其流程如下所述。

下載 QR 碼編碼函式庫

首先連結至網址 http://www.codeproject.com/KB/cs/qrcode.aspx 下載 QR 碼函式庫,如圖 17.8 所示,點選「Download source-2.35MB」下載 QR 碼編碼解碼函式庫。

▲ 圖 17.8　下載支援 C# 之 QR 碼編碼解碼函式庫

轉換 QR 碼編碼解碼函式庫版本

將函式庫壓縮檔 QRCode.zip 下載完成後，將此檔解壓縮，並進入 QRCode 資料夾，打開檔案 ThoughtWorks.QRCode.sln。由於此函式庫是以 Visual Studio 2005 開發，故我們利用 Visual Studio 轉換精靈幫助我們將專案轉換為 Visual Studio 2008 的版本。因此，當開啟 ThoughtWorks.QRCode.sln 檔案時，將會出現圖 17.9 畫面，此時點選下一步。

如圖 17.10 所示，轉換前我們選擇不建立備份，並點選下一步。

如圖 17.11 所示，在「可以開始轉換」視窗選擇「完成」，即出現「轉換完成」畫面後，按下「關閉」，即可完成函式庫版本轉換。

修正 QR 碼編碼解碼函式庫錯誤程式碼

當完成專案 QRCode 版本轉換後，由於此函式庫有一行錯誤的程式碼，我們必須重新設定 QRCode 資源檔的位置並修正錯誤的程式碼。

首先我們重新設定 QRCode 資源檔的位置，如圖 17.12 所示，將「QRCode\QRCodeLib\」裡的「Resource」資料夾複製至手機虛擬 SD 記憶卡裡，例如「C:\虛擬 SD card」，並將「Resource」資料夾重新命名為「qr」。

接著，我們便可修正此函式庫之錯誤的程式碼。如圖 17.13 所示，首

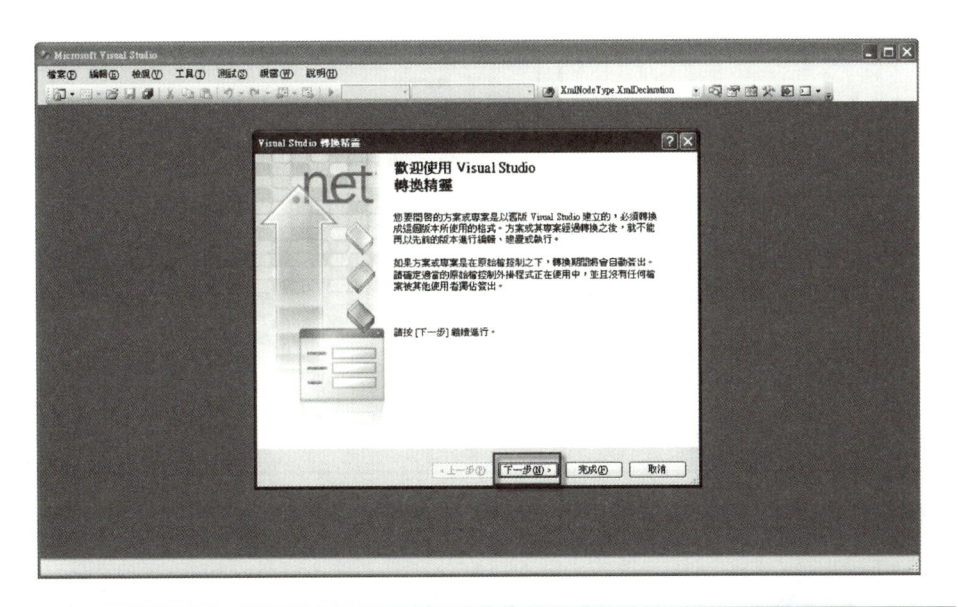

▲圖 17.9　QR 碼函式庫之版本從 Visual Studio 2005 轉換至 Visual Studio 2008

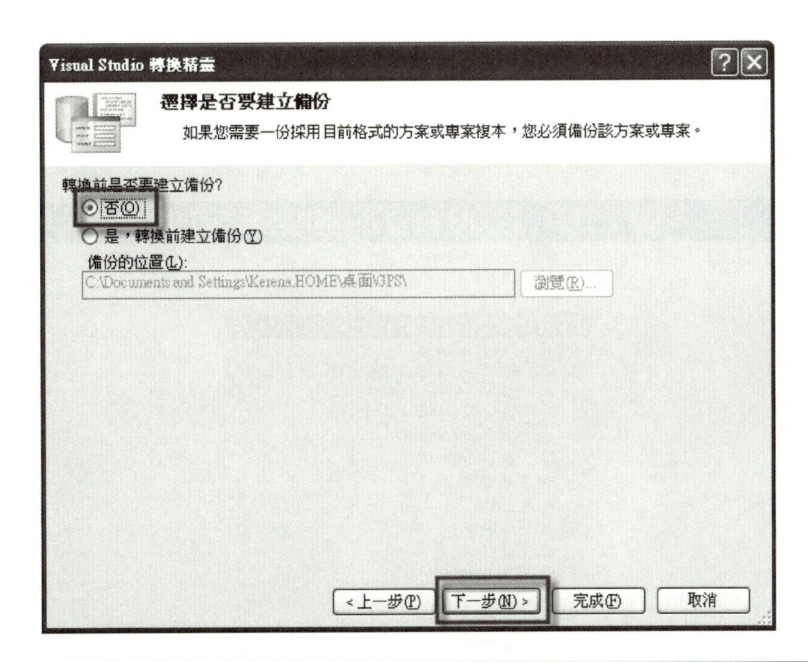

▲圖 17.10　開始轉換函式庫版本

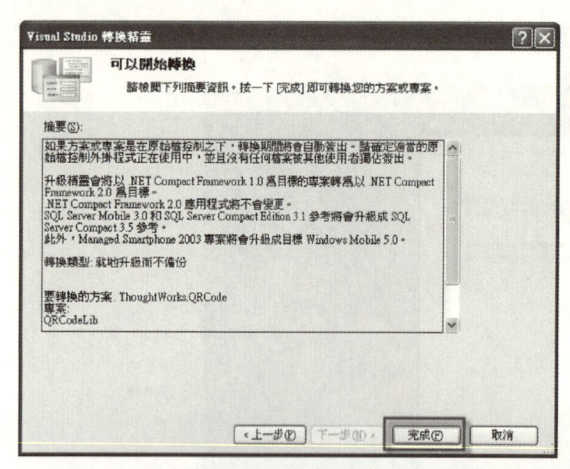

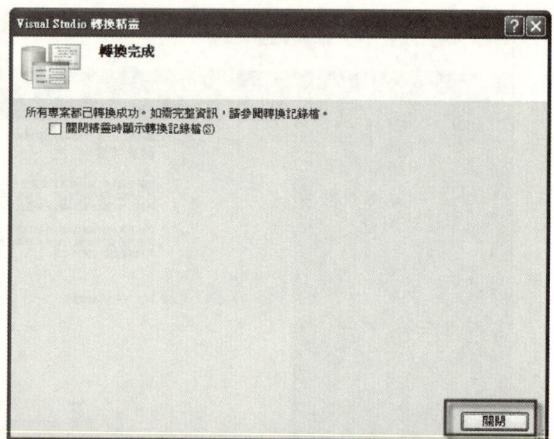

▲ 圖 17.11　完成轉換 QR 碼函式庫版本

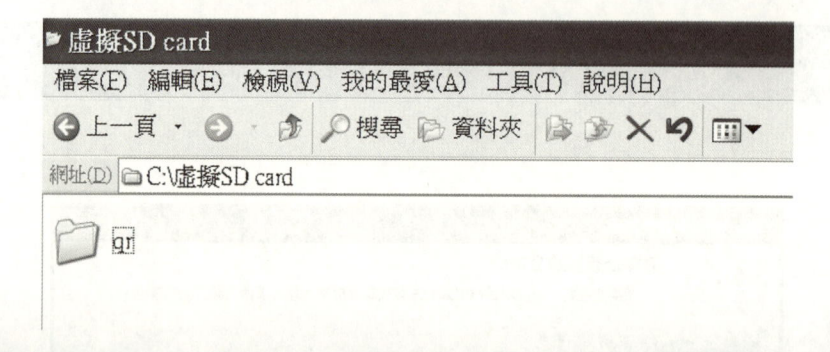

▲ 圖 17.12　將 QR 碼資源檔複製至 SD 卡中

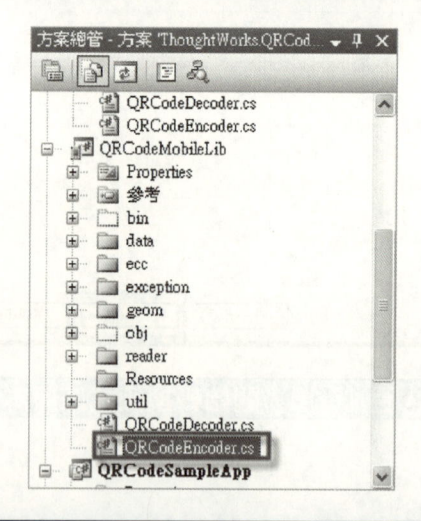

▲ 圖 17.13　修改 QR 碼編碼函式庫

先在方案總管中點選「QRCodeMobileLib」資料夾下的「ORCodeEncoder.cs」。

在「ORCodeEncoder.cs」裡，我們「使用尋找與取代」的功能(位於功能表上的編輯→尋找和取代→快速取代)，尋找下述程式碼：

```
QRCODE_DATA_PATH=Path.GetDirectoryName(System.Reflection.Assembly.GetExecutingAssembly().GetModules()[0].FullyQualifiedName)+ \" + DATA_PATH;
```

並將該段程式碼取代成下述程式碼

```
QRCODE_DATA_PATH=\Storage Card\qr";
```

接著按下「全部取代」，如圖 17.14 所示。

當完全取代後會出現「已取代 1 個指定項目」的對話框，即全部取代完成，如圖 17.15 所示。

最後如圖 17.16 所示，在方案總管 QRCodeMobileLib 上點選滑鼠右鍵，選擇「重建」，便可重建修改過的函式庫。

透過上述動作，我們可利用修改好的 QR 碼函式庫開發 QR 碼編碼與解碼程式。

17.4.2　QR 碼編碼

在此用一個簡單的例子說明 QR 碼編碼程式的開發。於此例，程式設計師首先產生 QRCodeEncoder 的編碼物件，然後設定該物件之 errorCorrect(修錯)、QRCodeEncodeMode(編碼)、QRCodeVersion(版本)屬性。接著將欲輸入的字串輸入至編碼物件之 Encode()函式，此函式完成 QR 碼編碼後將回傳一個 Image 物件，此 Image 物件即為 QR 碼圖檔。其範例程式撰寫流程如下：

首先開啟 Microsoft Visual Studio 2008，在功能選單，依序選擇「檔案」→「新增」→「專案」來開啟一個新專案，如圖 17.17 所示。

▲圖 17.14　修改 QR 碼編碼函式庫之程式碼

▲圖 17.15　完成修改 QR 碼編碼函式庫程式碼

▲圖 17.16　重建 QR 碼編碼函式庫

▲圖 17.17　新增 QR 碼編碼程式專案

▲圖 17.18　設定專案屬性

　　接著如圖 17.18 所示，在專案類型選擇「智慧型裝置」，安裝範本為「智慧型裝置專案」，並設定專案所要儲存的名稱為「qr_encode」，儲存位置位於桌面上。

　　如圖 17.19 所示，在目標平台的選項中選擇「Windows Mobile 6 Pro-

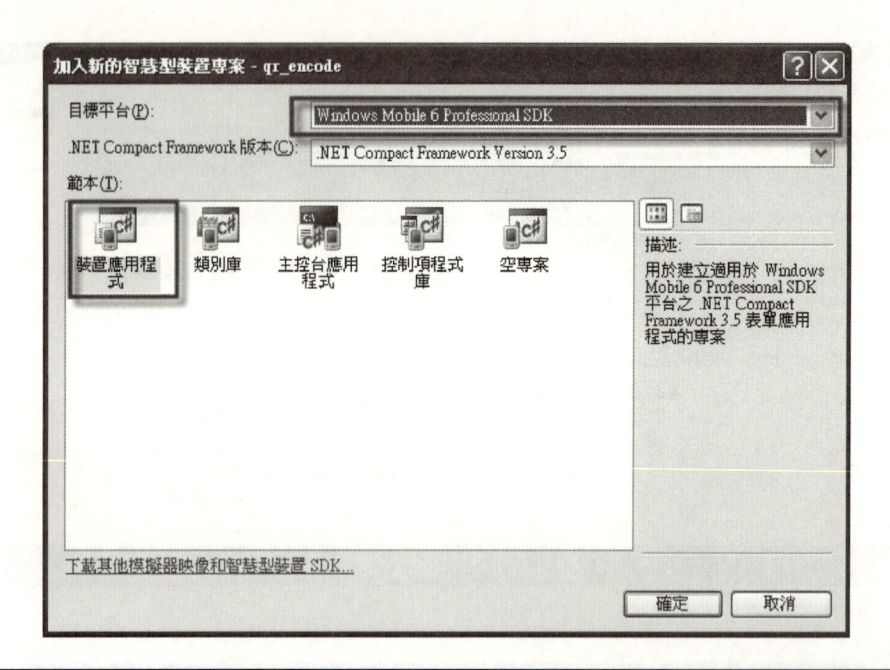

▲ 圖 17.19　設定專案目標平台

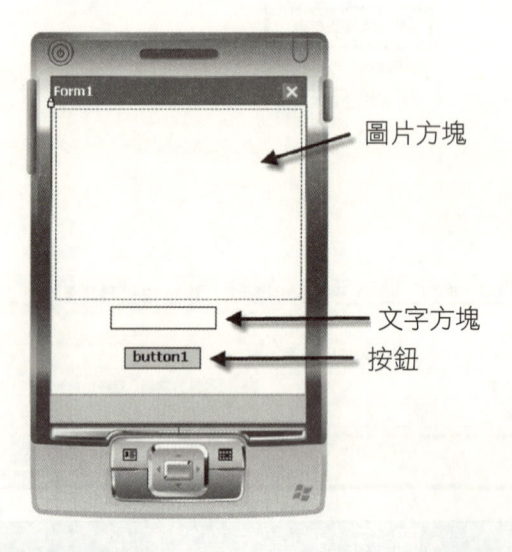

▲ 圖 17.20　QR 碼編碼範例程式之 GUI 設計

fessional SDK」，並在範本選項中點選「裝置應用程式」。

如圖 17.20 所示，我們在本範例程式之 GUI 介面上分別新增了一個「圖片方塊」、「文字方塊」與「按鈕」。

接下來如圖 17.21 所示，我們將位於「QRCodeMobileLib\bin\Debug」資料夾底下之重製好的 QR 碼函式庫「ThoughtWorks.QRCode.dll」檔複製於此專案「qr_encode」資料夾下。

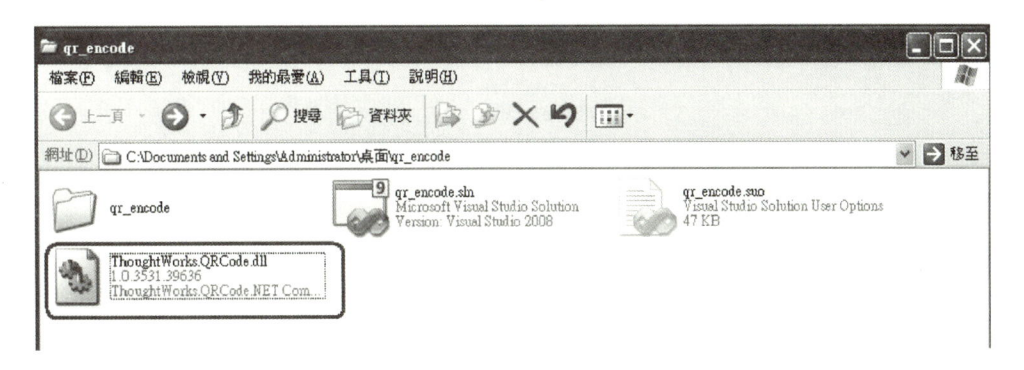

△圖 17.21　複製 QR 碼函式庫

接著如圖 17.22 所示，在方案總管的「qr_encode」專案中「參考」的選項點選滑鼠右鍵，選擇「加入參考」，然後點選「瀏覽」，把剛剛所複製之函式庫加入參考。

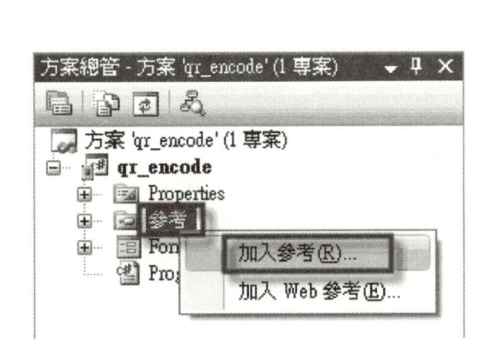

△圖 17.22　載入函式庫

完成載入函式庫後，如圖 17.23 所示，所載入的函式庫會顯示於參考資料夾中。

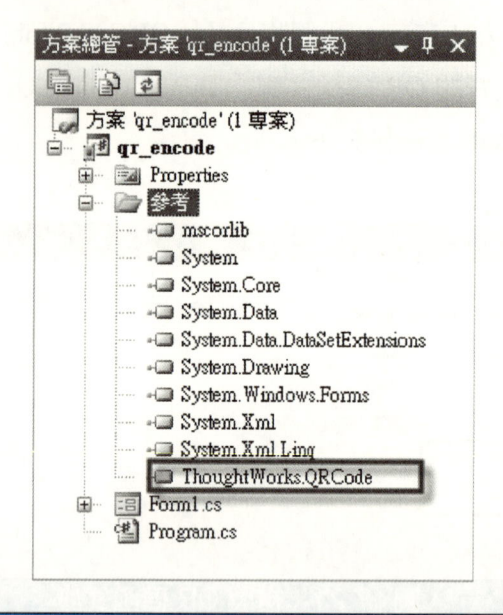

▲圖 17.23　完成載入函式庫

而 qr_encode 程式碼，如圖 17.24 所示。

由於我們將 QRCode 編碼資源檔存放於虛擬 SD 記憶卡中，因此需先設定模擬器的虛擬 SD 記憶卡位置。首先在功能列表選擇「Windows Mobile 6 Professional Emulator」並點選「連線到裝置」選項，即將模擬器裝置連接至電腦，圖 17.25 所示。

如圖 17.26 所示，依序點選模擬器功能列表上之「檔案」、「設定選項」，將共用資料夾設定為「C:\虛擬 SD card」，再按「確定」。

接著點選功能列表上 ▶ 按鈕，並選取「Windows Mobile 6 Professional Emulator」，便可將程式安裝至模擬器上，如圖 17.27 所示。

其程式執行結果如圖 17.28 所示。

17.4.3　QR 碼解碼

在此用一個簡單的例子說明 QR 碼解碼程式的開發。在這個例子中，程式設計師首先產生 QRCodeDecoder 的解碼物件，接著將所欲解碼的 QR 碼圖檔輸入至解碼物件之 Decode() 函式，此函式完成 QR 碼解碼後將回傳包含於 QR 碼圖檔內的文字。此範例之新增專案、載入函式庫等流程同

```csharp
using System;
using System.Linq;
using System.Collections.Generic;
using System.ComponentModel;
using System.Data;
using System.Drawing;
using System.Text;
using System.Windows.Forms;

using System.IO;

using ThoughtWorks.QRCode.Codec;
using ThoughtWorks.QRCode.Codec.Data;
using ThoughtWorks.QRCode.Codec.Util;

namespace qr_encode
{
  public partial class Form1: Form
  {
    public Form1()
    {
      InitializeComponent();
    }

    private void button1_Click(object sender, EventArgs e)
    {
      encode();
    }

    private void encode()
    {
      QRCodeEncoder qrCodeEncoder=new QRCodeEncoder();
      String encoding="Byte";
      if(encoding=="Byte")
      {
        qrCodeEncoder.QRCodeEncodeMode=QRCodeEncoder.ENCODE_MODE.BYTE;
      }
      else if(encoding=="AlphaNumeric")
      {
        qrCodeEncoder.QRCodeEncodeMode=QRCodeEncoder.ENCODE_MODE.ALPHA_NUMERIC;
      }
      else if(encoding=="Numeric")
      {
        qrCodeEncoder.QRCodeEncodeMode=QRCodeEncoder.ENCODE_MODE.NUMERIC;
      }
```

▲圖 17.24　Windows Mobile QR 碼編碼程式碼

```csharp
        try
        {
          int scale=4;
          qrCodeEncoder.QRCodeScale=scale;
        }
        catch(Exception ex)
        {
          MessageBox.Show("Invalid size!");
          return;
        }
        try
        {
          int version=7;
          qrCodeEncoder.QRCodeVersion=version;
        }
        catch(Exception ex)
        {
          MessageBox.Show("Invalid version !");
        }
        string errorCorrect="M";
        if(errorCorrect=="L")
          qrCodeEncoder.QRCodeErrorCorrect=QRCodeEncoder.ERROR_CORRECTION.L;
        else if(errorCorrect=="Mns")
          qrCodeEncoder.QRCodeErrorCorrect=QRCodeEncoder.ERROR_CORRECTION.M;
        else if(errorCorrect=="Q")
          qrCodeEncoder.QRCodeErrorCorrect=QRCodeEncoder.ERROR_CORRECTION.Q;
        else if(errorCorrect=="H")
          qrCodeEncoder.QRCodeErrorCorrect=QRCodeEncoder.ERROR_CORRECTION.H;

        Image image;
        String data=textBox1.Text.ToString();
        image=qrCodeEncoder.Encode(data);

        pictureBox1.Height=image.Height;
        pictureBox1.Width=image.Width;
        pictureBox1.Image=image;

        // store image
        FileStream fs=File.Open(\Storage Card\encode.jpg",
                        FileMode.OpenOrCreate, FileAccess.ReadWrite);
        image.Save(fs, System.Drawing.Imaging.ImageFormat.Jpeg);
        fs.Close();
      }
    }
}
```

▲圖 17.24　Windows Mobile QR 碼編碼程式碼(續)

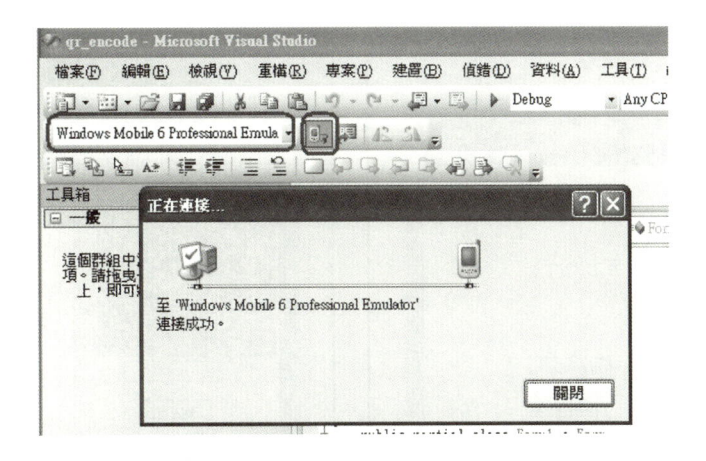

▲ 圖 17.25　連接至 Windows Mobile Emulator

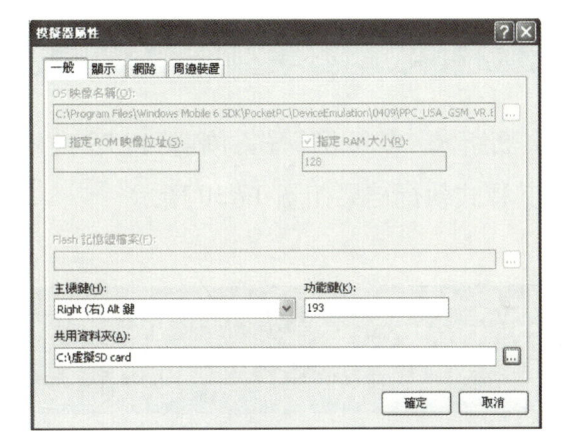

▲ 圖 17.26　設定虛擬 SD 記憶卡

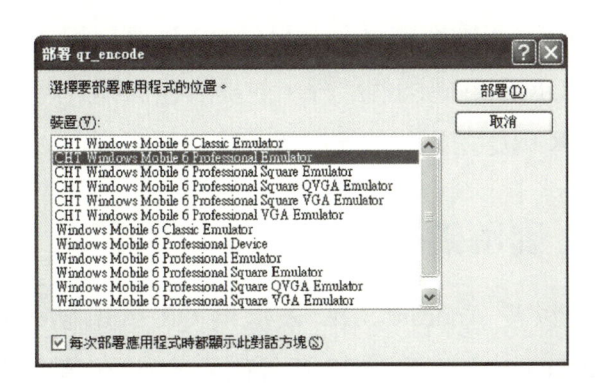

▲ 圖 17.27　部屬 QR 碼編碼程式

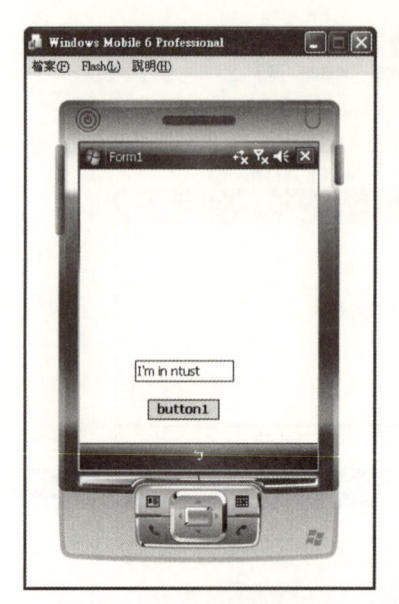

▲ 圖 17.28　Windows Mobile 編碼程式運作結果

17.4.2 節所述。其範例程式碼如圖 17.29 所示。

其程式執行結果如圖 17.30 所示。

17.5
QR 碼於 Android 行動商務平台上的開發

由於 Android 行動商務平台須利用 J2ME 以及 Android SDK 來開發，故無法使用於 Windows Mobile 平台上運作之 QR 碼函式庫，因此本節將介紹如何在 Android 行動商務平台上開發 QR 碼應用程式，而其內容分做 QR 碼編碼以及 QR 碼解碼兩個部分，並提供範例程式碼讓程式設計師能夠輕易的了解 QR 碼應用程式的開發流程與注意事項。

17.5.1　QR 碼解碼

由於 J2ME 以及 Android SDK 未提供 QR 碼編碼函式庫，請先至 http://www.swetake.com/qr/ 下載 QR 碼編碼函式庫並加載於 Eclipse 上以協

```csharp
using System;
using System.Linq;
using System.Collections.Generic;
using System.ComponentModel;
using System.Data;
using System.Drawing;
using System.Text;
using System.Windows.Forms;

using System.IO;
using ThoughtWorks.QRCode.Codec;
using ThoughtWorks.QRCode.Codec.Data;
using ThoughtWorks.QRCode.Codec.Util;

namespace qr_decode
{
  public partial class Form1: Form
  {
    public Form1()
    {
      InitializeComponent();
    }

    private void button1_Click(object sender, EventArgs e)
    {
      label1.Text=decode();
    }

    private string decode()
    {
      Bitmap image=new Bitmap(\Storage Card\qr_code.jpg");
      QRCodeDecoder decoder=new QRCodeDecoder();
      String decodedString=decoder.decode(new QRCodeBitmapImage(image));
      return decodedString;
    }
  }
}
```

△圖 17.29 Windows Mobile QR Code 解碼程式碼

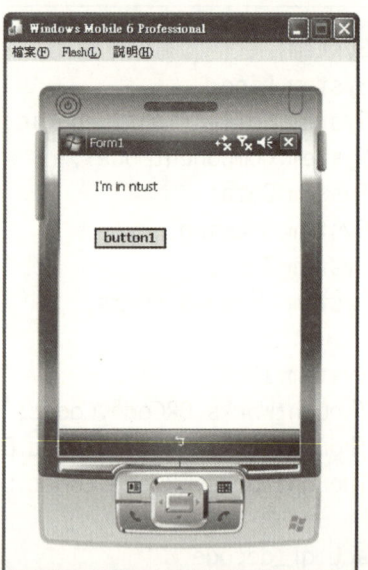

▲圖 17.30　Windows Mobile 解碼程式運作結果

助開發 QR 碼編碼程式。於 Android 行動商務平台上開發 QR 碼編碼程式之開發流程如下。

下載 QR 碼編碼函式庫

首先連結至 http://www.swetake.com/qr/網站，如圖 17.31 所示，點選「QR for Java ver.0.50beta10」進入下載畫面。

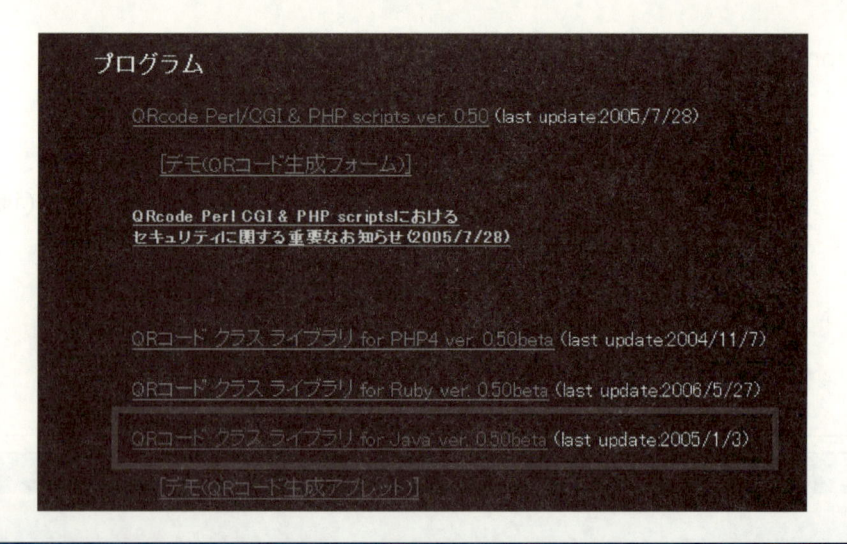

▲圖 17.31　連結至 QR 碼編碼函式庫網站

如圖 17.32 所示進入下載頁面後，點選紅色框框中的檔案，即可下載檔案，並儲存下載檔案到您指定的目錄。將所下載的檔案解壓縮後，請把 lib 資料夾中的 Qrcode.jar 檔案的檔名修改成 qr_encode.jar，而此檔案即為 QR 碼編碼函式庫。

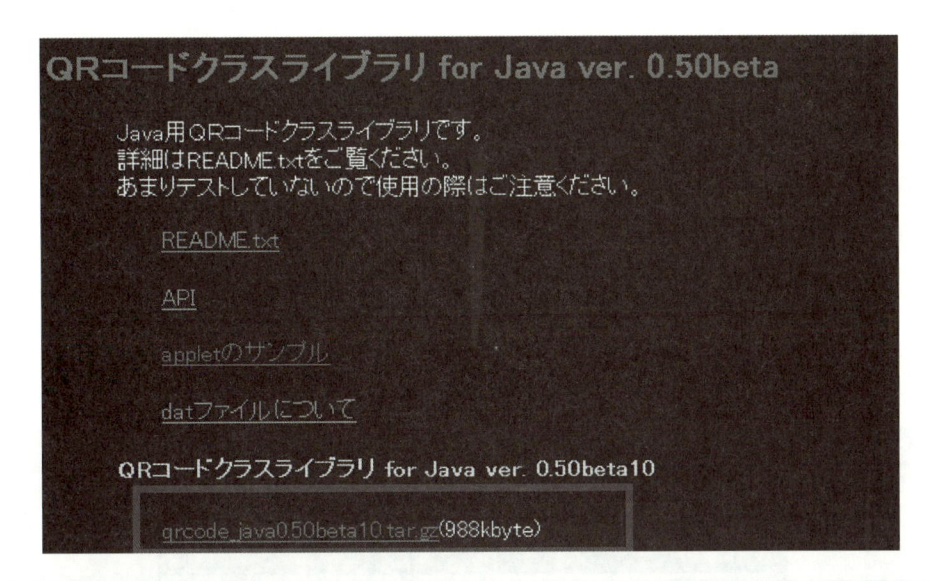

▲圖 17.32　下載 QR 碼編碼函式庫

加載 QR 碼編碼函式庫至 Eclipse

如圖 17.33 所示，在左邊的 navigate 視窗中點選目前在撰寫的 project，然後按滑鼠右鍵，此時會跳出選單，請依序選擇 Build Path、Add External Archives。

如圖 17.34 所示，請依序選擇 Build Path、Add External Archives，然後選擇要 import 的 jar 即可，在此為「qr_encode.jar」。

QR 碼編碼範例程式碼

在此用一個簡單的例子說明 QR 碼編碼程式的開發。在這個例子中，程式設計師首先利用 com.swetake.util.Qrcode 產生 QR 碼的編碼物件，然後利用 `setQrcodeErrorCorrect()`、`setQrcodeEncodeMode()`、`setQrcodeVersion()` 來設定欲產生的 QR 碼的容錯、編碼以及版本屬性。接

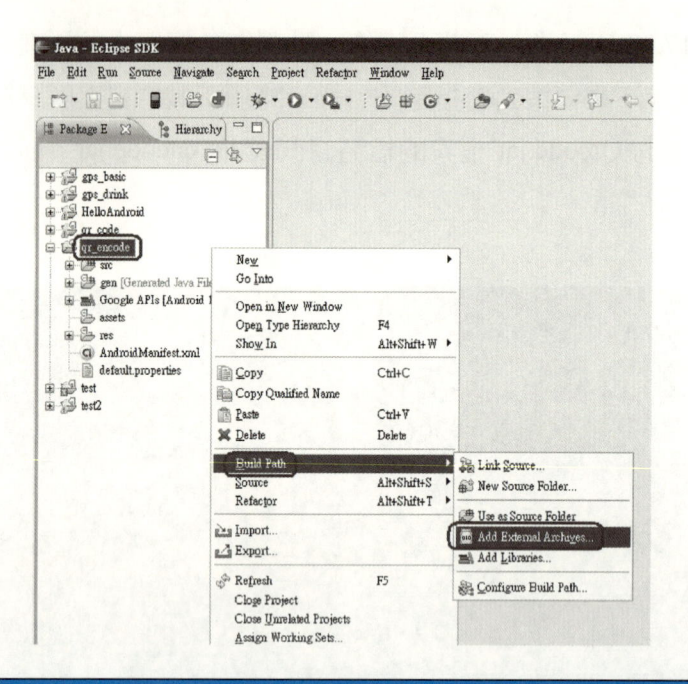

▲圖 17.33　新增 QR 碼編碼函式庫

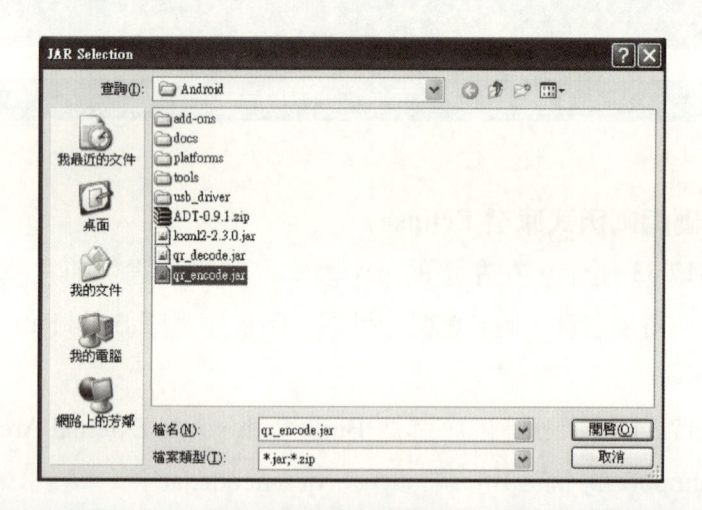

▲圖 17.34　載入 QR 碼編碼函式庫

著將所欲輸入的字串轉成位元陣列，然後呼叫 QR 碼編碼物件之 calQr-code()並把此位元陣列傳入此函式，此時 calQrcode()會回傳一個布林二維陣列，此二維陣列為 QR 碼的編碼地圖。利用該二維陣列，我們便可利用 Android 的繪圖函式庫繪製 QR 碼。其範例程式如圖 17.35 所示。

```java
package com.example.qr_encode;

import java.io.ByteArrayInputStream;
import java.io.File;
import java.io.FileInputStream;
import java.io.FileOutputStream;
import java.io.IOException;
import java.io.InputStream;
import java.io.InputStreamReader;
import java.io.OutputStream;
import java.io.StringWriter;

import android.app.Activity;
import android.os.Bundle;
import android.provider.MediaStore.Images;
import android.view.View;
import android.view.View.OnClickListener;
import android.widget.Button;
import android.widget.EditText;
import android.widget.ImageView;
import android.widget.TextView;
import android.content.ContentValues;
import android.content.DialogInterface;
import android.graphics.Bitmap;
import android.graphics.BitmapFactory;
import android.graphics.Canvas;
import android.graphics.Color;
import android.graphics.Paint;
import android.graphics.Bitmap.CompressFormat;

import com.swetake.util.Qrcode;
public class qr_encode extends Activity {
  /** Called when the activity is first created. */
  @Override
  public void onCreate(Bundle savedInstanceState){
    super.onCreate(savedInstanceState);
    setContentView(R.layout.main);
    Button button=(Button)findViewById(R.id.submit);
    button.setOnClickListener(write_qr);
  }
```

▲圖 17.35　Android QR 碼編碼範例程式

```
private OnClickListener write_qr=new OnClickListener()
{
  public void onClick(View v)
  {
    gen_qrcode();
  }
};
private void gen_qrcode()
{
  //import com.swetake.util.Qrcode;
  try{
    // TODO code application logic here
    // Constructor of Qrcode Encode Object
    com.swetake.util.Qrcode testQrcode
           =new com.swetake.util.Qrcode();
    //分設定 QRCode 的容錯階級資料、遮罩模式、圖像版本
    testQrcode.setQrcodeErrorCorrect('M');
    testQrcode.setQrcodeEncodeMode('B');
    testQrcode.setQrcodeVersion(7);

    // 設定 QR 碼編碼內容
    String testString="";
    testString=testString+"QR 碼 encode .\n";
    testString=testString+"true \n";
    testString=
      testString + " http://www.youtube.com/watch? v=Bo8pzk01bo4\n";
    // getBytes
    byte[] d=testString.getBytes("Big5");

    //設定圖檔寬度、高度、顏色的參數
    Bitmap b=Bitmap.createBitmap(140, 140,
                    Bitmap.Config.RGB_565);
    //用來做為程式碼繪圖的畫布，並將畫布的底色設為白色
    Canvas c=new Canvas(b);
    c.drawColor(Color.WHITE);

    //用來做為程式碼繪圖的畫筆，並將畫筆的顏色設為黑色
    Paint pen=new Paint();
    pen.setColor(Color.BLACK);
    // draw QR 碼
```

▲ 圖 17.35　Android QR 碼編碼範例程式(續)

```
      if(d.length>0 && d.length <120)
      {
        boolean[][] s=testQrcode.calQrcode(d);
        for(int i=0;i<s.length;i++)
        {
          for(int j=0;j<s.length;j++)
          {
            if(s[j][i])
            {
              c.drawRect(j*3+2,i*3+2,j*3+5,i*3+5,pen);
            }
          }
        }
      }
      // 將圖片顯示在所設的 ImageView 中
      ImageView img=(ImageView)findViewById(R.id.img_view);
      if(b !=null)
      {
        img.setImageBitmap(b);
      }
      // 將產生的 qrcode 圖片存在 sdcard 中
      File out_file=new File("/sdcard/", "qr_code.jpg");
      if(! out_file.exists())
      {
        out_file.createNewFile();
      }
      FileOutputStream fos=new FileOutputStream(out_file);
      // Write a compressed version of the bitmap to the specified
      // outputstream.
      b.compress(CompressFormat.JPEG, 75, fos);
      fos.flush();
      fos.close();
    }catch(Exception e)
    {
      e.printStackTrace();
    }
  }
}
```

▲圖 17.35　Android QR 碼編碼範例程式(續)

其介面之範例程式碼如圖 17.36 所示。

```xml
<? xml version="1.0" encoding="utf-8"?>
<LinearLayout xmlns:android="http://schemas.android.com/apk/res/android"
    android:orientation="vertical"
    android:layout_width="fill_parent"
    android:layout_height="fill_parent"
    >
<Button android:id="id/submit"
    android:layout_width="fill_parent"
    android:layout_height="wrap_content"
    android:text="Generate QR 碼"
/>
<ImageView
    android:id="id/img_view"
    android:layout_width="wrap_content"
    android:layout_height="wrap_content">
</ImageView>
</LinearLayout>
```

▲圖 17.36　Android QR 碼編碼範例程式介面設計

該範例程式之運作如圖 17.37 所示。

▲圖 17.37　Android QR 碼編碼程式運作結果

17.5.2　QR 碼解碼

由於 J2ME 以及 Android SDK 未提供 QR 碼解碼函式庫，請先至 http://qrcode.sourceforge.jp/ 下載 QR 碼解碼函式庫並加載於 Eclipse 上以協助開發 QR 碼解碼程式。於 Android 行動商務平台上開發 QR 碼解碼程式之開發流程如下。

下載 QR 碼解碼函式庫

首先連結至 http://qrcode.sourceforge.jp/ 網站，如圖 17.38 所示，點選「Download」進入下載畫面。

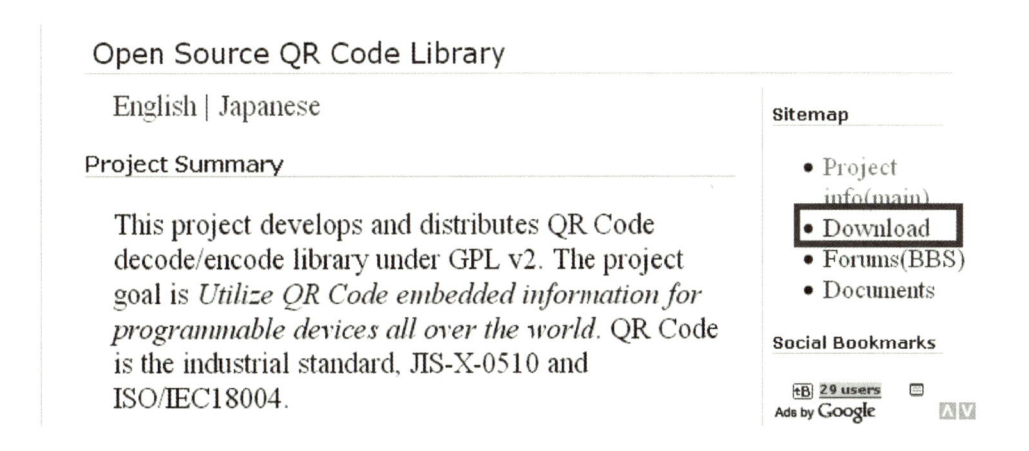

▲圖 17.38　連結至 QR 碼解碼函式庫網站

如圖 17.39 所示進入下載頁面後，點選紅色框框中的檔案，即可下載檔案，並儲存下載檔案到您指定的目錄。將所下載的檔案解壓縮後，請把 lib 資料夾中的 qrcode.jar 檔案的檔名修改成 qr_dncode.jar，而此檔案即為 QR 碼解碼函式庫。

▲圖 17.39　下載 QR 碼解碼函式庫

加載 QR 碼解碼函式庫至 Eclipse

如圖 17.40 所示，在左邊的 navigate 視窗中點選目前在撰寫的 project，然後按滑鼠右鍵，此時會跳出選單，請依序選擇 Build Path、Add External Archives。

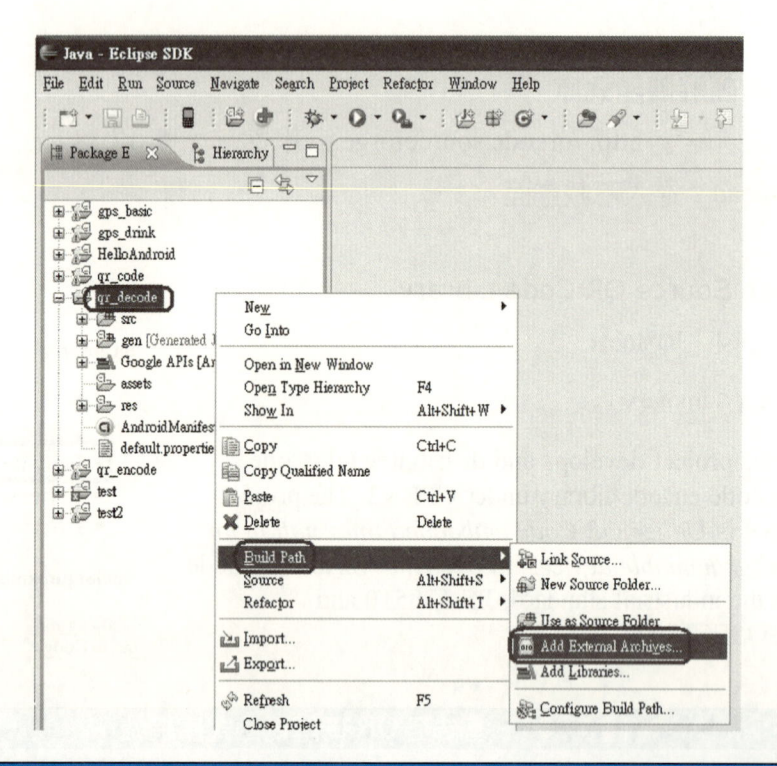

▲圖 17.40　新增 QR 碼編碼函式庫

如圖 17.41 所示，請依序選擇 Build Path、Add External Archives，然後選擇要 import 的 jar 即可，在此為「qr_decode.jar」。

QR 碼解碼範例程式碼

在此用一個簡單的例子說明 QR 碼解碼程式的開發。在撰寫 QR 碼解碼程式前，由於我們所使用的 QR 碼解碼函式庫所需輸入的 QR 碼圖檔類別為 BufferedImage，但 J2ME 以及 Android SDK 僅提供 Bitmap 類別而未提供 BufferedImage 類別，因此我們必須另外撰寫一個類別 J2MEImage 將 Bitmap 轉成一個整數陣列，並實做 QRCodeImage 介面，讓我們所使用的

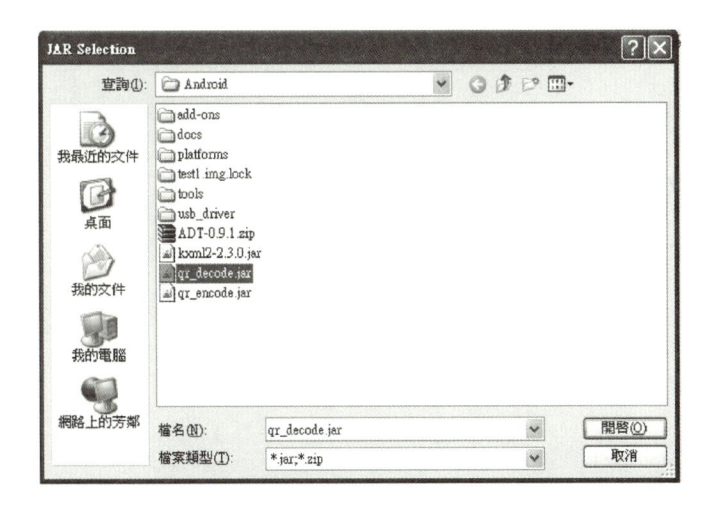

▲圖 17.41　載入 QR 碼編碼函式庫

QR 碼解碼函式庫能夠讀取 Android 手機上的 QR 碼圖檔。本範例程式的運作為，首先將 QR 碼圖檔轉成 Bitmap 格式，再將 Bitmap 格式轉成 J2MEImage 的格式，然後新增一個 QR 碼解碼物件 QRCodeDecoder，此時便可將此圖檔傳入 QR 碼解碼物件函式庫 decode()，而此 decode()將會回傳 QR 碼圖檔所儲存之資訊。其範例程式如圖 17.42 所示。

其介面之範例程式碼如圖 17.43 所示。

該範例程式之運作如圖 17.44 所示。

17.6 結　論

本文除了解釋 QR 碼的相關背景知識以及分析對車用行動商務的衝擊與影響外，也介紹如何在兩個最熱門的行動裝置作業系統平台 Windows Mobile 和 Android 上開發 QR 碼編碼與解碼程式。由於目前免費的 QR 碼編碼與解碼函式庫版本過舊，或是缺乏所需的說明文件，本文所除了提供基本的範例程式外，也詳盡說明如何修改並使用舊有的函式庫以適用於 Windows Mobile 和 Android 行動裝置作業系統平台。透過本文的介紹，開發車載資通訊系統以及車用行動商務之程式設計師將可輕易的了解並使用 QR 碼編碼與解碼函式庫。

```
package com.example.qr_decode;

import java.io.ByteArrayInputStream;
import java.io.File;
import java.io.FileInputStream;
import java.io.FileOutputStream;
import java.io.IOException;
import java.io.InputStream;
import java.io.InputStreamReader;
import java.io.OutputStream;
import java.io.StringWriter;

import android.app.Activity;
import android.os.Bundle;
import android.provider.MediaStore.Images;
import android.view.View;
import android.view.View.OnClickListener;
import android.widget.Button;
import android.widget.EditText;
import android.widget.ImageView;
import android.widget.TextView;
import android.content.ContentValues;
import android.content.DialogInterface;
import android.graphics.Bitmap;
import android.graphics.BitmapFactory;
import android.graphics.Canvas;
import android.graphics.Color;
import android.graphics.Paint;
import android.graphics.Bitmap.CompressFormat;

// QR Code decode
import jp.sourceforge.qrcode.QRCodeDecoder;
import jp.sourceforge.qrcode.util.ContentConverter;
import jp.sourceforge.qrcode.data.QRCodeImage;
import jp.sourceforge.qrcode.exception.DecodingFailedException;
import jp.sourceforge.qrcode.exception.InvalidVersionInfoException;
import jp.sourceforge.qrcode.util.DebugCanvas;
import jp.sourceforge.qrcode.util.DebugCanvasAdapter;

//for QR decode Image class start
class J2MEImage implements QRCodeImage {
  Bitmap image;
  int[] intImage;
```

▲圖 17.42　Android QR 碼編碼範例程式

```java
  public J2MEImage(Bitmap image){
    this.image=image;
    intImage=new int[image.getWidth()*image.getHeight()];
    image.getPixels(this.intImage, 0, image.getWidth(), 0, 0, image.getWidth(),
image.getHeight());
  }

  public int getHeight(){
    return image.getHeight();
  }

  public int getWidth(){
    return image.getWidth();
  }

  public int getPixel(int x, int y){
    return intImage[x + y*image.getWidth()];
  }
}
//for QR decode Image class end

public class qr_decode extends Activity {
  /** Called when the activity is first created. */
  @Override
  public void onCreate(Bundle savedInstanceState){
    super.onCreate(savedInstanceState);
    setContentView(R.layout.main);
    Button button=(Button)findViewById(R.id.submit);
    button.setOnClickListener(read_qrcode);
  }

  private OnClickListener read_qrcode=new OnClickListener()
  {
    public void onClick(View v)
    {
      decode();
    }
  };
  private void decode()
  {

    //read image from file
    BitmapFactory.Options opts=new BitmapFactory.Options();
```

● 圖 17.42　Android QR 碼編碼範例程式(續)

```
      Bitmap mBitmap=BitmapFactory.decodeFile("/sdcard/qr_code.jpg", opts);

    // QR Code decode
    QRCodeDecoder decoder=new QRCodeDecoder();
    String result;
    try {
      result=new String(decoder.decode(new J2MEImage(mBitmap)));
    } catch(Exception e){
      result="exception in decode " + e.getMessage();
    }
    if(result.length()==0){
      result="Decoding failed! Please try again.";
    }
    TextView show_msg=(TextView)findViewById(R.id.show_msg);
    show_msg.setText(result);
  }
}
```

▲ 圖 17.42　Android QR 碼編碼範例程式(續)

```
<? xml version="1.0" encoding="utf-8"?>
<LinearLayout xmlns:android="http://schemas.android.com/apk/res/android"
    android:orientation="vertical"
    android:layout_width="fill_parent"
    android:layout_height="fill_parent"
>
<Button android:id="id/submit"
    android:layout_width="fill_parent"
    android:layout_height="wrap_content"
    android:text="Decode QR Code"
    />
<TextView android:id="id/show_msg"
    android:layout_width="fill_parent"
    android:layout_height="wrap_content"
    android:text="  "
    />
</LinearLayout>
```

▲ 圖 17.43　Android QR 碼編碼範例程式介面設計

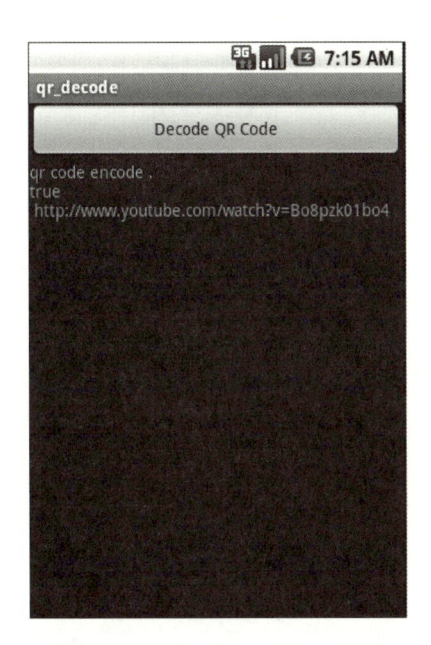

▲圖 17.44　Android QR 碼編碼程式運作結果

練習

1. 請設計一個應用 QR 碼技術之旅遊導覽網頁。
2. 請在手機端設計一個能讀取 QR 碼之旅遊導覽應用程式,且此程式能讀取練習 1 所產出之 QR 碼。
3. 根據練習 1 與練習 2 的成果,請利用五力分析和 SWOT 分析來描述其商業獲利模式。

參考文獻

[1] http://www.denso-wave.com/en/index.html

[2] http://semacode.com/

[3] http://www.shotcode.com/

[4] http://www.veritecs.com/default.htm

[5] http://www.colorzip.co.kr/

[6] http://www.simpleact.com.tw/

[7] http://www.iconlab.co.kr/

[8] http://www.symbol.com

[9] http://www.rvsi.com

[10] http://www.ups.com/

[11] pecl-qrencode, http://vv.fatpipi.com/wp/archives/2008/06/18/41

[12] Kazuhiko Arase, http://www.d-project.com/qrcode/index.html

[13] PyQrcodec, http://www.pedemonte.eu/pyqr/usage.html

[14] Libquencode, http://megaui.net/fukuchi/works/qrencode/index.en.html

[15] Libdecodeqr, http://trac.koka-in.org/libdecodeqr

[16] Swetake, http://www.swetake.com/qr/

[17] Java Open Source QRCode Library.

[18] J2MEQRCode, http://qrcode.sourceforge.jp/

[19] TWIT88, http://www.codeproject.com/KB/cs/qrcode.aspx

[20] Zxing, http://code.google.com/p/zxing/

[21] ISO/IEC 18004:2000, "Information technology-Automatic identification and data capture techniques-Bar code symbology-QRCode," 2000.

[22] ISO/IEC 18004:2006, "Information technology-Automatic identification and data capture techniques-QR Code 2005 bar code symbology specification," 2006.

第 18 章
車載服務取得與應用

在營造成功的車載網路系統，重要的研究議題除了精確的車輛定位服務以提升資料傳輸的正確率外，如何讓使用者方便取得網路服務資訊更是非常重要。網路服務資訊搜尋與取得機制屬於自動化管理中重要一環，在車載環境目前尚未有專屬的標準或通訊協定，但我們可從數位家庭中所提出的技術或通訊協定移轉應用在車載網路環境中。在數位家庭當中，有許多的標準或者通訊協定被提出，諸如**萬用隨插即用**(Universal Plug and Play, UPnP)[1]、JXTA[2] 與**服務定址協定**(Service Location Protocol, SLP)[3]等。而在網路服務的存取當中，則以使用網頁瀏覽的 HTTP 為大宗。但是若為視訊串流或網路電話等服務，則將使用**服務初始協定**(Service Initial Protocol, SIP)[4] 作為服務存取的通訊協定。除此之外，異質的網路服務如何整合併能互相存取更是重要環節，我們這邊將介紹使用**開放式服務平台規範**(Open Service Gateway initiative, OSGi)[5] 進行毅值網路服務存取的架構。

18.1 服務取得之協定與標準

在這一小節，我們將介紹 UPnP、JXTA 與 SLP 等通訊協定或標準，以了解這些通訊協定或標準如何幫助使用者管理、查詢與取得網路服務。我們也將在這小節提出這些通訊協定或標準如何應用在車載網路環境中。

18.1.1 萬用隨插即用(UPnP)

UPnP 全名為**萬用隨插即用**(Universal Plug and Play) [1]，是由微軟根據隨插即用的概念所提出運用於**點對點**(Peer-to-Peer)架構的網路服務管理與搜尋標準。在 UPnP 環境中，能透過現有標準協定例如 HTTP、TCP、UDP、IP、XML 等進行運作，讓任何設備不需要安裝驅動程式即可彼此互相通訊。此構想亦源自於 DHCP，希望除了讓設備的網路位址自動取得之外，其他設定也能自動化取得，以達到操作容易、有彈性。只要設備一連上網路，無論是在家裡或是在公司等任何地點，皆能和其他設備互相發現、連結、使用以及控制,並且不需要做任何的設定。UPnP 包含了三個基本元件,如圖 18.1,分別為**服務**(Service)、**裝置**(Device)與**控制點**(Control Point)。服務為在 UPnP 所提供的服務,在規範中每個服務都提供了一組變數,用來記錄此服務目前的狀態以及表現服務的動作。例如,印表機列印服務,可能包含了像是開始、停止列印的動作以及目前是否為空閒或忙碌的狀態變數資訊。裝置則為 UPnP 存放服務的容器。而控制點則為 UPnP 中控制設備的角色,用來取得某裝置的描述說明、服務資訊、傳送動作訊息來控制服務,並可向有興趣的服務訂閱其狀態資訊,當服務狀態發生改變時,事件伺服器便會回傳事件給控制點。

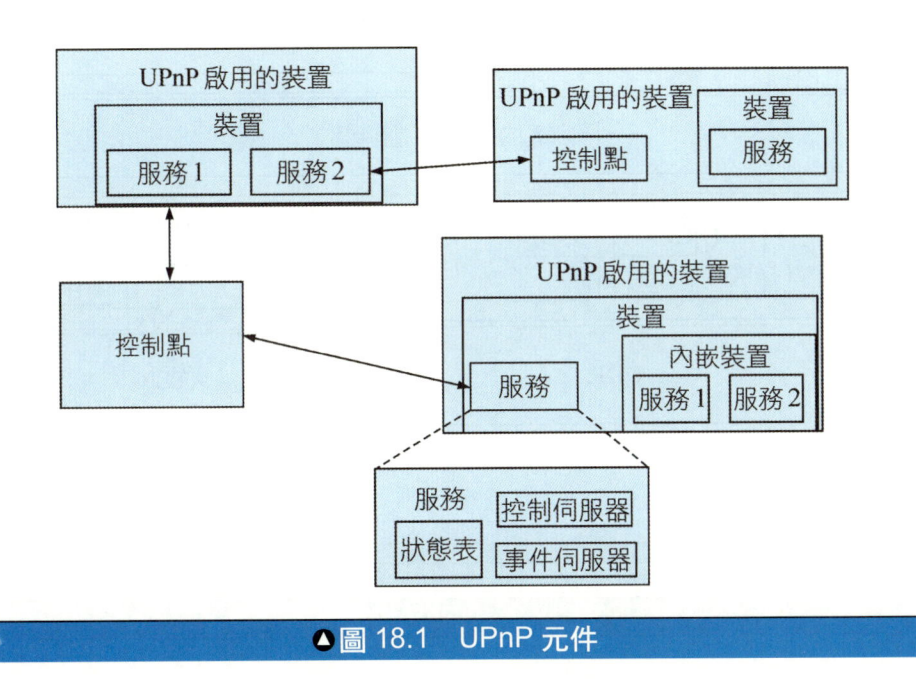

▲圖 18.1　UPnP 元件

而圖 18.2 則為 UPnP 的協定堆疊。由於 UPnP 沿用既有的標準通訊協定(HTTP、UDP、TCP、IP、XML),所以能夠達到輕易的跨平台。,以下將簡單描述比較少見協定的基本功能。

1. **超文件群播傳輸協定**(HTTPMU)和**超文件單點傳播傳輸協定**(HTTPU):為 HTTP 的延伸,以 UDP/IP 傳送訊息,被 SSDP 所使用。
2. **簡單服務發現協定**(Simple Service Discovery Protocol, SSDP):內建於 HTTPMU 和 HTTPU 裡,使裝置宣傳本身有提供哪些服務,同時控制

點如何發現網路上有哪些服務,並進而取得服務的資訊。

3. **一般事件通知結構**(Generic Event Notification Architecture, GENA):用來處理如何傳送訂閱的訊息以及如何接收通知訊息。

4. **簡單物件存取協定**(Simple Object Access Protocol, SOAP):定義如何使用 XML 和 HTTP 來執行遠端程序呼叫的方式,為網際網路上進行 RPC 通訊的標準,主要功能用來控制裝置。

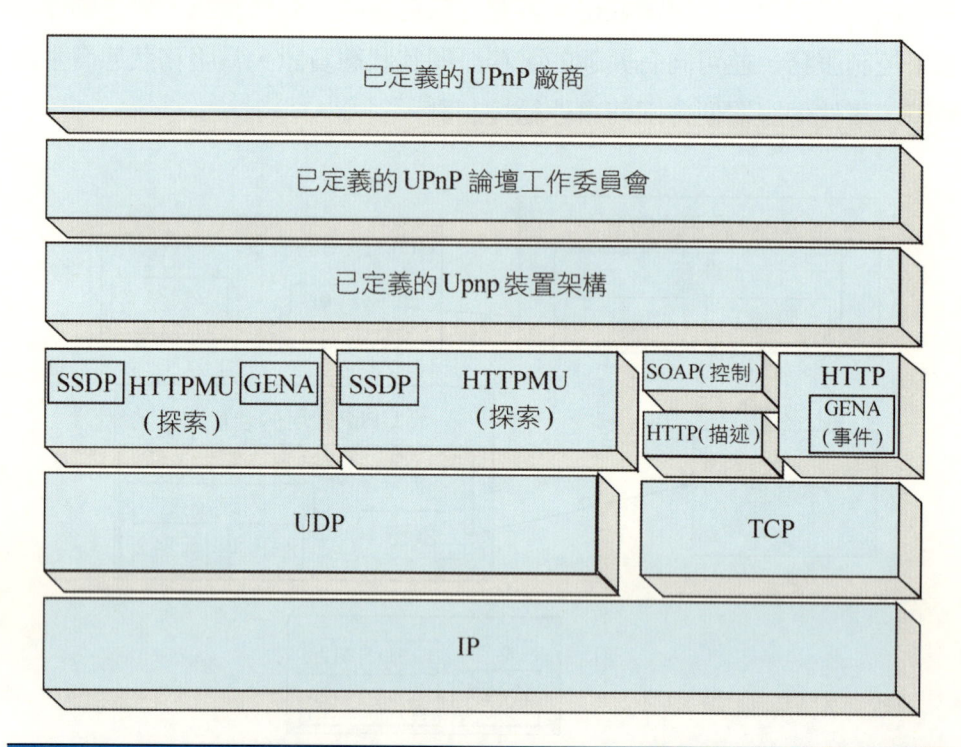

```
┌─────────────────────────────────────┐
│         已定義的 UPnP 廠商            │
├─────────────────────────────────────┤
│      已定義的 UPnP 論壇工作委員會      │
├─────────────────────────────────────┤
│        已定義的 Upnp 裝置架構         │
├──────────────┬──────────────────────┤
│ SSDP HTTPMU GENA │ SSDP HTTPMU │ SOAP(控制) │ HTTP  │
│    (探索)     │    (探索)    │ HTTP(描述) │ GENA  │
│              │              │           │ (事件) │
├──────────────┴──────────────┼───────────────────┤
│           UDP                │        TCP        │
├──────────────────────────────┴───────────────────┤
│                      IP                           │
└───────────────────────────────────────────────────┘
```

▲圖 18.2　UPnP 協定堆疊

而當 UPnP 設備連接到網路後,將能有下列幾項基本運作流程,如圖 18.3 所示。

1. **定址**(Addressing):當設備連接上網路之後,必須取得一個 IP 位址,而 UPnP 網路連線的基礎是 TCP/IP 通訊協定套件,此套件主要目的就是負責定址任務,除了使用者自行設定 IP 位址之外,UPnP 設備將會搜尋**動態主機配置協定**(Dynamic Host Configuration Protocol, DHCP)伺服器,並取得所發配的 IP 位址。

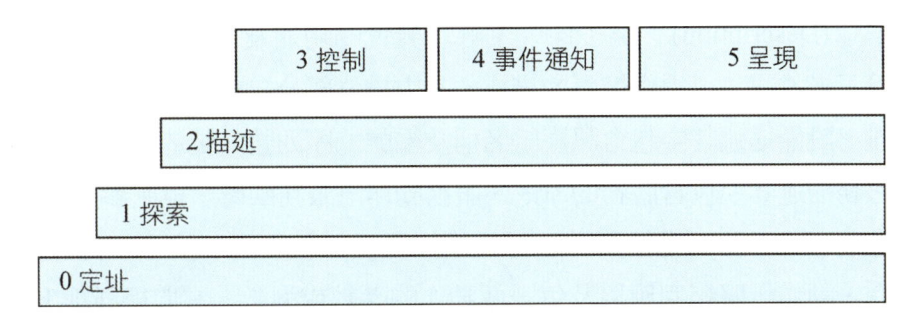

```
┌─────────────┐  ┌─────────────┐  ┌─────────────┐
│   3 控制    │  │  4 事件通知 │  │   5 呈現    │
└─────────────┘  └─────────────┘  └─────────────┘
┌──────────────────────────────────────────────┐
│                  2 描述                      │
└──────────────────────────────────────────────┘
┌────────────────────────────────────────┐
│              1 探索                    │
└────────────────────────────────────────┘
┌──────────────────────────────────┐
│           0 定址                 │
└──────────────────────────────────┘
```

▲圖 18.3　UPnP 運作流程

2. **探索**(Discovery)：當設備取得 IP 位址之後，就會進行服務發佈以及服務搜尋的動作。而 UPnP 探索動作所使用的協定為**簡單服務發現協定**(Simple Service Discovery Protocol, SSDP)，其中內建於 HTTPMU(群播)和 HTTPU(單點傳播)裡，使裝置宣傳本身有提供哪些服務、控制點如何發現網路上有哪些服務，並進而取得服務的資訊。如圖 18.4，當設備加入網路後，會以群播的方式發送 SSDP 訊息，發佈本身的設備及服務，內容包含類型、識別碼以及一份描述相關資訊的 XML 文件。當設備要主動搜尋所需要的服務時，也會以群播的方式發送 SSDP 中的 M-SEARCH 訊息來尋找服務，而被尋找的設備將以單點傳播的方式回覆其相關資訊。

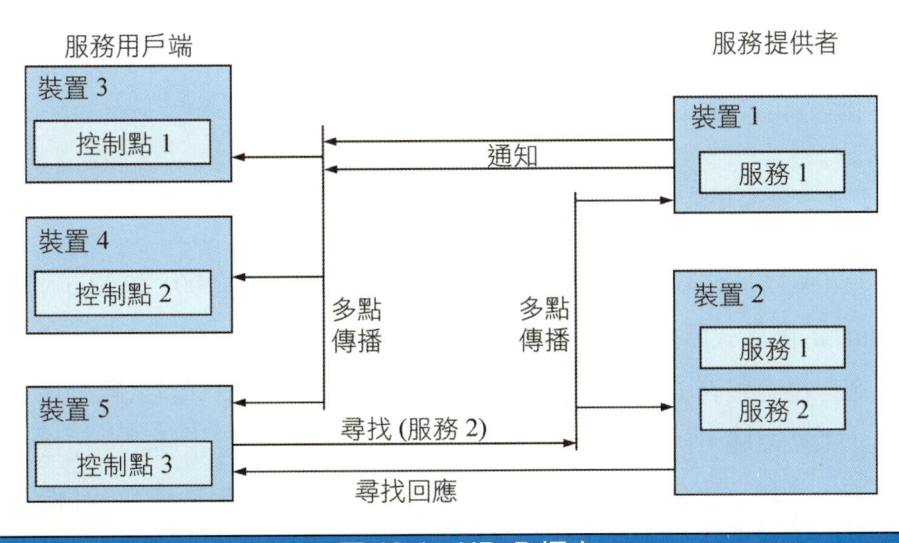

▲圖 18.4　UPnP 探索

3. **描述**(Description)：為了深入了解該裝置的功能及如何控制，UPnP 定義了描述訊息，提供裝置的描述。其中描述部分成設備描述以及服務描述。設備描述其中包含訊模組名稱及編號、序列號、製造商名稱等等。服務描述其中包含服務的命令、服務動作、服務回應、控制參數等等。

4. **控制**(Control)：當控制點取得設備描述後必須更進一步了解此設備指令、動作、服務回應以及每一個動作的參數或引數。當取得詳細 UPnP 描述後，就能進行控制動作。而 UPnP 所使用的控制協定為**簡單物件存取協定**(Simple Object Access Protocol, SOAP)，此協定定義了如何使用 XML 和 HTTP 來執行遠端程序呼叫的方式，為網際網路上進行 RPC 通訊的標準，主要功能用來控制裝置。

5. **事件通知**(Event)：服務進行的整個時間內，只要變數值發生了變化或者模式的狀態發生了改變，就產生了一個事件，系統將修改事件列表的內容。隨之，事件伺服器把事件向整個網路進行廣播。另一方面，控制游標也可以事先向事件伺服器預約事件資訊，保證將該控制游標感興趣的事件及時準確地傳送過來。而 UPnP 發佈事件的格式為**一般事件通知結構**(Generic Event Notification Architecture, GENA)，主要用來處理如何傳送訂閱的訊息以及如何接收通知訊息。

6. **呈現**(Presentation)：呈現則是用 HTML 為基礎的介面用以檢視及控制裝置的狀態，如果裝置有進行呈現網頁 URL，控制點就可以從這個 URL 取得網頁，並將該網頁載入到瀏覽器，根據該網頁的功能容許使用者控制裝置以及檢視裝置狀態。

18.1.2　JXTA

JXTA 為 juxtapose(並列)的簡寫，是起源自於一個 2001 年 Sun Microsystems 的開放式原始碼計畫。這計畫包含了許多**點對點**(Peer-to-Peer)的協定，這些協定定義了一組 XML 訊息，將任何網路設備(蜂巢式行動電話、PDA、大型電腦、伺服器)視為一個點，這些點可彼此互相通訊、監控、組成群體、發現、宣傳服務，以達成分散式網路架構。根據規範 [2] 得知，使用 JXTA 所開發出來的 P2P 應用程式可以具備以下幾個特點：

1. 能動態的找尋其他點,且不受防火牆與 NAT 等機制限制。
2. 能在任意的網路拓撲中提供簡單的分享服務機制。
3. 可找尋任一點的網路位置資訊。
4. 能以點群體為單位來提供服務。
5. 提供點遠端監控。
6. 提供點間安全加密通訊機制。

由規範可知 JXTA 的軟體架構分為三層,如圖 18.5 所示。其中**核心層**(Core Layer)主要負責處理點、點群組的建立、通訊、安全、管理以及路由等功能。

服務層(Service Layer)的功能主要在負責較高階的網路服務概念,像是編排、修改、搜尋、資源聚集、協定轉換、認證以及檔案分享等功能。而**應用層**(Application Layer)則包含了各類整合性的 P2P 應用程式實作,例如 P2P 即時訊息、P2P 電子郵件系統、分散式拍賣系統等等。

而 JXTA 也定義了幾個基本元件,以下將簡單介紹它們的功用。首先是點,在 JXTA 網路是由一群互相連接的節點所構成,而這些節點即稱為點。每一個點皆擁有獨一無二的識別碼點 ID 用以區別。每個點將把點 ID 視為邏輯位置以此互相連結,並成立虛擬網路植基於網際網路或非 IP 網路之上,這使得點與點即使位在不同的網路架構下,像是有 NAT 或防火牆,

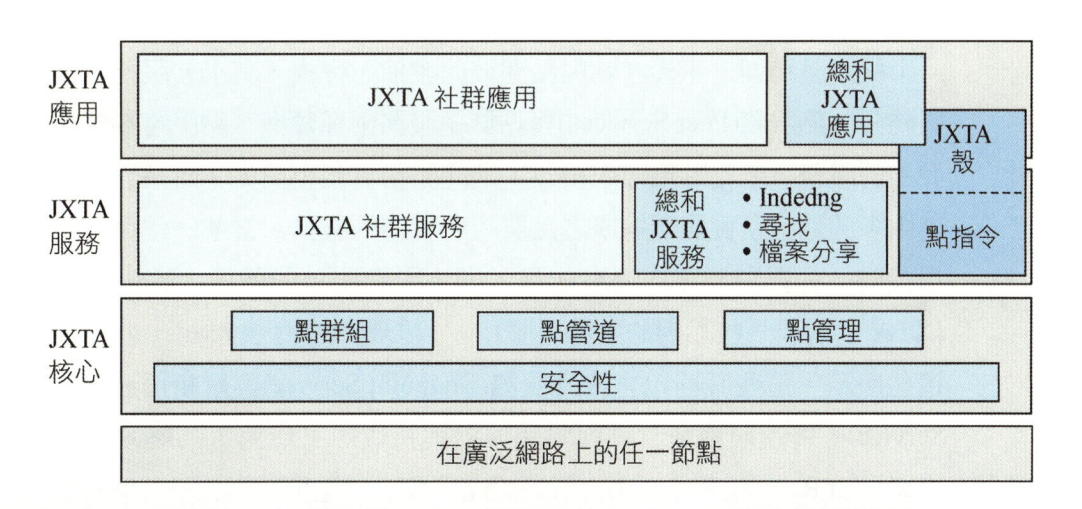

▲ 圖 18.5　JXTA 軟體架構

或是在移動網路環境中,仍然能夠與其他點互相通訊。點可以為任一型態且實作 JXTA 協定的網路設備(如感應器、PC、PDA、手機)。一個實體設備可以扮演多個點,且亦可以將多個實體設備集合為一個點。點能使用各種不同的通訊協定彼此溝通,因此像是 TCP/IP、HTTP、藍芽以及 GSM 都能被納入 JXTA 的架構內。其所形成之網路概念圖如圖 18.6 所示。JXTA 將點分為四種類型,分別為**精簡功能端點**(Minimal Edge Peer)、**全功能端點**(Full-Featured Edge Peer)、**會合點**(Rendezous Peer)與**中繼點**(Relay Peer)。精簡功能端點只能單純收送訊息,本身無法暫存公告,亦無攜帶至其他點的路由資訊。全功能端點除了能收送訊息,且能夠暫存公告,並提供其他點查詢所暫存的公告,但沒有提供幫忙轉送查詢需求的服務。會合點通常做為點群組的集中地,暫存大量的公告和路由資訊,並且維護此群組點的拓撲結構。點群組裡可以有很多個會合點,且任一個點均可以變為會合點。中繼點則是維護點之間的路由資訊。點要傳送訊息至另一個點時,會先查看本身是否有暫存此路由資訊,若沒有,則向中繼點查詢,以取得資訊。中繼點亦可以幫忙轉送訊息,通常用於協助在防火牆及 NAT 之後的點路由。

接著是點群組,點群組由一群點所構成,提供一些一般常用、本身所需要、且有興趣的服務。點群組的成員可位在不同等級的安全區域。點群組也擁有獨一無二的點群組 ID。點可以同時加入多個點群組,在預設狀況下,通常所有點是被主動加入至網路點群組裡。

網路服務則是定義在點與點間彼此發佈、尋找、請求的服務。這類的服務分為**點服務**(Peer Services)與點群組服務兩種類型。點服務為僅由點所發佈的服務,若此點離線或損毀,則此服務實體也消失。而點群組服務則為由多個點服務實體所組成之點群組所發佈的服務,當某一個點離線或是損毀時,只要點群組內尚有成員,則不影響服務的傳送,容錯力較高。JXTA 定義了一些必備的點群組服務,只要點加入了此群組,就必須實作這些服務。這些服務包含**終端服務**(Endpoint Service)與**解析服務**(Resolver Service)。終端服務負責點與點間傳遞與接收訊息使用,為**終端繞送協定**(Endpoint Routing Protocol)。解析服務則負責發送詢問訊息至其他的點,以取得任何資訊。此外其他選擇性的標準服務也可以被實作於點中,這些服

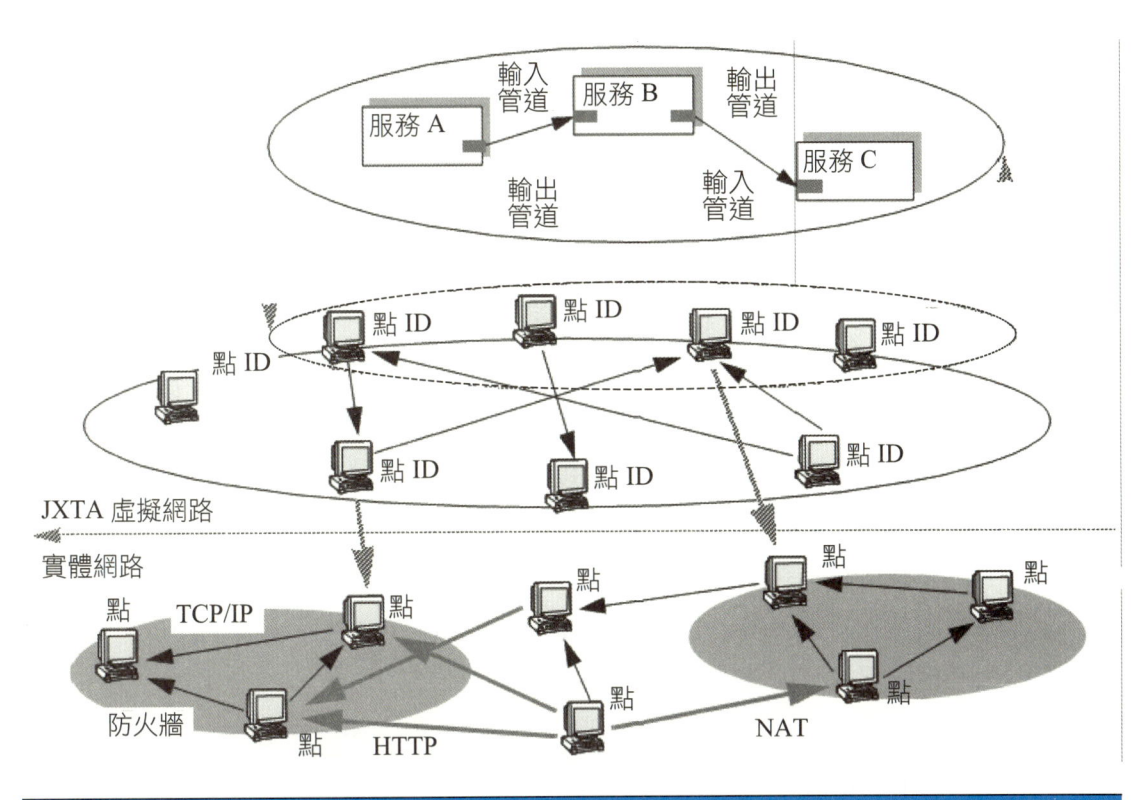

▲ 圖 18.6　JXTA 虛擬網路架構

務為**探索服務**(Discovery Service)、**會員服務**(Membership Service)、**存取服務**(Access Service)、**管道服務**(Pipe Service)與**監控服務**(Monitoring Service)。探索服務提供點查詢點群組裡有提供哪些服務。會員服務則為點成員建立安全性 ID，此 ID 允許應用程式以及服務決定誰需要執行運作，以及此運作是否被允許。存取服務則負責接收、決定、認證某點所送來的請求是否生效。管道服務負責創造以及管理點所產生管道的連線。最後監控服務是讓點群組裡的成員監控其他的成員時使用。

在 JXTA 裡的組件提供了一些 Java class、jar file、DLL、XML file 或是 script 等。組件內的成員可被點使用來實作服務、訊息傳輸等功能。此抽象化組件包含了三個部分，分別為**組件類別**(Module Class)、**組件規格**(Module Specification)與**組件履行**(Module Implementation)。組件類別用於定義一個行為，以供實作使用，每一個組件類別皆有一個獨一無二的 ID，稱為 Module Class ID。組件規格主要用於存取組件的資訊，像是**管道公告**

(Pipe Advertisement)用來與服務通訊。因此組件規格包含了組件類別，以提供某些功能。每一個組件規格亦有一個 ID，稱為 Modul Spec ID。Modul Spec ID 內嵌了 Module Class ID，以指示連接對應的組件類別。而組件履行則實作組件規格。同一個組件規格可以有多個組件履行。

IDs 為識別碼，每一個 JXTA 的資源(如點、點群組、公告、服務等等)都需要唯一的識別碼。識別碼的命名須遵循 URN 命名空間。

公告(Advertisement)則是用來描述服務資源，是由 XML 組成。每個點用公告來命名、描述、發佈網路資源(如點、點群組、管道、服務)。點可宣傳公告，或是取得其他點的公告。每一個公告皆有其存活時間，以表示資源的有效期限。JXTA 的公告類型有點公告、點群組公告、管道公告、組件類別公告、組件規格公告、組件履行公告、會合公告與點訊息公告等。每個公告皆代表者一份 XML 的文件，由許多屬性階層式的組成，用以描述相關資源。如圖 18.7 所示為一個管道公告。

```
<? xml version="1.0"?>
<! DOCTYPE jxta:PipeAdvertisement>
<jxta:PipeAdvertisement xmlns:jxta="http://jxta.org">
<Id>
urn:jxta:uuid-
    5961626164662614E504720503250338E3E786229EA460DADC1A176B69B731504
</Id>
JxtaUnicast
</Type>
<Name>
TestPipe
</Name>
</jxta:PipeAdvertisement>
```

▲圖 18.7　管道公告的例子

訊息則代表 JXTA 的服務以及應用程式通訊時，所傳輸的訊息。由 XML 構成，點之間交換資訊的基本單元，透過終端服務、管道服務、JXTASocket、JXTABiDiPipe 來進行傳輸。而管道則為點在傳送或接收訊息時所產生的管道，是非同步、單向、不可靠、虛擬的邏輯管道。管道可分為 Input(收)和 Output(送)點。管道能夠動態的繫結至一或多個點的端點上，以便當某點離線或是發生損壞時，能重新做動態繫結，高容錯力。管道提供三種模式做通訊，分別為**點對點管道**(Point-to-Point Pipes)、**傳播管道**(Propagate Pipes)與**安全單點傳播管道**(Secure Unicast Pipes)。點對點管道為兩管道做單向傳輸，一個管道傳送，另一個管道接收。傳播管道則為一個管道送，多個管道收，類似群播傳送。而安全單點傳播管道為上述點對點管道的一種類型，但可提供安全、可靠的通訊管道。圖 18.8 為點對點管道與傳播管道的示意圖。JXTASocket 和 JXTABiDiPipe 則屬於較高階的傳輸方式，可用於雙向、可靠、安全，優於管道傳輸。因此，當 P2P 網路中的資源，需要有不同安全級別的存取限制時，除了傳送時可用前述不同類型的管道傳送資訊，在 JXTA 也將安全認證與授權等機制以保障使用者權利。

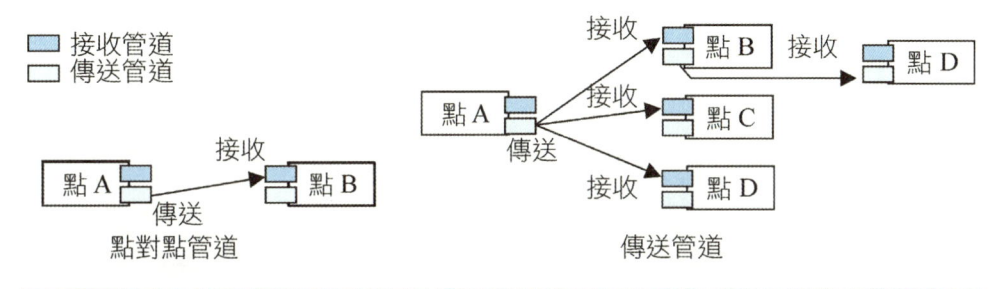

▲圖 18.8　點對點和傳播管道

最後將簡單介紹 JXTA 計畫所使用的一些協定。如圖 18.9 所示，為 JXTA 通訊協定的架構。**對等探索協定**(Peer Discovery Protocol)可用於點發佈本身所提供的公告以及用於點發現、尋找其他點所提供的公告。而**對等解析協定**(Peer Resolver Protocol)讓點可以查詢其他點的任何解析資訊，不論是否屬於同一個群組，如點名稱對應的 IP 位址(DNS)，IP 承接口對應的埠號以及服務對應的網路位置等等。**對等資訊協定**(Peer Information Protocol)則定義了點取得其他點的狀態資訊，如是否在線、運行時間、流量等屬性值。**節點集中協定**(Rendezvous Protocol)能讓點向會合點訂閱所暫存的服務資訊。若本身會合點則可負責傳播服務資訊給所屬點群組範圍內的點。**管道連接協定**(Pipe Binding Protocol)則是讓點繫結二或多個管道端點至另一個點的端點上，進行訊息傳送。而端點繞送協定則是當點要傳送訊息至另一個點時，可使用此協定來尋找路徑，向中繼點詢問路由訊息。

497

▲圖 18.9　JXTA 通訊協定架構

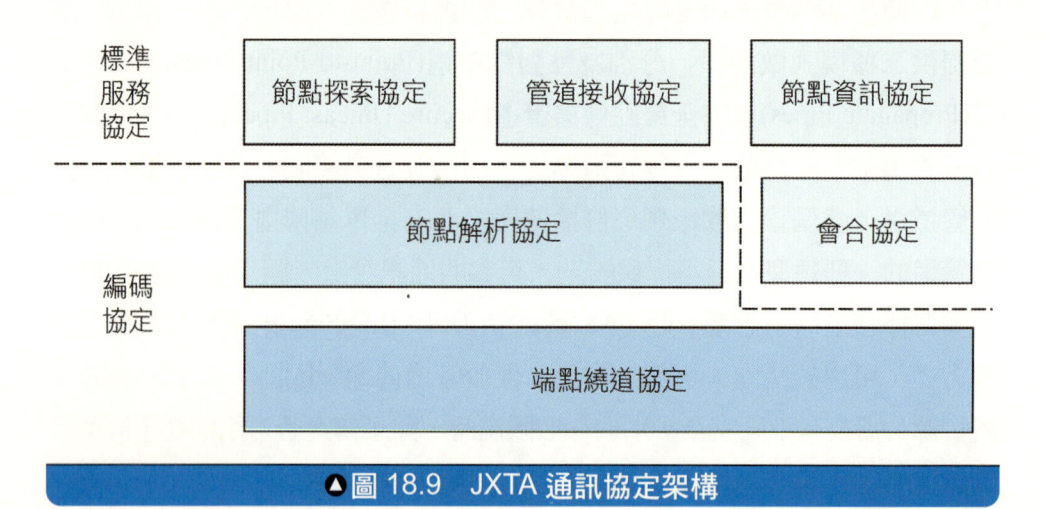

18.1.3　SLP

服務位址協定(Service Location Protocol, SLP)是由 IETF [3] 所制定的標準協定，它提供了一種可擴展、有彈性的架構，讓使用者無論走到何地，皆可以透過 SLP 在網路上動態的找尋可用的服務位址及其相關資訊，這樣的彈性大大提升了電腦設備的可攜性。SLP 可讓使用者自行設定想要提供的服務類型，並設定屬性描述此服務，再使用 SLP 發佈在網路上，以供他人取用。此外，當使用者想取得特定服務時，亦可使用 SLP 過濾篩選，以取得所需要使用的服務。SLP 的應用環境除了在企業區域網路外，一些商用區域網路也很適用。而 SLP 在提供網路服務時，是採用主／從架構，用戶端向伺服器提出所要尋找的服務需求，以取得伺服器回應的服務資訊。另一方面，伺服器則是負責蒐集網路下各種不同的服務資訊，以提供給用戶端查詢使用。

根據規範可知 [3]，SLP 的元件主要分成三個部分，分別為**使用者代理人**(User Agent, UA)、**服務代理人**(Service Agent, SA)與**目錄代理人**(Directory Agent, DA)。UA 為一個應用程式，用來替使用者向服務代理人或是目錄代理人查詢所需要服務的位址以及相關資訊。多半為一台 PDA、手機、或是筆記型電腦等可移動的電腦設備。SA 則為一個應用程式，佈屬於一個區域中,用來向 UA 或 DA 宣傳一或多種的服務,較適用於一般小型區域網路。DA 則為一個應用程式,用來蒐集多個 SA 所宣傳的服務,以供 UA 查詢使用。

UA、SA 與 DA 的搭配運作,可分為兩種,分別是分散式互動與集中式互動。分散式互動環境適用於小型的區域網路裡,可為一或多個 SA 以及一或多個 UA 所構成。而集中式互動環境較適用於中型或大型的企業網路裡,通常都會擁有較多個 SA,相對的網路負載也會比較重,因此可使用一或多個 DA 來當作服務資訊的集中地,**快取**(Cache)多個 SA 所註冊的服務,並定時從 SA 取得更新或註銷的訊息,使 UA 不再需要向多個 SA 進行查詢,以降低網路負載,提高速率。而多個 DA 可儲存相同的 SA 資訊,以免某個 DA 壞了導致癱瘓,容錯力高。以下即將介紹上述兩種互動環境的過程。

圖 18.10 所示之架構為 SLP 分散式互動的環境。為一個小型區域網路,由多個 SA 負責宣傳本身提供的服務,供 UA 做查詢。首先,由 UA 主動向多個 SA 發出**多點傳播服務需求**(Multicast Service Request)的請求訊息,以取得所需服務資訊。之後每個 SA 便核對適當的服務資訊,分別回應**單點傳播服務協定**(Unicast Service Reply)訊息給 UA。如果說該網路沒有支援多點傳播的話,即採用廣播(Broadcast)。

在圖 18.11 中說明了 UA 以及 SA 如何發現 DA 的所在位址。DA 有兩種方式可以被 UA 以及 SA 發現。第一種是由 DA 主動定時發出**多點傳播 DA 公告**(Multicast DA Advertisement)訊息給 UA 和 SA。第二種是當 UA 或 SA 剛連上網路時錯過了某時段的 DA 公告訊息,卻又想立即使用

▲ 圖 18.10　UA 向 SA 查詢並取得服務資訊的過程

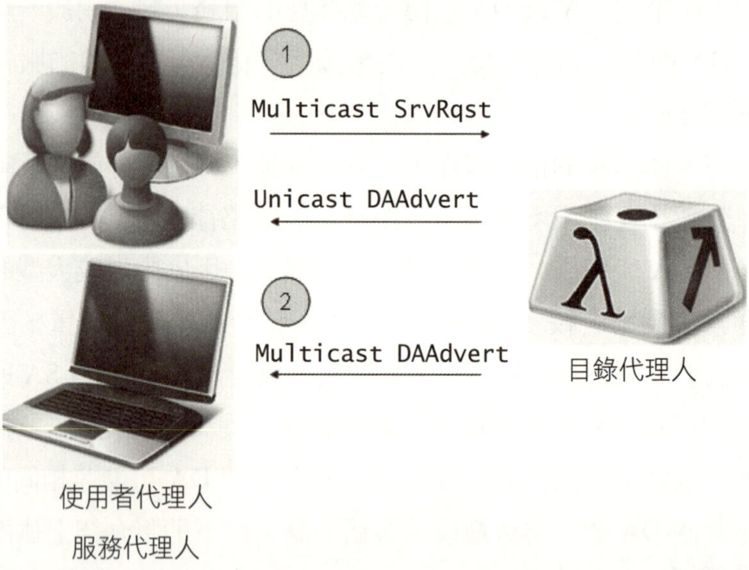

▲ 圖 18.11　UA 和 SA 發現 DA 的過程

DA，則 UA 或 SA 將主動發出**多點傳播服務需求**(Multicast Service Request)的請求訊息，其查詢服務類型為 service：directory-agent，用以表示要尋找 DA 這項服務。

當網路上多個 DA 收到之後，即會分別回應**單點傳播 DA 公告**(Unicast DA Advertisement)訊息給 UA 或 SA，告知其所在。而 UA 要發現 SA 也跟上述 UA 或 SA 發現 DA 的方式一致，只是將請求訊息中的查詢服務類型改為 service：service-agent 即可。

圖 18.12 所示之架構為 SLP 集中式互動的環境。通常為中型或較大型的企業網路，多個 SA 向一或多個 DA 註冊本身所提供的服務資訊，供 UA 做查詢。首先由每個 SA 發出**單點傳播服務註冊**(Unicast Service Register)的訊息，向 DA 註冊自己所提供的服務資訊，接著 DA 回應**單點傳播服務確認**(Unicast Service Acknowledgement)訊息給 SA，用以確認註冊是否順利完成。之後 UA 只需向單一個 DA 發出**單點傳播服務需求**(Unicast Service Request)訊息，索取所需服務資訊，等待 DA 回傳**單點傳播服務回應**(Unicast Service Reply)訊息，當中挾帶服務資訊給 UA 即可。

使用者代理人　　　　　　　　　　服務代理人

目錄代理人

① Unicast SrvReg　③ Unicast SrvRqst
② Unicast SrvAck　④ Unicast SrvRply

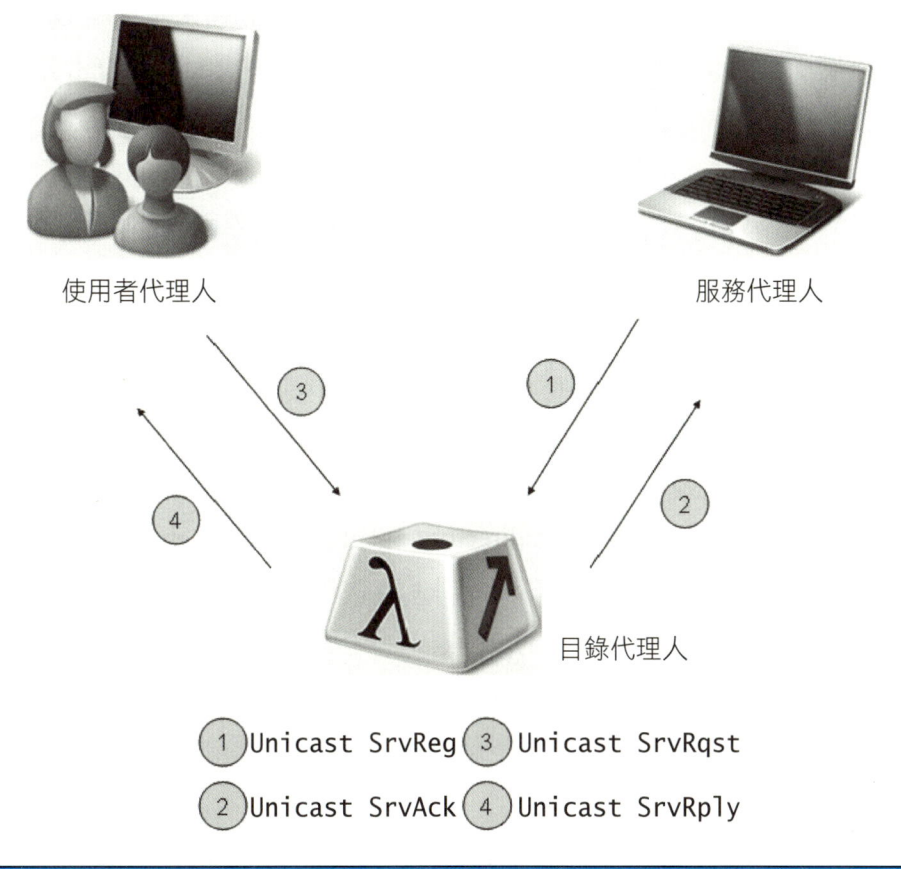

▲圖 18.12　SA、DA 與 UA 搭配運作流程

　　在 SLP 裡，服務的位置格式為 service：<srvtype>：//<addrspec>，<srvtype> 即為 SLP 服務類型，可分為一般類型以及抽象類型。在一般類型上，通常為任何標準網路通訊的協定，如 http、lpr，例如：service：http。而在抽象類型方面，其格式為 service：<abstract-type>：<concrete-type>，<abstract-type> 代表抽象的服務類型，如 printer，<concrete-type> 則表示實際的服務類型，如 http，例如：service：printer：http。<addrspec> 則為主機名稱或是 IP 位址。

　　在一般類型以及抽象類型之後可加入特殊的子字串，以 "‧" 字元做為區隔，此子字串稱為**命名授權**(Naming Authority)。同樣的服務類型使用不同的命名授權代表不同的服務類型。例如：service：printer.one：lpr 和 service：printer.two：lpr，兩者代表不同的服務類型。

以下為 SLP 服務位置的範例。假設 UA 發出服務需求訊息給 DA，要求服務型態為 service：printer，則經配對過濾之後，找出兩個符合此服務類型需求的服務位址，分別為 service：printer：lpr：//myprinter.com、service：printer：http：//hostprinter.com。

SA 和 DA 通常在使用時，都會涵蓋一或多個有效範圍(Scope)，像是一層樓、一棟建築、一間實驗室裡有哪些服務資訊，用以群組方式管理，方便在查詢時過濾使用。範圍預設則以 DEFAULT 表示。至於 UA 則是可有可無，可以設定一或多個範圍，也可以不用設定。

在不用設定範圍的情形下，表示 UA 在查詢時能發現網路上任何有效範圍裡所提供的服務資訊。在此有兩個例外，當 UA 發出服務需求訊息中，其服務類型分別為 service:directory-agent 和 service:service-agent 時，也就是要發現 DA 或 SA 時，Scope-List 為 0。

圖 18.13 為假設 UA 要找尋 X 和 Y 兩個範圍裡的服務資訊，因為 X 範圍的網路環境為分散式互動網路，因此 UA 則使用多點傳播服務需求給多個 SA。而 Y 範圍為集中式互動網路，因此使用單點傳播服務需求給一個 DA。

SLP 封包是由一個 SLP 訊息標頭加上 SLP 訊息所組成，如圖 18.14 為 SLP 訊息標頭格式。Version 欄位用來描述 SLP 的版本。Function-ID 欄位

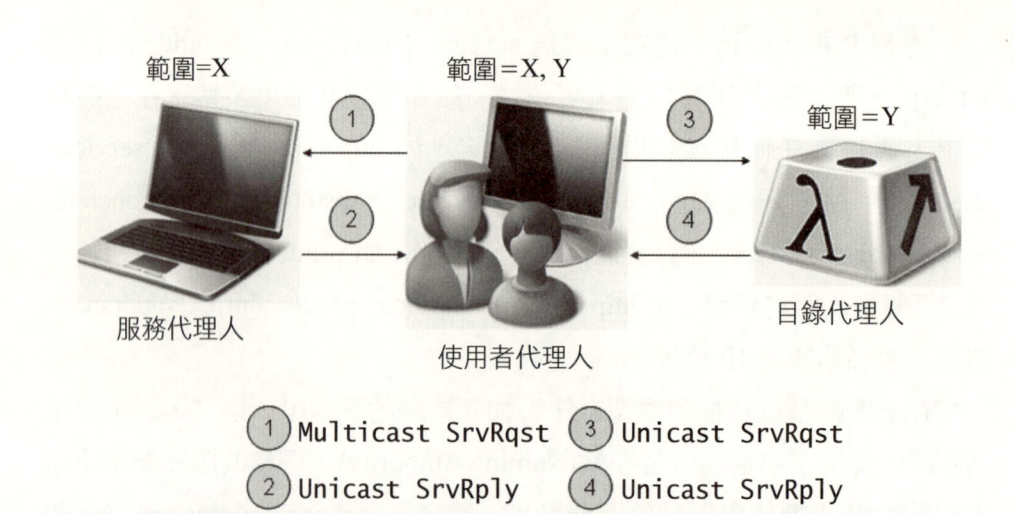

▲圖 18.13　UA 進行範圍查詢

0	1	2	3	4
Version	Function-ID	Length		
Length, contd.	O|F|R	reserved	Next Ext Offset	
Next Extension Offset, contd.		XID		
Language Tag Length		Language Tag		

▲圖 18.14　SLP 訊息標頭

用來描述 SLP 訊息的形式。Length 欄位用來描述 SLP 封包的長度。OFR 為控制旗標。XID 欄位為連線序號。Language Tag 欄位用來描述訊息發出需求以及回應所要使用的共同語言(如 en、de)。

而控制旗標共有三個，<O> 代表 OVERFLOW Flag (0x80)，用來表示訊息是否有超過資料包的長度限制。<F> 代表 FRESH Flag(0x40)，當 SA 向 DA 重新註冊某服務時，若設定此旗標，則蓋過原先的服務訊息，若沒設定則代表更新原先服務訊息的某些內容。<R> 代表 REQUEST MCAST Flag(0×20)。用來決定發佈的訊息是否要使用多點傳播來發送。

SLP 定義了以下 11 種 SLP 訊息的形式：

1. **服務需求**(Service Request)：用於尋找服務。使用者可依照個人的喜好，設定想搜尋的服務類型、服務範圍(scope-list 欄位)以及設定某些服務的屬性。
2. **服務回應**(Service Reply)：主要為 SA 或 DA 回傳查詢結果以及回覆錯誤訊息。回覆的資訊將存放於 URL Entry 欄位，其中包含了完整的服務資訊，例如服務位置、服務的存活時間以及安全認證等等。
3. **服務註冊**(Service Registration)：為 SA 向 DA 註冊服務所發送的訊息，當 DA 回傳 Service Acknowledgment 確認訊息後即代表註冊成功。
4. **服務註銷登記**(Service Deregister)：用於 SA 向 DA 註銷服務所發送的訊息。當 DA 回傳 Service Acknowledgment 確認訊息後即代表註銷成功。
5. **服務確認**(Service Acknowledge)：用於 DA 回覆 SA 註冊成功的訊息。
6. **屬性需求**(Attribute Request)：UA 可以使用此訊息來得知某個服務所提

供的屬性(如 service：http：//myhost.com)或某服務類型範圍內，所有服務的屬性(如 service：http)。並可依 Tag-list 來取得所需要的幾個屬性值，不需全部取得。

7. **屬性回應**(Attribute Reply)：為 SA 或 DA 回傳符合的屬性資訊給 UA，回傳的屬性資訊則存於在 attr-list 欄位中。
8. **DA 宣傳**(DA Advertisement)：用於 DA 宣傳本身資訊的訊息。URL 欄位內容為 service：directory-agent：// <addrspec>)。
9. **服務類型需求**(Service Type Request)：UA 可以使用此訊息來得知目前網路上的 SA 或 DA 提供了哪些服務類型(可查詢 Naming Authority)。
10. **服務類型回應**(Service Type Reply)：為 SA 或 DA 回傳所有的服務類型給 UA。
11. **SA 宣傳**(SA Advertisement)：用於 SA 宣傳本身資訊的訊息，URL 欄位內容為 service：service-agent：// <addrspec>。

18.1.4　服務取得協定於車載網路下的應用

　　如何在車載網路環境中使用 SLP 或 UPnP 等技術可以分為兩個層面探討，即車內環境與車外環境。而車外環境即包含了車與車間的通訊環境與車與道路通訊設施的通訊環境。首先是在車內環境的應用方面，這個層面比較單純，將應用在數位家庭環境中的 SLP 或 UPnP 等技術移植到車內環境即可使用。以 SLP 而言，只要在車內架設 DA 或 SA，再讓使用者的手持裝置執行 UA 即可提供服務搜尋功能了，而 UPnP 則更為簡單。

　　但在車外環境的應用則是一個新的研究課題。以 UPnP 的架構來看，並不具備在廣域網路間進行服務的管理與搜尋的能力。但是 JXTA 的架構卻非常適合應用於這樣的環境中。我們可將每個使用者的手持裝置視為一個點，而在同一部車上的點可以形成一個點群組。而裝載在車上的車機則可扮演會合點與中繼點。如此一來 JXTA 的架構即可恰當的運作在車載網路的環境中了。

　　在 SLP 方面，我們可將裝設在道路周邊的裝設加設 DA 的能力。如此一來道路周圍將有多個 DA 可形成類似細胞網路架構的 SLP DA 網路。在每個區域的 DA 可收集路邊商家所提供的 SA 註冊的服務。如此一來在車上使用者的手持裝置或者車機即可使用 UA 搜尋在此區域所提供的服務。然而，這樣的架構卻存在一些隱憂。首先若是搭乘大眾交通運輸工具的眾多使用者同時進行服務查詢，則大量的封包湧入 DA 可能造成系統或網路過載。其二，若大眾交通運輸工具上的車機同時扮演 DA 的角色，則當路邊商家所提供的 SA 進行服務註冊時，將可能干擾到原本區域的 DA 運作。因此，SLP 在車載網路環境下的運用將是個值得研究的課題。

18.2 服務存取之協定

在網路服務的存取當中，則以使用網頁瀏覽的 HTTP 為大宗。但是若為視訊串流或網路電話等服務，則將使用 Session Initial Protocol(SIP)[4] 作為服務存取的通訊協定。因此，在這小節將簡單介紹 SIP 與討論 SIP 在車載網路的應用。

18.2.1　SIP

會話初始協定(Session Initiation Protocol, SIP)為一種使用來連線服務管理的通訊協定，起初是由哥倫比亞大學 Henning Schulzrinne 教授和其研究小組於 1996 年向 IETF 所提出的草案，並於 2001 年正式發佈 RFC3261 規範[4]，其後於數份 RFC 中，新增加強了許多關於安全性以及身份認證等領域的內容，如表 18.1。

▼表 18.1　SIP 相關 RFC 文件

RFC 文件編號	說　明
RFC3261	SIP 的基礎
RFC3262	管理應答關係
RFC3263	建立 SIP Proxy 的規則
RFC3264	提供具體的 offer/answer 模型
RFC3265	具體的事件表示

在每個 SIP 帳號中，皆以獨一無二固定不變的 SIP URI 位址來表示，以達到終端連線的目的。SIP URI 的格式相似於 E-mail 位址，其格式為 sip:usrost，例如 sip:harryhu.edu.tw。

在 [4] 中所定義的 SIP 主要運作的元件有四種，分別為使用者代理人、登錄伺服器、代理伺服器以及轉向伺服器。每一個使用者代理人皆擁有一個 SIP URI，並可扮演用戶端的角色來發送 SIP 訊息或是扮演伺服器的角色來接收 SIP 訊息，以建立連線彼此互相通訊。登錄伺服器負責管理並維護使用者代理人的 SIP URI 資訊，當使用者輸入了 SIP 身份認證帳號和密碼登入至登錄伺服器中時，便會將 SIP URI 對應 IP 位址儲存到資料庫裡，使用者代理人必須隨時的向登錄伺服器更新 SIP URI 所對應的 IP 位址，以讓其他使用者代理人能透過 SIP URI 輕易的找到受話方的使用者代理人。代理伺服器負責轉送使用者代理人以及其他代理伺服器所發出的 SIP 訊息，通常設置在一區域中。轉向伺服器則是記錄每個區域代理伺服器的資訊。

如圖 18.15 所描述，當使用者代理人想與某個受話方使用者代理人通話時，便將 SIP 訊息先傳送給當地的代理伺服器，由代理伺服器向登錄伺服器查詢受話方使用者代理人的 SIP URI 所對應的 IP 位址，若是登錄伺服器中有存在此筆記錄，則表示為同一區域，代理伺服器便直接轉送 SIP 訊息至受話方。若記錄不存在，則表示受話方可能不在同一區域中，此時代理伺服器改向轉向伺服器查詢其他區域的代理伺服器位址資訊，再將 SIP 訊息轉送給其他代理伺服器，最後傳送給受話方進行通話。

SIP 訊息包含三個部分，分別為**起始行**(Start-Line)、**訊息標頭**(Message-Header)以及**訊息內容**(Message-Body)。起始行的格式根據訊息類型為**要求**(Request)或**回應**(Response)有所不同。在訊息類型為要求時，起始行的格式為要求方法(Request Method)(需求目的)、SIP URI 再加上 SIP 的版本，基本的要求方法分為六種，如表 18.2。在訊息類型為回應時，起始行的格式為 SIP 的版本、狀態碼(Status Code)(Request 執行情況)、狀態碼的簡短描述。基本的回應狀態碼分為六種，如表 18.3。在 [4] 中定義了許多個 SIP 的訊息標頭，例如 Via、From、To、Call-ID、Content-Type、Content-Length 等等。總共分成四類，分別為**一般標頭**(General-Header)、**實體標頭**

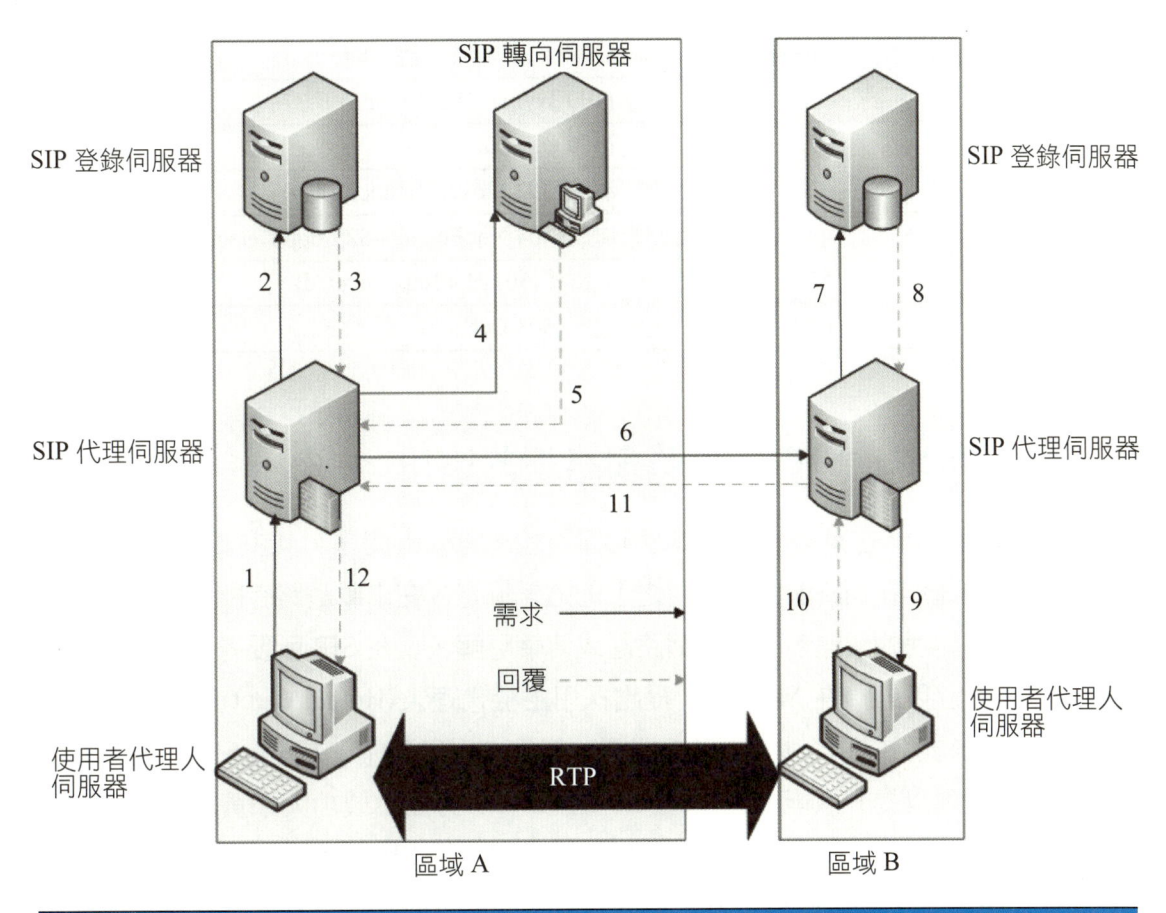

▲圖 18.15　SIP 通訊流程

(Entity-Header)、**請求標頭**(Request-Header)、**回應標頭**(Response-Header)。而在訊息內容訊息主題部分，是透過 SDP 協定攜帶協商訊息進行溝通。

▼表 18.2　SIP 請求方法

方　法	說　明
REGISTER	向 SIP 伺服器註冊使用者資訊
INVITE	建立連線服務
ACK	
CANCEL	
BYE	中斷連線服務
OPTIONS	查詢 SIP 伺服器相關資訊

▼ 表 18.3　SIP 回應狀態碼

狀態碼	說　明
1XX	訊息(100 Trying, 180 Ringing)
2XX	成功(200 OK, 202 Accepted)
3XX	重新導向(302 Moved Temporarily)
4XX	要求錯誤(404 Not Found, 482 Loop Detected)
5XX	Server 錯誤(501 Not Implemented)
6XX	全域錯誤(603 Decline)

18.2.2　SIP 於車載網路下的應用

　　SIP 在車載網路環境下的運作並未有太大問題，其主要原因在於 SIP 是運作在網路層與傳輸層之上的通訊協定。在車載網路有關資料傳輸與封包轉送的問題都可以在網路層或傳輸層解決，在 SIP 所要考量的只有連線建立問題。在 Mobile IP 提出採用**主機代理人**(Home Agent)等的解決方案足夠解決 SIP 封包的轉送問題。但是在 NEMO [6] 方面，SIP 亦需要有些改進以提升效能。在支援 SIP 的 NEMO 方面，成功大學黃崇明教授提出了 SIP-NMS [7] 的架構，如圖 18.16 所示。SIP-NMS 可以視為具有支援 SIP 能力的無線路由器，對內負責接受節點的加入與註冊，跟管理內部頻寬資源的分配；對外負責維護會話的重建與換手。MNS 可以是階層式的，上層為 parent-SIP-NMS，在其底下的為 sub-SIP-NMS，其中最上層的稱為 root-SIP-NMS。每個 NMS 都有一個 SIP-HS，SIP-HS 負責管理 NMS 的登記與 AP 之間的換手後的更新資料登記。由於是透過架構的方式，SIP-NEMO 可以避免掉在 MIPv6-NEMO 中既有會碰到 mobile IP 問題。

　　而交通大學曾煜棋教授也提出了 SIP-MNG 的架構 [8]，如圖 18.17 所示。SIP-MNG 不同於 SIP-NEMO 與 MIPv6-NEMO 的地方是多了一個 **SIP 基礎的行動網路閘道**(SIP-based Mobile Network Gateway, SIP-MNG)，能依照 SIP 的標準以及與現存的 SIP 架構相容。提出新 **SIP 基礎的行動系統**(SIP-based Mobile System)的原因是因為作者提出 SIP-NEMO 與 MIPv6-NEMO 都有以下幾種缺點：

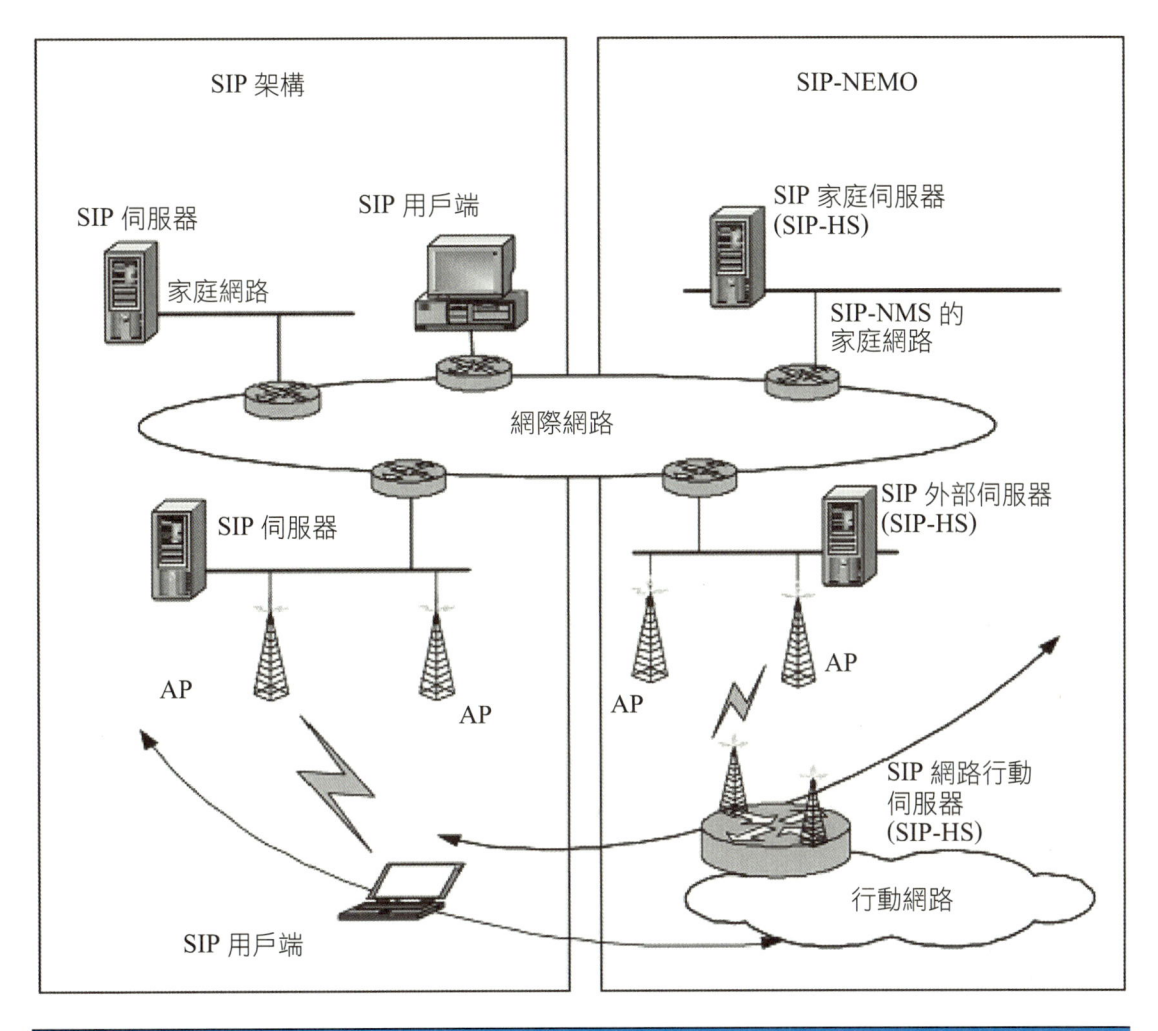

▲圖 18.16　SIP-NMS 架構圖

1. 兩者都沒考慮到無線網路資源如何管理來保證 QoS。
2. 兩種方法都是持續連線(Always-On)的方式，表示即使一段時間沒有任何會話進行通訊，他們的閘道／路由器都仍必須不斷收集廣告封包然後處理**交換**(Handoff)，造成不必要的費用與能源消耗。
3. SIP-NEMO 中除了 SIP Server 之外，必須另外有 SIP 主機伺服器與 SIP 外部伺服器，這會使得在傳送系統中執行成本增加。
4. SIP-FS 需要在所有範圍內佈署讓所有使用者都能在其中漫遊上網，這是目前公認服務上的困難點。

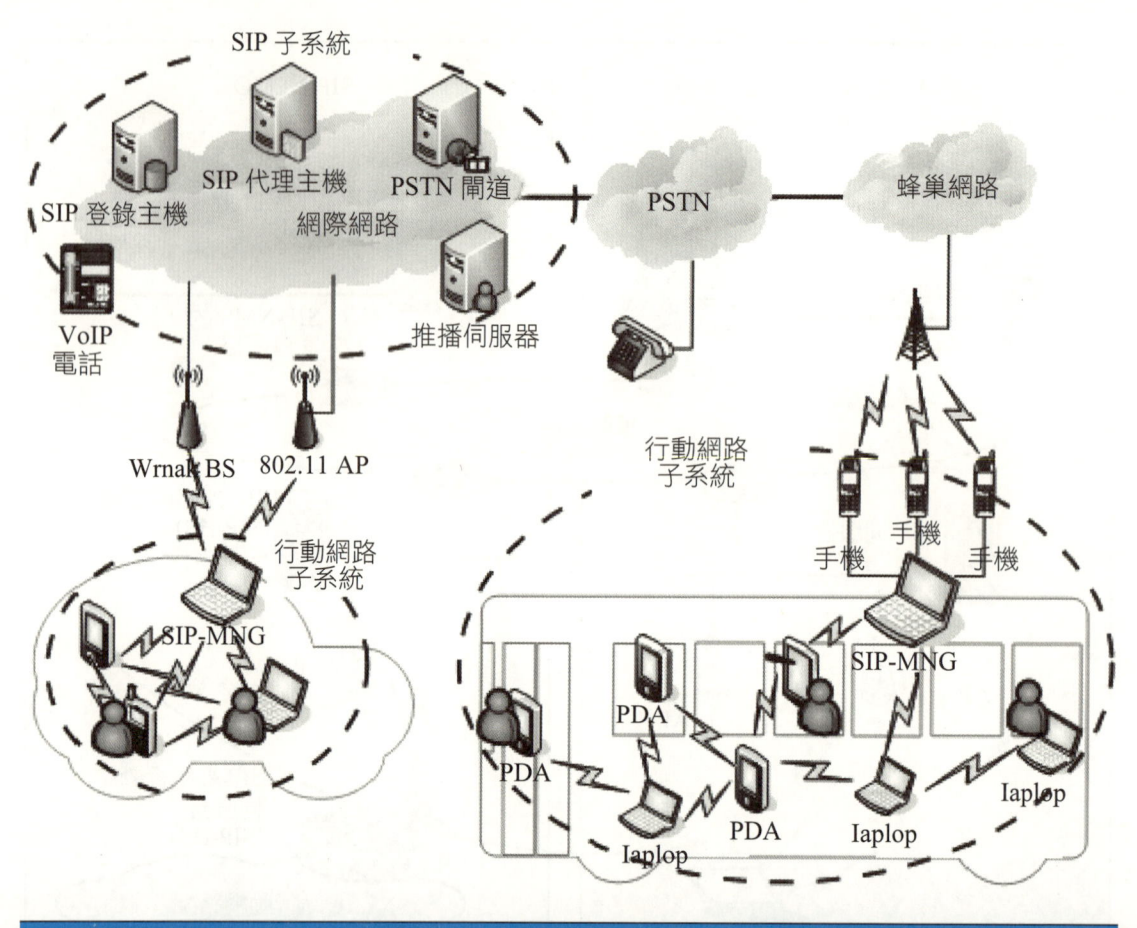

▲圖 18.17　SIP-MNG 架構圖

18.3 服務整合平台

　　開放式服務平台規範(Open Service Gateway Initiative, OSGi)為 OSGi Alliance 所制定的一個開放式的標準以及服務平台 [5]，起源於 1999 年三月，其組織成員包括世界各大廠商如 IBM、Intel、Nokia、Sony 等等。各大廠商只要遵循此標準所開發出來的應用程式，皆可在同一個 OSGi 平台上運行。此服務平台即扮演著住宅閘道器的角色，像是一台 ADSL 數據機、纜線數據機、機上盒、PC、路由器等等，當做遠端服務供應者與本地端設備的橋樑，在外部廣域網路與內部區域網路之間，做點對點服務傳送。

透過 OSGi 平台可讓使用者視其需求取得遠端服務供應商所提供的應用程式和加值服務，而下載到 OSGi 平台的軟體會自動的安裝、執行。目前此服務平台多半應用在家庭、汽車以及小型設備(手機、PDA)裡。

此外，OSGi 平台不僅為家用閘道器，也是本地設備與服務提供者之間的溝通橋樑。透過 OSGi，可將內部區域網路與外部廣域網路作連接，讓使用者可遠端存取服務供應商所提供之服務與應用程式。OSGi 提供一個應用程式運算的環境，稱作 OSGi 架構，執行在這個環境中的應用程式叫做 Bundle，即 Jar 檔。Bundle 可在不重新啟動 OSGi 的情況下動態的被安裝、更新以及移除等等。Bundle 與 Bundle 也可以透過 OSGi 架構來互相溝通存取服務。圖 A-18 即 OSGi 平台之架構圖。

如圖 18.18 所示，OSGi 建構於 Java 虛擬機器(JVM)之上，是以 Java 為基礎的平台，繼承了 Java 跨平台、可攜式的特性。建構於 JVM 上的為 OSGi 架構，負責應用程式的運算。執行在 OSGi 架構中的應用程式稱為 Bundle，Bundle 可被動態的安裝、更新、移除，皆不需要重新啟動 OSGi 服務平台。而 Bundle 所提供的介面服務稱為**服務**(Service)，Bundle 可以將自身所提供的 Service 輸出給其他 Bundle 使用，當然也能輸入其他 Bundle 所提供的服務供自己使用。至於架構內的其他部分介紹如下所述。

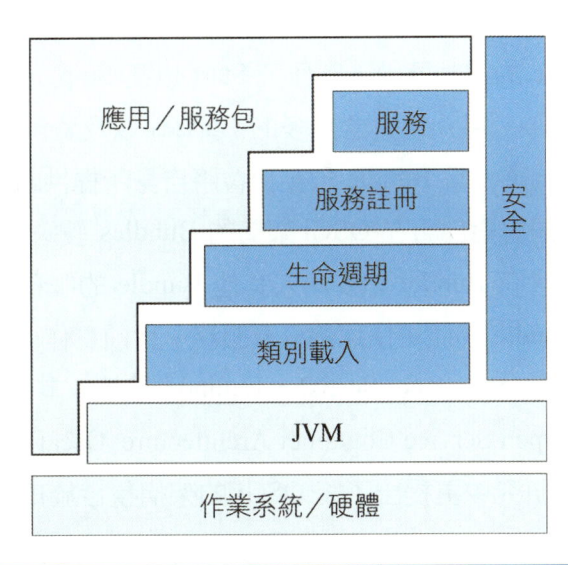

▲圖 18.18　OSGi 平台架構圖

1. **類別載入**(Class Loading)：Bundle 是由許多的 class 檔所組成，這些 class 檔會依照其命名空間放在不同的封包內，其封包的路徑就是 class 的名稱空間。OSGi 架構是用來掌控 Bundle 內的 class 檔。
2. **生命週期**(Life Cycle)：每個 Bundle 都有其生命週期。分別為：**安裝**(Install)、**等待啟動**(Resolve)、**啟動**(Start)、**執行**(Active)、**停止**(Stop) 以及**移除**(Uninstall)。
3. **服務註冊**(Service Registry)：Bundle 啟動時會動態註冊服務到 OSGi 架構的服務註冊中，其他 Bundle 可依據相同的服務介面在服務註冊內找到所需的物件來使用服務，達到 Bundle 的物件能夠互相合作使用。
4. **服務**(Services)：OSGi 架構制定了以下四類標準服務(Standard Services)：架構服務(Framework Service)、系統服務(System Service)、協議服務(Protocol Service)、雜項服務(Miscellaneous Service)來處理系統內部的運作。
5. **安全性**(Security)：OSGi 提供了以下的安全機制：Java 程式碼安全機制、縮小 Bundle 的暴露性與管理 Bundle 與 Bundle 之間的溝通聯結。

而在 Bundle 方面，實際上，Bundle 為一個 JAVA Archive(JAR)檔，其中包含了 manifest.mf 檔，用來描述此 Bundle 的詳細資訊，例如名稱、版本、啟動類別位址以及要輸入和輸出的封包或服務。而在 Bundle 的 Activator，為 Bundle 的啟動類別，實作了 Start 以及 Stop 方法，負責 Bundle 啟動及停止的動作。另外還包含許多的 Classes 以及資源檔，例如說明文件、圖檔以及原始碼。當 Bundle 啟動後會將自身所提供的服務註冊到服務註冊中。服務註冊會對部署在 OSGi 架構的 Bundles 發送新加入 Bundle 的服務資訊。或者當有 Bundle 想要輸入其他 Bundle 的服務時，就能對服務註冊查詢，讓 Bundle 間能更快速的分享服務。目前實作 OSGi 服務平台的開放式原始碼有 Oscar、Knopflerfish、Equinox 等等，其中以規範 [9]**開放服務內容架構**(Open Service Container Architecture, Oscar)最為被普遍的使用。而在 [10] 的研究中更提出了將 OSGi 的架構整合於車載系統的概念與運用。

18.4 結　論

　　在本章節我們介紹了 UPnP、JXTA 與 SLP 等服務取得與管理的通訊協定與架構，同時也簡單探討了這些通訊協定與架構運用在車載網路環境中的可能。在服務應用方面，除了使用 HTTP 以網頁瀏覽方式使用服務外，我們也介紹了使用 SIP 來建立視訊與多媒體連線服務的機制。同時，也簡單介紹了 SIP 在 NEMO 環境下的如何應用。最後我們也介紹了可將網路服務整合的 OSGi 架構。我們認為科技發展的主要目的在於讓使用者更方便的使用這些技術，因此本章節所介紹的通訊協定與標準，將有助於增進人們在生活中於家庭環境或車載網路環境裡存取網路服務的方便性。

練習

1. 利用一部桌上型電腦兩台筆記型電腦，其中一台電腦安裝 Oscar 與 SIP server 軟體，另外兩台筆記型電腦各自安裝 SIP UA 軟體(如 SIP communicator)。在 SIP register 分別為這兩個 SIP UA 註冊帳號並產生連線，以建構一個以 SIP 為車載通訊服務基礎的環境。

2. 利用一部桌上型電腦兩台筆記型電腦，其中一台電腦安裝 Oscar 與 SLP server 軟體(如 jSLP)，另外兩台筆記型電腦各自安裝 SIP UA 軟體(如 SIP communicator)。在 SIP register 分別為這兩個 SIP UA 註冊帳號，並修改這 SIP UA 軟體使其具備有 SLP SA 與 UA 功能。能在 SIP UA 登入成功後使用 SLP SA 將這訊息註冊至 SPL DA，並使用 SLP UA 功能查詢，以此建構一個使用 SLP、SIP 與 OSGi 為基礎的車載通訊服務取得與應用的環境。

參考文獻

[1] Universal Plug and Play Forum, http://upnp.org/.

[2] JXTA(TM)Community Projects, https://jxta.dev.java.net.

[3] E. Guttman, C. Perkins, J. Veizades, and M. Day, "rfc2608: Service Location Protocol, Version 2", http://www.ietf.org/rfc/rfc2608.txt, Jun. 1999.

[4] J. Rosenberg, H. Schulzrinne, G. Camarillo, A. Johnston, J. Peterson, R. Sparks, M. Handley, E. Schooler, "SIP: Session Initiation Protocol", RFC 3261, IETF, Jun. 2002.

[5] OSGi, "OSGi Service Platform Release 4 Version 4.1", http://www.osgi.org.

[6] The NEMO Working Group: http://www.ietf.org/html.charters/nemo-charter.html.

[7] C.-M. Huang, C.-H. Lee, and J.-R. Zheng, "A Novel SIP-Based Route Optimization for Network Mobility", IEEE Journal on Selected Areas in Communications, Vol. 24, No. 9, pp. 1682-1691, Sep. 2006.

[8] Y.-C. Tseng, J.-J. Chen, and Y.-L. Cheng, "Design and Implementation of a SIP-based Mobile and Vehicular Wireless Network with Push Mechanism", IEEE Trans. on Vehicular Technology, Vol.56, No.6, Part 1, November 2007.

[9] OW2 Forge: Project Info-Oscar-OSGi Framework, http://forge.objectweb.org/projects/oscar/.

[10] Yunfeng Ai, Yuan Sun, Wuling Huang, and Xin Qiao, "OSGi based integrated service platform for automotive telematics", IEEE International Conference on Vehicular Electronics and Safety, 2007.

索引

字母

DA 宣傳　DA Advertisement　504

ECU 內呼叫　Intra-ECU Invocation　33, 35

ECU 內通訊　Intra-ECU Communication　35

ECU 間呼叫　Inter-ECU invocation　33, 36

ECU 間通訊　Inter-ECU communication　36

FM sketches 的軟形態變體　soft-state variant of FM sketches　175

LIGA 與類 LIGA 製程　LIGA/LIGA-like Process　259

PDU 模式　PDU Mode　228

SA 宣傳　SA Advertisement　504

SIP 基礎的行動系統　SIP-based Mobile System　508

SIP 基礎的行動網路閘道　SIP-based Mobile Network Gateway, SIP-MNG　508

Z 型編碼　Z-order　153

一劃

一次購足商店　One Stop Shop　423, 430

一般事件通知架構　General Event Notification Architecture, GENA　60

一般事件通知結構　Generic Event Notification Architecture, GENA　490, 492

一般資訊　Version Information　448

一般標頭　General-Header　506

一階精密度　1-Precision　401

二劃

二元競賽法　Binary Tournament Method　380

二維行動條碼　Quick Response Code, QR 碼　442, 444

人車　Vehicle to Person, V2P　4

人機介面　Human Machine Interface　16

三劃

大量　Bulk　238, 240

大腦模型　Brain Model　144

三角形　Triangle　319

小波　Wavelet　367

工作　Task　184

工作優先權圖　Task Precedence Graphs　279

四劃

不相交的空間分割　Disjoint Cells　154

不精確　Approximate　149

不適存值　Unfitness　379

中介軟體　Middleware　9, 275

中軸轉換　Medial Axis Transformation　159

中斷　Interrupt　238, 240

517

中斷分配　Interrupt Dispatching　12
中繼點　Relay Peer　494
互斥　Disjoint　148
互斥　Mutex　187, 192
介面　Interface　239
介面定義語言　Interface Definition Language, IDL　30
介面描述語言　Interface Description Language, IDL　23
介面儲存庫　Interface Repository, IR　30
元件物件模型　Component Object Model, COM　29
內文　Context　51
內文知識庫　Context Knowledge Base　73
內文提供者　Context Provider　73
內文解譯　Context Interpreters　73
內文管理　Context Manager　73
內容　Body　53
內部　Inside　147
內部網路　Intranet　420
內部環境　Inner Environment　246
公佈　Advertise　58
公告　Advertisement　496
分析及評估　Analysis and Evaluation　133
分散式　Distributed　162
分散式元件物件模式　Distributed Component Object Model, DCOM　23, 29

分散式群組行動自適應　Distributed Group Mobility Adaptive, DGMA　88
分散網路　Scatternet　284
分等取代方式　Ranking Replacement Method　380
分解　Decompose　154
引擎控制單元　Engine Control Unit　5
支持度　Support　134
支持個數　Support Count　134
文件物件模式　Document Object Model, DOM　51
文字模式　Text Mode　228
方位關係　Direction Relationships　148

五劃

主要叢集頭節點　Master Cluster Head Node, MCH　99
主動式標籤　Active Tag　236
主動式安全系統　Active Safety Systems　246
主動巡航控制　Adaptive Cruise Control, ACC　302, 46
主從架構　Client-Server　162
主節點　Master　284
主機代理人　Home Agent　508
付款系統　Payment System　421
出席者　Attendees　31
加　Plus　148
加密區　Encoding Region　448
加速度為基礎的錯誤修正演算法　Ac-

celeration-Based Error Correction Algorithm   274
功能　Function   239
包含　Containment   317
包含　Encloses   148
包含　Encloses/Cover   148
半馬可夫鏈　semi-Markov   279
去光阻　PR Strip   263
去模糊化　Defuzzification   319
可用性　Usability   418
可到達圖　Reachability   277
可能性　Possibility   316
可能性理論　Possibility Theory   316
四元樹　Quadtrees   159
外部網路　Extranet   420
失誤路徑　Fault Path   275
失誤樹　Fault Tree   279
布林邏輯　Boolean Logic   316
平均反應時間　Mean Response Time   276
正規化　Normalization   133
用戶識別模組　Subscriber Identity Module, SIM   417
目錄代理人　Directory Agent, DA   498
生命週期　life cycle   512

六劃

交易　Transaction   420
交通訊號控制器　Traffic Signal Controllers, TSC   54
交換　Handoff   509
交集　Intersect   147
交集　Intersection   317
交集值　Intersection   148
企業應用　Applications In The Enterprise   421
光學定向和測距感測器　the Light Detection and Ranging   299
光學微影-光阻塗佈　Photolithography I   261
光學微影-曝光顯影　Photolithography II   262
先佔權　Preemptive   13
先佔權的　preemptable   14
先等待一段時間　Cluster-Contention-Interval, CCI time period   91
先進先出　FIFO   13
先進巡航輔助高速公路系統　Advanced Cruise-Assist Highway System, AHSs   247
先進旅行者資訊系統　Advanced Traveler Information Systems, ATIS   273
全功能端點　Full-Featured Edge Peer   494
全球定位系統　Global Positioning Satellite, GPS   81
全球定位系統　Global Positioning System, GPS   224
全球衛星定位系統　Global Positioning System, GPS   4

519

共晶接合　Eutectic Bonding　263
印刷電路板佈局　Printed Circuit Board Layout　144
同步　Isochronous　238, 240
同步連結導向　Synchronous Connection-Oriented, SCO　235
回程取貨車輛途程問題　Vehicle Routing Problems with Backhauls, VRPB　374
回應　Response　506
回應標頭　Response-Header　507
回饋式網路　Feedback Network　359
地區性　Localization　423
地球表面資料　Surface of the Earth　144
地理資料檔案為主的資料結構　Geographical Data File-compliant Data Structures, GDF　102
多元邏輯　Multi-Valued Logic　316
多行程　Multiprocess　184
多值　Multi-Valued　316
多執行緒　Multithread　184
多場站車輛途程問題　Multi-Depot Vehicle Routing Problems, MDVRP　374
多媒體串流　Multimedia Streaming　92
多頻道通訊　Multi-Channel Communication　92
多點交配　n-point Crossover　324
多點傳播 DA 公告　Multicast DA Advertisement　499
多點傳播服務需求　Multicast Service Request　499, 500

多點觸控　Multi-touch　454
多邊形　Polygons　147
多邊形圖四元樹　Polygonal-Map PM Quadtrees　159
字碼　Codeword　448
存在　In　148
存取服務　Access Service　495
安全　Safe　277
安全性　Security　512
安全氣囊控制單元　Airbag Control Unit, ACU　5
安全單點傳播管道　Secure Unicast Pipes　497
安裝　Install　68, 512
安靜區　Quiet Zone　448
成本　cost　112
成員關係函數　Membership Function　316
成員關係程度　Degree of Membership　316
收回　Recall　401
曲線　Curve　147
有邊界的　Bounded　277
次要叢集頭節點　Slave_Cluster Head Node, SCH　99
死結　Deadlock　277
自主性智慧型巡航控制　Autonomous Intelligent Cruise Control, AICC　302
自動車開放式系統架構　AUTomotive Open System ARchitecture, AUTOSAR

10, 31, 24
行動目錄服務　Directory Service　421
行動企業資源規劃　M-ERP　424
行動車隊追蹤與派遣　Mobile Fleet Tracking and Dispatching　424
行動供應鏈管理　M-SCM　424
行動健康照護　Mobile Health Care　424
行動商務　M-Business　416
行動商務　Mobile Commerce, M-Commerce　414
行動通訊系統全球標準　Global System for Mobile Communication, GSM　228
行動節點　Ordinary Node　84
行動資訊服務　Mobile Informatics Services　421
行動學習　M-Learning　424
行動隨意網路　Mobile Ad Hoc Network, MANET　80
行動顧客關係管理　M-CRM　424
行控中心支援車間　Vehicle to Vehicle, V2V　4
行程　Process　184
行程間通訊　InterProcess Communication: IPC　12

七劃

位元交錯式編碼　Bit-interleaving　153
位置　Location　147
位置服務　Location Services　92
佔用空間　Spatial Occupancy　153

低階網路通訊　Low Level Network Communication　12
低溫玻璃接合　Low-Temperature Glass Bonding　263
利用率　Utilization　276
即時作業系統　Hard Real-Time OS　12
即時性　Immediate　423
吞吐量　Throughput　276
呈現　Presentation　58, 59, 492
均勻交配　Uniform Crossover　324
快取　Cache　499
快速螞蟻系統　Fast Ant System, FANT　362
找尋　Discovery　58
折線　Polyline　147
貝式決策規則　Bayes Decision Rule　392
車內　Intra-Vehicle　20, 24
車內導航系統　On-Board Navigation System　246
車用行動通訊網路　Vehicle Ad Hoc Network, VANET　272
車用環境專屬之無線接取系統　Wireless Access in the Vehicular Environment, WAVE　339
車到基礎建設　Vehicle-To-Infrastructure 服務連結　4, 21
車到基礎建設間　Vehicle-To-Infrastructure　24
車間　Inter-Vehicle　21, 24, 61

車載服務提供者　Telematics Service Provider, TSP　60
車載資訊服務　Telematics　421
車載資通訊　Telematics　4, 442
車載資通訊系統　Telematics　81
車載隨意網路　Vehicular Ad Hoc Network, VANET　80
車道邊界區域　Lane Boundary Region Of Interest, LBROI　310
車對人　Vehicle-To-Driver　246
車對車　Vehicle-To-Vehicle　246
車對道路側　Vehicle-To-Roadside　246
車輛內文提供者　Vehicle Contex Provider　73
車輛空間模型　Vehicular Spatial Model　102
車輛途程問題　Vehicle Routing Problem, VRP　358
車輛極角　Vehicle Angle　380
車輛導向的移動模型　Vehicular-Oriented Mobility Models　102
車輛隨意網路　VANETs　166
車輛環境的無線存取　Wireless Access in the Vehicular Environment, WAVE　103
車機單元　On-Board Units, OBU　6
巡航控制系統　Cruise Control System　302
防鎖死煞車系統　Antilock Braking Systems　246

八劃

事件　Event　187, 189
事件通知　Event　492
事件通知　Eventing　59, 60
事前機率　Prior Probabilities　392
事後機率　Posterior Probability　392
使用者代理人　User Agent, UA　498
使用者定義資料型態　User Defined Types　149
使用者資料流通訊協定　User Datagram Protocol, UDP　204
使用案例　Use Case　40
使用費　Usage Fee　426
具時窗限制之回程取貨車輛途程問題　Vehicle Routing Problems with Backhauls, VRPB　374
具時窗限制之裝卸貨物車輛途程問題　Vehicle Routing Problems with Pick-up and Delivering, VPPPD　374
具載重限制之車輛途程問題　Capacitated Vehicle Routing Problems, CVRP　374
具載重限制與車輛路線距離限制之車輛途程問題　The Vehicle Routing Problem under Cap　374
取得描述　Get Description　59
周長　Perimeter　148
命名授權　Naming Authority　501
定位圖案　Finder Pattern　447
定址　Addressing　490

中文	英文	頁碼
定錨點	Anchor Point	147
延伸互動	Extended Dialog	152
或然性模型檢查器	Probabilistic Model Checker, PRISM	277
拓樸關係	Topological Relationships	148
拉普拉斯轉換	Laplace Transform	265
明確集合	Crisp Set	316
服務	Service	16, 489, 511, 512
服務內文	Context	53
服務代理人	Service Agent, SA	498
服務回應	Service Reply	503
服務位址協定	Service Location Protocol, SLP	498
服務定址協定	Service Location Protocol, SLP	488
服務初始協定	Service Initial Protocol, SIP	488
服務註冊	Service Registration	503
服務註冊	Service Registry	512
服務註銷登記	Service Deregister	503
服務需求	Service Request	503
服務層	Service Layer	493
服務確認	Service Acknowledge	503
服務導向架構	Service Oriented Architecture	54
服務類型回應	Service Type Reply	504
服務類型需求	Service Type Request	504
泛用型隨機的派翠網	Generalised Stochastic Petri Nets	277
泛用啟發式演算法	Metaheuristics	358
拉普拉斯轉換	Laplace Transform	265
物件需求仲介者	Object Request Broker, ORB	29
物件標準組織	Object Management Group, OMG	22
物件適配器	Object Adapter	23
物件導向－關聯式資料庫	Object-Relation Database	148
直接連結	End-To-End	420
直接傳遞演算法	Directional Propagation Protocol, DPP	88
知識	Knowledge	132
知識呈現	Knowledge Presentation	133
矽晶圓	Silicon Wafer	258
空間(或幾何)關聯	Spatial / Geometric Relationship	144
空間代數	Spatial Algebra	149
空間的重新利用	Spatial Reuse	92
空間查詢語言	Spatial Query Language	146
空間資料型態	Spatial Data Types	148
空間資料模型	Spatial Data Model	146
空間電磁感應	Inductive Coupling	236
空間甄選	Spatial Selection	149
空間檢索技術	Spatial Indexing	146
空間聯合查詢	Spatial Join	147, 149
表示層	Presentation Layer	200
表面聲波式	Surface Acoustic	266

近似值　Approximations　153
近紅外線系統　Near-Infrared-Based System, NIR　268
近場環境　Near-Field Environment　246
金屬化封裝　Metallic Seals　263
門檻值　Threshold　135
陀螺儀　Gyroscope　266
阻尼係數　Damping Coefficient　264
非監督式學習網路　Unsupervised Learning Network　360

九劃

信心度　Confidence　135
信號量　Semaphore　187, 191
前行點　Predecessor　117
前饋式網路　Feed-Forward Network　359
封閉式網路　Close Networks　276
持續上網　Always-On　414
指叉結構　Comb Drive　266
星狀　Star　279
查詢最佳化　Query Optimization　159
派翠網　Petri Nets　277
相互運作　Interoperability　66
相互運作　Interoperate　38
相互運作能力　Interoperability　71
相等　Equal　148
相對移動性度量　Relative Mobility Metric　90
相對移動度量　Relative Mobility Metric　88
相鄰　Adjacent　148
要求　Request　506
計算與隨機的平均　Probabilistic Counting with Stochastic Averaging, PCSA　171
訂閱費　SubScription Fee　426
負迴圈　Negative Cycle　118
重心法　Centre of Gravity, CoG　321
重複量　Redundancy　274
重疊　Overlap　148
面型微加工　Surface Micromachining　259
面積　Area　148

十劃

乘積解佇列網路　Product-form Queueing Networks　279
倒傳遞　Back Propagation　366
個人化　Personalization　419, 422
個人化服務　Individual Consumer Services　421
候選記錄　Candidate　153
候選區域　Candidate-Site　382
套牢效應　Lock-In Effect　433
娛樂　Entertainment　421
徑向鏡頭扭曲模型　Radial Lens Distortion Model　306
振動環式　Vibrating Ring　266
效能評估與預測系統　Performance

Evaluation and Prediction System, PEPSY 275
時窗限制車輛途程問題 Vehicle Routing Problems with Time Windows, VRPTW 374
時間片段 Time-slice 13
時間圖案 Timing Pattern 448
時間觸發 Time-Triggered 275
校準圖案 Alignment Pattern 447
核心伙伴 Core Partners 31
核心層 Core Layer 493
矩形 Rectangles 147
索諾斯基 Sejnowski 398
能源節省 Power Saving 92
記憶體管理 Memory Manager 13
記錄 Record 144
訊息內容 Message-Body 506
訊息標頭 Message-Header 506
訊框 Frame 199
財務服務 Financial Services 421
起始行 Start-Line 506
起始點 Source 111
追撞預防 Back-up Collision Prevention 348
除頻暫存器 Divisor Latch Register 217
馬可夫再生模型 Markov Regenerative Model 279
馬式距離 Mahalanobis Distance 392, 393

骨幹計畫 Framework Programs 253
高連結度叢集演算法 High Connectivity Clustering, HCC 87
高斯 Gaussian 319
高斯低通濾波器 Gaussian Low-pass Filter 400
高頻式樣樹 Frequent Pattern Tree, FP-tree 136

十一劃

停止 Stop 512
側視 Side-View 407
側撞預防 Side Collision Prevention 348
動態主機配置協定 Dynamic Host Configuration Protocol, DHCP 490
動態的呼叫介面 Dynamic Invocation Interface, DII 30
區域 Zone 101
區域四元樹 Region Quadtree 159
區域性 Locality 153
區域匯集移動資訊 Aggregate Local Mobility Value 88, 90, 91
區域資料 Region Data 147
區塊模式 Block Mode 228
區隔化 Segmentation 422
商品項目 Itemset 134
國際標準組織 International Standardization Organization, ISO 199
埠 Port 35

基本軟體　Basic Software　34, 44
基因演算法　Genetic Algorithm　321
基於叢集媒介存取控制協定　Cluster-Based Medium Access Control Protocol, CBMAC　91
基頻　Baseband　234
執行　Active　512
執行緒　Thread　13, 184
執行環境　Run-Time Environment, RTE　33
專用短距離通訊　Dedicated Short Range Communication, DSRC　103, 272
強健性　Robustness　318
強關聯法則　Strong Association Rule　135
從節點　Client　284
情境感知　Context-Aware　418
情境感知服務　Context-Aware Services　73
控制　Control　59, 238, 240, 492
控制與事件通知　Control & Eventing　58
控制器　Control Point　56, 58
控制器區域網路匯流排　CAN Bus　273
控制器區域網路匯流排　Controller Area Network Bus, CAN Bus　272, 273
控制點　Control Point　489
探索　Discovery　491
探索服務　Discovery Service　495
探勘　Mining　132

接合　Bonding　263
接收緩衝暫存器　Receive Buffer Register, RBR　217
接受者操作特徵　Receiver Operating Characteristic, ROC　401
接觸　Meets　147
接觸　Touch/Meet　148
推論引擎　Inference Engine　319
排程　Process Scheduling　12, 13
啟動　Start　512
旋轉塗佈　Spin Coating　261
梯型　Trapezoidal　319
梅特卡夫定律　Metcalfe's Law　434
混合式網路　Mixed Networks　276
混合式學習網路　Hybrid Learning Network　360
混合自動重複請求　Hybrid Automatic Repeat Request, HARQ　275
混搭代理人　Mashup Agent　281
移除　Uninstall　512
移動性度量叢集　Mobility Metrics Clustering, MOBIC　90
符號階層自動化可靠度效能評估　Symbolic Hierarchical Automated Reliability Perform　279
統一分割格　Blocks of Uniform Size　154
組件規格　Module Specification　495
組件履行　Module Implementation　495
組件類別　Module Class　495

終端　Terminal　436
終端服務　Endpoint Service　494
終端繞送協定　Endpoint Routing Protocol　494
終點　Target　111
被動式標籤　Passive Tag　236
規則合成　Rule Aggregation　321
規則庫　Rule Base　319
規則評估　Rule Evaluation　321
規模性　Scalability　85
設備位址　Device Address　239-241
通用串列匯流排　Universal Serial Bus, USB　238
通用序列匯流排　USB　16
通用物件請求代理架構　Common Object Request Broker Architectures, CORBA　23
通用非同步接收／傳送器　Universal Asynchronous Receiver / Transmitter　216
通用模型語言　Universal Modeling Language, UML　40
通用隨插即用　UPnP　50
通訊器材　Mobile Device　414
連接串列　Adjacency List　121
連結、電力和行動導向叢集演算法　Connectivity, Energy and Mobility driven Clusteri　88
連結度　Degree　87
連結管理　Link Manager　234

連線狀態暫存器　Line Status Register, LSR　218
連續時間馬可夫鏈　CTMC　279
透通性　Transparency　35
都會安全防護系統　City Safety　348
頂點　Vertex　159

十二劃

最大連結度叢集法　Maximum Connectivity Clustering, MCC　87
最小邊界矩形法　Minimum Bounding Rectangle, MBR　154
最有價值的邊　Most Vital Edge　140
最低識別碼叢集　Lowest Identification Clustering, LID　86
最近的鄰居　Nearest Neighbor　161
最陡坡降法　the Gradient Steepest Descent Method　368
最短路徑生成樹　Shortest Path Spanning Tree　117
最遠的鄰居　Farthest Neighbor　161
最適化網路　Optimization Application Network　360
最鄰近查詢　Nearest Neighbor　149
單源頭最短路徑演算法　Single Source Shortest Path Algorithm　112
單應　Homography　306
單點交配　One-Point Crossover　323
單點傳播 DA 公告　Unicast DA Advertisement　500

527

單點傳播服務回應　Unicast Service Reply　500

單點傳播服務協定　Unicast Service Reply　499

單點傳播服務註冊　Unicast Service Register　500

單點傳播服務需求　Unicast Service Request　500

單點傳播服務確認　Unicast Service Acknowledgement　500

場站　Depot　374

媒介存取控制　Medium Access Control　92

尋找　Discovery　59

循序存取　Sequential Access　144

循跡控制　Traction Control　246

描述　Description　58, 492

描述元　Descriptor　239

提供者　Provider　52

普及描述探索與整合　Universal Description Discovery and Integration, UDDI　24, 52

智慧型汽車感測網路平台　Smart Car Sensor Network platform, SCSN　71

智慧型車感測網路　Smart Car Sensor Network, SCSN　70

智慧型車輛系統　Intelligent Vehicles Systems, IV systems　246

智慧型巡航控制　Intelligent Cruise Control, ICC　302

智慧型運輸系統　Intelligent Transportation System, ITS　272

智慧型運輸系統　Intelligent Transportation System, ITS　80

植基於樹狀結構　Tree-based　136

減　Minus　148

無所不在的運算　Ubiquitous Computing　273, 452

無線射頻識別系統　Radio Frequency IDentification, RFID　236

無線感測網路　Wireless Sensor Network, WSN　80

無線電　Radio　234

無線應用服務供應商　Wireless Application Service Providers, WASPs　432

發現知識的過程　Knowledge Discovery in Database, KDD　132

硬式即時作業系統　Hard Real-Time OS　12

硬體迴路　Hardware in-the-loop, HIL　40

程式間通訊　Inter-process Communication　13

程序　Process　13

程序間通訊　Interprocess Communication　13

程序管理　Process Management　13

程度　Degree　315

等待啟動　Resolve　512

結束代碼　Exit Code　186

結構嚴謹　Well-structured　144
萃取　Extracting　132
虛擬反矩陣法　Pseudo-Inverse　389
虛擬功能匯流排　Virtual Function Bus, VFB　32
虛擬檔案系統　Virtual File System　13
註冊處　Registry　52
費氏堆積　Fibonacci Heap　114, 124
費洛蒙　Pheromone　361
超文件單點傳播傳輸協定　HTTPU　489
超文件群播傳輸協定　HTTPMU　489
超音波感知器　Ultrasonic Sensors　274
距離　Distance　148
開放式系統互聯參考模型　Open System Interconnection Reference Model, OSI 參考模型　199
開放式服務平台規範　Open Service Gateway initiative, OSGi　65, 488, 510
開放式網路　Open Networks　276
開放服務內容架構　Open Service Container Architecture, Oscar　512
開放服務閘道聯盟　Open Service Gateway Alliance　10
開發會員　Development Members　31
閒置節點　Undecided Node, UN　95, 98, 99
陽極接合　Anodic Bonding　263
項目　Item　134
黃金會員　Premium Members　31

十三劃

傳送握持暫存器　Transmit Holding Register, THR　218
傳播管道　Propagate Pipes　497
傳輸控制協定　Transmission Control Protocol, TCP　202
傳輸層　Transport Layer　199, 200
傾角羅盤感知器　Inclinometer Sensor　274
微系統技術　Micro Systems Technology, MST　256
微核心　Micro-Kernal　11
微網　Piconet　284
微影製程　Lithography　259
微機電系統　Micro-Electro-Mechanical Systems, MEMS　256
微機器　Micromachines　256
感應器　Sensors　161
會合點　Rendezous Peer　494
會員服務　Membership Service　495
會話初始協定　Session Initiation Protocol, SIP　505
會談層　Session Layer　200
準會員　Associate Members　31
準叢集成員　Quasi-cluster-member, QCM　89
準叢集頭　Quasi-cluster-head, QCH　89
碰撞減速系統　Collision Mitigation System　339

碰撞預警制動系統　Collision Warning with Brake Support System　346
萬用隨插即用　Universal Plug and Play, UPnP　10, 56, 488
節點切割　SplitNode　156
節點閒置時間　Average Idle Time　103
節點集中協定　Rendezvous Protocol　497
葉節點　Leaf Node　154
蜂巢式網路　Cellular Network　80
補集合　Complement　317
裝卸貨物車輛途程問題　Vehicle Routing Problems with Pick-up and Delivering, VRPPD　374
裝置　Device　489
解析服務　Resolver Service　494
資料分析　Data Analysis　111
資料分群　Data Clustering　133
資料分類　Data Classification　133
資料包　Datagram　204
資料依賴性　Data Dependency　154
資料和錯誤更正碼　Data and Error Correction Codewords　449
資料的頻率分配　Distribution of the Data　154
資料表格　Relation　149
資料區塊　Data Area　449
資料探勘　Data Mining　132, 133
資料清理及整合　Data Cleaning and Integration　133
資料散佈　Data Dissemination　92
資料選擇與轉換　Data Selection and Transformation　133
資料鏈結層　Data Link Layer　199
資料關聯　Data Association　133
資訊　Information　132
資訊導向的服務　information-Oriented Services　421
路由選擇演算法　Routing Protocol　92
路徑　Path　111
路旁單元　Road-Side Units, RSU　6
過濾和精化　Filter and Refine　153
雷射雷達　299
雷射雷達、光學定向和測距感測器　The Light Detection And Ranging, LIDAR　299
雷達　Radar　299
電子商務　E-Commerce　414
電子商業　E-Business　416
電子控制單元　Electronic Control Unit, ECU　4, 272
電子標籤　Tag　236
電子穩定控制　Electronic Stability Control　246
電動／電子　Electric/Electronic, E/E　31
電磁傳播　Propagation Coupling　236
電鑄製程　Electroplating　259

十四劃

圖形　Graph　111

圖像　Symbol　446
實體層　Physical Layer　199
實體標頭　Entity-Header　506
對等探索協定　Peer Discovery Protocol　497
對等解析協定　Peer Resolver Protocol　497
對等資訊協定　Peer Information Protocol　497
對象請求代管者　Object Request Broker, ORB　23
構解空間　Solution Space　128
熔接接合　Fusion Bonging　263
監控服務　Monitoring Service　495
監督式學習網路　Supervised Learning Network　360
端點　Endpoint　239
管道　Pipe　239, 240
管道公告　Pipe Advertisement　495
管道服務　Pipe Service　495
管道連接協定　Pipe Binding Protocol　497
精準回收曲線　Recall-Precision Curve　401
精簡功能端點　Minimal Edge Peer　494
網狀　Mesh　279
網格　Grids　153
網路互通協定　Internet Inter-Operability Protocol, IIOP　31
網路介面　Network Interface　13

網路介面層　Network Interface　200
網路支援　Network Support　13
網路服務　Web Service　10, 28
網路服務描述語言　Web Service Description Language, WSDL　24
網路層　Network Layer　199, 200
網際網路　Internet　200
網際網路的促使　Internet-Enabled　414
網際網路通訊協定　Internet Protocol, IP　200
網際網路層　Internet Layer　200
蝕刻　Etching　262
誤判率　False Positive Rate　401
遠紅外線系統　Far-Infrared-Based System, FIR　268
遠場環境　Far-Field Environment　246
遠端方法呼叫　Remote Method Invocation, RMI　29
遠端方法調用　Remote Method Invocation, RMI　23
遠端程序　Remote Procedure Call, RPC　28
需求導向權重叢集演算法　On Demand Weighted Clustering Algorithm, WCA　88

十五劃

廣告　Advertising　421
廣播機制　Broadcasting Scheme　92
標誌　Token　277

標題　Header　53
標籤　Tag　237
模式資訊　Format Information　448
模組　Module　446, 447
模組設定　Module ConfigurAtion　447
模塑製程　Molding　259
模糊化　Fuzzification　319
模糊控制　Fuzzy Control　315, 318
模糊推論　Fuzzy Inference　319
模糊理論　Fuzzy Theory　316
模糊集合　Fuzzy Set　316
模糊邏輯　Fuzzy Logic　316
熱點服務　Hot-Spot Service　60
獎勵值　Reward　277
範圍　Scope　502
編號　Tag ID　236
線　Lines　147
線上交易　On-LineTransaction　414
線型資料　Line Data　147
緩衝區容量　Buffer Capacity　275
請求者　Requester　52
請求標頭　Request-Header　507
輪替式　Round-robin　13
輪廓　Contour　148
適地性　Location Sensitive　418
適地性服務　Location-Based Applications　421
適存值　Fitness　379
適應性　Adaptive　13
適應性巡航控制系統　Adaptive Cruise Control, ACC　302
適應值　Fitness　323
閱覽費　Subscription Fee　425

十六劃

操作類別　Operations and Predicates　147
整合封包無線服務　General Packet Radio Service, GPRS　228
整合開發環境　Integrated Development Environment, IDE　41
樹狀　Tree　279
樹狀結構　Height-balanced tree　154
橋接結點　Bridge　284
橋接器　bridge　31
機器對機器溝通技術　Machine To Machine Communication, M2M　338
螞蟻系統　Ant System, AS　361
輻狀基底函數　Radial Basis Function　366
選擇性蝕刻　Selectively Etching　258
錯誤檢查　Fault Check　275
隨意網路的移動模型　Random Waypoint Model　102
隨機式派翠網　Stochastic Petri Nets　279
隨機性車輛途程問題　Stochastic Vehicle Routing Problems, SVRP　374
隨機為基礎　Random-Based　102
隨機移動的模型　Random Waypoint

Model 102
頻道　Channel　85
頻繁 K-項目集　Frequent K-Itemset　135
頻繁項目集　Frequent Itemset Orlarge Itemset　135
駭客　Hacker　420

十七劃

優先權的佇列　Priority Queue　114
優先權重為基礎的無線媒體存取控制協定　Priority-Based Wireless MAC Protocol　275
儲存格　Buckets　153
壓力傳感器　Pressure Transducer　266
應用　Applications　16
應用架構　Application Framework　234
應用層　Application Layer　200, 493
檢索　Index　144
檢測率　Detection Rate　401
聲納　Ultra Sonar　299
聯集　Union　318
聯想式學習網路　Associate Learning Network　360
臨界區　Critical Section　189, 193
薄膜沉積　Film Deposition　261
購物　Shopping　421
點　Points　147
點　Vertex　110
點服務　Peer Services　494

點狀區域四元樹　Point-Region PR Quadtree　159
點狀資料　Point Data　147
點對點　Peer-to-Peer　488, 492
點對點計算　Peer to Peer, P2P　162
點對點管道　Point-to-Point Pipes　497

十八劃

擴充性　Scalability　136
簡訊服務　Short Message Services, SMS　424
簡單服務發現協定　Simple Service Discovery Protocol, SSDP　489, 491
簡單物件存取協定　Simple Object Access Protocol, SOAP　24, 490, 492
藍芽　Bluetooth　16, 272
藍芽技術　Bluetooth　234
覆蓋　Overlay　152
轉向過度　Oversteer　266
雙線差動　Two-wire Differential　7

十九劃

穩定性方塊圖　Reliability Block Diagrams　279
穩定性圖　Reliability Graph　279
穩定度　Reliability　275
邊　Edge　110
邊界　Boundary　147
邊界節點　Boundary Node　84
關鍵字樹　Keyword Tree　136

關鍵的需求　Time-Critical Needs　419
類別　Class　239
類別載入　Class Loading　512
叢集內部通訊　Intra-Cluster Communication　85
叢集化　Clustering　85
叢集成員　Cluster Member, CM　84, 89
叢集成員的個數　Average Cluster Size in Numbers of Cluster Members　103
叢集成員節點　Cluster Member Node, CM　95, 98, 99
叢集的存活時間　Average Cluster Lifetime　103
叢集個數　Average Number of Clusters　103
叢集通訊閘　Cluster Gateway, CG　84
叢集間通訊　Inter-Cluster Communication　85
叢集數改變最少的演算法　Least Cluster head Change Clustering, LCC　90
叢集頭　Cluster Head, CH　84, 89
叢集頭節點　Cluster Head Node, CH　95, 98

二十劃

鐘型　Bell　319

二十一劃

屬性回應　Attribute Reply　504
屬性值　Attribute Values　144
屬性需求　Attribute Request　503
攝影感測器　Vision　299
驅動器　Actuators　42

二十二劃

權重　Weight　111, 112
讀取器　Reader　236

二十三劃

體型微加工　Bulk Micromachining　259